"智慧农业前沿技术"系列教材

农业与生物智能传感技术

李民赞　孙　红　杨　玮　主编

中国农业大学出版社
·北京·

内 容 简 介

智能检测与传感技术是智慧农业的基础，智慧农业的实现依靠快速、准确、智能化的传感器和传感器网络。本书结合了信息与通信技术的最新进展以及国内外智能检测和传感技术领域最新研究成果，主要内容包括传感技术基础，作物生长信息、作物病虫草害、土壤参数、农产品品质、设施园艺参数、有害微生物、畜禽生理生态参数等的智能感知与检测技术，以及5G通信与农业物联网技术，体现了智能传感器、传感器网络、3S、数据挖掘、云计算等现代信息技术在农业中综合、全面的应用，有助于读者开阔视野，把握该学科领域最新研究动向。本书可作为农业工程、农业电气化与自动化、农业信息化技术、智慧农业等专业研究生、高年级本科生的教材，也可供相关研究人员参考。

图书在版编目(CIP)数据

农业与生物智能传感技术/李民赞，孙红，杨玮主编. --北京：中国农业大学出版社，2024.1

ISBN 978-7-5655-2911-5

Ⅰ.①农…　Ⅱ.①李…②孙…③杨…　Ⅲ.①智能技术—应用—农业技术—高等学校—教材　Ⅳ.①S126

中国国家版本馆CIP数据核字(2023)第006900号

审图号：GS京(2023)2238号

书　　名　农业与生物智能传感技术
Nongye yu Shengwu Zhineng Chuangan Jishu

作　　者　李民赞　孙　红　杨　玮　主编

策划编辑　张苏明　　**责任编辑**　张苏明

封面设计　郑　川　李尘工作室

出版发行　中国农业大学出版社

社　　址　北京市海淀区圆明园西路2号　　**邮政编码**　100193

电　　话　发行部 010-62733489，1190　　读者服务部 010-62732336
编辑部 010-62732617，2618　　出　版　部 010-62733440

网　　址　http://www.caupress.cn　　**E-mail** cbsszs@cau.edu.cn

经　　销　新华书店

印　　刷　涿州市星河印刷有限公司

版　　次　2024年1月第1版　　2024年1月第1次印刷

规　　格　185 mm×260 mm　　16开本　　27印张　　674千字

定　　价　72.00元

编审人员

主　　编　李民赞　孙　红　杨　玮

编写人员（排名不分先后）

中国农业大学：	李民赞	孙　红	张　漫	刘　刚
	林建涵	郑立华	杨　玮	张　淼
	李　莉	李　寒	张　瑶	杨立伟
	仇瑞承			
浙江大学：	崔　笛	刘　飞		
河北农业大学：	马　丽	袁洪波		
北京石油化工学院：	邱　权			
广西大学：	李修华			

主　　审　汪懋华

前　　言

科技创新是推动经济社会发展的根本动力，同样也从根本上促进了农业发展。习近平总书记 2018 年 9 月 25 日在考察我国现代农业的排头兵黑龙江农垦建三江管理局时强调“农业要振兴，就要插上科技的翅膀”。智慧农业作为以信息、通信技术为代表的现代科技与农业深度融合的新兴技术体系，已成为现代农业发展的必然趋势。

2013 年，联合国粮食及农业组织（FAO）出版了 *Climate-Smart Agriculture Sourcebook*（《气候智慧农业》）一书，详尽论述了气候变化条件下的智慧农业发展途径。之后，智慧农业，特别是面向大田粮食作物的智慧农业理念在世界范围内迅速传播、发展。我国近年来高度重视智慧农业的发展，每年的中央一号文件都强调要发展智慧农业，推动新一代信息技术与农业生产经营深度融合，促进信息技术与农机农艺融合应用。2021 年发布的《中华人民共和国国民经济和社会发展第十四个五年规划和 2035 年远景目标纲要》中 30 多次提到人工智能、智能化和智能制造，指出要“加快发展智慧农业，推进农业生产经营和管理服务数字化改造”。2022 年党的二十大报告强调指出“推动战略性新兴产业融合集群发展，构建新一代信息技术、人工智能、生物技术、新能源、新材料、高端装备、绿色环保等一批新的增长引擎”“强化农业科技和装备支撑”“发展设施农业，构建多元化食物供给体系”。2023 年中央一号文件明确要求：“深入实施数字乡村发展行动，推动数字化应用场景研发推广。加快农业农村大数据应用，推进智慧农业发展。”党和国家明确了农业科技发展战略，发展智慧农业将成为实现农业农村现代化、加快建设农业强国的重要途径。

我国精细农业和智慧农业的开拓者汪懋华院士将智慧农业关键技术概括为“感、移、云、大、智”五个主要环节。“感”是指高效感知技术，包括农业信息先进感知技术和农业传感器。“移”是指移动互联和物联网技术，实现农业信息的实时传递和农业生产的实时调控；“云”是指云计算和云服务，支撑农业生产数字化和信息化；“大”是指农业大数据技术，通过信息的交互、融合、挖掘实现数据的更充分应用；“智”包括智慧和智能，实现种植、养殖的智慧管理决策和实施。感知技术是发展智慧农业的前提和基础，没有现代智能感知技术全方位获取农业信息，移、云、大、智等环节就是无源之水、无本之木。

随着人工智能技术的发展，传统的传感技术或者信息感知技术也进入了智能感知与识别时代。智能感知与识别技术涉及计算机对环境的感知能力和对感知数据进行处理和识别的能力。随着计算机硬件的不断发展和算法的不断精进，智能感知与识别技术取得了巨大的进展。不同于传统的只针对单一物理量的传感技术，智能感知与识别技术包括视觉感知与识别、语音感知与识别等针对变化过程的信息获取。除了视觉和语音感知与识别技术外，行为感知与识别技术也是研究的热点之一。硬件设备的进一步升级和智能化将为感知与识别技术的发展提供更多可能。例如，传感器的灵敏度和分辨率将不断提高，图像传感器将越来越小巧、清晰度将越来越高，语音传感器将更加敏感和抗干扰，智能感知与识别技术的应用将更加广泛和深入。

智慧农业关注农业以及生物信息的智能感知技术，这些信息主要包括农业地理环境、土壤环境、种养殖小气候环境、水环境、动植物生长状况以及管理信息等，尤其重视土壤肥力信息、作物生长信息、作物表型信息、作物病虫害信息、作物产量信息、动物生长信息、动物行为信息等。这样的信息具有量大、多维（信息多种多样）、动态、不确定（系统的噪声或随机噪声）、不完整、时空变异性强等特点。因此，系统介绍农业与生物信息智能感知技术对于提高研究生在本领域的基础和专业知识、增进对智慧农业研究和发展现状了解是非常必要的。本教材就是在这样的背景下，组织本领域一线教学与科研专家，集合近年来有关研究成果和研究方法编纂而成。本教材内容丰富，图文并茂。为了使读者能够更加清晰、直观地理解教材内容，采用二维码的形式提供了部分图片的彩色版本，将内容相关的几张图片组合到一个二维码中，读者扫描二维码即可查看。

本书共分 11 章，由李民赞、孙红、杨玮共同主编，由李民赞统稿，汪懋华院士主审。各章主要撰写人员如下：第 1 章绪论，李民赞、张漫、李寒共同撰写；第 2 章农业与生物传感技术基础，张淼、李修华、张瑶共同撰写；第 3 章作物生长信息检测与传感技术，孙红、张瑶、李民赞共同撰写；第 4 章作物病虫草害检测与传感技术，孙红、张瑶、李民赞共同撰写；第 5 章作物表型参数检测与传感技术，张漫、邱权、李寒、孙红、仇瑞承共同撰写；第 6 章土壤参数检测与传感技术，杨玮、张淼、刘飞、郑立华、李民赞共同撰写；第 7 章农产品品质检测与传感技术，崔笛、李寒、李民赞共同撰写；第 8 章设施园艺参数检测与传感技术，李莉、袁洪波、张漫、李民赞共同撰写；第 9 章农业与食品有害微生物分离与检测技术，林建涵撰写；第 10 章畜禽健康养殖生理生态参数检测技术，马丽、刘刚、李寒共同撰写；第 11 章 5G 通信与农业物联网技术，张漫、杨立伟、李寒、张瑶、李民赞共同撰写。

本教材撰写过程中，国内外众多专家给予指导并提供宝贵的数据和素材，他们有：中国工程院院士、中国农业大学教授汪懋华，中国工程院院士、华南农业大学教授罗锡文，中国工程院院士、国家农业信息化工程技术研究中心主任、中国农业大学特聘讲座教授赵春江，自然资源部原副部长、南京农业大学教授兼智慧农业研究院院长曹卫星，浙江农林大学原校长、浙江大学教授应义斌，浙江大学生物系统工程与食品科学学院原院长、浙江大学教授何勇，南京农业大学副校长、教授朱艳，中国农业机械化科学研究院有限公司总经理（院长）、研究员苑严伟，国家农业智能装备工程技术研究中心主任、中国农业大学兼职教授陈立平，国家农业智能装备工程技术研究中心副主任、研究员董大明，华南农业大学电子工程学院/人工智能学院院长、教授兰玉彬，美国华盛顿州立大学精细与自动农业中心主任、教授 Qin Zhang，美国俄克拉荷马州立大学教授 Ning Wang，日本京都大学教授近藤直，希腊雅典农业大学教授 Nikolaos Sygrimis，日本北海道大学农学院院长、教授野口伸，韩国忠南国立大学教授 Chung Sun Ok，美国明尼苏达大学副教授杨策，等。"智慧农业系统集成研究"教育部重点实验室和农业农村部"农业信息获取技术"重点实验室的研究生参与了本书部分章节撰写、编辑和整理。本教材的出版得到中国农业大学出版社、中国农业大学研究生院和中国农业大学信息与电气工程学院的大力支持。在此，对以上专家、学生和机构一并表示衷心的感谢。

限于编者水平，书中错误及不妥之处在所难免，恳请读者批评指正。

作　者

2023 年 11 月

目　　录

第1章 绪 论

1.1 农业技术的发展——从农业1.0到农业4.0

农业是利用动植物生长发育规律，通过人工培育获得产品的产业。农业生产的对象一般是动物和植物。由于动植物地理分布的不同，以及自然和社会经济条件的区域差异，世界上有许多类型的农业，如水稻种植业、商品谷物农业、种植园农业、园艺业、大牧场放牧业、乳畜业、混合农业等。农业利用动植物体的生活机能，把自然界的物质和能转化为人类需要的产品，为国民经济其他生产部门提供粮食、副食品、工业原料以及出口物资，是支撑国民经济建设和发展的第一产业。农业还具有生态环保功能、社会稳定功能以及文化传承和教育功能。

农业经历了从农业1.0到农业4.0的演变。人类社会的发展就是劳动者发挥聪明才智、不断创造新的劳动工具、认识自然、适应自然、改造自然的过程。在不同的历史时期，人类通过使用不同功能的工具来扩展和提升自身的功能，而这些工具本身也成为区分人类社会形态的基本标准之一，因此劳动工具的演变体现了农业1.0到农业4.0的演变[1-3]。农业1.0是以人力和畜力为主要动力的传统农业，农业2.0是以农业机械为生产手段的机械化农业，农业3.0是以信息为主要生产要素的数字农业(digital agriculture)或精细农业(precision agriculture)，农业4.0又称智慧农业(smart agriculture)或智能农业(intelligent agriculture)。

农业1.0是以人力和畜力作业为主的传统农业，是农业社会的产物[2,4]。在农业社会漫长的发展过程中，人类最重要的劳动工具是用以开发土地资源的各种简单手工工具，动力主要是人力和畜力。这些手工工具和畜力在一定程度上减轻了人类的体力劳动，但并没有从根本上把人类从繁重的体力劳动中解放出来。纵观农业社会的发展，生产工具虽然从早期的石器、青铜器发展到后来的铁器，但仍然是初级的，只是人体部分功能的有限延伸。

以1765年蒸汽机的发明和使用为标志，人类社会的生产工具得到了革命性的发展。人类发明和使用了以能量转换为特征的新的劳动工具，机器代替了手工工具，这标志工业社会开始。伴随着工业革命的发展，农业机械化工具不断出现，直接催生了农业2.0。与农业1.0以人力和畜力工具为主不同，农业2.0是一种以规模化农场和机械化生产为特征的大型农业，它以机械化生产为主，运用先进适用的动力农业机械代替人力、畜力生产工具，将落后低效的传统生产方式转变为先进高效的大规模生产方式，大幅提高了劳动生产率和农业生产力水平。

随着计算机、电子、信息技术和自动化设备在农业中的日益广泛应用，农业步入了3.0时代。农业3.0，即数字农业或精细农业，是以现代信息技术的应用和局部生产作业自动化、智能化为主要特征的农业。与机械化农业相比，农业3.0自动化、信息化程度更高，以信息技术为支撑，实现信息技术与农业生产的有效融合，根据空间变化，适时、适量地实施现代农业经营管理[5]，提高资源利用率、土地产出率和劳动生产率，达到合理利用农业资源的目的，同时降低生产成本，改善生态环境，提高农产品质量。

现代信息技术在农业领域的广泛应用催生了农业 4.0(智慧农业或精细农业 V2.0)。农业 4.0 的特点是物联网、大数据、云计算、智能机器人等技术在农业领域广泛应用，现代信息技术与农业深度融合[6-10]。农业 4.0 利用农业标准化体系的系统方法对农业生产进行统一管理，所有过程均是可控、高效的，真正实现无人化作业；农业服务提供者与农业生产者之间的信息通道通过农业标准化平台实现对接，使整个过程中的互动性加强。农业 4.0 可以通过网络和信息对农业资源进行软整合，增加资源整合的技术含量，进一步提升农业生产效率和质量。农业 4.0 是现代农业的最高阶段，是无人化智能农业的集中体现。

智慧农业(农业 4.0)将形成以数字化、自动化、精准化、智慧化为基本特征的现代农业新形态，其过程将是漫长的、不断演进的。智慧农业的发展正推动新的农业科技革命，深刻改变传统的农业生产经营方式。

1.2 现代农业技术

1.2.1 精细农业

与精细农业有关的研究起源于 20 世纪 80 年代，由美国从事农作物栽培、土壤肥力研究、农作物病虫害防治的农学家提出[11-14]。在 20 世纪 80 年代末和 90 年代初，“精细农业”或“精细农作”(precision farming)一词还没有被普遍使用，出现了多个描述这种新的农业技术的词汇，如按土耕作(farming by soil)、空间限定农作(spatially prescriptive farming)、计算机辅助农作(computer aided farming)、卫星农作(farming by satellite)、定点定量农作(site-specific farming)、定点定量作物管理(site-specific crop management，SSCM)，等等。Robert 等提出的 SSCM 的定义如下：SSCM 是一种基于信息和技术的农业管理系统，用于识别、分析和管理田间土壤的时空变异性，以实现收益最佳、可持续性和环境保护的目标[15]。20 世纪 90 年代末以后，“精细农业”或“精细农作”一词逐渐被该领域的科学家所接受。随着农业工程技术、农业信息技术、地理信息系统(GIS)、连续数据采集传感器(CDS)、遥感技术、变量作业技术(variable rate technology，VRT)、智能农业设备和决策支持系统的发展，美国、英国、德国、荷兰、意大利等发达国家将精细农业技术应用于农机自动导航、自动测产、水果采摘、农田灌溉、田间除草以及其他领域[16-18]。

精细农业的概念也在不断发展。国际精细农业学会(International Society of Precision Agriculture，ISPA，其网址为 https://www.ispag.org/)2019 年采用了以下关于精细农业的新定义：“精细农业收集、处理和分析具有时空变异特性和个体差异的数据，并将这些数据与其他信息相结合用于支持基于变异性的农业管理策略，以提高农业生产的资源利用效率、生产力、质量、收益和可持续性。”(Precision agriculture is a management strategy that gathers, processes and analyzes temporal, spatial and individual data and combines it with other information to support management decisions according to estimated variability for improved resource use efficiency, productivity, quality, profitability and sustainability of agricultural production.)

如上所述，精细农业本质上是一种农业生产管理策略，它彻底改变了粗放型生产方式的技术体系，其重点是利用现代信息技术，大大提高农业的生产管理水平，使农业生产的各个环节更加严谨细致，以达到优化各种资源利用效率的目的。精细农业可以利用安装在联合收割机上的产量监测仪生成产量图，可以利用土壤传感器生成土壤参数图或肥料配方图，可以采用变量施肥机、智能播种机、自动除草机、自动导航拖拉机等实现变量投入、地块差异化管理、按土耕作、节水灌溉、个性化种植、无人驾驶等作业。

1.2.2 数字农业

随着1998年美国提出数字地球(digital earth)的概念，数字农业的概念也引起了人们的极大关注[19]。数字农业的本义主要是指在地理空间信息技术支撑下的集约化和信息化的农业技术。具体而言，数字农业将遥感(RS)、地理信息系统(GIS)、全球定位系统(GPS)、计算机技术、通信和网络技术、自动化技术与地理学、农学、生态学、植物生理学、土壤科学等基础学科相结合，以达到优化利用农业资源、降低生产成本、改善生态环境、提高农作物产品质量的目的[20]。随着移动互联网和大数据技术的发展，数字农业的内涵正在逐步发展，并延伸到农业科研、农业管理以及农产品流通、销售、安全等方面[7]。

数字农业也可以看作是精细农业的升级和拓展。首先，在应用环节上，数字农业延伸到了农业生产、流通、销售的全过程，而精细农业主要集中在农业生产环节。其次，在技术和设备方面，与精细农业相比，数字农业的类型更多，更多的是依赖远程通信、物联网等集成技术。最后，精细农业仍然是数字农业的核心，所有的技术进步最终都要体现在农业生产质量和效益的提高上。数字农业的最终成果应该体现在精细农业的建设与发展上。

联合国粮农组织(FAO)也非常重视数字农业，认为数字技术的普遍性、便携性和移动性正在改变农业和粮食生产的现状[21]。具体而言，在农业和粮食部门，移动技术、遥感服务和分布式计算的普及已经增加了农民获得信息、投入和市场的机会，提高了产量和生产率，简化了供应链，降低了业务成本。

1.2.3 智慧农业

信息与通信技术(information and communication technology，ICT)推动农业在精细农业和数字农业之后进入了更高阶段，即智慧农业或农业4.0时代。智慧农业是将现代工业的组织模式、管理理念和先进技术引入农业而形成的一种新型农业生产模式。它在传统农业的基础上综合应用互联网、计算机、现代通信技术、物联网、现代农业机械等新技术，增强对农业生产环境状况的感知，实现农业可视化远程诊断、远程控制、灾难预警等智能化管理[22]。智慧农业可以加强对农业生产的管理，减少农产品流通损耗，实现农业的产、供、销高度智能化、自动化、精细化。智慧农业可实现更完备的信息化基础支撑、更透彻的农业信息感知、更集中的数据资源利用、更广泛的互联互通、更深入的智能控制、更贴心的公众服务。智慧农业不仅可以提高作物产量和土地资源利用效率，还能降低农业生产对自然环境的破坏程度，对建立资源集约型、环境友好型的绿色农业发展起着重要作用。

智慧农业是全球农业发展的大趋势，许多国家都非常重视并推出了智慧农业发展计划[23]。日本于2014年启动实施“跨部门战略性创新/创造计划”(Cross-ministerial Strategic

Innovation Promotion Program,SIP),并于2015年启动了基于"智能机械+现代信息技术的下一代农林水产创新技术"项目,其目标是借助机器人、信息技术(IT)、大数据和人工智能(AI)等技术建立高产并节省劳动力的智慧农业模式,以及通过利用尚未开发的资源创制新材料,为农林产品增加附加值[24]。欧洲农业机械工业协会(European Agricultural Machinery Industry Association,CEMA)于2017年10月12日召开农业4.0峰会,指出在信息技术背景下,农业数字化革命即将到来,欧洲农业未来的发展方向是农业4.0即智慧农业[25]。英国国家精细农业中心(National Centre for Precision Farming,NCPF)在欧盟FP7计划的支持下,正实施未来农场(Future Farm)智慧农业项目,研发除草机器人进行除草作业,替代使用化学农药[26]。加拿大联邦政府预测与策划组织Policy Horizons Canada 2014年发布了报告《元扫描3:新兴技术与相关信息图》(*MetaScan 3:Emerging Technologies*)[27],指出,土壤和作物传感器、牲畜生物识别技术、变速收获控制、农业机器人、机械化农场网络、封闭式生态系统和垂直(工厂)农业等技术将在未来5～10年进入生产应用,改变传统农业。美国在经历了机械化、杂交育种、化学化、生物技术化后正走向智慧农业,物联网也将在美国农业中得到广泛应用[28]。

国际咨询机构"研究与市场"(Research and Market)2017年发布了一份关于2025年智慧农业市场的报告[29]。该报告根据产品类型和应用对市场进行了深入细分,在地理上将全球划分为北美洲、欧洲、亚太、中东、非洲及南美洲6个主要区域,认为智慧农业发展最快的地区是亚太地区,其次是欧洲;随着数字农业方法的日益普及,中东和非洲地区有望成为快速发展地区。该报告预计,到2025年,全球智慧农业市场将从2016年的113.0亿美元增长到300.1亿美元,2017—2025年的复合年增长率为11.5%,主要发展领域为大田精细农业、智能畜牧业、智能渔业和智能温室,主要技术为遥感与传感器技术、农业大数据与云计算服务技术、农业智能装备(如无人机、机器人)等。

1.3 农业信息技术前沿

1.3.1 农业物联网技术

2008年IBM在美国提出了"智慧星球"(smarter planet)的新概念,强调及时性、实时感知和即时反馈[30]。此后,物联网(internet of things,IoT)作为信息感知的有力工具,在世界范围内迅速发展,被称为信息技术发展的第三次浪潮。同时,物联网技术也被引入农业领域,农业物联网技术成为农业信息化技术的前沿之一。

农业物联网是一个复杂的系统,涉及电子、通信、计算机、农学等多学科和领域。根据信息学的基本研究内容,即信息的获取、处理、传输和利用,农业物联网的关键技术可分为物理层(感知层)、传输层(网络层)和应用层,重点解决农业个体的问题识别、情景感知、异构设备组网、多源异构数据处理、知识发现和决策支持等问题[31]。在农业物联网中,各种农业设备和传感器通过机器对机器(M2M)通信技术,突破数据共享障碍,共享操作参数,基于大数据和人工智能对农业全过程进行优化自动控制。农业物联网将形成以机械和技术为主的生产模式,大大提高农产品质量和物流的透明度,全面降低农产品生产经营成本。目前,农业物联网已应用于农业监控、受控环境农业、开放式农业、畜牧业、食品供应链追溯、农业中间件和互操作性、多层部署和商业解决方案等领域[32]。

随着信息技术的不断升级，农业现代化进程进入了一个新的信息化时代，传统农业的升级过程对农业物联网提出了新的要求。虽然物联网平台层出不穷，但仍然相互独立，产生了数据孤岛现象。大数据技术和云计算技术为数据管理和分析提供了解决方案，许多知名科技公司也开始致力于云计算基础设施建设。它们为农民提供访问平台，同时获取农业时空数据，为农民建立包括植物信息、环境信息和养分信息在内的生产实践模型。比如，利用历史环境信息和植物生长信息，建立田间或温室作物病害预警系统，引导农民提前采取预防措施。

另外，农业生产环境的特点和低功耗传感器的技术需求对农业物联网的数据传输提出了更高的要求。由于缺乏标准和规范，物联网在该领域的标准化应用受到限制。因此，农业物联网技术必须全面升级，进一步提高通用性、可靠性和智能化水平，同时降低成本，促进更广泛的应用。

1.3.2 农业大数据技术

随着信息技术的普及和计算机存储技术的飞速发展，数据量已跨入 ZB(1.024×10^{21} B)时代。例如，遥感技术中的 RGB 图像、近红外图像、多光谱和高光谱图像等产生了大量的数据，必须对这些数据进行分析才能获取有价值的农业信息。这就需要开发高效的存储和分析解决方案来处理大量数据[33]。由于需要处理的信息量超过了一般计算机在处理数据时所能使用的内存量，因此需要大数据分析技术，新的分布式系统架构 Hadoop 和计算模型 MapReduce 也应运而生。全新的技术条件使得对海量数据的整合、聚类、回归等变得可行。大数据的主要特征可以概括为“4V”[34]，即规模性（volume）、快速性（velocity）、多样性（variety）和真实性（veracity）。农业大数据的复杂程度取决于数据的规模性和多样性，质量取决于数据的快速性和真实性。

农业数据量大，结构复杂，模式多变，实时性强，相关性强[35]。通过大数据技术从海量农业数据中获取价值关系，是解决农业变量高维、强耦合问题的主要途径。农业大数据的本质在于针对特定农业问题，依托大体量农业数据与处理方法，分析数据变量间的关系，制定解决方案。关于大数据在智慧农业中扮演的角色，Wolfert 等指出，大数据正在改变农业的范围和组织结构，并试图通过大数据应用解决粮食安全、可持续性以及因此而提高效率等全球性问题[8]。另外，物联网技术快速发展，通过无线网络连接农业和供应链中的各种对象、设备、传感器和机器人，正在产生许多可以实时访问的新数据，而这些海量数据在一定程度上提供了获取明确信息和决策的能力，这在以前是不可能的。基于农业大数据技术，深入分析农业数据，挖掘其潜在价值是研究的重点。大数据应用主要集中在精细农业可靠决策支持系统、农村综合信息服务系统、农业数据监测预警系统、农业生产环境监控系统等方面。

农业数据主要是各种农业对象、关系和行为的客观反映，农业大数据技术是对多源异构海量农业数据的抽象数学描述。目前农业知识模型、农业模式识别、农业知识表示、农业商业模式机器学习等方面都取得了突破性进展，但有些模型、算法还不足以如实反映客观现实，尚不具有指导农业精细生产的实际意义。农业大数据技术目前面临的挑战是如何挖掘农业生产、加工、销售，资源、环境、过程等全链条上有价值的信息，如何通过统计方法对农业对象、关系、行为进行量化，如何使大数据转化为便于农民接受和使用的智能数据，为精细农业和智慧农业的研究与实践提供知识支撑。此外，随着大数据技术的成熟和海量基础数据技术的不断积累，深度学习算法的研究和应用也日益活跃。深度学习是基于人工神经网络数学原理，以多层参数学习系统为结构、以海量数据为训练参数的机器学习算法，它的特点是能够自动提取数据中包含的特征，并用数学的方法表达高维复杂变量之间的关系。如何将深度学习应用到大数据挖掘中，建立农业生产中的作物生理模型和环境模型，也是一个亟待解决的挑战性课题。

1.3.3 农业云计算技术

云计算是一种新型的网络服务模式。它将传统的以桌面为核心的任务处理转变为以网络为核心的任务处理，利用互联网传递服务、计算和信息，实现按需计算和网络协作，是一种高性能的并行计算技术。云计算技术具有超大规模、虚拟化、分布式存储、高可靠性、高弹性、可扩展等特点，这些特点为解决农业农村信息化建设中存在的问题提供了良好的技术支持。就农业云服务而言，近年来全球范围内出现了不同类型的农业云计算应用。日本富士通有限公司于 2010 年推出云计算服务“F&AgricPack”，服务日本农业产业的发展[36]。我国国家农业信息化工程技术研究中心（NERCITA）利用云存储技术对海量农业知识资源进行管理，实现了对 3.2 TB 农业资源的有效管理。在农业云平台信息资源管理方面，针对农业信息资源表示、资源组织管理、个性化智能推送、农业智能系统开发平台、农业领域本体库构建、农业知识协同与服务等方面已开展广泛研究，并形成了大量针对领域应用特征的软件与功能模块。

联合国粮农组织在 2010 年提出气候智慧农业（climate-smart agriculture，CSA）的概念，帮助农业系统管理人员有效应对气候变化。CSA 追求可持续提高生产力和收入、适应气候变化和尽可能减少温室气体排放三重目标[37]。CSA 通过云计算技术提供的功能包括数据采集和远程存储、低成本获取 ICT 资源、在线农业专家咨询、土地记录自动化和气象预报[38]。CSA 是云计算在资源共享、节约成本和高效农业系统建设等方面应用的一个非常有益的尝试。此外，农业过程与云计算的融合，对农产品的产销起到了重要的推动作用。

Zamora-Izquierdo 等开发了一个柔性云计算平台，控制使用中度咸水灌溉的全循环温室的无土栽培系统。该平台由本地平面、边缘平面和云平面三层开源软件支持。本地平面利用信息物理系统（cyber-physical systems，CPS）与作物监测设备实现信息交互，收集数据并执行实时基础控制动作（如灌水、通风、补光等）。边缘平面负责监控和管理接入网络附近的主要精细农业任务，以提高系统应对网络接入故障的可靠性。云平面则收集当前和过去的记录并托管数据分析模块[39]。

在农业云平台架构研发方面，网格技术的出现和发展曾促进了分布式、异构农业信息资源的有效聚合和充分共享。但是，在透明的用户服务和按需访问方面，它无法应对海量的农业用户需求和显著的需求差异。云计算以用户为中心，以资源池的方式为用户提供透明的计算、存储和信息服务。云计算体系结构、分布式存储、安全管理、云监控、资源调度、云计算编程模型等关键技术得到了广泛的研究，进一步与领域应用相结合，实现资源整合和按需服务，已成为云计算技术发展的重要趋势。

1.4 精细农业和智慧农业中的传感技术

1.4.1 精细农业和智慧农业中的农业信息

从国际精细农业学会2019年对精细农业的新定义可以看出，信息（或数据）是精细农业和智慧农业的基础。

精细农业（智慧农业）所关注的农情信息主要包括地理环境、土壤环境、小气候、水环境、作物生长状况以及管理信息等六大类[40]。这些信息具有量大、多维（信息多种多样）、动态、不确定（系统噪声或随机噪声）、不完整、具稀疏性、时空变异性强等特点。由于土壤和作物是农业生产中最关键的要素，在精细农业（智慧农业）中目前优先需要考虑的是土壤和作物信息的获取。

农业生产最关心的是土壤肥力，即土壤能供应与协调植物正常生长发育所需要的养分和水、气、热的能力。土壤肥力指标包括各种土壤物理指标、化学和养分指标及生物指标[41]。土壤物理指标包括土壤含水率、土壤硬度（紧实度）、土壤质地（土壤中黏粒、粉粒和砂粒的比例）、表土层厚度、土壤容重、土壤孔隙度、土壤团粒结构、土壤温度等。土壤化学和养分指标包括土壤pH、阳离子交换能力（cation exchange capacity，CEC）、电导率（electrical conductivity，EC），全氮、全磷、全钾、速效氮（铵态氮、硝态氮）、速效磷、速效钾及微量营养元素含量和有效性。土壤生物指标主要指土壤中各种有机质的含量。化学和养分指标是反映土壤肥力的关键指标，而土壤肥力的发挥受土壤理化性状的限制。土壤有机质是土壤肥力的物质基础，有机质分解产生作物所需要的各种养分，同时有机质又具有保水、保肥和缓冲作用，促进团粒结构的形成，改善土壤物理性质，减轻或消除土壤中的农药残毒和重金属污染。

精细作物田间管理关注作物长势和作物产量信息。作物长势即作物生长的状况与趋势，作物的长势可以用个体与群体特征即作物长势特征参数来描述[42]，发育健壮的个体所构成的合理的群体才是长势良好的作物区。农作物长势监测指对作物的苗情、生长状况及其变化的宏观监测，可以分为随时间变化的监测和长势空间分布状况监测。以冬小麦为例，冬小麦的个体特征可以用茎、叶、根与穗的特征描述，如株高，分蘖数，叶的数量、形状、颜色，根的发育情况等；群体特征可用群体密度、叶面积指数、布局与生长动态来描述。作物的病虫草害数据和信息也是关系到作物生长的重要信息，记录作物病虫草害的危害程度和分布情况是非常必要的，特别是在危害初期就能检测到相关信息并发出预警，将更有意义。

作物产量监测分为依据生长季节信息估算产量和在收获季节自动计测产量。作物估产有许多方法，主要有3种模型：气象模型、农学模型和遥感模型[43]。由于影响作物产量的因素复杂，气象模型和农学模型在大范围作物产量预测中精度波动较大。遥感模型是通过建立遥感测得的作物信息（光谱信息）与产量间的关系来估算作物产量，具有更高的概括性和预测精度。作物产量实时测量是利用搭载在联合收割机上的测产传感器实时测量谷物产量，并在差分GPS的配合下生成产量空间分布图，用于指导来年的精细农业生产[44]。

另外一个颇受关注的作物信息是植物表型组学[45-47]。表型（phenotype）一般指生物个体或群体在特定条件下（如各类环境和生长阶段等）所表现出的可观察的形态特征，它被认为是生物体的基因型（genotype，即生物体遗传构成）和环境因素（environmental factors）复杂交互的结果。表型参数的自动快速获取对于遗传育种和作物精准管理具有重要意义。

1.4.2 精细农业和智慧农业中的农业信息获取技术

在机器和电子技术诞生之前，农民利用五官感知土壤和作物的特性，手工测量土壤和作物的一些特征参数。精细农业（智慧农业）要求准确、快速地感知和处理农田信息。随着ICT技术的发展，农田信息感知方法在光、声、电、磁技术的基础上，又引入了无线传感器网络（wireless sensor network，WSN）技术、移动互联技术、无人机技术等，进一步提高了信息获取的泛在性和实时性[48,49]。

可见光和近红外光谱技术以其简便、快速、精度高和无损等优越性，成为获取农田生物环境信息的重要手段，在精细农业（智慧农业）发展中发挥着重要作用[50]。根据土壤的光谱特性，利用地物光谱仪可以分析土壤水分、有机质和矿物质养分含量[51]。根据作物的光谱特性，可监测作物长势，诊断作物营养状况，诊断作物病虫害状况，估算产量和检测品质等，评估作物生长与环境的交互作用，提高作物管理水平，实现定时定位、处方农作。

遥感技术以卫星为光谱传感器的平台，为土壤和作物信息获取提供了强有力的工具。遥感技术可用于农作物养分诊断和监测、农作物播种面积估算、农作物长势监测和产量估算、农业灾害监测、农业气候监测、农业生态环境监测、农业用水监测等。其中基于遥感的作物长势监测在精细农业（智慧农业）中尤其发挥了重要作用[52,53]。农作物长势与农作物最终品质和实际产量密切相关。农作物长势监测主要指的是宏观监测农作物的苗情、生长情况以及变化情况。对不同的农作物而言，其发育期和长势均不尽相同，因此它们的光谱反射率也不同。根据不同波段的作物冠层反射率特征，科学家们设计了多种多样的作物光谱指数（植被指数），这些植被指数与作物长势参数，例如叶面积指数、叶片氮素含量、叶片水分含量，以及农作物的产量之间存在较强相关性，利用这些关系便可以准确获取农作物长势和营养参数，从而监测其生长态势，最后估算产量[54,55]。

图像处理与分析技术是随着计算机的发展和成熟而在近年来迅速发展起来的一个重要应用技术领域。利用计算机图像处理技术对作物生长进行监测具有无损、快速、实时等特点，它不仅可以测量作物植株器官几何形状参数，如根、茎、叶等器官的长度、宽度、周长、面积、角度等，而且可测量不规则叶片的面积、直径、形状因子等常规方法难以测定的指标。通过对作物不同时期的图像的分析，可了解作物生长发育动态，如叶片衰老进程、幼苗生长率、作物缺水缺肥状况等。作物生长过程中病虫草害的自动识别和测定技术，也是图像处理技术在作物栽培生产中的重要应用领域。

基于地面光谱的土壤或作物检测（也称为近地遥感），光谱分辨率高，但检测范围小、效率低。卫星遥感监测范围大、效率高，但空间分辨率和光谱分辨率受到限制。无人机遥感则具有较高的光谱分辨率和空间分辨率，又具有较广的观测区域和较高的效率。随着无人机技术的发展和普及，无人机遥感得到越来越广泛的应用，也开发了一些专用于无人机遥感的多光谱和高光谱相机。

随着ICT技术的发展，涌现了一些用于农田信息感知的现代光谱分析技术，包括荧光光谱分析技术、太赫兹（THz）技术、激光诱导击穿光谱分析（laser-induced breakdown spectroscopy，LIBS）技术。还有基于材料介电特性的感知技术、生物传感器技术等。信息处理技术在近年来广泛应用的人工神经网络技术（artificial neural network，ANN）、小波分析技术、支持向量机技术(support vector machine,SVM)等的基础上,引入了适应网络化时代的大数据技术(big data)、机器学习(包括深度学习)等。现代信息感知与处理技术的应用为精细农业(智慧农业)的发展提供了坚实的基础。

1.5 小 结

从传统农业到精细农业再到智慧农业,都离不开信息获取和传感技术,现代信息获取和传感技术会发挥越来越重要的作用。随着传感器技术、现代通信技术以及物联网技术等的快速发展,现代信息获取技术得到了快速的发展。例如,近年来传感器正从传统型向新型传感器转型,新型传感器的特点是微型化、数字化、智能化、多功能化、网络化。在通信方面,以低功耗、低运营成本、大节点容量为特点的 LoRa(远距离无线电,long range radio)、NB-IoT(窄带物联网,narrow band IoT)等低功耗广域网(low-power wide-area network,LPWAN)是未来农业传感器网络组网的主要途径。作为 LPWAN 的传输速率补充,5G 移动通信技术将使农业图像、音频为代表的大文件传输变为现实,进一步扩充农业信息维度。未来,智慧、便捷、精确、节能的农业信息获取和传感技术将持续成为智慧农业领域的研究热点。

参考文献

[1] De Clercq M,Vats A,Biel A. Agriculture 4.0:The future of farming technology[EB/OL]. World Government Summit,February 2018. https://www.worldgovernmentsummit.org/api/publications/document?id=95df8ac4-e97c-6578-b2f8-ff0000a7ddb6.

[2] 李道亮. 农业 4.0:即将到来的智能农业时代[J]. 农学学报,2018,8(1):207-214.

[3] Rose D C,Chilvers J. Agriculture 4.0:Broadening responsible innovation in an era of smart farming [J]. Frontiers in Sustainable Food Systems,2018,2:87.

[4] 黄涛,韩鹏. 再论生产力、生产方式与生产关系之间的关系:基于人类社会生产变迁史的思考[J]. 西部论坛,2012,22(3):47-54.

[5] Alvaro M,Andrea C,Ilaria Z,et al. Precision farming in hilly areas:The use of network RTK in GNSS technology [J]. Agriculture,2017,7(7):60.

[6] O'Grady M J,O'Hare G M P. Modelling the smart farm[J]. Information Processing in Agriculture,2017,4(3):179-187.

[7] Ozdogan B,Gacar A,Aktas H. Digital agriculture practices in the context of agriculture 4.0[J]. Journal of Economics,Finance and Accounting,2017,4(2):186-193.

[8] Wolfert S,Ge L,Verdouw C,et al. Big data in smart farming:A review[J]. Agric Syst,2017,153:69-80.

[9] Adnan N,Nordin S M,Rahman I,et al. The effects of knowledge transfer on farmers decision making toward sustainable agriculture practices:In view of green fertilizer technology[J]. World Journal of Science Technology & Sustainable Development,2017,15:98-115.

[10] Braun A,Colangelo E,Steckel T. Farming in the era of industrie 4.0[J]. Procedia

CIRP,2018,72:979-984.
[11] McKinion J M,Lemmon H E. Expert systems for agriculture[J]. Computers and Electronics in Agriculture,1985,1(1):31-40.
[12] Schueller J K,Bae Y H. Spatially attributed automatic combine data acquisition [J]. Computers and Electronics in Agriculture,1987,2(2):119-127.
[13] Searcy S W,Schueller J K,Bae Y H,et al. Mapping of spatially variable yield during grain combining[J]. Transactions of the ASAE,1989,32(3):826-829.
[14] Stafford J V,Hendrick J G. Dynamic sensing of soil pans[J]. Transactions of the ASAE,1988,31(1):9-13.
[15] Robert P C,Rust R H,Larson W E. Proceedings of Site-specific Management for Agricultural Systems,Second International Conference,Minneapolis,MN,USA,March 27-30,1994[C]. Madison:ASA-CSSA-SSSA,1995:Preface.
[16] Baker J,Colvin T S,Jaynes D B. Potential environmental benefits of adopting precision agriculture[C]//Robert P C,Rust R H,Larson W E. Proceedings of the 3rd International Conference on Precision Agriculture, Minneapolis,MN,USA,June 23-26,1996: 1051-1052.
[17] Blackmore S. Developing the principles of precision farming[C]// Proceedings of Agro Tech 99,Barretos,Brazil,January 1999:15-19.
[18] Stafford J V. Implementing precision agriculture in the 21st century[J]. Journal of Agricultural Engineering Research,2000,76(3):267-275.
[19] Gore A. The digital earth:Understanding our planet in the 21st century[J]. Photogrammetric Engineering & Remote Sensing,1998,65(5):528-530.
[20] Liang Y,Lu X S,Zhang D G,et al. The main content,technical support and enforcement strategy of digital agriculture [J]. Geo-spatial Information Science,2002,5(1): 68-73.
[21] Trendov N M,Varas S,Zeng M. Digital technologies in agriculture and rural areas:Briefing paper [M]. Rome:Food and Agriculture Organization of the United Nations, 2019.
[22] Brown M. Smart farming:Automated and connected agriculture[EB/OL]. (2018-03-15). https://www.engineering.com/DesignerEdge/DesignerEdgeArticles/ArticleID/16653/Smart-FarmingAutomated-and-Connected-Agriculture.aspx.
[23] 赵春江. 智慧农业发展现状及战略目标研究[J]. 智慧农业,2019,1(1):1-7.
[24] Noguchi N. Smart agriculture toward Society 5.0:SIP "Technologies for creating next-generation agriculture,forestry and fisheries"[EB/OL]. (2017-07). http://jastip.org/sites/wp-content/uploads/2017/07/prof.Noguchi.pdf.
[25] CEMA. A revolution in the making:EU should lend stringent support to digital farming and become a 'world-leader'[EB/OL]. (2017-10-12). 2017 CEMA Summit-FARMING 4.0. https://www.cemaagri.org/images/publications/press_releases/Press_Release_2017_CEMA_Summit_12_October_2017.pdf.
[26] NCPF. National Centre for Precision Farming[EB/OL]. https://www.harper-adams.

ac. uk/research/ncpf/.
[27] Policy Horizons Canada. MetaScan 3:Emerging technologies[EB/OL]. (2014-03-01). https://horizons. gc. ca/en/2014/03/01/metascan-3-emerging-technologies/.
[28] Erickson B, David A W. 2015 precision agricultural services dealership survey results [M]. West Lafayette:Purdue University, 2015.
[29] Research and Markets. Smart agriculture market to 2025:Global analysis and forecast [M/OL]. Dublin:Research and Markets, 2017. https://www. researchandmarkets. com/reports/4375555/smart-agriculture-market-to-2025-global.
[30] IBM. Smarter Planet[EB/OL]. (2008). https://www. ibm. com/ibm/history/ibm100/us/en/icons/smarterplanet/.
[31] Khanna A, Kaur S. Evolution of internet of things (IoT) and its significant impact in the field of precision agriculture[J]. Computers and Electronics in Agriculture, 2019, 157:218-231.
[32] Tzounis A, Katsoulas N, Bartzanas T, et al. Internet of things in agriculture, recent advances and future challenges[J]. Biosystems Engineering, 2017, 164:31-48.
[33] Ip R H L, Ang L M, Seng K P, et al. Big data and machine learning for crop protection [J]. Computers and Electronics in Agriculture, 2018, 151:376-383.
[34] Chen C P, Zhang C Y. Data-intensive applications, challenges, techniques and technologies:A survey on big data[J]. Information Sciences, 2014, 275:314-347.
[35] 李道亮,杨昊. 农业物联网技术研究进展与发展趋势分析[J]. 农业机械学报,2018,49(1):1-20.
[36] Fujitsu. Cloud services for agricultural industry[EB/OL]. (2010-04-05). https://www. fujitsu. com/global/about/resources/news/press-releases/2010/0405-02. html.
[37] FAO. Climate-smart agriculture sourcebook[M]. Rome:Food and Agriculture Organization of the United Nations, 2013.
[38] Symeonaki E, Arvanitis K, Piromalis D. Review on the trends and challenges of cloud computing technology in climate-smart agriculture [C]// Proceedings of the 8th International Conference on Information and Communication Technologies in Agriculture, Food and Environment (HAICTA 2017), Chania, Greece, Sep 21-24, 2017.
[39] Zamora-Izquierdo M A, Santa J, Martínez J A, et al. Smart farming IoT platform based on edge and cloud computing[J]. Biosystems Engineering, 2018, 177:4-17.
[40] 罗锡文,臧英,周志艳. 精细农业中农情信息采集技术的研究进展[J]. 农业工程学报,2006,22(1):167-173.
[41] 郑立臣,宇万太,马强,等. 农田土壤肥力综合评价研究进展[J]. 生态学杂志,2004,23(5):156-161.
[42] Clevers J G P W, Büker C, Van Leeuwen H J C, et al. A framework for monitoring crop growth by combining directional and spectral remote sensing information[J]. Remote Sensing of Environment, 1994, 50(2):161-170.
[43] Doraiswamy P C, Hatfield J L, Jackson T J, et al. Crop condition and yield simulations

using Landsat and MODIS [J]. Remote Sensing of Environment, 2004, 92(4): 548-559.

[44] Grisso R D, Alley M M, Mcclellan P. Precision farming tools: Yield monitor [M]. Blacksburg: Virginia Cooperative Extension, Virginia Polytechnic Institute and State University, 2005.

[45] Walter A, Liebisch F, Hund A. Plant phenotyping: From bean weighing to image analysis[J]. Plant Methods, 2015, 11(1): 14.

[46] 周济, Tardieu F, Pridmore T, 等. 植物表型组学:发展、现状与挑战[J]. 南京农业大学学报, 2018, 41(4): 580-588.

[47] Pieruschka R, Schurr U. Plant phenotyping: Past, present, and future[J]. Plant Phenomics, 2019, Article ID 7507131. DOI: 10.34133/2019/7507131.

[48] Wang N, Zhang N, Wang M H. Wireless sensors in agriculture and food industry: Recent development and future perspective[J]. Computers and Electronics in Agriculture, 2006, 50(1): 1-14.

[49] Jiang R, Wang P, Xu Y, et al. Assessing the operation parameters of a low-altitude UAV for the collection of NDVI values over a paddy rice field[J]. Remote Sensing, 2020, 12(11): 1850.

[50] Pasquini C. Near Infrared Spectroscopy: Fundamentals, practical aspects and analytical applications[J]. Journal of the Brazilian Chemical Society, 2003, 14(2): 198-219.

[51] 李民赞, 郑立华, 安晓飞, 等. 土壤成分与特性参数光谱快速检测方法及传感技术[J]. 农业机械学报, 2013, 44(3): 73-87.

[52] 杨邦杰, 裴志远. 农作物长势的定义与遥感监测[J]. 农业工程学报, 1999, 15(3): 214-218.

[53] 吴炳方, 张峰, 刘成林, 等. 农作物长势综合遥感监测方法[J]. 遥感学报, 2004, 8(6): 498-514.

[54] Bannari A, Morin D, Bonn F, et al. A review of vegetation indices[J]. Remote Sensing Reviews, 1995, 13(1-2): 95-120.

[55] 田庆久, 闵祥军. 植被指数研究进展[J]. 地球科学进展, 1998, 13(4): 327-333.

第2章 农业与生物传感技术基础

农业与生物传感技术是研究农业与生物系统中有关信息提取、转换和处理方法的应用技术，它综合了传感器机理与分析、设计与研制、材料与工艺、性能评估与应用等多方面知识，是一门以传感器为研究对象，测量学、物理学、微电子学、光学与光电子学、机械学、材料学、电子与半导体科学、计算机科学等多学科交叉、融合的现代科学技术。本章主要介绍农业与生物系统信息获取常用传感器的类型、工作原理、检测与调理电路以及典型应用。

2.1 传感器与测量系统

2.1.1 系统组成及发展趋势

传感器(sensor)也称变换器(transducer)或换能器。根据国家标准，传感器的定义为：能感受被测量并按照一定的规律转换成可用输出信号的器件或装置，通常由敏感元件和转换元件组成[1]。测量系统的主要作用是对传感器输出的信号进行调理，使其容易实现数据通信、显示、记录或控制。所以，传感器与测量系统的工作是，将检测对象(物理、化学、生物信号)转换为与之存在对应关系的电信号输出，并根据应用需要实现对信号的处理、传输、显示和记录等操作。有时也把传感器与测量系统统称为传感器(系统)。

传感器与测量系统的组成如图 2-1 所示。由于农业与生物传感器的检测对象复杂多样，测量系统所使用的检测方法和技术指标要求也有很大区别，常见的测量系统类型如表 2-1 所示。

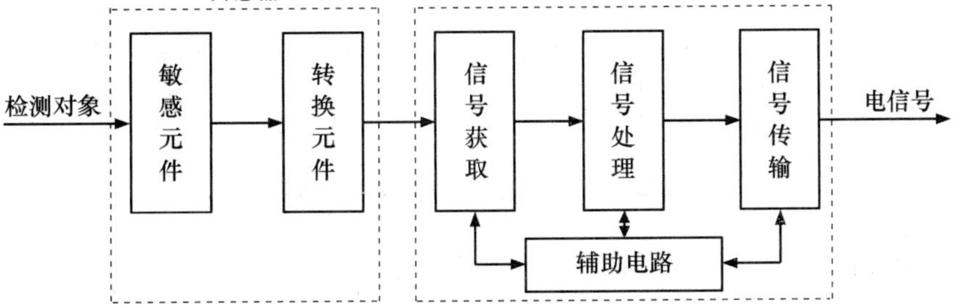

图 2-1 传感器与测量系统组成框图

表 2-1　农业与生物传感器测量系统的常见类型

分类依据	类型	说　明
测量条件	等精度测量	保持测量过程中各影响因素不变,对被测量进行多次重复测量
	非等精度测量	测量过程中对影响因素不加控制,对被测量进行测量
测量手段	直接测量	将被测量与标准量进行直接比较,或用预先经标准量标定好的测量仪器或仪表进行测量
	间接测量	被测量本身不易直接测量,通过测量与其相关的参数间接求取
	组合测量	将直接测量与间接测量方法组合使用
测量方式	偏差式测量	被测量的改变可导致测量系统输出信号改变,利用信号变化量(偏差)的大小描述被测量
	零位式测量	利用指零机构(如天平指针),使被测量与标准量两者达到平衡,用已知标准量衡量被测量
	微差式测量	被测量尚未完全与已知标准量相等(被测量的大部分和已知标准量抵消,只存在少量余差),通过获取偏差,并与已知标准量叠加,推知被测量
测量场景	在线式测量	对被测量变化过程进行实时监测
	离线式测量	与在线式测量相对应,在被测量变化过程结束后测量或取样测量

我国传感技术的发展始于20世纪50年代初期,"十二五"以来传感及检测技术得到国家更大关注,有望成为信息产业新的经济增长点。在现代农业进入智慧化发展的新阶段,技术发展和需求驱动是传感器发展的双动力,材料科学、新型加工技术及工艺、多学科交叉研究的发展,都将极大地促进农业感知技术的创新与发展,多功能、实用化、微型化、集成化、智能化、网络化等特点将成为农业传感器发展的新趋势。农业与生物传感技术发展趋势如图2-2所示。

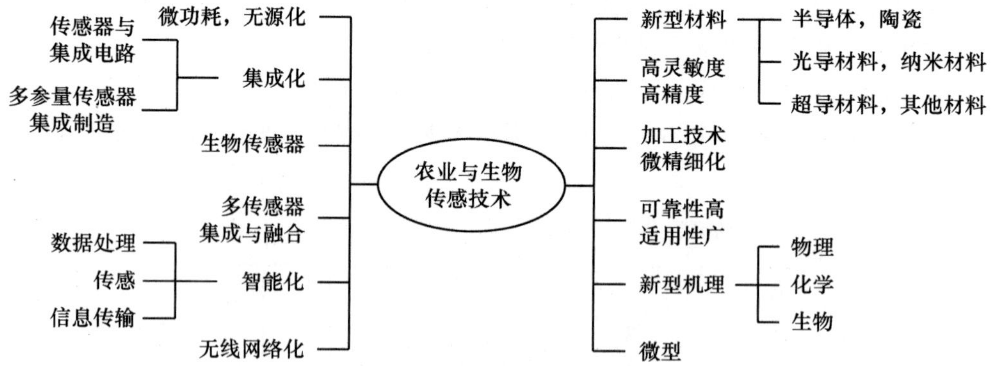

图 2-2　农业与生物传感技术发展趋势

2.1.2　基本特性

输入输出特性是传感器最基本的特性,根据被测量的时变特性,通常分为静态特性和动态特性两大类。静态特性是指输入量为稳态量(静态量或准静态量)时传感器的输入输出关系,动态特性则指输入量为动态量(周期变化或暂态)时传感器的输入输出关系。

从信号分析的角度，传感器输出信号 $f(x)$ 与输入信号 x 的关系可以用微分方程来表示，理论上，去掉微分方程中的一阶及一阶以上的微分项得到的即为传感器的静态特性。实际农业与生物传感系统中，传感器的静态特性分析还应考虑非线性和随机性因素，但将上述因素引入微分方程，势必使问题复杂化。因此，这里先将问题简化，不考虑非线性和随机性因素，将传感器的静态特性和动态特性分开分析。

2.1.2.1　静态特性

传感器的静态特性通常在稳态条件下获取，其输入输出关系式中不含时间变量。理论上，传感器的静态特性常被设计为线性关系，或输出与输入为一一对应的单调函数。但通常农业与生物传感系统的应用场景为开放环境，常存在传感器老化、电磁干扰等非线性因素，其输入与输出对应关系的唯一性常难以保障。传感器静态特性的主要技术指标有量程与测量范围、线性度、灵敏度、迟滞、精准程度和漂移等，如表 2-2 所示。

表 2-2　传感器静态特性的主要技术指标[1]

类别	指标	说　明
量程与测量范围	测量上限	传感器所能测量的最大值(最大输入量)
	测量下限	传感器所能测量的最小值(最小输入量)
	测量范围	测量上、下限之间的区间
	量程	测量上、下限的代数差
	满量程	根据工作特性，传感器最大输出与最小输出的代数差。为提高测量准确度，推荐传感器接近满量程使用
线性度	非线性误差	实测输入输出曲线与传感器静态特性拟合直线之间的最大偏差，求取该偏差与满量程输出值的比率，以百分数表示，该百分数即为非线性误差
灵敏度	静态灵敏度	传感器达到稳定工作状态时输出变化量与引起变化的输入量之比
迟滞	迟滞	传感器正(输入量由小逐渐增大)、反(输入量由大逐渐减小)行程中输入输出曲线不重合的程度。迟滞现象常因传感器机械结构中的缺陷导致
	回程误差	正、反行程中输出的最大偏差量，常用绝对值表示
	迟滞误差	正、反行程中输出的最大偏差量与满量程输出值的百分比
精准程度	精度	传感器在规定条件下允许的最大绝对误差与满量程输出值的百分比
	分辨率	传感器输出值的最后一位数字所对应的输入量
	最小检测量	传感器能反映的被测量的最低极限值，一般为噪声电平的若干（1～5）倍
	重复性	同一工作条件下，传感器输入量按照同一方向在全测量范围内连续变动多次所得特性曲线的不一致性。数值上，常用各次测量值正、反行程标准偏差最大值的 2～3 倍与满量程输出值的百分比表示
漂移	零点漂移	传感器无输入(或某一输入值不变)时，每隔一段时间进行读数，其输出偏离零值(或指示值)的数值。如用百分数表示，则为该偏离数值与满量程输出值的百分比
	温度漂移	温度变化时传感器输出的偏离程度，一般用温度变化 1 ℃时输出最大偏差与满量程输出值的百分比表示

2.1.2.2 动态特性

传感器的动态特性是传感器对于随时间变化的输入量的响应特性。研究传感器动态特性时，常用微分方程描述其输入与输出之间的关系，绝大多数传感器的输入输出关系均可用零阶、一阶或二阶微分方程来描述。据此，可将传感器分为零阶传感器、一阶传感器和二阶传感器，见表 2-3。

表 2-3 传感器动态特性数学模型[2]

类别	微分方程	说明
零阶传感器	$Y(t)=\frac{b_0}{a_0}X(t)=KX(t)$	$Y(t)$：传感器输出量； $X(t)$：传感器输入量； a_0、a_1、b_0：常数项；
一阶传感器	$a_1\frac{\mathrm{d}Y(t)}{\mathrm{d}t}+a_0Y(t)=b_0X(t)$ $(\tau D+1)Y(t)=KX(t)$	K：$K=\frac{b_0}{a_0}$，静态指标，系统特征量； τ：$\tau=\frac{a_1}{a_0}$，时间常数；
二阶传感器	$a_2\frac{\mathrm{d}^2Y(t)}{\mathrm{d}t^2}+a_1\frac{\mathrm{d}Y(t)}{\mathrm{d}t}$ $+a_0Y(t)=b_0X(t)$ $\left(\frac{D^2}{\omega_0^2}+\frac{2\xi}{\omega_0}D+1\right)Y(t)=KX(t)$	D：$D=\frac{\mathrm{d}}{\mathrm{d}t}$，微分算子； ω_0：$\omega_0=\sqrt{\frac{a_0}{a_2}}$，传感器阻尼系统固有振荡频率，系统特征量； ξ：$\xi=\frac{a_1}{2\sqrt{a_0a_2}}$，阻尼比，系统特征量

2.1.3 信号处理方法

2.1.3.1 信号与信息

信号是信息的载体，是通过传感器、中间变换器和记录仪所测得的数据。信号包含着有关被测对象的有用信息，同时由于测量过程中受到测量系统内、外部各种因素的影响，还夹杂着一些不需要的成分。因此，需要对所测得的信号进行适当的分析和处理，较准确地提取信号中的有用信息，为进一步研究被测物理现象、过程、系统提供正确的信息依据。

信号分析与处理是传感器检测的重要环节，其主要目的是将信息更准确地从信号中提取出来。具体来讲，主要包括以下四方面：

①去除混杂在信号中的噪声和干扰，消除测量过程中信号所受的“污染”。

②将信号变换为更符合要求的形式，使专业人员更容易解释、分析和识别，从而挖掘出蕴藏在信号中的有用信息，赋予其相应的物理意义，更深入地揭示被测对象内在的物理本质。

③消除信号中的多余成分，将感兴趣的部分强化、突出，以利于提取主要信息。

④修正波形的畸变。由于动态测量中绝大多数情况下得不到真实的波形，直接用来提取信息往往会产生较大的误差，甚至会得出错误的结论，所以需分析信号的畸变，作必要的修正，以获得可靠的结果。

2.1.3.2 信号处理方法

信号处理方法种类较多，通常需要根据被测对象及其所处环境，以及信号测量系统本身的特点，如信号类型、信号强度、信号频率、采样周期等，进行有针对性的选择。广义地讲，信号处理方法主要有硬件处理方法和软件处理方法。

硬件处理方法主要通过硬件电路来实现。被测量通过传感器变换成电量的变化，例如电阻、电感、电容、电荷等的变化。这些信号必须进一步变换才能输出，用于显示、记录以及控制等。常见的预处理电路有电桥、硬件滤波器、调制解调器等。

软件处理则是将电信号经 A/D 转换后输入单片机，由单片机对数字信号进行滤波、变换、增强、估计、识别等处理，以达到提取信息、便于应用的目的。针对不同的信号处理目的，所采用的方法也有所不同。例如，滤波常用的方法有算术平均、滑动平均、去极值滤波、中值滤波等；变换常用的方法有傅里叶变换、小波变换、希尔伯特变换等。在农业领域，光谱测量因其无损、快速等优点受到较多关注并得到广泛的应用。在光谱测量过程中，仪器内外的干扰会在测量得到的光谱数据上产生不同程度的随机噪声。噪声在正常信号曲线上表现为抖动、毛刺或锐脉冲，影响频谱特性分析，增加后续分析和检测的误差。对实测数据进行降噪是光谱分析中常见的一种信号处理方法，可以有效提高信噪比。目前，典型的频谱噪声处理方法有均值滤波、中值滤波、五点近似滤波的三次平滑算法和 Savitzky-Golay 滤波等。

2.1.3.3　传感器标定

传感器在制造、装配完毕后必须进行一系列试验，对设计指标进行全面检测，确定其实际性能，这个过程就是标定。通过标定可以建立传感器输出与输入之间的关系，并确定不同使用条件下的误差。

传感器标定的基本方法是：将已知的被测量（即标准量）输入待标定的传感器，得到传感器的输出量；将传感器输入量和输出量进行处理和比较，得到一系列表征两者对应关系的标定曲线，进而得到传感器性能指标。一般来说，对传感器进行标定时，必须以国家和地方计量部门的有关检定规程为依据，选择正确的标定条件和适当的仪器设备，按照规定的程序进行。传感器的标定包括静态标定和动态标定两种。

静态标定用来确定传感器的静态特性指标，需在静态标准条件下进行。静态标准条件是：无加速度、无振动、无冲击（除非这些参数本身就是被测量），环境温度一般为室温[(20±5)℃]，相对湿度不大于 85%，大气压力为(101.32±7.999)kPa。

一般的静态标定包括如下步骤：

①将传感器全量程（测量范围）分成若干等间距点。

②根据传感器量程分点情况，由小到大逐点递增输入标准量值，记录与各点输入值相对应的输出值。

③将输入量值由大到小逐点递减，同时记录与各点输入值相对应的输出值。

④按上述步骤②、③，对传感器进行正、反行程往复循环多次（一般为 3～10 次）测试，将得到的测试数据用表格列出或绘成曲线，如图 2-3 所示。

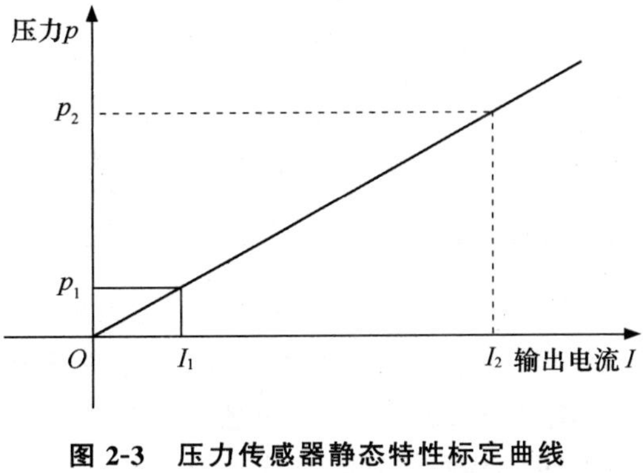

图 2-3　压力传感器静态特性标定曲线

⑤对测试数据进行必要处理，确定标定曲线、标定方程和标定常数，计算灵敏度、线性度、迟滞误差等静态特性指标。

动态标定用于确定传感器的动态特性，研究传感器的动态响应。与动态响应有关的参数，一阶传感器只有一个即时间常数 τ，二阶传感器则有固有振荡频率 ω_0 和阻尼比 ξ 两个。确定这些参数的方法很多，一般是通过实验确定，如测量传感器的阶跃响应、正弦响应、线性输入响应、白噪声响应，其中最常用的是测量传感器的阶跃响应。

对新研制的传感器，必须进行标定试验，以保证量值的准确传递，而标定数据又可作为改进传感器设计的重要依据。传感器使用、存储一段时间后，也须对其主要技术指标进行复测，称为校准（校准和标定本质上是一样的），以确保其性能指标达到要求。出现故障的传感器，若经修理还可继续使用，修理后也必须再次进行标定试验，因为它的某些指标可能发生了变化。

2.2　阻抗式传感器

2.2.1　电阻式传感器

电阻式传感器的基本原理是将被测非电量的变化转变成电阻值的变化，通过测量电阻值达到测量非电量的目的。按其工作原理可分为变阻器式（电位器式）、电阻应变式、热电阻式等。利用电阻式传感器可以测量形变、压力、力、位移、加速度和温度等非电量。

2.2.1.1　变阻器式传感器

变阻器（电位器）由电阻元件、滑动触头、调节杆或传动杆、轴承和外壳等部分组成。滑动触头有直线式和旋转式，被测量通过带动触头移动，使输出电阻发生变化实现测量。电阻元件的结构形式与特点如表 2-4 所示。

表 2-4　变阻器电阻元件的结构形式与特点

电阻元件形式	主要结构	特　点
绕线式	将直径 0.012～0.1 mm 的镍铬合金精密电阻丝绕在绝缘的薄膜铜丝或绝缘胶木板等卷芯上制成	阻值精度、稳定性、重复性好，电阻温度系数可以达到 $\pm(5\times10^{-6}\sim20\times10^{-6})$/℃
金属陶瓷式	将电阻胶印在陶瓷基板上，用高温烧制而成	分辨力高，环境适应性强，电阻温度系数为 $\pm200\times10^{-6}$/℃
导电塑料式	将基板的树脂与电阻墨制成一体或将电阻胶涂于薄膜基片上制成	分辨力、寿命、高速响应特性好，电阻温度系数为 $\pm400\times10^{-6}$/℃
混合式	将导电性树脂涂在绕线式电阻元件上制成	兼有绕线式和导电塑料式的优点，电阻温度系数为 $\pm150\times10^{-6}$/℃

变阻器式传感器的优点是结构简单，尺寸小，重量轻，输出信号幅值大，性能稳定，通过改变变阻器骨架结构可以实现电阻值非线性变化，进而实现输入-输出间的任意函数关系。其缺点是要求输入能量大，滑动触头的摩擦和惯性限制了其动态特性，灰尘、湿气、氧化和磨损又加大了噪声，从而使其测量分辨力下降，使用寿命缩短。此外，触头滑动形成电火花，大大降低了传感器的安全性。

此类传感器的典型应用为测量位移、压力、高度、加速度、航向角等参数，如滑线变阻器式位移传感器等。

2.2.1.2　电阻应变式传感器

电阻应变式传感器基于金属电阻的应变效应制成，主要由弹性敏感元件、电阻应变计（又称电阻应变片）、补偿电阻和外壳组成，可根据具体测量要求设计成多种结构形式。弹性敏感元件在被测量的作用下产生形变，并使附着其上的电阻应变片一起产生形变，形变量转换为电阻应变片阻值的变化。根据制作材料的不同，电阻应变片通常分为金属应变片和半导体应变片，金属应变片又可分为金属丝式、金属薄膜式和金属箔式。电阻应变式传感器的典型结构如图 2-4 所示，主要由基底、粘贴层、敏感栅、覆盖层、电极、引线组成，其核心部件电阻应变片的主要参数有标准电阻值、绝缘电阻、灵敏度系数、应变极限、允许电流、机械滞后等。

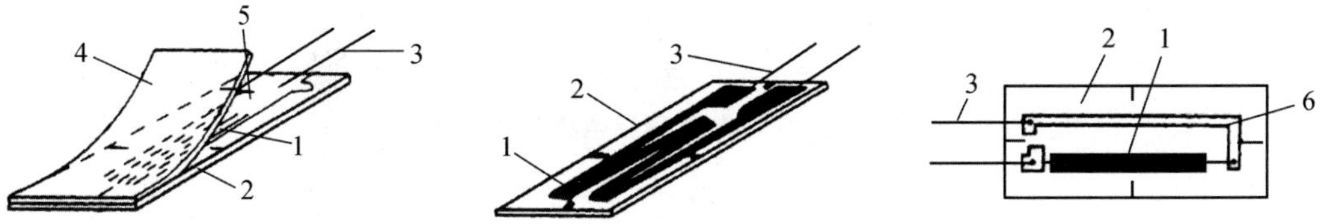

（a）金属丝式　　（b）金属箔式　　（c）半导体式

1. 敏感栅　2. 基底　3. 引线　4. 覆盖层　5. 粘贴层　6. 电极

图 2-4　典型电阻应变式传感器的结构及组成

由于机械应变一般都很小，电阻应变式传感器的检测与调理电路需要把微小应变引起的微小电阻变化测量出来，同时要把电阻相对变化 $\Delta R/R$ 转换为电压和电流的变化，通常采用直流电桥和交流电桥实现。电桥的工作原理如图 2-5 所示。

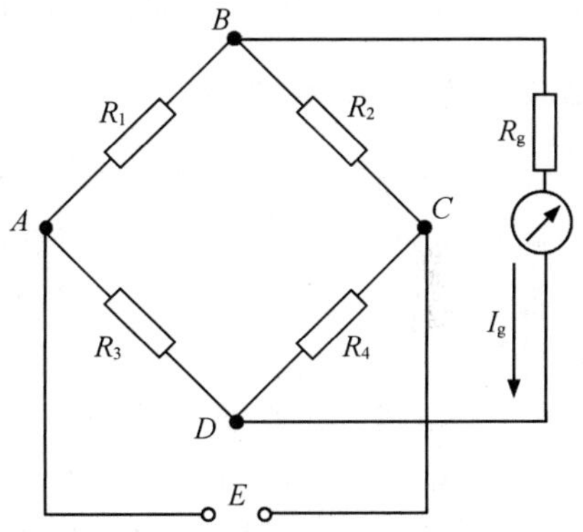

图 2-5　电桥的工作原理

电阻应变式传感器可以测量重量、力、压力、扭矩、位移、加速度和温度等多种物理量，应用最多的是称重和测力，如各类电子秤、吊钩秤及汽车称重系统等。此外还有电阻应变式加速度传感器，可用于汽车气囊保护系统；电阻应变式力矩传感器，可用于精密机械手等。

2.2.1.3　热电阻式传感器

热电阻式传感器可利用导体的电阻值随温度变化的特性，对与温度和湿度有关的参数进行检测。根据材料不同，热电阻式传感器可分为金属热电阻式（简称热电阻）和半导体热电阻式（简称热敏电阻）两大类。

金属热电阻测温利用了大多数金属导体的电阻率随温度升高而增大的特性，即金属导体的电阻率具有正的温度系数。目前应用最广泛的金属热电阻材料是铂和铜，已经有标准测温热电阻产品。半导体热电阻测温是利用半导体材料的电阻值随温度显著变化的特性，将半导体材料制成热敏元件，其电阻值随温度变化的特性可分为 3 种类型，即正温度系数型、负温度系数型、临界温度系数型。

用金属热电阻传感器测温时，测量电路一般采用电桥电路。但是热电阻与检测仪表相隔距离一般较远，因此热电阻与测量仪表之间的引线对测量结果有很大的影响。热电阻测温电桥的引线方式通常有两线制、三线制和四线制 3 种，如图 2-6 所示。两线制中引线电阻对测量结果影响较大，一般用于测温精度要求不高的场合；三线制可以减小引线电阻因环境温度变化所引起的测量误差；四线制可以完全消除引线电阻对测量的影响，常用于高精度温度检测。

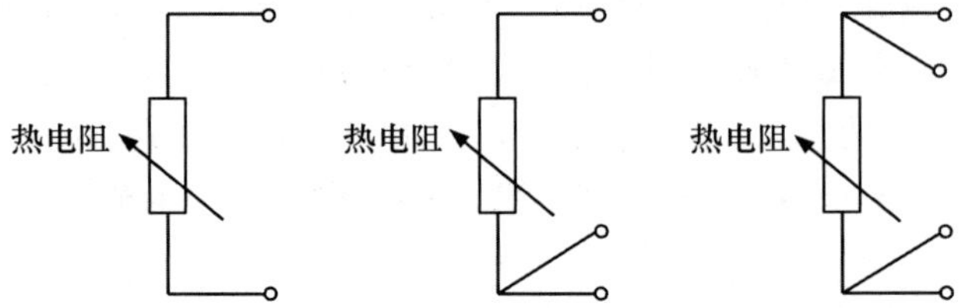

(a)两线制 (b)三线制 (c)四线制

图 2-6 金属热电阻测温电桥的引线方式

用半导体热电阻传感器测温时，一般也采用电桥电路。引线电阻对热敏电阻的测量影响极小，一般不考虑引线电阻的补偿。但由于热敏电阻的非线性特性，在设计和选择测量电路时必须考虑线性化处理(也可以通过软件进行线性化处理)。

热电阻式传感器常用于工业温度参数的测控，以及可转换成温度测量的其他物理量的测量，如流体流量检测、气体成分分析等。热电阻也常用作温度补偿电路的感温元件，或用于某些物理量温度系数的修正，如各种传感器的温度补偿电路、热电偶的冷端补偿电路等。

2.2.2 电感式传感器

利用电磁感应原理将被测非电量的变化转换成线圈自感系数或互感系数的变化，再由测量电路转换为电压或电流的变化量输出，这种装置称为电感式传感器。按照工作原理，电感式传感器可分为自感式传感器(单线圈自感式与差动自感式)、差动变压式传感器和电涡流传感器 3 种类型[1]。

2.2.2.1 自感式传感器

1. 传感器结构和原理

单线圈自感式传感器由线圈、铁芯和衔铁三部分组成，其结构如图 2-7 所示。铁芯与衔铁由硅钢片或坡莫合金等导磁材料制成。

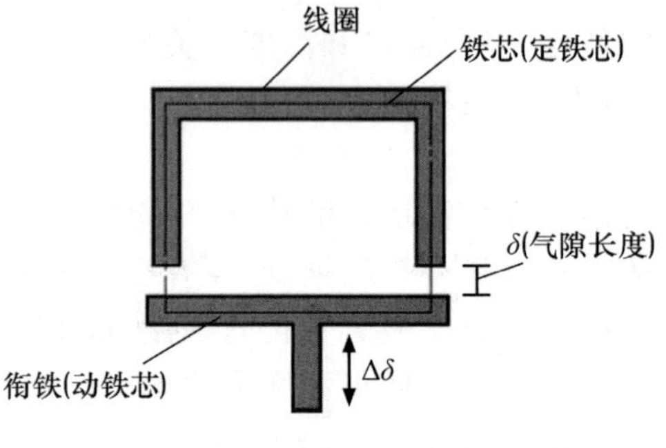

图 2-7 单线圈自感式传感器结构

自感式传感器把被测量的变化转换成自感 L 的变化，通过转换电路转换成电压或电流的变化输出。从灵敏度来看，变气隙长度型自感式传感器，在变化量微小的情况下可以将 L-δ 的关系视为线性，因此只适用于测量微小变化量；变气隙面积型自感式传感器，由于漏感等原因，线性区范围较小，灵敏度也较低，因此在工业中应用不多；螺线管型自感式传感器结构简单，制作容易，但灵敏度低，适用于测量较大的位移量。

由于传感器线圈中通有交流励磁电流，因而

衔铁始终承受电磁吸力，这会引起振动和附加误差，而且非线性误差较大。外界的干扰、电源频率的变化、温度的变化都会使输出产生误差。在实际使用中，常采用两个相同的线圈，共用一个衔铁，构成差动自感式传感器，两个线圈的电气参数和几何尺寸要求完全相同。这种结构除了可以改善线性度、提高灵敏度外，也可以补偿温度变化、电源频率变化等的影响，从而减少外界影响造成的误差，进而减小测量误差。另外，还可以减小电磁吸力对测量的影响。

2. 转换电路

自感式传感器常用的转换电路有调幅、调频和调相电路。

调幅电路一般由变压器电桥电路和相敏检波电路组成，如图 2-8 所示。变压器电桥电路的输出电压反映了传感器线圈阻抗的变化，但由于是交流信号，无法判别输出的相位或位移的方向，这个输出电压经相敏检波后，可以同时反映出非电量变化的大小和方向。

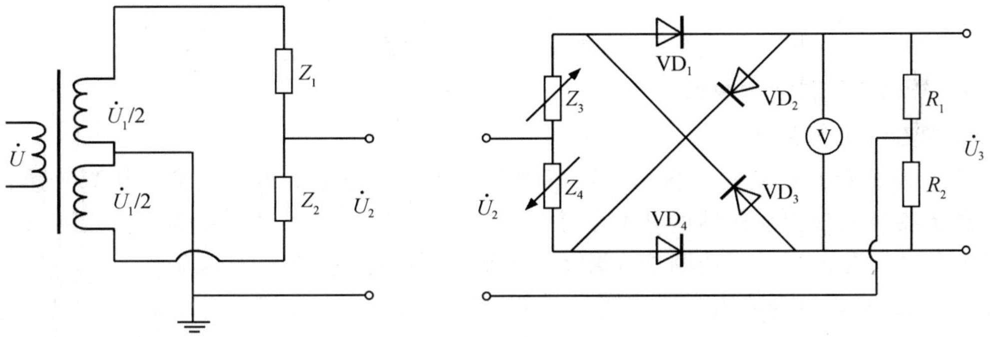

(a)变压器电桥电路　　(b)相敏检波电路

图 2-8　调幅电路

调频电路的基本原理是传感器电感的变化引起输出电压频率 f 的变化。一般把传感器电感线圈 L 和一个固定电容 C 接入一个振荡电路中，其振荡频率 $f=\dfrac{1}{2\pi\sqrt{LC}}$。当 L 变化时，振荡频率随之变化，根据 f 的大小即可测出被测量的值。如图 2-9 所示。但 f-L 特性曲线严重非线性，要求后续电路做适当线性化处理。

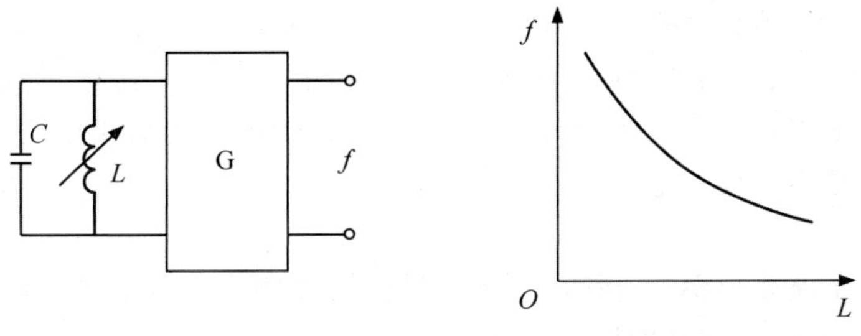

(a)调频电路　　(b)f-L 特性曲线

图 2-9　调频电路及其测量原理

调相电路的基本原理是，传感器电感的变化将引起输出电压相位 φ 的变化，检测相位 φ 的变化即可得到被测量。如图 2-10 所示。

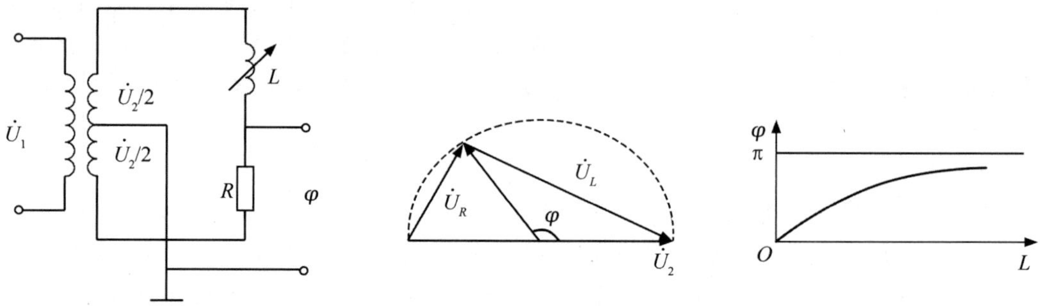

(a)调相电路　　(b)$\dot{U}_L$ 与 $\dot{U}_R$ 的关系　　(c)φ-L 特性曲线

图 2-10　调相电路及其测量原理

2.2.2.2　差动变压器式传感器

1. 传感器结构和原理

互感型传感器利用电磁感应中的互感现象将被测非电量的变化转换成线圈互感量的变化。这种传感器是根据变压器的基本原理制成的，它把被测位移量转换为一次线圈与二次线圈间互感量的变化。当一次线圈接入激励电源后，二次线圈就会产生感应电动势，当两者间的互感量变化时，感应电动势也相应变化。由于常采用两个二次线圈组成差动式，故又称差动变压器式传感器。

差动变压器结构形式较多，常见的有变隙式、螺线管式和变面积式等，其结构如图 2-11 所示。

图 2-11(a)中两种结构的差动变压器，衔铁均为板形，灵敏度高，测量范围则较窄，一般用于测量几微米到几百微米的机械位移。如果位移在 1 mm 至上百毫米，常采用圆柱形衔铁的螺线管式差动变压器，如图 2-11(b)所示。图 2-11(c)所示为测量转角的差动变压器，通常可测到几秒的微小角位移。应用最多的是螺线管式差动变压器，它的测量范围大，测量精度高，灵敏度高，结构简单，性能可靠。

2. 转换电路

差动变压器式传感器输出的电压是交流量，如用交流电压表指示，则输出值只能反应铁芯位移的大小，而不能反映移动的方向。同时，交流电压输出存在一定的零点残余电压，活动衔铁位于中间位置时输出也不为零。因此，差动变压器式传感器的后接电路应采用既能反应铁芯位移方向又能补偿零点残余电压的差动直流输出电路，常用的有差动相敏检波电路与差动整流电路。

差动相敏检波电路要求参考电压与差动变压器次级输出电压的频率相同，相位相同或相反，因此常接入移相电路。差动相敏检波电路如图 2-12 所示。

差动整流电路相对简单，不需要参考电压，不需要考虑相位调整和零位电压影响，对感应和分布电容的影响不敏感。差动整流后的直流输出便于远距离输送。差动整流电路如图 2-13 所示。

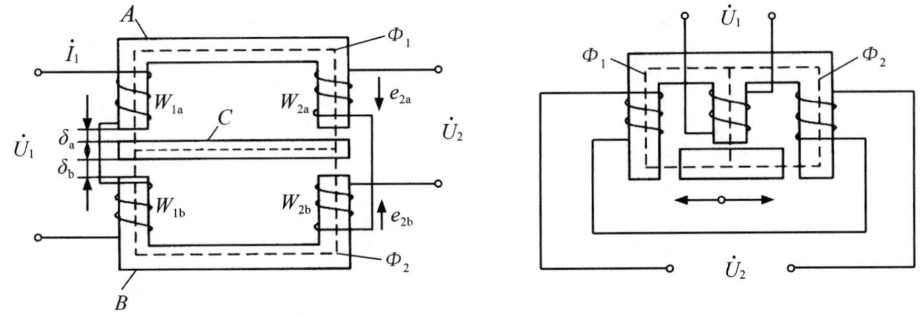

(a)变隙式

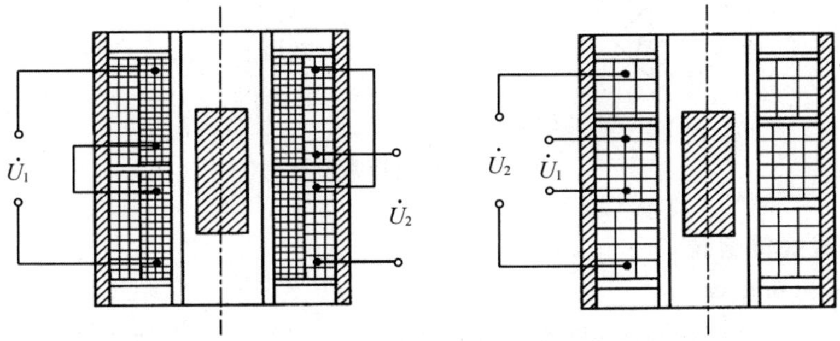

(b)螺线管式

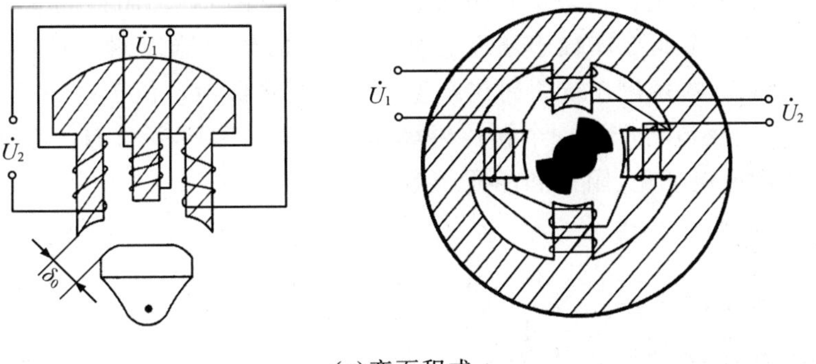

(c)变面积式

图 2-11　差动变压器的结构

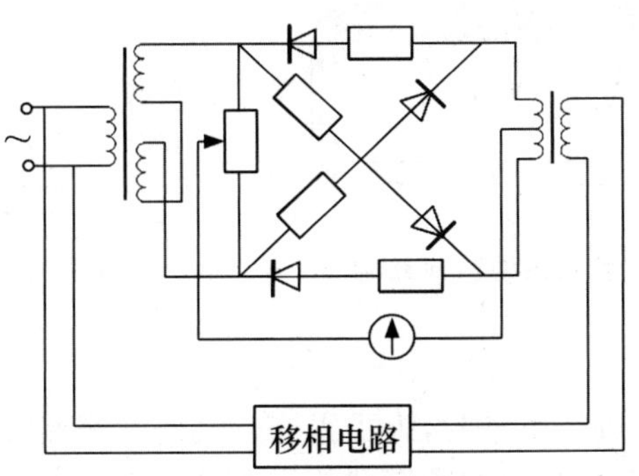

图 2-12　差动相敏检波电路

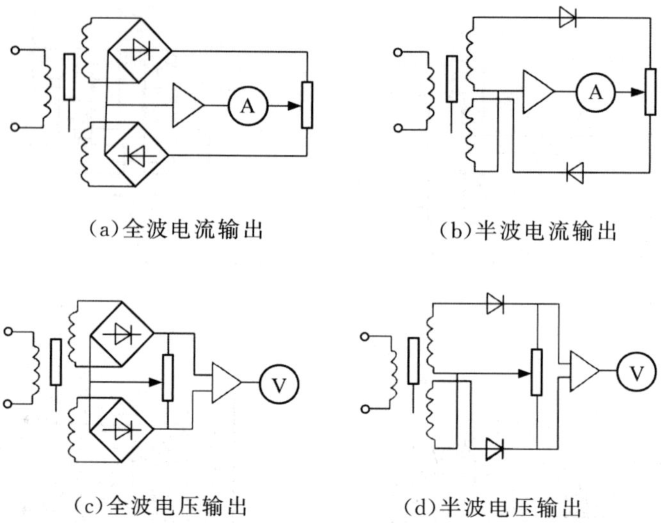

图 2-13　差动整流电路

2.2.2.3　电涡流式传感器

1. 传感器结构和原理

电涡流式传感器结构比较简单，主要部件是一个安置在探头壳体中的扁平圆形线圈，如图 2-14 所示。

电涡流式传感器利用电涡流效应将位移、温度等非电量转换为阻抗的变化或电感的变化。如图 2-15 所示，将块状金属导体置于通有交变电流 i_1 的传感器线圈的磁场中。根据法拉第电磁感应原理，电流 i_1 的变化在线圈周围产生一个交变磁场 $\boldsymbol{H}_1$，位于该磁场中的金属导体内便产生电涡流 i_2。电涡流将产生一个新的磁场 $\boldsymbol{H}_2$，其方向和原磁场 $\boldsymbol{H}_1$ 相反，将抵消部分原磁场，从而导致线圈的电感量、阻抗和品质因数发生变化。

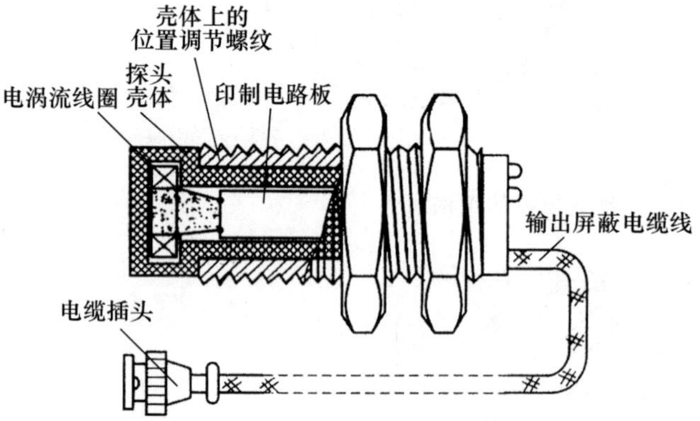

图 2-14　电涡流式传感器的内部结构

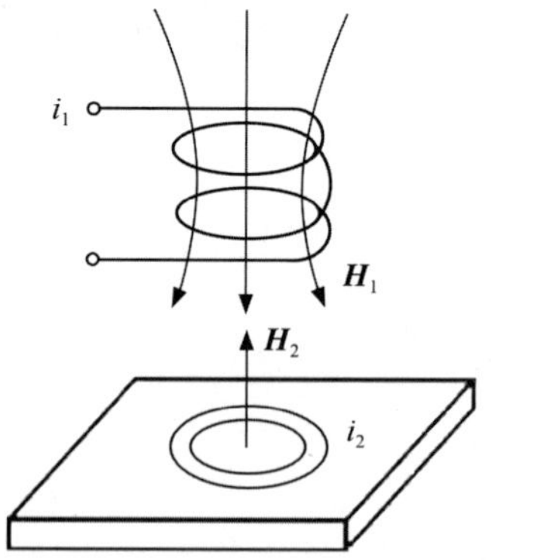

图 2-15　电涡流式传感器原理示意图

2. 转换电路

利用电涡流式变换元件进行测量时，为了得到较强的电涡流效应，通常激磁线圈工作在较高频率下，所以信号转换电路主要有调幅式电路和调频式电路两种。调幅式电路结构和信号转换过程如图 2-16 所示，调频(100 kHz～1 MHz)式电路结构和信号转换过程如图 2-17 所示。

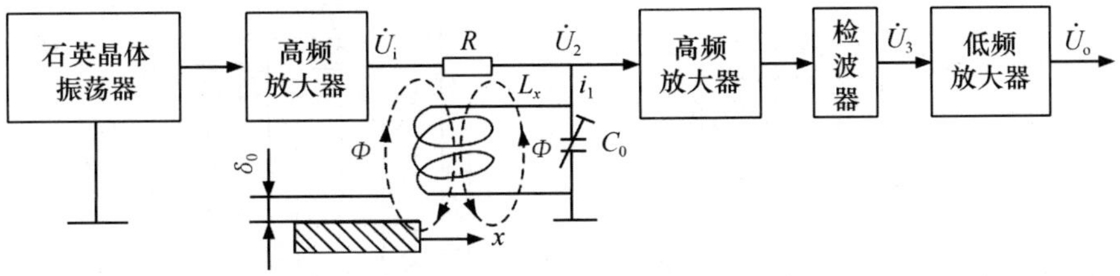

图 2-16　调幅式电路结构和信号转换过程

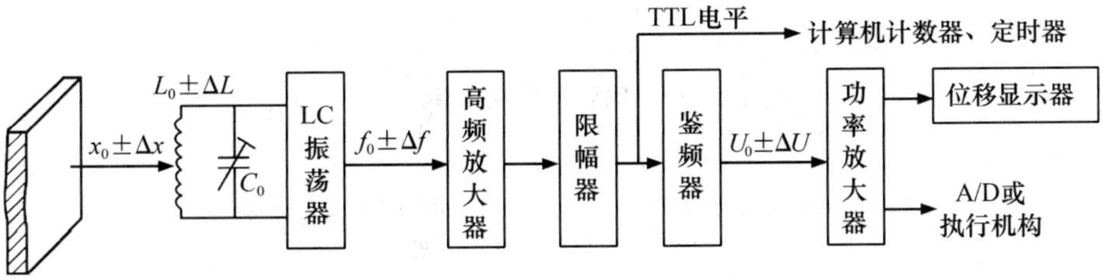

图 2-17　调频式电路结构和信号转换过程

2.2.2.4　电感式传感器的典型应用

电感式传感器可将微小的机械量变化，如位移、振动、长度、内径、外径、不平行度、不垂直度、偏心、椭圆度等非电量物理量的微小几何变化，转换为电量的变化即电参数的变化进行测量，是一种灵敏度较高的传感器，具有结构简单、可靠、输出功率大、输出阻抗小、抗干扰能力强、对工作环境要求不高、稳定性好等优点，因而被广泛应用于各种工程物理量检测与自动控制系统中，例如，利用电感式传感器监测轴承制造的精度，精确测量液压阀开口位置和孔径锥度误差，检测润滑油中磨粒尺寸等。

2.2.3　电容式传感器

电容式传感器的基本原理是将被测量的变化转换成电容量的变化，再经过测量电路将电容量的变化转换成电信号输出。电容式传感器通常分为 3 种类型：改变极板面积的变面积式、改变极板距离的变间隙式和改变介电常数的变介电常数式。

2.2.3.1　变面积式电容传感器

变面积式电容传感器通常分为线位移型和角位移型两大类。

常用的线位移型变面积式电容传感器又可分为平面线位移型和柱面线位移型两种结构，如图 2-18 所示。

对于平面结构电容器，如图 2-18(a)所示，两极板有效覆盖面积发生变化时，电容量也随之改变，其值

$$C = \frac{\varepsilon b(a - \Delta x)}{d} = C_0 - \frac{\varepsilon b}{d}\Delta x = C_0\left(1 - \frac{\Delta x}{a}\right) \tag{2-1}$$

式中：$C_0 = \varepsilon ab/d$，为初始电容值；ε 为介电常数。

对于柱面结构电容器，如图 2-18(b)所示，覆盖面积发生变化时，电容量也随之改变，其值

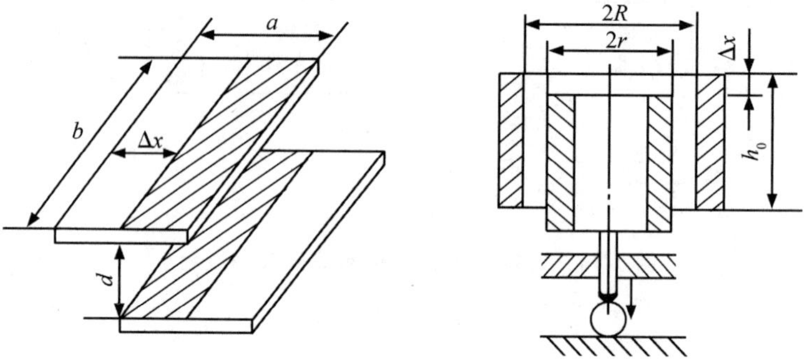

(a)平面线位移型　　(b)柱面线位移型

图 2-18　线位移型电容传感器

$$C=\frac{2\pi\varepsilon(h_0-\Delta x)}{\ln(R/r)}=C_0-\frac{2\pi\varepsilon}{\ln(R/r)}\Delta x=C_0\left(1-\frac{\Delta x}{h_0}\right) \tag{2-2}$$

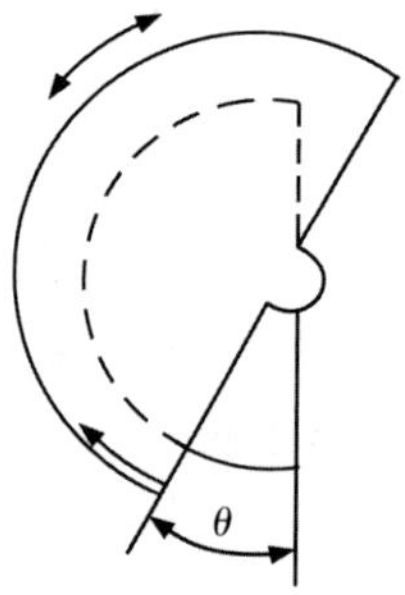

图 2-19　角位移型电容传感器

式中：$C_0=\dfrac{2\pi\varepsilon h_0}{\ln(R/r)}$，为初始电容值。

角位移型变面积式电容传感器如图 2-19 所示。当动极板有一个角位移 θ 时，它与定极板之间的有效覆盖面积就会发生变化，从而导致电容量变化，其值可表示为

$$C=\frac{\varepsilon A_0}{d}\left(\frac{\pi-\theta}{\pi}\right)=C_0-C_0\frac{\theta}{\pi}=C_0\left(1-\frac{\theta}{\pi}\right) \tag{2-3}$$

式中：$C_0=\dfrac{\varepsilon A_0}{d}$，为初始电容值；$A_0$ 为两极板之间初始有效覆盖面积。

2.2.3.2　变间隙式电容传感器

当电容式传感器的面积 A 和介电常数 ε 固定不变，只改变极板间距离时，即为变间隙式电容传感器，其结构如图 2-20 所示，其活动极板与被测对象相连，当活动极板随被测对象移动时，电容量随着两极板间距离的变化而变化，其值为

$$C=\frac{\varepsilon A}{d-\Delta x}=\frac{\dfrac{\varepsilon A}{d}}{1-\dfrac{\Delta x}{d}}=C_0\frac{1+\dfrac{\Delta x}{d}}{1-\dfrac{\Delta x^2}{d^2}} \tag{2-4}$$

式中：$C_0=\varepsilon A/d$，为初始电容值。

这类传感器一般用来测量微小位移，如微米到毫米级的线位移。要提高变间隙式电容传感器的灵敏度，应减小极板间的初始间距，或者在极板间放置云母、塑料膜等介电常数较高的介质。

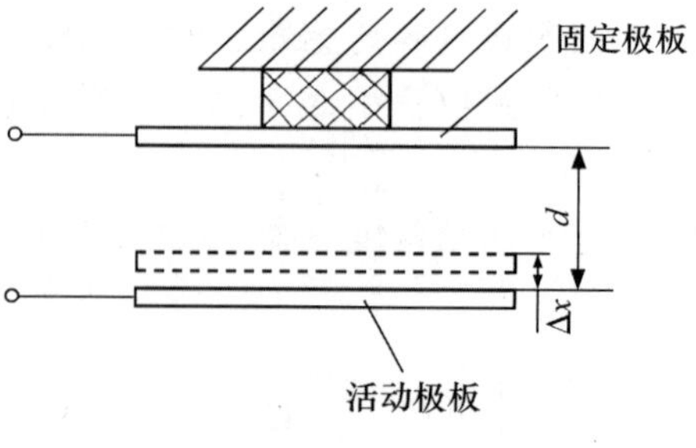

图 2-20　变间隙式电容传感器

2.2.3.3　变介电常数式电容传感器

当电容式传感器的电介质改变时，其介电常数变化，也会引起电容量的变化。变介电常数式电容传感器就是通过介质的改变来实现对被测量的检测，并通过传感器电容量的变化反映出来的，它通常也可以分为平面式和柱面式两种，如图 2-21 所示。

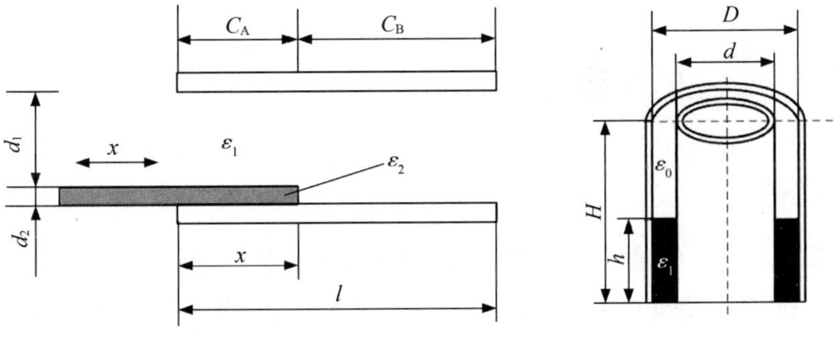

(a)平面式　　(b)柱面式

图 2-21　变介电常数式电容传感器

变介电常数式电容传感器多用来测量液位和位移，除此之外，还可以测量电介质的厚度、物位，并可以根据极板间介质的介电常数随温度、湿度、容量的变化来测量温度、湿度、容量等参数。

2.2.3.4　电容式传感器的测量电路

电容式传感器的电容量以及电容变化量都非常微小，不能直接被仪表显示出来，也无法用记录仪记录下来，更不便于传输，需要借助测量电路检出并转换成与其成正比的电压、电流或者频率信号，才能进行显示、记录和传输。

用于电容式传感器的测量电路很多，常见的有普通交流电桥、变压器电桥、双 T 形电桥、紧耦合电感臂电桥、运算放大器式测量电路、调频电路、脉冲宽度调制电路等。例如图 2-22 所示的差动脉冲宽度调制电路，通过对传感器电容充放电，检测输出脉冲的宽度随传感器电容量的变化，再通过低通滤波器得到对应于被测量变化的直流信号。

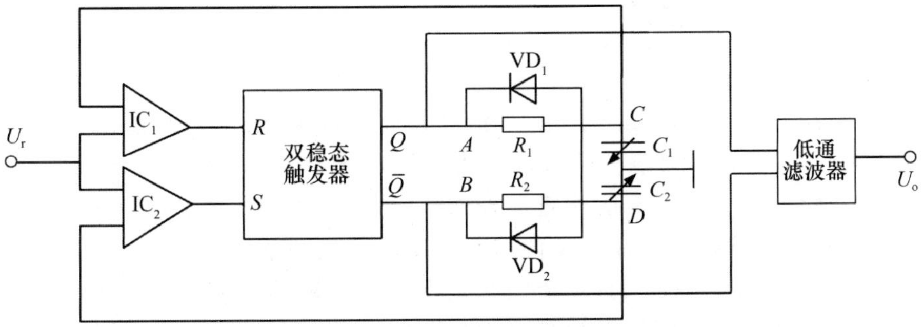

图 2-22　差动脉冲宽度调制电路

2.2.3.5　电容式传感器的典型应用

电容式传感器具有结构简单、耐高温、耐辐射、分辨率高、动态响应特性好等优点，可用来测量液位和物位、压力、加速度、直线位移、角度和角位移、厚度、振动频率和振幅、转速、温度、湿度及成分等，应用非常广泛。

例如电容式指纹识别传感器，这是一种新型的传感器，主要用于防盗系统和一些高科技领域，如笔记本电脑、手机、汽车启动及重要场所的门禁等。在农业生产中，电容式传感器在土壤、作物以及谷物水分检测等方面应用广泛。

2.3 光电及电磁波传感器

2.3.1 电磁波谱

在空间传播着的交变电磁场即电磁波，它在真空中的传播速度约为 30 万 km/s。电磁波包括的范围很广，如图 2-23 所示，根据波长或频率的不同，电磁波可分为无线电波、红外线、可见光、紫外线、X 射线和 γ 射线等。

频率/Hz	10^{21}　10^{20}　10^{19}　10^{18}　10^{17}　10^{16}　10^{15}　10^{14}　10^{13}　10^{12}　10^{11}　10^{10}　10^{9}						
波数/cm^{-1}	10^{10}　10^{9}　10^{8}　10^{7}　10^{6}　10^{5}　10^{4}　10^{3}　10^{2}　10^{1}　1　10^{-1}　10^{-2}						
波长/nm	10^{-3}　10^{-2}　10^{-1}　1　10^{1}　10^{2}　10^{3}　10^{4}　10^{5}　10^{6}　10^{7}　10^{8}　10^{9}						
波段	γ射线	X射线	紫外线	可见光	红外线	无线电波：微波	无线电波：射频
谱型	γ射线(光)谱 穆斯堡尔(波)谱	X射线(光)谱	紫外吸收光谱		红外光谱	顺磁共振微波谱	核磁共振射频(波)谱

图 2-23 电磁波谱

在农业检测领域，电磁波作为一种无损或不易造成损伤的传感媒介，通常被用来实现对农作物、土壤或其他农业对象的物理参数或生化参数等的无损检测。

2.3.2 近红外光谱分析技术

2.3.2.1 传感原理

近红外光谱(near infrared spectrum)是指波长介于可见光区与中红外区之间的电磁波，波长范围为 780～2 500 nm，对应的波数范围为 12 820～4 000 cm^{-1}。习惯上又将近红外区划分为近红外短波(780～1 100 nm)和近红外长波(1 100～2 500 nm)两个区域。

近红外光谱分析的依据是样品分子内部含氢基团在光照条件下振动的倍频与合频对光能的吸收。当近红外光照射样品时，频率相同的光线和分子基团会激发共振，光的一部分能量被吸收，因此近红外光谱分析法实际上也是吸收光谱分析法。

近红外光谱分析的特点体现在：无须化学试剂，不会对环境造成污染；无须针对实验室化验等方法进行样品制备，也不会对样品造成破坏；操作简单快速，可以对同一样品进行多次光谱采集分析，并且成本较低；测试结果稳定性好，精度高，穿透深度大，对于固、液、气不同形态样品的分析都能较好地适应，并且可以扩展到其他领域。因此，近红外光谱分析技术也被称作绿色分析技术或多功能分析技术。

2.3.2.2 分析流程

近红外光谱分析的信息流程主要包括以下三步：

(1)信息采集：采集被测样品的光谱信息，即通过光谱测量将样品信息加载到样品光谱。

(2)信息处理与关联：通过对采集的信息进行处理与优化，建立样品光谱与被测量之间关系的数学模型。

(3)被测量信息的提取：运用已经建立(光谱与被测量之间)的关系模型分析被测样品光谱，得到被测量并表达为分析结果。

2.3.2.3 传感技术实现

近红外光谱检测需利用光电器件(光电传感器)将光信号转换为电信号，其工作原理基于光电效应。光电效应是指光照射在某些物质上时物质的电子吸收光子的能量而发生相应的电效应的现象。光电效应包括外光电效应和内光电效应，其中内光电效应又包括光电导效应、光生伏特效应、丹倍效应及光磁效应。

光电器件有光电管、光电倍增管、光敏电阻、光电二极管、光电三极管、光电池等，图 2-24 为一些常见的光电器件，其中光电二极管因具有体积小、重量轻、灵敏度高、响应速度快、在几伏的偏置电压下即可工作等优点，常用于近红外波段光辐射强度检测。光电二极管的 PN 结是半导体材料掺杂制作而成的，其检测原理如图 2-25 所示，hf 表示光子能量，W_g 表示带隙能(价带与导带之间的能量)，当 $W_g < hf$ 时，光子传送到半导体中后，价带中的电子被激发到导带中，因此导带中存在自由电子，在价带中留下自由空穴，从而引起材料电导率的变化。而生成的自由电子和自由空穴在外部电场的作用下产生定向移动，进而产生光电流。不同材料的半导体的波长响应度不一样，图 2-26 为不同半导体材料在不同波长时的量子效率，比较常用的半导体光电二极管有 PIN 型 Si 光电二极管、InGaAs 光电二极管等。

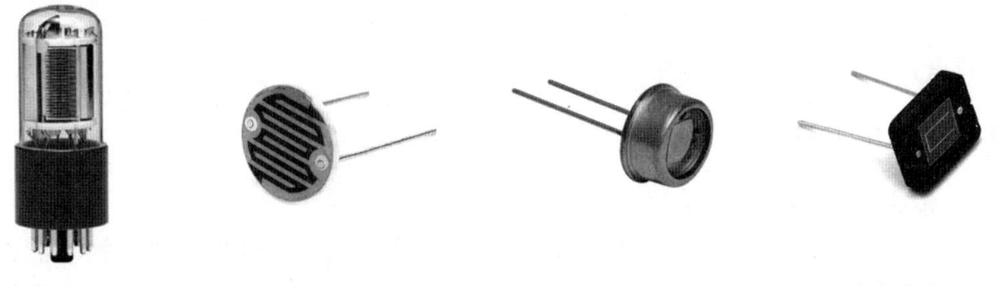

(a)光电倍增管　(b)光敏电阻　(c)光电二极管　(d)光电池

图 2-24 常见的光电器件

2.3.2.4 在农业中的应用

近红外光谱技术的发展是从在农产品中的应用开始的。100 多年前，人们注意到了农产品的营养价值，因此开发了很多分析方法来确定其中营养物质的含量，但均耗时较长且费用较高，直到发现近红外光谱分析可以提供快速、高效、低成本的解决办法。1985 年美国农业部出版了一本《农业手册》，其中一节专门介绍近红外光谱的应用。对农产品进行分析大多采用漫反射光谱，部分采用漫透射光谱。因为农产品大都是固体，近红外光经漫反射、漫透射后被有选择地吸收一部分，从而可根据光谱数据获得被测物质中分子结构的信息。

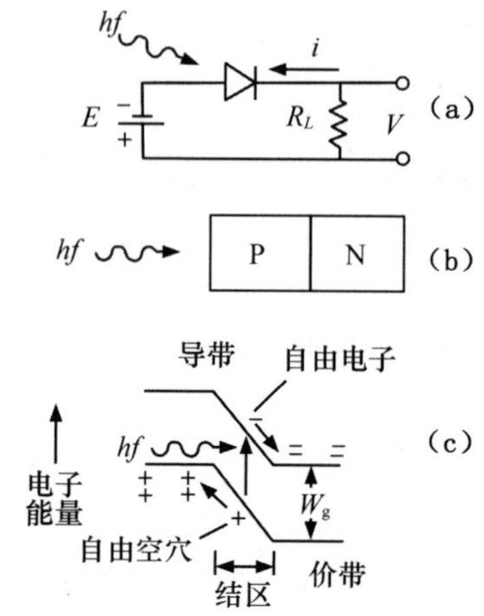

图 2-25 光电检测原理

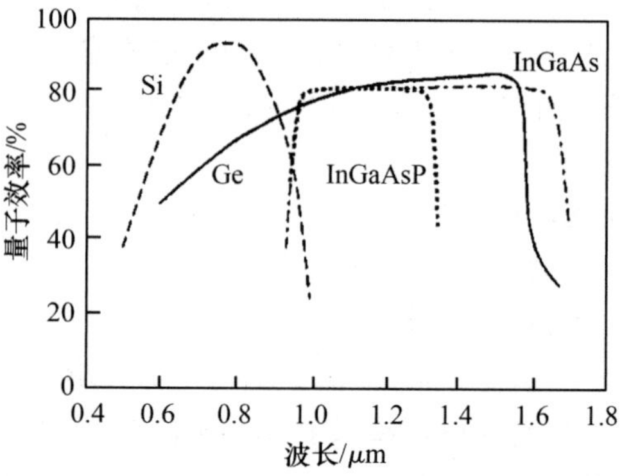

图 2-26 不同半导体材料的量子效率

近红外光谱技术最早的应用是农副产品中理化性质的确定，例如测量 pH、糖分含量、蛋白质含量等一些与品质相关的参数，用来对产品进行“按质论价”。近红外光谱技术还可用于水果内部缺陷检测，如水果内部霉变、腐心，依靠病变水果与正常水果的光谱差异较大的特点，通过近红外光谱技术区分出病变水果。将以上两方面的应用再进一步深化，即可实现产品分级售卖、水果最佳货架期的预测等。

近年来，我国近红外光谱技术的研究和应用具有以下 4 个特点：①更突出近红外光谱技术的实用性，越来越多的应用企业和质量监督管理部门参与分析模型的开发和使用。②近红外光谱分析设备日益向便携化、微型化方向发展，其方便、快速的优点及广阔的应用前景，使之与智能手机相结合，正在走进日常生活。③在线近红外光谱分析技术方兴未艾，与过程控制结合可给企业带来可观的经济和社会效益。④融合了光谱和图像信息的近红外光谱成像技术，在农业的病虫害检测、产量预测等领域受到关注[3]。

2.3.3 图像传感技术

2.3.3.1 传感原理

图像传感技术是在光电技术基础上发展起来的、利用光电器件的光电转换功能将感光面上的光信号转换为与光信号成映射关系的电信号“图像”的一门技术，它将光学图像转换成一维时序信号，其关键器件是图像传感器。

光电二极管及其相关控制电路组成一个光电信号探测及处理单元，这样的单元称为像元或像素，许多这样的像元排列组成阵列就形成了图像传感器。信号读出电路中多路传输器将来自像元阵列的光电信号依次传输到输出端，以电学扫描的形式实现成像。图像传感系统有固态光图像传感系统、红外光成像系统、超声成像系统、微波影像系统等，已广泛应用于视频、测量、监控、医疗、人工智能等领域。

图像传感器主要分为 CCD 传感器和 CMOS 传感器两类。

CCD 是指电荷耦合器件（charge-coupled device），它是 20 世纪 70 年代初发展起来的一种用电荷量表示信号大小、用耦合方式传输信号的半导体探测元件。它具有自扫描、感受波谱范围宽、畸变小、体积小、重量轻、系统噪声低、功耗小、寿命长、可靠性高等一系列优点，并可做成集成度非常高的组合件。CCD 实质上是一种模拟移位寄存器，其原理是在时钟的控制下将信号电荷由一个势阱转移到另一个势阱，从而实现模拟信号的移位。CCD 图像传感器利用 CCD 的信号转移功能来实现电扫描。图 2-27 为 CCD 图像传感器的工作原理示意图，信号的多路转换由垂直转移 CCD 及水平转移 CCD 两部分实现。在实际的 CCD 图像传感器中，光电转换器件与垂直转移 CCD 是集成在一起的。垂直转移 CCD 将每一行的光电二极管信号顺次转移到水平转移 CCD 上，而水平转移 CCD 将这一行信号转移到输出端。重复以上过程，即可得到一组矩阵图像信号。

CMOS 即互补金属氧化物半导体(complementary metal oxide semiconductor)，是一种应用广泛的集成电路工艺技术，其基本特征是用一对互补金属氧化物半导体场效应晶体管(MOSFET)实现逻辑功能。CMOS 图像传感器是一种典型的固体成像传感器，其光电转换的原理与 CCD 传感器相同，最主要的差别在于信号的读出方式不同。CMOS 图像传感器通常由像元阵列、行驱动器、列驱动器、时序控制逻辑电路、A/D 转换器、数据总线输出接口、控制接口等部分组成，这些部分通常都被集成在同一块硅片上，并通过像元阵列的光电效应、行选通逻辑、列选通逻辑、定时与控制、模/数信号处理与转换等，将感应到的光信号转换为计算机可识别的图像信号并输出，如图 2-28 所示。

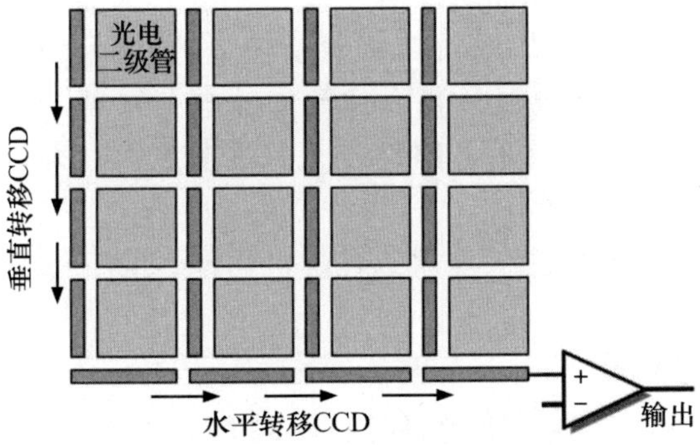

图 2-27　CCD 图像传感器工作原理示意图

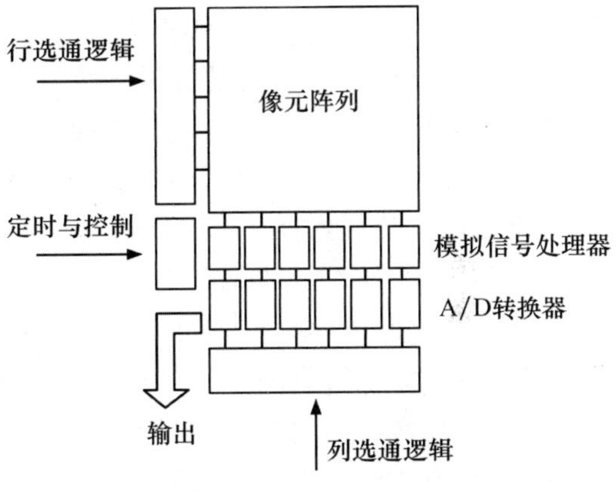

图 2-28　CMOS 图像传感器工作原理示意图

CMOS 图像传感器采用 CMOS 开关来切换各光电二极管的信号，如图 2-29 所示，每个像元由一个光电二极管和一个 CMOS 开关构成。当行驱动器选中某一行时，此行像元输出信号的 CMOS 开关导通，其余行的 CMOS 开关断开，此行像元的光电信号传输到列选多路器。列选多路器也是由一系列的 CMOS 开关构成的，依次将此行的信号顺序连接到输出端，完成一列信号的顺序输出。

CMOS 和 CCD 图像传感器在结构和工作原理上的差异，使它们的性能也有很大不同。

(1)灵敏度差异：由于 CMOS 传感器的每个像元由 4 个晶体管与 1 个感光二极管构成(含放大器与 A/D 转换电路)，使得每个像元的感光区域远小于像元本身的表面积，因此在像元尺寸相同的情况下，CMOS 传感器的灵敏度要低于 CCD 传感器。

(2)成本差异：由于 CMOS 传感器采用一般半导体电路最常用的 CMOS 工艺，可以方便

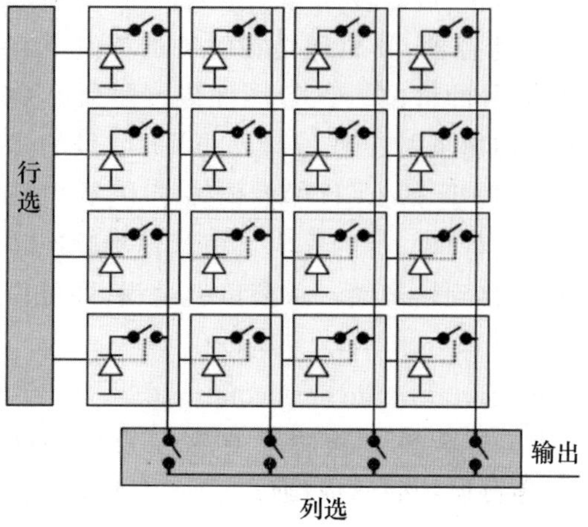

图 2-29 CMOS 图像传感器行选、列选原理示意图

地将周边电路[如 AGC(automatic gain control,自动增益控制)、CDS(correlated double sampling,相关双取样)、时序信号发生器(timing generator)或 DSP(digital signal processing,数字信号处理)等]集成到传感器芯片中,因此可以节省外围芯片的成本。CCD 采用电荷传递的方式传送数据,只要其中有一个像元不能运行,就会导致一整排数据不能传送,因此控制 CCD 传感器的成品率比 CMOS 传感器困难许多,因此,CCD 传感器的成本高于 CMOS 传感器。

(3)分辨率差异:CMOS 传感器的每个像元都比 CCD 传感器的复杂,其像元尺寸很难达到 CCD 传感器的水平,因此,尺寸相同时 CCD 传感器的分辨率通常会优于 CMOS 传感器。

(4)噪声差异:由于 CMOS 传感器的每个感光二极管都需搭配一个放大器,而放大器属于模拟电路,很难让每个放大器的结果保持一致,因此与只有一个放大器放在芯片边缘的 CCD 传感器相比,CMOS 传感器的噪声就会增加很多,影响图像品质。

(5)功耗差异:CMOS 传感器的图像采集方式为主动式,感光二极管所产生的电荷会直接由晶体管放大输出。CCD 传感器为被动式采集,需外加电压让每个像元中的电荷移动,此外加电压通常为 12～18 V。因此,CCD 传感器除了在电源管理电路设计上的难度更大之外,高驱动电压也使其功耗远高于 CMOS 传感器。

(6)访问灵活性差异:CMOS 传感器可以对局部像元图像实现编程随机访问,如果只采集很小区域的窗口图像,可以获取很高的帧频。

2.3.3.2 在农业中的应用

(1)农田远程监测网络[4]:农田的图像和视频信息具有直观、便捷、实时和信息量大的优点,农田静态图像可用来观测农作物的长势和分析农作物各种深度状态信息,农田视频监控可用于在线统计农田害虫数量,也可用于农田安全生产监控。一组微型图像传感器以自组网的形式构成无线图像传感器网络(wireless image sensor network,WISN),能够采集被监测区域内的图像和视频信息,并无线传输到控制中心。

(2)农业遥感的大尺度估测[5]:遥感技术是一种获取地表物体几何和物理性质的技术,通常是对卫星或无人机搭载图像传感器获取的遥感图像进行解译。农业遥感是遥感技术的重要应用领域,我国 20 世纪 70 年代末开始了农业遥感的初步应用。典型应用有通过 RGB 遥感图像识别农田边界以估测种植面积、通过多光谱或高光谱图像识别作物生长信息及病虫害等。

(3)作物外观品质检测[6]:通过图像传感技术获取作物各角度外观图像数据,辅以计算机视觉技术实现对农产品的品质检测。1989 年美国的 Zayas 等就实现了通过图像分析方法识别软、硬质冬小麦和硬质春小麦,识别准确度超过 80%。现在图像传感技术已应用在作物尺寸、重量、瑕疵点等外观品质的检测评估上。

(4)作物病虫害检测[7]:传统的农作物病虫害检测耗时长,过程复杂,通常局限在实验室内进行离线分析。近年来,许多研究采用图像传感技术和图像处理技术对农作物病虫害进行检测,与化学检测手段相比,这两种技术的结合不仅更快速、准确,不会对被测对象造成不可逆的破坏,而且还可以避免各种化学检测手段造成的附带污染。

(5)植物叶片叶绿素含量检测[8]:植物叶片叶绿素含量与其视觉特征具有显著的相关性,利用图像传感器获取植物叶片图像,再利用计算机视觉技术提取图像颜色特征,可实现植物叶片叶绿素含量的检测,无损高效,且成本低廉。目前已在大麦、小麦、马铃薯、玉米、苹果等植物上进行了应用研究。

2.3.4 雷达传感技术

雷达的种类繁多,分类的方法也非常复杂。按频段分类,雷达可分为超视距雷达、微波雷达、毫米波雷达和激光雷达。农业上使用的主要是激光雷达(激光传感器)。

2.3.4.1 传感原理

激光传感器是利用激光技术进行测量的传感器,由激光器、激光检测器和测量电路组成。激光器是利用受激辐射原理使光在某些受激发的物质中放大或振荡发射的器件,常见的有固体激光器、气体激光器、液体激光器、半导体激光器等。激光传感器是新型测量仪器,它的优点是能实现无接触远距离测量,速度快,精度高,量程大,抗光电干扰能力强等。

激光传感器工作时,先由激光发射二极管对准目标发射激光脉冲,激光经目标反射后向各方向散射。部分散射光返回到激光检测器,被光学系统接收后成像到雪崩光电二极管。雪崩光电二极管是一种内部具有放大功能的光学传感器,能检测极其微弱的光信号并将其转化为相应的电信号。

激光传感器常用于长度、距离、振动、速度、方位等物理量的测量,还可用于探伤和大气污染物的监测等。农业上主要用来测量距离。

2.3.4.2 激光测距的检测原理

激光测距方法大致有 3 种:三角反射法、回波分析法和相位法。三角反射法用来测量 2 000 mm 以下短程距离(行业称之为位移)时,精度最高可达 1 μm。回波分析法多用于远距离测量,测量的精度一般在±1 m 左右,测量起始距离一般是 15 m 左右。相位法一般应用于精密测距,测程一般不超过 100 m,精度一般为毫米级。下面介绍三角反射法和回波法的测量原理。

三角反射法测量原理如图 2-30 所示,半导体激光器发出的光被镜片 1 聚焦到被测物体上,反射光被镜片 2 收集,投射到 CCD 阵列。信号处理器根据阵列上光点的位置,通过三角函数计算出到物体的距离。

回波分析法测量原理如图 2-31 所示,探测系统向目标发射激光脉冲信号,激光脉冲信号被目标物体表面反射产生回波信号。回波信号中直接或间接地包含待测信息。接收与信号处理系统接收和分析回波信号,获得距离。

2.3.4.3 典型应用

激光传感器在距离、速度、方位等物理量测量方面具有优势,常用于无人驾驶系统中检测车与车之间的距离以及车与路旁障碍物、行人等的距离,辅助驾驶系统做出正确的判断。固定在路边或者龙门架上的激光测距传感器,利用车牌反射进行测量,测速精度可以达到±1 km/h,测速范围可达 250 km/h。

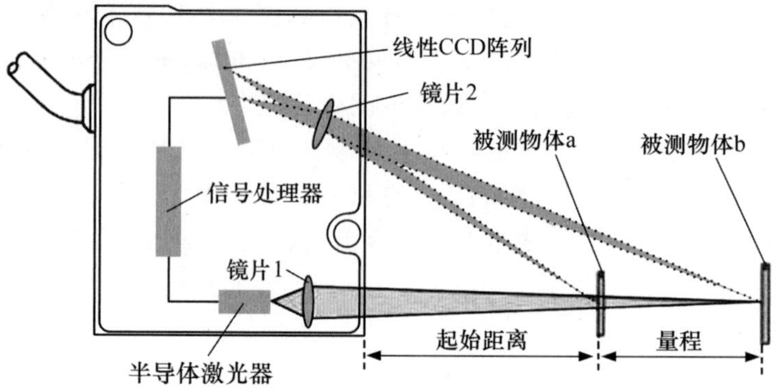

图 2-30 三角反射法测量原理

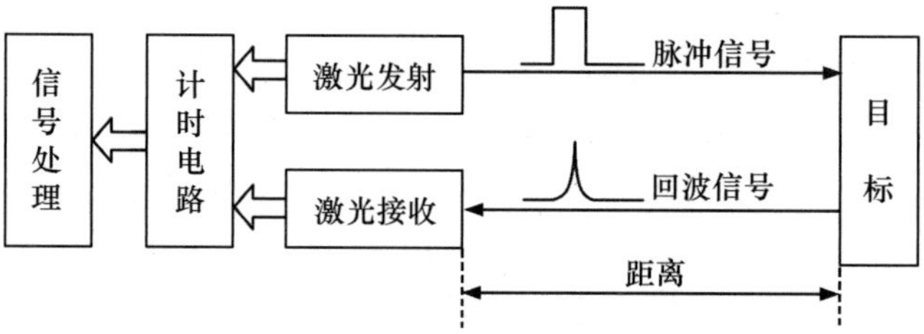

图 2-31 回波分析法测量原理

激光传感器在农业中的应用主要有农业机械自主导航、农田地形测绘和作物生长状况监测等。通过激光测距仪进行障碍物识别和路径规划,可实现农业机械自主导航;通过激光测距仪对农田地形进行测绘,可改善土地平整度,提高灌溉用水利用率;激光传感器和其他传感器结合,可实现作物长势监测等。

2.3.5 其他光谱传感技术

2.3.5.1 红外线传感器

红外线传感器是一种能够感应目标辐射的红外线、利用红外线的物理性质进行测量的传感器,一般由光学系统、探测器、信号调理电路及显示单元等组成。光学系统按结构可分为反射式和透射式两类,探测器按探测原理可分为热探测器和光子探测器两类。

热探测器利用的是红外辐射的热效应,其敏感元件吸收辐射能后温度升高,某些物理参数发生变化,通过测量物理参数的变化来确定敏感元件所吸收的红外辐射。热探测器主要有 4 类:热释电型、热敏电阻型、热电阻型和气体型。热探测器的主要优点是响应波段宽,响应范围可扩展到整个红外区域,可以在常温下工作,使用方便,应用相当广泛。但热探测器的探测率比光子探测器的峰值探测率低,响应时间长。

光子探测器利用的是光电效应,入射光辐射的光子流作用于敏感元件,使敏感元件的电子能量状态发生改变,从而引起电学性质变化。常用的敏感元件是光电管、光敏电阻、光敏晶体管、光电伏特元件等。光子探测器的主要特点是灵敏度高,响应速度快,具有较高的响应频率,但探测波段较窄,一般在低温下工作。

红外线传感器常用于无接触温度测量、气体成分分析和无损探伤等,在医学、军事、空间技术和环境工程等领域应用广泛。例如，采用红外线传感器远距离测量人体表面温度的热像图，可以发现温度异常的部位，及时对疾病进行诊断治疗；利用人造卫星上的红外线传感器对地球云层进行监视，可实现大范围的天气预报；采用红外线传感器可检测飞机上正在运行的发动机的过热情况等。

2.3.5.2 荧光光谱分析技术

某些物质被一定波长的光照射后，会在一定时间内发射出波长比入射光的波长长的光，如果这个时间比较短，这种光就称为荧光。物质在吸收紫外光和可见光后会发出波长较长的紫外荧光或可见荧光。除此之外，其他的光如红外光、X 射线也能激发出荧光，分别叫做红外荧光、X 射线荧光等。

荧光光谱能提供激发谱、发射谱以及荧光强度、量子产率、荧光寿命等许多物理参数，这些参数从不同角度反映分子的构象情况，通过对这些参数的测定，不但可以进行一般的定量分析，而且可以推断生物大分子在各种环境下的构象变化，从而阐明分子结构与功能的关系。荧光光谱法具有灵敏度高、选择性强、用样量少、方法简便以及能提供较多的物理参数等优点，且其激发态的寿命足够长，可以在发射前发生各种化学和物理相互作用，因此被认为是研究生物分子的光学技术中最突出的一种。

荧光光谱技术已广泛应用于各个研究领域，特别是需要无损、显微、化学分析、成像分析的场合。无论是需要定性还是定量的数据，荧光分析都能快速、简便地提供重要信息，在土壤和农产品污染监测、农产品微量元素测定等农业领域也有较广泛的应用。

2.3.5.3 拉曼光谱分析技术

拉曼光谱(Raman spectrum)是一种散射光谱，以其发现者印度科学家 C. V. Raman 的名字命名。拉曼光谱分析通过对与入射光频率不同的散射光谱进行分析，可以得到分子振动、转动方面的信息，应用于分子结构研究和化合物成分分析。

1928 年，C. V. Raman 实验发现，当光穿过透明介质时，被分子散射的光会发生频率变化，这一现象称为拉曼散射(Raman scattering)。在透明介质的散射光谱中，频率与入射光频率 ν_0 相同的成分称为瑞利散射光谱，其强度只有入射光强度的 10^{-3}；对称分布在 ν_0 两侧的谱线或谱带(频率为 ν_0 至 $\nu_0 \pm \nu_1$)即为拉曼光谱，其强度大约只有瑞利散射光谱的 10^{-3}，其中频率较小($\nu_0 - \nu_1$)的谱线又称为斯托克斯线，频率较大($\nu_0 + \nu_1$)的谱线又称为反斯托克斯线。靠近瑞利散射光谱两侧的谱线称为小拉曼光谱，主要与分子的转动能级有关；远离瑞利光谱的谱线称为大拉曼光谱，主要与分子振动-转动能级有关。一般物质分子的拉曼光谱很微弱，为了进一步增强光谱信号，一般采用粗化电极表面的手段，可以获得强度高达 $10^4 \sim 10^7$ 倍的表面增强拉曼光谱。

拉曼光谱的理论解释是，入射光子发生非弹性散射，介质分子吸收频率为 ν_0 的光子，同时分子从低能态跃迁到高能态，发射频率为 $\nu_0 - \nu_1$ 的光子(斯托克斯线)；介质分子释放频率为 ν_0 的光子，同时分子从高能态跃迁到低能态，发射频率为 $\nu_0 + \nu_1$ 的光子(反斯托克斯线)。

拉曼光谱与红外光谱都能获得关于分子内部各种简正振动频率及有关振动能级的情况，因此可以用来鉴定分子中存在的官能团。在分子结构分析中，拉曼光谱与红外光谱相互补充，一些用红外光谱无法检测的信息用拉曼光谱能很好地表现出来。红外光谱侧重于检测基团，适用于极性键，多用于检测有机物；拉曼光谱侧重检测分子骨架，适用于非极性键，有机物、无机物均可检测。

拉曼光谱与介质成分及化学结构密切相关，对于纯定性分析、高度定量分析和分子结构测定都有很大价值，其应用遍及化学、物理学、生物学和医学等各个领域。一般而言，拉曼光谱是特定分子或材料独有的化学指纹，能够用于快速确认材料种类或者区分不同的材料。拉曼光谱数据库中存有数千条光谱，通过快速搜索，找到与被分析物质相匹配的光谱数据，即可鉴别被分析物质。目前，已经有大量的基于拉曼光谱技术检测农产品质量及安全的研究和应用，如果蔬的成熟度分级、表面缺陷识别以及农药残留检测、乳品三聚氰胺检测、肉类瘦肉精检测等。

2.3.5.4 激光诱导击穿光谱分析技术

激光诱导击穿光谱法(laser induced breakdown spectroscopy，LIBS)，是由美国洛斯阿拉莫斯国家实验室(Los Alamos National Laboratory)的 David Cremers 研究小组于 1962 年提出和实现的，是一种基于激光与物质相互作用所产生的发射光谱进行物质成分和浓度分析的检测方法，将高能量脉冲激光聚焦到待测样品表面诱导产生等离子体，等离子体在膨胀冷却过程中发射特定波长的光，探测、采集这些光可获得完整的光谱信号，对光谱信号进行分析即获得待测样品的成分和组成。LIBS 具有如下特点：①激光聚焦和信号光采集都通过光学系统实现，可实现远程非接触测量，在有毒、高温、高辐射等恶劣环境下具有独特优势；②无须取样、制样等预处理过程，可实现在线测量，在冶金等高温熔融制造领域在线成分分析方面具有独特优势；③分析速度快，全程分析时间只有数十秒，可实现实时监测；④在高强度脉冲激光作用下，可采集到元素周期表中绝大部分元素的光谱信息，可实现多元素同时检测；⑤测量过程中几乎不造成样品损伤，可实现无损检测。

早期的 LIBS 应用研究集中在提高测量精度，20 世纪 90 年代中期开始出现便携式半定量的成品仪器，LIBS 仪器开始向经济型方向发展，其运用也更加广泛。当前的激光诱导击穿光谱技术主要应用于冶金和矿业、燃烧、水土空气污染和环境监测、艺术品及染料鉴定等行业，尤其是在环境恶劣的工业领域如矿业、冶金等方面的应用更突显出该方法的优越性。

2.3.5.5 太赫兹光谱分析技术

太赫兹(THz)波是指频率在 0.1～10 THz (对应波长为 3 000～30 μm)的电磁波，在长波段与毫米波相重合，在短波段与红外光相重合，是宏观经典理论向微观量子理论研究范围的过渡区，也是电子学向光子学研究范围的过渡区，称为电磁波谱的“太赫兹空隙”(THz gap)。频率为 1 THz 的波对应的波数为 33，光子能量为 0.004 eV，许多分子的振动和转动能级处于太赫兹频段，物质的太赫兹波包含着非常丰富的物理和化学信息，所以研究物质在该波段的光谱对于物质结构的探索具有重要意义。目前应用的主要是太赫兹时域光谱技术(THz-TDS)、太赫兹时间分辨光谱技术(TRTS)和太赫兹发射光谱技术(TES)。

由于太赫兹波的频率很高，所以其空间分辨率也很高；又由于它的脉冲很短(皮秒量级)，所以具有很高的时间分辨率。同时，由于太赫兹波能量很小，不会对物质产生破坏作用，所以与 X 射线相比更具有优势。因此，其独特性能给通信(宽带通信)、雷达、电子对抗、电磁武器、天文学、医学成像(无标记的基因检测、细胞水平的成像)、无损检测、安全检查(生、化、物的检查)等领域带来了深远的影响。例如，许多非金属非极性材料对太赫兹射线的吸收较小，利用太赫兹光谱分析技术，使得探测材料内部信息成为可能。此外，陶瓷、硬纸板、塑料制品、泡沫等对太赫兹电磁辐射是透明的，因此太赫兹技术可以作为 X 射线的非电离和相干的互补辐射源，用于机场、车站等场所的安全监测，如探查隐藏的走私物品(枪械、爆炸物和毒品)等，以及用于集成电路焊接情况的检测等。极性物质对太赫兹电磁辐射的吸收比较强，特别是水，在太赫兹成像技术中，可以利用这一特性分辨生物组织的不同状态，比如动物组织中脂肪和肌肉的分布，诊断人体烧伤部位的损伤程度，及植物叶片组织的水分含量分布等。太赫兹成像技术与其他波段的成像技术相比，它所得到的探测图像的分辨率和景深都有明显的增加。

目前应用最为广泛的是太赫兹时域光谱技术（THz-TDS），其基本原理是利用飞秒脉冲产生太赫兹波，通过傅里叶变换获得被测物品的光谱信息。例如，在制药厂的流水线上安装太赫兹时域光谱仪，对流水线上每一片药都进行光谱测量并与标准品进行光谱对比，合格的才能进入下一个环节，避免不同药片或不同批次药片的品质差异，保证药品的品质。

2.4　半导体传感技术

在外界环境影响下，半导体材料的物理特性会发生变化。20 世纪 90 年代中后期，随着电子技术飞速发展，以固态传感器为代表的半导体传感器陆续上市，现已有采用不同的敏感材料利用不同物理效应和传感原理研制的各种半导体传感器，甚至有类似人的眼、耳、鼻、舌、皮肤等的感觉功能的传感器。半导体传感器灵敏度高，响应速度快，体积小，重量轻，便于集成化、智能化，具有实现“lab-on-chip”（片上实验室）检测转换一体化的潜力。在农业与生物领域，半导体传感器主要用于气体成分检测与传感、环境湿度检测与传感。

2.4.1　气敏传感器

2.4.1.1　传感原理

气敏传感器主要由半导体材料及其表面涂覆的选择性气体吸附薄膜（气敏薄膜）组成，当该气敏薄膜与待测气体接触时，膜层质量、导电率、输出特性或转移特性将会发生变化，变化程度与某些特定气体成分或浓度直接相关。

按照敏感材料的物理特性，气敏传感器可分为电阻型和非电阻型，电阻型利用敏感材料接触到气体时阻值发生变化来检测气体的成分或浓度，非电阻型则利用其他特性或参数如二极管伏安特性的变化、场效应晶体管阈值电压的变化来检测。

1. 电阻型半导体气敏传感器

电阻型半导体气敏传感器是利用气体在半导体材料表面的氧化和还原反应导致敏感元件阻值变化而制成的。工作过程是：传感器加热一段时间后逐渐进入稳定状态，此时通过吸气操作使待测气体接触半导体材料表面，气体分子在膜表面自由扩散，一部分被蒸发，另一部分被固定吸附于膜表面。当氧化性气体吸附到 N 型半导体上、还原性气体吸附到 P 型半导体上时，半导体载流子减少，电阻值增大。反之，当还原性气体吸附到 N 型半导体上、氧化性气体吸附到 P 型半导体上时，则载流子增多，电阻值减小[9]。典型的电阻型半导体气敏传感器的响应特性曲线如图 2-32 所示。

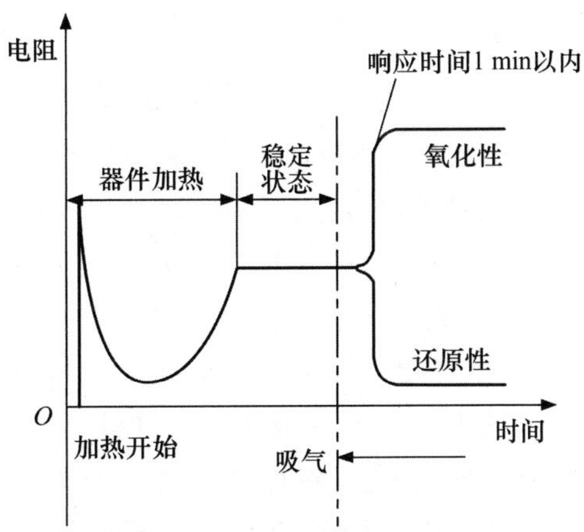

图 2-32　典型电阻型半导体气敏传感器响应特性曲线

图 2-33 为 3 种电阻型半导体气敏传感器的结构示意图。

图 2-33(a)为烧结型气敏传感器。以 SnO_2 半导体材料为基体，将铂电极和加热丝埋入 SnO_2 材料中，加热、加压烧结成形。制作简单，寿命长，但存在烧结不充分、机械强度不高、电极材料较贵重、性能一致性较差等问题。

图 2-33(b)为薄膜型气敏传感器。采用蒸发或溅射工艺，在石英基片上形成氧化物半导体薄膜，制作方法简单。SnO_2 半导体薄膜的气敏特性较为理想，但薄膜附着工艺为物理性黏附，性能一致性差异较大。

图 2-33(c)为厚膜型气敏传感器。将氧化物半导体材料与硅凝胶混合制成能印刷的厚膜胶，再把厚膜胶印刷到装有电极的绝缘基片上烧结制成。这种传感器机械强度高，离散度小，适于批量生产加工。

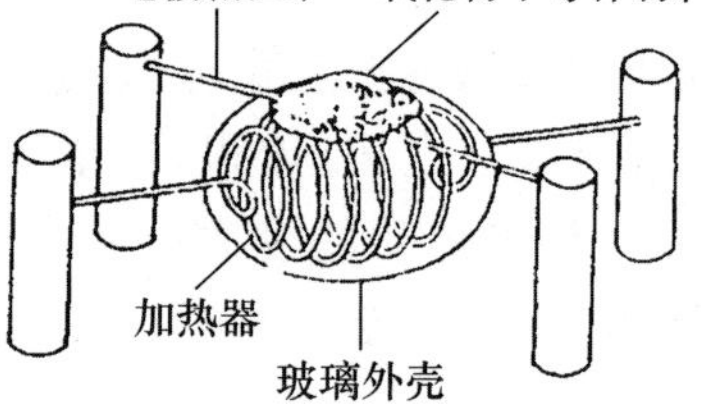

(a)烧结型气敏传感器

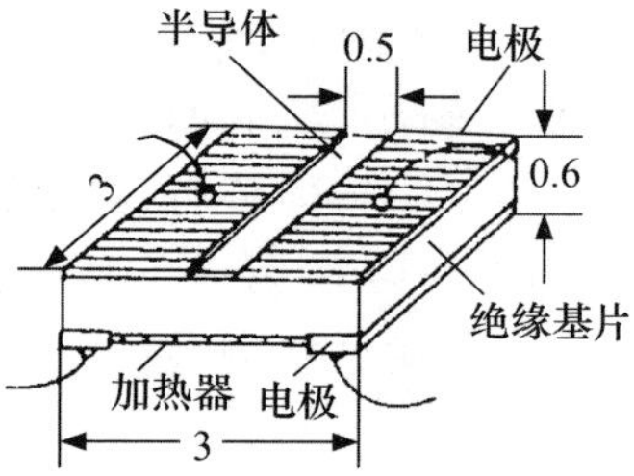

(b)薄膜型气敏传感器

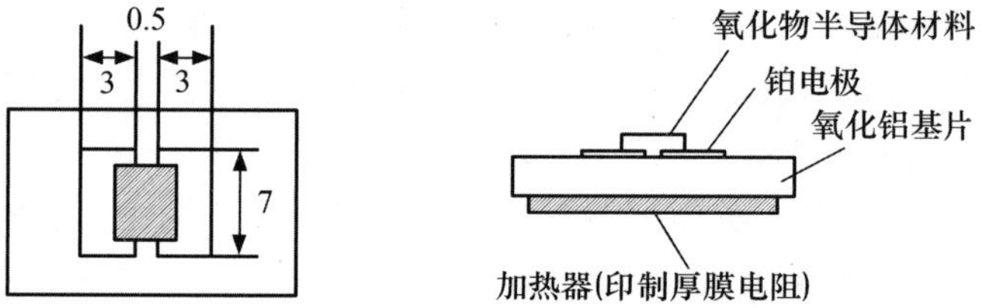

(c)厚膜型气敏传感器

图 2-33 电阻型半导体气敏传感器结构示意图(单位:mm)

2. 非电阻型半导体气敏传感器

非电阻型半导体气敏传感器的常见传感原理有两种：① 金属-氧化物-半导体（MOS）场效应二极管的电容-电压特性；②MOS 场效应晶体管(MOSFET)的伏安特性。

MOS 场效应二极管气敏元件是利用热氧化工艺在半导体硅片上生成一层厚度为 50～100 nm 的氧化物半导体薄膜，然后在其上面蒸发一层金属敏感薄膜作为栅电极。由于半导体-半导体氧化物界面电容固定不变，因此硅基半导体与金属敏感膜界面电容与栅偏压相关。栅偏压的大小主要由金属敏感材料对所吸附气体的特异性反应决定，因此根据 MOS 场效应二极管的电容-电压特性曲线可对环境气体进行检测分析。

MOSFET 是在结型 MOS 场效应二极管的基础上形成的。以 P 沟道结型场效应管为例，利用热氧化工艺生成一层厚度为 50～100 nm 的氧化物半导体材料薄膜，通过蒸发工艺制备金属敏感薄膜栅电极。在栅极(G)、源极(S)之间加正向偏压 U_{GS}，当$U_{GS}>U_T$(阈值电压)时，栅极氧化层下面的硅半导体从 P 型变为 N 型。N 型区将源极和漏极连接起来，形成导电通道，即为 N 型沟道。此时，MOSFET 进入工作状态。若此时在源极(S)、漏极(D)之间加电压 U_{DS}，则源极和漏极之间有漏极电流(I_{DS})流通。I_{DS} 随 U_{DS} 和 U_{GS} 的大小而变化，其变化规律即为 MOSFET 的伏安特性。当 $U_{GS}<U_T$ 时，MOSFET 的沟道未形成，则无漏极电流。U_T 的大小与衬底材料的性质有关。

非电阻型半导体气敏传感器的结构如图 2-34 所示。图 2-34 (a) 为典型的 MOS 场效应二极管，二极管半导体硅片为 P 型，利用热氧化工艺生成二氧化硅(SiO_2)层，覆层薄膜金属为钯(Pd)。Pd 对氢气(H_2)敏感，吸附 H_2 后，MOS 管的特性向负偏压方向平移，根据这一特性可测定环境 H_2 浓度。图 2-34 (b) 为 MOS 场效应晶体管，H_2 在 Pd 栅极上吸附会引起阈值电压 U_T 下降，利用这一特性可检测 H_2 浓度。

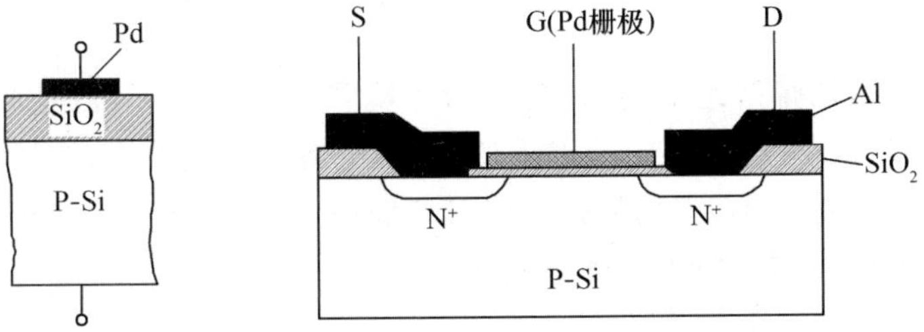

(a)典型 MOS 场效应二极管　　(b)MOS 场效应晶体管

图 2-34　非电阻型半导体气敏传感器结构示意图

2.4.1.2　转换电路

半导体气敏传感器采用加热器对气敏元器件进行加热，加热温度对气敏传感器的特性影响较大，检测电路电压是否恒定对传感器影响也较大。气敏传感器使用过程中应注意电源供电额定功率，电路中需设置电流保护单元，尽量避免因误操作而发生额定功率超标现象，以防传感器损毁。

输出电压获取式气敏传感器常采用比较器输出形式，电路连接如图 2-35 所示。图中，气敏传感器输出分别经电阻 R_1 和 R_2 接至集成运算放大器 A 的两输入端，当检测气体浓度超过设定值时，放大器 A 输出 U_o 为高电平，控制后续电路工作，从而构成简单气体检测电路。

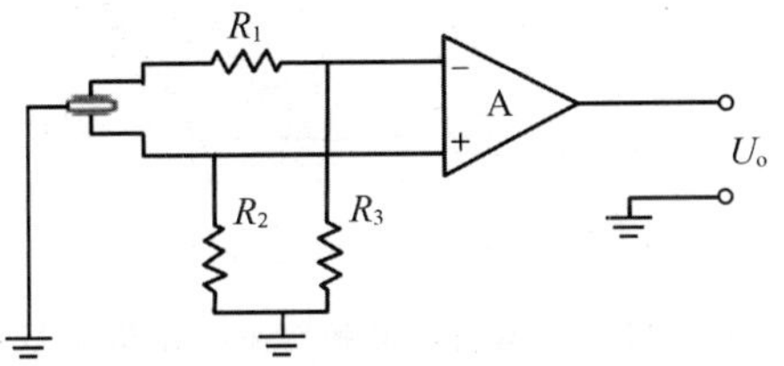

图 2-35　典型气敏传感器转换电路

半导体气敏传感器的输出与温度及湿度有关，一般来说温度和湿度较低时半导体气敏传感器的输出值较高，常需要设计温度补偿电路。图 2-35 中在比较器反相输入端接入负温度系数的热敏电阻 R_3，构成简单温度补偿电路。

2.4.1.3　典型应用

半导体气敏传感器的典型应用为温室二氧化碳(CO_2)浓度检测、畜禽养殖环境甲烷(CH_4)检测和可燃气体报警等。

2.4.2 湿敏传感器

2.4.2.1 传感原理

湿度变化可引起某些敏感材料物理或化学性质的明显变化,湿敏传感器通过湿敏元件感受环境湿度变化并转变成电信号变化输出,从而测量环境湿度。湿敏传感器的种类较多,按照敏感材料的不同可分为电解质类(湿电阻类)、半导体陶瓷类、高分子材料类以及其他材料类。下面以电解质类(氯化锂湿电阻)和半导体陶瓷类为例,对湿敏传感器的检测原理进行简要介绍。

1. 电解质类湿敏传感器

电解质类湿敏元件利用氯化锂和五氧化二钒等吸湿性盐类潮解稀释后导电率发生变化的特点制成。典型的电解质类湿敏传感器结构如图 2-36 所示,主要由基片、感湿层、金电极和引线组成。

氯化锂通常与聚乙烯醇组成混合溶液,当环境湿度升高时,溶液将吸收水分,电解质浓度降低,溶液电阻率增大。反之,环境湿度降低时,则电解质浓度升高,溶液电阻率减小。氯化锂湿敏传感器的优点是滞后小,不受测试环境风速影响,精度较高,但存在耐热性和重复性不理想、使用寿命短、无法在露点以下工作等问题。

2. 半导体陶瓷湿敏传感器

半导体陶瓷湿敏电阻通常用两种以上的金属氧化物半导体材料混合烧结而成。金属氧化物半导体材料吸湿后的电阻率升降特性不一,其中电阻率随湿度增大而减小的称为负特性湿敏半导体陶瓷,电阻率随湿度增大而增大的称为正特性湿敏半导体陶瓷。典型半导体陶瓷湿敏传感器的结构如图 2-37 所示,金属电极包埋在湿敏陶瓷片表面。

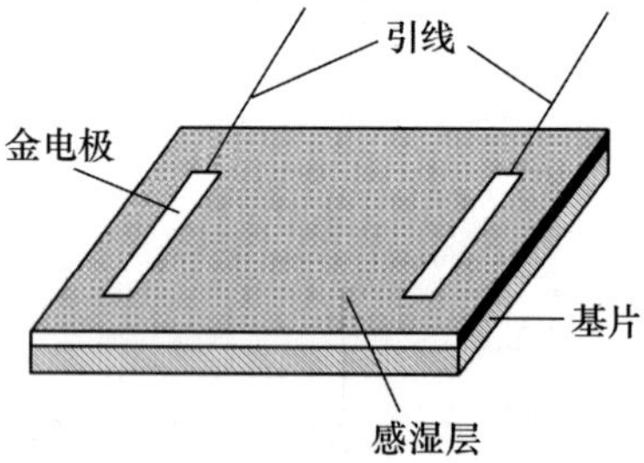

图 2-36 电解质类湿敏传感器结构示意图

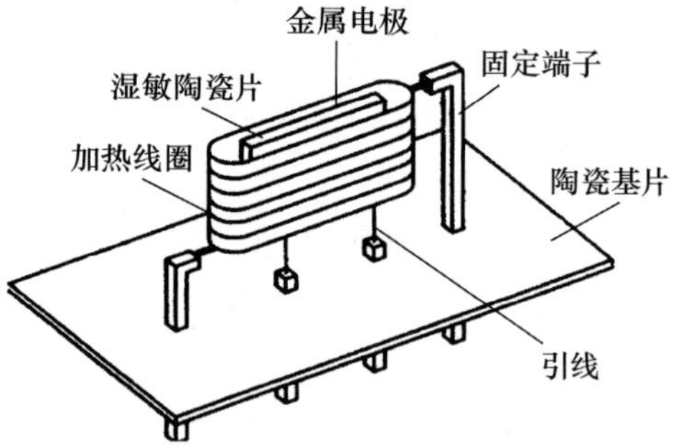

图 2-37 半导体陶瓷湿敏传感器结构示意图

(1)负特性湿敏半导体陶瓷:由于水分子中的氢原子具有很强的正电场,当水吸附在半导瓷表面时就有可能从半导瓷表面俘获电子,使半导瓷表面带负电。如果该半导瓷是 P 型(多数载流子是空穴),表面电势的下降将吸引更多的空穴到达其表面,于是表面层的电阻下降。若该半导瓷为 N 型(多数载流子是电子),如果表面电势下降较多,不仅使表面层的电子耗尽,同时吸引更多的空穴到达表面层,有可能使到达表面层的空穴浓度大于电子浓度,出现表面反型层,这些空穴称为反型载流子,它们同样可以在表面迁移而表现出电导特性,因此表面电阻也下降。不论是 N 型还是 P 型半导瓷,其电阻率都随湿度的增加而下降。

(2)正特性湿敏半导体陶瓷:正特性湿敏半导瓷材料的结构、电子能量状态与负特性材料有所不同。当水分子附着在正特性湿敏半导瓷表面使表面电势变负时,半导瓷表面层电子浓度下降,表面电阻将增大。通常湿敏半导瓷材料都是多孔的,表面层电阻比体内电阻高,故表面层电阻的变化对总电阻影响明显,表面层电阻升高将引起总电阻值的明显升高。

2.4.2.2　转换电路

湿敏传感器的转换电路主要包括 4 个模块:电源、信号采集调理电路、温度补偿电路及线性化电路,如图 2-38 所示。

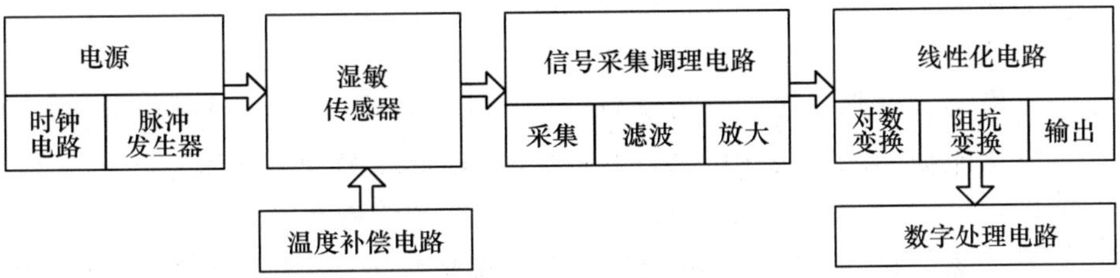

图 2-38　湿敏传感器转换电路组成

2.4.2.3　典型应用

湿敏传感器在气象预报、食品加工、粮食贮存、畜舍环境监控等方面具有广泛的应用,在冷链物流及温室调控方面也越来越受到重视。

2.4.3　其他半导体传感器

磁敏传感器是利用半导体材料中的自由电子或者空穴的运动方向随磁场改变的特性制成的,总的来说磁敏传感器就是基于磁电转换原理的传感器。磁敏传感器主要有磁敏电阻、磁敏二极管、磁敏三极管和霍尔式磁敏传感器等类型。磁敏传感器在农业导航及控制系统中具有较多应用。

半导体色敏元件是半导体光敏元件的一种。它也是基于半导体的内光电效应,将光信号转变为电信号的光辐射探测器件。半导体色敏元件可用来直接测量从可见光到近红外波段内单色辐射的波长。半导体色敏传感器在基于光谱处理技术的农业与生物检测中具有广泛的应用。

另一种典型的半导体传感器是离子敏感器件,它是一种对离子具有选择敏感作用的场效应晶体管,主要由离子选择电极(ISE)与 MOSFET 组合而成,简称 ISFET。相关内容将在“2.5.1　电化学传感器”中介绍。

2.5　电化学及生物传感技术

电化学及生物传感技术的发展是目前农业与生物检测与分析研究中最为活跃的领域之一,渗透于分析化学、生物学、生命科学、物理学等多个学科,近年来主要集中于 3 个方向:识别元件、信号转换装置和具体的检测应用。

2.5.1 电化学传感器

2.5.1.1 传感原理

电化学传感器利用电化学原理将被测化学组分的浓度变化与电信号联系起来，从而提供被测化学组分的实时信息。根据电信号的类型，电化学传感器可分为电位型传感器和电流型传感器两大类。

1. 电位型传感器

电位型传感器基于电极电势与被测组分浓度之间的关系，通过电极电势的变化感知浓度的变化。

离子选择电极是一种典型的电位测量型电化学传感元件，将离子选择电极、参比电极和待测溶液组成二电极体系（电化学电池），如图 2-39 所示，通过测量电极的响应电势计算溶液中待测离子的浓度，具有不易受到溶液颜色、悬浊度、悬浮物等因素影响的优点。离子选择电极的关键部分是离子选择膜，在离子选择膜上不发生电子得失，但由于存在离子活度（浓度）差异，在离子选择膜的两侧表面上发生离子交换，形成浓差膜电势，此电势即离子选择电极的检测电势。

由图 2-39 可知，常规离子选择电极主要由 3 个部分组成：①离子选择膜，是一种用特殊的电活性材料制成的敏感膜，对溶液中特定离子的活度（浓度）具有选择性响应，产生一定的平衡电势；②内参比电极，通常为银/氯化银（Ag/AgCl）丝；③内充液，通常由含有待测离子的电解质溶液及离子强度调节剂组成，浓度稳定且已知。

离子敏场效应晶体管（ion sensitive field effect transistor，ISFET）是栅极修饰离子选择膜的场效应管，它将普通的场效应管金属栅极去掉，使绝缘氧化层直接与待测溶液接触，通过离子选择膜对溶液中的特定离子产生选择性响应改变栅极电势，从而控制漏极电流，如图 2-40 所示。由于栅极电势与待测离子活度（浓度）服从能斯特方程，而参比电极电势保持恒定，因此，当场效应管工作在恒流区（又称饱和区）时，漏极电流 I_{DS} 受源栅电压 U_{GS} 的控制，漏极电流大小将随溶液中特定离子活度（浓度）的变化而变化。

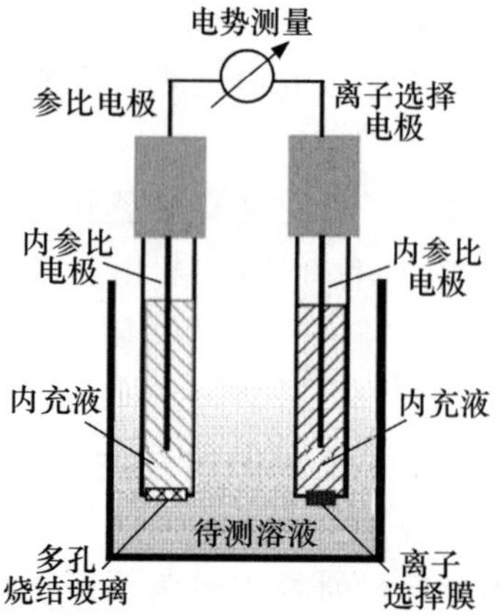

图 2-39 离子选择电极检测原理示意图

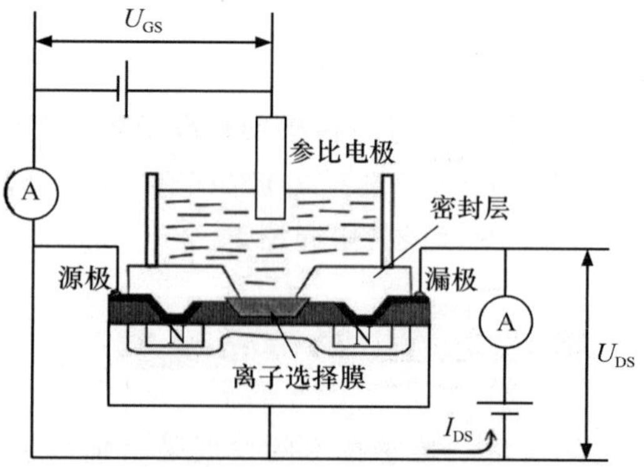

图 2-40 离子敏场效应晶体管工作原理示意图

离子敏场效应晶体管可实现微量溶液的离子活度检测，目前主要应用于土壤及环境微生物及理化参数的检测。

2. 电流型传感器

电流型传感器控制电极和电解质溶液的界面的电位差恒定，使被测物质发生定电势电解，基于扩散控制条件下极限电流与浓度的线性关系，检测被测物质组分的实时变化。绝大多数电化学气体传感器是电流型传感器。这类传感器以电化学半电池为基础，由 2 个或 3 个电极组成电极系统，充以特定电解液并经全密封封装组成。

传感器的重要部件为组成电极的气体隔膜、过滤膜及疏水液膜，这些半透膜可选择性地让被测气体分子通过扩散方式进入传感器电解液，被测气体容易传递到电极内部，溶解于工作电极表面，促进气体在电极表面发生电化学氧化或还原反应，同时将大部分干扰物质的分子阻隔在外面，有效减少干扰。

电流型电化学传感器的典型结构如图 2-41 所示。它的工作原理为：通过半透气体隔膜的被测气体经由毛细管微孔及过滤膜进入传感器气室，到达工作电极附近，并向电极-电解液界面扩散，电活性物质溶解在电解液中，并在工作电极表面发生特异性吸附，吸附物质在扩散控制条件下在工作电极上发生特异性氧化还原反应，引起电子转移，形成与被测气体浓度相关的电极电流或电势。

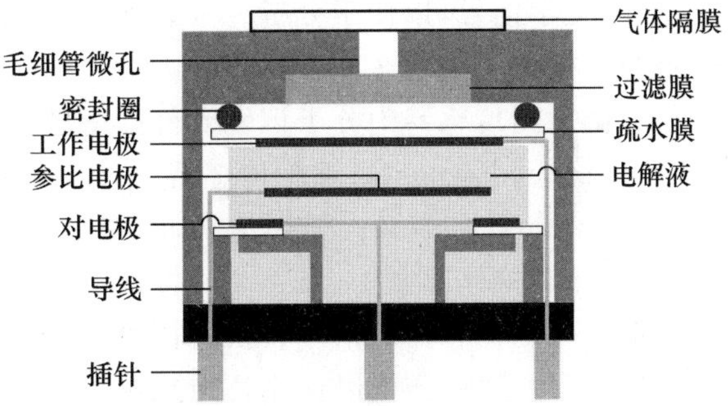

图 2-41　电流型电化学传感器结构示意图

2.5.1.2　转换电路

典型的电化学传感器转换电路主要由电化学工作站、电化学传感器(三电极系统)、电平保持电路、电流-电压转换电路、滤波电路、模数转换电路及数字信号处理电路等模块组成，如图 2-42 所示[10]。

图 2-42　电化学传感器的转换电路方框图

电化学工作站主要起恒电位仪、恒电流仪及交流阻抗仪的作用，一般配套三电极的电化学传感器，控制变量主要是电位，测量流经工作电极和对电极之间的电流。

电化学传感器检测电流的变化范围通常为 7 个数量级(及以上)，电流-电压转换电路中多设计有电流测试电阻阵列，通过测定电极电流流过测试电阻的电压降推算出传感器电流。转换电路精度与测试电阻性能直接相关，需在其后增加滤波电路，提高信噪比。同时，因滤波电路的接入，电化学传感器的输出信号精度及带宽需做明确的限定，较难实现对 100 kHz 以下 10 nA 电流的准确测定。

2.5.1.3 典型应用

电化学传感器主要用于土壤及温室营养液理化组分检测、土壤重金属检测、温室及畜禽养殖环境气体监测。

2.5.2 生物传感器

2.5.2.1 传感原理

生物传感器是利用生物活性物质的分子识别功能将感受到的被测物质信息转换成可用输出信号的传感器。生物传感器是生物、化学、物理、医学、电子技术等多种学科互相渗透发展起来的先进检测装置，它以固定化的生物敏感材料为识别元件（包括酶、抗体、抗原、微生物、细胞、组织、核酸等生物活性物质），采用适当的理化信号转换元件（如氧电极、光敏管、场效应管、压电晶体等）及信号放大装置，把待分析物质的种类、浓度等通过一系列的反应转变为可以定量的物理、化学信号，以便于分析[11-15]。

生物传感器主要有 3 种分类方式：

①根据生物传感器中分子识别元件即敏感元件可分为酶传感器（enzyme sensor）、微生物传感器（microbial sensor）、细胞传感器（organelle sensor）、组织传感器（tissue sensor）和免疫传感器（immunol sensor）。显而易见，所应用的敏感材料依次为酶、微生物个体、细胞器、动植物组织、抗原和抗体。

②根据生物传感器的信号转换元件可分为生物电极传感器、半导体生物传感器、光生物传感器、热生物传感器、压电晶体生物传感器等，转换元件依次为电化学电极、半导体、光电转换器、热敏电阻、压电晶体等。

③根据被测目标与分子识别元件的相互作用方式可分为生物亲和型生物传感器（affinity biosensor）、代谢型生物传感器和催化型生物传感器。

生物传感器已不再局限于利用生物学反应的电化学过程，生物学反应（如光效应、热效应、场效应和质量变化等）中产生的各种信息均可用于检测，形成了光纤、压电晶体、表面离子体共振、半导体、纳米等器件与酶、抗原、抗体、核酸、细胞、天然受体或合成受体等生物元件组成的各类生物传感器。

2.5.2.2 转换电路

生物传感器的转换电路由传感机理决定，需根据转换信号类型及特点进行设计，主要包括电势测量、电流测量、电导测量、阻抗测量、热量测量、声强测量、机械测量等形式。转换电路的信噪比及微小型芯片化是近年来的研究热点。

2.5.2.3 典型应用

生物传感器在食品成分、添加剂、致病菌、环境监测及生物医学领域都有较广泛的应用。

参考文献

[1] 传感器通用术语：GB/T 7665—2005[S].
[2] 梁福平. 传感器原理与检测技术[M]. 武汉：华中科技大学出版社，2018.
[3] 李民赞. 光谱分析技术及其应用[M]. 北京：科学出版社，2006.
[4] 殷建军，潘春华，肖克辉，等. 基于无线图像传感器网络的农田远程监测系统[J]. 农业机械

学报,2017,48(7):286-293.

[5] 李金帅.遥感技术在农业中的应用[J].农业与技术,2021,41(11):61-64.

[6] 海涛,傅戈雁.机器视觉技术在谷物外观品质检测研究现状的分析[J].农业装备技术,2013,39(4):25-28.

[7] 边柯橙,杨海军,路永华.深度学习在农业病虫害检测识别中的应用综述[J].软件导刊,2021,20(3):26-33.

[8] Yadav S P,Ibaraki Y,Gupta S D,et al. Estimation of the chlorophyll content of micropropagated potato plants using RGB based image analysis[J]. Plant Cell Tissue & Organ Culture,2010,100(2):183-188.

[9] 马须敬,徐磊. 气体传感器的研究现状与发展趋势[J]. 传感器与微系统,2018(5):1-4,12.

[10] 汪懋华,李民赞. 现代精细农业理论与实践[M]. 北京:中国农业大学出版社,2012.

[11] 鞠晃先. 电分析化学与生物传感技术[M]. 北京:科学出版社,2006.

[12] 张学记,鞠熀先,约瑟夫・王. 电化学与生物传感器:原理、设计及其在生物医学中的应用[M]. 北京:化学工业出版社,2009.

[13] Mayer M,Baeumner A J. A megatrend challenging analytical chemistry:Biosensor and chemosensor concepts ready for the Internet of Things[J]. Chem Rev,2019,119(13):7996-8027.

[14] Rong G X,Corrie S R,Clark H A. In vivo biosensing:Progress and perspectives[J]. ACS Sensors. 2017,2(3):327-338.

[15] 赵常志,孙伟. 化学与生物传感器[M]. 北京:科学出版社,2012.

第3章 作物生长信息检测与传感技术

智慧农业技术主要包括信息获取、信息处理和决策及变量作业 3 部分，如何方便、快速、准确、可靠地获取作物生长信息，是实施智能决策与精细作业最为关键的环节，是实现智慧农业作物生产的基础[1]。

3.1 概 述

作物生长的过程实际上是植株利用光合作用实现物质积累和生产的过程，检测外观形态、光合作用、水分和养分运移是量化和评估作物生理生化过程的基础。作物生长信息可以用植株个体或者群体特征来描述，农业上按照作物外部形态指标和内部生理评价指标来量化作物生长情况，其中，外部形态指标包括植株株高、叶面积(leaf area，LA)或叶面积指数(leaf area index，LAI)和覆盖度等，内部生理评价指标包括叶绿素含量、叶绿素荧光和水分含量等。作物生长过程中的各项参数和最终的产量密切相关，当作物受到环境胁迫时，其内部生理和外部形态都会发生改变。因此，对各类表征作物生长状况的参数进行检测是实现田间智能作业管理的基础。

传统上，作物生长状况一方面依赖农民的生产经验判断，另一方面通过化学分析方法测定。对作物生长进行诊断时，基于经验进行主观判断，或者通过设置肥料窗口观测区、叶色卡比对等方法进行评价，都容易受到多种因素的影响而出现误判或晚判。通过采样、利用化学分析方法检测，尽管准确性较高，但是成本高，耗时长，操作复杂，且化学试剂的使用容易对环境造成污染。随着传感器技术的发展，以光谱学方法和图像传感器为核心的感知技术、三维图像技术、逆向工程和虚拟植物技术在作物生长信息检测中发挥了重要作用。

现代农业生产要求快速、无损、实时和定点的测量与决策，因此研究人员开发了一系列适应现代农业生产的新型传感器。常用的基于光学成像和光谱学原理的作物生长信息获取传感器如图 3-1 所示，包括彩色数码相机、三维相机、光谱仪、多光谱/高光谱相机、热红外相机、荧光成像仪等[2,3]。

(1)彩色数码相机(RGB 相机)：彩色数码相机的核心是光学传感器，大部分彩色数码相机采用 CCD 或 CMOS 器件，二者是机器视觉领域最常见的传感器。彩色数码相机可以采集物体可见光波段的 RGB(红、绿、蓝)信息，获得物体的彩色和纹理信息。多个数码相机组成双目或多目立体视觉系统，采集多帧图像进行重建可以获得作物的三维(3D)图像，可以同步获取彩色图像与深度图像，综合提取农作物颜色、纹理和形态参数。

(2)三维相机：三维空间信息除可以通过彩色数码相机构成的双目或多目立体视觉系统获

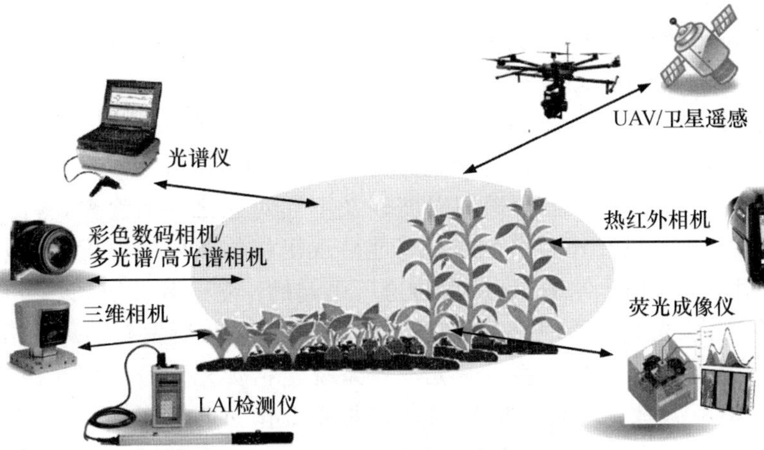

图 3-1　作物生长信息获取传感器及应用示意图

取外，还可以通过深度相机、激光雷达等传感器获取。三维深度相机常采用 ToF（time-of-flight，飞行时间）、结构光和光编码的原理，输出深度、幅度和强度图像。其中，深度图像包含有影像的 Z 坐标信息，幅度图像可以评估深度信息的质量，强度图像是一幅简单的灰度图。RGB-D（depth）相机配备有 RGB 相机、深度传感器和红外发射器，可以同时提供目标物的彩色和深度信息。Kinect 和 RealSense 是两款比较常见的深度相机，应用于作物测量等多个领域。激光雷达（LiDAR）自 20 世纪 80 年代后被广泛应用于农业研究。激光雷达发射红外或可见光波段的脉冲，大部分采用 ToF、干涉法或三角测量原理。基于 ToF 原理的激光雷达适于长距离测量，其他激光雷达则适于短距离测量。激光雷达有二维和三维之分。二维激光雷达通过扇形扫描来探测目标，并生成平面点云数据；三维激光雷达可以采集表征目标表面特性的高精度、高分辨率的点云数据，更容易获得目标的形态和结构数据。作物检测研究中还常采用全波段（full-wave-form，FWF）雷达和高光谱雷达。全波段雷达不仅记录峰值强度，还以一种特殊波形保存激光脉冲返回的所有信息，使得识别多种物体变得更加容易。高光谱雷达将作物的多波段光谱响应特性添加于点云数据，有利于诊断作物的生活力。

（3）光谱仪：光谱仪通常用于探测可见光波段（400～700 nm）和近红外波段（700～2 500 nm）的光谱信号。可见光和近红外光谱含有丰富的物质分子结构信息，可用于定量分析作物生长的物理性质（颜色、密度、分布等）和化学成分（全氮含量、叶绿素含量、水分等）。ASD Field-Spec 光谱仪具有 2 nm 分辨率，在作物叶绿素、水分等生理指标诊断机理探究、特征变量筛选与植被指数优化、数据分析与建模方法比较、评价指标量化与预测验证等研究中得到应用，主要用于构建稳定、可靠的作物生长信息检测模型。此外，SPAD、GreenSeeker 和 Crop Circle 等光谱仪利用 2 个或 3 个光谱特征波长位置，探测光谱信号强度并计算植被指数，用于分析叶绿素、水分等作物生理指标、解析作物病虫害胁迫状况和预测作物产量等。

（4）多光谱/高光谱相机：光谱相机基于光谱成像技术，在可见光和近红外区同时获取样本的光谱和二维空间图像信息，用于分析样本的物理特性和化学特性。根据成像波段的多少，光谱相机可以分为多光谱相机和高光谱相机。通常，高光谱相机拍摄的图像由大量连续的波段（几十个或几百个）图像组成，而多光谱相机拍摄的图像由一系列离散的波段（一般少于 10 个）图像组成。光谱相机成像的方法主要有点扫描、线扫描和面扫描。随着技术的进步，除实验室外，多光谱相机和高光谱相机在田间移动平台、无人机近地遥感及卫星遥感平台都得到了应用，是研究作物外部形态和内部生理信息的重要工具。

(5)热红外相机：热红外相机主要用于探测目标物在 3～14 μm 范围的红外辐射，由于这个波段是中低温物体(<650 ℃)的辐射光谱范围，反映物体温度的高低，又被称为热红外波段。常用 3～5 μm 和 7～14 μm 波段探测温度以及不同对象之间的温差，将温差转换成实时视频图像显示出来。由于热红外图像可以直观地呈现出作物表层的温度分布，在农作物生长信息检测中常被用于分析由于水分、病虫害胁迫所引起的作物叶片和冠层热反应状况。

(6)荧光成像仪：荧光成像的理论基础是荧光物质被激发后所发射的荧光信号的强度在一定的范围内与荧光素的量呈线性关系。荧光成像系统包括荧光信号激发光源系统、荧光信号收集组件、信号检测以及放大系统。叶绿素是植物光合作用的重要基础，具有显著的荧光特性，受紫外光(320～400 nm)激发的植物叶片在 440、520、690 和 740 nm 中心波长附近发射荧光，可见光区蓝色、绿色和红色光会激发 650～800 nm 范围的叶绿素荧光，因此，作物生长检测中常采用叶绿素荧光成像系统，激发并采集待测样本在多光谱波段的叶绿素荧光辐射信号，通过分析受激荧光信号的强度和变化解析作物叶绿素含量、光合探针参数、水分和病虫害状况等生理指标。

(7)其他传感器：除上述传感器外，其他类型的传感器，如超声波传感器、红外传感器、光电传感器等，也可以用于作物测量。如 LAI2200C 光电传感器，采用 5 个同心环硅材料光电探测器，利用“鱼眼”光学传感器，垂直视野范围为 148°，水平视野范围为 360°，可测量冠层上下 5 个角度光线强度的变化。通过比较作物上部太阳光与作物冠层下部透光量的差异，可测定透过冠层后辐射能量的削弱程度，获得冠层密度和 LAI，实现作物生物量大田快速检测。

农作物检测中，通过人工手持式设备采集的地面光谱数据精度高但测量面积小，限制了相关技术在田块、区域等尺度的应用效率，无人机(UAV)和卫星遥感技术在田间应用方面则具有测量面积大、效率高的优点。利用无人机平台搭载彩色相机、多光谱/高光谱、热红外相机等各类传感器，在田间测量时兼具了地面数据精度高与遥感高通量、高效率的优点，已成为农田信息获取和检测的重要途径。随着航天遥感精密仪器制造技术的发展，获取不同时间分辨率、空间分辨率和光谱分辨率的多源遥感数据成为可能，这为农田种植区域提取、作物对象识别、生长信息检测和产量预测提供了重要的支撑。

3.2 基于光谱探测的作物生长信息检测与传感技术

3.2.1 作物生长信息光谱学检测基础

光谱分析技术是综合光谱学、化学计量学和计算机等多学科知识的现代分析技术[4]，通过分析物质的光谱可以确定它的化学组成及其相对含量。近红外光是指波长大致在 700～2 500 nm 范围内的电磁波，在这个范围内的光谱可以反映有机分子含氢基团(C—H、O—H、N—H、S—H 等)伸缩振动的各级倍频与合频吸收的信息。不同基团产生的光谱在吸收峰位置和强度上有所不同，根据朗伯-比尔定律(Lambert-Beer Law)，当一束平行的单色光通过某均匀的稀溶液时，该溶液对光的吸收程度与吸光物质的浓度和光通过的液层厚度的乘积成正比，样品成分或结构变化，其光谱也随之发生变化，这一特征成为近红外光谱分析技术的理论基础。

应用光谱技术检测作物生长信息，主要是通过分析叶片或冠层的光谱信号检测作物的生理参数，利用内部叶肉细胞、叶绿素、水分和其他生物化学成分对光线的吸收和反射特征解析并评价其营养状况，利用叶片或冠层结构、尺度和环境性质引起辐射变化特性反演其 LAI 等指标。图 3-2 为典型的绿色植物光谱响应特性[5]，在可见光区域(400～700 nm)，植物叶的反射和透射都很少，存在两个吸收谷和一个反射峰，分别在 450 nm 的蓝光、650 nm 的红光和 550 nm 的绿光处，其中吸收谷是由于色素的强烈吸收造成的。在 700～1 300 nm 的近红外区呈强烈反射，因为叶肉内的海绵组织结构内有很多大反射表面的空腔，且细胞内的叶绿素呈水溶胶状态，具有强烈的红外反射特性。在 1 300～2 600 nm 的近红外区有 2 个吸收谷，即 1 450 nm 和 1 950 nm 处的水分吸收带。基于这一原理，根据冠层反射光谱的特征波长，可以构建各类植被指数，检测作物生理参数，如表 3-1 所示[6]。按照计算方式和应用目的，可将植被指数分为差比值植被指数(差值类植被指数、比值类植被指数)、增强型植被指数、功能型植被指数(调整土壤类植被指数和抗大气干扰类植被指数)等，这些植被指数广泛用于作物叶绿素、氮素和水分等营养含量和 LAI 等指标的检测中，为作物长势诊断提供支持。

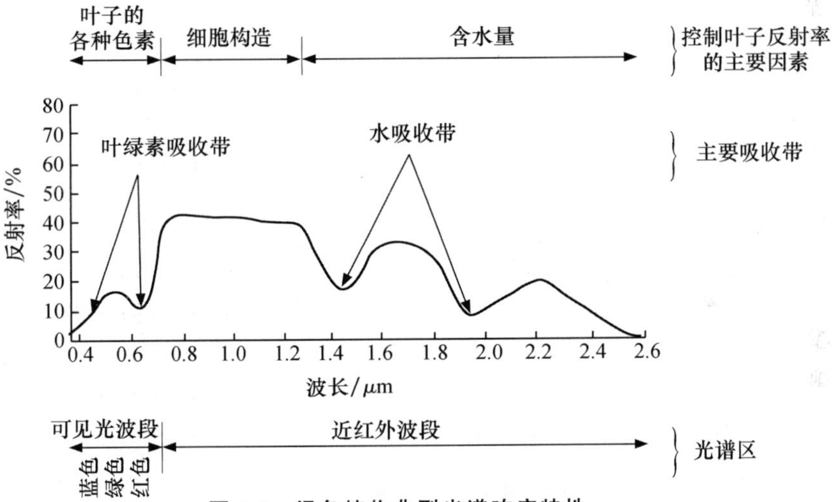

图 3-2 绿色植物典型光谱响应特性

基于特定组分的吸收与反射特征，可以设计相关的作物传感器[7]。叶绿素作为重要的光合色素，负责太阳辐射的收集和化学能的转换，与光合潜能和初级生产力直接相关，其含量也与表征作物营养状况的关键元素(氮素)有着密切的关联。因此，实时、准确地获取作物叶绿素含量的时空分布对现代农业应用具有重要意义。基于叶片叶绿素在红光区域的光谱强吸收和在近红外区域的光谱强反射特性，日本开发的 SPAD-502 型叶绿素仪(Soil and Plant Analyzer Development，SPAD)，使用发光二极管(light emitting diode，LED) 发射峰值波长在 650 nm (红光)和 940 nm(近红外)附近的光，经过叶片时部分光被叶绿素吸收，部分光透过叶片到达接收器，透射光经硅光电二极管转换成相应的电信号，电信号经过放大器放大后转换为数字信号，微处理器利用这些数字信号计算叶绿素相对含量(SPAD)，显示并自动存储。图 3-3 为其原理示意图，SPAD 的计算公式中 I_{940} 和 I_{650} 分别表示 LED 发出的 940 nm 和 650 nm 光的光强，I_{t940} 和 I_{t650} 为经过叶绿素光吸收后透过叶片的光强，K 为常数。SPAD-502 型叶绿素仪是目前世界上应用非常广泛的手持式叶片叶绿素含量检测仪，用于指导农作物的氮肥管理。

表 3-1 基于特征波长反射光谱计算的部分植被指数[6]

分类	类型	植被指数	计算公式
差比值植被指数	差值类植被指数	差值植被指数 (difference vegetation index,DVI)	$\mathrm{DVI}=\mathrm{NIR}-R$
		绿色差值植被指数 (green difference vegetation index,GDVI)	$\mathrm{GDVI}=\mathrm{NIR}-G$
		红边差值植被指数 (red edge difference vegetation index,DVIRED)	$\mathrm{DVIRED}=\mathrm{NIR}-\mathrm{REG}$
		绿红差值植被指数 (green minus red vegetation index,GMR)	$\mathrm{GMR}=G-R$
		超绿植被指数 (excess green vegetation index,EXG)	$\mathrm{EXG}=2G-R-B$
	比值类植被指数	比值植被指数 (ratio vegetation index,RVI)	$\mathrm{RVI}=\mathrm{NIR}/R$
		绿比值植被指数 (green ratio vegetation index,GRVI)	$\mathrm{GRVI}=\mathrm{NIR}/G$
		红边叶绿素植被指数 (chlorophyll index with red edge,CIredege)	$\mathrm{CIredege}=(\mathrm{NIR}/\mathrm{REG})-1$
		叶绿素植被指数 (chlorophyll index with green,CIgreen)	$\mathrm{CIgreen}=(\mathrm{NIR}/G)-1$
		绿红比值植被指数 (green red ratio vegetation index,GR)	$\mathrm{GR}=G/R$
		绿蓝比值植被指数 (green blue ratio vegetation index,GB)	$\mathrm{GB}=G/B$
		红光标准化值 (red light normalized value,NRI)	$\mathrm{NRI}=R/(R+G+B)$
		绿光标准化值 (green light normalized value,NGI)	$\mathrm{NGI}=G/(R+G+B)$
增强型植被指数	增强类植被指数	归一化(差值)植被指数 (normalized difference vegetation index,NDVI)	$\mathrm{NDVI}=(\mathrm{NIR}-R)/(\mathrm{NIR}+R)$
		归一化差值红边指数 (normalized difference red edge index,NDRE)	$\mathrm{NDRE}=(\mathrm{NIR}-\mathrm{REG})/(\mathrm{NIR}+\mathrm{REG})$
		绿色归一化植被指数 (green normalized difference vegetation index. GNDVI)	$\mathrm{GNDVI}=(\mathrm{NIR}-G)/(\mathrm{NIR}+\mathrm{REG})$
		重归一化植被指数 (red difference vegetation index,RDVI)	$\mathrm{RDVI}=(\mathrm{NIR}-R)/(\mathrm{NIR}+R)^{0.5}$
		重归一化红边植被指数 (red difference vegetation index with red edge,RDVIREG)	$\mathrm{RDVIREG}=(\mathrm{NIR}-\mathrm{REG})/(\mathrm{NIR}+\mathrm{REG})^{0.5}$
		改进简单比值植被指数 (modified simple ratio,MSR)	$\mathrm{MSR}=(\mathrm{NIR}/R-1)/(\mathrm{NIR}/R+1)^{0.5}$

续表 3-1

分类	类型	植被指数	计算公式
增强型植被指数	增强类植被指数	改进简单比值红边指数 (modified simple ratio with red edge, MSRREG)	$\mathrm{MSRREG}=(\mathrm{NIR}/\mathrm{REG}-1)/(\mathrm{NIR}/\mathrm{REG}+1)^{0.5}$
增强型植被指数	增强类植被指数	地面叶绿素指数 (MERIS terrestrial chlorophyll index, MTCI)	$\mathrm{MTCI}=(\mathrm{NIR}-\mathrm{REG})/(\mathrm{NIR}-R)$
增强型植被指数	增强类植被指数	增强植被指数 (enhanced vegetation index, EVI)	$\mathrm{EVI}=2.5(\mathrm{NIR}-R)/(\mathrm{NIR}+6R-7.5B+1)$
增强型植被指数	增强类植被指数	归一化红绿差值指数 (normalized red green difference vegetation index, NDIg)	$\mathrm{NDIg}=(R-G)/(R+G+0.01)$
增强型植被指数	增强类植被指数	归一化红蓝差值指数 (normalized red blue difference vegetation index, NDIb)	$\mathrm{NDIb}=(R-B)/(R+B+0.01)$
功能型植被指数	调整土壤类植被指数	土壤调整植被指数 (soil-adjusted vegetation index, SAVI)	$\mathrm{SAVI}=1.5(\mathrm{NIR}-R)/(\mathrm{NIR}+R+0.5)$
功能型植被指数	调整土壤类植被指数	绿色土壤调整指数 (soil-adjusted vegetation index with green, SAVIGRE)	$\mathrm{SAVIGRE}=1.5(\mathrm{NIR}-G)/(\mathrm{NIR}+G+0.5)$
功能型植被指数	调整土壤类植被指数	优化土壤调整植被指数 (optimized soil-adjusted vegetation index, OSAVI)	$\mathrm{OSAVI}=1.16(\mathrm{NIR}-R)(\mathrm{NIR}+R+0.16)$
功能型植被指数	调整土壤类植被指数	绿色优化土壤调整植被指数 (optimized soil-adjusted vegetation index with green, OSAVIGRE)	$\mathrm{OSAVIGRE}=1.16(\mathrm{NIR}-G)(\mathrm{NIR}+G+0.16)$
功能型植被指数	调整土壤类植被指数	红边优化土壤调整植被指数 (optimized soil-adjusted vegetation index with red edge, OSAVIREG)	$\mathrm{OSAVIREG}=1.16(\mathrm{NIR}-\mathrm{REG})(\mathrm{NIR}+\mathrm{REG}+0.16)$
功能型植被指数	调整土壤类植被指数	修正土壤调整植被指数 (modified soil-adjusted vegetation index, MSAVI)	$\mathrm{MSAVI}=1.5(\mathrm{NIR}-R)/(\mathrm{NIR}+R)+0.5$
功能型植被指数	抗大气干扰类植被指数	抗大气植被指数 (atmospherically resistant vegetation index, ARVI)	$\mathrm{ARVI}=(\mathrm{NIR}-R_{\mathrm{RB}})/(\mathrm{NIR}+R_{\mathrm{RB}})$，$R_{\mathrm{RB}}=R-\gamma(B-R)$，$\gamma$ 为修正系数
功能型植被指数	抗大气干扰类植被指数	抗土壤和大气植被指数 (soil-atmospherically resistant vegetation index, SARVI)	$\mathrm{SARVI}=1.5(\mathrm{NIR}-R_{\mathrm{RB}})/(\mathrm{NIR}+R_{\mathrm{RB}}+0.5)$
功能型植被指数	抗大气干扰类植被指数	绿色抗大气植被指数 (green atmospherically resistant vegetation index, GARVI)	$\mathrm{GARVI}=[\mathrm{NIR}-G+1.7(B-R)]/[\mathrm{NIR}+G-1.7(B-R)]$
功能型植被指数	抗大气干扰类植被指数	可见光抗大气植被指数 (visible atmospherically resistant index, VARI)	$\mathrm{VARI}=(G-R)/(G+R-B)$

注：B、G、R、REG 和 NIR 分别表示蓝、绿、红、红边、近红外波段或各波段内某波长处的反射率。

由于透射式作物光谱学检测传感器需要对叶片进行夹持测量，限制了它在大田中的应用效率，基于反射光测量的传感器则可以通过手持、车载、移动平台、无人机等多种方式，无接触地对叶片或冠层进行检测，提高了应用效率。反射式作物光谱学检测传感器常基于植被指数测量，以 GreenSeeker RT100 为例，如图 3-4 所示，它包含主动发光模块，通过测量作物冠层对红光(650～670 nm) 和近红外光 (755～785 nm)的光谱反射率，计算 NDVI、RVI 等植被指数，获取作物的生长信息。此外，Crop Circle 检测仪、N-sensor 检测仪等通过获取固定波长的反射光信号计算植被指数，检测群体的 LAI 和作物健康程度。

基于作物光谱学检测原理和反射式测量方式，国内的研究人员也开发出许多利用不同敏

二维码 3-1

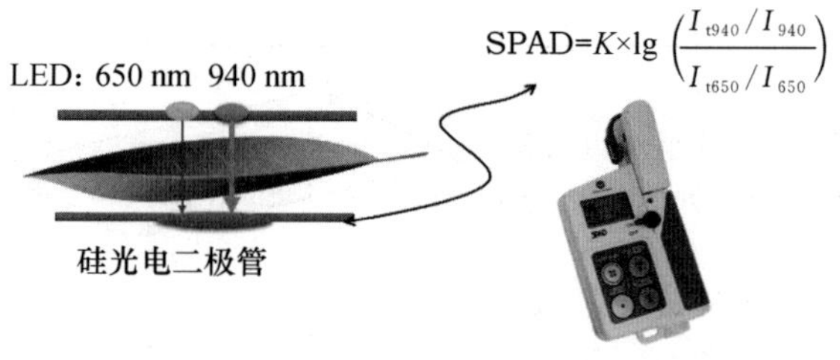

图 3-3 SPAD-502 型叶绿素仪原理示意图

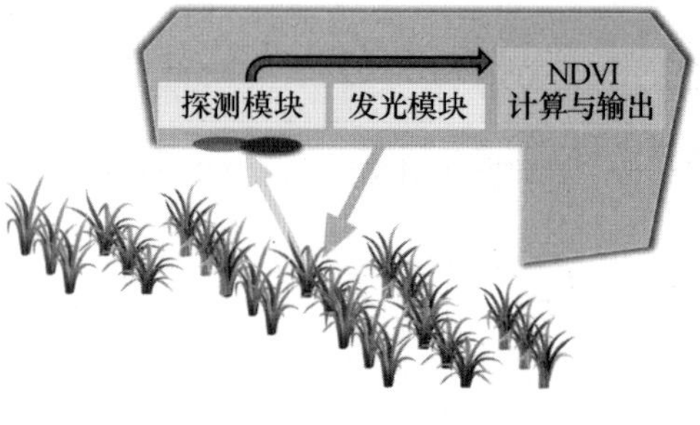

图 3-4 GreenSeeker RT100 传感器原理示意图

感波段的作物长势监测仪器。赵春江等[8]在实验基础上选取 670.8 nm 和 780 nm 两个敏感波长，研发了一种便携式 NDVI 仪，该仪器采用被动光源，同时获取太阳光辐射强度和作物冠层反射率，计算作物的 NDVI 值，结果显示，NDVI 与 LAI、叶绿素含量的相关系数分别达到 0.69 和 0.60。倪军等[9]基于 720 nm、810 nm 两个敏感波长开发了一种便携式作物生长监测诊断仪，采集太阳光辐射强度和作物叶片反射率，计算差值植被指数(DVI)，对水稻叶片氮含量和 LAI 等重要指标进行诊断。中国农业大学先后开发了多款作物生长信息检测仪，为田间信息快速获取提供支持[10-16]。

3.2.2 基于双波长反射光谱的作物叶片叶绿素含量检测

依据植物叶片叶绿素对红光的强吸收特性和对近红外光的强反射特性，张智勇等开发了一种便携式双波长光谱传感器，测量作物叶片的红光与近红外双波段反射信号，计算植被指数，建立玉米叶片叶绿素含量的诊断模型，实现作物生长状态快速无损检测[10,11]。

1. 传感器结构

如图 3-5 所示，该传感器主要包括主控制器、传感器电路、存储模块和显示模块。主控制器采用 Arduino UNO 开发板。光源为 660 nm 和 880 nm 波长的 LED，利用叶片夹持机构让 LED 光照射到叶片上并通过光感应器件接收反射光。传感器电路主要集成了 LED 光源及驱动电路、光感应电路和 A/D 转换电路、环境光干扰消除及数字滤波电路，通过 I^2C 接口与主控制器通信，输出转换后的光强度数值。数据显示采用 UsartGPU20A 串口屏显示模块，数据存储采用 Micro SD 卡。整个系统采用锂电池供电。

2. 光学测试与计算

对光源的稳定性进行测试。使 660 nm 和 880 nm 的 LED 光源持续发光 24 h，每隔 5 min 采集一次数据，共采集 288 个数据样本。采用反射率分别为 5%、25%、50% 和 99% 的 4 级灰度标准板对传感器接收的 660 nm 和 880 nm 波段的数据进行反射率校正。传感器测得光强值与标准板反射率校正模型的 R^2 分别为 0.999 6 和 0.999 5，校正模型为

$$R_{660}=9\times10^{-6}I_{660}-0.0091 \tag{3-1}$$

$$R_{880}=7\times10^{-6}I_{880}-0.0115 \tag{3-2}$$

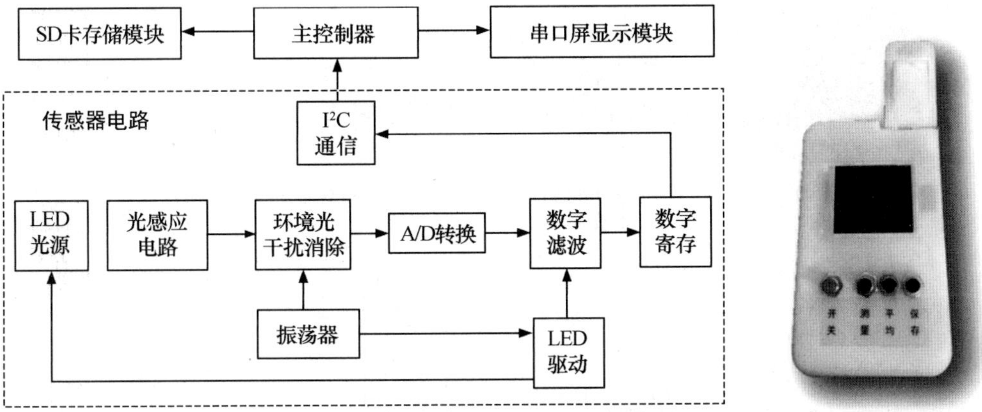

图 3-5　便携式双波长光谱传感器结构示意图

式中：R_{660}、R_{880} 分别为 660 nm 和 880 nm 处的反射率，I_{660}、I_{880} 分别为传感器测得的 660 nm 和 880 nm 处的反射光强。

根据模型得到的反射率计算 NDVI(参见表 3-1 中计算公式)。此外仿照 SPAD-502 型叶绿素仪计算公式，计算相对叶绿素含量 SPAD：

$$\mathrm{SPAD}=K\times\lg\left(\frac{I_{\mathrm{R880}}/I_{880}}{I_{\mathrm{R660}}/I_{660}}\right) \tag{3-3}$$

式中：K 为常数；I_{R880} 为接收到的叶片反射的 880 nm 光强，I_{880} 为 LED 发射的 880 nm 光强；I_{R660} 为接收到的叶片反射的 660 nm 光强，I_{660} 为 LED 发射的 660 nm 光强。

3. 叶绿素含量检测

配置不同浓度的叶绿素溶液，测试传感器对叶绿素含量的响应能力。

取 8 片不同叶绿素含量的玉米叶片样本剪碎，用丙酮：乙醇(2：1)混合溶液萃取叶绿素，每个样本经稀释分为 10 个等级，共得到 80 个不同叶绿素浓度的样本，如图 3-6 所示。

首先使用紫光-可见光分光光度计测量溶液样本在 645 nm 和 663 nm 的吸光度 A_{645}、A_{663}，计算其叶绿素浓度 C_{T}：

$$C_{\mathrm{T}}=8.05\times A_{663}+20.29\times A_{645} \tag{3-4}$$

然后将无纺布用萃取溶液浸泡后晾干，使用传感器对已知叶绿素浓度梯度的无纺布样本进行测量和计算，得到 NDVI 和 SPAD 与叶绿素含量之间的线性拟合系数分别为 0.955 7 和 0.958 7。

以 30 片不同生长状态的玉米幼苗叶片样本为测试集，在不摘离植株的前提下，将活体植物叶片平铺，使用传感器测量反射光强，并计算 NDVI 和 SPAD，根据拟合公式得到叶绿素含量预测值。再将所测叶片剪碎，萃取样本溶液，用紫外-可见光分光光度计测量叶片样本叶绿素含量真实值。结果表明，根据光谱传感器测得的 NDVI 和 SPAD 拟合得到的玉米叶片叶绿素含量预测值与分光光度计测得的玉米叶片叶绿素含量真实值的相关系数分别为 0.888 7、0.874 5。

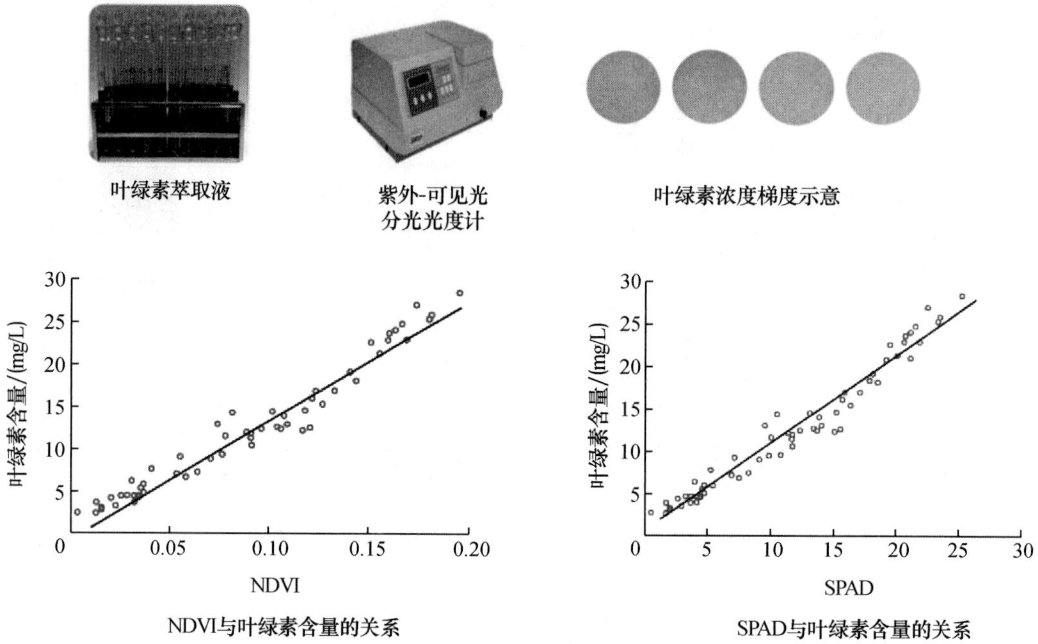

图 3-6 双波长光谱传感器叶绿素响应测试过程与结果

3.2.3 基于调制式双波长反射光谱的作物叶绿素含量检测

上一节介绍的便携式双波长光谱传感器结构简单、使用方便，但是由于光学探测面积小，适合用于叶片局部测量的采样分析，如果用于对植株冠层采样，则存在采样点数多、分析效率不高的局限性。在此传感器的基础上，孙红等开发了一种调制式双波长反射光传感器[12]，可输出 NDVI、DVI、RVI 和 SAVI 等多种双波段植被指数，为作物生长状态快速无损检测研究与应用提供支持。

1. 传感器结构

调制式双波长反射光传感器如图 3-7 所示，包括主控单元、调制光源单元、光电探测单元、信号调理单元和信号处理单元，其中主控芯片为 STM32F103 处理器。

调制光源单元中，选取以红光波段 660 nm 和近红外波段 850nm 为中心波长的 LED 作为主动光源，通过脉冲宽度调制(pulse width modulation，PWM)对光源进行频率调制，调制后的频率为 1 kHz，经 LED 驱动电路后照射到被测植株叶片上。光电探测单元也采用双通道方案，在光电探测单元前端安置凸透镜，分别接收 660 nm 和 850 nm 反射光，并转换为电信号。

信号调理单元由 I/V 转换电路、放大电路和信号滤波电路组成。光电探测单元输出的电信号是电流信号，不便于后续的放大和计算，I/V 转换电路采用 TLC2201 芯片将电流信号转换为电压信号，并采用 NE5532 芯片放大。光电探测单元接收到的环境光转换后表现为直流电信号，经过 PWM 调制后的双波段 LED 光转换后表现为交流电信号，滤波电路使用二极管和电容将直流成分滤去，消除环境光的影响，保留交流电信号。

信号处理单元主要完成反射率计算、植被指数计算和信号传输。为了避免两路不同波长的 LED 光相互干扰，处理过程中设置定时器定时控制，使 660 nm 和 850 nm 波长的两路 LED

间隔发光，间隔时间为500 ms，在LED发光的同时对应的一路的光电探测单元进行光信号接收。采用4级灰度标准板对传感器进行标定，并建立校正模型计算660 nm和850 nm反射率，然后利用植被指数公式计算NDVI、DVI、RVI和SAVI，通过无线传输模块将计算的数据传输到PC端。

系统使用12 V可充电锂电池供电。使用电源转换模块MORNSUN将12 V电压转为±5 V为信号调理单元的运放芯片供电，将电源转换模块输出的5 V电压通过LM1117-3.3稳压芯片转换为3.3 V为主控芯片供电。

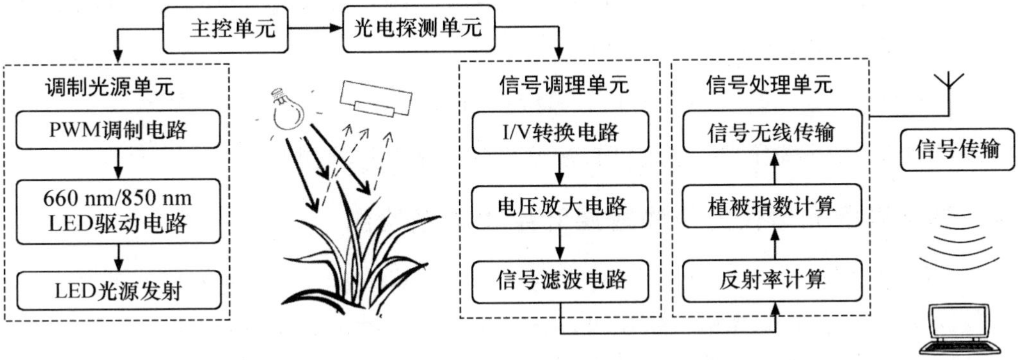

图3-7 调制式双波长反射光传感器结构示意图

2. 光学测试与反射率标定

对光源的稳定性进行测试。将传感器固定在反射率为99%的标准白板上方20 cm处，测量时间为8:30—21:30，每隔30 min测量一次传感器输出电压。结果如图3-8所示，660 nm和850 nm光信号的均方差分别为0.009 9、0.018 7，误差率范围分别为2.00%、4.360%，表明系统在自然光动态改变的环境下能够较好地消除自然光的影响。

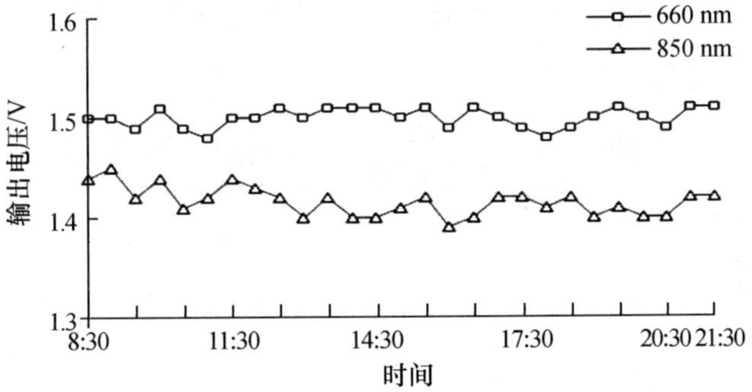

图3-8 光源稳定性测试曲线

采用4级灰度标准板分别对系统660 nm和850 nm波段的接收数据进行反射率校正，4级灰度标准板的反射率从低到高依次为5%、25%、50%、99%。2个波段反射率校正模型的R^2分别为0.993和0.979，校正模型为

$$R_{660}=1.923\,3I_{660}-0.068\,9 \tag{3-5}$$

$$R_{850}=1.853\,2I_{850}-0.160\,8 \tag{3-6}$$

式中：R_{660}、R_{850} 分别为 660 nm 和 850 nm 处的反射率，I_{660}、I_{850} 分别为 660 nm 和 850 nm 处的反射光强。将信号调理单元输出的数据代入式(3-5)和式(3-6)，计算 660 nm 和 850 nm 两个波段的反射率并分别计算 NDVI、DVI、RVI 和 SAVI 参数。

3. 玉米叶绿素含量检测

采集 30 株不同大小的玉米叶片，利用叶绿素仪测量叶片叶绿素含量。同时，在距离叶片 20 cm 处使用研制的传感器进行测量并计算 NDVI、DVI、RVI 和 SAVI，进而分析各植被指数与叶绿素含量 SPAD 的相关性，结果显示各植被指数与 SPAD 的相关系数分别为 0.892、0.846、0.867、0.883。综合 NDVI、DVI、RVI 和 SAVI 建立玉米叶片叶绿素含量 SPAD 的多元线性回归模型，决定系数 R^2 为 0.831：

$$\text{SPAD}=340.469\text{NDVI}+31.595\text{DVI}-6.234\text{RVI}-233.922\text{SAVI}-2.36 \tag{3-7}$$

将该模型嵌入系统软件中，系统可直接输出叶绿素含量检测值。

3.2.4 基于微型光谱仪的作物冠层叶绿素含量检测

STS-VIS 光谱仪（Ocean Optics，Inc.）是一款超小体积可见光/短波近红外光谱分析仪，其光谱范围 350～800 nm，光谱分辨率可以达到 1.5 nm，最大信号时信噪比>1 500∶1。仪器具有多种接口选项，可通过有线方式的 USB 或 RS-232 接口以及无线方式的蓝牙或 Wi-Fi 适配器与微型机或其他设备相连。高光谱分辨率、紧凑结构、多功能接口选项为作物叶绿素检测提供了新的途径。程萌等利用这种微型光谱仪构建了便携式小麦冠层叶绿素含量检测系统，如图 3-9 所示[13]。微型光谱仪经 USB 接口与树莓派（Raspberry Pi）微型电脑相连，进行数据采集与存储；再经 Wi-Fi 与手机端相连实现采集控制功能，主要包括参数设置、数据采集、数据管理、配置四个部分。使用时，首先连接仪器，开启后根据白板的 DN(digital number)值设置系统参数，然后依次测量暗电流（仪器自身噪声）、参考值（反射率为 1 的白板的反射光强 DN 值）和样本点数据（叶片反射光强 DN 值），去除暗噪声之后的样本点反射光强 DN 值和白板的反射光强 DN 值之比即为光谱反射率，控制器终端可显示反射率曲线。

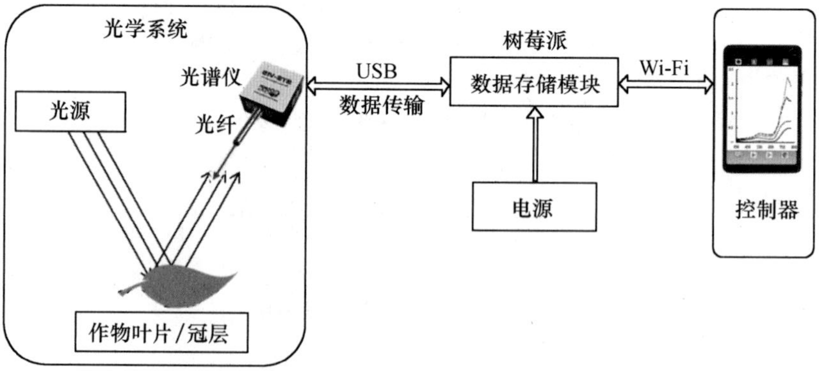

图 3-9 利用 STS-VIS 光谱仪构建的小麦冠层叶绿素含量检测系统

1. 数据获取

在冬小麦抽穗期进行采样。将实验地块划分为 70 个样区，在各样区中心点附近选取 4 个不同位置测量作物的冠层反射率（波长范围 350～820 nm），取 4 个位置测量结果的平均值作为该样区的冠层反射率。每次测量前后均进行白板校正。测量后将叶片采下，装入密封袋并避光保存，带回实验室进行叶绿素含量测定，测定结果为：叶绿素含量范围 39～53 mg/L，主要集中在 44～49 mg/L，均值 46.72 mg/L。

2. *数据处理方法*

对冬小麦冠层光谱反射率数据分别进行预处理、样本点筛选、特征波长筛选与模型建立。预处理中，在进行一阶微分后利用小波包分析进行数据平滑，实现过程主要包括：①小波分解：选择小波函数和分解的最高层次，计算信号在各层的小波系数(包括近似系数和细节系数)；②设定阈值：确定阈值设定方法，对各层小波系数进行处理；③信号重构：小波分析中，对 1～n 层(最高层)的近似小波系数和细节系数重构信号。研究中针对光谱曲线尝试了 1～8 层 Bior Nr. Nd 小波的分解与重构，从中选取效果最好的一组进行后续建模。然后，采用蒙特卡罗抽样方法(Monte-Carlo sampling method，MCS)筛选有效样本点并采用随机蛙跳(random frog，RF)方法进行特征波长的选取。应用偏最小二乘回归(partial least squares regression，PLSR)建立叶绿素检测模型。

3. *数据处理结果*

总体上所有采样反射光谱曲线在 350～820 nm 范围具有类似的变化趋势。对样本光谱求均值的反射率曲线如图 3-10(a)所示，在 335～350 nm 处，由于系统工作不稳定，出现较大震荡；在 575 nm 处出现反射峰，相对于传统植被绿色反射峰出现在 550 nm 而言出现了“红移”现象，可能是由于生长前期叶绿素积累导致；在 648 nm 处出现波谷，是由于叶绿素的强吸收所致；曲线在 648 nm 后急剧上升，之后趋势变缓，形成高反射平台。为了增强反射信号，首先对原始反射率光谱进行了一阶微分处理，经过一阶微分处理后光谱曲线如图 3-10(b)所示，曲线峰值更加明显，但同时也放大了噪声，因此对一阶微分曲线进行了小波包分解，并利用线性相关系数分析法分析小波包分解后的去噪信号与对应的叶绿素含量间的相关性。

比较各种光谱数据与叶绿素含量相关系数的峰值点，按峰值绝对值大小选出的前 3 个峰值点如表 3-2 所示。通过相关系数对比发现，一阶微分处理后的光谱信号与叶绿素含量的相关性较原始光谱信号有较大提高，经过合适层数的小波包分解后，相关系数进一步提高，最终选择经 1 层 bior 小波包分解的去噪信号建立冬小麦叶片叶绿素含量预测模型。

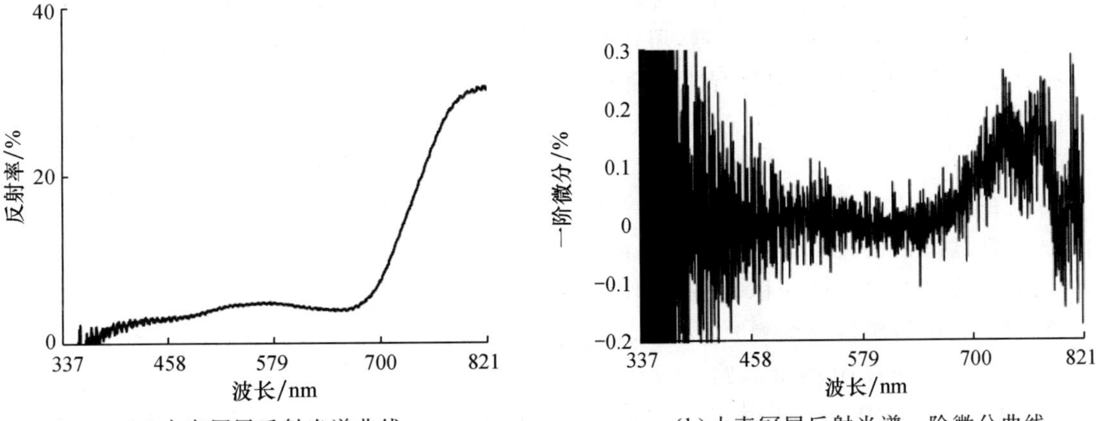

(a)小麦冠层反射光谱曲线　(b)小麦冠层反射光谱一阶微分曲线

图 3-10　利用 STS-VIS 光谱仪获取的小麦冠层反射光谱曲线分析

表 3-2 不同层数小波包分解光谱的相关系数的峰值点

预处理方法	峰值波长 1/nm	相关系数 1	峰值波长 2/nm	相关系数 2	峰值波长 3/nm	相关系数 3
原始光谱	354	−0.500 4	404	−0.464 3	764	0.445 2
一阶微分光谱	514	−0.556 4	763	0.553 1	526	−0.545 3
一阶微分+1 层小波	573	−0.587 6	722	0.564 2	526	−0.561 2
一阶微分+2 层小波	594	−0.555 5	758	0.553 2	570	−0.547 1
一阶微分+3 层小波	617	−0.559 7	410	−0.548 4	758	0.548 2
一阶微分+4 层小波	608	−0.536 1	607	−0.536 0	609	−0.535 5
一阶微分+5 层小波	608	−0.516 8	607	−0.516 4	609	−0.516 1
一阶微分+6 层小波	651	−0.527 4	652	−0.527 4	653	−0.526 9
一阶微分+7 层小波	647	−0.551 5	646	−0.550 6	729	0.498 9
一阶微分+8 层小波	559	−0.554 2	709	0.546 4	560	−0.546 1

利用蒙特卡罗抽样方法对 70 个样品的叶绿素含量数据进行分析，去除 5 个明显的异常值，在剩余 65 个样本点中，选取 40 个作为建模集，25 个作为验证集。对建模集的 40 个样本点，用偏最小二乘法建立叶片叶绿素含量与经 1 层 bior 小波包分解的去噪微分信号的定量分析模型。采用 RF 方法筛选出前 8 个特征波长，分别为 719、572、562、605、795、527、705、514 nm。基于 8 个特征波长建立叶片叶绿素含量 PLSR 模型，建模集决定系数 R_C^2 为 0.69，均方根误差 $RMSE_C$ 为 1.364 8；验证集决定系数 R_V^2 为 0.52，均方根误差 $RMSE_V$ 为 1.839 7。采用经小波包方法预处理后的数据建模，比采用原始数据建模，验证集均方根误差减小 23%，验证集决定系数提高了 4.2 倍。

3.2.5 基于谱图融合传感器的作物生长检测

为了综合评价作物长势状况，中国农业大学智慧农业系统集成研究教育部重点实验室设计开发了一种基于点-面阵光学组合测量的便携式作物生长信息获取系统[14-16]。该系统集成了多波段光谱传感器和图像传感器，可以快速获取作物冠层反射光谱，同时采集作物冠层图像，基于光谱和图像分别检测叶绿素含量和 LAI，为田间作物长势的快速诊断与管理提供更丰富的信息。

1. 系统设计

系统的核心传感器件采用镀膜型光谱传感器。镀膜型光谱传感器采用新的制造技术，使纳米光干涉滤波器极其精确地直接附着在 CMOS 硅晶圆上，采用小型阵列封装。纳米光干涉滤波器具有极高的精确性和稳定性，受使用时间及温度的影响小，提供了芯片级光谱分析能力。镀膜型光谱传感器的检测原理如图 3-11(a)所示，光经过物体表面反射后直接进入附着纳米光干涉滤波器的 CMOS 硅晶圆。CMOS 硅晶圆上干涉滤光片的排列如图 3-11(b)所示，其中 T、U、S、R、V 和 W 分别代表 610、680、730、760、810 和 860 nm 波段的干涉滤波片，其数量可根据需要增加或减少。由于 CMOS 可以快速感知光强度的变化，所以镀膜型光谱传感器的光强检测速度快，精度高。随着半导体工艺水平的不断提高，镀膜型光谱传感器的成本可控制在很低水平，有利于光谱检测技术应用于实际的生产中。

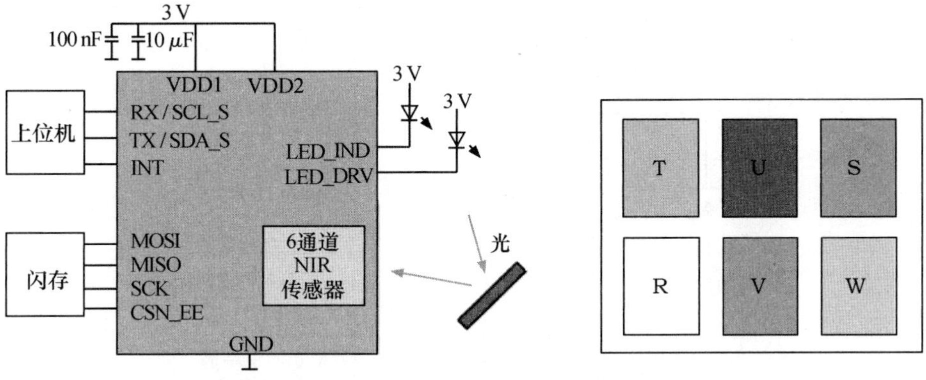

(a)检测原理　　(b) 纳米光干涉滤波片排列

图 3-11　镀膜型光谱传感器

如图 3-12 所示，系统的主控单元（MCU）采用树莓派 Zero W 模块，负责控制传感器件、存储模块、电源模块及输入输出模块。主要传感器件包括多光谱传感器、图像传感器和红点定位瞄准器。多光谱传感器（AS7265X，ams，奥地利）在 400～960 nm 的范围内感知 18 个波长点，感知中心波长分别为 410、435、460、485、510、535、560、585、610、645、680、705、730、760、810、860、900 和 940 nm，半波带宽为 20 nm，反射光谱数据由 MCU 通过可选的 I^2C 或 UART 接口进行管理。图像传感器采用 OV5647 摄像头，拍摄 500 万像素图像，红点定位瞄准器用于指示当前采集数据的位置。系统使用锂电池供电，并采用 DW01 和 8205 芯片对锂电池进行过充电和过放电保护。MCU 接收光谱数据和图像数据，进行数据处理和输入输出模块的控制。

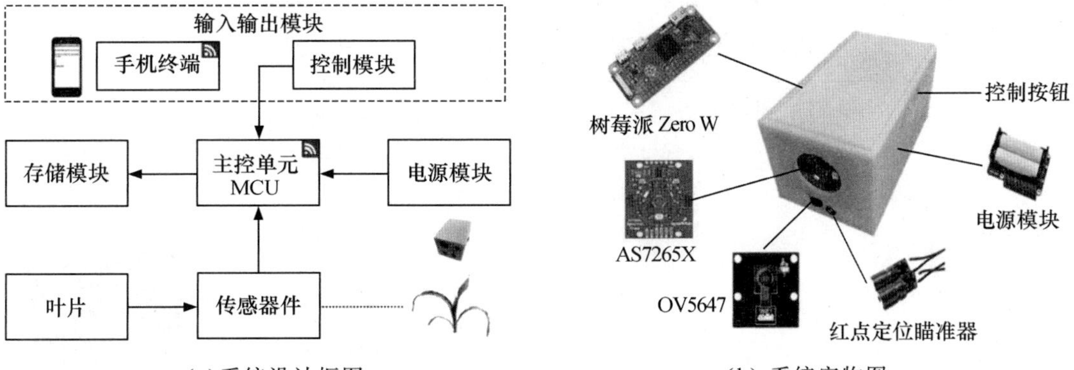

(a)系统设计框图　　(b) 系统实物图

图 3-12　基于谱图融合传感器的作物生长信息获取系统示意图

采用 Python 语言编写控制程序，执行检测过程中数据的收集、处理、存储和查看。数据收集涉及多个程序，包括白板测量、原始作物光谱数据收集、反射率校正、图像数据采集、图像处理和模型输出，单次采集流程如图 3-13 所示。

2. 光谱响应测试与校正

为了保证光谱传感器的稳定性和准确性，需要进行光照度响应测试和反射率校正。实验

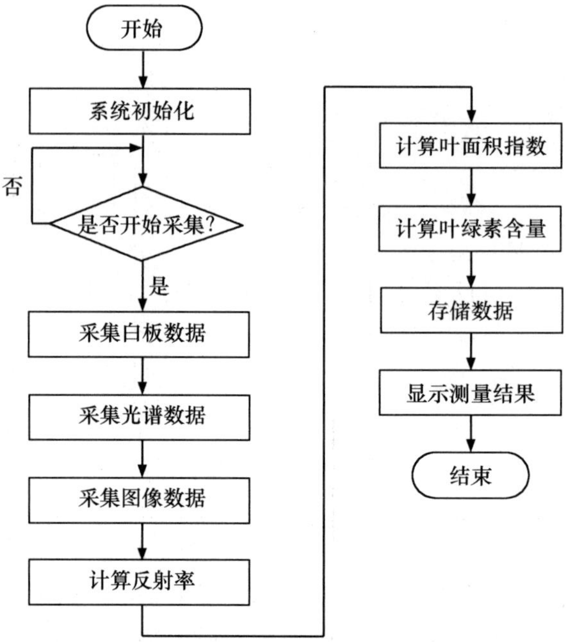

图 3-13 作物冠层谱图信息采集控制软件流程

时选取晴朗无云的天气，光谱传感器安装在白板上方 10 cm 处，每 5 min 收集和记录白板反射数据一次，同时用照度计测量、记录数据。一共采集了 109 组数据，光照度范围 120～80 800 lx，白板反射率为 91.13%。对传感器测量数据进行归一化处理，分析各波段数据与照度计数据的相关性。归一化的光谱传感器和照度计数据分析结果如图 3-14 所示。传感器各波段采集的数据与照度计测得的光照度变化趋势具有良好的一致性，且相关系数均超过 0.99，表明该传感器可以在 120～80 800 lx 的范围内稳定采集作物冠层反射光强。

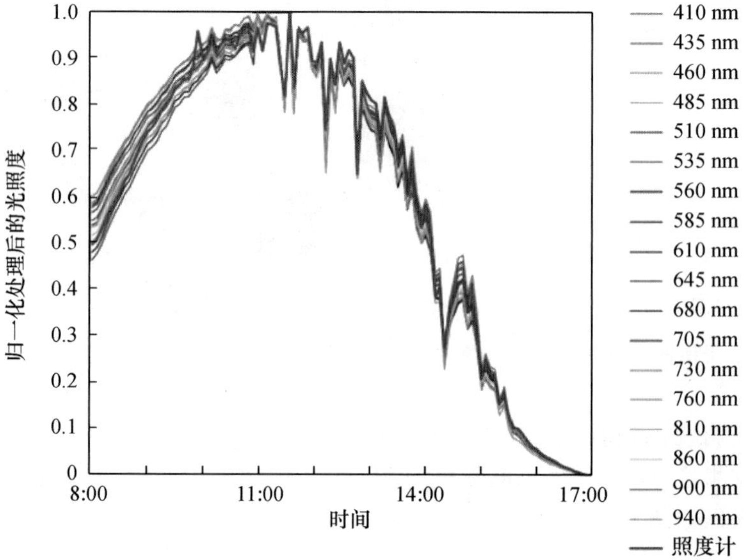

图 3-14 光谱传感器光照度响应分析

二维码 3-2

使用 4 级灰度标准板校正传感器各波段的反射率，4 个灰度级（G1、G2、G3、G4）的标准反射率分别为 10%、25%、50%和 99%。传感器在 10 cm 高度处对每个灰度采集 3 次，然后取平均值。实验中以反射率为 99%的标准板（G4）为白板指示太阳光强，计算光谱反射率。首先采用线性回归校正反射率，结果如图 3-15 (a)所示，与原始数据相比，校正后的光谱曲线接近真实值，但在 680 nm 和 860 nm 处反射率存在突变，导致 NIR 区域的反射率出现偏差。因此，构建非线性回归（指数和对数拟合公式）对 680～860 nm 范围内的光谱进行校正，结果如图 3-15 (b)所示，校正后传感器测量反射率逼近标准反射率值，相关系数达 0.99 以上，校正公式和相关系数如表 3-3 所示。校正后反射率用于分析作物叶绿素含量。

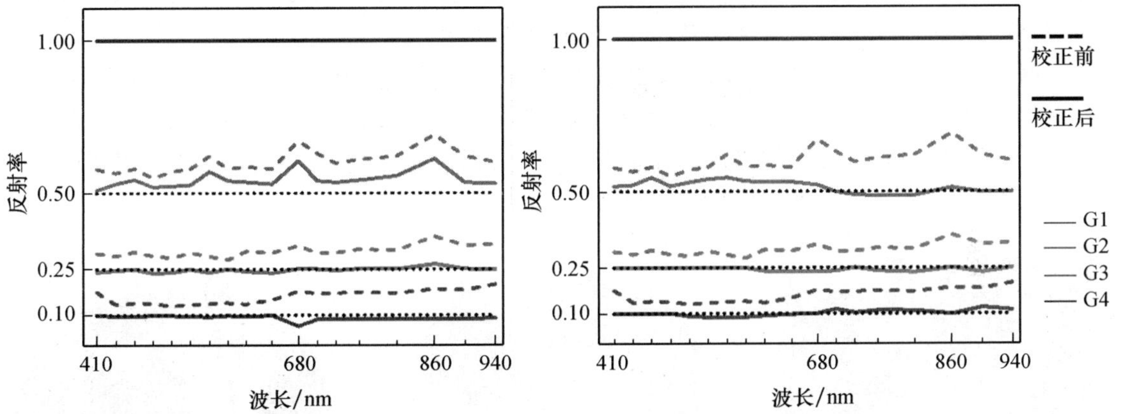

(a)线性校正结果　　(b)线性＋非线性校正结果

图 3-15　校正前后反射率对比

表 3-3　反射率校正公式及相关系数

波长/nm	校正公式	相关系数
410	$R_{410} = 1.078r_{410} - 0.081$	0.999 9
435	$R_{435} = 1.056r_{435} - 0.060$	0.999 9
460	$R_{460} = 1.061r_{460} - 0.070$	0.999 3
485	$R_{485} = 1.050r_{485} - 0.055$	0.999 8
510	$R_{510} = 1.049r_{510} - 0.057$	0.999 6
535	$R_{535} = 1.055r_{535} - 0.069$	0.998 9
560	$R_{560} = 1.056r_{560} - 0.074$	0.998 2
585	$R_{585} = 1.060r_{585} - 0.072$	0.999 1
610	$R_{610} = 1.054r_{610} - 0.067$	0.999 0
645	$R_{645} = 1.063r_{645} - 0.071$	0.999 6
680	$R_{680} = 0.582e^{r_{680}} - 0.584$	0.999 0
705	$R_{705} = 0.577e^{r_{705}} - 0.558$	0.999 3
730	$R_{730} = 0.577e^{r_{730}} - 0.553$	0.998 7
760	$R_{760} = 0.580e^{r_{760}} - 0.567$	0.999 4
810	$R_{810} = 0.579e^{r_{810}} - 0.566$	0.999 4
860	$R_{860} = 0.057\ln r_{860} + 0.922r_{860}$	0.999 9
900	$R_{900} = 0.584e^{r_{900}} - 0.579$	0.999 3
940	$R_{940} = 0.593e^{r_{940}} - 0.600$	0.999 8

注：R 为校正后的反射率，r 为传感器测得的未经校正的反射率。

3. 图像区域剪裁与处理

光谱传感器和图像传感器视场角不同，导致作物冠层光谱和图像采集区域存在差异，因此对采集图像区域进行剪裁设置，使之与光谱采集区域匹配。研究中，光谱传感器的视场角为41°，图像传感器视场角为69.1°，光谱与图像半径比为

$$k=\frac{h\times\tan(\theta_1/2)}{h\times\tan(\theta_2/2)}=\frac{\tan(\theta_1/2)}{\tan(\theta_2/2)} \tag{3-8}$$

式中：h 为测量装置距冠层的高度，θ_1 为光谱传感器视场角，θ_2 为图像传感器视场角。计算可得 $k=0.543$。采集图像后进行 k 倍剪裁，并取内切圆图像，即可保证图像采集区域与光谱采集区域的一致性。作物冠层图像剪裁结果如图 3-16 所示。

处理作物冠层图像，首先采用高斯滤波剔除图像随机噪声；然后采用大津法分割图像，提取作物冠层图像；进而进行膨胀腐蚀和区域检测剔除部分误分割干扰，保留目标植株；最终计算提取的绿色像素值与全部像素值的比值（即绿色面积的占比）作为作物覆盖度，用于分析玉米作物 LAI 指标。

(a)剪裁前 (b)剪裁后 (c)图像分割处理后

图 3-16 作物冠层图像处理结果

4. 基于谱图融合传感器的作物长势检测建模

采用作物信息谱（光谱）、图（图像）融合感知，同步采集作物冠层反射光谱和图像信息，可以同步开展田间作物叶绿素含量和 LAI 指标检测，建立相应的检测模型，嵌入检测系统，满足便携式作物长势实时检测的应用需求。

仪器的田间标定与性能试验于玉米拔节期在河北省农业科学院衡水市旱作节水农业试验站进行。设置 B1—氮肥 0 kg/hm^2、B2—氮肥 90 kg/hm^2、B3—氮肥 180 kg/hm^2、B4—氮肥 360 kg/hm^2、B5—氮肥 540 kg/hm^2、B6—氮肥 720 kg/hm^2 共 6 个施肥等级，每个施肥等级施划 12 个小区（共 72 个小区）[16]。首先使用图 3-12 所示系统在 72 个小区采集数据，共采集 72 组光谱和图像；然后采用 LAI-2200C 冠层分析仪（LI-COR，美国）测量玉米冠层 LAI 数据，在每个小区测量一次叶上光，在玉米垄间测量 4 次叶下光，取平均值作为该小区的 LAI 值；最后原位采集被测叶片，带回实验室进行叶绿素含量的化学测定。

采用 Kennard-Stone(K-S)算法以 3∶1 的比例划分样本集，并选用 SRA 和 MC-UVE 方法进行波长筛选，与叶绿素含量进行 PLSR 建模；同时对图像数据进行处理，并结合筛选出的特征光谱数据与图像中作物覆盖度进行 PLSR 建模，对结果进行评估分析。如表 3-4 所示，与

基于全部 18 个波长的叶绿素含量检测模型相比，经过波长筛选的叶绿素诊断模型验证集决定系数均得到提升，误差均有所下降，其中用 SRA 方法进行波长筛选后建模结果最优。此外，在对光谱传感器进行反射率校正后（表 3-3），叶绿素含量检测结果比校正前都得到了提高。

表 3-4　玉米叶片叶绿素含量检测建模结果

方法	波段数	波段/nm	校正前				校正后			
			R_C^2	R_V^2	$RMSE_C$ /(mg/L)	$RMSE_V$ /(mg/L)	R_C^2	R_V^2	$RMSE_C$ /(mg/L)	$RMSE_V$ /(mg/L)
全波段	18	410,435,460,485,510,535,560,585,610,645,680,705,730,760,810,860,900,940	0.72	0.52	2.51	2.70	0.74	0.55	2.48	2.67
SRA	9	435,460,510,535,610,680,730,860,900	0.70	0.57	2.37	2.46	0.72	0.61	2.35	2.43
MC-UVE	8	435,460,510,535,610,680,730,860	0.69	0.56	2.38	2.48	0.70	0.61	2.37	2.45

在 LAI 检测方面，首先选择单独图像处理后计算得到的作物覆盖度与 LAI 回归建模，建模集 R_C^2 为 0.63，R_V^2 为 0.49，$RMSE_C$ 和 $RMSE_V$ 分别为 0.15 和 0.14。然后，选用 SRA 方法进行波长筛选并结合作物覆盖度与 LAI 建立 PLSR 模型，同时利用全波段数据结合作物覆盖度与 LAI 建立 PLSR 模型，结果如表 3-5 所示。3 种方法中，SRA 筛选的特征波长与作物覆盖度结合所建立的 LAI 诊断模型效果最佳，R_C^2 和 R_V^2 分别为 0.90 和 0.83，$RMSE_C$ 和 $RMSE_V$ 分别为 0.07 和 0.08。相较于叶绿素诊断模型中，特征波长增加了近红外区波段，符合绿色作物与土壤背景在近红外区光谱具有较大差异的特征。由此可知，图像和光谱相结合的方法对于田间作物 LAI 检测具有重要指导意义。

表 3-5　LAI 检测建模结果

方法	波段数	波段/nm	R_C^2	R_V^2	$RMSE_C$	$RMSE_V$
覆盖度	0	无	0.63	0.49	0.15	0.14
覆盖度＋SRA	11	460,485,510,535,610,680,705,730,810,860,900	0.90	0.83	0.07	0.08
覆盖度＋全波段	18	410,435,460,485,510,535,560,585,610,645,680,705,730,760,810,860,900,940	0.89	0.81	0.09	0.10

应用以上最佳模型进行田间作物叶绿素含量和 LAI 预测，绘制分布图并结合施肥梯度图与真实值进行比较，结果如图 3-17 所示。在玉米拔节期，施氮肥量高的区域叶绿素含量和 LAI 都相对较高，施氮肥量低的区域叶绿素含量和 LAI 都相对较低，由此可见获取作物长势参数能为田间施肥管理提供指导。同时，叶绿素含量预测分布和 LAI 预测分布与真实分布较

为一致，证明所建模型在田间应用的准确性，也证明这套基于谱图融合传感器的便携式作物生长信息获取系统能够准确获取田间玉米长势参数，为田间管理决策提供技术支持。

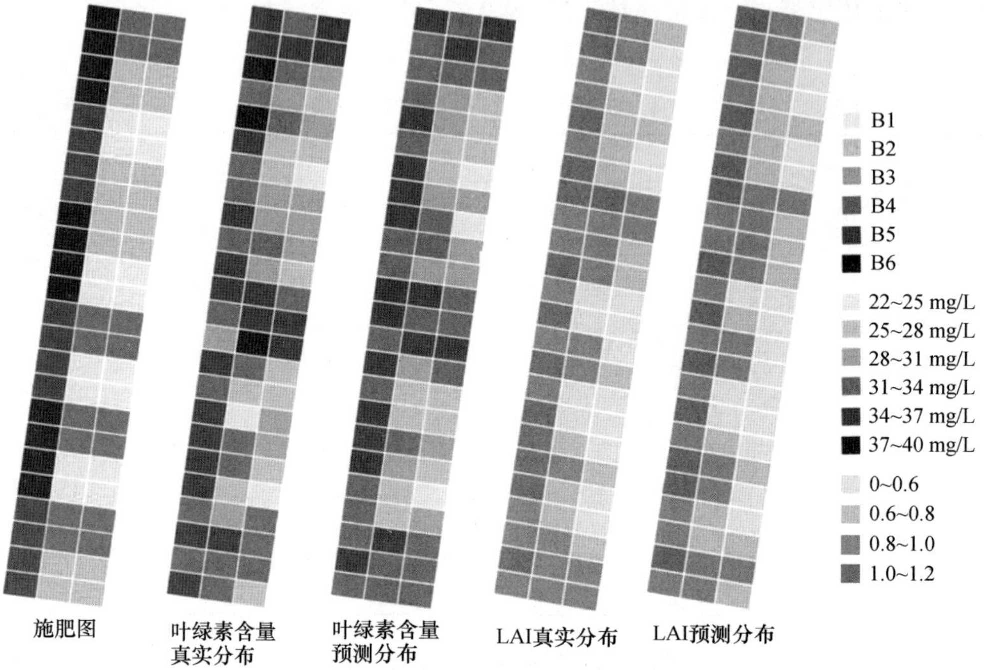

图 3-17　玉米长势参数预测结果

3.3　基于光谱成像的作物生长信息检测与传感技术

3.3.1　光谱成像检测与传感技术基础

光谱相机可同步获取空间域图像以及各像素点的光谱反射率，利用图像像素分类或目标识别算法，可对不同感兴趣区域(region of interest，ROI)位置、形态和光谱等混叠信息进行分离。如图 3-18 所示，成像光谱数据可表示为一个立方体，其中 X、Y 平面为二维图像，体现对象的空间分布，其像素点(pixels)的个数决定图像的大小；Z 轴方向体现连续光谱波段信息，空间图像中的每一个像素点都对应一条光谱辐射强度曲线，以标准白板辐射强度为基础，计算作物或土壤与白板在各波长(图中为 400～1 000 nm)处辐射强度的比值，即可得到作物、土壤等各目标像素点对应的光谱反射率曲线。成像光谱数据处理融合图像处理技术和光谱分析技术，在分离局部作物—土壤“异物光谱”、辨别不同光学属性的冠层叶片“同物光谱”差异等方面具有优势[17]。

根据成像波段的多少，光谱相机可以分为多光谱相机和高光谱相机。按照成像的光谱范围，图像数据可以分为可见光和近红外图像。常用的光谱成像系统大致可分为 4 种类型[18]：

第一种是单镜头反光式取景照相机，俗称单反相机，是农业监测中常用的类型。这种相机仅采集可见光波段图像，能够获得红、绿和蓝(R、G、B)颜色通道之间的灰度差异和它们所构

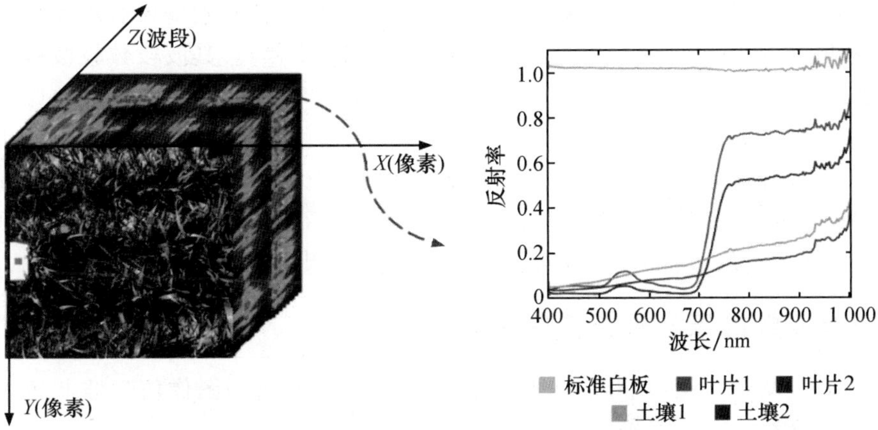

(a)成像光谱立方体　(b) 某像素点对应的光谱曲线

图 3-18　作物冠层光谱成像数据示意图

二维码 3-3

成的颜色植被指数，适用于检测作物外部形态、LAI、覆盖度等指标，对作物生长相关的营养、胁迫等信息的检测能力有限。

第二种是单镜头单 CCD 相机，如美国 Tetracam 公司的 ADC 系列相机。和传统可见光相机红、绿和蓝(R、G、B)三色成像不同，这种相机可以得到高分辨率的红、绿、近红外(R、G、NIR)3 个波段的图像信息，也可以通过更换滤光片，组合不同波段的图像信息。但各个波段不能同时曝光，且滤光片特性不同和更换滤光片后重新对焦成像对检测的精度影响较大。由于引入 NIR 波段，记录了植物近红外区域的植物光学特征，适用于构建包含有近红外波段的植被指数。

第三种是多镜头加滤光片系统的相机，例如美国 Tetracam 公司的 MAC(multiple camera array)组合型 4 通道多光谱照相机系统，不同的通道配置不同的滤光片，分别获取红、绿、蓝、近红外光谱图像。美国 Parrot Sequoia 农业遥感用多光谱相机有 5 个镜头，4 个光谱镜头分别使用绿光(波长 550 nm，带宽 40 nm)、红光(波长 660 nm，带宽 40 nm)、红边光(波长 735 nm，带宽 10 nm)和近红外光(波长 790 nm，带宽 40 nm)滤光片生成光谱图像，另一个为 RGB 彩色图像镜头。相机获取数据后，利用软件生成 NDVI、RVI 等植被指数。由于此类相机配备多个镜头成像，需要配准不同镜头的图像以减少图像视差的影响。

第四种是单镜头分光型光谱相机。成像分光器件主要用于实现光谱通道的分离，主要有光栅分光原理、棱镜分光原理和芯片镀膜分光原理 3 种。芬兰 Specim 公司的 Imspector 系列传感器通过光栅将连续光谱展开，基于线阵推扫成像，在 400～1 000、900～1 700 和 1 000～2 500 nm 范围可达到 2.8、5 和 10 nm 分辨率的连续采样光谱信号，具有光谱分辨率高的优点。由于线阵推扫成像基于相机与待测目标的相对位移进行信号采样和记录，成像时间和成像画幅大小与推扫速度和推扫行程有关。多光谱棱镜分光以美国 Optech 公司 MS4100 相机、丹麦 JAI 公司 AD-081GE 相机为代表，分光后的入射光投射到多个 CCD 成像传感器上，属于画幅式成像，可同时采集可见光(红、绿、蓝)和近红外区 4 个通道的图像，光谱通道数有限。镀膜型光谱成像传感器应用半导体薄膜工艺，通过在探测器像元上镀膜实现光信号的窄带选择透过，进而实现多光谱成像。近年来镀膜工艺不断提高，以美国 Ximea 公司的 IMEC 马赛克式镀膜传感器为例，它以5×5像素为一个成像单元，探测器各光谱带宽约为10 nm，灰度分辨率最高为10位，可以采集673～951 nm范围内25个波长的光谱图像[19]。其波段数较棱镜分光传感器多，面阵成像又比光栅线阵推扫成像简单，在农作物田间现场检测中有良好的应用前景。

各类光谱图像已经成为农业信息感知的重要数据源，围绕作物生长信息检测需求，融合光谱分析和数字图像技术，通过设备选型、光谱波长优化、光学响应特征解析、设备系统集成与开发，提升了作物外部形态参数提取、内部营养参数检测等的田间应用潜力。

3.3.2 基于多目成像匹配的玉米生长信息检测

基于多目成像系统通过图像匹配可获取作物多光谱图像，综合光谱和图像信息监测玉米生长参数[20-22]。

1. 多目光谱成像系统

多目光谱成像系统如图3-19所示，该系统采用的FM830-5M RGB-D相机包括一个彩色(RGB)相机、2个近红外(NIR)相机和1个近红外结构光源，2个近红外相机均获取NIR(830 nm)图像，近红外结构光源用于在光照不足的条件下辅助近红外图像的获取。相机系统采用同步快门触发拍摄方式，可以同时获取RGB图像和NIR图像，各图像分辨率均为640×480。由于RGB和NIR图像覆盖可见光-近红外波段，提取R、G、B、NIR四个波段光谱图像可用于检测作物叶绿素指标；两个NIR相机可构成双目立体视觉系统，拍摄三维空间深度图像，用于分析植株株高；融合二维和三维空间数据，可为作物生长参数的综合分析提供支持。由于成像过程中涉及多个相机(多目)，相机拍摄存在视差问题，且从二维到三维空间需要进行变换，因此应用多目光谱成像系统开展作物生长参数检测时图像的处理、校正和匹配是非常重要的。

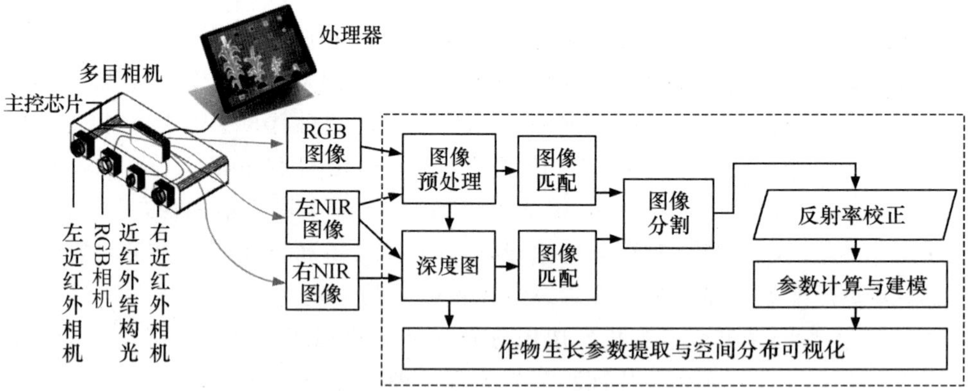

图3-19 多目光谱成像系统及信息处理流程

2. 基于多光谱图像匹配的叶绿素检测

RGB和NIR多光谱图像的基本处理流程包括图像预处理、图像匹配、图像分割、反射率校正4个部分，然后基于匹配的多光谱图像提取各光谱波段灰度值，构建植被指数，建立叶绿素检测模型，并分析其空间分布状况。如图3-19所示。

(1)图像预处理：首先对RGB图像采用拉普拉斯变换进行图像增强，强化图像的边缘和纹理等细节特征，再采用光饱和去除算法改善RGB图像光照影响。拉普拉斯变换结果如图

3-20(a)所示，按照 HSI(hue，saturation，intensity)颜色模型提取其 I 分量直方图，如图 3-20(b)所示，光饱和去除结果如图 3-20(c)和(d)所示。对比光饱和去除前后图像 I 分量直方图，从图 3-20(b)和(d)可以看出，光饱和去除前 I 分量集中在 140～180，光饱和去除后的 RGB 图像 I 分量有所降低，集中在 85～130，说明光饱和去除降低了图像的亮度，一定程度上改善了图像存在的过饱和现象。相机采集系统的结构光照射，使得 NIR 图像上存在结构光斑点，导致椒盐噪声，如图 3-20(e)所示。对 NIR 图像进行中值滤波，再利用拉普拉斯算子增强图像，如图 3-20(f)所示，椒盐噪声消除，图像灰度更加均匀，为后续的图像匹配奠定了基础。

(a)经拉普拉斯变换后的 RGB 图像

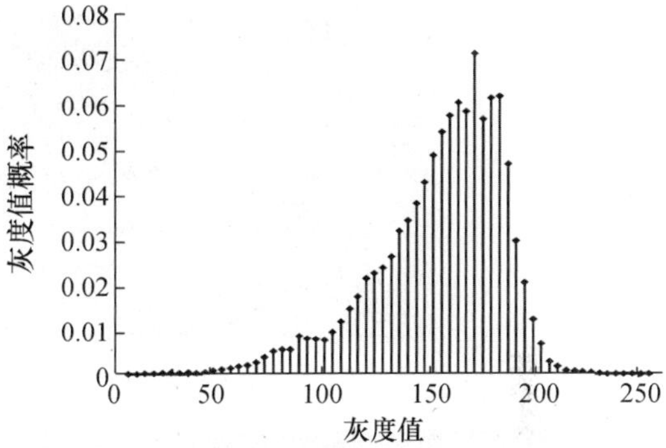

(b)经拉普拉斯变换后 RGB 图像 I 分量直方图

(c)光饱和去除后的 RGB 图像

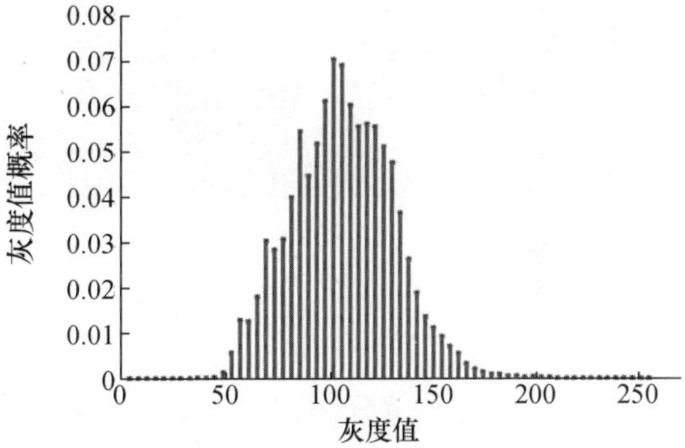

(d)光饱和去除后 RGB 图像 I 分量直方图

(e)原始 NIR 图像

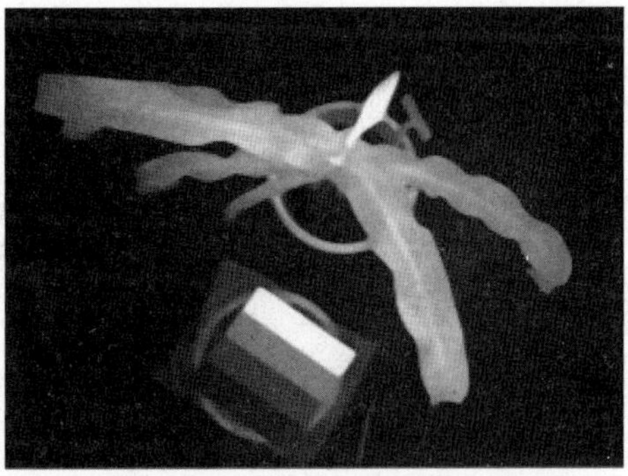

(f)噪声消除后的 NIR 图像

图 3-20　RGB 图像和 NIR 图像预处理结果

(2)多光谱图像匹配:对预处理后的 RGB 图像和 NIR 图像进行匹配,使其达到像素对齐,解决相机视差导致的空间位置差异问题。通过比较分析,选定加速稳健特征(speeded-up robust features,SURF)算法提取图像特征点 645 个,并根据距离阈值对误特征点进行剔除,如图 3-21(a)所示。然后采用随机采样一致性(random sample consensus,RANSAC)算法进行处理,找到 26 个特征点对,如图 3-21(b)所示,并计算 RGB 和 NIR 图像的变换矩阵。最后通过仿射变换对图像进行匹配对齐,如图 3-21(c)所示,图中的黑色是图像的平移、旋转导致的图像位置偏差。

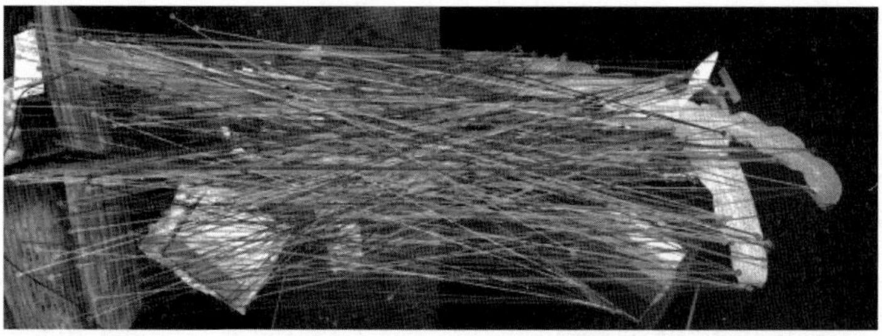

(a)采用 SURF 算法提取图像特征点

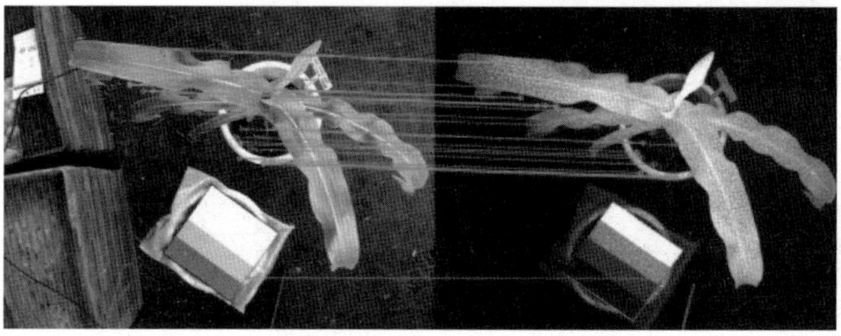

(b)采用 RANSAC 算法寻找最优特征点对

(c)RGB 图像仿射变换

图 3-21　RGB 和 NIR 图像匹配过程示意图

(3)玉米植株图像分割:利用 RGB 图像的颜色特征进行作物目标图像的分割。首先采用超绿算法(EXG)放大 G 分量($EXG=2G-R-B$),生成灰度化因子。然后利用最大类间方差算法(Otsu 法)对灰度化因子进行阈值计算,生成如图 3-22(a)所示二值化掩模图像。最后用二值化掩模图像提取 RGB 图像和 NIR 图像,结果分别如图 3-22(b)和(c)所示,去除了花盆、土壤、杂物等背景部分,实现了玉米冠层叶片的分割。

(4)图像反射率校正:玉米叶片局部弯曲使表面光强分布存在差异,会影响光谱反射测量结果的准确性。利用 4 级灰度标准板对预处理后的图像 R、G、B 和 NIR 分量进行灰度反射率校正,并建立校正模型。如图 3-21 所示,在拍摄玉米植株图像时放置 4 级灰度板,提取 4 级灰度板每一像素点处 R、G、B 和 NIR 分量并进行归一化,拟合各灰度板图像灰度值与标准反射率,建立一元线性回归方程,实现对作物光谱反射率的校正。进而提取 R、G、B、NIR 分量并计算 NDVI 指数。

(5)植被指数分布检测:校正后计算配准后图像中每个像素点的 NDVI 值,绘制玉米植株 NDVI 空间分布图。在北京农业信息技术研究中心玉米培育温室进行检测实验[20]。实验时相机系统距离地面 1.6 m,对拔节期玉米分别以 90°和 35°(相机镜头轴线与水平面所成角度)

(a)二值化掩模图像　(b)RGB 分割图像　(c)NIR 分割图像

图 3-22　作物目标图像分割

视角获取作物图像，结果如图 3-23 所示（图中颜色条 0～1.00 为对应 NDVI 值的伪彩色赋值）。90°视角图中清楚展现了冠层 NDVI 分布情况，叶尖部 NDVI 范围为 0.5～0.7，叶根部 NDVI 范围为 0.1～0.25。35°视角图中 NDVI 随植株叶位变化有明显的分层现象，上层叶片 NDVI 高于下层叶片的。同时，由于 90°视角比 35°视角叶片反射光强度大，90°视角的 NDVI 要高于 35°视角的。叶片是进行光合作用的主要器官，其叶绿素含量和光合效率显著高于叶鞘，所以 图 3-23 (a)中叶片部位 NDVI 高于图 3-23 (b)中叶鞘部位 NDVI。

对校正后的 RGB 和 NIR 图像分别提取 R、G、B 分量及 NIR 分量计算 NDVI 值，并建立 NDVI 值与叶绿素仪测得的 SPAD 值之间的拟合方程，如式(3-9)所示，$R^2=0.6495$。

$$y_{\text{spad}}=25.334\ln x+61.828 \tag{3-9}$$

式中：x 为计算得到的 NDVI 值，y_{spad} 为叶绿素仪测得的 SPAD 值。

(a)90°视角 NDVI 空间分布　(b)35°视角 NDVI 空间分布

图 3-23　不同视角下 NDVI 的空间分布

3. 基于三维点云谱图融合的玉米植株生长信息检测

基于两个 NIR 相机可构成双目立体视觉系统，拍摄三维空间点云图，通过深度数据进行株高测量。在中国农业大学上庄实验站玉米苗期和拔节期拍摄玉米植株[22]，采集图像时相机距离地面的高度为 1.6 m。利用作物三维点云获取 59 个作物冠层高度测量点的高度数据，与人工测量值进行相关性分析，并建立株高检测模型，其拟合模型的 $R^2=0.9895$。

$$y_{\text{H}}=1.065z-8.8324 \tag{3-10}$$

式中：y_{H} 为实际株高(人工测量值)，z 为点云中 Z 轴方向的测量值。

此外，利用三维点云，提取点云中 X、Y、Z 轴方向作物的尺寸——长度、宽度和高度，可用于分析生长过程中株高和叶面积发展的动态。将深度图像与 RGB 图像进行匹配，并分割深度图像，将生成的二维分布图的伪彩色数据添加到三维点云中，如图 3-24 所示，可实现三维点云光谱分布的可视化（图中颜色条为对应 NDVI 值的伪彩色赋值），为作物生长参数综合提取奠定基础。

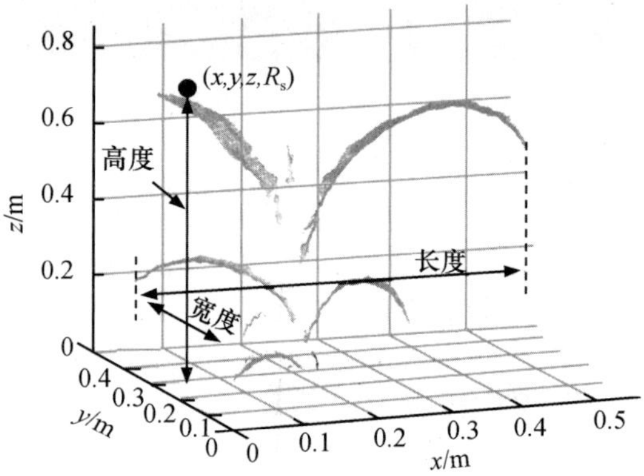

（a）正视图三维形态

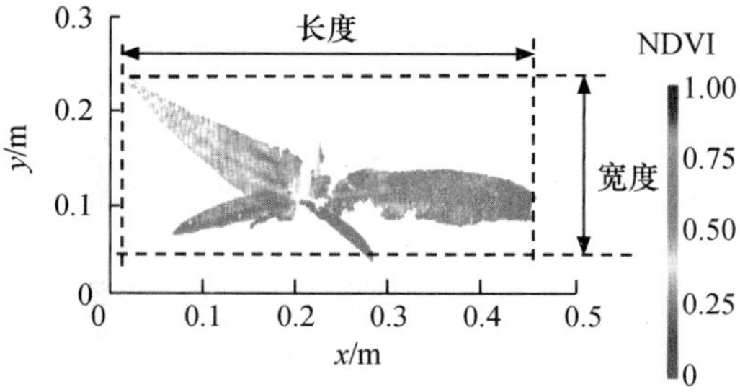

（b）俯视图形态

图 3-24　玉米植株生长信息空间分布检测示意图

3.3.3　基于棱镜分光光谱成像的玉米叶片叶绿素含量检测

与多目多光谱成像系统相比，棱镜分光成像系统获取的图像具有不同光谱通道图像像素位置一致的特点，减少了图像匹配处理环节，有助于提高检测效率。图 3-25 是一款多光谱图像智能感知系统，用于作物叶绿素含量检测[23,24]。

1. 系统组成

系统主要由多光谱相机与控制器组成，如图 3-25（a）所示。多光谱相机为丹麦 JAI 公司的 2CCD 相机，它采用一个光学镜头，基于二向反射棱镜分光结构将入射光分为 400～700 nm 和 760～1 000 nm 2 个波段，在中心波长 470 nm（B）、550 nm（G）、620 nm（R）和 800 nm（NIR）处成像。采集的图像转换为数字信号，以 GigE Vision2.0 接口分别输出。采集到的作物冠层可见光与近红外各波段图像有效像素为 1 024×768。图像采集控制器选用 AFL-08AH 工业平板电脑，可通过双千兆网口与多光谱相机连接，同步传输 RGB 和 NIR 两路图像信号。此外扩展 GPS 模块与工业平板电脑相连接，用于接收 GPS 定位信息。系统通过动力锂电池供电。

系统工作界面如图 3-25（b）所示，可实现采集参数调节、图像采集控制和图像存储等操作，可调节的参数有曝光时间、图像增益等。采集模式有手动采集、自动定时采集、外触发采集和 GPS 定位采集 4 种可选，其中手动采集和外触发采集适用于田间地面试验中试验人员近距离和远距离采集的情况，自动定时采集和 GPS 定位采集适用于车载或无人机载且无人靠近操作的情况。系统默认图像以 TIFF 格式存储，也可设置为 BMP 和 JPEG 等其他格式存储。

2. 数据获取

在郑单 958 玉米拔节后期采集冠层多光谱图像，开展田间玉米叶绿素含量诊断研究[23,24]。将 1 000 m×600 m 农田划分为 40 个采样区定点采样。镜头固定于高度 2 m 的支

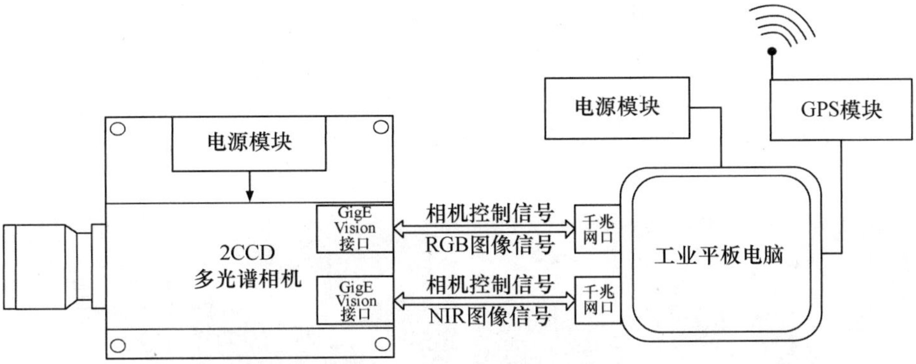

(a) 系统硬件结构

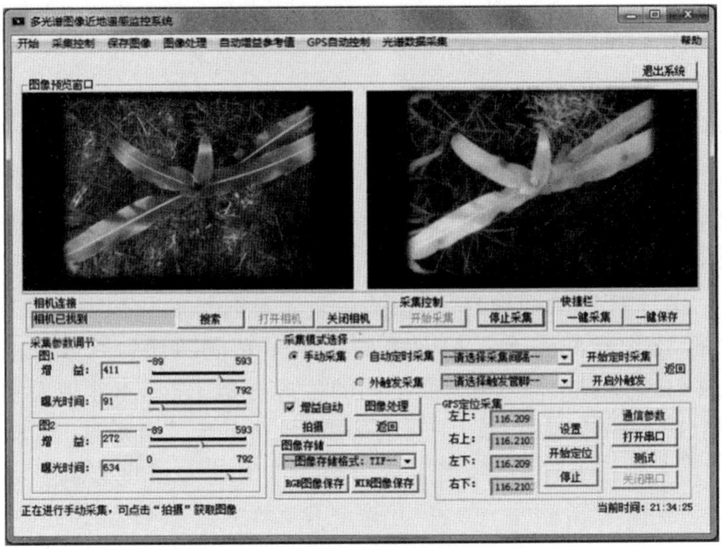

(b) 系统工作界面

图 3-25 多光谱图像智能感知系统

架上，视场角约为 50°，图像像素为 1 024×768。每个采样区采集 2 组多光谱图像，以 2 组图像的均值作为该样区的水平，获得 40 个样区的图像参数。在采集光谱图像的同时使用 SPAD-502Plus 型便携式叶绿素仪现场实时测量玉米冠层叶片叶绿素水平，避免采样后再测量造成成分变化和测量误差。采用偏最小二乘回归(PLSR)法建立叶绿素含量诊断模型。

3. 图像预处理与分割

为了减少图像噪声，提高玉米多光谱图像特征提取的准确度，对图像进行滤波处理。首先提取多光谱图像 RGB、NIR 波段图像[图 3-26(a)、(b)]，分别进行滤波，然后再重构滤波后的 RGB 图像，得到滤波处理后的 RGB、NIR 波段图像。此外，试验采样地块杂草分布不均，且田间有小麦收获后残留麦秆，多光谱图像中混有田间杂草及残留麦秆信息，影响图像分割与光谱数据分析的准确性。因此，需去除图像中杂草和残留麦秆信息，实现玉米作物图像的精确分割。

首先用局部阈值分割法对 NIR 图像进行处理，窗口为 3×3，经局部阈值分割处理后，原图像中细长的杂草图像得到有效抑制，仅保留了少部分密集生长的杂草的图像，如图 3-26(c)所示。进而采用基于区域标记的图像分割算法标记出图像中的连通区域，并计算每个连通域的像素统计学参数，选取各连通区域面积最大的连通域，即可实现玉米植株叶片图像的提取。将基于“局部阈值分割＋区域标记图像分割”的玉米植株 NIR 图像精准分割结果用于玉米植株可见光图像 R、G、B 各通道，即可实现玉米植株多光谱图像中可见光图像的整体分割。图像分割结果如图 3-26(d)所示。

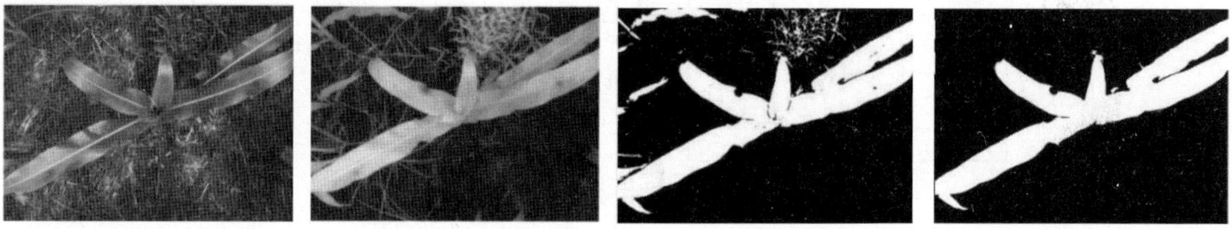

(a) RGB 原始图像　(b)NIR 原始图像　(c)局部阈值分割结果　(d)最大连通域分割结果

图 3-26　作物冠层图像分割结果

4. 叶绿素含量检测

基于分割后图像提取可见光 R、G、B 和 NIR 4 个波段图像的平均灰度值 A_R、A_G、A_B 和 A_{NIR}，计算归一化植被指数(NDVI)、比值植被指数(RVI)和绿色归一化植被指数(NDGI)，有 NDVI＝0.360 8，NDGI＝0.268 5 和 RVI＝0.469 8。

针对田间采集 40 个样区的图像参数，去除由于采集时抖动和拍摄角度问题导致的 2 组无效数据，得到剩余的 38 组田间玉米冠层图像的 7 个多光谱图像特征参数(A_{NIR}、A_R、A_G、A_B 及 NDVI、NDGI、RVI)，分别选取 3～7 个不同的主成分数，建立玉米叶片叶绿素含量 SPAD 的偏最小二乘回归(PLSR)诊断模型。研究结果表明，对玉米拔节后期，随着主成分数的增加，PLSR 模型精度呈先上升后下降趋势，当主成分数为 5 时建模精度最高。因此，选取 38 个采样点中 28 个采样点数据为预测集，10 个为验证集，以主成分数为 5 建立叶绿素含量回归模型：

$$y=98.532\,3-0.232\,4A_{NIR}+0.043\,3A_R-0.058\,47A_G-0.049\,16A_B+21.013\,6\mathrm{RVI}+74.137\mathrm{NDVI}-70.784\,9\mathrm{NDGI} \tag{3-11}$$

式中：y 为利用图像预测的叶绿素含量。建模与验证结果显示，建模集决定系数为 0.772，验证集决定系数为 0.754。

3.3.4　基于镀膜型多光谱成像传感器的小麦冠层叶绿素含量检测

Tang 等基于镀膜型多光谱成像传感器开展了小麦冠层叶绿素含量检测研究[25]。

1. 系统组成

基于镀膜型多光谱成像传感器的作物冠层检测系统硬件结构如图 3-27(a)所示，主要包括了主控单元、存储模块、输入/输出(I/O)模块、成像传感器、电源模块、显示与控制器件。主控单元采用 NVIDIA Jetson Xavier NX 开发板，负责控制数据的采集、处理、存储和传输等。电源模块负责为整个系统提供能源。显示与控制器件可以显示数据和对整个装置进行控制。图像采集的核心为 Ximea 多光谱相机，前端采用 Edmund Optics 16mm/F1.4 VIS-NIR 镜头。相机使用 IMEC-CMV2000 SSM 5×5 NIR 成像传感器，滤光镀膜以 5×5 的排布方式覆盖在

二维码 3-4

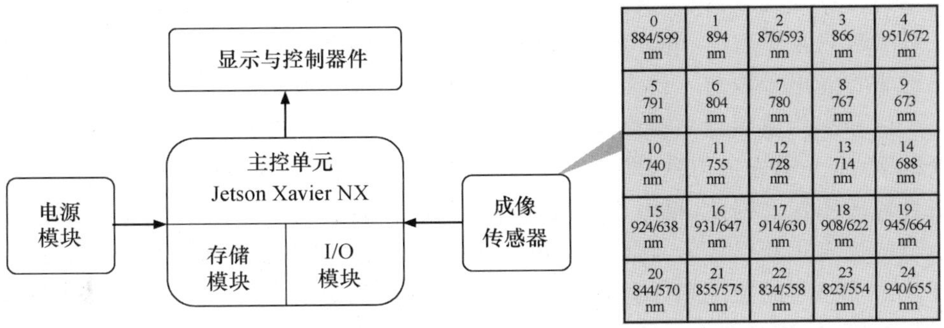

(a)系统硬件结构

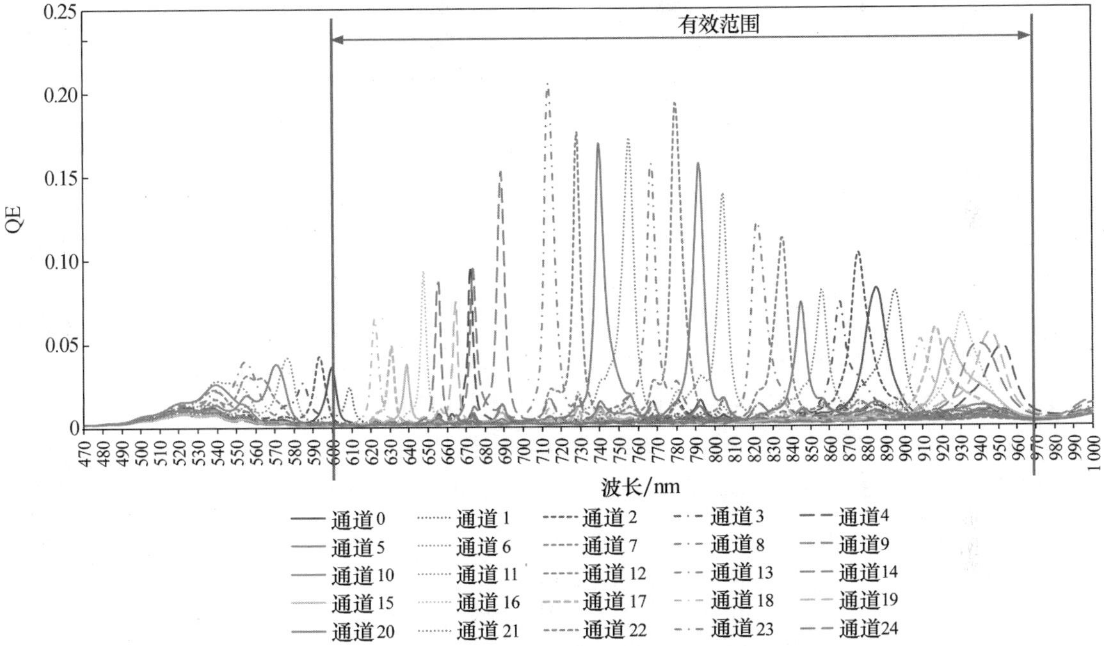

(b)镀膜型传感器滤光 QE 分布图

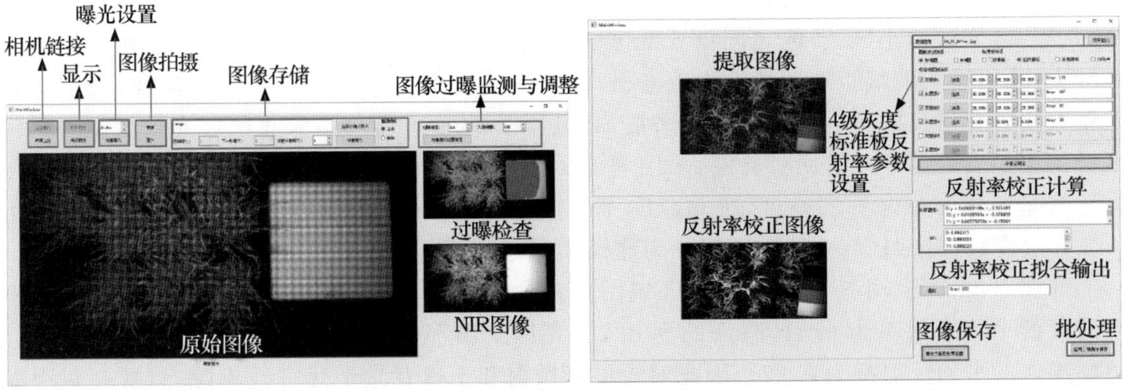

(c)多光谱图像采集与计算软件

图 3-27　基于镀膜型多光谱成像传感器的作物冠层检测系统

光电传感器感光像素上，使传感器可以对图 3-27(b)所示 600～970 nm 内的波段进行响应，图中纵坐标为量子效率(quantum efficiency，QE)，即某一特定波长下单位时间内光电探测器输出的平均光电子数与入射光电子数之比，用以评价入射光子转换成像素电荷的能力。

由于采用镀膜型马赛克式分布结构，在每个空间位置采样的光学信号均同步包含该位置处的 25 个光谱通道信息，即直接从传感器读取的图像数据为 25 个光谱通道按照镀膜的规律组合成的图像。因此，根据组合规律和镀膜在传感器上的偏移量将原始图像进行拆分，把同一通道的像素重新组合后才能提取单一光谱通道的图像。研究基于 Qt、OpenCV 和 Ximea SDK 开发了传感器的控制和数据采集软件，其界面如图 3-27(c)所示。软件有传感器初始化，曝光时间控制，传感器图像帧数据显示，原始光谱图像拆分、重组、命名和存储，数据存储位置选择等功能。

2. 光谱响应测试与校正

为了保证光谱传感器的稳定性和准确性，需要进行光谱响应测试与反射率校正。

首先在实验室条件下使用 ARRILITE 750 Plus 与 HPL 750W/230V G9.5(OSRAM)卤素灯作为光源，将多光谱相机置于反射率为 99%的标准白板上方 20 cm 处，使白板完全充满整个传感器画幅并拍摄图像，逐步调整光源的光强并使用希玛 AR813A 型照度计测量白板中心的光照度，一共采集光照度 510～14 400 lx 的 16 组数据。将传感器采集的数据进行归一化处理，与照度计数值进行一致性分析。测试结果显示传感器各个波段的数据与照度计测得的光照度变化趋势具有很好的一致性，相关系数均超过 0.9。

由图 3-27(b)可知，多光谱成像传感器在不同波段下 QE 不同，因此使用 4 级灰度(90%、50%、25%、5%)标准板进行反射率计算和校正，软件界面如图 3-27(c)所示。采集数据时在相同光照条件下同时拍摄植物叶片和 4 级灰度标准板，提取图像中 4 级灰度标准板的灰度平均值，采用最小二乘法建立反射率计算线性方程，进而遍历图像中所有像素使用所建线性方程计算反射率，得到反射率曲线。

3. 小麦冠层叶绿素含量检测

在河北省农业科学院衡水市旱作节水农业试验站，于冬小麦拔节期、抽穗期和开花期开展试验。试验田设置 6 个施氮等级(A1—氮 0 kg/hm^2，A2—氮 90 kg/hm^2，A3—氮 180 kg/hm^2，A4—氮 360 kg/hm^2，A5—氮 540 kg/hm^2，A6—氮 720 kg/hm^2)，每个施氮等级设置 12 个重复，共有 72 个试验小区，小区之间设置 0.8 m 缓冲带以减少相互影响。将多光谱相机固定于横杆上，相机镜头前端距地面高度为 1.6 m，标准板放置于与小麦冠层平行的高度，用于实时校正冠层多光谱反射率。每个生育期采集 72 组数据，共 216 组。在采集冠层光谱数据的同一区域采集小麦冠层叶片带回实验室，采用紫外-可见光分光光度计测定叶绿素含量。样本的叶绿素含量总体分布为 9.99～41.96 mg/L，平均值为 28.01 mg/L，标准差为 9.04 mg/L。使用 K-S 算法将数据按照 2∶1 的比例划分为建模集和验证集。

如图 3-28 所示，小麦冠层感兴趣区域图像包含明暗不同的冠层和土壤部分，其中亮区小麦冠层的平均反射率为 0.41，暗区的为 0.25；亮区土壤平均反射率为 0.14，暗区的为 0.04。整幅图像的平均反射率为 0.22。因此对冠层光散射和土壤背景干扰进行剔除，以提高对小麦冠层叶绿素含量检测的准确性。

首先，使用暗通道法对冠层光分布干扰进行抑制。对同一组多光谱图像，选取以某一像素点 x 为中心、15 为边长的正方形窗口 $\Omega(x)$ 为计算单元，遍历 25 个通道图像，取最小值作为

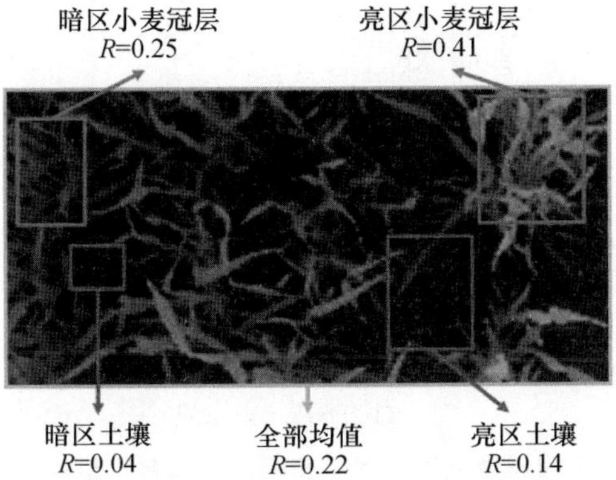

图 3-28 基于镀膜型多光谱成像传感器的作物冠层反射率分布

像素点 x 的暗通道值，获得暗通道图像反射率J^{dark}，再根据式(3-12)和式(3-13)计算去除冠层光散射影响后的图像反射率。

$$t(x)=1-\omega\min_{y\in\Omega(x)}\left[\min_{c}\frac{I(y)}{A}\right] \tag{3-12}$$

$$J(x)=\frac{I(x)-A}{\max\left[t(x),t_0\right]}+A \tag{3-13}$$

式中：t 为每个窗口的透射率；ω 为调整系数，通常取 0.95；c 表示所有 25 个通道；I 为原始的图像反射率；J 为去除噪声散射后的图像反射率；t_0 用于限定透射率的下限，通常取 0.1；A 为全局大气光照反射率。A 的求取过程如下：选择暗通道图像反射率J^{dark} 的像素数量的千分之一个最亮的像素点，每一通道这些像素点反射率的平均值即为该通道的 A 值。

其次，使用 Otsu 算法进行图像分割，获得二值化图像掩模，剔除土壤背景，对保留的冠层叶片部分，提取各波段反射率均值进行叶绿素含量检测建模。

为了比较图像处理的效果，基于偏最小二乘回归算法，将原始图像(RAW)各波段反射率均值、采用暗通道处理(Dark Channel)后各波段反射率均值、经过暗通道处理并进行图像分割(Dark Channel-Otsu)后各波段反射率均值 3 类数据作为自变量，建立叶绿素含量检测模型，结果如表 3-6 和图 3-29 所示。结果表明，Dark Channel 模型精度与未作处理的 RAW 模型差别不大，而经过土壤背景剔除后的 Dark Channel-Otsu 模型比 RAW 模型的精度有显著提高，建模集R_{C}^2 为 0.88，验证集R_{V}^2 为 0.77，RMSE 为 4.11。说明土壤背景在小麦冠层叶绿素含量检测中具有显著的影响，而利用图像分割技术剔除土壤背景可以提高检测田间作物叶绿素含量的能力。

表 3-6 基于镀膜型多光谱成像传感器的小麦冠层叶绿素含量检测结果比较

数据源	R_{C}^2	R_{V}^2	RMSE
RAW	0.82	0.69	4.68
Dark Channel	0.83	0.69	4.75
Dark Channel-Otsu	0.88	0.77	4.11

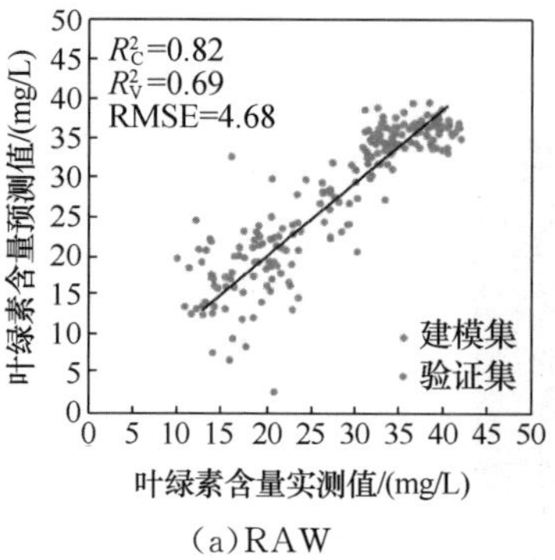

(a)RAW

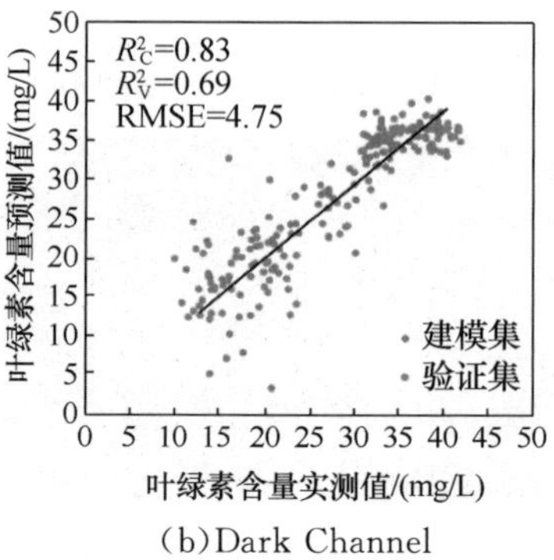

(b)Dark Channel

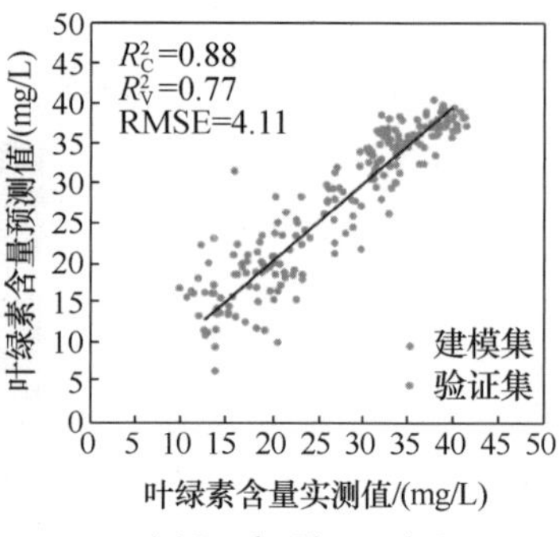

(c)Dark Channel-Otsu

图 3-29　不同图像处理方式小麦冠层叶绿素含量检测结果比较

3.3.5　基于荧光多光谱成像的小麦叶片叶绿素含量检测

植物叶绿素吸收光并利用的途径包括光合作用、叶绿素荧光发射和热耗散，叶绿素荧光的强度与植物叶绿素浓度、光利用和转化的能力紧密相关。图 3-30 所示多光谱荧光成像检测仪利用主动光源激发叶绿素产生荧光，通过多波段光谱探测动态荧光响应，检测小麦叶绿素含量。

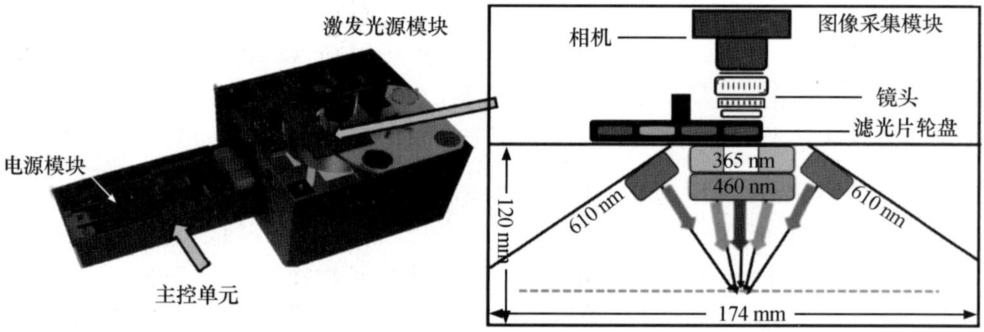

图 3-30　便携式作物多光谱荧光成像检测仪结构示意图

1. 系统组成

多光谱荧光成像检测仪硬件包括激发光源模块、滤光片轮盘、图像采集模块、主控单元和电源模块。激发光源由紫外光(365 nm)、蓝光(460 nm)和红光(610 nm)LED 组成，叶片受激发射叶绿素荧光，滤光片轮盘依次旋转，分别在中心波长为 440、520、690 和 740 nm 的窄带滤光片后拍摄图像。图像采集模块为基于索尼 IMX477CMOS 成像传感器的树莓派 HQ 摄像头，连接到主控单元树莓派 4B 微控制器上，控制摄像头实现对多光谱荧光图像数据的采集和存储。24 V 锂电池和直流降压模组构成电源模块，为整套硬件设备供电。基于 Python 语言设计软件系统，控制激发并记录作物叶片叶绿素荧光图像。荧光成像仪置于叶片样本上方，可分别采集激发产生的荧光图像 7 幅，包括：365 nm 紫外光激发，中心波长为 440、520、690、740 nm 的荧光图像 F_{u440}、F_{u520}、F_{u690}、F_{u740}；460 nm 蓝光激发，中心波长为 690、740 nm 的荧光图像 F_{b690} 和 F_{b740}；610 nm 红光激发、中心波长为 740 nm 的荧光图像 F_{r740}。

2. 激发光源测试

为了保证荧光成像的稳定性和准确性，对激发光源进行测试。在实验室暗箱条件下，利用AR813A型照度计记录紫外光、蓝光和红光3种LED光源的光照度值，记录总时长为60 min，记录间隔为1 min，每种光源获得60组样本数据。统计结果表明，紫外光误差率为3.64%，蓝光误差率为1.06%，红光误差率为1.84%，证明所选用的激发光源具有良好的稳定性。

为测试系统光照均匀性，依次使用3种LED光源对反射率为91%的漫反射板进行照射并同步拍照，测试时间60 min，拍照间隔为3 min。对采集的图像进行阈值分割，对漫反射板上像素的平均灰度值进行统计，统计结果表明，随着时间的推进，拍摄图像灰度值呈现一定程度的降低，紫外光照射下图像平均灰度值最大为110.462，最小为88.748；蓝光照射下图像平均灰度值最大为247.705，最小为236.880；红光照射下图像平均灰度值最大为113.899，最小为103.457。其中，紫外光图像灰度值差异最大，约为22，蓝光和红光灰度值偏差都约为10。这可能与持续使用导致电源电量下降、发光强度下降有关，因此数据分析需要考虑电源供电质量变化。

3. 数据获取与处理

于小麦分蘖期采集小麦冠层、中层和底层的小麦叶片各40片，共计120个叶片样本。首先，利用SPAD-502Plus叶绿素仪分别测量叶尖部、叶中部和根部的SPAD，测得SPAD分布范围为1.9～43.7，均值为22.839。其次，每5片叶子为一组，等间距地放置在反射率为1%的漫反射板上，拍摄荧光图像，并对采集的7幅荧光图像进行处理，如图3-31所示。由于所有荧光图像位置一致，且紫外光、蓝光和红光都会激发产生740 nm荧光，因此图像数据处理中首先对F_{r740}荧光图像灰度化处理后进行图像分割和边缘检测，再对其他6幅荧光图像进行相同的操作，实现对小麦叶片的提取。采用最大类间方差法进行阈值分割并作为分割掩模。因为摄像头拍摄图像为RGB图像，经过滤光片后，440、520、690和740 nm荧光发射的敏感响应区依次落入B、G、R通道，其中690 nm和740 nm均位于R通道，所以分别提取单一通道后可得到荧光辐射灰度图像，基于坎尼(Canny)算子提取小麦叶片边缘，然后计算每片叶片的最小外接矩形，实现各叶片的提取并保存。

对荧光辐射灰度图采用伪彩色表示后，可以更加直观地看到叶片荧光强度的分布与差异。以第一片叶片为例，F_{r740}荧光最强，随后F_{u440}、F_{b690}、F_{u740}、F_{u690}、F_{u520}、F_{b740}荧光强度依次递减，且彼此之间差异显著。因此，提取不同波段荧光之间的比值构建荧光灰度比值参数。

4. 基于荧光参数的小麦叶片叶绿素含量检测

利用荧光成像检测仪拍摄，提取7个荧光图像的灰度值F_{u440}、F_{u520}、F_{u690}、F_{u740}、F_{b690}、F_{b740}、F_{r740}之后，组合计算F_{u440}/F_{u520}、F_{u440}/F_{u690}等26个荧光图像灰度比值参数，共得到33个荧光参数。使用K-S算法对120个叶片样本采用3∶1的比例划分建模集和验证集。采用偏最小二乘法建立叶绿素含量诊断模型，建模集R_C^2为0.894，验证集R_V^2为0.916，$RMSE_C$为4.541，$RMSE_V$为3.997。进而，基于逐步分析法，对33个荧光参数进行变量筛选，筛选出前5个高贡献变量，分别是F_{r740}、F_{u520}、F_{b740}、F_{u740}/F_{u690}、F_{b740}/F_{b690}，由此建立小麦叶片叶绿素含量PLS诊断模型，建模集R_C^2为0.901，验证集R_V^2为0.904，$RMSE_C$为4.398，$RMSE_V$为4.267。叶绿素含量的诊断模型为

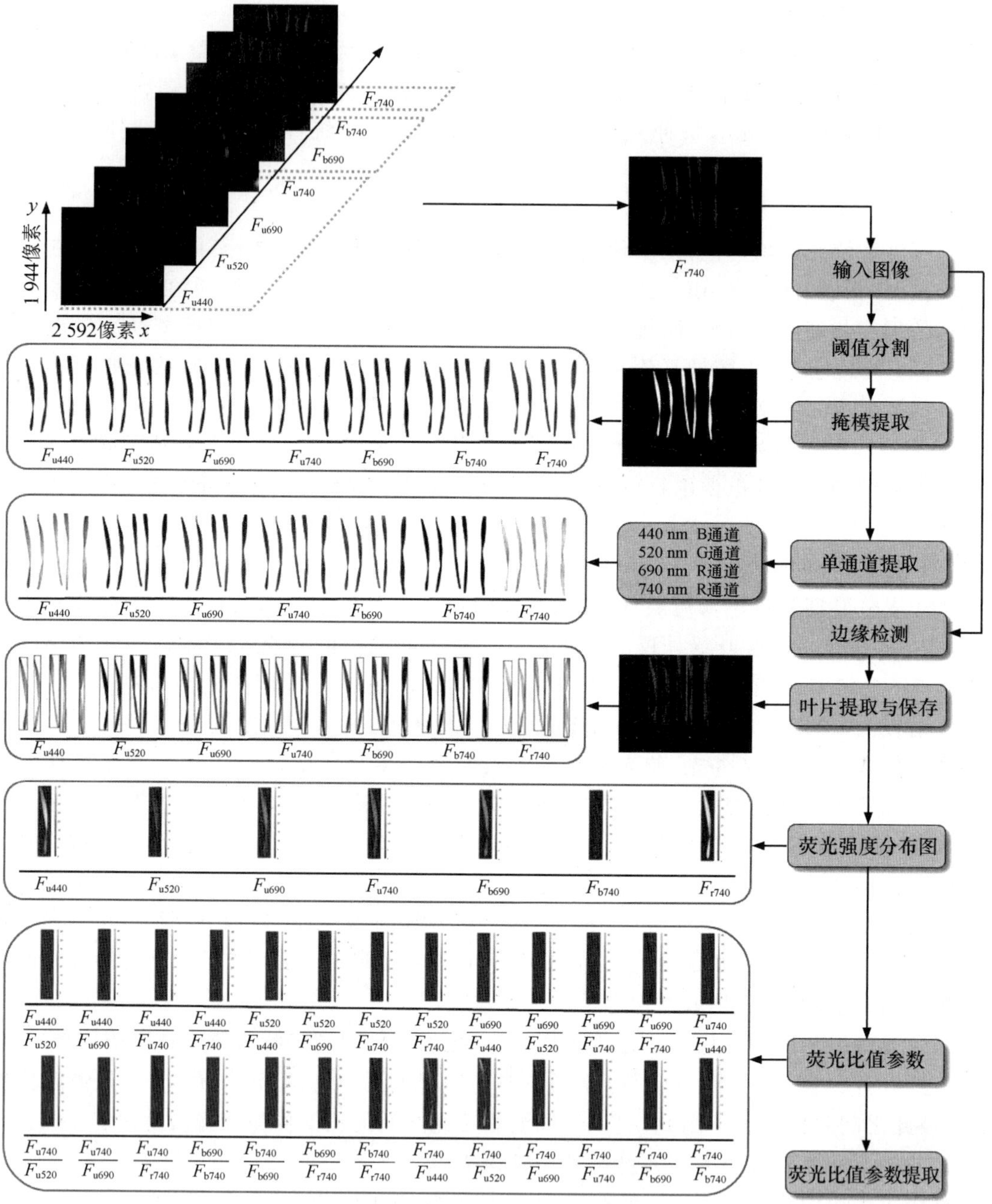

图 3-31 荧光图像处理与参数提取流程

$$\text{SPAD} = 0.0567\times F_{r740}+0.1040\times F_{u520}+0.1958\times F_{b740}+2.0752\times F_{u740}/F_{u690}+3.5821\times F_{b740}/F_{b690}-34.2925 \quad (3\text{-}14)$$

荧光图像反映的是叶绿素在受激条件下的光辐射效应，是观测叶绿素含量及其光合能力的另一种途径。基于荧光成像特征的小麦叶片叶绿素含量诊断模型精度较高，说明从光吸收和荧光辐射两种技术视角评价叶绿素含量的高度一致性。但是因为 SPAD-502Plus 叶绿素仪获取透射光需要夹持叶片，且传感器窗口小，降低了它的使用效率。利用荧光成像技术，可以无接触、快速地采集较大范围内的二维面阵图像，在大田农业生产和作物表型高通量测量等应用领域更具有推广潜力。

3.3.6 基于光栅分光高光谱成像的马铃薯叶片光化学吸收检测

根据能量守恒定律，叶绿素荧光产量的下降（猝灭）有可能是由光合作用的增强或热耗散的增加引起的。由光合作用增强引起的荧光猝灭称为光化学猝灭（photochemical quenching），由热耗散增加引起的荧光猝灭称为非光化学猝灭（non-photochemical quenching，NPQ）。光化学猝灭反映了植物光合活性的高低；非光化学猝灭反映了植物耗散过剩光能为热的能力，也就是光保护能力。基于光系统Ⅱ（photosystem Ⅱ，PSⅡ）的最大光能转化效率（maximum photochemical efficiency）、光化学猝灭系数（photochemical quenching coefficient，qP）、非光化学猝灭系数（non-photochemical quenching coefficient，qN）等叶绿素荧光参数反映叶片对光能的吸收与转换、能量的传递与分配以及光合反应中心的状态，是指示植物光合作用能力与生命活力的“内在性”探针[26]。

长期以来对叶绿素荧光探针参数的检测主要依赖封闭式叶绿素荧光成像装置，测量时需对采样叶片进行暗适应，施加饱和脉冲光、测量光和光化光，以准确探测作物荧光参数，长时间的暗处理、复杂的光学探测过程限制了这类方法在大田环境中的应用与高通量测试的效率。现在可见光-近红外反射光谱已经广泛用于叶绿素含量诊断，可以间接地反映作物潜在的光合作用能力。因此，基于冠层反射光谱快速分析 PSⅡ叶绿素荧光参数是检测大田作物光合能力指标的途径。赵若梅等开展了基于高光谱成像的马铃薯叶片光化学吸收典型参数 qP 的检测研究，通过建立 qP 检测模型与可视化分布图，为马铃薯作物光合活性评价及复杂生理生化动态监测提供支持[27]。

1. 系统组成

系统采用 GaiaSorter 型高光谱成像仪（四川双利合谱科技有限公司），如图 3-32 所示，其核心组成包括均匀光源、高光谱相机、电控移动平台（或传送带）、计算机及控制软件等部分。高光谱相机采用线阵扫描成像方式，光源照射放置于电控移动平台（或传送带）上的待测物体（样品），样品的反射光通过镜头被高光谱相机捕获，得到一维的影像以及光谱信息。随着电控移动平台（或传送带）带动样品连续运行，能够得到连续的一维影像和实时的光谱信息。所有的数据被计算机软件所记录，最终获得一个包含二维面影像信息和光谱信息的三维数据立方体。数据采集时可以调节相机高度，利用调焦板辅助调节镜头焦距；拍摄样品时需同步拍摄校正板，应用数据分析软件，提取感兴趣区域（ROI）的光谱反射率数据。

为消除光照不均匀及摄像头存在暗电流等因素的影响，基于黑白校正板对原始高光谱图像反射率（I）进行校正。扫描黑白校正板分别得到全白和全黑的标定图像反射率 W（白）和 B（黑），校正后的光谱图像反射率为

$$R=\frac{I-B}{W-B} \tag{3-15}$$

用软件 ENVI 5.1 选取 10×10 像素矩形为感兴趣区域（ROI），提取样本的光谱数据为 ROI 反射光谱的平均值。

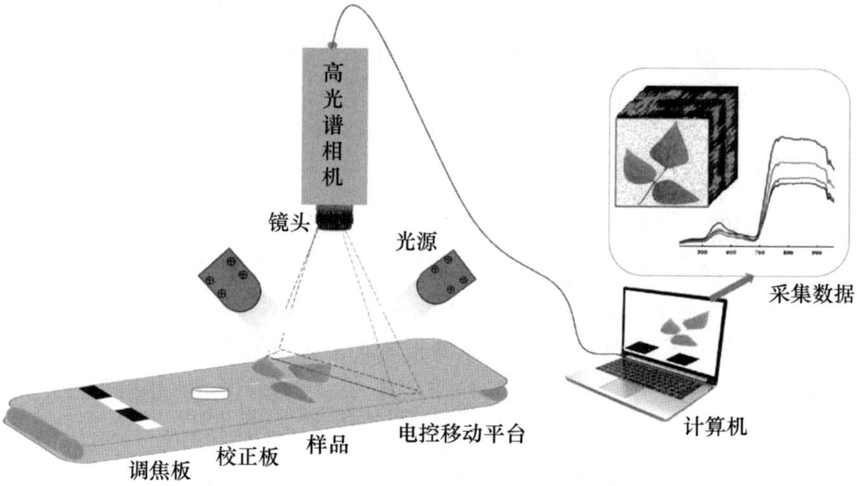

图 3-32 高光谱成像仪结构示意图

使用 FluorCam 封闭式叶绿素荧光成像系统(北京易科泰生态技术有限公司)测量叶绿素荧光参数,它的测量原理是脉冲振幅调制(pulse-amplitude-modulation,PAM)技术,系统由测量光光源(610～620 nm 红光)、光化光光源(610～620 nm 红光和 470～480 nm 蓝光)、饱和脉冲光光源(470～480 nm 蓝光)、隔板、计算机及控制软件等组成。采集时将已暗处理 30 min 的马铃薯叶片平放在暗适应操作箱内的隔板上,控制系统通过 USB 与计算机相连,并通过 FluorCam7 软件控制和采集分析数据,完成数据的加载、预处理以及感兴趣区域的选择。选取 10×10 像素的矩形区域为 ROI,可以得到选择区域的荧光动力曲线,输出 qP 值。

2. 试验材料与方法

在中国农业大学温室培育大西洋品种马铃薯植株,在马铃薯花期采集 50 片叶片装入密封袋,在实验室获取高光谱图像、叶绿素荧光参数。基于 50 片叶片选取 200 个 ROI 区域,其 qP 最大值为 0.55,最小值为 0.06,均值为 0.264,标准差为 0.098 7。

对数据进行样本集划分、光化学吸收与反射光谱关联分析、特征波长筛选、诊断建模。其中,采用 SPXY(sample set partitioning based on joint X-Y distance,光谱-理化值共生距离)算法划分建模集和验证集,采用相关性分析法(correlation analysis,CA)分析叶片光化学吸收与反射光谱之间的关联关系,并应用联合区间偏最小二乘法(synergy interval partial least squares,Si-PLS)和随机蛙跳(RF)两种算法进行 qP 响应特征参数筛选。采用偏最小二乘回归(PLSR)建立马铃薯叶片叶绿素荧光参数 qP 检测模型并比较两种筛选算法。

3. 基于高光谱反射率的光化学猝灭参数检测

马铃薯叶片光谱反射率与 qP 之间的相关性分析表明,二者总体呈负相关,这是由于 qP 值与 PSⅡ 开放能力有关,体现了对光能的吸收能力,而光谱反射率相对于白板标定的反射光强计算,所以当 PSⅡ 吸收增强时反射率降低,当 PSⅡ 吸收降低时反射率增高,且在 530.80～559.40 nm、699.80～716.67 nm、1 002.54～1 011.81 nm 波段的相关系数的绝对值均大于 0.6。

使用 Si-PLS 算法将原始光谱划分为 120 个子区间，选择最优区间组合 527.35～531.67 nm、663.54～667.95 nm、1 010.88～1 015.52 nm 内的 18 个波长，选择的波段位于 qP 与光谱数据相关系数绝对值大于 0.6 的波段附近。采用 RF 算法筛选出 18 个特征波长，分别为 684.74、640.64、893.18、584.62、766.65、697.14、1 002.50、849.54、869.51、573.30、998.84、569.82、529.95、518.72、765.75、631.86、993.29、871.33 nm。这些波长主要集中于 3 个波段：①684.74、697.14、765.75、766.65、849.54 nm 位于 650～850 nm 波段，属于荧光发射波长范围；②518.72、529.95、569.82、573.30、584.62、631.86、640.64 nm 主要位于叶绿素绿光强反射和红光强吸收的 510～650 nm 波段，与叶片叶绿素浓度存在紧密关联；③869.51、871.33、893.18、993.29、998.84、1 002.50 nm 位于近红外 850～1 010 nm 波段，主要受植物细胞结构、水分的弱吸收等影响。与 Si-PLS 算法相比，RF 算法选取波长分布范围较广，且包括了叶绿素吸收响应、红边、荧光辐射、水分弱吸收等多元化的特性。

分别采用 Si-PLS 和 RF 算法选择的特征波长，建立马铃薯叶片 qP 的 PLSR 预测模型，采用 10 倍交叉验证的算法确定主成分个数，最小交叉验证均方差值对应的主成分个数为最优，Si-PLS 算法的最优主成分个数为 8，RF 算法的为 9。建模结果见表 3-7，Si-PLS 模型的建模集决定系数 R_C^2 为 0.628 5，验证集决定系数 R_V^2 为 0.610 3；RF 模型的建模集决定系数 R_C^2 为 0.709 3，验证集决定系数 R_V^2 为 0.687 2。说明利用 RF 算法筛选的特征波长对马铃薯叶片 qP 的解释优于 Si-PLS 算法所确定的特征波长，这一结果体现了叶绿素是进行光合作用的重要色素体，叶片光化学吸收与叶绿素含量、叶片内部结构、水分含量等属性紧密关联。

表 3-7 基于特征波长筛选的 PLSR 建模结果

模型	主成分个数	R_C^2	$RMSE_C$	R_V^2	$RMSE_V$
Si-PLS	8	0.628 5	0.059 7	0.610 3	0.062 1
RF	9	0.709 3	0.053 4	0.687 2	0.052 9

利用 RF 模型计算马铃薯叶片高光谱图像所有像素点的光化学猝灭系数 qP，进行伪彩色处理，绘制 qP 分布图，结果如图 3-33 所示。颜色深浅代表马铃薯叶片 qP 的高低，叶脉部分 qP 略高于叶肉部分，叶尖部和叶边缘 qP 显著高于叶片中部。叶脉部分在分布图中主要呈绿色，qP 接近 0.3；叶肉部分在分布图中主要呈蓝色，qP 约为 0.2；叶尖部和叶边缘 qP 大于 0.4，说明叶尖部和叶边缘的光化学反应能力高于叶片中部。qP 分布可视化可为直观分析马铃薯植株光化学吸收与光合作用动态提供基础。

图 3-33 马铃薯叶片 qP 分布图

3.4 基于遥感解析的作物生长信息检测与传感技术

3.4.1 作物遥感解析与传感技术基础

定量遥感是当前遥感发展的前沿,它是指利用传感器获取地表地物的电磁波信息,在计算机系统的支持下,通过数学或物理的模型将获取的遥感信息与所观测的地表目标参量联系起来,定量地反演或推算出某些地学、生物学及大气等的目标参量。定量遥感可以根据探测波长和探测方式、应用目的不同分为可见光-反射红外遥感、热红外遥感、微波遥感 3 种基本形式,按工作平台不同可分为地面遥感、航空遥感、航天遥感。针对不同的应用场景,不同的遥感方法优势各异。从实际农业生产需求出发,综合利用各种遥感方式的优势,能够更好地指导农业生产,极大地提升农业生产的效率[28]。

遥感信息的有效性随着探测距离的减小而增强,常见的手持和机载地面遥感平台不易受天气、云层、光照等因素的影响,能够最大程度地捕获所需的遥感信息。通过搭载各式先进传感器,地面遥感平台不仅能够准确获取高光谱分辨率的遥感数据,还能够获取待测目标的色彩、温度、纹理等关键信息,为各项精细农业研究提供数据支持[29]。

与地面遥感平台相比,空中遥感平台有着监测范围广、覆盖面积大的优势,能够极大地提升农田作业中的检测效率。空中遥感主要包含航空遥感和航天遥感两种形式,航空遥感具有成本低、响应快、受环境影响小等优势,近些年来随着无人机技术的发展,搭载各式传感器的无人机系统已成为航空遥感的主要形式。无人机遥感系统轻便灵活,成像清晰,可以快速获取高空间分辨率和高光谱分辨率的农田地块遥感影像。搭载智能机器学习算法模块的无人机遥感系统在农田遥感制图、作物品质监测与产量估算、土壤精准施水施肥管理等方面有着巨大的应用价值[30]。

当前,各种卫星平台的遥感研究蓬勃发展,航天遥感有着深厚的方法储备和技术积累。由各种高、中、低轨道卫星构成的联合监测网络正朝着多角度、各方位、全天候的方向快速发展,不断实现空间分辨率、时间分辨率和光谱分辨率的大幅提升,使得遥感有着无法替代的优势[31]。在数据处理方面,不同遥感信息源的数据高效融合成为拓宽遥感技术应用范围的关键技术。

3.4.2 基于无人机遥感的玉米叶绿素含量检测

基于无人机遥感技术开展作物近地光谱成像感知与分析,具有无损、高效的优点,是当前农业监测的热点研究领域之一。利用植被光吸收和光反射的特性,如表 3-1 所示,通过 2 个或 2 个以上波段反射率进行线性或非线性组合可计算各类植被指数。基于图像中作物像素占比计算植被覆盖度可描述田间植被在单位区域的面积比例,指示冠层生物量差异。然而,基于反射光提取的一些植被指数对作物冠层覆盖度、作物结构等因素响应十分敏感,一定程度上可能会限制它们在田间检测中的应用。因此,分析植被指数对作物冠层覆盖条件响应的稳定性是决定叶绿素检测能力的关键。Qiao 等利用无人机载多光谱传感器获取玉米拔节期冠层光谱遥感影像,采集数据并进行数据处理,分析植被指数在不同覆盖条件下与叶绿素含量之间的关联,筛选并优化叶绿素检测特征变量,构建冠层叶绿素含量检测模型,为田间玉米长势评价和管理提供支持[6,32]。

1. 无人机多光谱影像采集

2019 年于河北省农业科学院衡水市旱作节水农业试验站玉米拔节期采集数据。试验区域总面积为 0.4 hm^2，共设置 6 个施肥等级（单位 kg/hm^2）：A1—氮 0，磷 0；A2—氮 90，磷 60；A3—氮 180，磷 120；A4—氮 360，磷 240；A5—氮 540，磷 360；A6—氮 720，磷 480。每个施肥等级设置 12 个重复，共有 72 个试验小区，如图 3-34 所示。为了降低不同施肥水平对其他小区的影响，小区间设置 0.8 m 缓冲带，缓冲带内不采样。无人机遥感数据与地面数据同步采集。

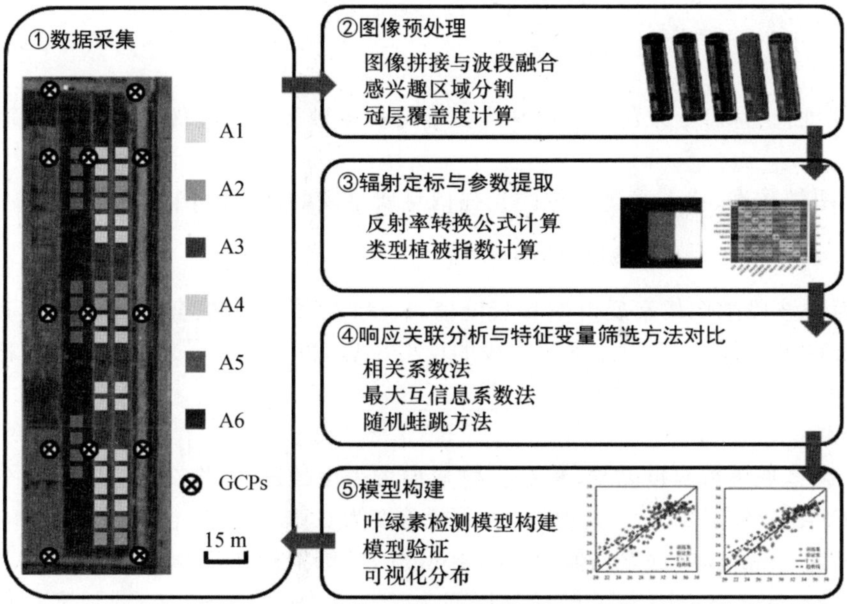

二维码 3-5

图 3-34　遥感数据采集及处理流程

使用 DJI M600 Pro 无人机搭载多光谱相机（RedEdge-MX，MicaSense，美国）获取近地遥感数据。RedEdge-MX 多光谱相机的质量为 232 g，分辨率为 1 280×960 像素（传感器尺寸为 8.7 cm×5.9 cm×4.54 cm），采集蓝色（B）、绿色（G）、红色（R）、红边（REG）和近红外（NIR）5 个波段的光谱图像。各波段的中心波长分别为 475、560、668、717 和 840 nm，带宽分别为 20、20、10、10 和 40 nm。无人机飞行作业时间为 11:00～13:00，飞行高度为 30 m，飞行速度为 4 m/s，图像重叠度设置为 80%。拍摄时，为了提高定位精度，设置地面控制点（ground control points，GCPs），地面同步进行辐射定标，在试验田周边选择地面平坦、无阴影的区域放置反射率分别为 10%、30% 和 70% 的 3 块标准反射布，并确保作物与标准反射布同时出现在多光谱图像中。

分别在 72 个试验小区内等距选取玉米各 3 株，共 216 株，使用 GNSS 定位系统定标各株采样点位置，同时采集冠层叶片放入密封袋冷藏，带回实验室后采用分光光度计和化学计量法测定 216 个叶片样本的叶绿素含量，样本的叶绿素含量范围为 20.17～37.35 mg/L，平均值为 30.6 mg/L，标准差为 4.21 mg/L。采用排序法对 216 个样本进行划分，训练集 162 个样本，验证集 54 个样本。

2. 多光谱图像处理

利用 Pix4Dmapper 软件和地面控制点(GCPs)数据对原始图像数据进行拼接和校正，分别生成 5 个波段的正射影像图。使用 ENVI 5.3 软件融合 5 个波段的正射影像。根据 216 个采样点的位置信息对融合后的多光谱图像进行感兴趣区域分割，每个采样点对应一幅 50×50 像素的多光谱图像。

冠层覆盖度定义为植被垂直投影面积与地面面积的比值。利用作物和土壤在不同光谱波段的反射差异特性，结合最大类间方差法实现作物和土壤背景的分割，将采样点对应的多光谱图像中属于作物冠层的像素二值化为 1，土壤背景的像素二值化为 0。玉米冠层覆盖度

$$C=\frac{S_c}{S_a} \tag{3-16}$$

式中：C 为玉米冠层覆盖度，S_c 和 S_a 分别为被识别为玉米的像素数和图像总像素数。覆盖度取值范围为 0～1。

基于地面辐射定标图像数据，将多光谱图像的光强信息所呈现的灰度值转化为反射率：

$$R_k=DN_k\times a_k+b_k \tag{3-17}$$

式中：R_k 和 DN_k 分别为 k 波段图像像素反射率和灰度值，a_k 和 b_k 分别为拟合公式的斜率和截距，k 表示 B、G、R、REG 和 NIR 波段。计算各波段的反射率后，再根据表 3-1 中公式计算植被指数。

3. 植被指数响应分析

施肥等级不同的小区呈现出覆盖度差异，根据作物冠层覆盖度的统计，将 216 个样本划分为低(C1)、中(C2)、高(C3)3 个覆盖度区间，其中 C1 区间覆盖度为 0.05～0.35，包含 59 个样本，叶绿素区间为 20.17～32.55 mg/L，叶绿素均值为 25.33 mg/L，叶绿素标准差为 3.10 mg/L；C2 区间覆盖度为 0.35～0.48，包含 82 个样本，叶绿素区间为 25.92～37.35 mg/L，叶绿素均值为 32.08 mg/L，叶绿素标准差为 2.87 mg/L；C3 区间覆盖度为 0.48～0.75，包含 75 个样本，叶绿素区间为 27.18～37.31 mg/L，叶绿素均值为 33.12 mg/L，叶绿素标准差为 2.00 mg/L。

选择相关系数法(correlation coefficient method，CCM)分析植被指数与叶绿素的关联关系，结果如图 3-35 所示。植被指数与叶绿素的相关系数随着覆盖度的上升呈现骤降的趋势，覆盖度在 C3 水平时相关系数普遍低于 0.2。

4. 变量筛选与叶绿素检测建模

分别基于线性方法 CCM 和非线性方法 MIC(maximum mutual information coefficient，最大互信息系数)、RFM(随机蛙跳方法)筛选差比值植被指数、增强型植被指数和功能型植被指数 3 类植被指数。结果如表 3-8 所示，以 0.7 为阈值，采用 CCM 选择了 24 个植被指数；以 0.5 为阈值，采用 MIC 选择了 11 个植被指数；以 0.45 为阈值，采用 RFM 选择了 10 个植被指数。以 3 种方法筛选的植被指数作为输入因子，叶绿素含量作为输出因子，分别构建基于 PLS 的叶绿素含量检测模型。比较可知，采用非线性方法(MIC、RFM)筛选、构建的模型性能均优于线性方法(CCM)；非线性方法中，采用 RFM 筛选、构建的模型性能优于 MIC。叶绿素含量检测模型最优结果 R_C^2 和 $RMSE_C$ 分别为 0.753 和 2.089 mg/L，R_V^2 和 $RMSE_V$ 分别为 0.682 和 2.361 mg/L。分析各类植被指数间的关系发现，采用 CCM 选取的 24 个植被指数存在较强的多重共线性关系。变量间的多重共线性造成模型的不确定性，可能因此降低了模型的精度。

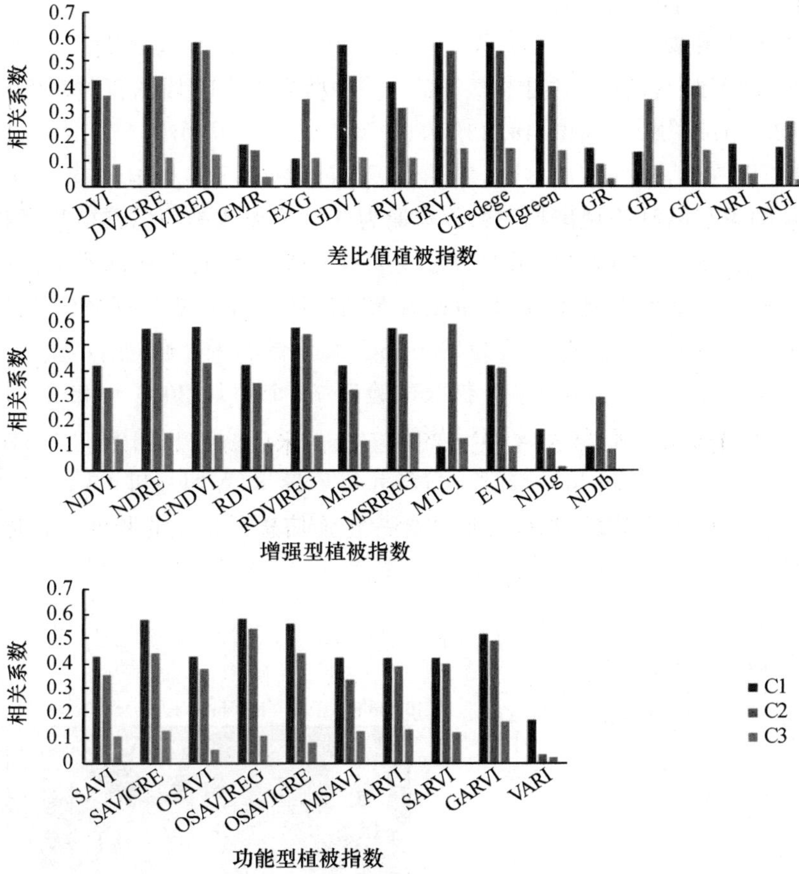

图 3-35 不同覆盖度下植被指数与叶绿素的相关系数

表 3-8 基于 3 种方法的植被指数筛选结果

方法	差比值植被指数	增强型植被指数	功能型植被指数
CCM	DVI、DVIGRE、DVIRED、GMR、RVI、CIredege、CIgreen	NDRE、GNDVI、RDVI、RDVIREG、MSR、MSRREG、MTCI、NDIg	SAVIGRE、OSAVI、OSAVIREG、OSAVIGRE、MSAVI、ARVI、SARVI、GARVI、VARI
MIC	DVI、DVIGRE、DVIRED、GMR、GDVI	NDRE、RDVIREG	SAVIGRE、OSAVI、OSAVIREG、OSAVIGRE
RFM	GMR、NRI	NDRE、MSRREG、EVI、NDIg、NDIb	SAVI、OSAVIREG、SARVI

3.4.3 基于卫星遥感技术的香蕉产量检测

精准快速地估测作物产量及其空间分布信息是智慧农业的重要支撑，遥感技术凭借其宏观、准确、快速和动态等优势在作物估产中占据着极为重要的地位，运用遥感信息建模估测作物产量已成为作物估产的必然要求。香蕉是我国南方重要的园艺作物，张海洋等开展了基于卫星遥感技术的香蕉产量检测研究[33]。

1. 研究区概况与实验设计

研究区位于广西壮族自治区崇左市扶绥县的香蕉种植基地(图 3-36),覆盖面积约 140.11 hm^2,覆盖范围为 22°29′34.58″N～22°30′48.32″N,107°46′7.03″E～107°47′19.70″E。研究区地势平坦,属亚热带季风气候,夏季高温多雨,春季温暖湿润,秋季干燥少雨,冬季气温较低。

研究区种植的香蕉品种为威廉斯 B6,栽植期为 9 月下旬或 10 月,其生长过程大致可分为定植期、营养生长期、孕蕾抽蕾期、幼果期和采收期等 5 个生育期。从营养生长期到幼果期是影响香蕉产量和质量形成的关键生育期,也是香蕉估产的最佳时期,因此研究选取遥感影像成像时间为 5—9 月。选用的遥感数据为 Sentinel-2 影像数据,通过 Google Earth Engine (https://earthengine.google.com/)平台获取试验区 71 个田块 2019 年和 2020 年两年 5—9 月云量低于 35%的 Sentinel-2 L2A 级 MSI 影像。

Sentinel-2 卫星高度为 786 km,携带一台多光谱成像仪(MSI),可覆盖 13 个光谱波段(表 3-9),幅宽达 290 km,地面分辨率分别为 10、20 和 60 m,卫星的重访周期为 10 天。Sentinel-2 在红边范围含有 3 个波段,对监测植被信息非常有效。

二维码 3-6

表 3-9 Sentinel-2 卫星光谱波段信息

Sentinel-2 波段	中心波长 /μm	分辨率 /m
波段 1 超蓝海岸-气溶胶	0.443	60
波段 2 蓝光	0.490	10
波段 3 绿光	0.560	10
波段 4 红光	0.665	10
波段 5 植被红边	0.705	20
波段 6 植被红边	0.740	20
波段 7 植被红边	0.783	20
波段 8 近红外	0.842	10
波段 8A 植被红边	0.865	20
波段 9 短波红外-水蒸气	0.945	60
波段 10 短波红外-卷云	1.375	60
波段 11 短波红外	1.610	20
波段 12 短波红外	2.190	20

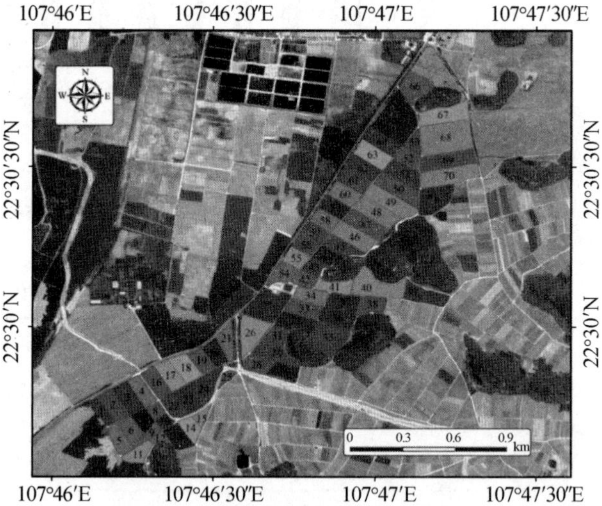

图 3-36 研究区田块分布

2. 香蕉产量预测流程

支持向量回归(support vector regression,SVR)算法因其在小样本情况下仍具有泛化能力强、预测准确率高等优点,被广泛应用于农作物产量预测。头脑风暴优化算法(brain storming optimization algorithm,BSO)是一种基于模拟人类创造性解决问题过程的群体智能算法,该方法采用聚类思想搜索局部最优,降低了算法复杂性,通过局部最优的比较获得全局最优,避免算法陷入局部最优,为优化 SVR 参数提供一种新的思路。本研究引入 BSO 算法对 SVR 模型进行参数寻优,提出一种基于 BSO-SVR 的香蕉遥感时序估产模型。预测流程见图 3-37。

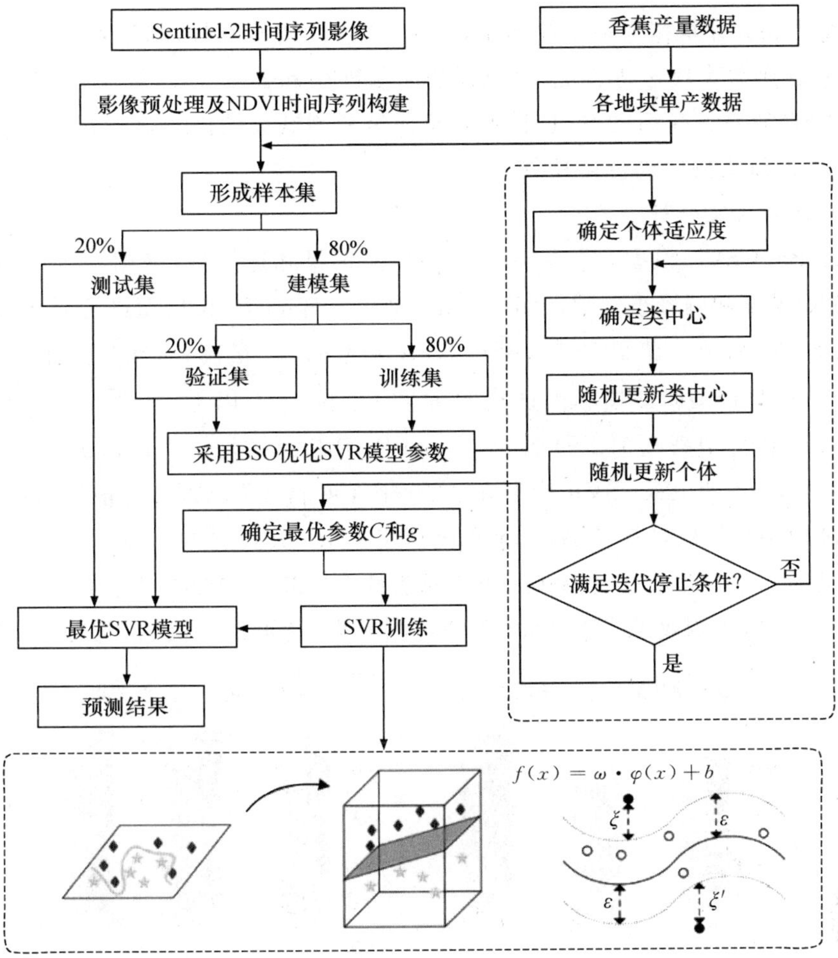

图 3-37　基于 BSO-SVR 的香蕉产量预测流程

①获取 2019—2020 年研究区香蕉关键生育期内的多时相 Sentinel-2 遥感影像数据，结合阈值分割和形态学方法对获得的影像进行去云处理。随后，求取各田块内所有像素的平均 NDVI 值。若某一田块被云层全部覆盖，则使用该影像的 NDVI 均值进行缺失值填充。

②获取 2019—2020 年研究区所有田块的产量数据，依据每个田块的面积，求取各田块的单产 y_i（$i=1,2,\cdots,t$，t 为田块总数）。

③整合每年香蕉生育期内影像中各田块的时间序列 NDVI 值，生成一个二维矩阵 $\boldsymbol{X}$，横向代表时间维度，纵向代表不同田块。每个田块的时间序列信息可表示为

$$\boldsymbol{x}_i^{\mathrm{b}}=[x_i^1, x_i^2, \cdots, x_i^B], \quad i=1,2,\cdots,t \tag{3-18}$$

式中：i 为田块序号，t 为田块总数，B 为每年各田块时序影像的总数，b 表示时序影像。

④将 71 个样本以约 8∶2 的比例随机划分为建模集和测试集，再将建模集以约 8∶2 的比例随机划分为训练集和验证集，则训练集有 45 个样本，验证集有 12 个样本，测试集有 14 个样

本。然后，将训练集、验证集和测试集的输入变量进行标准化处理。

⑤以训练集和验证集作为模型控制量，设定 BSO 的初始参数，利用 BSO 算法对 SVR 的惩罚因子 C 和核函数参数 g 进行优化，获得最优参数 C 和 g。

⑥利用 BSO 算法优化后的 SVR 模型对验证集和测试集的样本进行预测，得到香蕉单产预测结果，并与产量实测值进行比较分析。

3. 预测结果对比及分析

为了验证 BSO-SVR 模型在香蕉估产上的预测效果和适用性，采用传统的岭回归(ridge regression，RR)模型和偏最小二乘回归(PLSR)模型与 BSO-SVR 模型进行对比。3 种模型的预测结果如图 3-38 所示。在 2019 年，BSO-SVR 模型的 R^2 最高，其次是 RR 模型，PLSR 模型最低。BSO-SVR 模型验证集和测试集的 R^2 均达到 0.75 以上，分别比 RR 模型高 0.113 和 0.174，比 PLSR 模型高 0.192 和 0.184，BSO-SVR 模型的均方根误差 RMSE 和平均绝对误差 MAE 也最低，表明 BSO-SVR 模型在 2019 年香蕉产量预测方面有很好的效果。在 2020 年，BSO-SVR 模型总体表现最佳，验证集和测试集的 R^2 分别比 RR 模型高 0.035 和 0.014，比 PLSR 模型高 0.040 和 0.035，BSO-SVR 模型的 RMSE 和 MAE 也整体表现最优。BSO-SVR 模型 2019 年的预测效果优于 2020 年的预测效果，这可能是因为，与 2020 年数据相比，

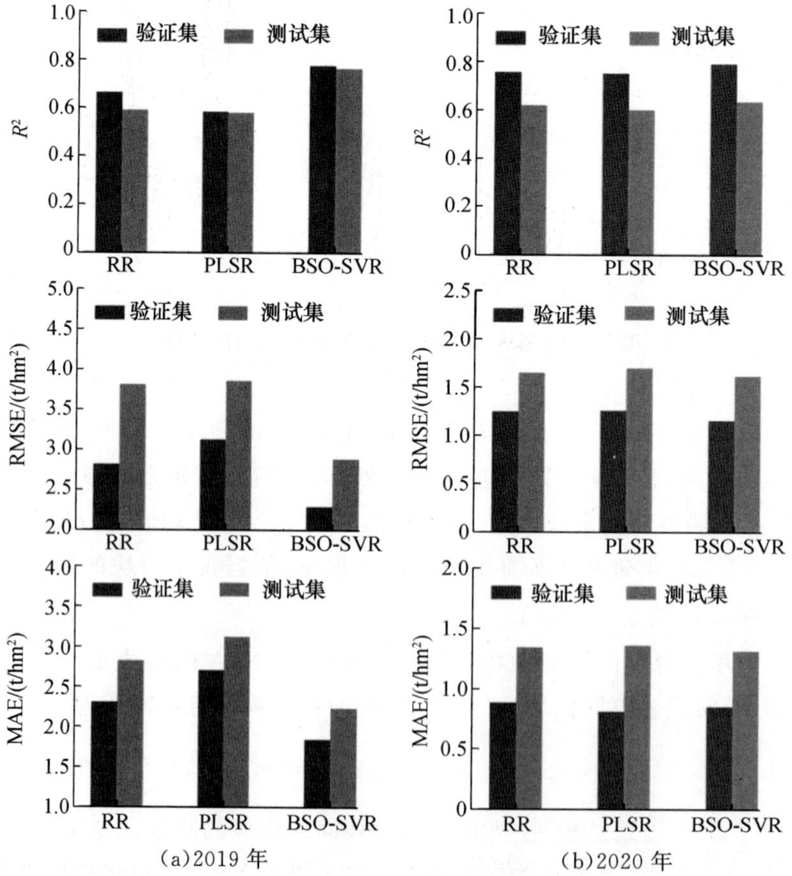

图 3-38 RR、PLSR 和 BSO-SVR 模型性能对比

2019 年各地块单产数据的差异性和波动性较大，而 SVR 模型更适用于空间变异性较大的样本。

3.4.4　基于卫星遥感技术的作物识别与分类

作物种植结构是一个地区或生产单位作物种植类型、种植面积以及空间分布的综合反映，是表征农业生产资源利用科学性、合理性的重要指标。作物的识别与分类是作物种植面积遥感估算的基础，它的理论依据是不同地物光谱反射与吸收的特性。正常生长的农作物在红色光波段强烈吸收，在近红外波段强烈反射，据此可以区分农作物、土壤和水体。利用多源、多时相遥感影像，根据不同作物的电磁波响应特性，结合纹理特征、地形特征以及区域背景资料，可以进一步区分作物品种，通过分类方法加以识别。张海洋等开展了基于卫星遥感技术的作物识别与分类研究[34]。

1. 研究区概况

研究区位于河南省新乡市封丘县陈固镇，覆盖范围为 35°5′39.82″N～35°11′22.43″N 和 114°15′45.62″E～114°23′44.77″E(图 3-39)。全镇总面积 6 100 hm^2，耕地面积约为 4 530 hm^2，下辖 23 个行政村。该地区地势平坦，土壤的质地主要有壤土和黏土，壤土居多。该区域属暖温带大陆性季风气候，夏季炎热多雨，冬季寒冷干燥。

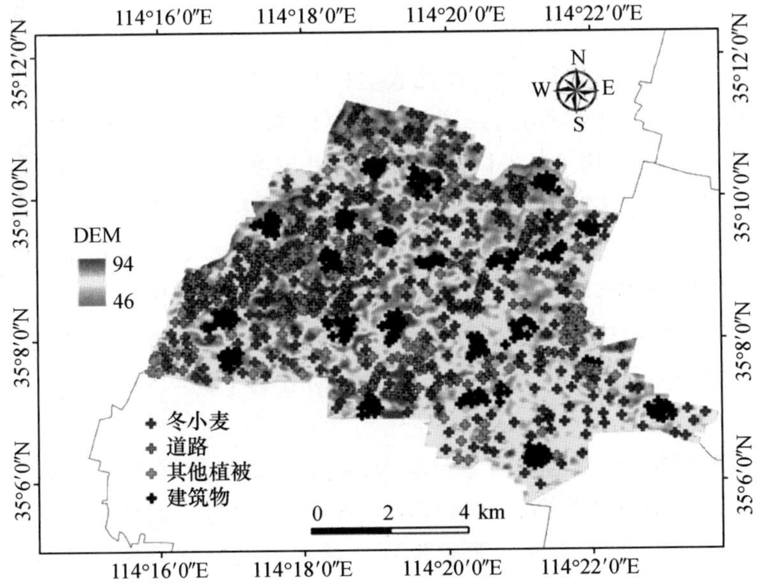

图 3-39　研究区位置及地面样本点分布示意图

二维码 3-7

该研究区是重要的粮食产地，以冬小麦、夏玉米一年二熟的作物轮作模式为主，春季的主要农作物为冬小麦、金银花和大蒜等。此外也有少量农户种植梨树、苹果树等果树和经营林地。冬小麦的生育期主要有播种期、出苗期、分蘖期、越冬期、返青期、起身拔节期、抽穗扬花期、灌浆乳熟期、成熟期，播种期约为每年的 10 月上旬，收获期为下一年的 6 月上旬。该地区种植的大蒜为秋播大蒜，其生育期主要有播种期、萌芽期、幼苗期、花芽鳞芽分化期、抽薹期和成熟期，播种期为每年的9月下旬至10月上旬，收蒜头期在第二年的5月下旬至6月上旬。金银花的生育期主要为萌芽期、新梢生长期、现蕾期、开花期、缓慢生长期和越冬期，金银花种植时间不固定，一般在2月播种，开花期为每年的5月中旬至9月下旬，可在开花期内进行4次采收。

依据冬小麦生长特点，起身拔节期、抽穗扬花期和灌浆乳熟期是冬小麦的关键生育期，也是对冬小麦进行遥感识别的最佳时期，因此，分别对这3个时期的Sentinel-2影像进行提取，以识别冬小麦的空间分布，并探寻冬小麦种植结构的最佳提取时期。

2. 分类特征构建

光谱指数特征有NDVI、NDWI、NDBI、CIRE、S2REP，其中NDVI反映植被生长状态和植被茂密程度；NDWI可有效抑制其他地物类型信息而凸显水体信息；NDBI将城镇灰度值提高，降低其他地物类型灰度值；CIRE和S2REP是Sentinel-2影像特有的红边波段指数特征，红边波段数据可为农作物类型识别提供强有力的数据支持。各光谱指数计算公式为

$$\left.\begin{aligned}&\mathrm{NDVI}=(\rho_{\mathrm{B8}}-\rho_{\mathrm{B4}})/(\rho_{\mathrm{B8}}+\rho_{\mathrm{B4}})\\&\mathrm{NDWI}=(\rho_{\mathrm{B3}}-\rho_{\mathrm{B8}})/(\rho_{\mathrm{B3}}+\rho_{\mathrm{B8}})\\&\mathrm{NDBI}=(\rho_{\mathrm{B11}}-\rho_{\mathrm{B8}})/(\rho_{\mathrm{B11}}+\rho_{\mathrm{B8}})\\&\mathrm{CIRE}=\rho_{\mathrm{B7}}/\rho_{\mathrm{B5}}-1\\&\mathrm{S2REP}=705+35\times[(\rho_{\mathrm{B4}}+\rho_{\mathrm{B7}})/2-\rho_{\mathrm{B5}}]/(\rho_{\mathrm{B6}}-\rho_{\mathrm{B5}})\end{aligned}\right\}\tag{3-19}$$

式中：ρ_{B3}、ρ_{B4}、ρ_{B5}、ρ_{B6}、ρ_{B7}、ρ_{B8}和ρ_{B11}分别为各波段(见表3-9)反射率。

纹理特征代表图像灰度的空间变化和重复，或图像中重复的局部图案和排列规则，可以在一定程度上提高遥感的分类精度。选用3×3移动窗口，利用灰度共生矩阵(gray level co-occurrence matrix，GLCM)计算纹理特征。由于近红外波段对植被更敏感，选取Sentinel-2影像的近红外波段(波段8)计算影像的纹理特征，共得到18个纹理特征参数。从该地区冬小麦的纹理特征出发，综合考虑纹理参数之间的相关性、差异性和冗余性，从对比度、相关性、熵等方面选取了最常见的4种纹理参数构造特征参数并训练分类器，以减少过多纹理特征之间的数据重叠和冗余。选取的纹理特征包括角二阶矩(ASM)、对比度(CONTRAST)、相关性(CORR)、信息熵(ENT)。

此外，使用GEE(谷歌地球引擎)自带的空间分辨率为30 m的地形数据SRTMGL1_003，通过ee.Terrain.products(input)函数计算高程和坡度两个参数，然后将它们作为两个独立的特征带添加到合成的多波段影像中，用于地物的遥感识别。该数据的空间分辨率为30 m，利用三次卷积内插法将数据重采样为10 m分辨率。

综上所述，作物识别与分类模型选取14个光谱特征(9个光谱波段特征和5个光谱指数特征)、4个纹理特征、2个地形特征构建冬小麦种植区域识别特征参数，对冬小麦(Ww)、建筑物(Bu)、其他植被(Ov)和道路(Ro)4类地物进行识别分类，进而实现对研究区冬小麦的有效识别。

3. 种植结构提取流程

冬小麦种植结构提取详细过程如下：

①分别获取2021年冬小麦起身拔节期、抽穗扬花期和灌浆乳熟期3个生育期内所有云量

低于 10%的 Sentinel-2 L2A 级影像,然后对各生育期内的影像进行影像裁剪、镶嵌、去云、求中值和重采样等操作。获取研究区的 DEM(digital elevation model,数字高程模型)的高程数据,并进行裁剪和镶嵌等处理。

②获取研究区冬小麦、建筑物、其他植被以及道路 4 类地物的地面样本点数据,记录样本点的地物种类和位置,并将各类地物样本点按照 8∶2 的比例随机划分为训练集和测试集。

③提取各生育期内合成影像的光谱波段特征、光谱指数特征、纹理特征以及地形特征等分类特征变量,将各生育期的所有分类特征变量以及地面样本点数据的训练集输入梯度提升决策树(gradient boosting decision tree,GBDT)分类器中,设定不同生育期 GBDT 分类器树的个数,得到地物分类结果。

④将地面样本点测试集的特征变量带入训练后的 GBDT 分类器中,获得不同生育期内研究区地物的分类准确率,然后利用最优的地物分类结果提取研究区冬小麦的种植结构。

4. 冬小麦种植面积提取结果

冬小麦不同生育期内,研究区地物物候特征、空间分布特征和光谱特征不同,各类地物识别效果也会有差异。利用 GBDT 分类器对研究区冬小麦起身拔节期、抽穗扬花期和灌浆乳熟期 3 个时期内的地物类型进行分类识别,分别设置 GBDT 分类器树的数量为 1 500、1 500、1 800,每个时期各 167 个样本。地物识别效果的混淆矩阵如图 3-40 所示,167 个测试样本中,起身拔节期有 158 个样本分类正确,其中建筑物分类准确性最高,其他植被和道路容易混淆(分别占其他植被观测样本总数的 11.54%、道路观测样本总数的 6.82%);抽穗扬花期有 162 个样本分类正确,建筑物和冬小麦的分类精度较高,其他植被易被误判为道路(占其他植被观测样本总数的 7.69%);灌浆乳熟期有 144 个样本分类正确,在冬小麦 3 个关键生育期内分类精度最差。

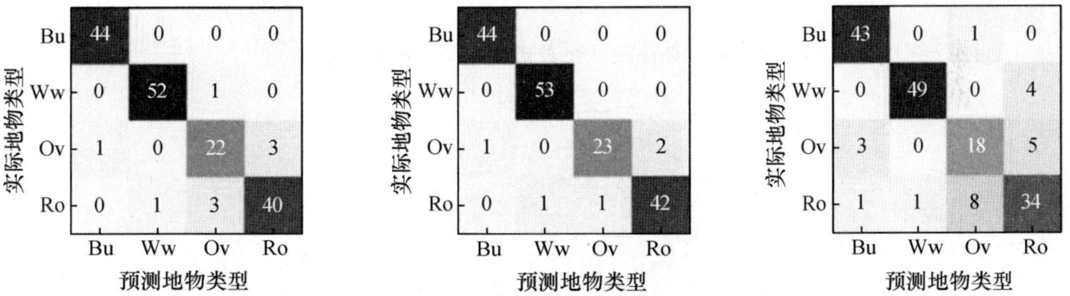

(a)起身拔节期　(b)抽穗扬花期　(c)灌浆乳熟期

图 3-40　冬小麦不同生育期地物分类混淆矩阵

通过直观目视解译并对比原始影像可发现,冬小麦的 3 个关键生育期分类制图整体效果均较好(图 3-41),冬小麦和道路覆盖区域轮廓清晰,形状基本一致;建筑物分布连续,边界分明;其他植被提取较为完整。

3.4.5　农业遥感图像眩光消除方法

所有的植物茎叶、果实减少表面都有一层起保护作用的角质层,如图 3-42 所示。角质层由疏水的化学物质构成,可以减少水分蒸发,同时保护植株和果实免受真菌和细菌侵害。半透明的角质层可以让光线通过,满足光合作用的需要,还能反射多余的光和热,避免植物受到伤

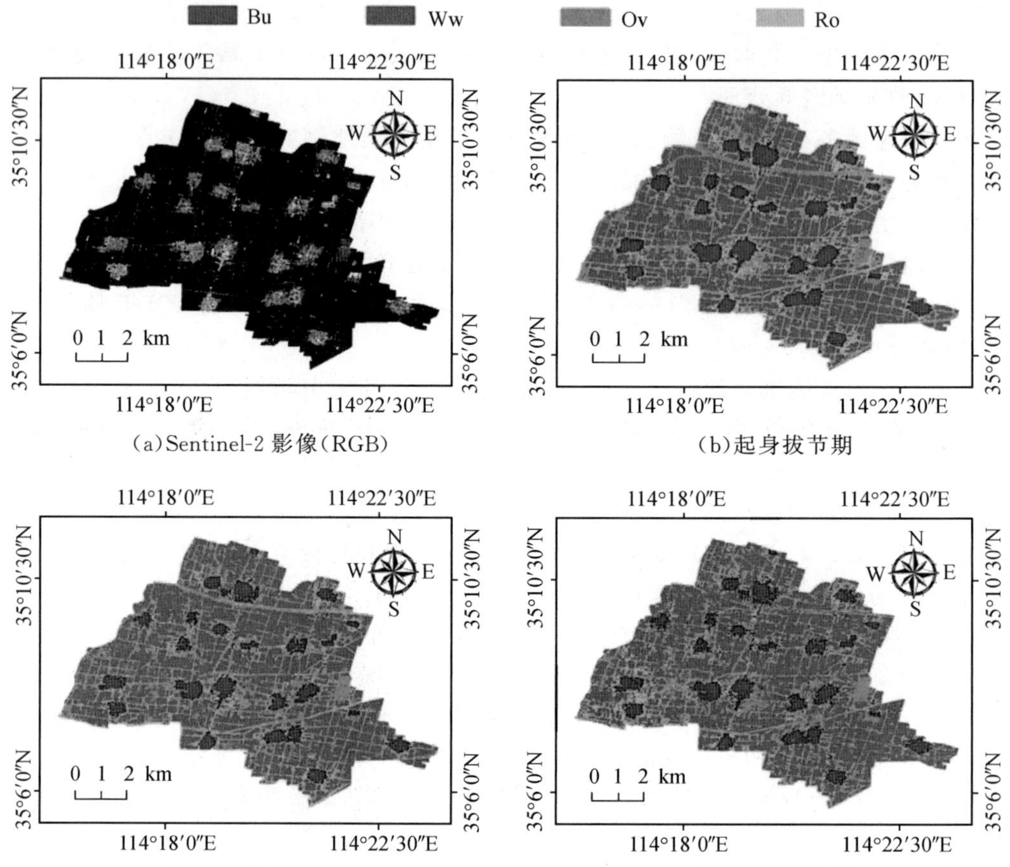

(a)Sentinel-2 影像(RGB)　(b)起身拔节期

(c)抽穗扬花期　(d)灌浆乳熟期

图 3-41　冬小麦 3 个关键生育期分类制图结果

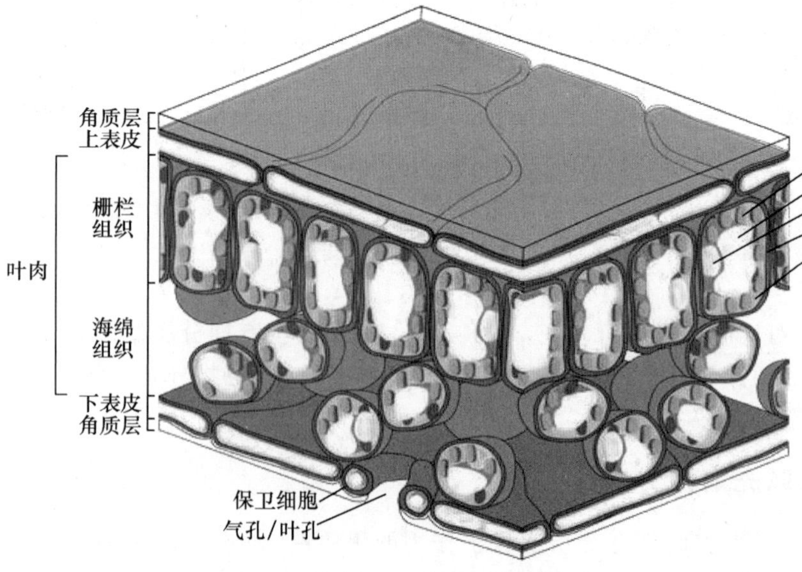

图 3-42　植物叶片结构

二维码 3-8

害。但是另一方面，叶片或水果表面的角质层结构会产生镜面反射的效果，当采用近地遥感或无人机遥感技术获取植物叶片、冠层或果实的图像时，表面的镜面反射会在图像上造成白色区域或斑点，这些区域或斑点不包含物体成分、组织结构或品质的任何信息，属于噪声，因此需要采取措施在获取遥感图像时消除叶片或果实表面的镜面反射效应。光线在反射或折射时产生的偏振光效应为消除镜面反射干扰提供了可行的方法。

1. 偏振光原理

根据光学知识，光具有波粒二象性。只考察光的波动性，光是电磁波，在真空或同种介质中以交变电磁场方式直线传播。电磁波是横波，无论电场还是磁场其振动方向都垂直于光的传播方向(图 3-43)。在空间某点，电场强度和磁场强度都随时间变化，分别用电矢量和磁矢量描述电场强度和磁场强度。但在光波中，产生感光作用与生理作用的主要是电场，光波对物质的磁场作用远比电场作用弱，所以讨论光的振动性质时通常只考虑电矢量，将电矢量称为光矢量。

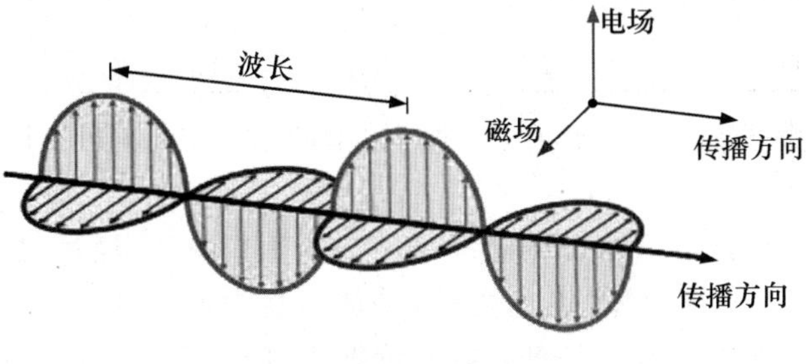

图 3-43　光波传播示意图

自然界中任何实际光源都包含着数目众多的、有各种取向的分子，因而由一个实际的光源向某一方向发出的光，其电矢量虽然都垂直于光的传播方向，但是由相互无关各分子所产生的光波的电矢量，其取向与大小都随时间作无规则的变化，各取向概率相同，所以在一段相当长的时间($>1\times10^{-6}$ s)内，各取向上电矢量的时间平均值是相等的，这样的光称为自然光。自然光可用相互独立的、等振幅的振动来表示。但是由于自然光内各电矢量间无固定的相位关系，因而其中任何两个取向不同的电矢量不能合成为一个。自然光的光矢量分布可以用图 3-44(a)的圆来描述。

当由于某种原因光源发出的光各取向的概率不相同时，光波电矢量振动的空间分布相对于光的传播方向失去对称性，这种现象叫做光的偏振(polarization of light)，如图 3-44(b)所

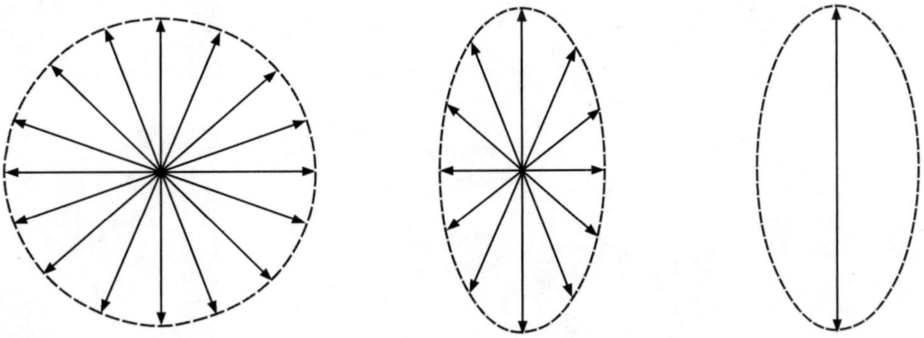

(a)自然光　(b)部分偏振光　(c) 线偏振光

图 3-44　自然光和偏振光的光矢量图

示。极端情况下，在光的传播过程中只包含一种振动，其振动方向始终保持在光的同一偏振平面内，这种光称为线偏振光(或平面偏振光)，如图 3-44(c)所示。

根据电矢量的分布，可以将所有的电矢量分解为 2 个互相垂直的分量：P-分量(平行分量)和 S-分量(垂直分量)，定义 P-分量分布在由入射光和反射光组成的平面内，S-分量为垂直于该平面的分量。显然 P-分量和 S-分量互相垂直，它们又都垂直于光线传播方向。

获得偏振光的方法已经很成熟，一般来说有旋转法、干涉法、棱镜法、偏振片法和双折射法等。

2. 基于双偏振片的遥感图像眩光消除方法

偏振片是用特殊方法使选择性吸收很强的微粒晶体在透明胶层中作有规则排列而制成的，它允许透过某一电矢量振动方向的光(此方向称为偏振方向)，而吸收与其垂直振动的光，即具有二向色性。因此自然光通过偏振片后的透射光基本上成为线偏振光。

图 3-45(a)所示的图像采集系统，为了克服植物(叶片或果实)表面角质层镜面反射造成的干扰，在光源的光线出口和相机的光线入口分别配置了偏振滤光片。2 片偏振片的截止方向成 90°，光线经过第一偏振片之后成为线偏振光，电磁波只保留了一个振动方向，再经过第二偏振片则会被全部截止。

实际获取图像时，主动光源发出的光是自然光，没有偏振，经过第一偏振片成为偏振光。偏振入射光到达植物(叶片或果实)表面之后，一部分受表面角质层的影响直接发生镜面反射(眩光)，另一部分进入植物内部。表面反射的偏振光(眩光部分)再经过第二偏振片被完全截止，眩光现象被消除。进入植物体内部的那部分光在植物体内经过多次的吸收、透射、反射、散射、折射等过程，再次从表面射出，经第二偏振片进入相机。这部分经过植物体内各种光学过程再次从表面射出的光，既包含了植物体成分和结构的信息，又丧失了偏振性，成为各向同性的自然光。这部分自然光经过第二偏振片时会损失掉相当的光资源，但剩余的单方向的光由相机记录下来，通过图像分析可以解析植物体的成分和结构。图 3-45(b)显示了双偏振片的遥感图像眩光消除方法的效果，由镜面反射现象造成的干扰基本被消除。

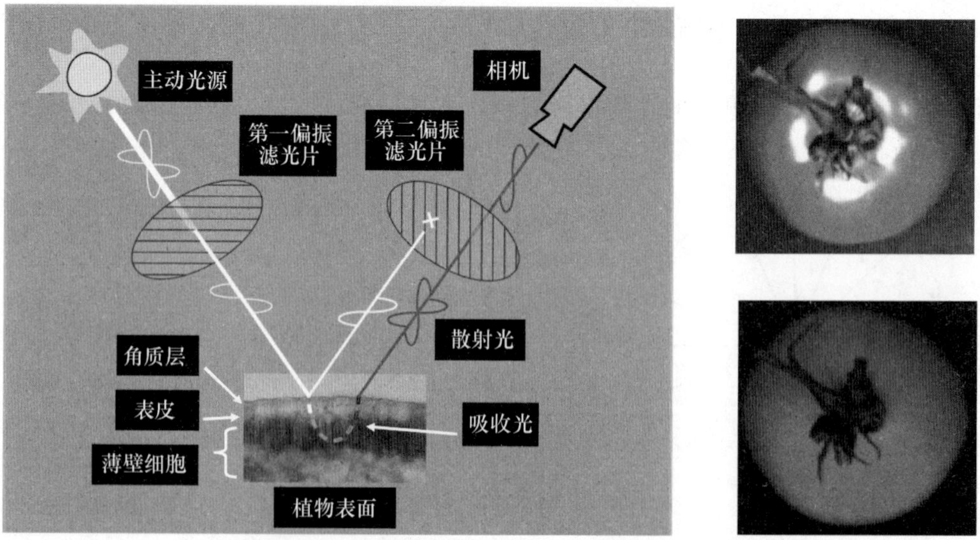

(a)图像采集系统示意图　　(b)眩光消除效果

图 3-45　基于双偏振片的遥感图像眩光消除方法

双偏振片的遥感图像眩光消除方法最大的不足是光资源的损失。经过 2 次偏振片的滤光,最后进入相机的光能只是光源发出光能的 1/10 左右,这对相机的灵敏度和精度提出了更高的要求。

3. 基于单偏振片的日光遥感图像眩光消除方法

在使用主动光源的条件下利用双偏振片可以很好地消除遥感图像的眩光现象,但是在获取野外开放条件下的日光遥感图像时,无法安装入射光的偏振片,双偏振片法受到限制。布儒斯特定律(Brewster's Law)为解决这一问题提供了思路[35]。

根据布儒斯特定律,当自然光线以非垂直角度照射某电介质界面时,会在界面上发生反射和折射。一般情况下反射光和折射光都是部分偏振光,但当入射角为某特定角度时反射光会成为线偏振光,只保留一个振动方向,其振动方向与入射面垂直,这个特定角度称为布儒斯特角或起偏角。布儒斯特角的计算公式为

$$\tan\theta_0=\frac{n_2}{n_1} \tag{3-20}$$

式中:θ_0 为布儒斯特角,n_1、n_2 分别为第一介质和第二介质的折射率。以作物遥感为例,第一介质空气的折射率 $n_1\approx1.003$,第二介质叶肉细胞的折射率 $n_2\approx1.5$,则布儒斯特角 $\theta_0\approx56.3°$。叶片表面镜面反射光偏振特性如图 3-46(a)所示,当入射角(反射角)θ 逐渐增大时,反射光产生偏振,S-分量单调增加,P-分量先逐渐降低再快速升高。调整相机角度使得入射角 θ 等于布儒斯特角 θ_0(56.3°),此时反射光的 P-分量减小为 0,只保留有 S-分量,成为单一方向的线偏振光。在 $\theta\pm2°$ 范围内,镜面反射光都可以看作线偏振光,可以用偏振片予以消除。单偏振片日光遥感图像采集如图 3-46(b)所示。由于入射角 θ 在 56.3°附近,叶表面的镜面反射光基本被消除,叶片内部漫射光被记录,用于作物营养或健康诊断。

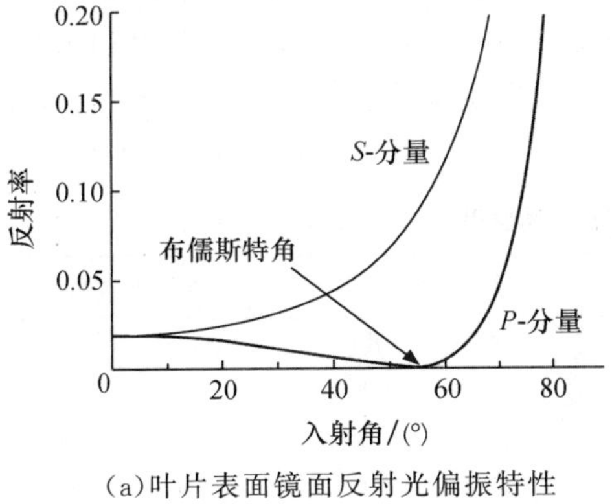

(a)叶片表面镜面反射光偏振特性

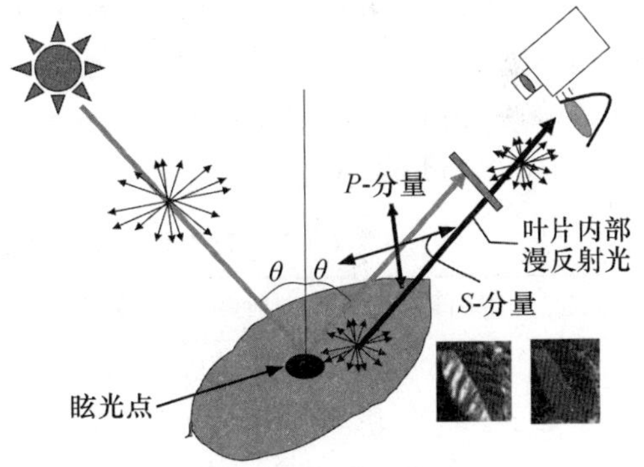

(b)单偏振片日光遥感图像采集示意图

图 3-46 基于单偏振片的日光遥感图像眩光消除方法

3.5 基于作物传感器的变量施肥作业技术

3.5.1 基于传感器的变量施肥技术基础

现代传感器技术的发展为田间土壤、作物参数的快速获取提供了手段,集成商品化的作物

长势检测仪器结合变量施肥控制器，即可形成车载变量作业系统，实现边走、边测、边作业的智能化作业效果。为了与变量施肥系统相结合，国外常用的长势检测仪器主要采用多波段反射光谱测量原理，如表 3-10 所示，有 Crop-spec（Topcon，日本）、GreenSeeker（Trimble，美国）、RapidSCAN CS-45 和 Crop Circle ACS-210/430/470 系列（Holland，美国）、N-sensor（Yara，挪威）等。

表 3-10 反射式作物长势光谱学检测传感器

项目	Crop-spec	GreenSeeker	RapidSCAN CS-45	Crop Circle	N-Sensor
外形					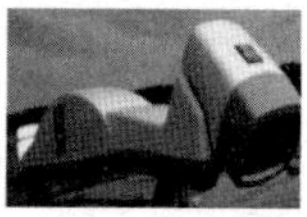
波段/nm	735,805	774,656	670,730,780	450,550,650, 670,730,760, 3 波段可选	670,860

为了指导科学施肥，农学家提出了氮营养指数（nitrogen nutrition index，NNI）法、氮施肥优化算法（nitrogen fertilization optimization algorithm，NFOA）、响应指数（response index，RI）法等，这些方法都是农业栽培管理中推荐施肥量的依据。然而实际应用中，往往因为农艺参数较为复杂，难以与现有施肥农机装备结合。因此，需要结合农机载平台构建在线感知系统，建立基于光谱学传感器的变量施肥决策模型。变量施肥决策模型研究需要结合施肥管理区域（management zone，MZ）作物长势的时空变异特性，再通过多年施肥胁迫实验，设置田间施肥梯度，分析作物生长状况，在此基础上建立施肥模型。如表 3-11 所示，已经形成的基于传感器的施肥推荐模型包括经济最优施氮比（economic optimum nitrogen rate，EONR）模型、区域优化施氮（regional optimum N management，RONM）模型、氮营养指数（NNI）模型、充足指数（sufficiency index，SI）模型等。

表 3-11 不同传感器与施肥推荐模型[36]

序号	使用设备、植被指数和施肥梯度（以 N 计）	对　象	施肥推荐模型
1	Crop Circle，GNDVI（880，560 nm） 0、22、45、90、135、180、280 kg/hm^2	玉米（拔节期）	EONR
2	GreenSeeker，NDVI（665，774 nm） 0、60、90、120、150、180、210、240 kg/hm^2	水稻	SI
3	Crop Circle ACS-470、GreenSeeker 40%基肥，30%分蘖肥，30%穗期肥	水稻	RONM
4	Crop Circle ACS-210 66、168、224 和 27、112、134 kg/hm^2	玉米-大豆轮作	NNI

从作物育种和精准施肥角度出发，作物氮营养来源主要包括土壤氮素、基肥、追肥，而现实中气候、水分、作物栽培管理均是影响作物生长的重要因素，因此建立准确的作物施肥决策模型仍存在挑战。为了简化影响因素，农学中基于作物氮稀释理论定义氮营养指数：

$$\mathrm{NNI}=\frac{N_t}{N_c} \tag{3-21}$$

式中：N_t 为叶片氮浓度实测值，N_c 为临界氮浓度值。NNI＝1 表示作物营养状况适宜，NNI＞1 表示氮营养盈余，NNI＜1 表示氮营养亏缺。

基于临界氮浓度的作物施肥推荐模型中，在确定临界氮浓度时，需要采取破坏式的方法提取地上生物量和进行氮浓度测定。因此，结合近地光谱学作物诊断技术，发挥光谱学无损快速诊断作物营养的优势，建立氮浓度稀释曲线并形成基于光谱学植被指数的施肥推荐模型的相关成果越来越受到重视，其基本过程包括：

①通过农学施肥胁迫实验，确定最优施氮区域植被指数 NDVI_{ref} 和实际施氮区域植被指数 NDVI_{fert}，计算得到 NNI：

$$\mathrm{NNI}=\frac{N_t}{N_c}=\frac{f(\mathrm{NDVI}_{fert})}{f(\mathrm{NDVI}_{ref})} \tag{3-22}$$

②根据 NNI 确定氮肥需求量 N：

$$N=174.5\left[1-(1.179\mathrm{e})^{1-\mathrm{NNI}}\right] \tag{3-23}$$

③标准施氮量 N_s 与需求量 N 之和为施肥量 N_r：

$$N_r=N_s+N \tag{3-24}$$

从检测临界氮浓度到引入作物光谱特征，作物施肥推荐模型得到了极大的简化。同时光谱学植被指数的应用，也使得光谱学感知的作物长势诊断结果与施肥模型融合控制变量施肥作业成为可能。

变量施肥作业主要分为两大类：基于处方图的变量施肥和基于传感器的变量施肥，两者本质差别是作物长势感知时效性。基于处方图的变量施肥是在田块产量、土壤、作物长势等时空变异信息精准感知的基础上，推测作物肥料需求，结合地理信息绘制田块区域栅格内的精细化施肥处方图，此类施肥处方图可以利用无人机或卫星遥感，在作物施肥管理关键期获取数据并分析数据而生成。受益于作物光谱学传感器系统的快速发展，越来越多的作物传感器与变量施肥装备集成，构建起基于传感器的实时变量施肥作业装备。传感器在前端采集作物冠层植被指数，指导并控制后端变量施肥作业。施肥后端执行机构是变量施肥作业的关键部件，有机基肥常采用螺旋推送式执行器，控制螺旋推送器的旋转实现变量施肥。颗粒式化学肥料常采用离心式撒肥器，通过控制离心盘转速与下肥料口开度改变施肥量，主要用于大面积地块颗粒肥撒播。液体肥料施用则采用喷洒式作业机械，快速有效补充作物营养。

3.5.2　基于传感器的变量施肥系统设计

随着计算机技术和机电液一体化技术的发展，车载式作物传感器的精度和智能化水平越来越高，自动撒肥机的操控性也得到显著提升。高德华设计了一种基于传感器的变量施肥系统[36]，如图 3-47 所示，包括作物长势检测（谱图传感系统）、精准施肥决策、变量施肥控制三部分。传感器用于快速采集冠层图像和光谱数据，施肥决策软件可调用施肥推荐模型指导变量施肥，施肥控制部分包括上位机控制软件系统和下位机控制器，通过控制变量脉冲频率和占空比输出驱动 PWM 脉冲信号，驱动高速电磁阀组实现精准施肥作业。

系统中采用融合多光谱和图像的作物传感器[37]，其中集成 AX7263 数字 6 通道镀膜型光学传感器，光谱响应波段分别为 610、680、730、760、810、860 nm，光谱半带宽为 20 nm，光谱数据通过板级 I^2C 或者串口读取，图像采集采用 OpenMV 板级摄像头，视场角为 70.8°。采用 STM32743(ARM Cortex M7)处理器，主频 480 MHz，1 MB Ram，2 MB 闪存。系统可采用 USB 接口连接电脑，采用 Python 编程进行调试。农机前端搭载多个作物传感器，采用 CAN 总线连接，实现作物冠层反射光谱和图像数据的采集。作业过程中，设置 GNSS 系统波特率为 9 600 kb/s，CAN 通信波特率为 500 kb/s。GNSS 定位数据、光谱传感器数据、RGB 图像数据存储和同步采样精度为 1 Hz。

执行机构液体变量喷洒机采用经过改装的雷沃 3WP-500 型高地隙喷雾机[38]，由动力系统、油路动力液压系统、底盘、喷杆机构、举升机构、喷洒水路液压回路系统、变量控制系统、传感系统组成。液肥箱容量为 500 L，喷幅 11.5 m，额定工作压力 0.5～2.0 MPa，喷头间距 42 cm，流量调控区间为 31～56 L/min。

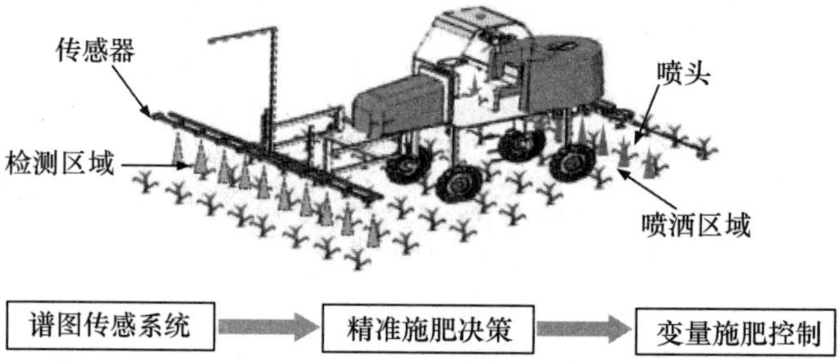

二维码 3-9

图 3-47 基于传感器的变量施肥系统示意图

3.5.3 施肥决策模型比较和分析

为了选择最佳施肥推荐模型，孔梓淳等 2019—2021 年连续 3 年在河北省农业科学院衡水市旱作节水农业试验站开展试验，试验设置了 6 个施肥等级(单位为 kg/hm^2)：L1—氮 0，磷 0；L2—氮 90，磷 60；L3—氮 180，磷 120；L4—氮 360，磷 240；L5—氮 540，磷 360；L6—氮 720，磷 480[37]。测量叶片叶绿素含量(LCC)、叶面积指数(LAI)，将 LCC 和 LAI 乘积组合，构成冠层叶绿素含量(CCC)用于表征玉米长势空间变异程度。比较基于 NNI、NFOA、RFCRM(随机森林判别和定量回归组合)建立的施肥模型。施肥模型在拔节期和抽雄期长势变异性分析如表 3-12 所示。针对 2019 年、2020 年、2021 年拔节期和抽雄期长势指标 LCC、LAI、CCC 以及 NNI、NFOA、RFCRM 追肥模型进行变异性分析，结果表明 3 年期数据具有共同的趋势，同时期 LCC 变异程度小于 LAI，CCC 变异程度大于 LAI 和 LCC，说明拔节期追肥必须考虑冠层结构的变化，因为营养生长阶段以生物量的积累为目标，而 LAI 表征地上生物量积累和冠层光分布特性，因此 CCC 光谱诊断模型能更好地表征作物长势空间变异性。通过施肥模型计算作物需肥量变异性，可知 RFCRM 模型施肥变异性显著小于 NNI 和 NFOA 模型，控制施肥量具有显著优势，可以更好地指导施肥装备精准追肥。

以冠层叶绿素含量 CCC 为基础，将不同生育期长势参数分为 6 个等级，以 L4 施肥量为参考，开发变量施肥推荐软件，系统默认设置 RFCRM 为推荐模型。为了兼容常见施肥模型，也可调用 NNI 和 NFOA 模型。

表 3-12　玉米生理生化参数与施肥推荐模型变异性分析

生育期	年份	LCC	LAI	CCC	NNI	NFOA	RFCRM
拔节期	2019	0.14	0.32	0.34	0.32	0.31	0.17
	2020	0.13	0.29	0.31	0.28	0.28	0.14
	2021	0.14	0.21	0.26	0.18	0.23	0.16
抽雄期	2019	0.12	0.31	0.39	0.22	0.31	0.17
	2020	0.13	0.27	0.30	0.18	0.29	0.14
	2021	0.16	0.23	0.28	0.18	0.13	0.16

3.5.4　变量施肥控制系统组成

变量施肥控制系统主要包括上位机（主控系统）、下位机（微控制器）、定位模块（GNSS）、驱动模块、长势检测传感系统、变量施肥作业传感器组。液压分路系统主要包括液体肥料箱、开关阀、泄压阀、稳压阀、过滤器、总阀、比例阀，电磁阀喷洒系统包括高速电磁阀、喷嘴、软管分路系统。变量施肥控制采用脉冲宽度调制（PWM）流量调节技术[38]。变量施肥系统构成如图 3-48 所示。

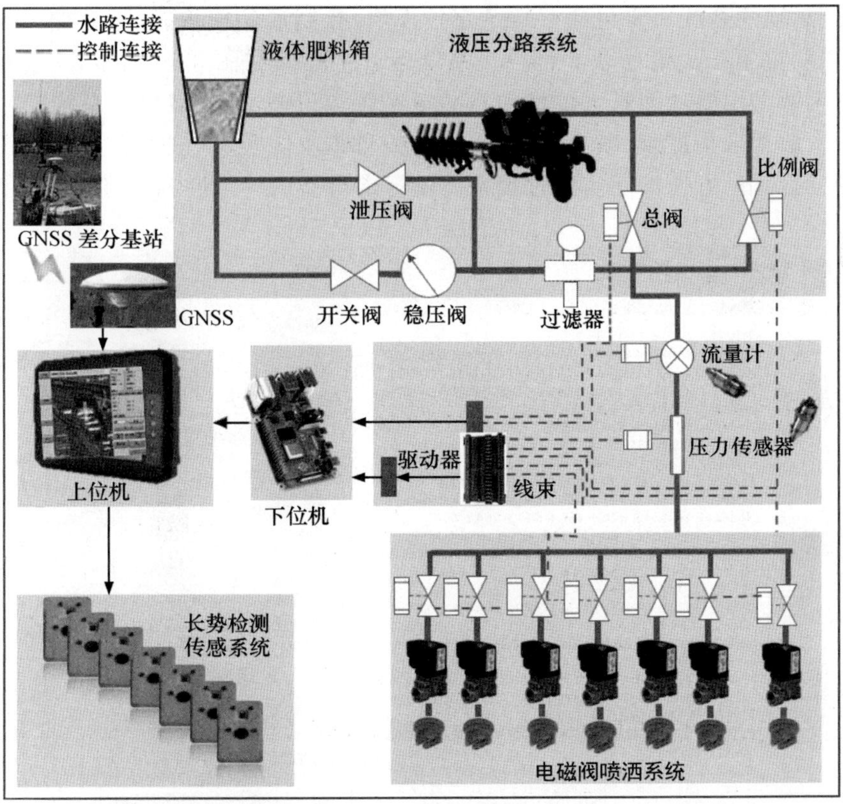

图 3-48　变量施肥系统构成示意图

(1)上位机:车载上位机采用维田科技股份有限公司的 APC-3082T-02 车载多功能工控机,实现作物参数配置、传感器采集控制、作业信息存储。工控机外形尺寸为 240 mm×180 mm×59 mm,供电电压为 6～36 V,系统最大功耗 19.8 W。外端配置 2 个 USB 口、2 个 RS-232 串口和 1 个 CAN 口。

(2)定位模块:变量施肥控制系统集成 NovAtel 公司的 GNSS 模组,支持北斗卫星系统双频差分定位,RTK 定位精度达到 0.01 cm,采样频率达 10 Hz。通信接口设备主要包括基站和移动站。数据输出采用 NMEA-0183 标准格式,可以通过串口对波特率、输出频率及输出字段格式进行设置,通过串口将定位传输到工控机上。通过上位机控制软件将 ASCII 码传递的 $GNGGA 命令数据保存在 csv 表格内,从中提取定位数据。

(3)下位机:下位机采用树莓派 4B 主控板,支持 Python 编译,具有 40 路 I/O 端口,满足变量施肥机下位机流量、速度、压力传感器传感数据的采集。

(4)驱动模块:电磁阀驱动模块采用 2 块 16 路 PNP 大功率 MOSFET 晶体管驱动板,直流 12 V 供电,支持最大 PWM 频率 500 Hz,输入控制电压 3.3～5 V,输入控制触发电流 5～12 mA,驱动输出电压 12～24 V,输出额定电流 3 A。作业时通过 5 V PWM 控制信号驱动 12 V 电磁阀作业。

(5)电磁阀:电磁阀控制每一路喷头的开启和闭合,实现单路喷头的并行控制。电磁阀采用 2 分口径耐压 8 MPa 的黄铜材料阀体,常闭式控制,流量通径 2 mm,线圈驱动电压 12 V。

上位机控制软件系统主要包括 GNSS 定位模块、控制通信模块、数据存储模块、传感器采样控制模块和变量施肥决策模块 5 部分。系统运行主界面如图 3-49 所示,主要包括 10 个功能区域,其中区域①主要功能是下位机和 GNSS 系统串口调试、车载传感系统 CAN 总线连接配置、传感系统数据采集控制、喷洒作业控制、测试与作业切换,测试页面可实现各喷头 PWM 占空比和频率的调节,方便田间实验过程中流量标定与喷洒均匀性测试;区域②为传感器采集

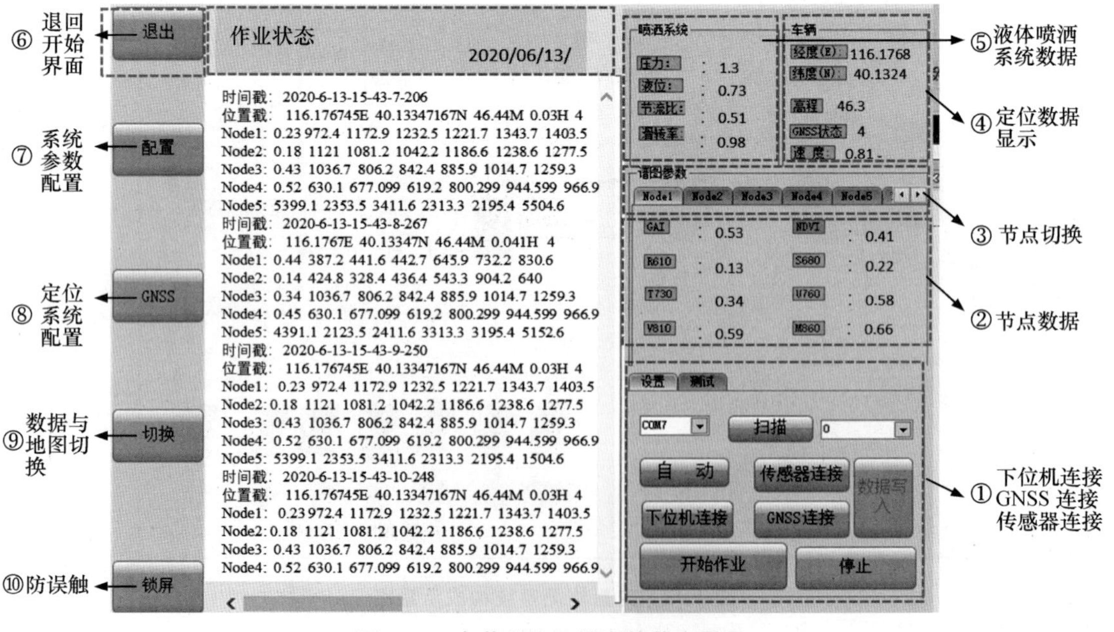

图 3-49 车载上位机控制软件主界面

数据显示界面；区域③可切换显示不同节点数据；区域④为经纬度、高程、速度 GNSS 差分状态等信息；区域⑤为液体喷洒系统中总环路压力、肥料箱液体肥料液位、节流比、行走滑转率等信息；区域⑥至⑩均为按钮切换区域，功能分别为系统退出、系统参数配置、GNSS 定位系统配置、主界面数据和地图切换、防误触锁屏。

系统参数配置界面如图 3-50 所示，包括喷洒机、追肥模型、谱图传感器、追肥模式、作业管理、通讯（信）配置等功能页面。其中喷洒机页面主要包括 GNSS 天线高度（2.4 m）、肥料箱总容量等基本参数，用于精准施肥坐标转换和肥料管理等。追肥模型页面包括 RFCRM、NNI、NFOA 等模型选择及其基本参数配置，谱图传感器页面有车载传感系统及 CAN 通信配置、地址码匹配等功能。追肥模式页面为附加功能，可实现地面实测数据输入及其他历史非实时数据校正。作业管理页面包括地块 GIS 边界输入或实时采集、作业地块基本参数配置等功能，通讯配置页面主要包括上位机和下位机的串口通信参数配置、GNSS 串口通信配置、传感器节点间与上位机工控机通信配置等功能。

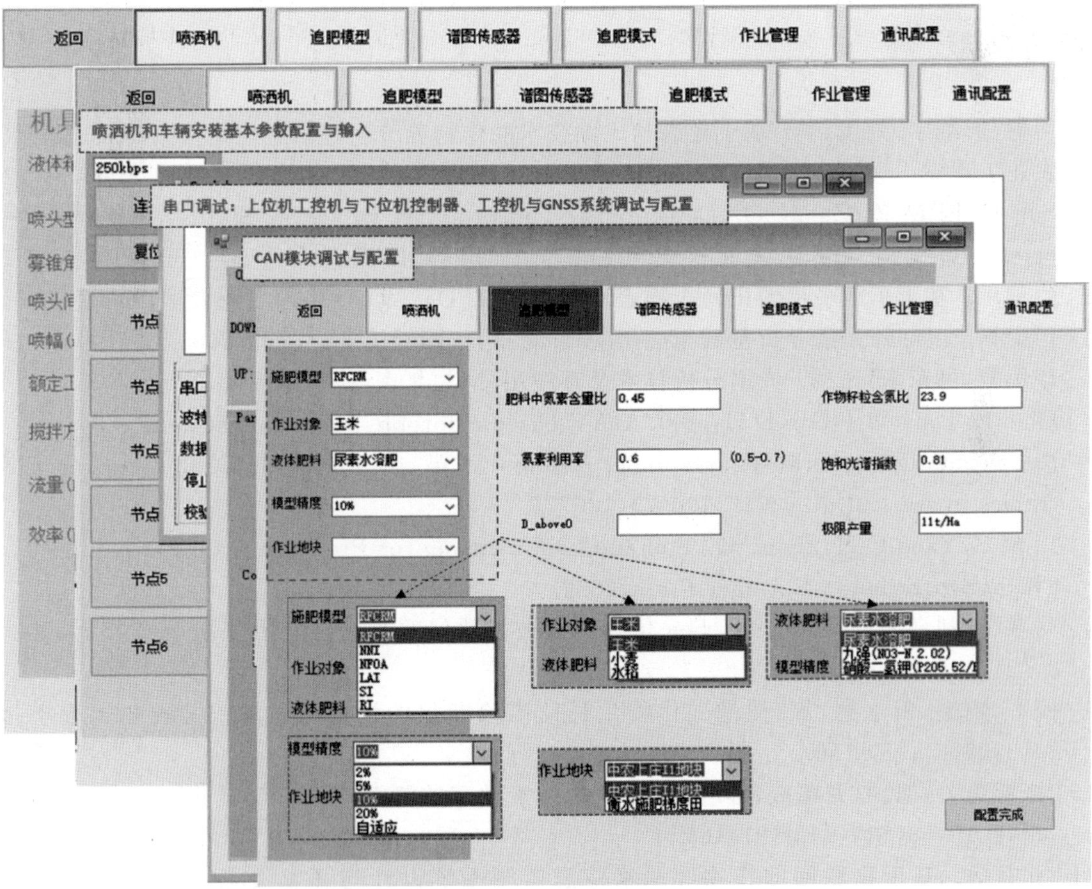

图 3-50　系统参数配置界面

基于以上介绍的传感器系统、变量施肥模型、变量喷洒机构、变量施肥控制系统等构成的变量施肥系统实物如图 3-51 所示，可用于田间追肥。

图 3-51 变量施肥系统实物图

参考文献

[1] 何勇,彭继宇,刘飞,等. 基于光谱和成像技术的作物养分生理信息快速检测研究进展[J]. 农业工程学报,2015,31(3):174-189.

[2] Sun H,Li M Z, Zhang Q. Detection system of smart sprayers: Status,challenges,and perspectives[J]. Int J Agric & Biol Eng,2012,5(3):10-23.

[3] 仇瑞承. 基于车载平台的田间作物表型测量研究[D]. 北京:中国农业大学,2020.

[4] 严衍禄. 近红外光谱分析基础与应用[M]. 北京:中国轻工业出版社,2005.

[5] 李民赞,韩东海,王秀. 光谱分析技术及其应用[M]. 北京:科学出版社,2006.

[6] Qiao L,Tang W J,Gao D H,et al. UAV-based chlorophyll content estimation by evaluating vegetation index responses under different crop coverages[J]. Computers and Electronics in Agriculture,2022,196(7):106775.

[7] Li M Z,Yang C H,Zhang Q. Soil and Crop Sensing for Precision Crop Production[M]. Cham(Switzerland):Springer Press,2022.

[8] 赵春江,刘良云,周汉昌,等. 归一化差异植被指数仪的研制与应用[J]. 光学技术,2004,30(3):325-329.

[9] 倪军,姚霞,田永超,等. 便携式作物生长监测诊断仪的设计与试验[J]. 农业工程学报,2013,29(6):150-156.

[10] 张智勇,马旭颖,龙耀威,等. 作物叶片叶绿素动态监测系统设计与试验[J]. 农业机械学报,2019,50(S1):115-121,166.

[11] 张智勇. 基于物联网的作物叶绿素信息监测系统设计与开发[D]. 北京:中国农业大学,2021.

[12] 孙红,邢子正,张智勇,等. 基于 RED-NIR 的主动光源叶绿素含量检测装置设计与试验[J]. 农业机械学报,2019,50(S1):175-181,296.

[13] 程萌,张俊逸,李民赞,等. 用于微小型光谱仪的冬小麦抽穗期叶绿素含量诊断模型[J]. 农业工程学报,2017,33(S1):157-163.

[14] 龙耀威.基于谱图融合的作物长势检测系统开发[D].北京:中国农业大学,2020.
[15] 宋迪.基于谱图信息感知的玉米长势检测系统研发[D].北京:中国农业大学,2022.
[16] Song D,Qiao L,Gao D H,et al. Development of crop chlorophyll detector based on a type of interference filter optical sensor[J]. Computers and Electronics in Agriculture,2021,187: 106260.
[17] Li H M,Zhang J C,Xu K,et al. Spectral monitoring of wheat leaf nitrogen content based on canopy structure information compensation[J]. Computers and Electronics in Agriculture,2021,190:106434.
[18] 吴倩.作物营养检测多光谱图像智能感知系统开发[D].北京:中国农业大学,2014.
[19] 龙耀威,孙红,高德华,等.镀膜型光谱成像数据提取与作物叶绿素分布探测研究[J].光谱学与光谱分析,2020,40(5):1581-1587.
[20] 孙红,邢子正,张智勇,等.基于 RGB-NIR 图像匹配的作物光谱指数特征可视化分析[J].光谱学与光谱分析,2019,39(11):3493-3500.
[21] 孙红,邢子正,乔浪,等.基于光饱和影响校正的作物叶绿素分布光谱成像检测[J].光谱学与光谱分析,2019,39(12):3897-3903.
[22] 邢子正.基于多维度光谱的玉米作物生长参数检测系统研发[D].北京:中国农业大学,2021.
[23] 吴倩,孙红,李民赞,等.玉米作物多光谱图像精准分割与叶绿素诊断方法研究[J].光谱学与光谱分析,2015,35(1):178-183.
[24] Wu Q,Sun H,Li M Z,et al. Development and application of crop monitoring system for detecting chlorophyll content of tomato seedlings[J]. Int J Agric & Biol Eng,2014; 7(2): 138-145.
[25] Tang W J,Wang N,Zhao R M,et al. Chlorophyll detector development based on snapshot-mosaic multispectral image sensing and field wheat canopy processing[J]. Computers and Electronics in Agriculture,2022,197:106999
[26] 岑海燕,姚洁妮,翁海勇,等.叶绿素荧光技术在植物表型分析的研究进展[J].光谱学与光谱分析,2018,38(12):3773-3779.
[27] 赵若梅,邢子正,马旭颖,等.马铃薯叶片光化学吸收与反射光谱关联分析及检测[J].农业机械学报,2020,51(S2):375-381.
[28] 赵春江.农业遥感研究与应用进展[J].农业机械学报,2014,45(12):277-293.
[29] Weiss M,Jacob F,Duveiller G. Remote sensing for agricultural applications: A meta-review[J]. Remote Sensing of Environment,2020,236: 111402.
[30] Maes W H,Steppe K. Perspectives for remote sensing with unmanned aerial vehicles in precision agriculture[J]. Trends in Plant Science,2019,24(2): 152-164.
[31] Shanmugapriya P,Rathika S,Ramesh T,et al. Applications of remote sensing in agriculture:A review[J]. Int J Curr Microbiol Appl Sci,2019,8(1): 2270-2283.
[32] Qiao L,Gao D H,Zhang J Y,et al. Dynamic influence elimination and chlorophyll content diagnosis of maize using UAV spectral imagery[J]. Remote Sensing,2020,12(16):2650.

[33] 张海洋,张瑶,李民赞,等. 基于 BSO-SVR 的香蕉遥感时序估产模型研究[J]. 农业机械学报,2021,52(S1):98-107.

[34] 张海洋,张瑶,田泽众,等. 基于 GBDT 和 Google Earth Engine 的冬小麦种植结构提取[J]. 光谱学与光谱分析,2023,43(2):597-607.

[35] Gyaprasad,Bhaskar K G. Degree and state of polarization control using Brewster's Law in a nematic liquid crystal[J]. Optics and Laser Technology,2023,157:108705.

[36] 高德华. 作物长势空间变异光谱学解析方法与精准施肥装备关键技术研究[D]. 北京:中国农业大学,2022.

[37] 孙梓淳. 变量喷洒控制系统的设计与开发[D]. 北京:中国农业大学,2019.

[38] 刘豪杰. 小麦/玉米叶绿素含量光谱学诊断与变量施肥关键技术集成研究[D]. 北京:中国农业大学,2020.

第4章 作物病虫草害检测与传感技术

4.1 概　述

在农作物生产中，病虫草害会导致作物生理、组织和形态发生一系列的反常变化，造成植株死亡、农产品品质下降、产量降低等严重后果，是威胁粮食产量和品质的重要生物灾害。因而，开展作物病虫草害的检测、预警和作业管理是发展精细农业和智慧农业的重要内容。

传统的作物病虫草害检测多采用人工测报方式，通过田间调查、实地取样等方法，确定病虫草害的种类和程度。例如，依赖经验识别田间杂草；通过观察田间作物颜色、叶片萎蔫或卷曲程度、单位面积上叶片或冠层受病虫害侵染比例等植株的形态和生理的变化，判定植株受病虫害胁迫的程度和发生的等级。这一过程易受周围环境、作物品种、种植方式以及观察人经验等多种因素的影响。随着科学技术的发展，光学显微镜、透射电子显微镜等现代实验室仪器和生物测定技术、生物电子技术等先进技术手段应用于作物病虫草害检测，显著提高了检测精度。但是，此类方法采用的仪器价格昂贵，操作复杂，实时性差，难以在大范围内展开，也无法满足智慧农业精准、无损、高效的要求[1]。因此，作物病虫草害的实时动态检测与传感技术和精准防治管理作业技术是发展现代农业的迫切需求。

光谱分析技术是作物病虫草害实时检测常用技术之一。根据物质的光谱能量吸收原理，当植物遭受病虫草危害时，近红外区反射率明显降低，即陡坡效应明显被削弱甚至消失，绿光区的小反射峰位置会向红光区漂移。例如，当害虫吞噬叶片或引起叶片卷缩、掉落时，作物植株生物量减少，从而导致近红外与绿光区反射率降低和红光区反射率升高。利用光谱仪获取并分析作物光谱在某些波长的变化特征，可为作物病虫草害检测提供不同尺度上的依据。数字成像可采集植物的形态、颜色、纹理等特征，经图像处理可判别作物和杂草间的差异，或分析遭受病虫害胁迫的卷叶、落叶、病斑等变化。遥感分析技术则融合光谱分析和图像感知技术，提供作物和杂草植被分类、病虫害胁迫、作物生理参数等信息。表 4-1 和表 4-2 分别给出了不同类型和用于不同观测尺度作物病虫草害检测的光谱学传感器，这些传感器是植物病虫害胁迫、田间杂草侵害高效检测与预警服务的重要手段[2-5]。

国内外科研工作者就农作物病虫草害的检测和传感技术进行了大量的研究，取得了丰硕的成果，为农田病虫草害的早发现、早预防，植保精细化作业和规模化发展提供了强力的技术支撑。本章将从叶部病害检测、田间杂草检测、田间病虫害检测、植保精细化作业技术等方面介绍作物病虫草害检测与传感技术的应用和发展。

表 4-1 用于作物病虫草害检测的典型光谱学传感器及其特点和应用[2]

传感器类型	特征描述	特点	应用情况	示意图
可见光/短波红外线(VIS/SWIR)成像仪	检测病虫草害导致的可见光/近红外/短波红外区域的反射率变化	结果相对稳定和可靠,但是对病虫草害发生早期的检测能力有待提高	较多。设备成本逐步降低	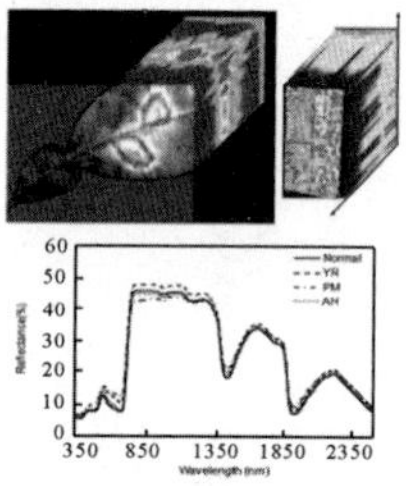
荧光与热辐射(fluorescence & thermal radiation)测量仪	用于捕获作物遭受病虫草害胁迫时的生理症状与变化	具有早期感知病虫草害发生的潜力,但是在大田尺度的应用尚待探索	中等。现主要用于科学研究,仪器价格较高	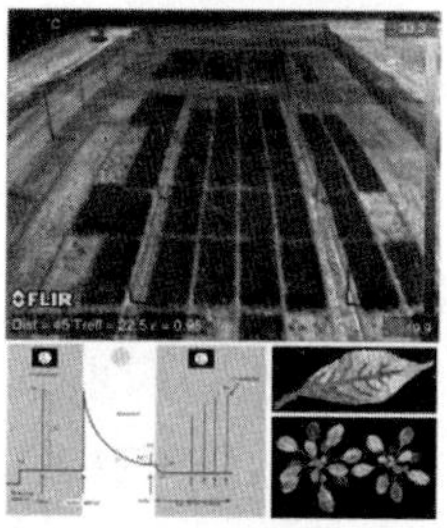
合成孔径雷达与激光雷达(SAR & LiDAR)	检测病虫草害导致的作物冠层结构的变化与差异		较少。处于概念和可行性理论研究阶段	

表 4-2 不同观测尺度作物病虫草害检测特点及常用光谱学传感器[3]

观测尺度	特点与应用	常用光谱学传感器
叶片及冠层尺度	光谱特征明确,准确度高,观测范围小,成本较高。以农机具为平台	非成像高光谱仪 高光谱成像仪 荧光成像仪
农田地块尺度	观测范围较大,成本较高,精度较高。以航空飞行器为平台,输出田间病害处方	多光谱成像仪 高光谱成像仪 热红外成像仪
区域尺度	观测范围极大,平均成本低。以遥感卫星为数据源,为大尺度的检测预报提供服务	多光谱卫星(如 QuickBird、IKONOS、Landsat 高分系列、Sentinel 等) 热红外卫星(如 Landsat、ASTER 环境系列等)

4.2　作物叶部病害检测与传感技术

4.2.1　基于可见光成像的黄瓜叶部病害检测

黄瓜是重要的蔬菜作物，病害防治不及时会引起黄瓜品质下降和产量减少，严重影响经济效益。常见的黄瓜病害有霜霉病、褐斑病、白粉病等，这些病害发生的早期就可能出现叶部病斑，因此可以利用可见光成像类传感器进行黄瓜叶部病害检测[6,7]。

4.2.1.1　基于可见光成像的黄瓜叶部病害图像分割方法

李鑫星等采用 Cannon SX710HS 数码相机自动拍摄模式，采集黄瓜霜霉病、褐斑病、白粉病叶片照片各 70 幅，进行建模研究[6]。每种病 50 幅图像为训练集，20 幅为测试集。

经过小波分析进行图像平滑预处理后，采用坎尼算子边缘分割法(Canny 法)、最大类间方差法(Otsu 法)、索贝尔算子边缘分割法(Sobel 法)和 K 均值聚类算法(K 均值法)4 种图像分割方法，对黄瓜霜霉病、褐斑病、白粉病叶片图像进行处理，结果分别如图 4-1 至图 4-3 所示。随机选取 30 幅黄瓜叶部病害样本进行病斑分割，对 3 种病害图像分割结果进行对比分析，如表 4-3 所示，可知 K 均值聚类算法平均错分率仅为 7.27%，处理时间为 1.12 s，明显优于其他 3 种算法。对 K 均值聚类算法的分割结果进行复原，得到病斑彩色图像，如图 4-4 所示。

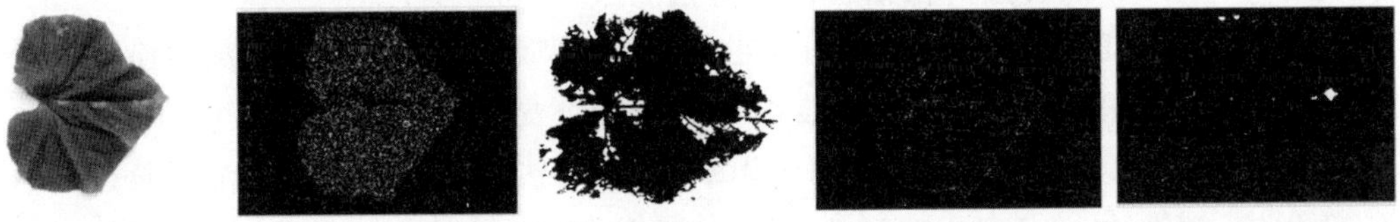

(a)原始图像　(b)Canny 法　(c)Otsu 法　(d)Sobel 法　(e)K 均值法

图 4-1　霜霉病图像分割结果对比

(a)原始图像　(b)Canny 法　(c)Otsu 法　(d)Sobel 法　(e)K 均值法

图 4-2　褐斑病图像分割结果对比

(a)原始图像　(b)Canny 法　(c)Otsu 法　(d)Sobel 法　(e)K 均值法

图 4-3　白粉病图像分割结果对比

表 4-3 黄瓜叶部病害图像分割的效果比较

分割方法	平均错分率/%	处理时间/s
Canny 法	59.85	1.37
Otsu 法	43.71	1.41
Sobel 法	52.15	1.23
K 均值法	7.27	1.12

(a)原始图像 (b)复原结果

图 4-4 *K* 均值聚类算法褐斑病病斑提取和复原示例

二维码 4-1

4.2.1.2 基于 SVM 的黄瓜叶部病害识别方法[6]

在 4.2.1.1 病斑特征提取的基础上，进一步分析染病叶片图像 RGB 颜色空间各分量的灰度图，发现红色(R)和绿色(G)分量灰度图中病斑特征显著且受光照强度(value，V)的影响较小。据此确定提取 15 个图像特征值用于识别病害，这些特征值包括 5 个形状特征参数(面积、周长、矩形度、惯性矩、逆差矩)和 10 个纹理特征参数(能量、熵、圆形度、纵横轴比、R/G/V 一阶矩、R/G/V 二阶矩)。

采用支持向量机(SVM)算法对 3 种不同的黄瓜叶部病害进行分类，选择线性核函数、多项式核函数、径向基(RBF)核函数 3 类核函数，通过 *K* 折交叉验证法(*K*-CV 法)对核函数参数 *C* 和 *g* 进行优化处理，确定最优解，建立黄瓜叶部病害 SVM 识别模型。采用 Matlab 2017a 编程，利用程序段随机生成在[0,100]范围内的参数 *C* 和在[−100,100]范围内的参数 *g*，利用 *K*-CV 法对训练集图像分别计算 *C* 和 *g* 对应的正确识别率，最终取正确识别率最高的组为最优解，*C* 和 *g* 最优解均为 0.13。对于训练集图像，3 类核函数对应的正确识别率如图 4-5 所示。采用 RBF 核函数时，正确识别率最高，平均为 92%。

用测试集对模型进行测试。将 60 个测试样本(霜霉病、褐斑病、白粉病样本各 20 个)所提取的特征值输入识别模型，与通过建模集样本建立的特征向量进行比较，得到如图 4-6 所示结果，图中横坐标表示测试样本序号，纵坐标表示病害种类，不同颜色“×”表示不同病害样本，蓝色点是识别结果。可见，霜霉病的 20 个测试样本中有 1 个识别错误，正确识别率为 95%；褐斑病有 3 个识别错误，正确识别率为 85%；白粉病有 2 个识别错误，正确识别率为 90%。由于白粉病与褐斑病在形状、纹理特征方面有较高的相似性，因此白粉病和褐斑病互相误识的错误比与霜霉病误识的错误多。识别 20 幅白粉病、褐斑病和霜霉病图像的运行时间分别为 4.22、4.03 和 3.98 s，说明该方法用于黄瓜病害识别是高效、可行的。

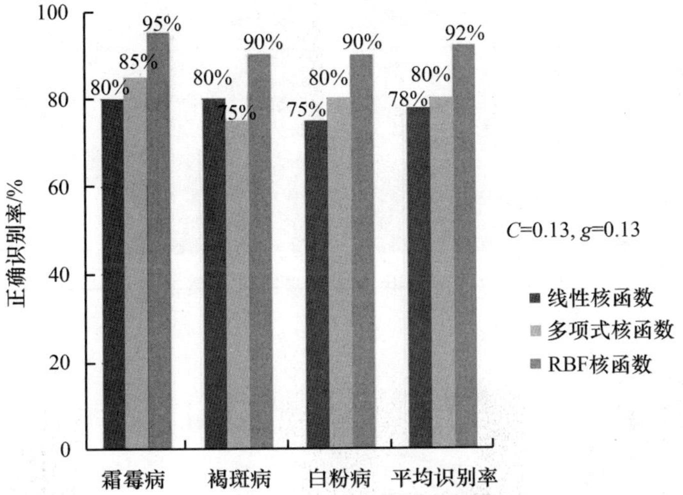

图 4-5　采用不同核函数时对训练集图像的正确识别率

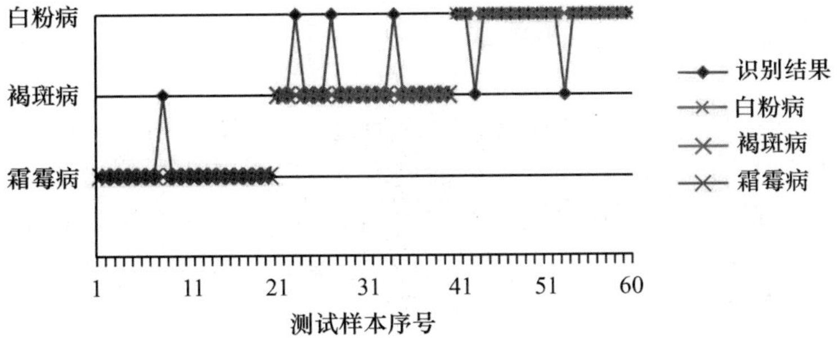

图 4-6　采用测试集对模型进行测试的结果

4.2.2　基于多光谱成像的葡萄卷叶病检测[8]

葡萄卷叶病(grape leafroll disease,GLD)是一种病毒性病害,传播速度快,分布范围极广。葡萄植株染病后,叶片中的叶绿素含量、光合作用速率都明显低于健康植株,导致植株萎缩,果穗变小,果实晚熟,产量降低。因此,需要利用先进的传感技术来检测葡萄卷叶病的发病状态,为田间管理提供支持。

4.2.2.1　葡萄叶片光谱信息采集

采用多光谱成像系统 MS4100(Duncan,美国)在自然光下拍摄 GLD 侵染叶片图像,如图 4-7 所示。相机配置标准 24 mm 镜头,通过相机自带软件 DTcontrol 控制图像获取。成像光谱波段包括蓝色(B,400～500 nm)、绿色(G,500～600 nm)、红色(R,600～720 nm)和近红外(NIR,720～900 nm),各波段单帧图像像素为 1 920×1 080,图像采用 tif 格式存储。

用便携式 ASD 光谱仪(ASD,美国)采集葡萄叶片反射光谱。光谱仪如图 4-8 所示,测量范围为 350～2 500 nm,光谱分辨率 1 nm。分别采集健康叶片、染病叶片和参考板各 50 个样本的反射光谱,每次采集目标光谱前后用参考板进行校正。参考板采用 ASD 光谱仪自带的特

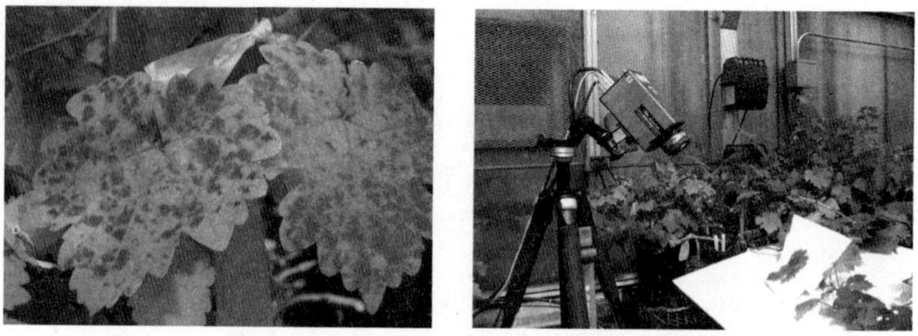

图 4-7 葡萄叶片多光谱图像采集系统

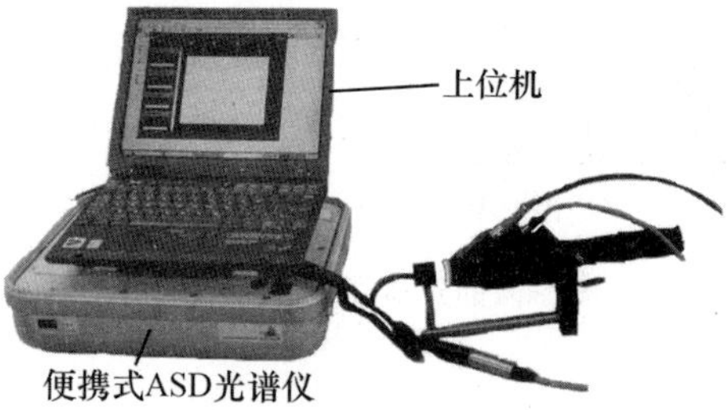

图 4-8 便携式 ASD 光谱仪

二维码 4-2

氟龙(teflon)白板，光谱反射率数据的读取、存储通过 ViewSpec Pro(Vision 4.07)软件实现。取 50 个样本光谱反射率的平均值作为分析健康叶片、染病叶片和参考板光谱特征的基本数据。检测葡萄卷叶病的过程包括多波段光谱特征分析、图像增强与叶片染病区域分割、染病指示器建立与病害动态监测。采用 Matlab 数字图像处理工具箱编程实现相关的处理过程。

4.2.2.2 葡萄叶片光谱特征分析与病斑分割

1. 葡萄叶片光谱特征分析

利用 ASD 光谱仪测量健康葡萄叶片、卷叶病重度染病叶片和背板的反射光谱特征，如图 4-9 所示，健康葡萄叶片在可见光区(350～700 nm)的光谱反射率整体较低，在 550 nm 附近存在反射峰，光谱反射率最高只有 0.18；在 350～500 nm 和 600～700 nm，受叶绿素光谱强吸收的影响，存在反射谷；在 700～1 300 nm 反射率较高，750 nm 之后在 0.9 以上。染病叶片在可见光区的光谱反射率低于健康叶片，尤其在 500～600 nm 光谱反射率明显降低，在 600～

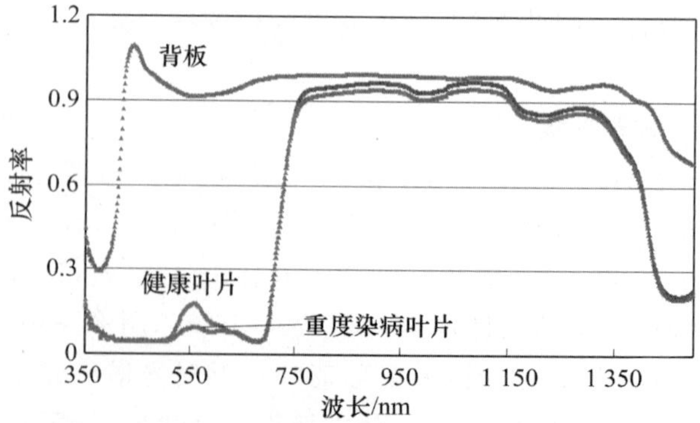

图 4-9 健康叶片、重度染病叶片和背板的反射光谱比较

700 nm 反射率有所上升，也仅为 0.1 左右；在近红外区，染病叶片与健康叶片光谱反射率较为接近。背板与葡萄叶片光谱反射特征差异较大。

葡萄卷叶病染病叶片多光谱图像如图 4-10(a)为由近红外(NIR)、红色(R)和绿色(G)波段合成的 CIR (color infrared) 图像，图 4-10(b)为由红色(R)、绿色(G)和蓝色(B)波段组成的 RGB 图像，图 4-10(c)至(f)分别为 NIR、R、G、B 波段灰度图像。结合图 4-9 所示光谱反射率对染病叶片多光谱图像特征进行分析：①在近红外区，叶片健康区域、染病区域和背板的光谱反射率都较高且较为接近，因此 NIR 图像整体灰度值较高且无法分辨染病区域位置；②在红色波段，染病区域呈红色，其光谱反射率略高于健康区域，但与健康区域反射率非常接近，因此在 R 波段图像中二者无法有效区分；③在绿色波段，染病区域光谱反射率较健康部分显著下降，因此，在 G 波段图像中染病区域灰度值低于健康区域，染病区域特征明显；④在蓝色波段，染病区域光谱反射率略低于健康叶片，但二者较为接近，因此 B 波段图像中染病区域特征模糊。值得关注的是，由于在蓝色波段背板反射率极高，与叶片反射率差异显著，因此叶片边缘图像清晰，且很好地消除了阳光照射导致的叶片阴影对叶片图像分割的影响。

(a)CIR 图像　(b)RGB 图像　(c) NIR 波段灰度图像

(d)R 波段灰度图像　(e)G 波段灰度图像　(f)B 波段灰度图像

图 4-10　葡萄卷叶病染病叶片多光谱图像

2. 葡萄叶片图像增强与病斑分割

为了降低叶片背景阴影对叶片图像的影响，突出叶片染病点特征，对图像进行增强处理。首先依据光谱分析结果，选用 B 波段图像消除阳光照射导致的叶片阴影的影响，如图 4-11(a)所示。然后基于形态学的图像增强算法对染病叶片进行处理，结果如图 4-11(b)所示，葡萄叶片背景为白色。因为色调对白色、黑色和纯灰色未定义，所以基于 HSI 颜色空间分割图像之前，将背景颜色转换为蓝色。转换后染病叶片图像主要包括蓝色背景区域、染病区域和健康区域 3 个部分。依据不同颜色在颜色空间的分布，选取阈值[60°，240°]，则落入阈值范围的像素点(i,j)即为分割对象 $I_{\mathrm{Hue}}(i,j)$，其他像素点(i,j)置为背景点 $B_{\mathrm{Hue}}(i,j)$，则染病区域分割结果如图 4-11(c)所示。

（a）阴影剔除处理　　（b）图像增强处理　　（c）染病区域分割结果

图 4-11　葡萄叶片多光谱图像增强与分割结果

4.2.2.3　葡萄卷叶病病害监测参数构建

根据染病叶片图像分割结果，构建基于染病点色调（H）空间分布的直方图指示器，从黄色（$H=60°$）到蓝色（$H=240°$）等分为 10 个区间（如表 4-4 中直方图横坐标所示 0～10），依据图像像素点的 H 值判断该像素点所属区间，利用直方图直观监测葡萄叶片的染病状况。

采用染病面积占叶片面积的百分比（RIA）和红绿颜色比值指数（RCI）量化染病程度。设叶片像素数为 n_T，染病区域像素数为 n_I，则

表 4-4　基于多光谱图像分析的 GLD 病害监测示例

图像	GLD 染病指示器显示结果	RIA/%	RCI	染病程度
	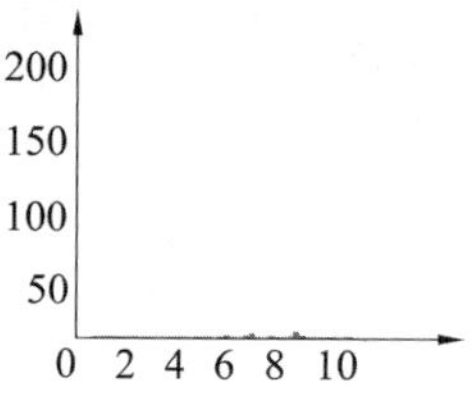	0.63	1.00	健康
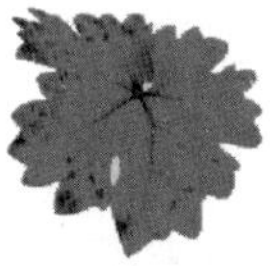	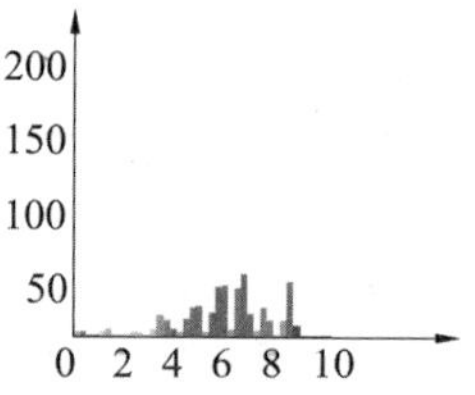	4.80	0.96	轻度
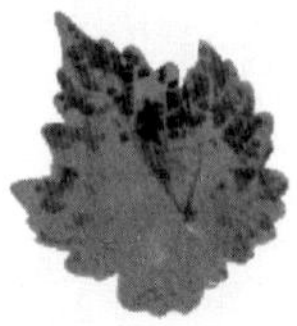	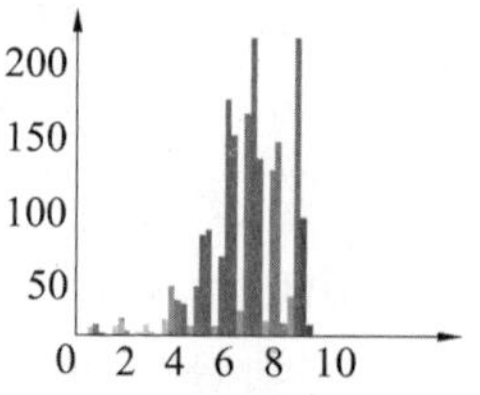	26.58	0.74	中度
	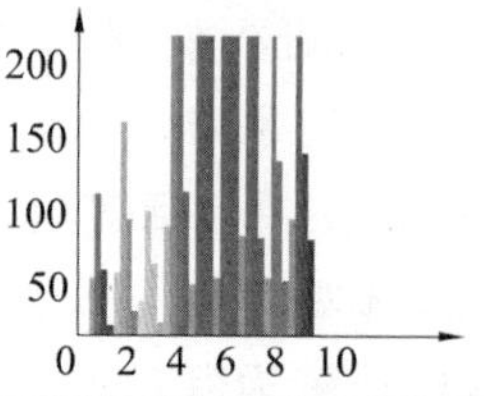	66.24	−0.81	重度

注：指示器横坐标表示染病色调的 10 个区间，纵坐标表示累积像素数，以直方图窗口像素的填充程度判别染病区域状况。

$$\mathrm{RIA}=\frac{n_{\mathrm{I}}}{n_{\mathrm{T}}}\times 100\% \tag{4-1}$$

设绿色波段叶片总体和健康部分的像素灰度均值分别为 G_{T} 和 G_{H}，红色波段叶片总体和健康部分的像素灰度均值分别为 R_{T} 和 R_{H}，则

$$\mathrm{RCI}=(G_{\mathrm{T}}-R_{\mathrm{T}})/(G_{\mathrm{H}}-R_{\mathrm{H}}) \tag{4-2}$$

结合图像的光谱特征可知，随着病害严重程度的增加，叶片绿色部分减少且颜色转深变为棕绿色，其绿色波段内的反射率降低，而叶片染病点呈红色，即在红色波段内染病点反射率增大，导致染病叶片绿色波段的反射峰与红色波段的反射谷之间的差值减小，因此，量化指标可以用于监测病害发生的动态。如表 4-4 所示，对无感染症状的葡萄叶片，GLD 染病指示器几乎无显示，RIA 为 0.63%，且 RCI=1；随着染病程度的加重，GLD 染病指示器显示也发生改变，RIA 随之增大，RCI 值逐渐降低。

同一叶片连续 30 d 的监测结果如图 4-12 所示。开始时无感染症状，RIA 为 1.33%，RCI 为 1；随着时间的推进，GLD 感染程度逐渐加剧，RIA 逐渐增大，RCI 逐渐减小，30 d 后 RIA 达到 51.11%，RCI 减小到 −0.22。研究结果表明，基于多光谱图像提取的面积百分比 RIA 与 GLD 染病程度呈正相关，而红绿颜色比值指数 RCI 与 GLD 染病程度呈负相关，可以用来实时监测葡萄卷叶病。

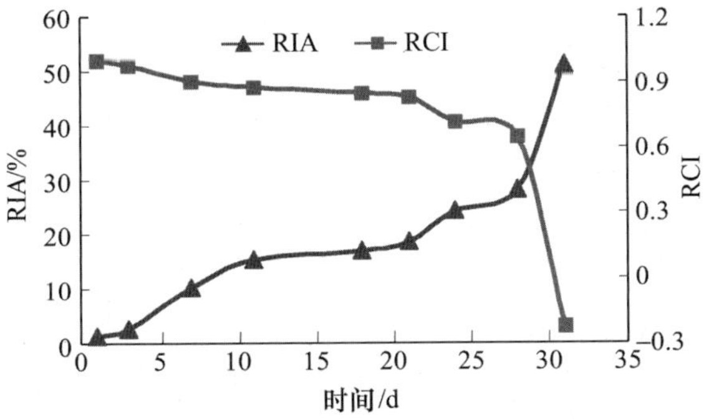

图 4-12　基于多光谱图像的 GLD 病害监测量化指标

4.2.3　基于高光谱成像的小麦白粉病检测

小麦白粉病（wheat powdery mildew，WPM）是世界上最具破坏性的真菌病害之一，它侵入小麦植株的营养器官并影响光合作用，进而严重限制小麦的生长，导致减产并改变谷物品质，造成严重的经济损失。WPM 的诊断和分类对于生产中预防和控制至关重要。基于高光谱图像的遥感检测是观察植物光谱变化的有效方法。

4.2.3.1　小麦白粉病信息的采集与获取

采用便携式高光谱相机（Specim IQ，Specim，芬兰）拍摄小麦叶片及冠层图像，在 400～1 000 nm 内分 204 个波段，光谱采样间隔为 3 nm，所获取图像的像素为 512×512，得到 512×512×204 立方体高光谱图像数据，从中提取 470、550 和 660 nm 波长处（B、G、R 分量）图像组合生成彩色图像。如图 4-13 所示，同步拍摄白色参考板，进行反射率校正。采集的叶片、冠层

样本数据如表 4-5 所示。

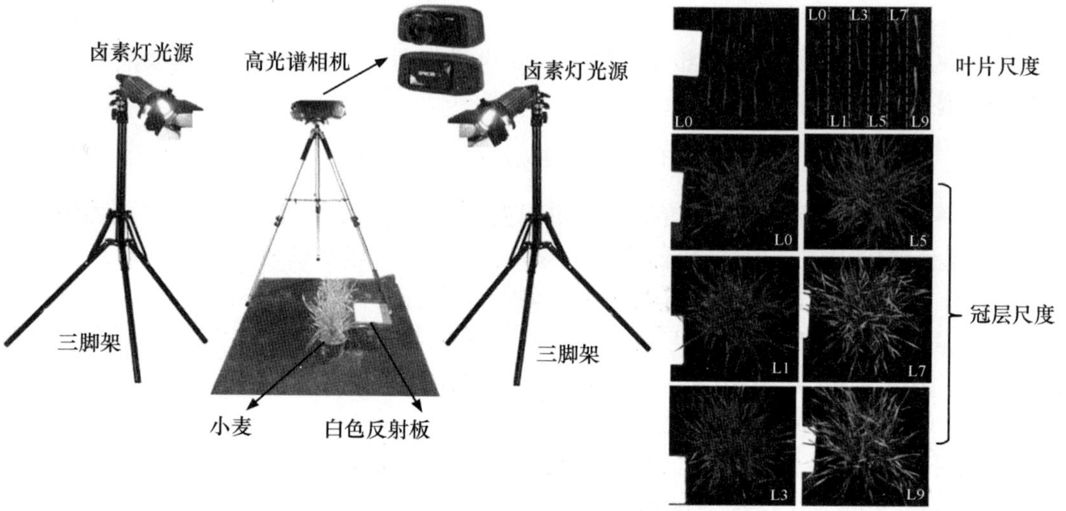

图 4-13 小麦白粉病信息数据采集

表 4-5 小麦白粉病信息采集样本数据

获取尺度	相机高度/cm	健康样本数	感染样本数
叶片尺度	65	100	500
冠层尺度	75	32	80
	75	32	80
	75	32	80

在 2 个尺度分析小麦的病害信息：叶片尺度和冠层尺度。在叶片尺度，依据国家标准《农药 田间药效试验导则(一) 杀菌剂防治禾谷类白粉病》(GB/T 17980.22—2000)，将病害程度分为 0、1、3、5、7、9 等 6 个等级，对应的病斑面积占整片叶面积的比例分别为 0、1%～5%、6%～15%、16%～25%、26%～50%、51%～100%。在冠层尺度，根据病情指数(disease index,DI) 将病害程度分为 0、1、3、5、7、9 等 6 个等级。病情指数的确定方法如下：每簇小麦按近似三角形选择 3 个点，每个点选 5 片叶，先确定每片叶的病害等级和每个等级的叶片数，然后按式(4-3)计算病情指数。6 个等级对应的 DI 分别为 0、1%～10%、11%～30%、31%～50%、51%～70%、70%～100%。

$$\mathrm{DI}=\frac{\sum(i\times l_i)}{n\times L}\times 100\% \tag{4-3}$$

式中：i 为病害等级；l_i 为 i 级病害的叶片数；n 为病害最高等级，$n=9$；L 为每簇小麦选择的叶片数，$L=3\times5=15$。

4.2.3.2 目标图像分割与光谱特征提取

1. 目标图像分割

为了确保数据集的准确性，删除图像背景，只保留作物区域。可见光谱图像(460、550、

660 nm)用于基于最大类间方差法的超绿指数(EXG＋OTSU)和结合最大类间方差法的HSV(hue,saturation,value)色彩空间模型(HSV＋OTSU)分析。EXG＋OTSU 算法是绿色植物分割常用算法之一,计算公式如式(4-4)所示,其过程是获取 EXG 的灰度值,采用 Otsu 算法选择最佳阈值进行分割,然后得到目标的二进制掩码。HSV＋OTSU 算法则先将 RGB 色彩空间模型转换为 HSV 色彩空间模型,利用 H 分量确定色度范围,选择 $H \in (45°,150°)$,再利用 V 分量($V>0.9$)的亮度信息去除图像中未分离的白板,然后利用 Otsu 算法分割得到感兴趣区域(ROI)的二进制掩码。对单幅图像中存在多叶片的情况,采用区域标注法对各叶片掩码进行标记,并逐一提取得到单叶;冠层分割后得到小麦冠层的 ROI。

$$EXG = 2 \times R_{550} - R_{660} - R_{470} \tag{4-4}$$

图 4-14 和图 4-15 分别为使用 EXG＋OTSU 和 HSV＋OTSU 算法进行叶片分割的结果。从图中可以看出,HSV＋OTSU 算法能够很好地进行背景分割,而 EXG＋OTSU 算法获得的叶片不够完整。因此,选用 HSV＋OTSU 算法提取小麦叶片样本图像。

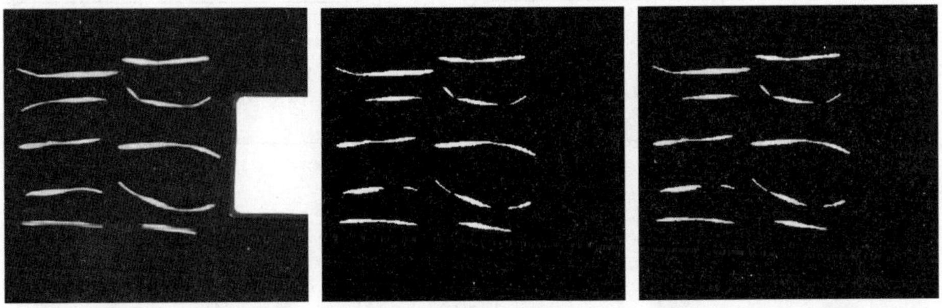

(a)原始 RGB 图像　(b) 二值化图像　(c)提取的图像

图 4-14　EXG＋OTSU 算法的叶片图像分割结果

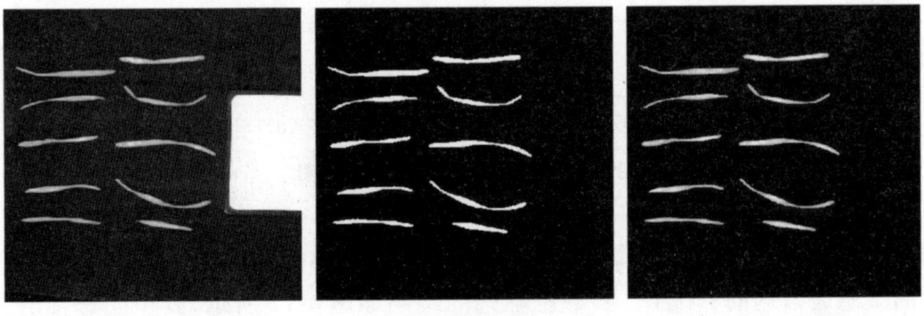

(a)原始 RGB 图像　(b)二值化图像　(c)提取的图像

图 4-15　HSV＋OTSU 算法的叶片图像分割结果

2. 小麦白粉病光谱预处理与特征提取

拍摄得到的光谱数据存在因传感器边界响应导致的噪声和波动,需要进行预处理以降低干扰和噪声。截取 420～900 nm 波段范围数据,采用多元散射校正(MSC)处理后,分别对一阶导数(D1)和二阶导数(D2)进行数据增强。

二维码 4-3

原始反射率如图 4-16(a)所示，MSC 处理后的光谱(RAW)反射率如图 4-16(b)所示，有效消除了散射引起的光谱差异。D1 处理后的数据如图 4-16(c)所示，蓝色边缘(500、550 nm)的位置突出显示，转折点(670 nm)处的红色边缘反射峰加强了极点的特征。D2 处理后的数据如图 4-16(d)所示，突出了光谱曲线拐点位置的特征，增强了局部变化的辨别力。

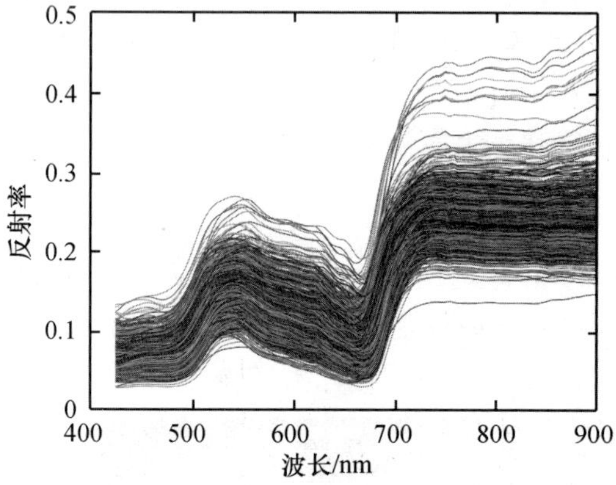

(a)原始光谱反射率

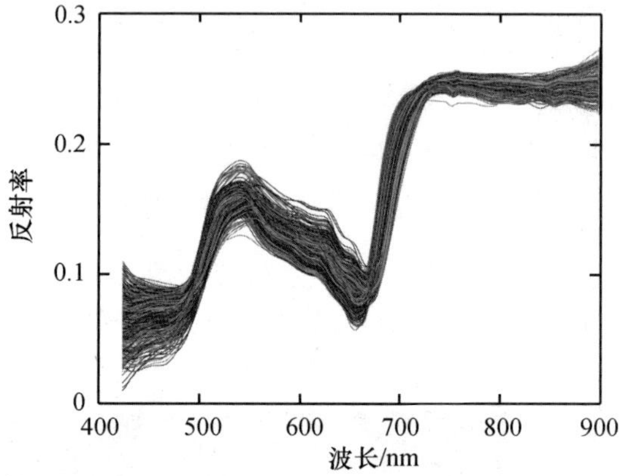

(b)MSC 处理后的光谱(RAW)反射率

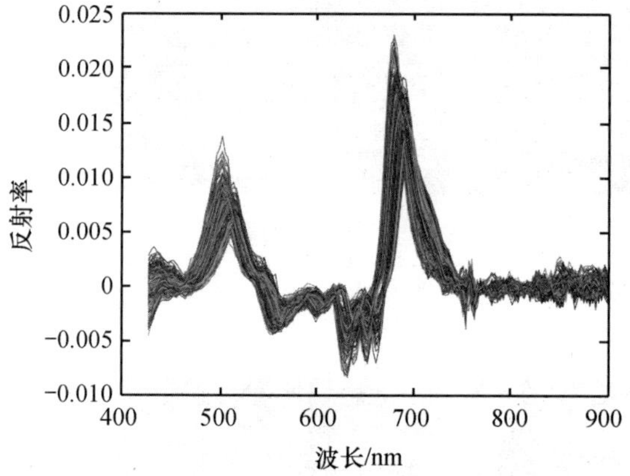

(c)D1 处理后的光谱反射率

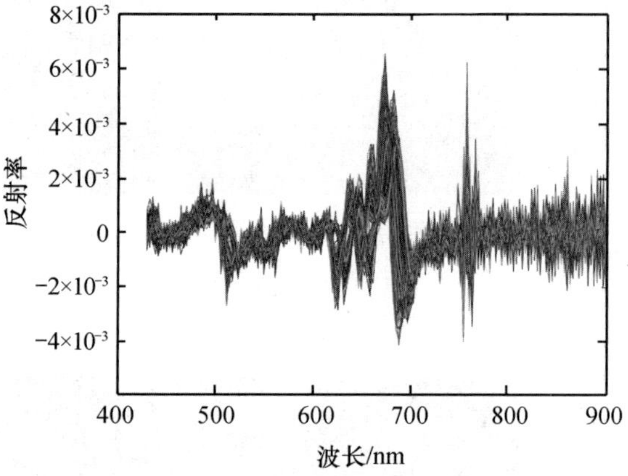

(d)D2 处理后的光谱反射率

图 4-16　光谱数据预处理示意图

进而采用后向区间偏最小二乘(backward interval partial least squares，BiPLS)算法，筛选 WPM 的敏感波段区间。利用 3 种数据筛选的结果如图 4-17 所示，其中阴影部分为 BiPLS 算法筛选的波段区间，波段数依次增多，说明利用二阶微分算法增强光谱数据后有利于体现病害导致的细微变化。

4.2.3.3　病害分级

对全波段的 RAW 光谱反射率及经 D1、D2 处理的光谱反射率，和经过 RAW-BiPLS、D1-BiPLS、D2-BiPLS 选择的敏感波段区间，使用支持向量机(SVM)算法进行叶片病害分级，计算各种方法的分级准确率和总体准确率(overall accuracy ，OA)，结果如表 4-6 所示。对于全波段数据，D2 处理 OA(98.6%)＞D1 处理 OA(92.9%)＞RAW 的 OA(67.0%)；采用 RAW-BiPLS、D1-BiPLS、D2-BiPLS 选择敏感波段区间的分级结果则为 D2-BiPLS 的 OA(97.8%)＞

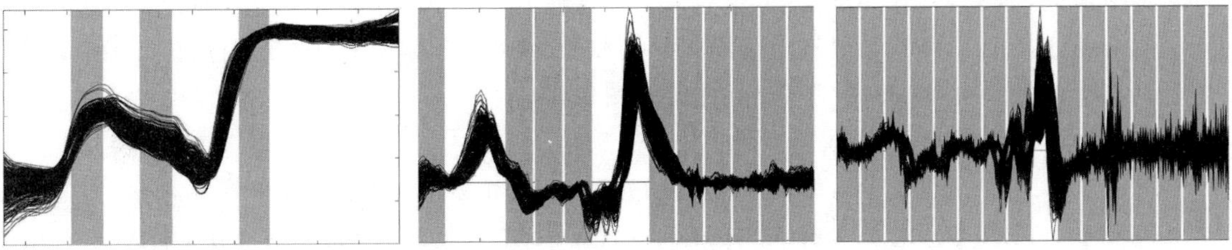

(a)利用 RAW 数据选择结果　(b)利用 D1 数据选择结果　(c)利用 D2 数据选择结果

图 4-17　叶片尺度波段筛选结果示意图

D1-BiPLS 的 OA(95.2%)>RAW-BiPLS 的 OA(61.7%)。这表明采用导数有助于提高病害分级准确性,且二阶导数处理后病害分级结果优于一阶导数处理。此外,D1-BiPLS 在 0、3、5、7 和 9 等 5 个等级的分级准确率等于或优于 D1 全波段分级准确率,证明应用 D1-BiPLS 进行区间选择后,波段数有所减少,小麦叶片尺度白粉病的分级准确率有所提高。

表 4-6　小麦白粉病叶片尺度分级结果

病害等级	分级准确率/%					
	RAW	D1	D2	RAW-BiPLS	D1-BiPLS	D2-BiPLS
0	84.0	97.1	100.0	84.3	97.1	98.6
1	61.0	91.4	97.1	52.9	88.6	94.3
3	66.0	90.0	98.6	60.0	97.1	100.0
5	58.0	90.0	98.6	45.7	97.1	97.1
7	59.0	92.9	100.0	57.1	95.7	100.0
9	74.0	95.7	97.1	70.0	95.7	97.1
OA	67.0	92.9	98.6	61.7	95.2	97.8

4.2.4　基于荧光成像的作物叶部病害检测

4.2.4.1　作物叶片荧光检测系统

荧光成像技术利用主动光源激发植物色素体产生荧光,通过多波段光谱技术探测动态荧光响应。由于植物吸收的光合有效辐射除了主要用于叶绿体进行光合作用之外,还有一部分以热能的形式耗散或者以发射荧光的方式释放,因此可以通过对叶绿素荧光的探测,分析光系统Ⅱ(PSⅡ)内的生理反应过程,指示植物光合作用能力与生活力[9]。在病害胁迫下,作物通常会表现出叶绿素含量降低、叶片含水量减少以及植株萎蔫等特征[10]。随着病菌的不断繁殖和对宿主细胞的不断破坏,宿主细胞产生应激生理反应,进而引起植物体内叶绿素含量降低、酚类及其他化合物积累,这两者分别是产生叶绿素荧光、蓝绿荧光的主要物质。因此,基于主动诱导植物荧光方式开展作物病害检测被认为是监测作物病害侵染程度的有效途径[11]。

采用图 3-30 所示便携式多光谱荧光成像检测仪采集图像。其激发光源模块由紫外光(365 nm)、蓝光(460 nm)和红光(610 nm)LED 组成,叶片受激后发射叶绿素荧光,经由滤光片轮盘滤光。对每个叶片,分别在中心波长为 440、520、690、740 nm 的窄带滤光片后拍摄

7 幅荧光图像，分别是：365 nm 紫外光激发，中心波长为 440、520、690、740 nm 的荧光图像 F_{u440}、F_{u520}、F_{u690}、F_{u740}；460 nm 蓝光激发，中心波长为 690、740 nm 的荧光图像 F_{b690} 和 F_{b740}；610 nm 红光激发、中心波长为 740 nm 的荧光图像 F_{r740}。

4.2.4.2 小麦白粉病分级检测

采集 0、1、3、5、7、9 共 6 个等级的小麦白粉病叶片，每个发病等级各 30 个样本，共计采集 180 个小麦白粉病叶片样本。每 2 个样本为一组，放置于反射率为 1%的漫反射布上，采集每个叶片的 7 幅荧光图像。按照图 4-18 所示流程分别对原始荧光图像进行预处理，并计算同一激发光下以及不同激发光下图像的荧光比值，获得包括原始荧光参数在内的 49 个荧光参数，见表 4-7。

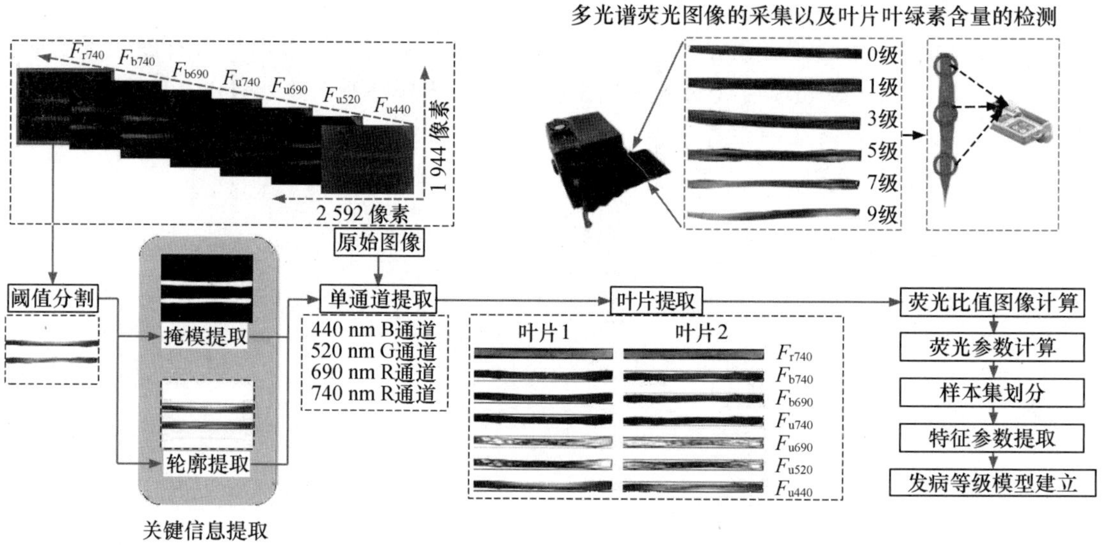

图 4-18 小麦白粉病数据采集及处理流程

表 4-7 小麦叶片多光谱荧光参数

激发光	原始荧光参数		荧光比值参数			
紫外光(365 nm)	F_{u440}	F_{u520}	F_{u440}/F_{u520}	F_{u440}/F_{u690}	F_{u440}/F_{u740}	F_{u440}/F_{b690}
	F_{u690}	F_{u740}	F_{u440}/F_{b740}	F_{u440}/F_{r740}	F_{u520}/F_{u440}	F_{u520}/F_{u690}
蓝光(460 nm)	F_{b690}	F_{b740}	F_{u520}/F_{u740}	F_{u520}/F_{b690}	F_{u520}/F_{b740}	F_{u520}/F_{r740}
红光(610 nm)	F_{r740}		F_{u690}/F_{u440}	F_{u690}/F_{u520}	F_{u690}/F_{u740}	F_{u690}/F_{b690}
			F_{u690}/F_{b740}	F_{u690}/F_{r740}	F_{u740}/F_{u440}	F_{u740}/F_{u520}
			F_{u740}/F_{u690}	F_{u740}/F_{b690}	F_{u740}/F_{b740}	F_{u740}/F_{r740}
			F_{b690}/F_{u440}	F_{b690}/F_{u520}	F_{b690}/F_{u690}	F_{b690}/F_{u740}
			F_{b690}/F_{b740}	F_{b690}/F_{r740}	F_{b740}/F_{u440}	F_{b740}/F_{u520}
			F_{b740}/F_{u690}	F_{b740}/F_{u740}	F_{b740}/F_{b690}	F_{b740}/F_{r740}
			F_{r740}/F_{u440}	F_{r740}/F_{u520}	F_{r740}/F_{u690}	F_{r740}/F_{u740}
			F_{r740}/F_{b690}	F_{r740}/F_{b740}		

对变量之间的相关性进行分析，分析结果的伪彩色图如图 4-19 所示。相关性分析结果表明多光谱荧光参数之间存在一定的相关性。为了进一步优化模型输入参数，去除多光谱荧光

冗余变量对建模的影响，利用 Boruta 变量筛选方法筛选出 15 个特征荧光变量：F_{u440}、F_{u690}、F_{u520}/F_{u440}、F_{u520}/F_{b740}、F_{u690}/F_{u440}、F_{u690}/F_{u740}、F_{u690}/F_{b690}、F_{u690}/F_{b740}、F_{u690}/F_{r740}、F_{u740}/F_{u440}、F_{u740}/F_{u690}、F_{b740}/F_{u520}、F_{b740}/F_{u740}、F_{r740}/F_{u690}、F_{r740}/F_{u740}。

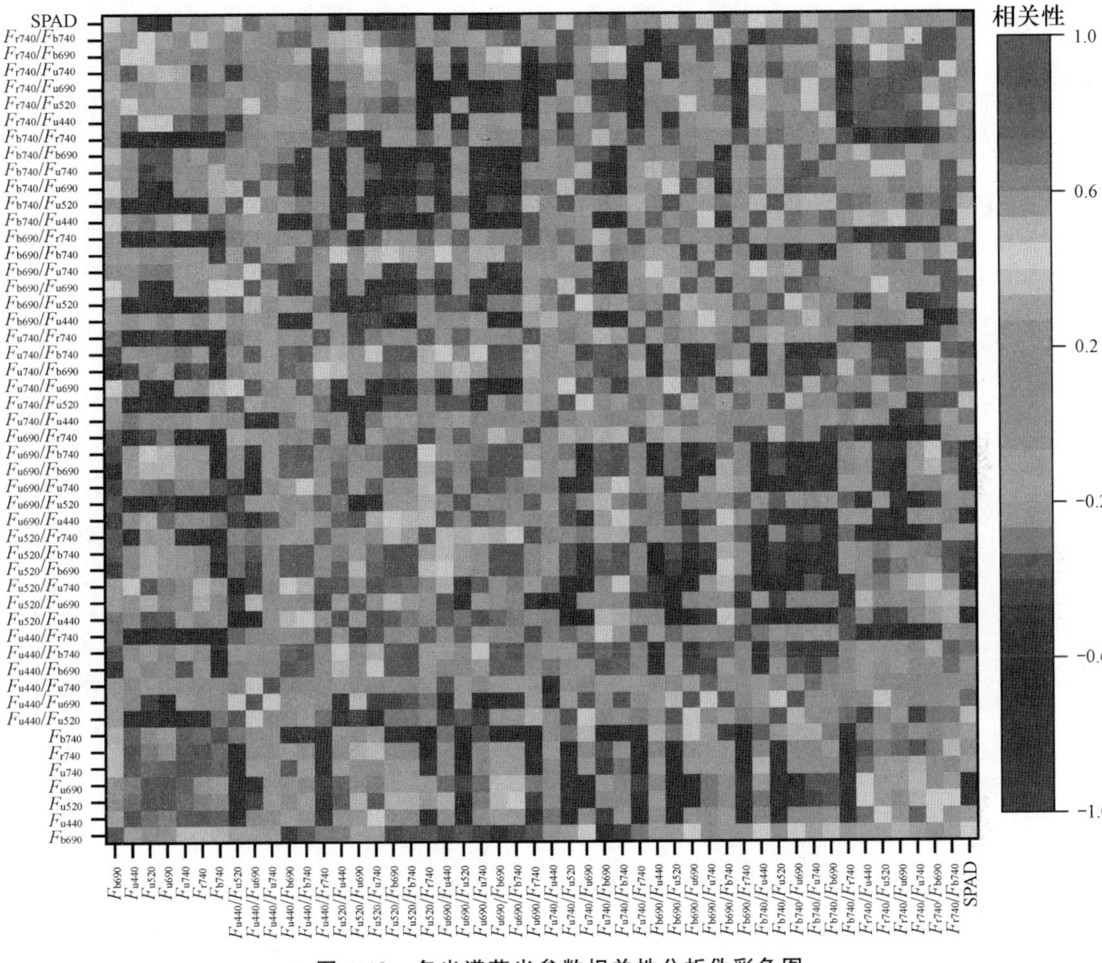

图 4-19　多光谱荧光参数相关性分析伪彩色图

基于 K-S 算法将 180 个样本分为建模集和验证集，划分比例约为 2∶1。采用 SVM 分类方法分别建立基于全荧光变量和特征荧光变量的小麦白粉病分级模型，结果表明：基于全荧光变量的小麦白粉病分级模型建模集精度为 81.7%，验证集精度为 81.5%(图 4-20)；基于特征荧光变量的小麦白粉病分级模型建模集精度为 83.3%，验证集精度为 81.5%(图 4-21)。图中数字为样本数。

4.2.4.3　玉米小斑病分级检测

玉米小斑病是由半知菌亚门玉蜀黍平脐蠕孢菌(*Bipolaris maydis*)引起的一种真菌病害[12]，在适宜温度、pH 环境条件下主要侵染玉米叶片、苞叶和叶鞘等组织，病害侵染晚期会导致玉米籽粒发育不良、果穗下垂等[13]。采集发病等级为 0、1、3、5、7 和 9 级的玉米小斑病叶片，每个发病等级各采集 30 个样本，共计采集 180 个样本，按 2∶1 的比例分为建模集和验证集。分别采集各样本的 7 个荧光图像和对应的 RGB 彩色图像。数据采集及处理流程如图 4-22

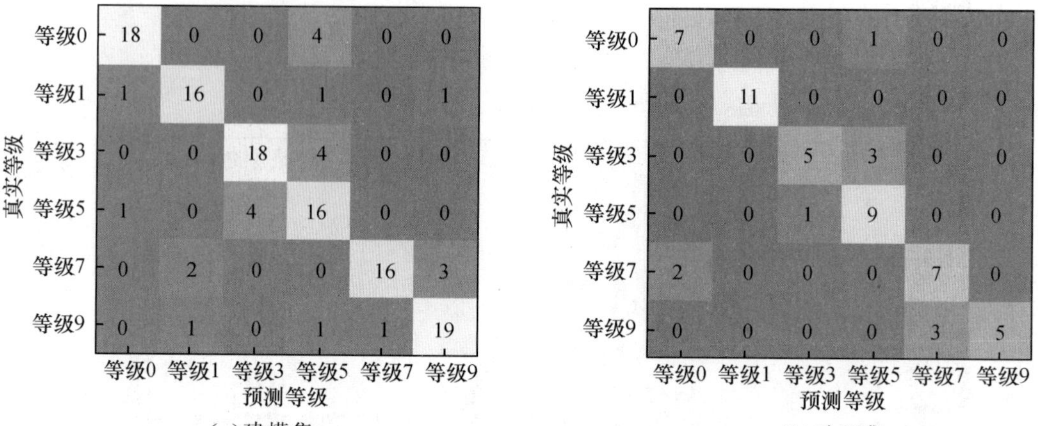

(a)建模集 (b)验证集

图 4-20 小麦白粉病全变量模型分级结果

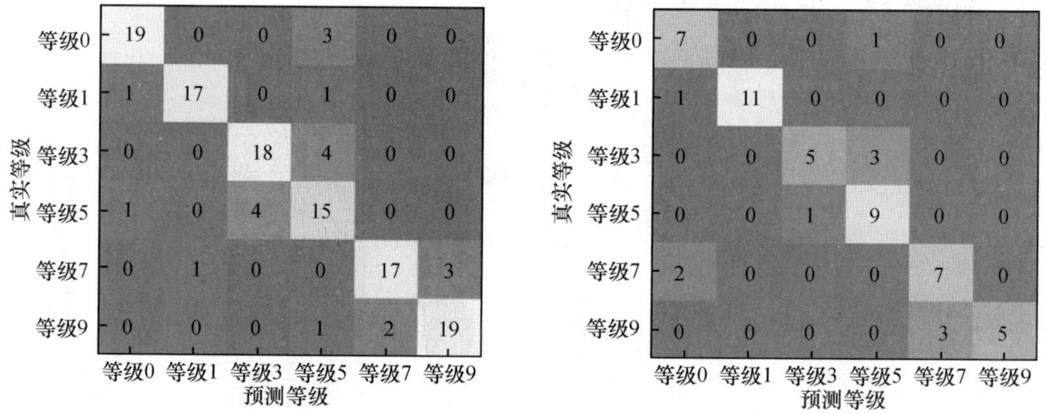

(a)建模集 (b)验证集

图 4-21 小麦白粉病特征变量模型分级结果

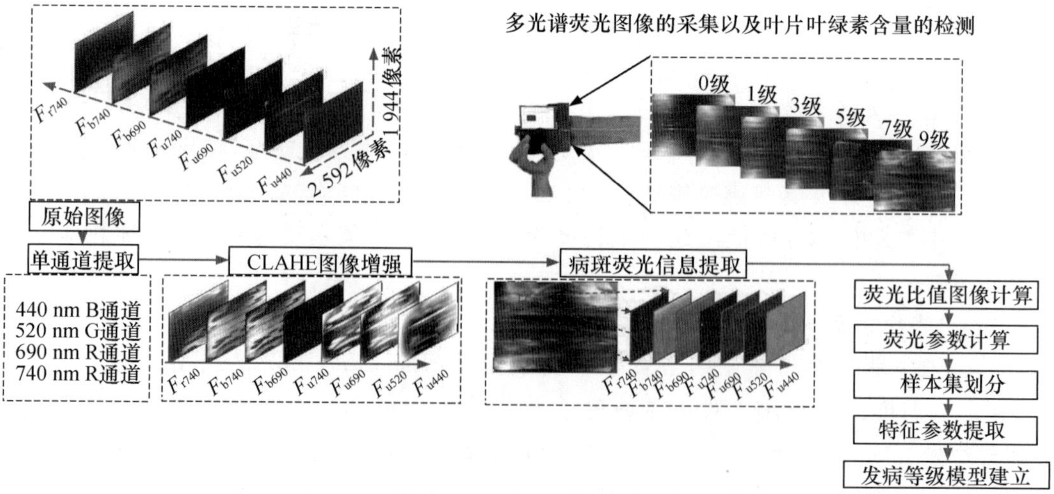

图 4-22 玉米小斑病数据采集及处理流程

所示。首先，对图像进行了单通道提取，以减少 RGB 相机采集数据引起的硬件系统误差。其次，针对玉米叶片宽大、表面不平整引起的荧光图像灰度分布不均匀问题，采用限制对比度自适应直方图均衡化（contrast limited adaptive histogram equalization，CLAHE）方法对单通道提取后的图像进行增强处理，提取感兴趣区域，计算多光谱荧光参数，共得到 49 个荧光参数。进而，利用 Boruta 变量筛选方法进行特征荧光变量的提取，得到 21 个特征荧光变量：F_{u440}、F_{u520}、F_{u740}、F_{b690}、F_{b740}、F_{u440}/F_{u520}、F_{u440}/F_{u690}、F_{u440}/F_{u740}、F_{u520}/F_{u690}、F_{u520}/F_{u740}、F_{u520}/F_{b690}、F_{u690}/F_{u440}、F_{u690}/F_{u520}、F_{u690}/F_{u740}、F_{u690}/F_{b740}、F_{u740}/F_{u520}、F_{u740}/F_{u690}、F_{b690}/F_{b740}、F_{b740}/F_{u690}、F_{b740}/F_{u740} 和 F_{b740}/F_{b690}。采用 SVM 分类方法建立基于荧光变量的玉米小斑病分级模型，结果表明：基于全荧光变量的分级模型建模集精度为 80.83%，验证集精度为 81.67%（图 4-23）。基于特征荧光变量的分级模型建模集精度为 80.83%，验证集精度为 86.67%（图 4-24）。由混淆矩阵可知，全变量和特征变量分级模型的建模集对 0、1、7 和 9 级的分级精度较高，这 4 个发病等级建模集和验证集的分级精度均在 80% 以上，但是，全变量分级模型对 3 级和 5 级相互错分情况较多，特征变量模型对 3 级和 5 级的识别精度有所提高，表明基于所筛选的特征荧光变量能够提高相邻发病等级的识别精度。

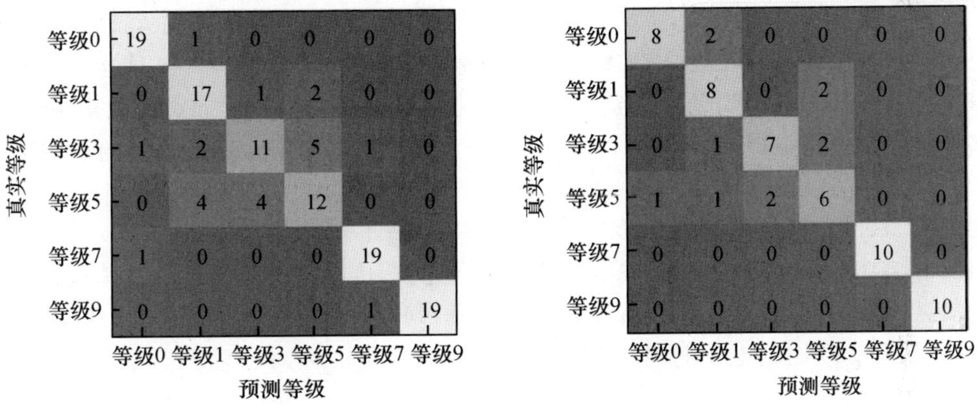

(a)建模集　　(b)验证集

图 4-23　玉米小斑病全变量模型分级结果

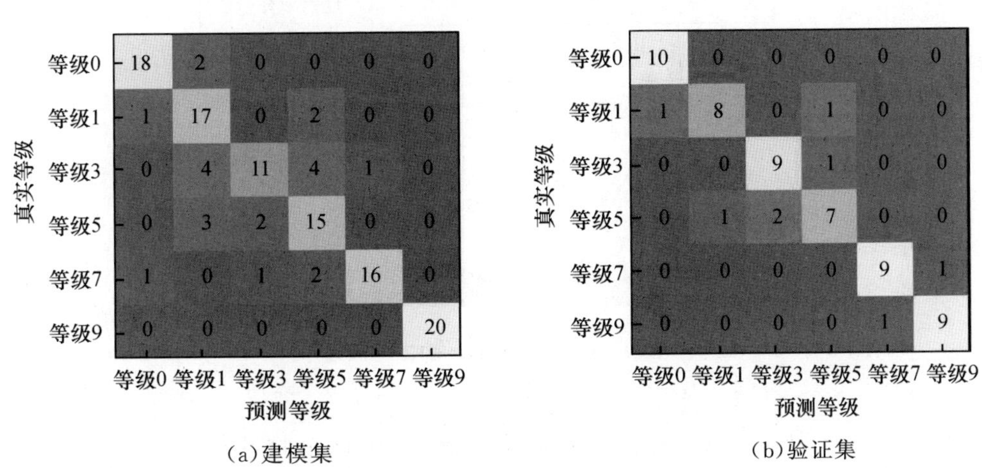

(a)建模集　　(b)验证集

图 4-24　玉米小斑病特征变量模型分级结果

4.3 田间杂草检测与传感技术

4.3.1 田间杂草检测与传感技术基础

杂草是农田四大有害生物之一，长期困扰农业生产并影响农作物生长。其危害主要表现在 3 个方面：第一，与作物争夺养料、水分、阳光和空间等资源；第二，寄生性杂草直接从作物体内吸收养分，从而降低作物的产量和品质；第三，病虫中间寄主性杂草会增加农田作物病虫害发生风险。因此，快速、准确地自动获取田间杂草信息，是制定有效的杂草控制策略，确立农田杂草防治体系的重要环节。杂草检测所用的传感技术与作物检测类似，包括反射光谱探测、可见光图像与光谱图像分析等，但对田间杂草的检测研究更侧重于目标识别、分类和定位，为田间生物防治和管理提供技术支持。

4.3.1.1 杂草光谱检测与传感技术[14]

基于光谱学原理的田间杂草信息获取技术，是根据特定波段内农田作物、杂草以及土壤的光谱响应差异进行杂草识别的，这类方法无论在算法设计还是传感器结构方面，均具有结构简单、应用性强、易于操作等特点，在实时性和经济性方面具有一定优势。但是这类方法只利用有限窄带特征波长进行田间杂草识别，在实际农业生产过程中易受光照、水分、土壤、作物病虫害等多种因素的影响，进行多种植物种类识别作业仍然难以实现，对传感器的敏感度要求也较高。

美国 NTech 公司开发的杂草传感器 WeedSeeker，工作原理如图 4-25 所示，发光二极管向地面发射 770 nm 近红外光和 656 nm 红光组合光波，传感器的前端检波器读取待测目标反射光波信息，传感器的内部电路分析反射光波信号，判断反射信号是来自土壤还是杂草，当确定是杂草时，车载端控制电路打开喷药阀门，实施对杂草的针对性喷药，减少了除草剂的施用量。

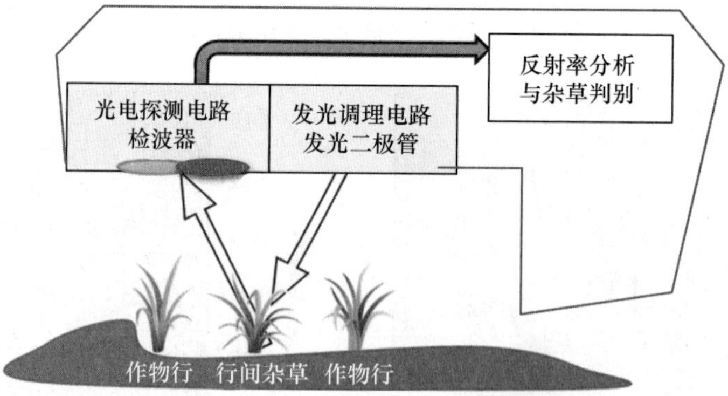

图 4-25 WeedSeeker 的工作原理

荷兰 Rometron 公司 WEED-IT 系列杂草传感器，根据植物叶绿素的荧光特性识别杂草。传感器发射红光，叶绿素荧光辐射位于红外光区，传感器探测红外光强度，识别杂草和土壤背景。这种类型的传感器适用于更大的工作场景和农业设备。WEED-IT AgⅡ定点喷雾系统探测高度为 110 cm，探测宽度为 1～36 m 可调，最大速度为 25 km/h。近年来，WEED-IT 系列产品的应用地区不断增加，目前已推广到澳大利亚、巴西、加拿大、俄罗斯和美国等多个国家。

由于杂草与绿色作物的光谱特性差异不显著，目前投入使用的基于光谱原理的杂草传感器能较好地区分杂草和土壤，而区分作物和杂草的传感器尚有待深入研究。

4.3.1.2 杂草识别图像特征参数

基于图像的杂草检测与识别主要通过提取颜色、形态、纹理、分形维数等特征进行[15]。

(1)颜色特征：在视觉特征中，颜色特征是图像中最简单和最直接的特征，受图像的尺寸、方向、旋转等因素的影响甚小，因此颜色特征是最常用的特征之一[16]。颜色特征提取的常规方法有直方图、颜色集、颜色矩、颜色聚合向量和颜色相关图等。由于作物和杂草多为绿色植物，单独使用颜色特征很难完成两者的区分，通常情况下还需要结合其他的图像特征[17]。

(2)形状特征：颜色特征主要反映各像素点的颜色差异，形状特征关注的则是图像中植物区域所包含的像素点的个数、位置及其在实际环境中的尺寸。形状特征参数主要包括长度、宽度、面积、周长等常规参数，以及由这些常规参数衍生的无量纲参数，如分散度(compactness)、圆度(roundness)、伸长度(elongation)、长宽比(aspect ratio)等[18]。实际农田环境下，植物叶片的形状多种多样，有的农作物叶片狭长(如小麦、韭菜等)，有的杂草叶片宽大(如平车前、马鞭草等)，因此形状特征是识别杂草的重要信息[19]。

(3)纹理特征：纹理特征与灰度值相关，可表征图像在局部区域内的不规则性和在整体上的某种规律性。描述图像区域纹理的方法主要有 4 种：统计法、模型法、结构法和频谱法[20]。在杂草识别研究中，常用的统计分析方法以灰度级的空间相关矩阵为基础计算灰度共生矩阵，反映图像灰度关于方向、相邻间隔、变化幅度等的综合信息，是分析图像的局部模式和排序规则的基础。应用纹理特征参数识别杂草的准确率虽然很高，但是纹理分析算法较为复杂，计算效率不高，因此，如何优化纹理特征提取算法、提高执行速度是这一领域研究的重点。

(4)分形维数：分形维数是表示图像稳定性的参数，可以用来描述图像表面的粗糙程度。分形维数有豪斯多夫(Hausdorff)维数、信息维数、关联维数、计盒维数、相似维数等，计算各种分形维数的方法有计盒维数法、毯子算法、分形傅里叶方法、欧几里得距离法及周长-面积关系法等[21,22]。由于植物叶片具有各自独特的空间分布和分形，因此叶片的分形维数可以用作识别杂草的特征参数。

杂草是生物界的自然体，它的颜色、形状、大小、方向、结构等都是自然变化的，单一特征往往无法满足杂草检测准确性的要求，因此，融合颜色、形状、纹理、分形维数等多特征的杂草识别算法是当前研究的热点，也是提高杂草识别率的有效途径。

4.3.1.3 杂草识别光谱成像感知技术

基于光谱成像的田间杂草信息采集技术把光谱和图像结合起来，充分利用二者的优点，在紫外光、可见光和近红外光区域的系列波长上，利用光谱成像技术捕获、处理和分析田间光谱图像序列中所包含的作物、杂草和土壤背景的光谱、位置、形状、纹理等信息并进行分类，具有较高的光谱分辨率和空间分辨率，杂草识别率也较高，是最有效、快捷的杂草自动检测识别方法。

多数基于光谱成像的农田杂草信息采集系统由光源、成像光谱仪及计算机等组成。一般采用氙气灯、卤素灯等作为可控光源，用通用 PC 机进行数据采集和分析，成像光谱仪多为

3CCD多光谱成像仪、滤光片型多光谱成像仪和调谐型高光谱成像仪。采用统计分析的方法，从多光谱或者高光谱图像中提取作物和杂草的光谱信息，分析有效识别作物和杂草的光谱特征集；再采用图像处理方法，从多光谱或者高光谱图像中提取作物和杂草的位置、形状、纹理等信息，分析有效识别作物和杂草的空间特征集；以光谱特征集和空间特征集建立杂草和作物的判别模型，进行作物和杂草的模式识别[23,24]。

4.3.2 作物杂草图像特征提取与识别技术

西北农林科技大学赵川源等基于多光谱图像开展了玉米田间杂草的识别研究，其关键步骤包括图像获取、特征提取、多特征组合与分类等[25,26]。

4.3.2.1 田间杂草图像获取与目标分割

赵川源等采用MS4100高分辨率多光谱照相机采集玉米苗期2～3片叶时玉米和田里杂草的图像，照相机的光轴垂直于地面，高于样本约50 cm。共采集玉米和玉米地里随机生长的灰菜(藜)、刺儿菜、牵牛等3种常见杂草的图像280幅，其中每种植物的单株植物图像各60幅，共计240幅，混合图像40幅。玉米及杂草的多光谱图像如图4-26所示。

(a)玉米 (b)灰菜

(c)刺儿菜 (d)牵牛

图4-26 玉米与杂草多光谱图像

二维码4-4

为了识别杂草，需要将植物从背景中提取出来，并将绿色植物叶片分割出来。在玉米地拍摄到的图像中主要有绿色植物和土壤，根据绿色植物和土壤颜色(褐色)差异较大这一特征，采用K均值聚类算法进行背景分割，分割的结果如图4-27所示。图4-27(a)为原始多光谱图像，存在光照不均、叶片之间相互遮挡等情况；图4-27(b)为聚类后的土壤图像；图4-27(c)为聚类后的植物目标图像，大部分植物叶片能较完好地提取出来，但由于受噪声、遮挡、叶片轮廓不完整等因素的影响，提取出的叶片图像仍然存在内部有孔洞或轮廓不连续的现象，还需要进一步处理。对图4-27(c)进行二值化处理，得到图4-27(d)所示的二值图像。为填补图像内部空洞，用半径为2的圆盘形结构元素对图像进行腐蚀和膨胀，分离出植物叶片图像，如图4-27(e)所示。经过形态学处理后的图像中仍不可避免地存在非叶片的小面积区域。通过对图中所有闭合区域面积的分析，设置 750 为面积阈值，去除面积小于阈值的非叶片部分，得到如图 4-27(f)所示图像，为后续进行玉米和杂草的识别做好准备。

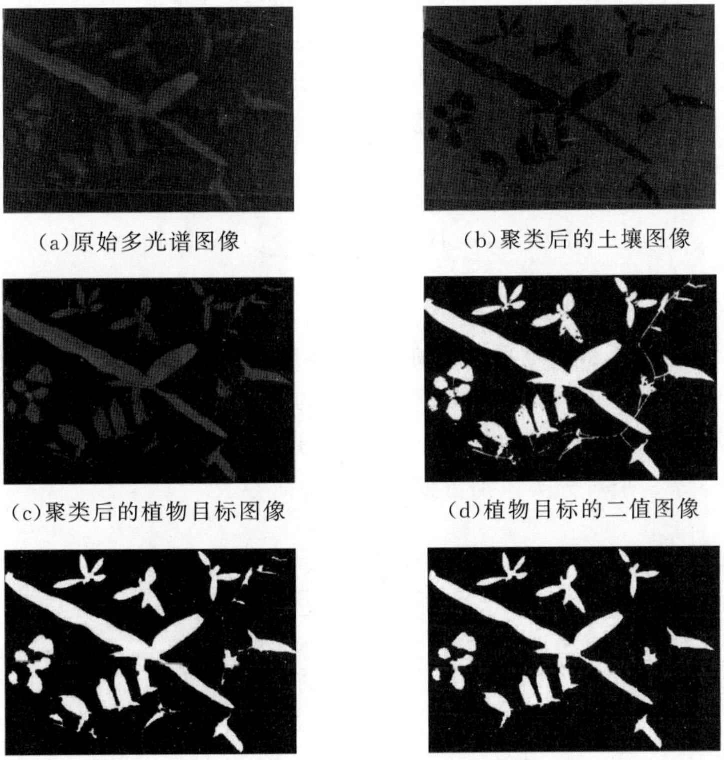

(a)原始多光谱图像　(b)聚类后的土壤图像

(c)聚类后的植物目标图像　(d)植物目标的二值图像

(e)分离后的植物叶片图像　(f)去除小面积区域后的图像

图 4-27　背景分割结果及叶片分割结果

4.3.2.2　田间杂草图像特征的提取

从背景中分离出的绿色植物包括玉米苗和各种杂草，为准确区分玉米和杂草，需要提取各种有效的特征参数。形状是物体最基本、最直观的特征，纹理特征反映了物体本身的属性，都是快速准确识别植物的重要信息；玉米和杂草具有自相似性的特点，适合分形分析，可提取分形维数作为识别特征。

1. 形状特征

根据玉米和杂草叶片的形状特点，通过对比试验，选择叶片周长 P(分割出的叶片图像轮廓水平和垂直方向的连续像素数)、面积 A(连续闭合区域像素数)、长度 H(最小外接矩形长度)、宽度 W(最小外接矩形宽度)4 个形状特征参数，根据这 4 个参数计算出 5 个常见的具有旋转、平移和尺度不变性的无量纲形状特征参数：矩形度 $S_1=A/(H\times W)$，伸长率 $S_2=(H-W)/(H+W)$，宽长比 $S_3=W/H$，致密度 $S_4=P^2/A$ 和圆形度 $S_5=4\pi A/P^2$。除以上 5 种形状特征外，还提取叶片的 Hu 不变矩特征。将图像进行旋转或尺度放缩后与原始图像的不变矩特征结果进行分析比较可知，在图像发生旋转、缩放变化时，第一不变矩(first invariant moment，即 2 个归一化的二阶中心距的线性组合)基本保持不变，选择作为特征参数 S_6。

2. 纹理特征

为解决灰度共生矩阵统计方法提取纹理特征时受图像旋转影响的问题，采用综合图像灰度和梯度信息的方法，以灰度-梯度共生矩阵提取叶片的纹理特征。

灰度-梯度共生矩阵的元素 $H(i,j)$ 定义为在归一的灰度图像 $F(x,y)$（灰度级为 L）和归一的梯度图像 $G(x,y)$（灰度级为 L_g）中灰度值为 i、梯度值为 j 的总像素点数，即 $\{H(i,j), i=0,1,\cdots,L-1; j=0,1,\cdots,L_g-1\}=\{(x,y)|F(x,y)=i,G(x,y)=j\}$。图像的总像素点数归一后得到的概率为

$$P(i,j)=H(i,j)/\sum_{i=0}^{L-1}\sum_{j=0}^{L_g-1}H(i,j) \tag{4-5}$$

利用玉米和 3 种典型杂草的叶片样本，由 $P(i,j)$ 构成灰度-梯度共生矩阵 $[P(i,j)]_{L\times L_g}$。分别对玉米和杂草样本特征进行均值和方差分析，依据不同的植物该特征值差异最大、同一种植物的不同样本间该特征不敏感的选取标准，最终选取小梯度优势 T_1、大梯度优势 T_2、灰度分布不均匀性 T_3、梯度分布不均匀性 T_4、能量 T_5、灰度均值 T_6、梯度均值 T_7、灰度标准差 T_8 等 8 个对分类识别贡献较大的特征参数[27]。

$$\left.\begin{aligned}
&T_1=\frac{\sum_{i=0}^{L-1}\sum_{j=0}^{L_g-1}H(i,j)/j^2}{\sum_{i=0}^{L-1}\sum_{j=0}^{L_g-1}H(i,j)} \qquad &&T_2=\frac{\sum_{i=0}^{L-1}\sum_{j=0}^{L_g-1}H(i,j)j^2}{\sum_{i=0}^{L-1}\sum_{j=0}^{L_g-1}H(i,j)}\\
&T_3=\frac{\sum_{i=0}^{L-1}\left[\sum_{j=0}^{L_g-1}H(i,j)\right]^2}{\sum_{i=0}^{L-1}\sum_{j=0}^{L_g-1}H(i,j)} &&T_4=\frac{\sum_{j=0}^{L_g-1}\left[\sum_{i=0}^{L-1}H(i,j)\right]^2}{\sum_{i=0}^{L-1}\sum_{j=0}^{L_g-1}H(i,j)}\\
&T_5=\sum_{i=0}^{L-1}\sum_{j=0}^{L_g-1}[P(i,j)]^2 &&T_6=\sum_{i=0}^{L-1}i\sum_{j=0}^{L_g-1}P(i,j)\\
&T_7=\sum_{j=0}^{L_g-1}j\sum_{i=0}^{L-1}P(i,j) &&T_8=\left[\sum_{i=0}^{L-1}(i-T_6)^2\sum_{j=0}^{L_g-1}P(i,j)\right]^{\frac{1}{2}}
\end{aligned}\right\} \tag{4-6}$$

3. 分形维数

根据李志臣等[28]对不同分形维数下玉米和杂草识别效果的比较，采用综合效果最佳的毯子算法(Bouligand-Minkowski method)计算图像块的维数。

毯子算法的基本思想是：将灰度图像看作三维空间中的一个分形曲面。图像区域的分形维数

$$D\propto 2-\frac{\lg A(r)}{\lg r} \tag{4-7}$$

式中：D 为曲面的分形维数，$A(r)$ 为分形曲面的表面积，r 为所使用的面积尺度度量。$A(r)$ 的求法如下：把三维空间中的所有距离曲面表面为 r 的点，用厚度为 $2r$ 的毯子覆盖，覆盖曲面

上表面 u_r 和下表面 b_r 定义为

$$u_0(i,j)=b_0(i,j)=g(i,j)$$
$$u_r(i,j)=\max\{u_{r-1}(i,j)+1,\ \max_{|(m,n)-(i,j)\leqslant 1|}[u_{r-1}(m,n)]\}$$
$$b_r(i,j)=\min\{b_{r-1}(i,j)+1,\ \min_{|(m,n)-(i,j)\leqslant 1|}[b_{r-1}(m,n)]\}$$

该毯子的体积为

$$V_r=\sum_{i,j}[u_r(i,j)-b_r(i,j)] \tag{4-8}$$

曲面的表面积为

$$A(r)=\frac{V_r-V_{r-1}}{2} \tag{4-9}$$

对毯子的体积进行最小二乘拟合，即可求得图像块的维数 D，即分形维数。

4.3.2.3　基于多特征组合的杂草分类识别方法

基于提取的这些特征，比较采用一种特征和组合多种特征进行识别的效果。组合这些反映不同信息的特征是提高杂草识别率的有效途径。

随机选择玉米和各种杂草图像（如图 4-26 所示）各 30 幅共 120 幅作为训练样本；另选玉米和杂草的混合图像[如图 4-27(a)所示]20 幅作为测试样本，20 幅图像中共包含 20 株玉米幼苗和 3 种杂草各 20 株。按前述方法提取植物叶片的 6 个形状特征、8 个纹理特征和分形维数共 15 个特征，对玉米和杂草进行识别。单特征和多特征组合识别结果如表 4-8 所示。

表 4-8　单特征和多特征组合分类识别结果

识别方法	正确识别叶片数				平均识别率/%
	玉米	灰菜	刺儿菜	牵牛	
单特征识别					
形状	20	20	14	16	87.5
纹理	10	20	18	12	75.0
分形维数	10	20	20	14	80.0
多特征组合识别					
形状＋分形维数	17	20	20	18	93.8
纹理＋分形维数	12	20	19	14	81.3
形状＋纹理＋分形维数	20	20	18	19	96.3

由表 4-7 可知：①单特征识别中，基于形状特征的识别，对于形状特征差别较大的叶片较为理想，但对于形状特征较为相似或者重叠严重的叶片，特征参数计算不准确，识别的准确率和稳定性降低；基于纹理的识别，虽受自然环境因素影响小，但图像处理和特征提取过程中的误差积累会使识别率降低；基于分形维数的识别，由于玉米幼苗与杂草之间的严重交叉与遮挡，玉米识别精度降低。相对来说，单特征识别的误识别率高，可靠性和稳定性差。②将形状特征、纹理特征和分形维数以不同方式组合进行多特征识别，基于形状特征＋纹理特征＋分形维数的三特征组合的识别率最高，达到 96.3%；将单特征识别率均较低的纹理特征和分形维

数组合进行的多特征识别，识别率也最低。

分类错误主要发生在玉米幼苗较小以及杂草叶片较宽的情况下，如玉米被误识别为刺儿菜，可通过选取最适宜识别玉米和杂草的时期减少这类错误；牵牛和灰菜这 2 类叶片形态相似的单子叶杂草也存在误识别，主要原因是杂草与玉米幼苗之间严重交叠、遮挡，影响识别。

与单特征识别相比，多特征组合识别的准确率和稳定性明显提高。多特征组合综合了形状特征、纹理特征和分形维数等多个识别信息，能够发挥较弱分类(单特征)决策对较强分类(多特征组合)决策的有效支持作用，在一定程度上避免由于个体间的相似性、样本中存在的奇异数据等而引起的误识别。

另外，由于图像采集的条件差异、叶片的相互遮挡以及样本处理过程中的误差积累都会导致特征参数计算不够准确，加之特征参数和训练样本的范围不够全面，多特征识别依然存在少量误识别。

综上，在基于多光谱图像的杂草识别中，利用形状特征、纹理特征和分形维数进行杂草识别是有效的，且形状特征的识别效果优于纹理特征和分形维数，多特征组合可实现各种特征优势互补，明显提高识别率。

4.3.3 基于机器视觉的杂草识别与防除系统

多数基于机器视觉的农田杂草信息采集系统由光源、镜头、CCD 相机、图像采集卡及计算机等组成。光源一般采用氙气灯、卤素灯等可控光源，以规避田间自然光的影响。图像采集最常用的是彩色 CCD 相机，少数研究使用 3CCD RGB 相机、近红外相机、双目相机、3D 相机等[29]。

Nieuwenhuizen 等[30]开发的杂草自动识别与防除系统，由氙气灯(Xe)、相机检测系统(RGB 相机、NIR 相机)、超声波测距传感器(US)、车轮编码器(WE)、实时计算机和微型喷雾器(MS)组成，如图 4-28 所示。该系统在受控的光照条件下工作。车轮编码器用来测量行驶的距离，并触发相机和微型喷雾器。图 4-28(a)为系统实物图，图 4-28(b)为结构示意图，传感器和执行器安装在拖拉机后铰接结构上。图 4-28(c)所示为微型喷雾器，由 5 个针式喷头组成，喷头离地面 0.3 m，喷头间距为 40 mm，工作幅宽为 0.20 m。一个加压罐通过软管和 5 个快速作用阀连接到喷头上，实时操作系统在运行过程中向各个阀门发送脉冲宽度调制信号。喷头的内径是 0.5 mm，5 个喷头一次可喷出(20±5)μL 的液体。最大喷射频率为 80 Hz。行驶速度为 0.8 m/s，行驶方向的液滴定位分辨率为 0.01 m。

除此之外，目前已产品化的通过图像识别作物行进行导航的杂草自动识别与防除系统有英国 Garford 公司的 Robocrop、德国 Kress & Co 公司的 Autopilot、德国 Claas 公司的 CamPilot，这些系统可安装在中耕除草机上实时检测作物行，实现机械对行防除行间杂草。Robocrop 的视觉导航系统由 Robocrop 控制器、液压侧移装置、三点连接架、轮速传感器等组成，能引导锄头自动对行铲除行间杂草和作物周围的行内杂草。Autopilot 采用单目视觉系统，作物行中心线的定位精度达到±1 cm。CamPilot 采用双目视觉系统，导航精度为 2～3 cm[14]。

(a)实物

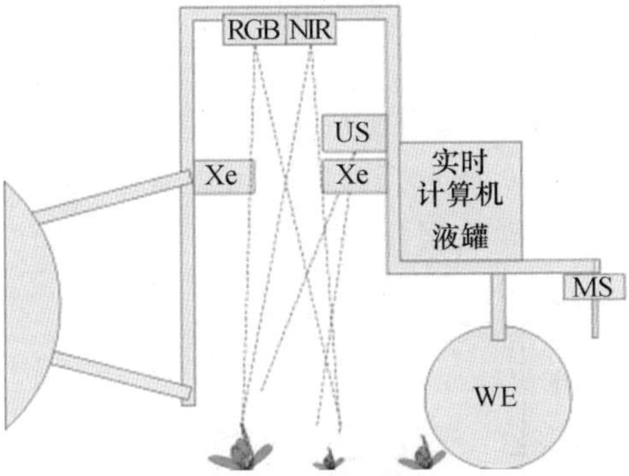

(b)结构示意图

(c)微型喷雾器系统

图 4-28 杂草自动识别与防除系统

4.4 作物病虫害胁迫检测与预警技术

利用智能终端、遥感等新型技术开展农田病虫害调查与监测，在大范围内快速获取连续地表作物信息，不但能克服传统人工调查方式对监测人员要求高、劳动强度大的缺点，而且覆盖面广，快速、准确、及时，可为农作物病虫害预警提供技术支持[31]。

4.4.1 基于智能终端的害虫计数与预警技术

白粉虱是一种世界性害虫，常群集在作物叶背面吸取汁液，使受害叶片褪绿变黄、萎缩甚至枯死，严重影响作物生长。随着计算机软硬件性能的提高以及机器视觉技术的进步，利用机器视觉实现病虫害自动识别已受到广泛关注[32,33]。基于机器视觉的害虫计数方法主要利用图像处理、模式识别等技术对农作物虫害图像进行自动分析，具有速度快、精度高、客观性强等优点[34,35]。刘忠强等[36]结合智能终端硬件，开发了作物病虫害信息管理辅助系统，可为病虫害预警提供服务。

4.4.1.1 基于机器视觉的作物虫害图像分割方法[36]

在大田开放环境条件下使用数字照相机(SONY DSC-W35，分辨率 2 048×1 536)，采集辣椒、番茄、黄瓜和茄子叶片上附着白粉虱的图像样本。拍摄图像时，相机设置为自动调节焦距和光圈，自动白平衡，关闭闪光灯，采取措施遮阳以避免阳光直接照射，避开刮风、降雨天气，将植株固定以减少抖动。图像以 JPG 格式保存。以辣椒为例，得到的图像如图 4-29 所示。

图 4-29　辣椒叶片上附着白粉虱

二维码 4-5

在田间开放环境中，图像背景颜色变化多样，背景、叶片和害虫的灰阶范围常常重叠。根据图 4-29 绘制 R（红）和 Y（黄）分量直方图，结果如图 4-30 所示。从图中可以看出，不论是 R 分量还是 Y 分量，直方图波谷都不是全局最小值，可能会导致误分割。

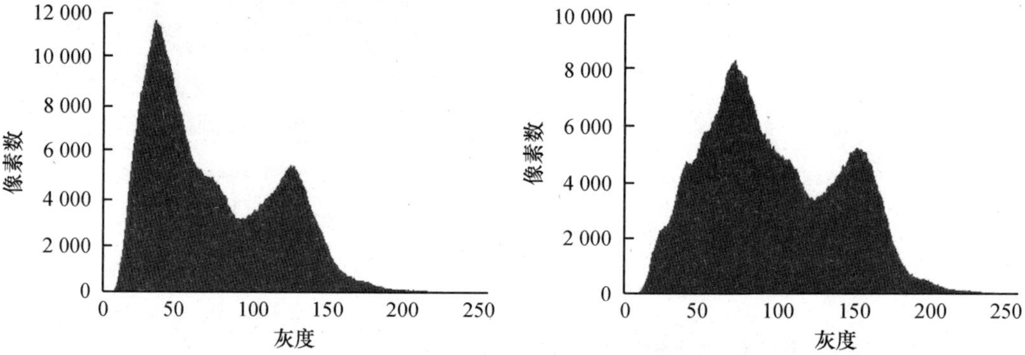

(a)R 分量　　(b) Y 分量

图 4-30　辣椒叶片图像直方图

经过大量图像的对比分析发现，拍摄人员采集图像时会主动聚焦于感兴趣的目标虫害区域，因此利用离散余弦变换（discrete cosine transform，DCT）和区域生长方法分割虫害图像，步骤如下：

①将图像转换到灰度空间。为了消除图像中孤立的噪声点，选择 3×3 模板，对灰度图像 y 进行中值滤波去噪，得到如图 4-31(a)所示的图像 y_1。

②用 8×8 模板对 y_1 作离散余弦变换，得到如图 4-31(b)所示图像 dct1。

③为了保留图像的轮廓信息和离散余弦变换后的低频信号，选择低频信号值的 1/2 作为阈值，截断高频信号，然后进行反离散余弦变换，重新将图像转换到灰度空间，得到灰度图像 y_2，如图 4-31(c)所示。

④令 diffy= $|y_1-y_2|$，将 diffy 灰度化后得到差值图像，如图 4-31(d)所示。

⑤遵循类间距离最大、类内距离最小的原则，用自适应阈值法将 diffy 二值化，小于阈值的

为图像模糊区域，否则为图像清晰区域，得到二值图像 binary。

⑥标记步骤⑤中的图像清晰区域，并利用清晰区域的像素灰度值建立高斯模型(μ,σ)，μ为清晰区域的灰度期望值，σ为方差。如果$y_1(i,j)$符合图像清晰区域的灰度值分布，即$|y_1(i,j)-\mu|<3\sigma$，并且点(i,j)属于图像清晰区域，则点(i,j)为起始生长点，否则属于清晰背景或噪声点，如图4-31(e)所示。其中i为图像上点的纵向位置，j为图像上点的横向位置。

⑦用3×3的模板进行开闭运算去噪，消除离散的噪声点，得到起始生长区域 binary1，如图4-31(f)所示。

⑧利用目标在局部聚合度比较好的特性，从 binary1 的起始生长区域开始，进行区域生长，标记邻域灰度相似的点，直到全部标记完成。

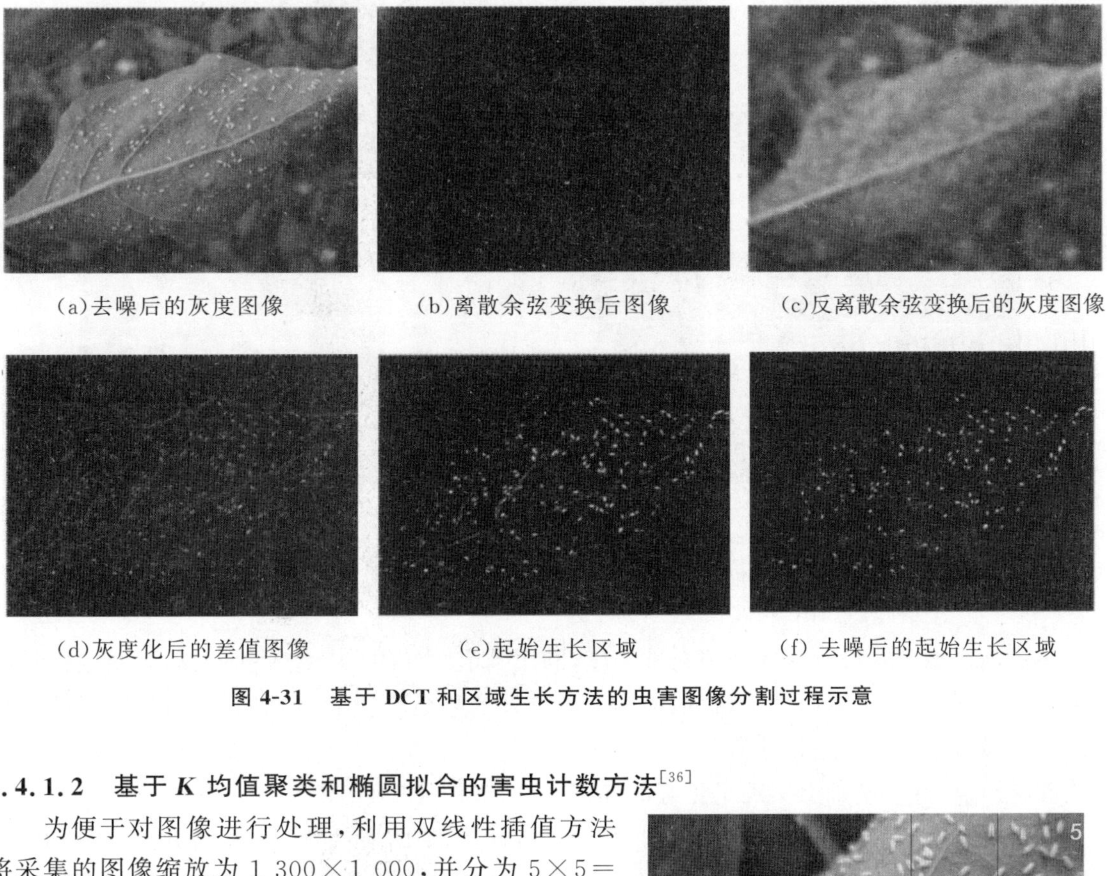

(a)去噪后的灰度图像　(b)离散余弦变换后图像　(c)反离散余弦变换后的灰度图像

(d)灰度化后的差值图像　(e)起始生长区域　(f)去噪后的起始生长区域

图4-31　基于DCT和区域生长方法的虫害图像分割过程示意

4.4.1.2　基于*K*均值聚类和椭圆拟合的害虫计数方法[36]

为便于对图像进行处理，利用双线性插值方法将采集的图像缩放为1 300×1 000，并分为5×5=25块子图像。分块结果如图4-32所示。图像中间区域干扰因素较少，利用中间块图像进行算法的学习，如第8、13、18块，以获得图像中白粉虱的颜色、形状、大小等信息。在实际应用中，可根据采集图像的大小，选择合适的分块数。

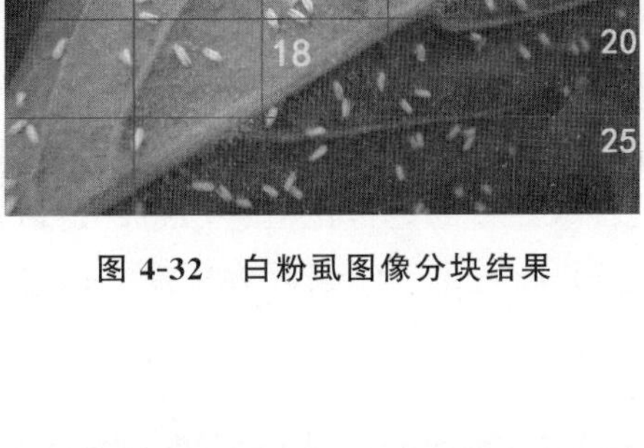

图4-32　白粉虱图像分块结果

王志彬等将*K*均值聚类与椭圆拟合方法结合，提出了一种白粉虱计数方法[37]。该方法首先采用*K*均值聚类算法对白粉虱图像进行分割，然后利用最小二乘法的椭圆拟合方法对分割结果进行椭圆拟合，并对椭圆的个数进行统计，以此作为白粉虱的个数。以图 4-32 中第 7 块为例，对原始图像[图 4-33(a)]进行分割的结果如图 4-33(b)所示。从图 4-33(b)可以看出，图像的分割效果明显，但存在部分粘连和噪声点(如叶片脉络)。导致这个问题的一个重要原因是白粉虱颜色特征值计算不准确，即中间块和边缘块图像的白粉虱颜色存在差异。对图 4-33(b)的分割结果进行椭圆拟合，拟合结果如图 4-33(c)所示。从图 4-33(c)可以看出，粘连部分和噪声点没有实现椭圆拟合，因为利用中间块图像学习时可以获得图像中白粉虱的大小、面积等信息，筛选出合适的椭圆，而粘连部分拟合椭圆过大，噪声点部分拟合椭圆过小，不符合图像中白粉虱的大小，因此均被排除。

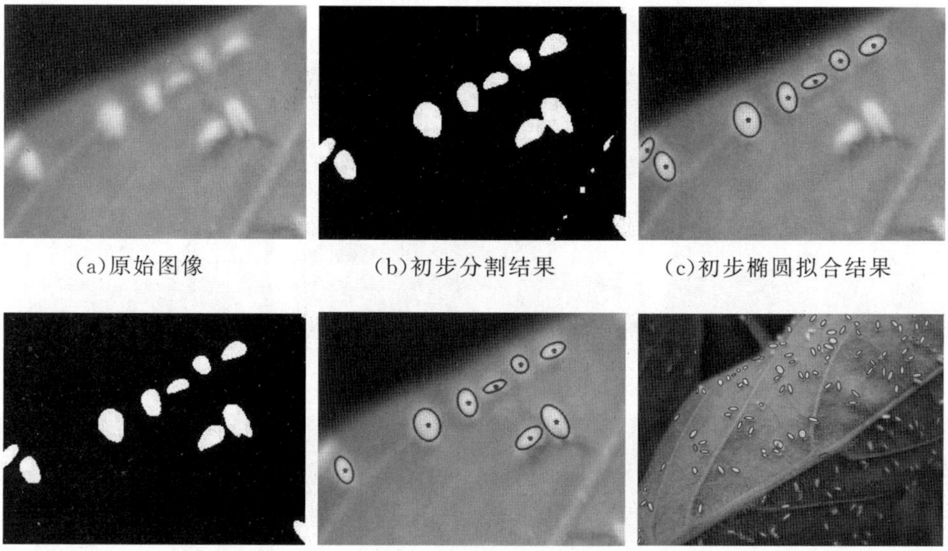

(a)原始图像 (b)初步分割结果 (c)初步椭圆拟合结果

(d)最终图像分割结果 (e)最终椭圆拟合结果 (f)白粉虱计数结果

图 4-33 辣椒叶片上白粉虱图像分割与椭圆拟合过程和结果

为提高图像分割质量和椭圆拟合准确度，利用当前图像的拟合结果进行学习，更新白粉虱的分类中心。如图 4-33(c)所示，提取椭圆中心点处的颜色特征值，并取其均值作为新的分类中心。按照该分类中心进行分割的结果如图 4-33(d)，分割效果比图 4-33(b)更明显，去除了粘连和噪声点，在此基础上实现了更好的椭圆拟合，如图 4-33(e)所示。对各分块图像的椭圆拟合结果进行整合，对分割结果中的连通区域进行计数，如图 4-33(f)所示，得到图像中白粉虱的个数为 128 个，人工计数结果为 130 个，错误率为 1.54%。

4.4.1.3 基于智能终端的作物虫害信息管理与预警系统

应用上述方法研制的便携式作物虫害信息移动采集系统，配套基于 RFID(radio frequency identification)的田间电子标签及布局图，可实现各种抗性试验的田间株行标识、虫害信息记录和统计结果追溯，为虫害预警与管理提供支持[37,38]。

系统基于 Android 系统的便携式移动终端(或手机)设备，采用机器视觉技术自动识别拍摄，获取虫害的定量化信息，如害虫数等(图 4-34)。对于系统尚未建立在线识别模型库的虫害，提供便捷的手工录入人工观测信息的途径，通过无线网络传输到系统数据库。

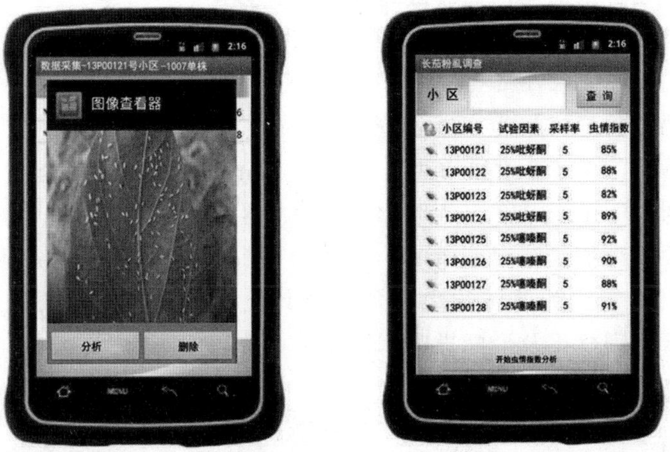

图4-34 基于便携设备的虫害图像采集及识别

系统主要特点如下：

①支持虫害图像采集、识别和分析，可在线识别并计算害虫头数、虫口密度等。

②支持虫害等级等定性指标与定量指标映射关系的自定义，可建立机器视觉识别量化结果与定性分级指标关联，降低人为估算误差。

③支持对比法、间比法、单因素随机区组等多种试验设计和邓肯式多重比较的方差分析。

④适用于与叶片颜色有较大反差的虫害信息自动识别（如白粉虱等）。

⑤支持13.56 MHz的RFID标识试验材料和生育期虫害信息记载与追溯，并可通过移动终端与植保信息数据库进行实时数据同步。

⑥目前市场上主流Android操作系统手机、工业级掌上电脑均可安装应用，要求摄像头100万像素以上，存储器256 MB以上。

⑦支持Windows XP及更新版本的MS Windows操作系统的数据导出和数据统计分析方法拓展。

4.4.2 基于近地遥感的柑橘黄龙病检测与预警技术

柑橘黄龙病（Huanglongbing，HLB，又称citrus greening）是世界柑橘产业最具危害性的病害之一。柑橘树感染黄龙病后，初期表现为嫩梢和叶片呈斑驳状黄化，后期则呈现缺锌状花叶等一系列典型症状，染病的植株三五年内出现全面退化，寿命短，产量低，果实品质差。柑橘黄龙病监测，可采用人工侦察方式排查，借助实验室PCR（polymerase chain reaction，聚合酶链反应）技术获得高精度的测定结果，但是费时费力，成本高，因而希望能够借助遥感技术无损快速地检测并提供病害防治预警。与航天遥感相比，近地航空遥感采用有人或无人机搭载多光谱、高光谱等图像检测设备，具有测试时间灵活、区域针对性强的优点。Yang等在美国佛罗里达州中南部开展了基于近地遥感影像的柑橘黄龙病监测研究，获取了多光谱及高光谱遥感图像[39]。Li等在此基础上进一步开展了柑橘黄龙病检测方法的研究，获得了良好的检测效果[40]。

4.4.2.1 柑橘黄龙病近地遥感影像获取与地面调查方法[40]

遥感图像采集系统如图 4-35(a)所示，包括一台四镜头 CCD 相机，每个镜头分别搭配蓝(430～470 nm)、绿(530～570 nm)、红(630～670 nm)及近红外(810～850 nm)4 个特征波段的滤光片，采集地物空间分辨率为 0.5 m；一台高光谱相机，用于获取 457.2 ～ 921.7 nm 内 128 个波段的辐射灰度值，采集地物空间分辨率为 1 m。在采集图像之前，用 5 张不同灰度值(反射率均值分别为 3%、10%、30%、45%及 60%)的 3 m×3 m 帆布进行地面标定[如图 4-35(b)所示]，并计算反射率值。遥感图像[图 4-35(c)和(d)]的分析处理使用 ENVI 软件。通过 RTK GPS 接收器对目标监测区域的边界角以及其他一些明显的特征点进行精确的坐标测量，以便对图像进行地理校正及坐标投影。

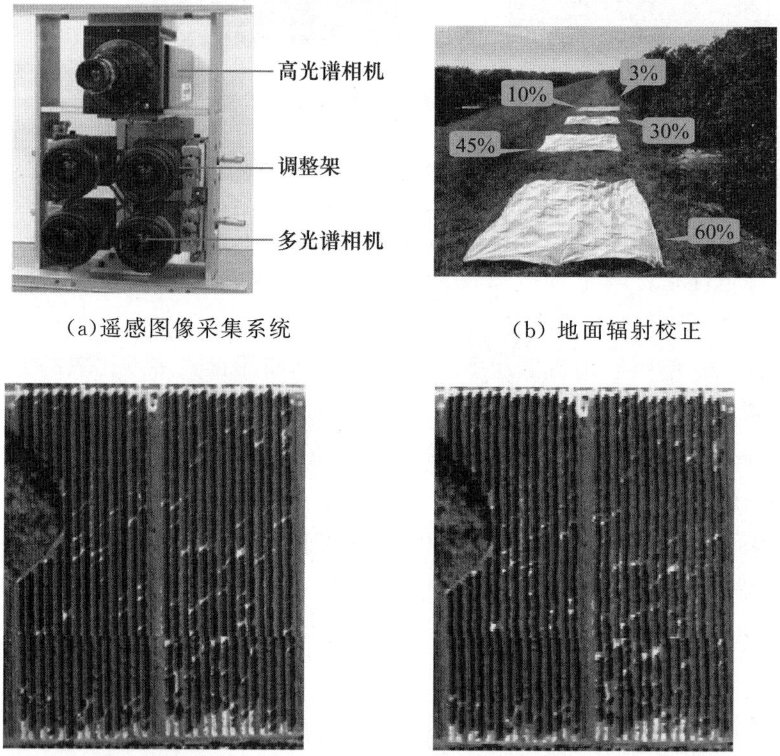

(a)遥感图像采集系统　　(b) 地面辐射校正

(c)多光谱图像(彩色近红外 CIR)　　(d)高光谱图像(彩色近红外 CIR)

图 4-35　遥感图像采集设备及图像效果

二维码 4-6

地面调查试验主要包括 3 个部分：①对不同感染状态的叶片进行田间及室内光谱测量。田间光谱测量采用被动光源式便携光谱仪(HR-1024)，室内光谱测量采用同款光谱仪或分光光度计(Cary 500 Scan)，但在人工光源的照射下测量。②对叶片样本进行 PCR 测试，以测试结果作为植株是否感染的依据，阳性者为 HLB 感染植株，反之为非感染植株。③采用 RTK GPS 接收器(HiPer XT，Topcon，美国)对各采样植株的位置信息进行精确记录。两处试验基地试验样本分类情况如表 4-9 所示。

表 4-9　试验样本分类基本情况

试验地点	类别	植株感染情况	样本叶片感染情况
柑橘教育研究中心	HEALTHY	健康	无 HLB 感染症状，PCR 测试阴性
	HLB_L	感染	HLB 轻度感染，PCR 测试阳性
	HLB_M	感染	HLB 中度感染，PCR 测试阳性
	HLB_H	感染	HLB 高度感染，PCR 测试阳性
	HLB_S	感染	HLB 严重感染，PCR 测试阳性
南方花园种植园	HEA_PCR_N	健康	无 HLB 感染症状，PCR 测试阴性
	S_PCR_P	感染	有 HLB 感染症状，PCR 测试阳性
	NS_PCR_N	感染	无 HLB 感染症状，PCR 测试阴性
	NS_PCR_P	感染	无 HLB 感染症状，但 PCR 测试阳性

4.4.2.2　柑橘黄龙病感染植株光谱特征分析

首先对测量的地面光谱数据进行分类平均、一阶求导、平滑等处理，分析各类之间的差异性。图 4-36 与图 4-37 分别为两试验基地室内及田间光谱测量的结果，右上角的小图为叶片反射率在红边范围内经一阶差分并经 11 步移动平均平滑处理得到的曲线。红边范围内光谱反射率一阶差分曲线的顶点即为红边位置（REP），也是光谱曲线的一个重要特征指标。

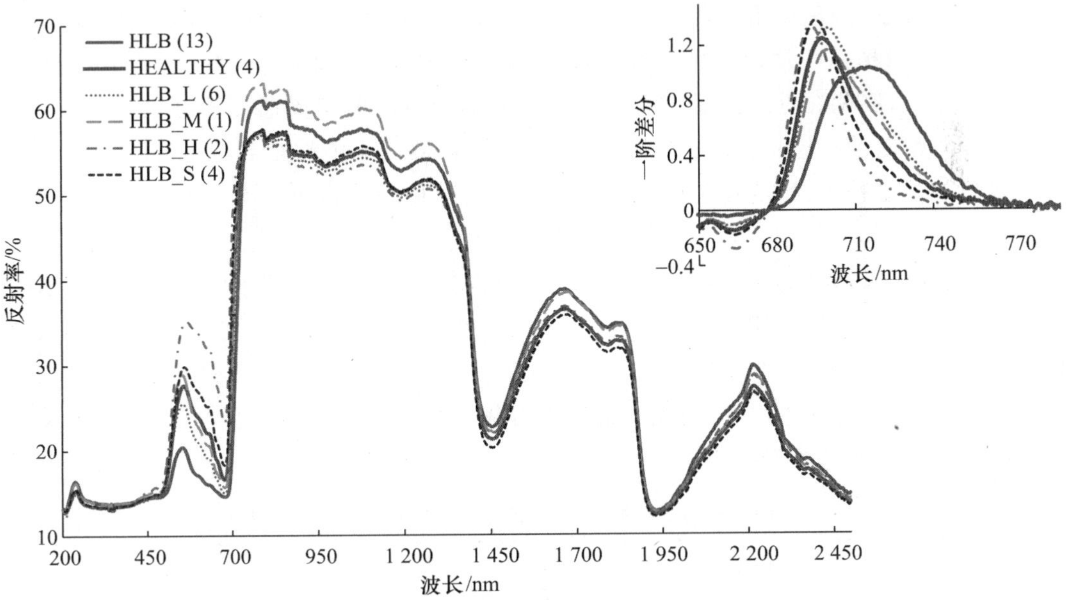

图 4-36　柑橘教育研究中心各类别光谱反射率室内测量结果

（括号内数字为样本数）

以图 4-36 为例，在可见光区域（400～700 nm），染病叶片的平均光谱反射率比健康样本的高，而在近红外波段（810～850 nm）则相反。从右上角的一阶差分曲线可以发现二者的红边

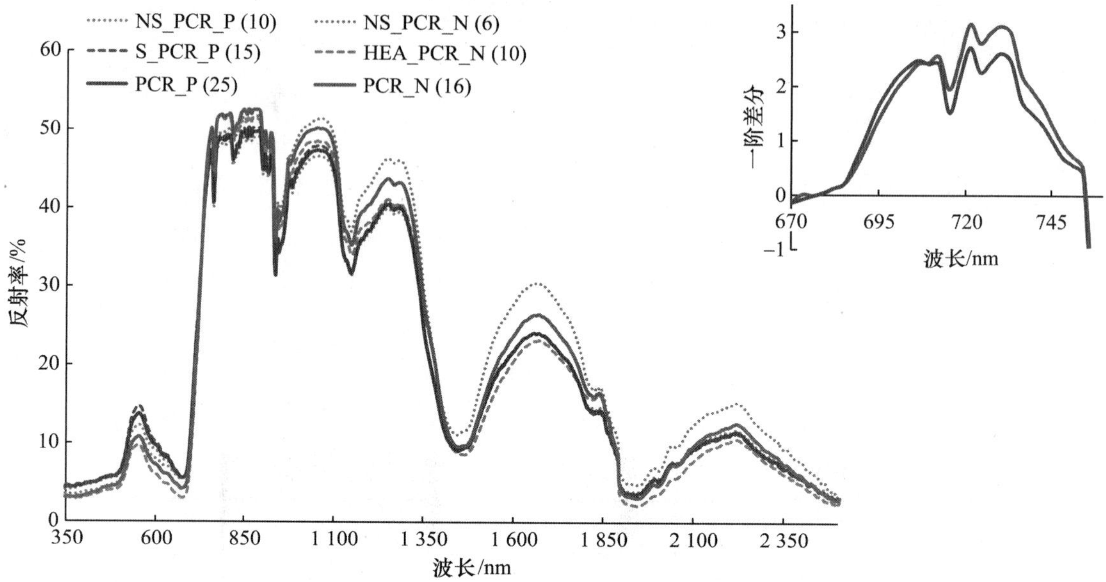

图 4-37 南方花园种植园各类别光谱反射率田间测量结果

（括号内数字为样本数）

位置也存在明显的差别。造成这种现象的原因主要有：叶片的感染症状主要表现为叶片出现不均匀的黄化现象，颜色比暗绿色的健康叶片浅，因此染病叶片在可见光区域的反射率较高。感染 HLB 除了对植株叶片的颜色产生影响外，还会明显地阻碍叶片对水分的吸收，造成染病叶片含水量偏低，因此在近红外区域染病叶片的平均光谱反射率反而低于健康叶片。红边位置是一个相对精密的光谱指标，在条件非常理想的室内测量中能够得到，而田间环境的不可控性给测量增加了多种干扰，淡化了原本存在的差别。这种环境带来的干扰在应用中是不可避免的。

在南方花园种植园地面光谱测量的基础上，分别计算 HEA_PCR_N 和 S_PCR_P 中每个样本的红边位置，三点拉格朗日插值法选用 688.5、706.5 及 736.5 nm 处反射率，四点线性外插值法选用 688.5、706.5、736.5 及 751.5 nm 处反射率。表 4-10 为计算结果及分离结果。可以看出，对所有样本的红边位置，使用阈值法设置阈值分离正确率大部分在 90%以上，线性外插值法稍高于拉格朗日插值法。

表 4-10 采用 2 种插值方法得出的红边位置及分离结果

试验数据	插值方法	阈值/nm	可区分样本数	正确率/%
田间试验数据（总样本数：24）	拉格朗日插值法	719.8	21	87.5
	线性外插值法	720.0	22	91.7
室内测量数据（总样本数：136）	拉格朗日插值法	718.2	129	94.5
	线性外插值法	716.5	130	95.6

4.4.2.3　柑橘黄龙病区域分类

对地面调查采样比较集中区域进行遥感图像处理及分类，多光谱图像选取 200×200 像素的区域，高光谱图像选取 100×100 像素的区域。将需处理区域平均划分为训练域(T)及验证域(V)，如图 4-38(a)所示，图中红色“＋”表示地面调查得到的染病植株位置，白色“＋”表示地面调查得到的健康植株位置。将训练域中的染病(S_PCR_P)及健康(HEA_PCR_N)冠层光谱提取出来建立相应的库类，并用不同的分类方法对图像进行训练，取与训练域地面实际情况最接近的训练结果作为最终结果，用以分析与验证域的吻合情况，计算分类精度。将从四波段多光谱图像中提取出来的库类导入由各波段组成的四维空间中(其中 4 个维度分别对应蓝、绿、红、近红外 4 个波段)，选取一个分离效果较好的角度得到如图 4-38(b)所示结果，其中轴 1～4 分别表示多光谱图像的各光谱波段。可以看出，两类冠层还存在着较大范围的重叠。

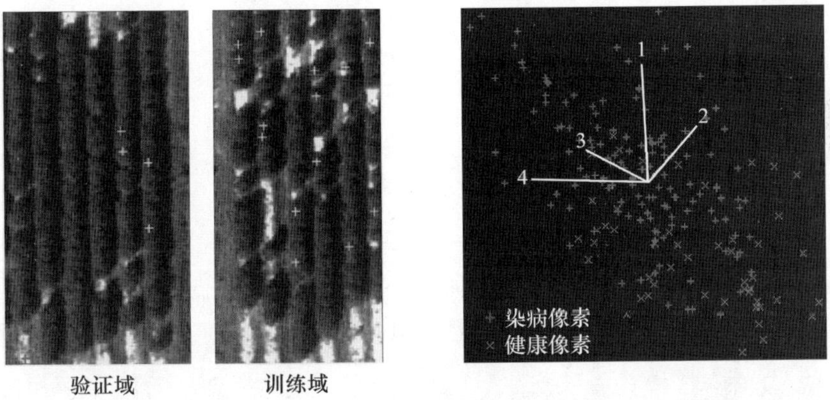

(a)图像区域划分　　(b) 染病与健康像素在四维空间中的分布

图 4-38　图像区域划分及健康、染病冠层信息

为了比较不同方法在 HLB 监测方面的优劣性，采用平行六(多)面体分类法(parallelopiped，Para)、最小距离分类法(minimum distance，MinDist)、马氏距离分类法(Mahanalobis distance，MahaDist)、光谱角分类法(spectral angle mapper，SAM)、信息散度分类法(spectral information divergence，SID)、光谱特征拟合分类法(spectral feature fitting，SFF)和混合调制匹配滤波分类法(mixture tuned matched filtering，MTMF)分别进行分类、识别，各种方法的识别结果见表 4-11。

从表 4-11 可以看出，大部分方法在训练域中的正确识别率在 80％以上，在验证域的正确识别率为 60％左右。SFF 在高光谱图像的训练域(95.1％)及验证域(88.1％)中显示了非常高的精度，但对波段数只有 4 个的多光谱图像却无法有效分类。SAM、SID 和 MTMF 在训练域和验证域表现不稳定，SID 在多光谱图像中的验证精度甚至远高于训练精度。MinDist 与 MahaDist 的绝对精度虽然都不是最高的，但在训练域及验证域中表现比较平衡。图 4-39 分别显示了 MinDist 与 MahaDist 对高光谱及多光谱图像的分类结果。绿色及红色区域分别代表分类后的健康及染病冠层，“＋”为地面调查中通过 PCR 证实的染病植株的位置。

表 4-11 7 种分类方法对染病植株的识别结果

图像类型	方法	训练域(T)		验证域(V)	
		正确识别样本数	正确识别率/%	正确识别样本数	正确识别率/%
高光谱图像	Para	30	73.2	18	42.9
	MinDist	34	82.9	27	64.3
	MahaDist	31	75.6	32	76.2
	SAM	40	97.6	23	54.8
	SID	37	90.2	25	59.5
	MTMF	38	92.7	24	57.1
	SFF	39	95.1	37	88.1
多光谱图像	Para	39	95.1	25	59.5
	MinDist	37	90.2	28	66.7
	MahaDist	38	92.7	26	61.9
	SAM	39	95.1	26	61.9
	SID	31	75.6	40	95.2
	MTMF	35	85.4	26	61.9

注:染病植株样本总数,训练域(T)为 41,验证域(V)为 42。

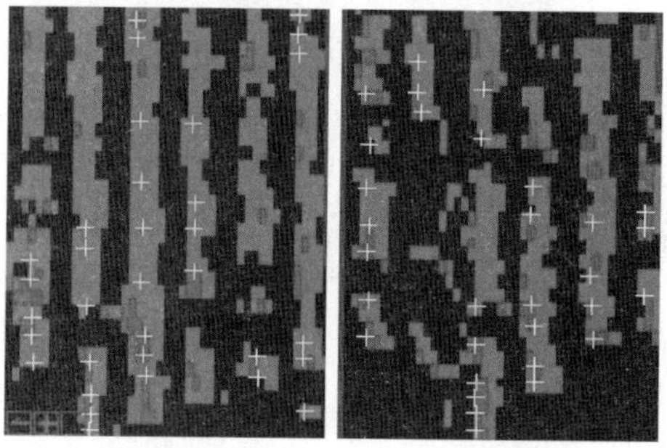

(a)MinDist 对高光谱图像的分类结果

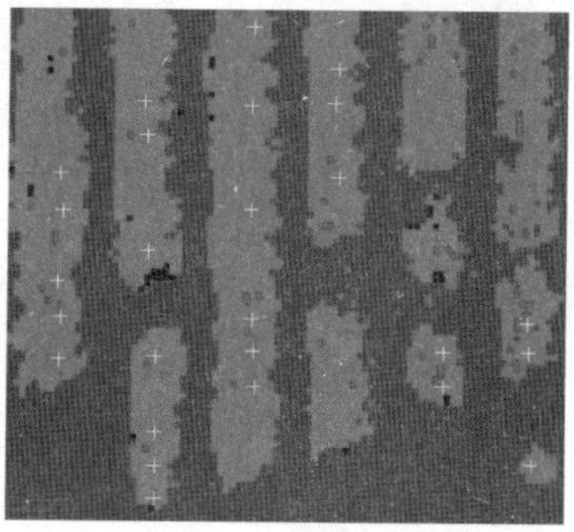

(b)MahaDist 对多光谱图像的分类结果

图 4-39 MinDist 和 MahaDist 的分类结果

分别将全面的人工调查结果和 MinDist、MahaDist 两种方法的分类结果导入 Arc GIS (Version 9.0),可以生成如图 4-40 所示的染病植株密度分布图,分布图按照染病植株的密度分为低、中、高、严重 4 个等级,在田间管理中可以作为处方图开展作业。

从分布图可以看出,人工调查得到的整体染病密度明显高于利用遥感影像检测的结果,各类检测方法很难像人工调查那样全面。但总体来说,两种方法能够成功识别严重感染中心区域,显示了遥感方法在协助柑橘园病害管理方面的巨大潜力。从量化结果和密度分布图看,相对简单的分类方法 MinDist 和 MahaDist 显示了更加稳定、均衡的性能,可为田间管理处方提供支持。

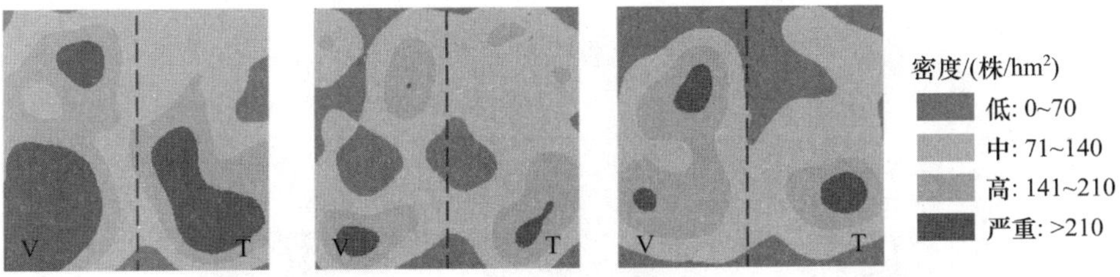

(a)人工调查结果 (b)MinDist 分类结果 (c)MahaDist 分类结果

图 4-40 染病植株密度分布图

［黑色虚线为训练域(T)与验证域(V)的分界线］

4.4.3 基于深度学习的苹果叶片病害检测与服务系统

中国农业大学精细农业研究中心基于成像技术获取图像，利用深度学习算法建立苹果叶片病害检测模型，可快速识别复杂病害。图像采集和病害识别采用智能手机即可完成，提高了病害诊断的便捷性和实用性。

4.4.3.1 图像采集和数据集生成

使用智能手机采集红富士、嘎啦苹果的健康叶片(health)、锈病叶片(xiubing)和花叶病叶片(huaye)图像，如图 4-41 所示。图像分辨率为 782×1 082 像素，存储为 jpg 格式。共采集 5 359 幅叶片图像。

(a)健康 (b)锈病 (c)花叶病

图 4-41 苹果叶片图像类型

为了适应复杂的农业生产环境，提高苹果病害识别模型的鲁棒性与泛化能力，采用改变亮度、添加噪声、旋转、镜像等变换方法增加数据集的多样性，如图 4-42 所示，最终获得了 15 000 幅苹果叶片病害图像。

4.4.3.2 基于深度学习的苹果叶片病害识别模型

分别采用 Yolo X、Faster R-CNN 和 DETR 目标检测算法，建立叶片病害识别的深度学习模型，对 3 类苹果叶片进行识别。识别准确率如图 4-43 所示，可知 DETR 模型对 3 类苹果叶片的识别准确率(平均值为 96.3%)均高于其他两种模型(Faster R-CNN 模型为 93%，Yolo X 模型为 91.7%)。图 4-44 为 3 种模型调用时间对比，可见 DETR 模型所用时间(7.04 s)总体

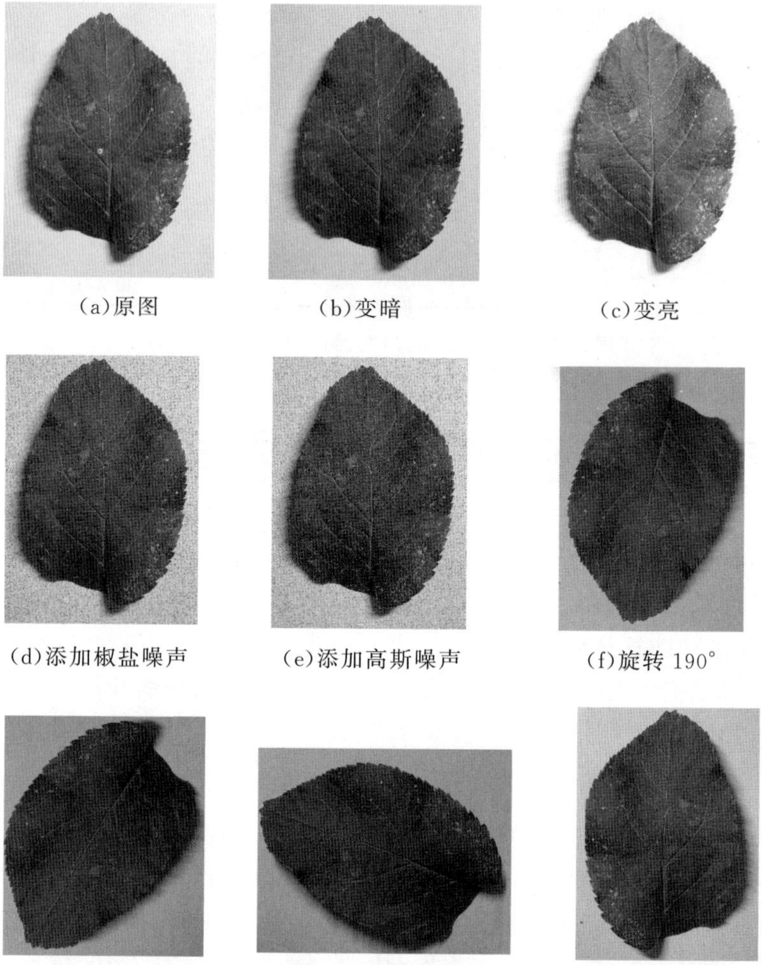

(a)原图 (b)变暗 (c)变亮

(d)添加椒盐噪声 (e)添加高斯噪声 (f)旋转 190°

(g)旋转 200° (h)旋转 300° (i)镜像

图 4-42 图像数据集生成

小于其他两种模型(Yolo X 模型 7.74 s,Faster R-CNN 模型 8.15 s)。因此,选取 DETR 模型部署在微信小程序端进行病害识别。

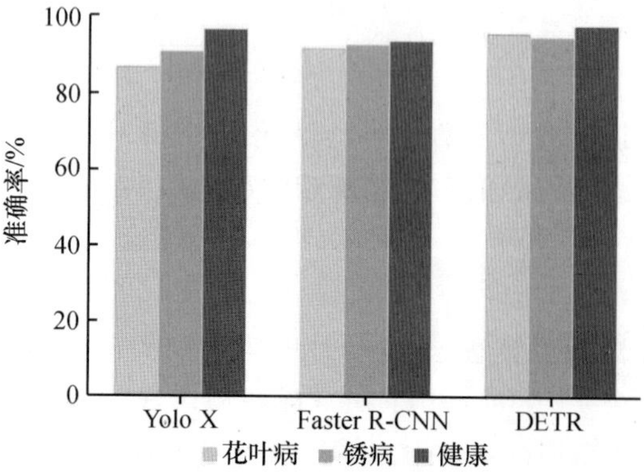

图 4-43 3 种模型识别准确率对比

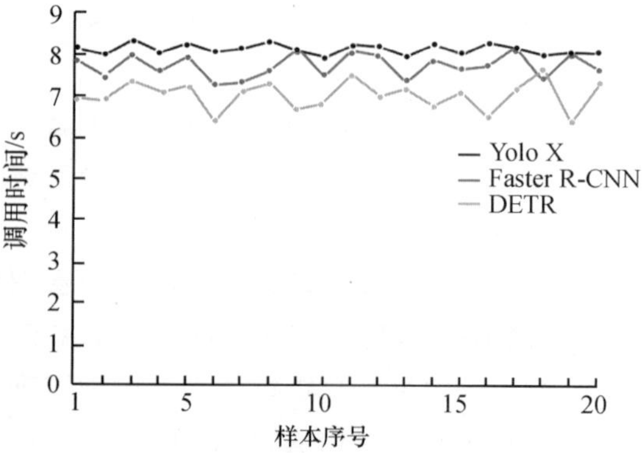

图 4-44 3 种模型调用时间对比

4.4.3.3　基于移动终端的果树病害诊断服务系统

利用微信小程序结合阿里云服务器能够实现高效可靠的云服务，为农业信息化提供有力支持。因此，采用上述 DETR 模型开发了一款基于微信小程序的苹果病害诊断服务系统。

基于微信小程序的果树病害诊断服务系统采用多层架构设计，可实现用户交互、业务逻辑处理以及数据传输、存储和访问等功能。系统架构如图 4-45 所示。

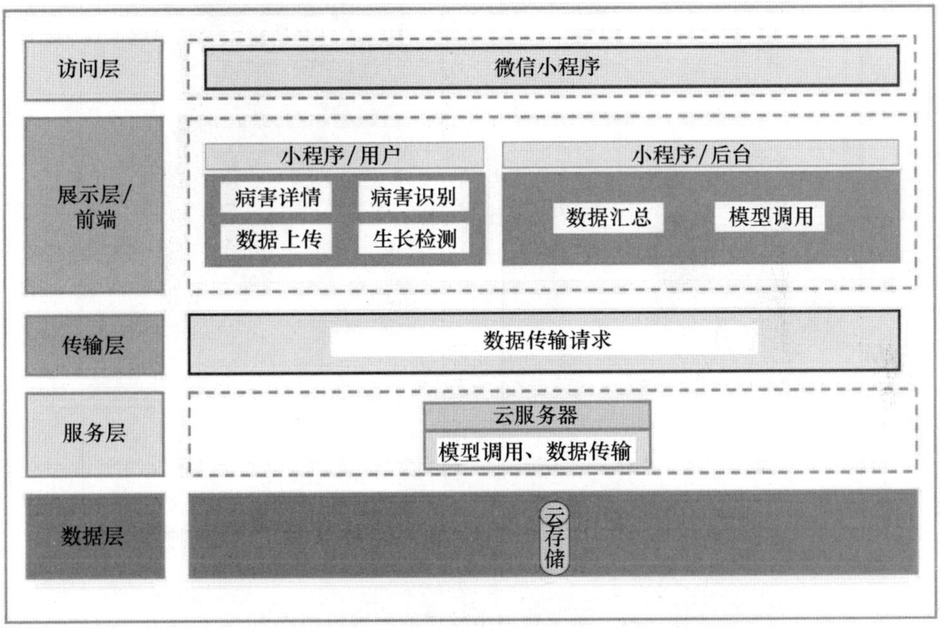

图 4-45　基于移动终端的果树病害诊断服务系统架构

果树病害诊断服务系统通过微信小程序将图像数据上传至云服务器，通过云服务器配置 Nginx 实现 HTTPS 传输请求，调用 Flask 框架部署的深度学习模型进行识别，识别结果反馈到小程序端显示，如图 4-46 所示。

4.5　作物病虫害防治精细作业技术

4.5.1　概述

病虫草害的化学防治是农业生产的重要环节，同时也是最主要、最有效的防治手段，在保证国家粮食产量及安全方面发挥着重要作用。农业生产过程中的植保作业仍以手工及半机械化操作为主，存在管理粗放、用药过量的问题。如图 4-47 所示，采用大容量淋洗式连续喷药方式，喷药机作业时无视果树种植模式及果树间的差异性，按相同的喷药量喷施，农药利用率及作业效率都非常低。为在保证防治效果的前提下提高农药的有效利用率，减少对环境的污染，迫切需要在快速、实时、高精度获取作物病虫草害信息的基础上，发展精细化、智慧化的植保机械与施药技术。

精细施药技术是农业生产中化学防治的发展方向，其基本原则是根据农作物对象的不同

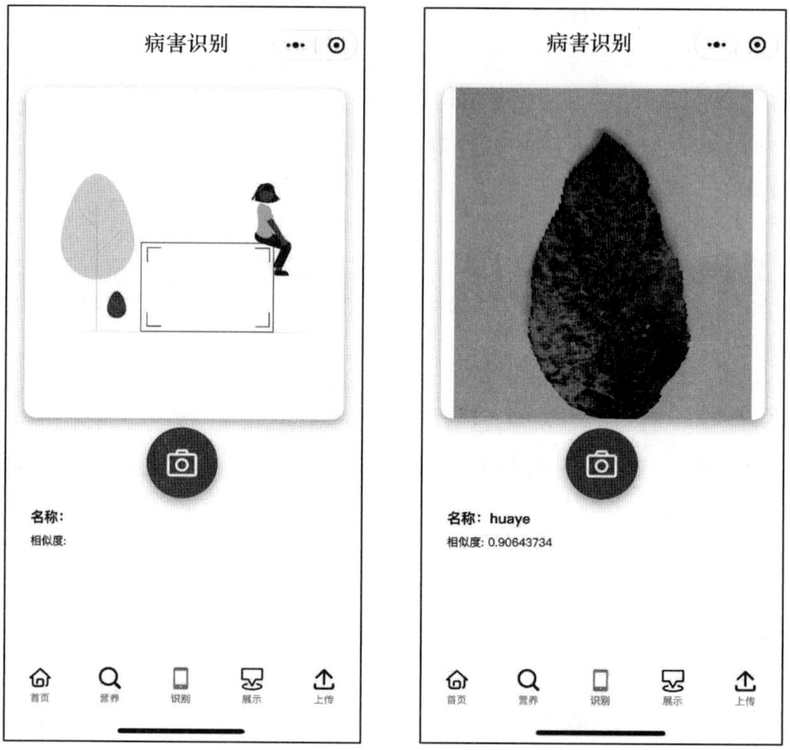

(a)识别界面　　(b) 识别结果界面

图 4-46　基于微信小程序的病害识别界面

图 4-47　果园传统风送式喷药机的过量喷药现象

特征信息实时地改变喷药量，实现按需施药。精细施药技术主要分为两类，一类是基于实时传感器的变量施药技术(sensor based variable rate treatment，SB-VRT)，另一类是基于作业处方图的变量施药技术(map based variable rate treatment，MB-VRT)[41]。

近年来，我国农业航空产业发展迅速，植保无人机具有作业效率高、成本低等特点，对山地、水田、高秆和果园作物适用性好，成为应对大面积突发病虫草害的重要防除方式之一。用于植保作业的无人机，按升力部件类型分，主要有单旋翼和多旋翼植保无人机；按动力部件类型分，主要有电动和油动植保无人机等。如图 4-48 所示[5]。

(a)电动多旋翼植保无人机　(b)电动单旋翼植保无人机　(c)油动单旋翼植保无人机

图 4-48　植保无人机类型

当前对各种类型植保无人机喷药过程的基础研究主要集中在两个方面：一是雾滴沉降规律及各种因素影响模型的研究，即通过空气动力学或施药试验建立雾滴分布数学模型，研究飞行速度、飞行高度、风速、风向等对雾滴沉积和漂移的影响；二是基于农情信息的精细施药控制技术研究，即结合航空遥感技术获取不同作业区域的病虫草害信息后，依照处方或者不同区域的需求来控制植保无人机喷药。本节围绕作物病虫草害检测与精细作业技术，首先以果园精细化变量施药技术为例介绍在线探测与对靶变量喷药技术，然后介绍植保无人机智慧管理研究的案例。

4.5.2　基于二维激光雷达的果树在线探测与对靶变量喷药技术[42-44]

在基于机器视觉和红外传感器探测果树位置的基础上实施对靶变量喷药，虽然能够减少过量喷药，但忽略了果树的厚度和枝叶疏密程度等个体性差异。基于超声传感器的果树探测技术在识别果树有无的基础上，能同时获取果树的网格化体积和疏密程度等特征信息，提高了果树探测的精度，但获得的果树外形轮廓特征比较粗放，且受环境因素影响较大，超声传感器的多传感器阵列形式的探测精度有待进一步提高。基于二维激光雷达的果树探测技术能够依据测距点云数据获取大量的树冠特征信息，与其他探测技术相比具有更高的探测精度，并且受气候和其他环境因素的影响很小。因此，蔡吉晨等开展了基于二维激光雷达的果树在线探测与对靶变量喷药系统研究[42-44]。

4.5.2.1　基于二维激光雷达的果园对靶变量喷药机工作原理

如图 4-49 所示，喷药机通过二维激光雷达对两侧果树冠层进行实时探测，根据果树冠层特征以及喷药机行驶速度进行对靶变量喷药。二维激光雷达为德国 SICK 公司的 LMS111-10100 型，其高度方向扫描范围为 $-45°\sim225°$。为适当减小控制系统的实时运算量，提高系统响应速度，仅对 $-45°\sim45°$ 及 $135°\sim225°$ 范围内的测距数据进行处理，检测区域如图 4-49(b)所示。

为排除低矮位置处杂草等物体对果树冠层检测的干扰，根据果园实际情况设定起始检测高度(H_0)。将果树冠层在高度方向上按一定的高度差(ΔH)划分成若干等份(网格)，使网格划分数量与单侧喷头数量一致。如图 4-49(a)中所示，默认喷药机作业时始终沿行间中心线行驶，作业前根据树行宽度设定探测距离，以适应不同的行间距。喷药机运动过程中，每移动一个网格宽度(W)的距离，左、右两侧果树冠层将分别被划分成一组网格，由控制系统根据冠层网格体积模型实时计算网格组中各个网格的体积，再结合喷药机行驶速度及变量喷药模型，计算出各个网格所需要的施药量。作业前将二维激光雷达与喷头之间的距离(L)设定为延时喷雾距离，变量喷药机作业时按照先探测后喷药的作业方式，当喷头移动过距离 L 到达对应的探测位置时，控制系统按照对应网格所需施药量对电磁阀进行 PWM 控制，实时调节每一路喷头的流量，达到精细施药的目的。

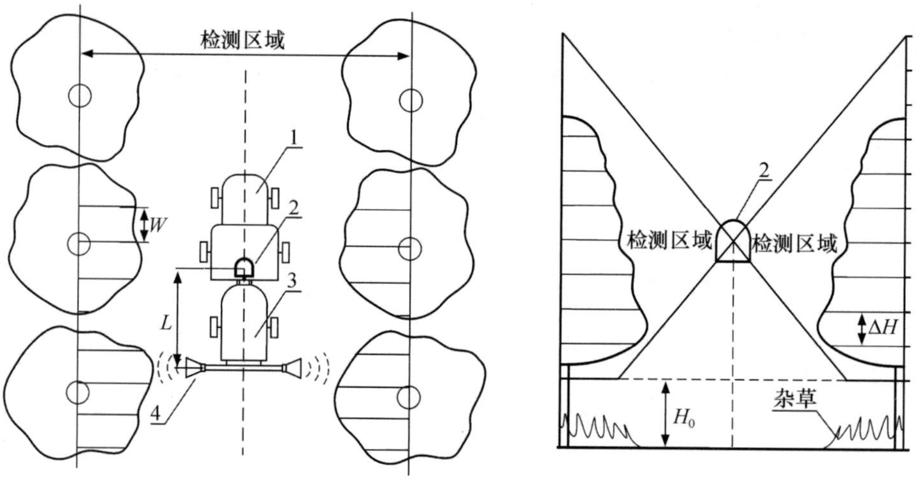

(a)喷药机作业示意图 (b)二维激光雷达探测示意图

1. 拖拉机 2. 二维激光雷达 3. 喷药机 4. 喷头

图 4-49 基于二维激光雷达的果园对靶变量喷药机作业示意图

4.5.2.2 基于二维激光雷达的果园对靶变量喷药机结构

基于二维激光雷达的果园对靶变量喷药机包括喷药控制系统和喷雾系统，其总体结构如图 4-50 所示。上位机进行作业参数的设置及作业过程的监控，下位机采用单片机 STM32 完成各传感器数据的采集以及控制指令传输。由于电磁阀数量较多，对电磁阀进行控制时，考虑到流量调节控制器的资源有限，将电磁阀分组，进行分布式控制，各流量调节控制器与数据分配器之间采用 CAN 总线通信。由于控制系统中传感器和控制器的种类较多，且供电电压各不相同，设计了电源控制器，对系统中各部分的供电进行集中管理。

喷药机由上位机、二维激光雷达、数据分配器、流量控制器、电磁阀和测速装置等组成，各组成部分在喷药机上的安装位置如图 4-51 所示。二维激光雷达安装于喷药机前端支架上，用于探测两侧果树的冠层特征信息，并将产生的测距数据通过网口实时发送给上位机。测速装置安装于喷药机一侧车轮上，用于实时采集喷药机行驶速度信息。上位机安装于拖拉机驾驶位置的一侧，用于各项喷药作业参数设定，冠层网格体积计算、显示及存储，同时根据获取的冠层特征信息与喷药机行驶速度信息，控制喷雾系统实现对靶变量喷药。喷雾系统位于喷药机后端，有 2 排共 20 路独立控制的喷头，可对两侧果树进行施药作业。

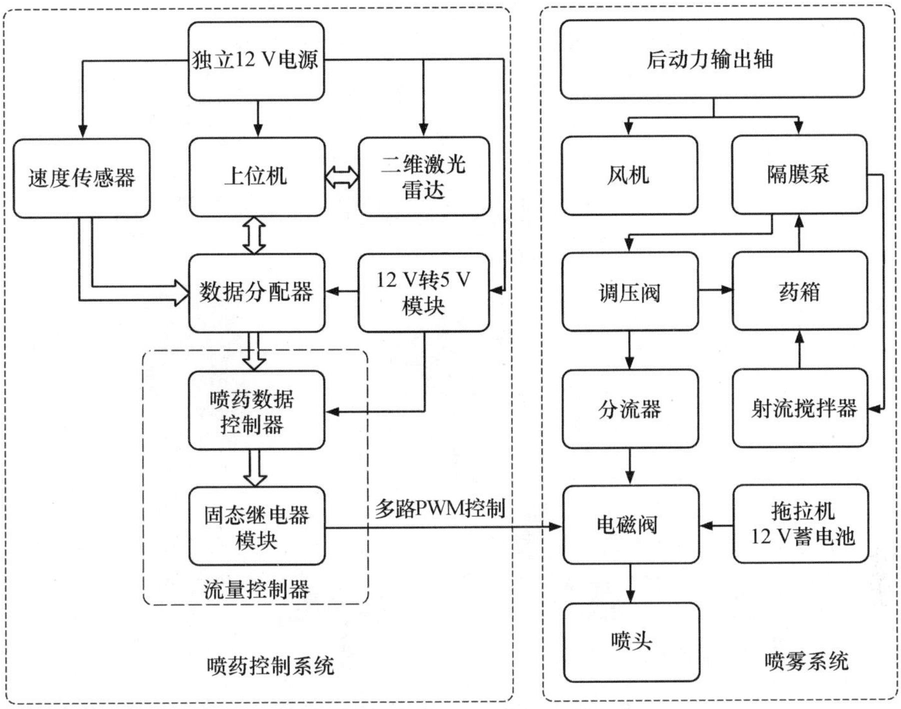

图 4-50　基于二维激光雷达的果园对靶变量喷药机总体结构框图

1.上位机　2.二维激光雷达　3.数据分配器及流量控制器

4.喷头　5.电磁阀　6.测速装置　7.电源控制器

图 4-51　基于二维激光雷达的果园对靶变量喷药机实物图

喷药控制系统结构如图 4-52 所示。二维激光雷达扫描周期设置为 20 ms，分辨率设置为 0.5°，单次检测能够获取 270°范围内的 541 个单点测距数据。速度传感器选用 LJ12A3-4-Z/AX 型电感式接近开关，当喷药机前进时，测速装置实时向数据分配器发送脉冲信号，每移动一个网格宽度的距离，数据分配器将接收到一定数量的脉冲信号，进而通过 COM1 向上位机发送一个触发信号，提示上位机向二维激光雷达发送单次扫描指令完成单次检测。二维激光雷达、上位机、测速装置及电磁阀均需要 12 V 直流电源，数据分配器及流量控制器需要 5 V 直流电源。为了避免电磁阀频繁起停对电路中其他控制器供电的影响，使用拖拉机 12 V 蓄电池为电磁阀供电，其他控制器通过独立的 12 V 电源供电，并通过控制系统电源控制器集中管理。

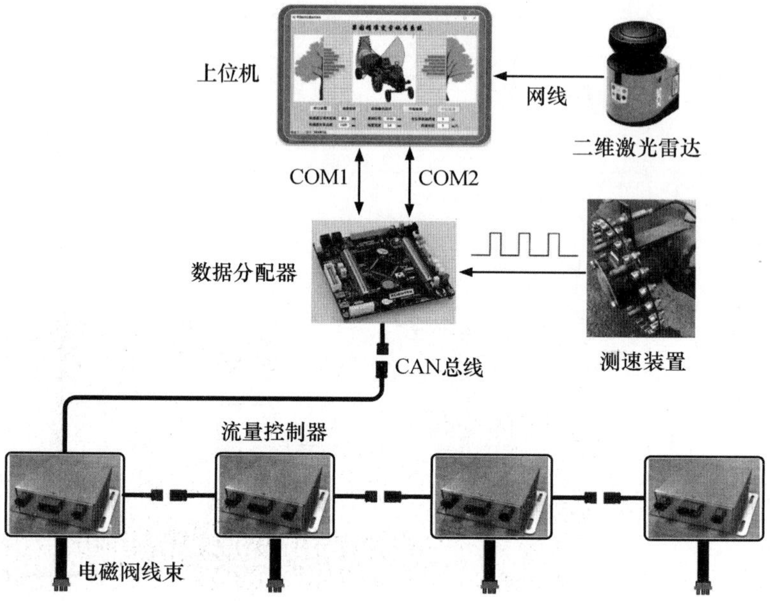

图 4-52 喷药控制系统结构示意图

系统控制软件的主要功能包括通信参数及作业参数的设置，串口和网口数据的发送及接收，各网格体积的实时显示及存储，各网格喷药量及各喷头对应的 PWM 占空比的计算，喷药数据延时发送等。当上位机接收到测距数据后，根据果树冠层网格体积模型计算喷药机两侧树行各一组不同高度上的果树冠层的亚网格体积。当累计计算一组网格体积后，再根据接收到的触发信号解算喷药机的当前行驶速度，由变量喷雾模型得到每个网格体积所需的喷雾量数据以及每一路电磁阀的 PWM 占空比。将各路 PWM 占空比组合成喷药数据，通过串口下发给数据分配器。数据分配器接收到喷药数据后，将其拆分成 4 组，通过 CAN 总线分别发送给流量控制器。流量控制器对各组喷药数据解析后，通过固态继电器模块对电磁阀进行 PWM 控制，最终实现对喷雾量的变量控制。

4.5.2.3 对靶变量喷药机喷药性能

1. 试验方案

选择 3 棵冠层体积差异较大的樱桃树对喷药机喷雾覆盖率的均匀性进行检测，环境温度 18.5 ℃，空气湿度 56%，风速 3.8 m/s。3 棵樱桃树的株距约 2 m，树高及树冠平均宽度分别为：树 1 高 2.1 m，宽 1.6 m；树 2 高 1.7 m，宽 1.3 m；树 3 高 2.6 m，宽 2.4 m。

以果树面向喷药机的一侧为前侧，分别在每棵果树树冠靠近上部（上）、下部（下），左右两侧靠前位置（左、右）、前后位置（前、后），以及树冠中心位置（中）布置雾滴采样点，用水敏纸检测雾滴分布，水敏纸的尺寸为 30 mm×70 mm，雾滴粒径扩散系数为 1.8。为验证变量喷药机的对靶喷雾性能，在树两侧和之间竖 3 根杆，在杆的不同高度处布置雾滴采样点。为防止二维激光雷达经过时探测到杆而造成误喷，将各杆放置在树行靠后 0.2 m 处。果树、杆和水敏纸位置如图 4-53 所示。

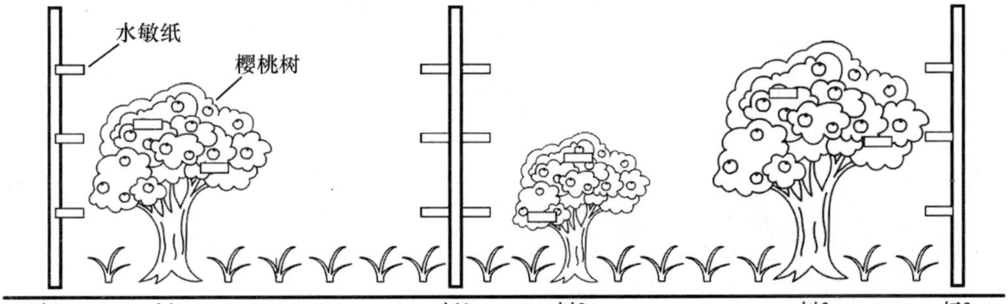

图 4-53　果树、杆和水敏纸位置

根据果树树冠的尺寸，将二维激光雷达至果树行的检测距离设定为 2 m，二维激光雷达距地面的高度为 1.5 m，起始检测高度为 0.5 m。高度方向上划分网格数为 10 个，网格高度为 250 mm，这两项参数在上位机程序中为固定值。喷雾器两侧各安装 10 个锥形喷头，喷药机至果树行的喷雾距离确定后，计算喷药机各喷头的安装角度并对喷头进行调整。各喷头位置及安装角度如表 4-12 所示。

表 4-12　喷药机各喷头位置及安装角度

项　目	喷头序号									
	1,11	2,12	3,13	4,14	5,15	6,16	7,17	8,18	9,19	10,20
喷头高度/mm	750	860	970	1 080	1 220	1 380	1 530	1 650	1 800	1 940
两喷头间距/mm	870	870	870	800	700	610	520	430	340	250
安装角度/(°)	−4.5	1.0	5.5	10.0	13.5	16.0	19.0	22.0	24.0	26.5

试验使用的拖拉机为约翰迪尔 404 拖拉机，喷雾系统风机转速为 540 r/min，喷雾压力通过手动调压阀调节为 0.6 MPa。各喷头的流量模型为对应压力下的测试结果。

为验证网格宽度对喷雾效果的影响，将网格宽度分别设置为 140、210 和 280 mm，在 1.0 m/s 的行驶速度下对树 1 进行喷药。二维激光雷达与喷头之间的距离实际测量值为 2.5 m，根据喷药延时控制精度试验结果，为提高对靶喷药精度，根据网格宽度的变化相应调整延时距离补偿，3 种网格宽度时二维激光雷达与喷头之间的距离分别设定为 2 430、2 360 和 2 290 mm。网格宽度确定后，将拖拉机行驶速度分别调整为 1.0、1.2、1.4、1.6 和 1.8 m/s，对 3 棵果树进行喷药，每个网格宽度和每个速度下的喷药试验分别重复 3 次。

在同样的试验条件下，使用同一型号的喷药机以 1.4 m/s 的行驶速度进行喷雾作业，作为对照组，与变量喷药机的试验结果进行对比。对照组喷药机两侧各 11 个喷头，将最低的喷头关闭，其余各喷头的安装位置与变量喷药机一致。对照组的拖拉机型号、各喷头角度、喷雾压力、风机转速、喷药机至果树行的喷雾距离等试验条件及作业参数均与变量喷雾机保持一致，0.6 MPa 压力下喷头流量为 1.4 L/min。对照组喷药机和变量喷药机均只对有果树的一侧喷药，另一侧喷头关闭。

2. 喷药量与雾点分布分析

使用北京农业智能装备技术研究中心研发的雾滴沉积分析系统(iDAS)对水敏纸扫描图

片进行分析，如图 4-54 所示，可以得到雾滴覆盖率、沉积点数、沉积点密度等反映喷雾效果的数据。雾滴覆盖率指水敏纸上雾滴沉积面积与水敏纸总面积的比值。沉积点密度指水敏纸上 1 cm^2 内沉积点数，《植物保护机械　通用试验方法》(JB/T 9782—2014)中规定风送喷雾作业中有效防治的沉积点密度不低于 20 个/cm^2。

(a)水敏纸雾滴覆盖效果示例　　(b)雾滴沉积分析示例

图 4-54　水敏纸雾滴覆盖效果及软件分析

图 4-55 是不同网格宽度时树 1 各采样位置雾滴覆盖率。从图中可以看出，在不同的网格宽度下，变量喷药机对树 1 各位置处产生的雾滴覆盖率均明显低于常规喷药机；同时由图 4-56 可以看出，树 1 冠层上各位置处的沉积点密度均大于 20 个/cm^2，达到了对果树病虫害进

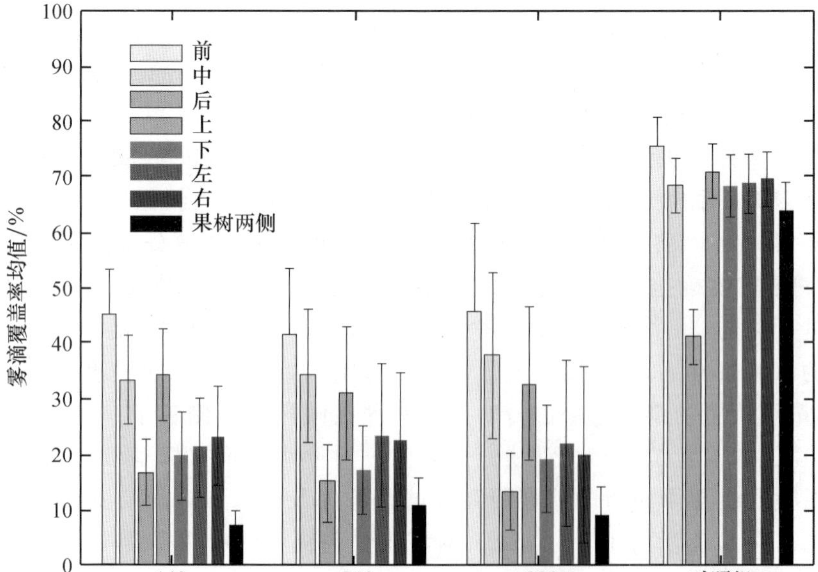

图 4-55　不同网格宽度时树 1 各采样位置雾滴覆盖率

行有效防治的要求。以上结果表明变量喷药机能够在提供充足的喷药量的前提下，大幅度降低果园施药作业中农药过量喷施的现象。

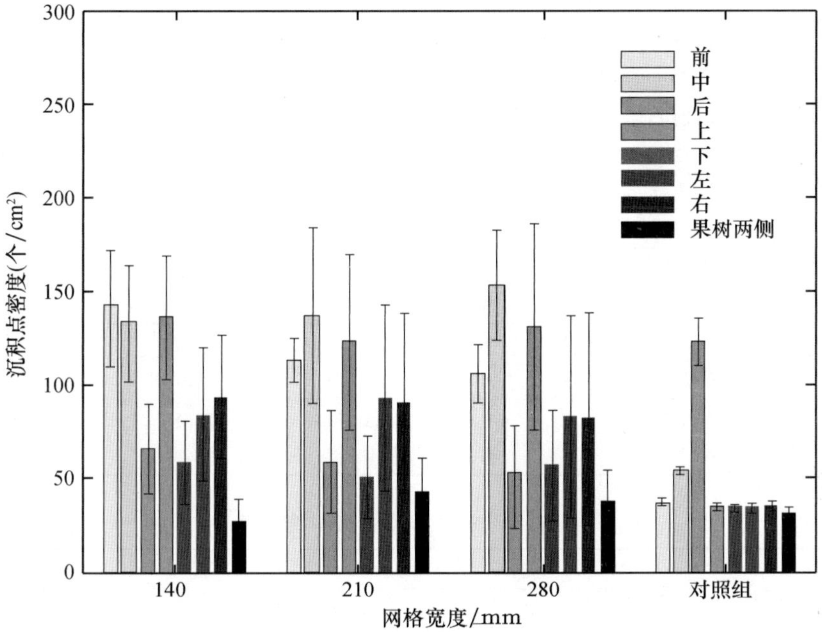

图 4-56　不同网格宽度下树 1 各位置处雾滴沉积点密度

仍以树 1 为例，从图 4-55 可以看到，各采样位置 3 次重复实验的雾滴覆盖率均值在不同的网格宽度下没有明显的变化，随网格宽度增大，雾滴覆盖率均值的标准偏差有所增加，表明雾滴覆盖率的均匀性下降。网格宽度变大，二维激光雷达两次扫描的间距变大，探测到的树冠特征信息减少，采样点对应的施药量差异性增大，即雾滴覆盖率的差异性增大。树 1 前、中、后三个位置的雾滴覆盖率逐渐降低，且后侧雾滴覆盖率明显低于果树上其他各位置，表明相对致密的果树冠层对气流及雾滴的阻挡作用较为明显，雾滴在背对喷药机一侧的沉积量大幅衰减。对照组雾滴覆盖率远高于变量喷药机组数据，表明变量喷药机能够在提供充足施药量的前提下(沉积点密度不低于 20 个/cm^2)，大幅度减少农药过量喷施的现象。此外，变量喷药机在树 1 两侧无树冠位置的雾滴覆盖率明显低于常规喷药机，表现出较好的对靶喷药精度，有效地减少了农药浪费。

3. 喷药机行驶速度对喷雾效果的影响

表 4-13 至表 4-15 是网格宽度为 210 mm 时喷药机在不同的行驶速度下的雾滴覆盖率统计表。

由不同速度下的雾滴覆盖率统计表可以看出，树 1 的前侧、中部以及上部的雾滴覆盖率在 1.4～1.8 m/s 的速度范围内逐渐降低。树 2 各位置处的雾滴覆盖率在不同速度下无明显变化趋势。同时，由于树 2 的冠层尺寸小、密度较小且树枝较细，在气流作用下树枝晃动更为明显，其后侧的雾滴覆盖率与树 1 相比明显提高。由于树 3 的冠层尺寸较大且枝叶较为茂密，导致气流及雾滴无法穿透树冠，果树后侧雾滴沉积量为 0；其他位置处不同速度下的单次试验中雾滴覆盖率标准偏差值均较小，表明在各位置处喷雾性能较为稳定；随行驶速度增大，雾滴覆盖率逐渐减小，表明变量喷药机对树 3 喷药时雾滴覆盖率受到行驶速度的影响明显。

表 4-13 树 1 雾滴覆盖率统计表 %

组别	速度/(m/s)	统计参数	位置							
			前	中	后	上	下	左	右	杆 1
试验组	1.0	平均值	41.6	34.4	14.9	31.0	17.0	23.4	22.7	10.8
		标准差	11.4	12.0	6.8	11.9	7.5	12.5	12.1	4.6
	1.2	平均值	47.8	36.0	17.9	35.4	12.6	18.8	23.6	7.1
		标准差	5.3	7.6	6.8	5.2	7.9	9.5	5.9	4.0
	1.4	平均值	44.3	36.8	12.9	32.0	15.2	20.4	19.9	9.5
		标准差	15.0	14.3	6.7	13.7	8.4	13.1	14.0	3.9
	1.6	平均值	39.7	32.9	11.4	28.5	16.7	18.1	17.8	11.7
		标准差	13.4	12.9	5.9	12.2	8.5	11.9	12.6	4.3
	1.8	平均值	32.1	27.0	11.6	25.4	13.2	11.4	22.2	12.1
		标准差	8.4	9.4	5.3	11.5	5.9	5.0	4.1	4.7
对照组	1.4	平均值	54.3	48.9	29.5	50.7	48.9	49.0	49.8	44.0
		标准差	3.7	3.3	3.2	3.5	4.1	3.8	3.5	3.2

表 4-14 树 2 雾滴覆盖率统计表 %

组别	速度/(m/s)	统计参数	位置							
			前	中	后	上	下	左	右	杆 2
试验组	1.0	平均值	40.5	32.8	19.4	29.9	11.3	18.2	20.3	8.5
		标准差	1.7	5.8	4.6	7.4	7.2	7.3	4.5	3.6
	1.2	平均值	33.7	28.7	21.8	28.9	14.4	19.1	16.0	10.5
		标准差	5.7	7.1	6.8	7.6	6.5	3.9	2.6	4.4
	1.4	平均值	37.0	31.8	24.0	31.8	15.8	20.9	17.7	8.9
		标准差	6.3	7.9	7.4	8.3	7.2	4.3	3.2	3.5
	1.6	平均值	34.4	29.6	22.3	29.5	14.6	19.4	16.6	9.3
		标准差	5.8	7.3	6.9	7.7	6.7	4.6	3.2	4.1
	1.8	平均值	33.6	28.6	21.5	28.5	14.2	18.8	16.3	11.9
		标准差	5.2	7.1	6.7	7.5	6.5	3.8	2.3	3.8
对照组	1.4	平均值	53.9	47.9	40.3	50.1	48.9	49.6	50.2	48.3
		标准差	3.1	4.0	4.5	2.8	2.8	3.9	3.6	4.4

表 4-15 树 3 雾滴覆盖率统计表 %

组别	速度/(m/s)	统计参数	位置							
			前	中	后	上	下	左	右	杆 3
试验组	1.0	平均值	68.2	40.4	0	34.2	19.7	28.7	24.4	18.9
		标准差	4.5	3.8	0	3.5	1.0	9.8	9.6	3.2
	1.2	平均值	62.2	36.6	0	31.9	17.7	22.8	20.3	14.5
		标准差	5.0	3.6	0	4.5	0.9	3.7	9.2	5.1
	1.4	平均值	57.9	34.3	0	29.0	16.7	22.4	22.9	15.6
		标准差	3.8	3.2	0	3.0	0.8	10.9	5.9	6.2

续表 4-15 %

组别	速度/(m/s)	统计参数	位置							
			前	中	后	上	下	左	右	杆3
试验组	1.6	平均值	52.4	32.2	0	27.3	15.7	22.9	19.7	12.4
		标准差	3.7	2.6	0	2.8	0.8	7.9	7.3	4.4
	1.8	平均值	51.2	30.7	0	24.9	14.1	20.6	17.7	16.0
		标准差	3.9	3.0	0	3.1	0.7	7.1	6.5	5.9
对照组	1.4	平均值	63.2	39.0	0	34.9	47.5	47.1	48.1	51.7
		标准差	4.0	2.8	0	6.4	4.3	3.8	3.5	3.7

4.5.3 基于云平台的植保无人机与智慧作业管理系统

与传统手动施药器械、背负式机动施药器械和拖拉机悬挂式植保机械的作业模式相比，应用植保无人机施药具有机动灵活与可大面积规划作业的特点，可以改善工作条件，提高作业效率并提升规模化种植和管理水平。为了满足植保无人机在农业领域推广应用的需要，并提高植保作业管理水平，保障无人机安全与植保作业效率，利用并集成4G/5G和智能化技术，杨泽等研发了基于Web的植保无人机与植保作业管理及植保无人机飞行状况远程监视系统[45-47]。

4.5.3.1 植保无人机监管平台设计与开发[45-47]

植保无人机监管平台拓扑结构如图4-57所示，利用Django框架技术搭建整个系统。系统基于网络运行于远端服务器(B)和客户端(S)，使用B/S结构。无人机的飞行信息通过4G模块实时回传到服务器，服务器通过一个Socket接口接收数据。通过对植保无人机、植保作业管理和飞行监视系统的功能进行分析，将系统分为7个模块，如图4-58所示，分别为用户管理、无人机管理、植保作业管理、作业边界管理、数据接收、基于百度地图的飞行轨迹可视化、网络服务(web service)接口模块。

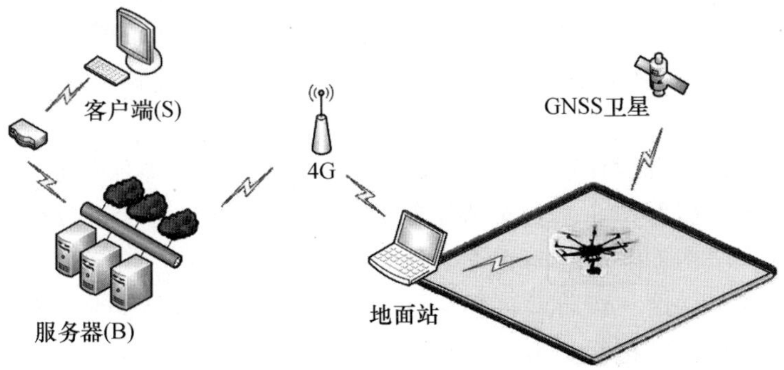

图4-57 植保无人机监管平台拓扑结构

系统使用Python语言编写程序，引入百度地图API(application programming interface，应用程序接口)，在地图上实现无人机飞行轨迹的可视化。植保无人机接收到GNSS数据后，通过电台回传到植保现场的地面站，经地面站初步处理后，通过4G模块发送到服务器Socket接口。服务器接收并处理数据后，将其存储到数据库。用户访问系统，可看到植保无人机飞行的实时和历史轨迹。

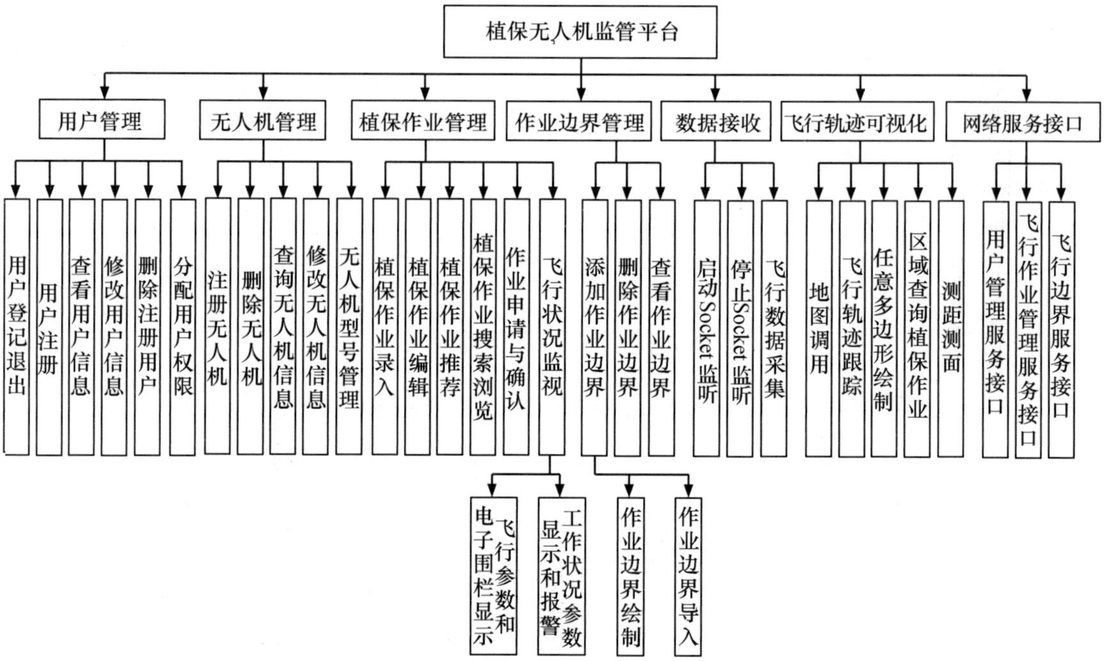

图 4-58　植保无人机监管平台功能模块划分

植保无人机飞行轨迹与植保作业边界可视化页面如图 4-59 所示。植保作业用户可以在自己的作业列表中选择某作业的某无人机，查看其执行作业的情况。地图上多边形框为植保作业边界，折线为无人机飞行轨迹，小飞机图标表示无人机的最新位置。该页面可以查看无人机的具体参数、无人机所有的历史飞行记录点，飞行时长如果超过一定时间将被分段，用不同的颜色显示。系统每隔一段时间就向服务器发起请求，查询是否有最新数据，如果有，小飞机图标将动态移动。数据查询时间间隔可以用地图左下方的按钮动态调整。将鼠标悬停在某一个飞行记录点上，可以查看该记录点的具体信息，包括经纬度、时间、高度等。此外还有电子围栏、越界检测功能。

为了辅助植保无人机智慧作业管理，作业用户发布了自己的植保作业以后，无人机用户可以在系统中查询并申请植保作业。由于植保作业具有地理位置属性，因此系统根据我国行政区划筛选植保作业。全网作业筛选与查询页面可以显示所有未开始和进行中的植保作业，无人机用户可以根据省、市、区三级行政区划来筛选植保作业，查找感兴趣的植保作业，查看该作业的具体信息，如作业类型、植物类型、作业状态、详细地址，并在地图上显示该作业的位置及边界。

4.5.3.2　植保无人机安全作业电子围栏[47]

对植保无人机的飞行监视，除飞行轨迹可视化外，还包括对无人机飞行越界情况实现自动化监视及预警，以确保植保无人机飞行在允许的范围之内。

1. 电子围栏算法

电子围栏采用面向对象方法设计，集成于植保无人机飞行监视系统之中，监视系统在监视无人机飞行轨迹的同时，调用电子围栏算法进行越界检测。该算法利用 JavaScript 语言在前

图 4-59　飞行轨迹与作业边界可视化界面

端页面上实现，借助百度地图 API 实现越界预警信息的可视化，使用 JQuery 实现网页端的 Ajax(异步 JavaScript 和 XML)操作，每秒从服务器获取一次最新数据。

电子围栏算法由 3 部分组成：动态安全边界生成算法、越界检测算法和越界预警算法(表 4-16)。

表 4-16　电子围栏算法列表

算法名称	算法用途	核心方法
动态安全边界生成算法	生成安全边界，完成电子围栏计算	一般多边形内缩算法
越界检测算法	计算无人机与边界的相对位置	射线法
越界预警算法	检测无人机是否有越界趋势	射线与线段相交算法

植保无人机电子围栏算法步骤如下：

①获取作业边界的 GNSS 坐标，生成多边形对象 polygon。

②由安全边界生成算法，根据 polygon 生成安全边界 polygon_s。安全边界 polygon_s 为

作业边界 polygon 的同心等比缩小多边形。

③获取植保无人机至少前后两个时间段、两个位置的 GNSS 位置数据。

④采用射线法判断植保无人机与作业边界 polygon、安全边界 polygon_s 的相对位置。如果植保无人机在安全边界之内，则无需预警；如果植保无人机在作业边界之外，则已越界，提示异常；如果植保无人机在两个边界之间，则计算出无人机可能越界的位置，若无人机位置与可能越界的位置之间的距离小于警戒距离，则发出越界预警。

2. 安全边界的生成及越界预警

系统每秒接收一次无人机飞行的最新位置数据，电子围栏算法也每秒运行一次。计算无人机是否有越界趋势的核心，是判断无人机当前位置与可能越界位置之间的距离是否小于警戒距离，小于则发出越界预警。显然，只有当无人机靠近边界飞行时，才可能小于警戒距离，才可能有越界的趋势。因此，引入了安全边界的概念，即按照作业边界生成的同心等比缩小的多边形。农用地块边界多为不规则多边形，可能为凸多边形，也可能为凹多边形，但不会是自交多边形。为了设计出普遍适合一般多边形的内缩算法，使用了平行线算法，即在线段的某一侧，隔特定距离生成一条平行线。把该算法扩展到多边形上，即在顺时针或逆时针方向上，在多边形的每一条边都应用该算法，得到多边形每一条边的平行线，然后把相邻的边的平行线产生的交点连接起来，即得到内缩多边形。如图 4-60 所示，多边形外框为北京海淀区某种植园的作业边界，内框为生成的安全边界。

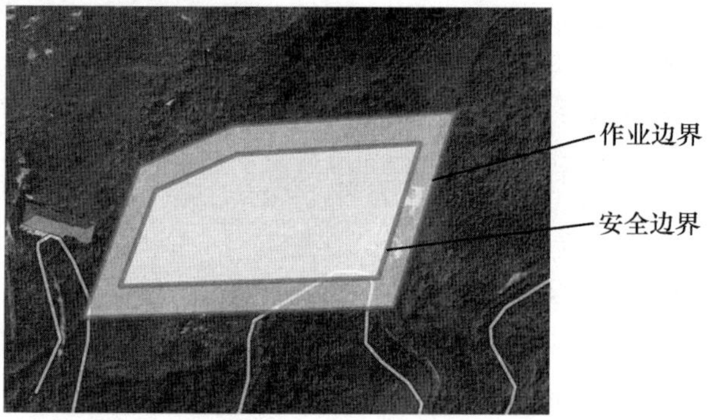

图 4-60　电子围栏边界示意图

当无人机飞行于作业边界与安全边界之间时，需要判断无人机是否有越界趋势并及时给出预警。越界预警算法的思想是，首先找到无人机飞行轨迹延长线与作业边界的交点，然后计算无人机与交点的距离，如果该距离小于警戒距离，说明无人机有越界趋势，则发出越界预警。其核心是计算射线与线段是否会相交。

安全边界能够根据无人机的飞行速度动态重构。无人机保持匀速飞行时，安全边界不变。当无人机加速飞行时，越界的可能性增大，对应的安全边界就缩小，算法生成新的安全边界，之前的安全边界作废。

但生成安全边界的计算量较大，速度每改变一次就重新生成一次安全边界的话，可能导致系统性能降低。因此采用阶梯式模型，仅当速度改变超过一定阈值时，才更新安全边界的内缩距离并重新生成安全边界。电子围栏系统的安全边界，屏蔽了大部分不需要进行越界预警的情况，提升了电子围栏的效率。

参考文献

[1] 鲁军景,孙雷刚,黄文江. 作物病虫害遥感监测和预测预警研究进展[J]. 遥感技术与应用,2019,34(1):21-32.

[2] Zhang J C, Huang Y B, Pu R L, et al. Monitoring plant diseases and pests through remote sensing technology: A review[J]. Computers and Electronics in Agriculture, 2019, 165:104943.

[3] 黄文江,张竞成,师越,等. 作物病虫害遥感监测与预测研究进展[J]. 南京信息工程大学学报(自然科学版),2018,10(1):30-43.

[4] 高锐涛,单建,杨洲,等. 植保无人机变量喷雾处方图实时解译系统的设计与试验[J]. 吉林大学学报(工学版),2020,50(1):361-374.

[5] 兰玉彬,陈盛德,邓继忠,等. 中国植保无人机发展形势及问题分析[J]. 华南农业大学学报,2019,40(5):217-225.

[6] 李鑫星,朱晨光,白雪冰,等. 基于可见光谱和支持向量机的黄瓜叶部病害识别方法研究[J]. 光谱学与光谱分析,2019,39(7):2250-2256.

[7] Bai X B, Fu Z T, Stankovski S, et al. A three-dimensional threshold algorithm based on histogram reconstruction and dimensionality reduction for registering cucumber powdery mildew[J]. Computers and Electronics in Agriculture, 2019, 158: 211-218.

[8] 孙红. 光谱分析及多光谱图像技术在农作物生长监测中的应用研究[D]. 北京:中国农业大学,2011.

[9] 岑海燕,姚洁妮,翁海勇,等. 叶绿素荧光技术在植物表型分析的研究进展[J]. 光谱学与光谱分析,2018,38(12):3773-3779.

[10] Huang W J, Lamb D W, Niu Z, et al. Identification of yellow rust in wheat using in-situ spectral reflectance measurements and airborne hyperspectral imaging[J]. Precision Agriculture, 2007, 8(4-5):187-197.

[11] Atta B M, Saleem M, Ali H, et al. Application of fluorescence spectroscopy in wheat crop: Early disease detection and associated molecular changes.[J]. Journal of Fluorescence, 2020, 30(4):801-810.

[12] 王昊,李素荣,吴春来,等. 海口玉米小斑病病原菌的分离及抗病自交系的筛选[J]. 分子植物育种,2023,21(4):1224-1231.

[13] 谢红辉. 玉米小斑病菌生物学特性研究[J]. 广西热带农业,2010(6):1-4.

[14] 毛文华,张银桥,王辉,等. 杂草信息实时获取技术与设备研究进展[J]. 农业机械学报,2013,44(1):190-195.

[15] 胡迎思,于跃,朱凤武. 基于图像处理的田间杂草识别定位技术的研究[J]. 农业与技术,2018,38(3):17-20.

[16] 韩丁,武佩,张强,等. 基于颜色矩的典型草原牧草特征提取与图像识别[J]. 农业工程学报,2016,32(23):168-175.

[17] 官林. 面向杂草识别的特征提取方法研究[D]. 哈尔滨:东北农业大学,2015.

[18] Woebbecke D M, Meyer G E, Von Bargen K, et al. Shape features for identifying young weeds using image analysis[J]. Transactions of the ASABE, 1995, 38(1): 271-281.
[19] 金飞剑. 基于机器视觉的杂草图像特征提取及识别研究[D]. 镇江:江苏大学,2007.
[20] 王龙. 图像纹理特征提取及分类研究[D]. 青岛:中国海洋大学,2014.
[21] 黄德双,杜吉祥,张国军. 叶片图像特征提取与识别技术的研究[J]. 计算机工程与应用, 2006,42(3):190-193.
[22] 曹晶晶,王一鸣,毛文华,等. 基于纹理和位置特征的麦田杂草识别方法[J]. 农业机械学报,2007,38(4):107-110.
[23] Steward B L, Tian L F. Machine-vision weed density estimation for real-time, outdoor lighting conditions[J]. Transactions of the ASABE, 1999, 42(6): 1897-1909.
[24] 潘家志. 基于光谱和多光谱数字图像的作物与杂草识别方法研究[D]. 杭州:浙江大学,2007.
[25] 赵川源,何东健,乔永亮. 基于多光谱图像和数据挖掘的多特征杂草识别方法[J]. 农业工程学报,2013,29(2):192-198.
[26] 赵川源. 基于图像和光谱技术的果实识别与病害检测方法研究[D]. 咸阳:西北农林科技大学,2017.
[27] 洪继光. 灰度-梯度共生矩阵纹理分析方法[J]. 自动化学报,1984,10(1):22-25.
[28] 李志臣,姬长英. 基于图像分析的杂草分形维数计算[J]. 农业工程学报,2006,22(11):175-178.
[29] Wang A C, Zhang W, Wei X H, et al. A review on weed detection using ground-based machine vision and image processing techniques[J]. Computers and Electronics in Agriculture, 2019, 158: 226-240.
[30] Nieuwenhuizen A T, Hofstee J W, Henten E J V. Performance evaluation of an automated detection and control system for volunteer potatoes in sugar beet fields[J]. Biosystems Engineering, 2010, 107(1): 46-53.
[31] 黄文江,刘林毅,董莹莹,等. 基于遥感技术的作物病虫害监测研究进展[J]. 农业工程技术,2018,38(9):39-45.
[32] Zhou J, Cheng X P. Field pest identification by an improved Gabor texture segmentation scheme[J]. New Zealand Journal of Agricultural Research, 2007, 50(5): 719-723.
[33] 田有文,李成华. 基于统计模式识别的植物病害彩色图像分割方法[J]. 吉林大学学报(工学版),2004(2):291-293.
[34] Wen C L, Guyer D. Image-based orchard insect automated identification and classification method[J]. Computers and Electronics in Agriculture, 2012, 89: 110-115.
[35] 周志艳,罗锡文,张扬,等. 农作物虫害的机器检测与监测技术研究进展[J]. 昆虫学报, 2010,53(1):98-109.
[36] 刘忠强. 作物育种辅助决策关键技术研究与应用[D]. 北京:中国农业大学,2016.
[37] 王志彬,王开义,张水发,等. 基于 K-means 聚类和椭圆拟合方法的白粉虱计数算法[J]. 农业工程学报. 2014,30 (1): 105-112.
[38] Wang K Y, Wang Z B, Zhang S F, et al. Interactive insect pest recognition method on

mobile devices[J]. Journal of Information and Computational Science, 2014, 11(10): 3441-3450.

[39] Yang C H, Everitt J H, Davis M R, et al. A CCD camera-based hyperspectral imaging system for stationary and airborne applications[J]. Geocarto International, 2003, 18(2): 71-80.

[40] Li X H, Lee W S, Li M Z, et al. Spectral difference analysis and airborne imaging classification for citrus greening infected trees[J]. Computers and Electronics in Agriculture, 2012, 83: 32-46.

[41] Berk P, Hocevar M, Stajnko D, et al. Development of alternative plant protection product application techniques in orchards based on measurement sensing systems[J]. Computers and Electronics in Agriculture, 2016, 124: 273-288.

[42] 蔡吉晨. 基于二维激光雷达的果树在线探测方法及对靶变量喷药技术研究[D]. 北京:中国农业大学, 2018.

[43] Cai J C, Wang X, Song J, et al. Development of real-time laser-scanning system to detect tree canopy characteristics for variable-rate pesticide application[J]. International Journal of Agricultural & Biological Engineering, 2017, 10(6): 155-163.

[44] Cai J C, Wang X, Gao Y Y, et al. Design and performance evaluation of a variable-rate orchard sprayer based on a laser-scanning sensor[J]. International Journal of Agricultural and Biological Engineering, 2019, 12(6): 51-57.

[45] 杨泽. 植保无人机安全飞行管理技术与植保作业推荐算法研究[D]. 北京:中国农业大学, 2018.

[46] 杨泽, 郑立华, 李民赞, 等. 基于R树空间索引的植保无人机与植保作业匹配算法[J]. 农业工程学报, 2017, 33(S1): 92-98.

[47] 杨泽, 郑立华, 李民赞, 等. 基于射线检测算法的无人机植保作业电子围栏设计[J]. 农业机械学报, 2016, 47(S1): 442-448.

第5章 作物表型参数检测与传感技术

5.1 表型组学研究与育种[1]

世界人口快速增长、可耕地面积减少，全球气候急剧变化和水资源短缺，使得农业生产面临着严峻的挑战，粮食安全问题变得日益突出。提高作物产量是解决粮食危机的最有效途径，而作物产量不仅受作物自身基因的影响，还和外部环境条件密切相关。作物生产易遭受极端天气（如大风、干旱和水涝）的影响，因此培育能够适应复杂多变环境的新作物品种是十分必要的。

过去几十年，作物功能基因组学和基因技术取得了突出的成果。随着基因技术的发展，育种学家尝试探索作物基因和环境交互影响的本质。表型是作物基因的外部表达，是作物基因和环境共同作用的结果，因此，理解基因型和表型的关系，并在细胞和组织的结构层面将它们与生理学相关联，就变得越来越重要。育种学家不仅关注最终的作物产量，而且关注作物生长的整个过程。一些作物的特性和表型参数，会随着作物器官的生长而变化，为了培育优良的作物品种，需要在较长的时间内对这些特性和参数进行连续测量。传统上许多参数的测量是由人工完成的，测量方法落后，成本高，耗时费力，不能充分地开发现有的基因数据。表型数据的缺失，成为基因分析和育种研究的主要瓶颈。

近年来，电子学、计算机科学和传感器技术推动了表型组学的发展，产生了许多新的表型参数测量方法。表型组学研究采用和融合了很多新的传感器技术，以及一些成熟的精细农业技术、三维图像技术、逆向工程和虚拟植物技术，这些方法可应用于田间或实验室，采集大量的数据，促进了高通量表型分析方法的发展，有助于育种学家分析和筛选具有耐盐性、耐旱性和抗病性的作物品种，极大地提高了育种效率。

5.2 主要的作物表型参数及其测量方法[1]

作物表型测量关注的参数可分为形态学参数和生理学参数，形态学参数包括作物高度、茎粗、茎秆长度、株间距、叶面积（LA）或叶面积指数（LAI）、叶倾角（LIA）等，生理学参数包括叶绿素含量、光合速率、水分胁迫指数、生物量和叶片含水量等，这些参数都可以表征作物的生长状况。

表型参数测量需要用到各种各样的传感器，如彩色数码相机、激光雷达、深度相机、光谱传感器和光谱相机、热成像仪和荧光传感器等（表 5-1），各类传感器适宜采集的参数见表 5-2。一些常见传感器的特点如表 5-3 所示。

表 5-1 作物表型参数测量常用传感器信息

传感器类别	传感器品牌/型号	生产厂家
彩色数码相机	—	Canon，日本 Nikon，日本
激光雷达	LMS 系列 VLP-16，HDL-32E	SICK，德国 Velodyne Acoustics，美国
深度相机	CamCube 3.0 SR4000 Kinect 2.0 RealSense	PMD，德国 MESA AG，瑞士 Microsoft，美国 Intel，美国
光谱传感器	GreenSeeker RT100，200 Crop Circle ACS-210，430，470 N-sensor	Trimble，美国 Holland，美国 Yara，挪威
热成像仪	FLIR T 系列	FLIR，美国
荧光传感器	Multiples 2，3	FORCE-A，美国

表 5-2 表型参数测量常用传感器的适用场合

传感器类别	适宜测量参数					
	作物高度	LA/LAI/LIA	株间距	叶绿素含量	水分胁迫指数	生物量
彩色数码相机	√	√	√			√
激光雷达	√	√	√	√		√
深度相机	√	√	√			√
光谱传感器、光谱相机		√		√	√	√
热成像仪					√	
荧光传感器				√	√	

表 5-3 表型参数测量常用传感器比较

传感器类别	优　点	缺　点
立体视觉系统	价格低 分辨率高 适用于 UAV(无人机)	计算量大 对环境光照敏感 适用于纹理单一的物体
激光雷达	测量距离长 可用于空间分类 可推导出光谱信息 适用于 UAV	价格昂贵 难以处理闭合和阴影的情况
深度相机	提供深度图像	分辨率低 对环境光照敏感 测量距离短

续表 5-3

传感器类别	优点	缺点
光谱传感器	技术成熟 商业应用广泛	测量区域小 存在背景干扰
光谱相机	可提供大量的光谱数据 可移除背景干扰 适用于 UAV	价格昂贵 图像数据大,计算量大 对周围环境条件敏感
热成像仪	测量范围较大 可移除背景干扰 适用于 UAV	对周围环境条件敏感 需频繁校正
荧光传感器	对荧光和水分胁迫敏感	视场小 要求强光源
超声波传感器	价格低 采样率高 数据易处理	测量距离短 对测量表面敏感

5.2.1 形态学参数测量

5.2.1.1 作物高度测量

作物高度是一个重要的形态学参数,可用于描述作物的结构。苗期的作物高度可表征作物的生活力,与作物的最终产量密切相关。传统的作物高度测量由人工使用米尺完成,存在人为误差,尤其在作物高度高于人体时。彩色数码相机可用于测量作物高度,但这种方法需要已知目标作参考,难以实现快速、高通量的测量。差分法通过计算冠层和地面的高度差获得作物高度,测量准确、方便。一般用立体视觉系统、激光雷达、超声波传感器和深度相机测量作物高度。

当前作物高度的高通量测量方式有车载式和 UAV 式,这两种方式各有其优势和局限性。车载式测量由于采样距离小,可获得相对准确的原始数据,可测量单株的作物高度,而 UAV 式测量在一定距离之外进行,可获得作物群体的高度信息。

1. 基于立体视觉的作物高度测量

利用立体视觉系统可以采集作物多个角度的图像,融合生成高精度的作物 3D 模型,进而得到作物高度信息。如图 5-1 所示,可以采用多个相机或一个移动的相机采集图像,基于相机的相对位置生成 3D 模型。陈兵旗等采用双目立体视觉监测大田玉米,根据 3D 图像建立了作物高度计算模型[5]。利用一个移动的相机测量作物高度时, SFM(structure from motion,运动恢复结构)和 PMVS(patch-based multi-view stereo,基于面片的多视图立体重建)算法具有较好的处理效果。Jay 等使用一个彩色相机应用 SFM 算法重建作物的 3D 模型,利用彩色和 3D 信息推导作物高度[3]。相机也可以安装在 UAV 上采集大区域的作物信息,然后应用 SFM 算法建立数字表面模型(digital surface model)计算作物高度[6]。获得高分辨率和高重叠率的图像对模型构建非常重要。Santos 等应用 PMVS 算法重建玉米 3D 模型,并通过计算最高点和拟合的地面平面的距离估算玉米株高,测量误差低于 1%[7]。立体视觉系统的测量精度和速度有待提高。双目立体视觉的测量精度与测量距离正相关，SFM 算法的精度对误匹配非常敏感。同时，由于彩色数码相机易受光照影响，立体视觉系统在自然光照条件下的鲁棒性较低，限制了其在室外的应用。

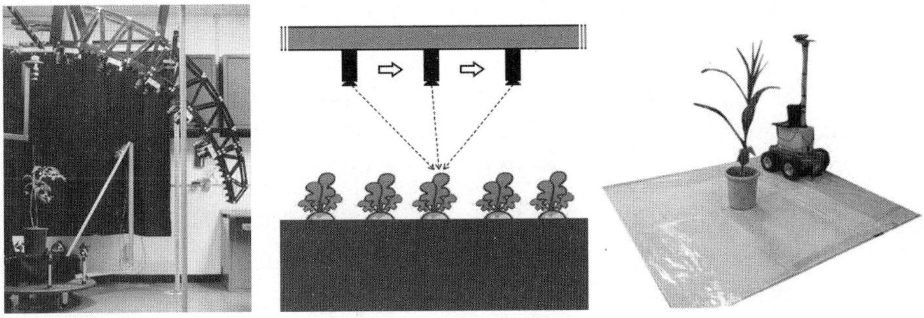

(a)多相机采集　　(b)单相机移动采集　　二维码 5-1

图 5-1　基于立体视觉的作物高度测量[2-4]

2. 基于激光雷达的作物高度测量

激光雷达对外界光照具有良好的适应性，而且能获得大量的数据。有些研究采用车载雷达获取到作物冠层或侧面的距离的点云数据，推算作物高度。Zhang 等使用 2D 雷达测量奇岗的茎秆高度，并针对传感器安装或地面不平造成的倾角所引起的测量误差，根据纵坐标的最大值和最小值设计了校正算法[8]，但是行驶速度和风速仍会影响测量精度。由于 2D 雷达采用线性扫描，行驶速度提高会造成数据量减少。另外，2D 雷达难以分辨交叉重叠的作物器官，如重叠的叶片和茎秆。由于 2D 雷达的这些限制，一些研究将 3D 激光雷达安装于一定高度来测量作物高度。由于测量误差会随测量距离的增长而变大，因此 3D 激光雷达的测量距离和安装角度都需要考虑。Ehlert 等进行了相关测试和分析，结果表明，基于点云数据的测量误差随着扫描角度的增大而变大[9]。采用 3D 雷达对低矮的作物进行垂直扫描时获得的点云数据精度最高，而测量高的作物时使用向前的视角较好。和 2D 雷达不同，3D 雷达不受速度的影响，车速对测量结果的影响可以忽略不计。

作物高度测量研究还采用了一些新型雷达。Selbeck 等[10]和 Ehlert 等[11]分别采用一种 4 线的 3D 雷达测量玉米和小麦的高度。这种雷达由位于不同高度的 4 个二极管接收返回信号，每发射 1 个脉冲可以获得 4 个返回信号，数据的精度和密度都得到了提升。Gao 等采用 UAV 测量方式，应用机载 FWF 雷达测量玉米高度[12]。与只接收有限最强波峰信号的雷达不同，FWF 雷达可获得所有返回脉冲信号，不同的信号数据可以被融合分析。UAV 测量方式可以建立数字地面模型(digital terrain model，DTM)，提高测量精度。作物高度可通过计算 DTM 与当前 UAV 表面模型的差值获得，并生成作物的表面模型。

3. 基于超声波传感器的作物高度测量

超声波传感器的测量原理与雷达相似。虽然超声波传感器的空间分辨率低于雷达，但是其价格也相对较低。超声波传感器由于测量波段的原因，不易受自然环境的影响，所以被广泛应用于室外测量。采用超声波传感器测量，应用差分法处理数据，可以获得作物高度。Sui 等使用车载式超声波传感器并搭载 GPS 系统测量棉花的高度，生成了高度分布图[13]。Sharma 等将超声波传感器安装在二轮自行车上测量玉米的高度，用于产量估算[14]。但是，超声波信号容易发散和衰减，数据容易丢失，测量精度易受被测物体的方位和表面平滑度的影响。传感器通常垂直于地面安装，以保证测量精度，但作物上层叶片随风飘动会影响读数。这些原因使超声波传感器不适合用于长距离的测量。宽频域声谱技术应用于超声波传感器后，超声波信号质量得到了显著提升，这或许会促进超声波传感器的应用[15]。此外，超声波传感器与雷达结合使用，可以提高测量精度。

4. 基于深度相机的作物高度测量

利用深度相机的深度信息可以测量作物的高度，但深度相机容易受到自然光照干扰，且其图像分辨率较低(例如 PMD CamCube 相机的像素为 204×204)。

RGB-D 相机除了深度信息外，还能提供彩色信息，有助于消除地面干扰，使作物识别变得更加容易。Azzari 等使用 Kinect 深度相机重建植被结构，作物高度的归一化均方根误差为 2.7%～19.1%[16]。Gai 等使用 Kinect 深度相机测量玉米高度，误差小于 2 cm[17]。Kinect 深度相机不仅价格低于 PMD 相机，而且可以提供高分辨率的图像(像素为 640×480，最高可到 1 920×1 080)。此外，新款的 Kinect 深度相机对自然光照具有较好的鲁棒性，在作物表型研究方面具有良好的应用前景。

5. 作物高度测量方法的比较与分析

与其他传感器相比，雷达能获得的数据量最大，因此测量精度最高，但是价格昂贵。超声波传感器尽管价格低廉，但是少有研究采用超声波传感器测量作物高度，主要是由于超声波传感器易产生大量的无效数据。立体视觉系统需要进行图像校正，深度相机的分辨率较低，且重建后很难获取完整三维点云，数据经过处理后可能产生信息丢失，而且外界的光线对立体视觉系统和深度相机的测量精度会产生影响，使其应用受到限制。Kinect 深度相机价格低廉，数据精度较高，性能和算法在不断改进，因此是作物高度测量的一个不错选择。

车载式测量方法具有很多优点，上述传感器都可用于车载式测量。车载式测量可以采用自动导航系统，通常使用 GPS 和编码器实时记录车辆和作物的位置。地势不平可能会影响到测量的精度；地面反射信息和作物冠层反射信息混合在一起，会对测量有一定的干扰，尤其在苗期。

UAV 式测量方法由于其高效、低廉的特点很受关注。但是，当彩色相机应用于 UAV 式测量时，UAV 的速度和彩色相机的曝光时间会影响测量精度。雷达由于精度高，采样速率高，大量应用于 UAV 式测量。

5.2.1.2 叶片参数测量

叶片是作物的重要组成部分，对作物的生长至关重要，直接影响作物对光能的利用率，因此叶片参数是作物表型研究的重要数据。表型研究中经常用到的叶片参数有叶倾角(leaf inclination angle，LIA)、叶角(leaf angle)或叶角分布(leaf angle distribution，LAD)、叶面积(leaf area，LA)、叶面积指数(leaf area index，LAI)等。LIA 指叶片表面法线与天顶轴的夹角，决定光的照射情况。叶角指叶片中脉和茎之间的夹角，叶角直接影响冠层结构，进而影响产量。LAD 可反映作物的水分胁迫情况，也会影响 LAI 的测量。LA 指单个叶片的面积，是重要的统计观测参数。LAI 指单位面积内作物叶片面积的总和，LAI 影响作物的光合作用和水分利用，可以表征作物的群体活力和冠层结构。这些参数是描述植物冠层结构的重要参数，与作物的生物和物理过程相关，如光合作用、呼吸作用、蒸腾作用、水分利用和谷物产量。LIA 可以人工使用量角器测量。与 LIA 相比，LAI 和 LA 的测量更加烦琐、复杂，需要将叶片刻画在一个有单元格的纸上，通过计算单元格的数量来获得。手工测量费时费力，而且精度难以保证，因此越来越多地趋向于采用现代传感技术进行叶片测量。

1. 基于彩色数码相机和立体视觉系统的叶片参数测量

彩色数码相机是价格低廉的图像设备，广泛应用于各个领域，包括测量作物叶片参数。通常应用形态学方法对采集的彩色图像进行处理，计算 LIA、LA 和 LAI 等参数。邓立苗等通过图像处理方法测量玉米的叶片姿态[18]：首先对图像进行校正和预处理，然后提取茎秆和叶片的结构，最后计算骨架分支(茎秆和叶片骨架化后组成的结构)的夹角得到 LIA 值。

根据像素点计算 LA 是一种常用的方法。An 等利用彩色数码相机测量叶片长度和莲座面积[19]。数码相机获得的图像经颜色校正和光学扭曲校正后，利用颜色分量将作物从背景中提取出来，然后检索作物的边界并计算边界所包含的像素点，从而获得莲座面积。

彩色数码相机也可以安装在 UAV 上测量叶片面积。Ribera 等采用这种方式研究了高粱的表型特征。他们将图像进行拼接和分割，确定作物的中心位置，估算叶片数量，计算 LA[20]。但是叶片之间的交叉影响分株判断，如何处理彩色图像中叶片的闭合和交叉是一个重要的问题。Scharr 等进行了分割方法的研究[21]：首先抽离出作物叶片，根据欧氏距离生成骨架图像，然后检测叶片中心点、骨架末端点和骨架交叉点，最后应用分水岭转换分割出一个一个的叶片。重叠叶片的分离结果如图 5-2 所示。彩色图像还可用于评估绿色覆盖度。Liu 和 Pattey 从作物顶部获得冠层彩色图像，通过计算覆盖度来估算 LAI，结果与采用 LAI-2000 冠层分析仪 (LI-COR，美国)测量的结果线性相关[22]。

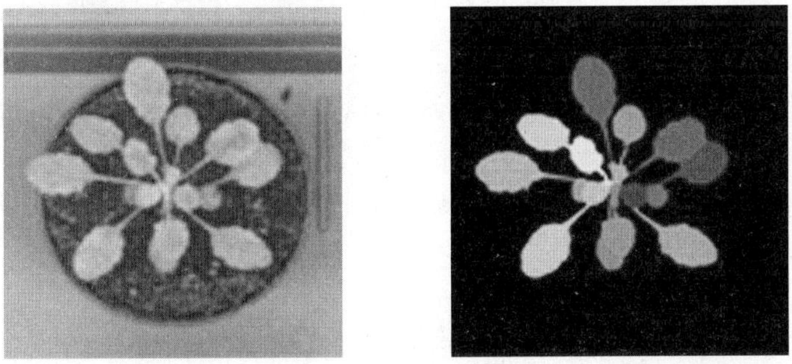

(a)原始图像　　(b)分离后图像（不同颜色表示不同叶片）

图 5-2　重叠叶片的分离[21]

立体视觉系统也可用于测量叶片参数。Yeh 等开发了基于双目相机的立体视觉系统，通过对图像和相关的点进行校正和匹配分割出作物，通过统计像素点个数计算 LA[23]。Leemans 等应用立体图像的距离信息建立模型，识别植物所在区域，计算这些区域的 LAI[24]。多个相机可组成多角度的立体视觉系统，Zhang 等利用不同角度采集的 4 张图像，应用 SFM 算法进行辣椒植株模型三维重建，可精确估算叶片长度和宽度，继而得到 LA[25]。

2. 基于深度相机的叶片参数测量

使用深度相机可在室内和室外条件下采集叶片的深度图像，获得的深度信息大量用于提取作物和叶片。Song 等融合立体图像和 ToF 图像进行区域搜索，获得叶片的边界[26]。Chéné 等提出了一种分割算法处理 Kinect 深度相机采集的深度图像，用于提取叶片，并计算叶倾角和天顶角,结果如图 5-3 所示[27]。

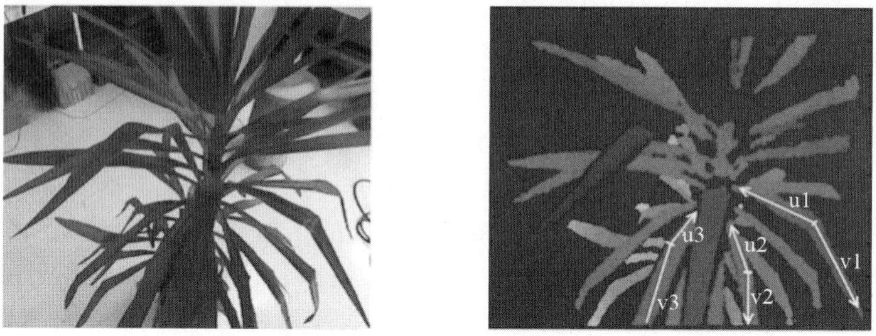

(a)RGB 图像 (b)深度图像

图 5-3 基于深度相机的叶片参数测量[27]

3. 基于光谱传感器和光谱相机的叶片参数测量

通常,根据作物冠层的光谱响应情况可以直接计算植被指数,继而通过无损的方法间接推算出 LAI 等其他参数。归一化植被指数(NDVI)常用来推导 LAI。Hasegawa 等将归一化热植被指数(normalized hot vegetation index,NHVI)和 NDVI 结合起来估算 LAI,比单独使用 NDVI 的效果更好[28]。可见光和近红外波段的光谱信息常用来建立 LAI 模型。Neinavaz 等对热红外(thermal infrared,TIR)区域的光谱信息进行了研究[29,30],该区域的光谱信息大部分来自作物自身的辐射,而不是反射。他们使用分光仪测量 TIR 区域的作物光谱信息,结果表明冠层的光谱辐射随着 LAI 的增长而增强[29]。他们还利用 TIR 光谱数据,基于偏最小二乘法(PLS)和人工神经网络(artificial neural network,ANN)推算出了 LAI,但还需要进一步的田间试验验证[30]。LAI 也可以通过光谱图像中的作物覆盖度进行推算。Schirrmann 等采集作物红色和近红外波段的光谱图像[31],生成 NDVI 图像,利用 NDVI 图像提取和计算作物覆盖度,进而估算 LAI。

4. 基于激光雷达的叶片参数测量

越来越多的研究采用雷达测量叶片特征参数。通过雷达扫描作物冠层和叶片,可以快速获得叶片表面的点云数据,进而生成作物结构。

针对作物 3D 可视化和虚拟植物的研究已开展多年,根据 3D 点云数据和生长规则(例如 L 系统)建模,可以提取叶片图像,计算叶片参数,这些为雷达测量提供了基础。在雷达测量中,LIA、LA 和 LAI 可以通过计算叶片面积获得。对多视角或多帧雷达数据进行校准和匹配,能够实现叶片的 3D 重建(图 5-4)[32]。Paulus 等在室内条件下,应用手持式高精度雷达对作物进行多角度的扫描和 3D 重建,并应用三角形对叶片进行重构,应用圆柱体对茎秆进行重构,实现了 LA 和叶角的测量[33]。Hosoi 等应用雷达扫描番茄,提取了相关的点云数据,获得了番茄的 LA、LAI 和 LIA[34]。在田间测量方面,Gebbers 等设计了雷达车载平台,用于分析 LAI 和作物高度的关系;建立了一个回归模型,可实现 LAI 的快速测量[35]。

5. 叶片参数测量方法的比较与分析

根据测量原理,上述测量方法可以分为两类。彩色数码相机、立体视觉系统、深度相机和雷达通过分割、重建叶片,得到叶片的真实值,从而实现叶片相关特征的测量和估算。光谱传感器和光谱相机通过推导相关参数获得叶片特征参数。与推导方法相比,重建方法更加复杂,

(a)小麦叶片的点云数据　　(b)叶片的 3D 重建

图 5-4　基于雷达的叶片参数测量[32]

计算量很大。但是重建方法的测量精度通常高于推导方法。

有一些实际问题使得 LIA、LA 和 LAI 的测量方法还需要进一步完善。一方面，仅仅依靠单一视角的数据完成叶片测量比较困难，多角度的测量可以减少测量误差。另一方面，同一株或相邻株作物的叶片经常存在遮挡或重叠的情况，目前的方法难以从交叉叶片中分离出单个叶片，所以测量结果通常较正常值偏小。

5.2.1.3　株间距测量

相当多的研究表明，株间距会影响作物个体的结构和群体的表现，并引起水分和光照的变化，影响最终的粮食产量。通过测量株间距，育种学家可以探索基因型和表型的关系。传统的株间距测量方法费时费力，自动的测量方法十分必要。

作物的定位是株间距测量的关键。通常采用彩色数码相机获得作物图像，处理和融合多帧连续图像即可获得作物的位置分布图。但是通过一个彩色数码相机的图像很难分离出单株作物，因此雷达、立体视觉系统、深度相机和其他传感器也经常被采用。Shi 等采用 2D 雷达从侧面动态测量玉米茎秆，通过编码器数据获得各个茎秆的位置[36]，但是地面的不平坦、风和叶片都会导致测量过程中数据丢失。为了获得更多的信息，通常采用 3D 传感器进行测量。与 2D 传感器相比，3D 传感器可以提供更丰富的相对位置信息，而且很少受地形和障碍物的干扰。Jin 等应用双目立体视觉系统识别苗期的玉米，通过对深度图像进行处理和分析，根据最低点和坡度确定作物中心点[37]。另外，利用顶部图像来确定作物位置，测量精度通常要比利用侧面图像的差。Nakarmi 等设计了一个搭载基于 ToF 原理的 3D 传感器和编码器的平台，将采集到的侧视深度图像进行融合，生成作物行的分布图，再通过处理侧面深度图像获得茎秆位置，计算相邻茎秆的距离即得到株间距[38]。

5.2.2　生理学参数测量

5.2.2.1　水分胁迫状态测量

全球气候变暖和水资源短缺不可避免地影响粮食生产，因此关于作物水资源利用率的研究变得日益重要。水分胁迫状态是评估作物耐旱情况的重要指标，气孔导度和叶片水势(leaf water potential，LWP)是评估作物水分胁迫的至关重要的指标，冠层温度可反映气孔导度，作物水分胁迫指数(crop water stress index，CWSI)与 LWP 相关。通常水分胁迫状态可通过两种方法测量，一种方法基于冠层或植被温度，另一种方法基于冠层或植被的反射情况。热红外技术是测量冠层温度的有效手段，光谱技术广泛用于冠层反射测量。一般来说，水分胁迫测量使用的传感器主要有温度仪、热成像仪、光谱传感器和光谱相机。

1. 基于温度仪的水分胁迫测量

温度仪可安装于一些表型平台上监测作物冠层温度，其测温范围比较小，有利于减少干扰。采用长红外波段测量的温度仪不受外界光照影响，但是其测量值与外界环境温度有关。Barker 等的测试表明，当外界温度较高时，温度仪的读数高于实际冠层温度；当外界温度较低时，温度仪的读数低于实际冠层温度[39]。因而，他们提出了一种校正方法，采用热电偶测量地面真实温度，对测得的冠层温度进行校正，以减小测量误差。

冠层温度通常低于外界温度，但是当植被覆盖度较低时，尤其在作物生长早期，中午时分的土壤温度会高于外界温度，干扰测量。为了减少土壤的干扰，Rischbeck 等采用两个温度仪，以 45°斜角在相对方向测量冠层温度，增大了测量范围内的生物质比例[40]，用测量的冠层最低温度和最高温度计算 CWSI。此外，还有一些研究采集外界环境温度来校正温度仪数据，将冠层温度和大气温度的差值作为水分胁迫的一个指标来评估作物的生长，获得了良好的监测效果[41,42]。

2. 基于热成像仪的水分胁迫测量

红外热成像仪被认为是测量作物温度的高通量工具，能够评估作物水分在时间和空间上的变异。热成像仪采集的图像通常既反映冠层温度也反映背景温度，如何消除图像中的背景噪声是一个重要问题，一种经验方法是基于冠层和背景的温度差异来分离冠层图像。图像的采集时间也很重要。早晨土壤和冠层的温度差异较小，LWP 不稳定，太阳角度不理想。而正午时分太阳光下叶片气孔会关闭，LWP 稳定，温度图像中的温度差异最大，可用于评估冠层的水分胁迫[43]。另一种分离冠层图像的方法是同时采集冠层的温度和彩色图像，对温度和彩色图像进行配准，然后对彩色图像进行分割，提取冠层图像。该方法可以识别叶片和阴影下的土壤，改善温度测量效果[44-47]。此外，温度图像的分辨率在消除不正确的温度点时很重要，尤其是那些同时包含冠层和背景温度信息的边缘像素点。

红外热成像仪适用于车载式、UAV 式和温室内测量，可同时采集作物温度图像和环境温度，但温度图像需要进行辐射校正。利用获得的冠层温度，可计算 CWSI、LWP、VPD（vapour pressure deficit，饱和水汽压差）等参数，用于评估作物的水分胁迫状态。

3. 基于光谱传感器和光谱相机的水分胁迫测量

Buitrago 等研究了由水分或温度胁迫引起的作物在热红外波段的光谱变化情况[48]，发现水分胁迫和温度胁迫会产生类似的光谱响应，中红外波段的反射率会随着水分的减少而减小，因此可以使用光谱传感器测量作物的冠层温度或水分胁迫。Elsayed 等采用高光谱主动测量传感器、高光谱被动测量传感器、主动光电传感器、Crop Circle 和 GreenSeeker 进行了测试并计算了可用于评估作物水分胁迫状态的冠层归一化相对温度（normalized relative canopy temperature，NRCT）[49]，结果表明所有传感器获得的光谱指数均与 NRCT 高度相关。

利用光谱传感器和光谱相机获取光谱指数可评估作物的水分胁迫，但是叶片内部的构造会影响使用这些指数评估的效果。Bandyopadhyay 等采用光谱仪收集了小麦在特定波段的反射光谱，计算了不同的水分胁迫指数来评估水分胁迫情况[50]。Winterhalter 等使用一系列的光谱指数评估玉米冠层水分，其中几个光谱指数的决定系数大于 0.70[51]。Moshou 等提取小麦高光谱图像的光谱特征，采用最小二乘 SVM 方法分析光谱数据，提取了能反映小麦水分胁迫状态的6个波段,其中心波长分别位于503、545、566、608、860和881 nm[52]。Rossini等分析了机载相机获得的高光谱数据,证明光化学反射指数可用于测量作物的水分胁迫[53]。

4. 水分胁迫测量方法的比较与分析

温度仪的测量范围较小,测量精度与植被覆盖度相关。热成像仪可测量一个区域的温度,监测全局的变化。但是,温度图像中的感兴趣区域通常需由人工设定,测量角度也会对冠层温度的测量结果有影响,且温度图像的分辨率有待提高。尽管有些光谱指数与作物水分含量和气孔导度高度相关,但冠层温度及与冠层温度相关的指数仍然是用于评估水分胁迫的最佳指标。

水分胁迫测量仍然存在一些问题需要解决。首先,温度测量容易受外界环境因素变化的影响,如太阳辐射、云层覆盖、风速、大气温湿度和VPD等,且测量的时间也会影响测量结果。其次,冠层温度会随冠层结构、作物高度、植被覆盖度、叶倾角和其他因素而变化,为了提高测量精度,有必要将不同的传感器融合应用。

5.2.2.2 生物量测量

作物的生物量指作物总体的鲜重和干重,包括地表生物量和地下生物量。作物生物量与作物的结构、光吸收和碳同化等密切相关,是植物表型研究的重要参数。地下生物量的测量比较困难,所以大部分研究集中于地表生物量的测量。一方面,地表生物量可表征作物的营养状态和氮利用情况;另一方面,育种学家将地表生物量作为估计作物根部长势的参考。通常地表生物量的测量可采用破坏式、非光谱式和光谱式方法。破坏式测量需要将作物收获、分拣、烘干和称重,这一过程费时费力,不能实现实时、动态测量。

(1)生物量的非光谱式测量方法:非光谱式测量大多通过测量作物的一些生长参数,建立预测模型来估算地表生物量。通常测量的参数有作物高度、叶绿素含量、LAI和一些植被指数。有些研究中将作物高度作为地表生物量预测的一个重要参数。Ehlert等使用LiDAR测量油菜、冬黑麦、冬小麦和牧草的高度,然后进行线性回归,结果表明地表生物量和作物高度有很强的相关性,决定系数为0.75～0.99[54]。Fricke等将超声波传感器安装在车上测量牧草的高度,估算生物量,平均残差为0.893～1.672[55],当牧草没有出现重叠时测量精度很高。应用作物高度估算生物量的效果很好,但是还有进一步提高的空间,尤其是在作物的早期生长阶段,应该考虑植被覆盖度的影响。Li等使用机载LiDAR反演中国北部地区玉米的LAI和株高,用于估算生物量,测量精度和效率得到显著提升[56]。

(2)生物量的光谱式测量方法:光谱式测量主要利用光谱传感器和光谱相机测量作物的植被指数和氮含量。生物量的积累与氮素的利用率密切相关,NIR波段可用于测量氮素,进而估算生物量。叶绿素仪SPAD(日本)和地物光谱仪ASD FieldSpec(美国)广泛应用于生物量测量。Gnyp等基于NIR和短红外多个波段的测量,提出一种植被指数用于建立生物量模型,提高了测量精度[57]。Mistele等使用光谱传感器开展车载测量研究,探讨生物量的快速测量方法[58]。Erdle等将一种采用双向被动测量的辐射仪与三种采用主动测量的传感器的测量结果进行比较表明,采用主动测量的传感器适用性更好。与氮素相关的参数,如NDVI、780和740 nm处反射率,与作物生物量密切相关。相当多的研究表明冠层结构影响生物量的估算,LAI和生物量的相关系数达到0.96,且生物量的垂直分布多呈“钟”形,因而有必要结合冠层参数估算作物生物量[59,60]。

(3)生物量联合测量方法:许多研究尝试将非光谱方法和光谱方法结合起来估算地表生物

量。使用作物高度和几个与氮含量相关的光谱指数建模，可提高地表生物量的估算能力。Montes 等使用光栅和光谱传感器，采用 SVM 回归方法从玉米第 4 片叶片展开期（V4）到第 8 片叶片展开期（V8）进行生物量估算，结果呈现高度重复性[61]。Freeman 等使用 GreenSeeker 测量 NDVI，并结合作物高度预测拔节期玉米的生物量[62]。还有一些科学家使用 ASD Field-Spec 进行高光谱测量，然后计算植被指数如 NDVI、归一化反射指数，将这些指数与雷达或超声波测得的作物高度数据融合，用于估算生物量[63,64]。

研究表明作物高度是估算生物量的一个重要参数，也是非光谱方法的测量重点。水分和氮素含量也影响到作物生物量的估算，这两个参数可通过光谱方法进行测量，但结果易受到天气、植被覆盖度和土壤背景的干扰。作物高度、氮素和水分含量被视为估算作物生物量的基础参数，将这些参数结合起来使用，可以提高作物生物量测量的准确性和鲁棒性。

5.2.3 作物根系测量

根是植物不可缺少的地下器官，直接影响植物对养分和水分的吸收和利用，为植物的自然生长提供基础。一般来说，植物的根系结构（root system architecture，RSA）不同，对外界生物胁迫和非生物胁迫的反应也不同，适当的根系结构可以极大地促进植物适应各种极端天气和气候变化的影响。根系主要由 3 类根组成，分别是主根（从种子中冒出的第一根）、侧根（当主根生长到一定程度时从其内部生出的支根）和不定根（从茎、叶、老根上长出的根）。根的主要参数有总根长、主根长、侧根数、根系宽度、根体积、根表面积等[65]。基于根系结构的植物选择是育种家培育新品种的重要选择方法。但是，大多数植物的根都在土中，看不见，以往必须从土中刨出植物的根，清除附带的土壤，然后手动测量一些形态学参数来评估根系结构。这种方法会干扰植物的生长，不能实现动态测量。

开展作物根系表型分析通常有 2 种环境条件，即受控条件和田间条件。受控条件是通过改变根的生长条件来实现根系结构的可视化，作物通常栽培在玻璃、纸、凝胶或其他材料制成的容器里，可以检测完整的根系状态。由于各种偶然因素影响，受控条件下的根系和田间条件下的根系存在一些差别，因此许多人研究可在田间条件下使用的传感器，以检测根系在土壤中随时间的变化。现在已经开发出多种传感器和技术用于监测根系结构，受控条件下常用彩色数码相机从不同角度获取根系图像，提取根系特征；田间条件下常用 X 射线 CT（computed tomography，计算机断层扫描）对根系进行表型分析。

5.2.3.1 基于彩色数码相机的作物根系测量

彩色数码相机或扫描仪能够在许多生长阶段和情况下测量作物根系，特别是在受控条件下，采用水培、气培、凝胶板和纸基培养系统，作物的根系是可见的，根系图像容易获得。

一些研究用彩色数码相机来评估植物的种子根。首先使用湿种子发芽纸或纸质培养基培育种子，然后把发芽的种子放在一个干净的平面上，摄取种子的图像，对图像进行处理，计算种子根的角度、数目和长度。Slovak 等还开发了一个可扩展的开源检测线，可以一次对 16 个种子根进行特征提取[66]。

利用彩色图像分析作物根系结构需要完成两个任务。一个任务是从背景中分割出根，由于大多数培养基质对可见光是透明的，这一步并不困难。另一个任务是对主根和大量侧根进行识别，检测根尖部位，并追踪根的骨架，分析根的构成，以提取更多的根系特征，区域增长算法常被用来解决这一类问题。彩色图像已被广泛应用于根系表型分析，已经有多种软件包可用于处理根系图像和提取根系特征，如EZ-Rhizo、Smart Root、WinRhizo、Image J、IJ_Rhizo、Root System Analyzer和Root Trace[65]，这些软件可自动计算根长、分支角度、主根和侧根数量、根系表面积和其他根系特征。此外，研究人员还针对具体问题开发了许多平台或软件，例如，RhizoVision Crown用于评估根冠性状[67]，MyROOT将自下而上的根检索方法与下胚轴检测算法相结合，获得小麦和大麦的根的性状[68]。

利用从不同角度获取的二维侧视图像，可以实现作物根系的三维重建。Han等开发了一个3D成像系统，使用简单的空间分割算法对水稻的根系结构进行三维重建[69]。利用根的三维模型和深度学习技术或软件分割根系也至关重要，例如，利用RootReader 3D软件[70]和DynamicRoots软件[71]可将3D根系分解为单个分支，然后提取根系特征。

5.2.3.2 基于X射线CT(X-CT)的作物根系测量

CT是一种基于辐射的技术，能够实现固体物体内部的可视化，在根系表型分析中，利用X-CT可以生成土壤和根系的高分辨率三维结构模型。根据X射线通过固体生长介质、充满空气的孔隙、土壤水和植物时衰减程度的不同，可以在田间条件下对作物根系进行测量。Maenhout等开发了一种利用X-CT图像分割成熟玉米根系的方法[72]，能够分离作物根系周围的土壤颗粒，得到根系体积。在实际应用中，最常用的分割算法仍然是区域生长算法，而“自上而下”的方法（从根部近地面区域向地下部分检索）通常用于根的检索。RootViz、RooTrak、VGstudio Max[72-74]等软件包可用于处理CT图像。Mairhofer等扩展了RooTrak的功能，用其提取倾斜生长的根[75]。

使用CT图像测量作物根系时，有几个因素会影响测量结果。首先，在CT图像中分割根系时介质有很大影响。X射线衰减程度随土壤类型、土壤水分、孔隙、根系水分状况和生长阶段而变化，这导致仅使用基于阈值的方法无法准确提取根系。其次，土壤中的一些有机质会与作物根系紧密结合，造成土壤和根系对X射线的衰减叠加，不易分割。要提高分割精度，则需要更多的信息。

5.2.3.3 基于其他传感技术的作物根系测量

与X-CT类似，MRI(magnetic resonance imaging，磁共振成像)也能够在田间条件下将作物根系的三维结构可视化。Dusschoten等利用MRI图像检测玉米的根系结构，并定量分析了根系的生长[76]。Pflugfelder等研究了自然土壤基质和土壤水分对根系MRI图像的影响，证明当田间持水量在50%～80%时，这两个因素对图像质量没有影响[77]。

除以上测量方法外，Kalogiros等提出了一个基于根系结构性状分析的模型[78]，该模型可以在不分割出单个根的图像的情况下计算出延伸率、分支率和向地性。Schlüter等提出了一个根距模型(root distance model)来描述所有阶段的根系生长并估算根系体积[79]。该模型可以用来评估根系生长情况，提高测量效率，为育种提供参考。有时根和土壤之间的颜色对比不明显。Bodner等利用高光谱相机对硬粒小麦根系进行扫描，提取特征波长，分割土壤和根[80]。在三维根系测量方面，Prince等直接用激光扫描技术采集作物根部的三维数据[81]。此外，Corona-Lopez等指出，电阻抗断层成像(EIT)也可以用来获得三维根系数据，并有潜力成为一种低成本的根系表型分析工具，但EIT的分辨率有待提高[82]。Truong等将超宽带频率系统引入无损成像根系分析[83]，Wang等采用微电极离子通量估算法评估大麦根系的氧化胁迫耐受性[84]，这两种方法都为根系分析提供了新的角度，但还需要做更多的工作来提高它们的性能。

5.2.3.4 作物根系测量方法的对比与分析

由于作物根系生长环境的复杂性、不透明性和异质性，对根系的测定和评价是一项具有挑战性的工作，需要采用特殊的传感技术和方法。在可控条件下，可以利用彩色数码相机采集根系图像，提取根系性状，这种方式分辨率高，成本低，但无法在田间条件下使用。X-CT 成像技术用于解决这一问题非常有效，但设备成本通常很高，仪器也很复杂，无法在实地测量中大量使用。MRI 也具有同样的问题。研究人员也正在探索一些新的传感技术，虽然目前还只能用于测量主根，小根判断易出错，而且分辨率低，易受噪声干扰，尚不能实现精确的测量，但它们为根系表型分析提供了新的思路。

5.3 植物表型平台

育种学家通过植物表型测量来收集植物和环境的各种信息，从形状到营养成分，从单个植物到植物群体，从近距离观察到空间观测，因此需要采用不同类型的平台来满足不同植物表型测量的需求。室内植物表型设备、野外传感器网络、地面移动平台、植物表型塔、野外扫描平台、无人机、飞机甚至卫星都可以用来实施植物表型测量。植物表型平台总体上可分为 3 类：地面平台、空中平台和室内平台。

5.3.1 地面平台

地面平台主要分为田间传感器网络、地面移动平台以及三脚架平台、表型观测塔和野外扫描平台等。

5.3.1.1 田间传感器网络

传感器网络分有线和无线两类，智慧农业中一般采用无线传感器网络(WSN)。无线传感器网络具有功耗小、成本低的特点，用于长时间现场采集大量环境信息很有优势。环境信息及其变化趋势分析是广义的植物表型研究的重要内容，育种学家需要综合环境信息和植物信息进行表型分析，以找到提高作物产量和环境适应能力的性状[85]。

田间传感器网络可收集各种环境信息，如光、风、空气、土壤等的信息。光信息主要有太阳辐射和光照强度。风况主要指风速和风向。空气参数主要有湿度、温度、大气压力和降雨量。土壤信息主要包括湿度、温度、介电常数、pH、电导率、盐分。植物信息也可以通过田间传感器网络直接采集。传感器节点布置在大田中，可以监测光合作用强度、二氧化碳(CO_2)浓度、叶片表面湿度、叶温、叶面积指数、冠层电导率、蒸发速率和茎干含水量等。

无线传感器网络用于田间监测，在节点部署、能耗和路由协议方面仍然存在不少问题。传感器节点部署会影响网络连通性、覆盖率和可靠性。现有的二维部署策略不能满足植物表型研究的要求，需要采用三维部署策略。传感器节点的密度和位置需结合农学专业知识来确定。为满足植物表型研究的需要，WSN 需要收集整个生长季或全年的数据，因此需要考虑节能问题和使用长期传感器(可长时间采集环境信息)。为了提高传感器节点的能量利用率，研究人员提出了很多方法，如节点睡眠/主动模式切换策略、分布式异步传输媒体接入控制(media access control，MAC)等。路由是影响 WSN 数据采集性能的另一个重要因素，需要为每一次传输提供最稳定、最有效的路径，以最小的丢包率正确地传输传感器数据。在植物表型研究中，路由协议需考虑长时间高能耗多媒体交换，以避免单个节点能耗过高。

5.3.1.2 地面移动平台

地面移动平台是植物表型测量研究的热点。地面移动平台利用全球导航卫星系统(GNSS)的信号进行定位，获取植物表型数据和相应的定位信息。与其他户外平台相比，地面移动平台具有机动性和灵活性两大特点，因此具有很好的数据采集能力。地面移动平台机动性好，能够在较短的时间内对大面积的植物群体进行表型数据的采集，是高通量植物表型测量(high throughput plant phenotyping，HTPP)的研究热点。灵活性好使地面移动平台能够灵活地在田间移动，并携带各种传感器对农作物进行近距离观察，除了常用的俯视观测外还可以观测到植物冠层下面部分。自然生长环境中的冠层观测是植物表型分析的重要内容，能较全面地反映作物对复杂的自然气候、气象和土壤生态过程的响应。

由于动力和控制模式不同，地面移动平台有不同的形式，如基于手推车的平台[86]、基于拖拉机的平台[87]和基于移动机器人的平台[88-92]。

基于手推车的平台如图 5-5 所示，是在专门选择或设计的手推车上构建的，装有传感器收集植物表型信息，车轮可以在作物行之间的地面上移动。许多研究人员倾向于使用基于手推车的平台，因为它们易于构建和操作。但由于基于手推车的平台靠人力驱动，有效载荷、续航时间和覆盖面积比发动机驱动平台小得多。

二维码 5-2

(a)手推车的调节示意

(b)把手和手推车连接处

(c)安装 GreenSeeker 传感器的支架

(d)装好的 GreenSeeker 传感器

图 5-5 基于手推车的植物表型平台 Phenocart[86]

基于拖拉机的平台是通过在发动机驱动的农业机械上加装不同的植物表型传感器而开发的(图 5-6)。农业机械通常不自带植物表型测量传感器，因此需要在农业机械上增加适用于不同传感器的特殊支架。由于用发动机驱动，基于拖拉机的平台比人力驱动的平台有效载荷大，可以承载更多的传感器和电池，续航时间更长，覆盖范围更大。但是这种平台仍然需要司机操作,因此其工作时间很大程度上取决于司机的情况。

图 5-6 基于拖拉机的植物表型平台[87]

其他一些有代表性的车载式地面移动平台如表 5-4 所示,包括 BreedVision、Phenomobile 和 3 款基于拖拉机的平台。表型测量研究在商业领域也拥有巨大的市场和发展潜力,一些公司也推出了相关的商业产品,如 Blue River Technology 公司的一款车载式测量平台,装载了多个传感器,可实现多个角度的观测。

表 5-4 其他车载式植物表型平台

表型平台名称或类型	研究机构	传感器类型	测量的表型参数
BreedVision	University of Applied Sciences Osnabrück	彩色数码相机,深度相机,激光传感器,高光谱相机,光栅,GPS 接收机,编码器	作物高度,作物覆盖度,作物密度,氮含量
Phenomobile	High Resolution Plant Phenomics Centre	彩色数码相机,激光雷达,GreenSeeker,高光谱相机,温度仪,热成像仪,GPS 接收机,车轮编码器	作物高度, NDVI, LA/LAD,生物量,冠层温度
车载平台	University of Arizona	超声波传感器,多光谱相机,Crop Circle ACS-470,红外辐射计,GPS 接收机	作物高度,叶绿素含量,NDVI,冠层温度
车载平台	Kansas State University	激光传感器,GreenSeeker,Crop Circle ACS-470,温度仪,超声波传感器,GPS 接收机	作物高度,冠层温度,NDVI
车载平台	Blue River Technology	彩色数码相机,激光雷达,多光谱相机,热成像仪,GPS 接收机,辐射计	作物高度,NDVI,叶角,LAI,冠层温度

基于移动机器人的植物表型平台采用移动机器人作为传感器载体,图 5-7 所示分别是密苏里大学的 Vinobot[88]、Bosch 公司和波恩大学(University of Bonn)联合开发的 BoniRob[89]、卡内基梅隆大学(Carnegie Mellon University)的 Robotanist[90]、伊利诺伊大学(University of

Illinois)的机器人平台[91]、艾奥瓦州立大学(Iowa State University)的机器人平台[92]、Qubit Phenomics 公司的 PlantScreen™ Field Systems[93]。基于移动机器人的平台不需要司机,可以自主或遥控探测。一些小型机器人可以跨一个作物行行走,大型的机器人则可能会跨多个作物行。基于移动机器人的平台可以昼夜自主巡检,采集植物表型信息。其移动速度不高于拖拉机或空中平台,但能够长时间工作,因此可以在相对较短的时间内完成大范围的采集,使得基于移动机器人的平台成为 HTPP 的另一项热门技术。

(a) Vinobot[88]

(b) BoniRob[89]

(c) Robotanist[90]

(d) 伊利诺伊大学机器人平台[91]

(e) 艾奥瓦州立大学机器人平台[92]

(f) PlantScreen™ Field Systems[93]

图 5-7　基于移动机器人的植物表型平台

基于移动机器人的表型平台可减少人力劳动,提高工作效率。这种平台主要用于测量分析玉米和高粱表型参数。它采用雷达和彩色数码相机测量表型参数,同时探测作物的茎秆,根据茎秆位置生成导航线。表 5-5 为 3 种基于移动机器人的植物表型平台的信息,这些平台的优势在于它们可以随时采集作物信息,且体积都比较小。

表 5-5　3 种基于移动机器人的植物表型平台

表型平台	传感器类型	测量的表型参数
Vinobot	立体相机，激光雷达，GPS 接收机，RFID 读卡器，辐射计，温度传感器，湿度传感器	作物高度，LAI
BoniRob	彩色数码相机，深度相机，激光雷达，高光谱相机，光栅，GPS 接收机，编码器	作物高度，作物覆盖度，光谱反射率，生物量，茎粗，行间距
Robotanist	彩色数码相机，立体视觉系统，深度相机，激光雷达，GPS 接收机，姿态参考系统	叶角，作物成熟度

5.3.1.3　其他地面平台

其他形式的地面平台有三脚架平台、表型观测塔和野外扫描平台等。

图 5-8 为瑞士研究人员开发的三脚架平台[94]，传感器安装在三脚架上收集植物表型信息或气象信息。三脚架结构不够坚固，不适于长期观测，也不适合承载比较大、重的传感器。三脚架平台可以在观测点现场人工安装，在一个观测点完成数据收集任务后，可以很方便地移动到另一个观测点。由于三脚架平台重量轻，移动方便，可以在邻近位置多点观测，获得多视点观测结果。图 5-8 中的三脚架平台通过定期地基激光雷达扫描获取作物高度信息，白色的球形目标分布在不同的固定位置，其作用是帮助校准和匹配来自不同扫描站的扫描数据。该平台的检测对象是玉米、大豆和小麦，可对植物结构、株高和短期生长波动进行比较分析。

图 5-8　三脚架平台[94]

表型观测塔即塔式表型平台，用于承载不同的植物表型传感器。与三脚架相比，观测塔坚固的结构使其能承载更多的传感器，在每个试验或数据收集周期可以收集多个传感器的数据，也有助于进行长期的表型观察(如进行多年的观察)。但观测塔不能灵活移动，必须安装在固定的位置，这限制了其观测范围。为了解决这个问题，研究人员使用多个观测塔来获得更大的观测范围。Naito 等将两个表型观测塔组合在一起，每个观测塔装有两个摄像头，在三年内以不同的俯仰角和偏航角拍摄稻田图像(图 5-9)。通过对采集到的图像进行分析，得到比值植被指数(RVI)、NDVI和转换植被指数(transformed vegetation index,TVI)等植被指数,并对不同植被指数与粮食产量进行了相关性分析,结果表明RVI在估测粒重方面表现最佳[95]。

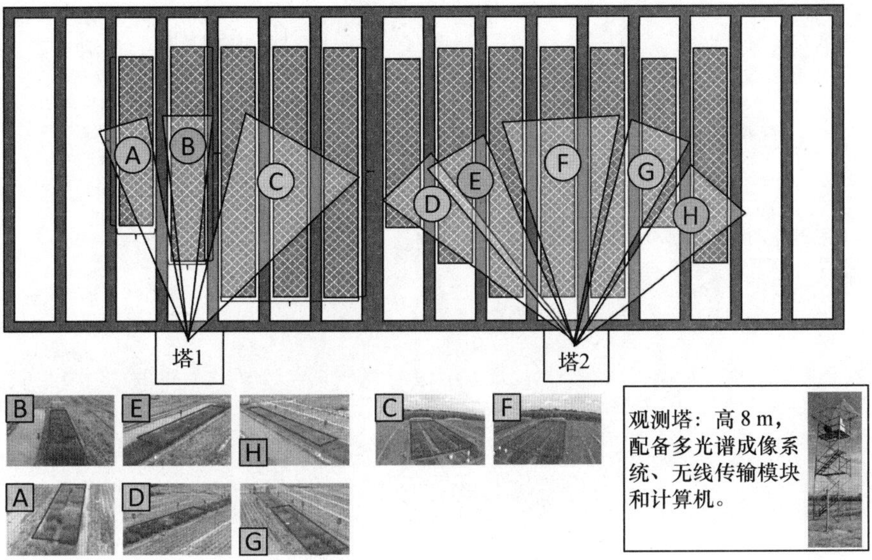

图5-9　水稻表型观测塔及所观察地块[95]

野外扫描平台可以看作是移动的表型观测塔。有的研究者将这类平台归为基于移动机器人的平台,但它与基于移动机器人的平台有着明显的区别:野外扫描平台在轨道上移动,轨道的位置和长度限制了野外扫描平台的覆盖范围。也正是由于在轨道上移动,野外扫描平台运动平稳、易控制,能够以密集扫描方式收集植物表型信息。有的野外扫描平台配有提升臂,可以携带大量传感器从不同的高度和视角进行观测。英国的研究人员在扫描平台上安装了一个摄像头盒(camera bay),可执行高通量的表型观测任务。如图5-10所示[96],摄像头盒最大载重量为500 kg,搭载了1台叶绿素荧光成像仪、2台高光谱镜面扫描仪、1台可见光摄像机、1台热红外摄像机、2台3D激光扫描仪、1台高光谱传感器和1台NDVI传感器(封装在摄像头盒里),组成了一个大而重的传感器阵列。该平台可以进行作物生长参数测量,识别作物的关键生长阶段,并生成整个生命周期内冠层发育的详细参数。

5.3.2　空中平台

与地面平台相比,空中平台具有更大的速度优势和更强的区域覆盖能力,因此许多研究人员选择使用空中平台收集植物表型数据。空中平台有多种不同类型,如无人机、飞艇、载人飞机(指有人驾驶的飞机)和卫星。不同类型的空中平台具有不同的特点和优势,如无人机可以获得高分辨率的数据,有人驾驶的飞机具有很高的监测速度,而飞艇可以在更高的高度进行低速监测,卫星的监测覆盖范围很大。但它们对天气条件都很敏感,比如强风、厚云和暴雨等会影响监测。

5.3.2.1　无人机

在所有空中平台中,无人机是植物表型研究领域最受欢迎的平台[97,98],可实现高精度

图 5-10　野外扫描平台 Field Scanalyzer[96]

(0.05～0.15 m^2/像素)、低成本的航空数据采集。常用的有多旋翼无人机(图 5-11)、无人直升机(图 5-12)和固定翼无人机(图 5-13)。

(a)八旋翼无人机

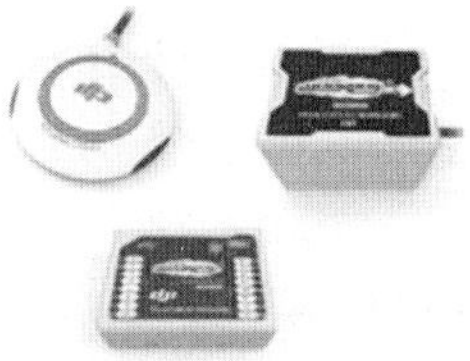

(b)飞行控制系统

(c)遥控器

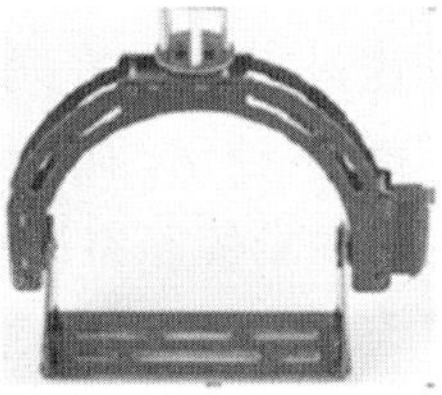

(d)云台

(e)用户界面

图 5-11　多旋翼无人机平台[97]

目前多旋翼无人机是植物表型空中平台研究的热点，近年来发展迅速，其飞行控制系统、外形设计、部件材料等都有了很大的提升，价格下降，商业多旋翼无人机产品的价格有的不到 400 美元。大多数无人机可以在机载飞行控制系统的控制下实现低空稳定飞行。有了“Ready to Fly”(直接飞行/即时飞行)功能，多旋翼无人机可以根据操作人员的指令自行起飞、飞行和降落，不要求操作人员有无人机飞行经验。操作人员还可以利用智能手机控制无人机。多旋翼无人机飞行灵活，可以及时、高频地采集植物表型数据。此外，多旋翼无人机可以在一个稳定的位置上悬停，并对选定的区域进行特定的观测。多旋翼无人机也有不足之处：①电池是无人机的瓶颈，目前电池的容量只能支持少于 30 min 的飞行。②有效载荷较小，不能搭载大或重的传感器。③在大风和暴雨天气，飞行稳定性明显下降，采集的数据质量低下。④旋翼转子转动引起的高频低幅振动会给传感器数据引入噪声，采集到的数据需进行校正。

无人直升机在农业上的早期应用主要是植保喷药，后来研究人员用摄像机代替直升机上的喷雾器，将其改装为植物表型数据采集平台，如图 5-12 所示[99]。与多旋翼无人机相比，无人直升机主要有两个不同，即采用燃油发动机作为动力和依靠主旋翼飞行。使用燃油发动机作为动力源，提高了有效载荷，像激光雷达这样较重的传感器也可以安装在无人直升机上，但同时，与电动机相比，燃油发动机存在更严重的振动问题，会引入更大的噪声。另外，直升机的主旋翼和动力都很大，主旋翼产生的强气流会干扰作物的稳定状态，给数据采集工作带来干扰，因此无人直升机需要在比多旋翼无人机更高的高度进行观测。主旋翼结构产生的不稳定的动力学模式也增加了操作难度，需要熟练的操作人员和复杂的飞行控制策略。

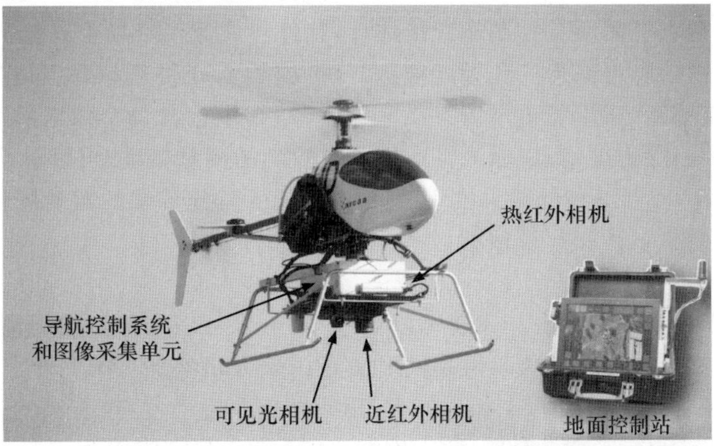

图 5-12　无人直升机平台 Pheno-copter[99]

固定翼无人机平台如图 5-13 所示[6]。与多旋翼无人机相比，固定翼无人机具有更高的飞行速度，但缺乏悬停能力[98]。高速使固定翼无人机具有更大的观测面积，但也会导致采集到的图像模糊。缺乏悬停能力意味着无法对特定区域进行近距离、密集的观测。大风、暴雨等恶劣天气条件也会影响固定翼无人机的应用。固定翼无人机的另一个应用障碍是起飞操作复杂，着陆时会产生颠簸。固定翼无人机有两种起飞方式：助跑和投掷。助跑起飞需要一条长而平坦的跑道，这在田间很难实现，因此手动投掷起飞比较常见。投掷需要熟练的操作人员，以提高起飞成功率，并保护机载传感器免受起飞事故的影响。固定翼无人机的唯一着陆方式是保持着陆姿态和减速，着陆过程中的冲击是不可避免的，尤其是在不平的农田上，因此安装在固定翼无人机上的传感器需配备防震装置和固定支架。

图 5-13 固定翼无人机平台[6]

无人机的有效载荷小，而表型测量要求数据精度高，因此无人机机载传感器需重量轻、精度高、封装紧凑、功耗低，一般选用数码相机、多光谱/高光谱相机、红外热成像仪、激光雷达、三维相机和合成孔径雷达(synthetic aperture radar，SAR)。华盛顿州立大学、俄勒冈州立大学和美国农业部的研究人员对无人机机载传感器进行了较为全面的调查和总结[98]：数码相机容易获得，使用非常方便，无人机上数码相机拍摄的灰度或彩色图像可用于分析可见的表型参数，如外观缺陷、绿度、植物生长参数等；多光谱相机可以探测到更多可见光波段信息，收集到的数据可用于分析作物养分缺乏、水分胁迫和病害情况；高光谱相机比多光谱相机的波长分辨率更高，有助于进行农产品质量控制和产量估计；红外热成像仪可以生成包含每个像素的温度信息的图像，由温度信息可获得气孔导度信息，分析植物水分胁迫和病害情况；激光雷达和三维相机都是测距传感器，三维相机可以生成深度图像，其中包含每个像素的距离信息，可以获得低精度的株高和冠层密度信息，激光雷达则具有较高的测量精度，可以对植物株高和冠层密度进行精确估计；SAR 可以在低能见度天气条件下获得高分辨率的雷达图像，有助于作物面积监测、作物关键性状估计和产量预测。

5.3.2.2 飞艇

飞艇也可用作植物表型平台。飞艇可以低速飞行，也可以悬停以获得高分辨率的大田作物图像，可以安装比较大的传感器。但是发射飞艇用于大田实验并非易事。由于飞艇体积庞大，田间转运非常不便；在有风的天气，飞艇的飞行性能不能保证；即使使用小飞艇，成本也远高于使用无人机。图 5-14 所示为 Zeppelin NT 飞艇[100]。飞艇的最高飞行速度为 20 km/h，在风速低于 25 m/s 时工作，可获得每像素 10 cm×10 cm 的高分辨率红外热图像。田间试验证明，Zeppelin NT 飞艇能够对作物生长整个过程进行监测，图像分割的鲁棒性好，能够识别不同传感器图像中的对应地块。利用 3 种不同的摄像机，可以推算出玉米植株的冠层覆盖率和 NDVI 值。

图 5-14 用于玉米植株表型研究的 Zeppelin NT 飞艇[100]

5.3.2.3 载人飞机

载人飞机是地理测量和农业任务的常用平台。通过携带不同类型的传感器,载人飞机可用于监测作物生长状况,检测作物损失(病虫草害),评估地面/空中植保措施的效果[101]。因此,研究人员也将载人飞机用作植物表型研究的平台。载人飞机的有效载荷容量比无人机大得多,可以安装各种各样的传感器,包括多光谱成像传感器、高光谱成像传感器、红外热成像相机、消费级摄像机和激光雷达。载人飞机可在比无人机更高的高度进行观测,飞行高度从百米级到千米级[101],飞行速度也比无人机和飞艇高得多。因此,载人飞机可以携带所有需要的传感器,在一次飞行中采集大面积作物大量的表型数据。但是高速和高度也会导致图像分辨率降低。载人飞机可实现的分辨率约为 1 m^2/像素,而无人机的为 0.05~0.15 m^2/像素。此外,基于载人飞机的数据采集试验也不是一件易事,需要有熟练的飞行员和邻近的机场。

5.3.2.4 卫星

自 1972 年发射陆地卫星 1 号(Landsat 1,Earth Resources Technology Satellite 1)以来,卫星一直用于获取农业遥感图像。近十年来,随着遥感技术的飞速发展,卫星遥感的分辨率和访问频率都有了很大的提高。高分辨率卫星传感器的全色和多光谱像素尺寸分别为 0.31~1.00 m 和 1.24~3.28 m。高分辨率和高访问频率使卫星成为智慧农业的良好传感平台,卫星遥感在作物生长、产量、灌溉和作物损失监测方面得到了广泛的应用。

卫星拍摄的图像覆盖的区域比其他空中平台拍摄的图像覆盖的区域要大得多。作为空间轨道上的平台,卫星的星载传感器类型有限,采样周期固定。与其他空中平台类似,卫星遥感对多云天气也很敏感。此外,卫星遥感只能获得光谱指数,而不能获得真实的植物表型参数。由于这些缺点,卫星采集的植物表型信息有限,无法进行高频数据采集。一些研究人员认为,即使卫星图像价格便宜、容易获得,空间分辨率高达 m^2 级,卫星遥感数据也不适合用于植物表型分析。但也有一些研究人员认为,卫星图像在分析土壤水分和干旱风险、预测区域作物产量和作物病害检测等方面具有良好的潜力。

5.3.3 室内平台

地面和空中平台都是为获得田间的植物表型数据而设计的,主要针对作物群体的无损和远程检测。田间植物表型信息能够反映作物在自然环境(气候、天气、土壤)条件下的生长状况,但缺乏精确的微观细节,这些细节对揭示作物生长和环境胁迫的真相和规律非常重要,但需要近距离、多视角甚至破坏性的观测。此外,基于田间观测的植物表型数据受许多不可控的环境参数的影响,因此不容易确定环境胁迫与作物响应之间的关系。解决这些问题需要采用室内表型平台。室内平台在获得精确和密集的测量数据方面具有明显的优势。首先,室内平台不受观测时间的限制,操作人员有足够的时间进行样品制备,如表面清洁和茎秆切割。其次,操作人员有更多的可用资源来改善测量条件,如调整光照条件及采样姿势、位置、视角等,这些都有助于获得更精确、更详细的测量结果。再次,室内平台处于一个环境参数可控性较强的空间,研究人员可以为作物设计特定的环境胁迫条件,并在室内平台上观察其响应,从而直接揭示环境胁迫与作物响应之间的关系。

根据观测尺度,室内平台可分为 3 类:植物组织观测平台、植物器官/单株植物观测平台和植物群体观测平台。

5.3.3.1 植物组织观测平台

植物组织观测通常需要破坏性地准备观测目标，将它们从植物中分离出来，放置在平台上或平台内进行精确和密集的测量。植物组织观测平台根据观测到的表型信息，可以重建植物的三维组织结构，分析组织营养成分。图 5-15 所示为显微 CT(Micro-CT)观测平台(Bruker，美国)，该平台广泛应用于机械零件、动物器官、植物组织等微小物体的三维结构检测。北京农业信息技术研究中心的研究人员利用该平台重建了玉米茎、根、叶等器官的三维解剖模型，并提出了“样品制备方案”，可以从平台采集的数据中提取出 31 个茎表型性状、33 个叶表型性状以及根的体积和表面积。

图 5-15 室内表型分析用 Micro-CT 观测平台

5.3.3.2 植物器官/单株植物观测平台

植物器官/单株植物观测平台可近距离采集和提取表型性状。这种平台通常只用一种类型的传感器——照相机或激光扫描仪，基于传感器数据可以建立二维/三维模型。对于二维建模，用一个传感器加支架和一个样品容器就可以建立一个简单的平台，如图 5-16(a)所示。三维模型是通过合并多视角观测数据构建的。多视角观测有多种方法，其中转台和柔性机械手是最常用的方法。采用转台时，目标放置在转台上，用一台或多台摄像机从不同方向拍摄。转台可用于观测所有植物器官，图 5-16(b)所示为提取根系性状的平台，该平台主要由三部分组成：一个透明的容器，容器内装生根植物和营养液，容器下的转台和摄像头。采用柔性机械手

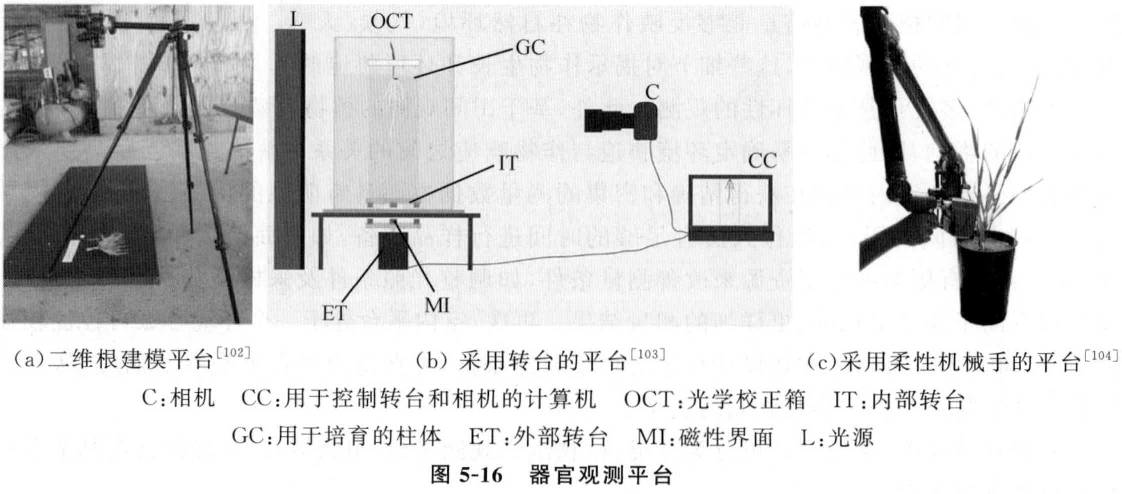

(a)二维根建模平台[102]　(b) 采用转台的平台[103]　(c)采用柔性机械手的平台[104]

C:相机　CC:用于控制转台和相机的计算机　OCT:光学校正箱　IT:内部转台

GC:用于培育的柱体　ET:外部转台　MI:磁性界面　L:光源

图 5-16 器官观测平台

时，传感器安装在机械手末端，如图 5-16(c)所示，机械手围绕植株移动，传感器进行多视角观察。

5.3.3.3　植物群体观测平台

植物组织观测平台和植物器官/单株植物观测平台主要关注测量精度，而测量速度对植物表型分析也非常重要。人们对在大量样本中选择抗性好的性状的要求越来越高，高通量表型研究越来越受到重视。植物群体室内观测平台是高通量表型研究所需要的。在室内(例如温室)种植的作物不会像大田作物那样受到极端自然天气的影响，但研究人员可以设置特定的微气候条件来观察作物的反应。室内表型平台可以携带各种传感器，进行近距离、多视角的观测，因此可以在不降低精度的情况下进行高通量表型分析。

植物群体室内观测平台有两种典型形式：流水线式和移动起重机式。这两种形式的主要区别在于传感器是否移动。

(1)流水线式平台：各种传感器安装在固定位置，常用的传感器有 RGB 相机、RGB-D 相机、红外相机、多光谱相机、高光谱相机、叶绿素荧光相机和激光测距仪等。所有传感器都是静止不动的，作物样本通过传送带或类似机构传送至检测台进行测量。例如德国 LemnaTec 公司的 Conveyor Scanalyzer[105](图 5-17)以及我国华中农业大学和华中科技大学开发的高通量水稻表型鉴定设施[106]。

(a)表型分析温室内种植的植物

(b) 表型分析温室的自动灌溉系统

(c)成像室

(d) 植物被送入荧光摄像室

图 5-17　流水线式室内表型平台 Conveyor Scanalyzer[105]

二维码 5-3

(2)移动起重机式平台：温室内的所有植物都是静止不动的，起重机携带各种传感器移动到不同栽培区域采集表型信息。由于传感器安装在起重机上，所以这种类型的平台主要提供俯视观测。例如 LemnaTec 公司的 Canopy Scanalyzer（图 5-18）和中国科学院等单位研发的 Crop 3D[107]。

图 5-18 移动起重机式表型平台 Canopy Scanalyzer

（引自 https://www.lemnatec.com/products/canopy scanalyzer/）

参考文献

[1] Qiu R C,Wei S,Zhang M,et al. Sensors for measuring plant phenotyping:A review[J]. International Journal of Agricultural and Biological Engineering,2018,11(2):1-17.

[2] Nguyen T T,Slaughter D C,Max N,et al. Structured light-based 3D reconstruction system for plants[J]. Sensors,2015,15(8):18587-18612.

[3] Jay S,Rabatel G,Hadoux X,et al. In-field crop row phenotyping from 3D modelling performed using structure from motion[J]. Comput Electron Agric,2015,110:70-77.

[4] 李鹏,劳彩莲,杨瀚,等. 基于移动机器人平台的玉米植株三维信息采集系统[J]. 农业机械学报,2019,50(S1):15-21.

[5] 陈兵旗,何醇,马彦平,等. 大田玉米长势的三维图像监测与建模[J]. 农业工程学报,2011,27(S1):366-372.

[6] Shi Y Y,Thomasson J A,Murray S C,et al. Unmanned aerial vehicles for high-throughput phenotyping and agronomic research[J]. Plos One,2016,11(7):e0159781.

[7] Santos T T,Rodrigues G C. Flexible three-dimensional modeling of plants using low-resolution cameras and visual odometry[J]. Mach Vis Appl,2016,27(5):695-707.

[8] Zhang L,Grift T. A LIDAR-based crop height measurement system for *Miscanthus giganteus*[J]. Comput Electron Agric,2012,85:70-76.

[9] Ehlert D,Heisig M. Sources of angle-dependent errors in terrestrial laser scanner-based crop stand measurement[J]. Comput Electron Agric,2013,93:10-16.

[10] Selbeck J,Dworak V,Ehlert D. Testing a vehicle-based scanning lidar sensor for crop detection[J]. Can J Remote Sens,2010,36(1):24-35.

[11] Ehlert D,Heisig M,Adamek R. Suitability of a laser rangefinder to characterize winter

wheat[J]. Precis Agric,2010,11(6):650-663.

[12] Gao S,Niu Z,Sun G,et al. Height extraction of maize using airborne full-waveform LIDAR data and a deconvolution algorithm[J]. IEEE Geosci Remote Sens Lett,2015,12(9):978-982.

[13] Sui R X,Fisher D K,Reddy K N. Cotton yield assessment using plant height mapping system[J]. J Agric Sci,2013,5(1):23-31.

[14] Sharma L K,Bu H,Franzen D W,et al. Use of corn height measured with an acoustic sensor improves yield estimation with ground based active optical sensors[J]. Comput Electron Agric,2016,124:254-262.

[15] Finkelshtain R,Bechar A,Yovel Y,et al. Investigation and analysis of an ultrasonic sensor for specific yield assessment and greenhouse features identification[J]. Precis Agric,2016,17:1-16.

[16] Azzari G,Goulden M,Rusu R. Rapid characterization of vegetation structure with a Microsoft Kinect sensor[J]. Sensors,2013,13(2):2384-2398.

[17] Gai J,Tang L,Steward B. Plant recognition through the fusion of 2D and 3D images for robotic weeding[C]//Proceedings of the 2015 ASABE Annual International Meeting,New Orleans,Louisiana,USA,July 26-29,2015,Paper No. 152181371.

[18] 邓立苗,于仁师,马文杰. 基于图像处理的玉米叶片姿态测量方法研究[J]. 河南农业科学,2014,43(9):168-172.

[19] An N,Palmer C M,Baker R L,et al. Plant high-throughput phenotyping using photogrammetry and imaging techniques to measure leaf length and rosette area[J]. Computers and Electronics in Agriculture,2016,127:376-394.

[20] Ribera J,He F N,Chen Y H,et al. Estimating phenotypic traits from UAV based RGB imagery[C]// Proceedings of the 22nd ACM SIGKDD Conference on Knowledge Discovery and Data Mining,San Francisco,California,USA,Aug 13-17,2016.

[21] Scharr H,Minervini M,French A P,et al. Leaf segmentation in plant phenotyping:A collation study[J]. Machine Vision and Applications,2016,27(4):585-606.

[22] Liu J G,Pattey E. Retrieval of leaf area index from top-of-canopy digital photography over agricultural crops[J]. Agricultural and Forest Meteorology,2010,150(11):1485-1490.

[23] Yeh Y F,Lai T C,Liu T Y,et al. An automated growth measurement system for leaf vegetables[J]. Biosystems Engineering,2014,117:43-50.

[24] Leemans V,Dumont B,Destain M,et al. A method for plant leaf area measurement by using stereo vision[C]// Proceedings of the CIGR-AgEng 2012 International Conference of Agricultural Engineering,Valencia,Spain,July 8-12,2012.

[25] Zhang Y,Teng P,Shimizu Y,et al. Estimating 3D leaf and stem shape of nursery paprika plants by a novel multi-camera photography system[J]. Sensors,2016,16(6):874-891.

[26] Song Y,Glasbey C A,Polder G,et al. Non-destructive automatic leaf area measure-

ments by combining stereo and time-of-flight images[J]. IET Comput Vis,2014,8(5):391-403.

[27] Chéné Y,Rousseau D,Lucidarme P,et al. On the use of depth camera for 3D phenotyping of entire plants[J]. Comput Electron Agric,2012,82:122-127.

[28] Hasegawa K,Matsuyama H,Tsuzuki H,et al. Improving the estimation of leaf area index by using remotely sensed NDVI with BRDF signatures[J]. Remote Sens Environ,2010,114(3):514-519.

[29] Neinavaz E,Darvishzadeh R,Skidmore A K,et al. Measuring the response of canopy emissivity spectra to leaf area index variation using thermal hyperspectral data[J]. Int J Appl Earth Obs Geoinform,2016,53:40-47.

[30] Neinavaz E,Skidmore A K,Darvishzadeh R,et al. Retrieval of leaf area index in different plant species using thermal hyperspectral data[J]. ISPRS J Photogramm Remote Sen,2016,119:390-401.

[31] Schirrmann M,Hamdorf A,Garz A,et al. Estimating wheat biomass by combining image clustering with crop height[J]. Comput Electron Agric,2016,121:374-384.

[32] Kempthorne D M,Turner I W,Belward J A,et al. Surface reconstruction of wheat leaf morphology from three-dimensional scanned data [J]. Funct Plant Biol, 2015, 42(5),444.

[33] Paulus S,Dupuis J,Mahlein A K,et al. Surface feature based classification of plant organs from 3D laserscanned point clouds for plant phenotyping[J]. BMC Bioinformatics,2013,14:238.

[34] Hosoi F,Nakabayashi K,Omasa K. 3-D modelling of tomato canopies using a high-resolution portable scanning Lidar for extracting structural information [J]. Sensors,2011,11(12):2166-2174.

[35] Gebbers R,Ehlert D,Adamek R. Rapid mapping of the leaf area index in agricultural crops[J]. Agron J,2011,103(5):1532.

[36] Shi Y,Wang N,Taylor R K,et al. Improvement of a ground-LiDAR-based corn plant population and spacing measurement system[J]. Comput and Electron Agric, 2015,112:92-101.

[37] Jin J,Tang L. Corn plant sensing using real-time stereo vision[J]. Journal of Field Robotics,2009,26(6-7):591-608.

[38] Nakarmi A D,Tang L. Automatic inter-plant spacing sensing at early growth stages using a 3D vision sensor[J]. Computers and Electronics in Agriculture,2012,82:23-31.

[39] Barker J,Zhang N Q,Sharon J,et al. Development of a field-based high-throughput mobile phenotyping platform[J]. Comput Electron Agric,2016,122:74-85.

[40] Rischbeck P,Elsayed S,Mistele B,et al. Data fusion of spectral,thermal and canopy height parameters for improved yield prediction of drought stressed spring barley[J]. Eur J Agron,2016,78:44-59.

[41] Ni Z Y,Liu Z G,Huo H Y,et al. Early water stress detection using leaf-level measure-

ments of chlorophyll fluorescence and temperature data[J]. Remote Sens,2015,7(3):3232-3249.

[42] Kim M,Kim S,Kim Y,et al. Infrared estimation of canopy temperature as crop water stress indicator[J]. Korean Journal of Soil Science and Fertilizer,2015,48(5):499-504.

[43] Bellvert J,Zarco-Tejada P J,Girona J,et al. Mapping crop water stress index in a 'Pinot-noir' vineyard:Comparing ground measurements with thermal remote sensing imagery from an unmanned aerial vehicle[J]. Precis Agric,2014,15(4):361-376.

[44] Cohen Y,Alchanatis V,Sela E,et al. Crop water status estimation using thermography:Multi-year model development using ground-based thermal images[J]. Precis Agric,2015,16(3):311-329.

[45] Zia S,Romano G,Spreer W,et al. Infrared thermal imaging as a rapid tool for identifying water-stress tolerant maize genotypes of different phenology[J]. J Agron Crop Sci,2013,199(2):75-84.

[46] Grant OM,Ochagavía H,Baluja J,et al. Thermal imaging to detect spatial and temporal variation in the water status of grapevine (*Vitis vinifera* L.)[J]. J Hortic Sci Biotech,2016,91(1):43-54.

[47] Prashar A,Jones H G. Assessing drought responses using thermal infrared imaging. Methods Mol Biol,2016:1398:209-219.

[48] Buitrago M F,Groen T A,Hecker C A,et al. Changes in thermal infrared spectra of plants caused by temperature and water stress[J]. ISPRS J Photogramm Remote Sens,2016,111:22-31.

[49] Elsayed S,Rischbeck P,Schmidhalter U. Comparing the performance of active and passive reflectance sensors to assess the normalized relative canopy temperature and grain yield of drought-stressed barley cultivars[J]. Field Crop Res,2015,177:148-160.

[50] Bandyopadhyay K K,Pradhan S,Sahoo R N,et al. Characterization of water stress and prediction of yield of wheat using spectral indices under varied water and nitrogen management practices[J]. Agric Water Manag,2014,146:115-123.

[51] Winterhalter L,Mistele B,Jampatong S,et al. High throughput phenotyping of canopy water mass and canopy temperature in well-watered and drought stressed tropical maize hybrids in the vegetative stage[J]. Eur J Agron,2011,35(1):22-32.

[52] Moshou D,Pantazi X,Kateris D,et al. Water stress detection based on optical multisensor fusion with a least squares support vector machine classifier[J]. Biosyst Eng,2014,117:15-22.

[53] Rossini M,Fava F,Cogliati S,et al. Assessing canopy PRI from airborne imagery to map water stress in maize[J]. ISPRS J Photogramm Remote Sens,2013,86(3):168-177.

[54] Ehlert D,Adamek R,Horn H J. Laser rangefinder-based measuring of crop biomass under field conditions[J]. Precis Agric,2009,10(5):395-408.

[55] Fricke T,Richter F,Wachendorf M. Assessment of forage mass from grassland swards

by height measurement using an ultrasonic sensor[J]. Comput Electron Agric,2011,79:142-152.

[56] Li W,Niu Z,Wang C,et al. Combined use of airborne LiDAR and satellite GF-1 data to estimate leaf area index,height,and aboveground biomass of maize during peak growing season[J]. IEEE J Sel Top Appl Earth Observ Remote Sens,2015,8(9):4489-4501.

[57] Gnyp M L,Miao Y X,Yuan F,et al. Hyperspectral canopy sensing of paddy rice aboveground biomass at different growth stages[J]. Field Crop Res,2014,155:42-55.

[58] Mistele B,Schmidhalter U. Tractor-based quadrilateral spectral reflectance measurements to detect biomass and total aerial nitrogen in winter wheat[J]. Agron J,2010,102(2),499.

[59] Erdle K,Mistele B,Schmidhalter U. Comparison of active and passive spectral sensors in discriminating biomass parameters and nitrogen status in wheat cultivars[J]. Field Crop Res,2011,124(1):74-84.

[60] Winterhalter L,Mistele B,Schmidhalter U. Assessing the vertical footprint of reflectance measurements to characterize nitrogen uptake and biomass distribution in maize canopies[J]. Field Crop Res,2012,129:14-20.

[61] Montes J M,Technow F,Dhillon B S,et al. High-throughput non-destructive biomass determination during early plant development in maize under field conditions[J]. Field Crop Res,2011,121:268-273.

[62] Freeman K W,Girma K,Arnall D B,et al. By-plant prediction of corn forage biomass and nitrogen uptake at various growth stages using remote sensing and plant height[J]. Agron J,2007,99(2):530-536.

[63] Fricke T,Wachendorf M. Combining ultrasonic sward height and spectral signatures to assess the biomass of legume-grass swards[J]. Comput Electron Agric,2013,99:236-247.

[64] Tilly N,Aasen H,Bareth G. Fusion of plant height and vegetation indices for the estimation of barley biomass[J]. Remote Sens,2015,7(9):11449-11480.

[65] Wasaya A,Zhang X Y,Fang Q,et al. Root phenotyping for drought tolerance:A review. Agronomy,2018,8(11):241.

[66] Slovak R,Göschl C,Su X X,et al. A scalable open-source pipeline for large-scale root phenotyping of *Arabidopsis*[J]. The Plant Cell,2014,26(6):2390-2403.

[67] Seethepalli A,Guo H C,Liu X W,et al. RhizoVision Crown:An integrated hardware and software platform for root crown phenotyping[J]. Plant Phenomics,2020,Article ID 3074916. DOI:10. 34133/2020/3074916.

[68] Betegón-Putze I,González A,Sevillano X,et al. MyROOT:A method and software for the semiautomatic measurement of primary root length in *Arabidopsis* seedlings[J]. The Plant Journal,2019,98(6):1145-1156.

[69] Han T H,Kou Y F. Developing a system for three-dimensional quantification of root traits of rice seedlings[J]. Comput Electron Agric,2018,152:90-100.

[70] Pineros M A, Larson B G, Shaff J E, et al. Evolving technologies for growing, imaging and analyzing 3D root system architecture of crop plants[J]. J Integr Plant Biol, 2016, 58(3): 230-241.

[71] Symonova O, Topp C N, Edelsbrunner H. DynamicRoots: A software platform for the reconstruction and analysis of growing plant roots [J]. Plos One, 2015, 10 (6): e0127657.

[72] Maenhout P, Sleutel S, Xu H, et al. Semi-automated segmentation and visualization of complex undisturbed root systems with X-ray μCT[J]. Soil Till Res, 2019, 192: 59-65.

[73] Pfeifer J, Kirchgessner N, Colombi T, et al. Rapid phenotyping of crop root systems in undisturbed field soils using X-ray computed tomography[J]. Plant Methods, 2015, 11: 41.

[74] Zappala S, Mairhofer S, Tracy S, et al. Quantifying the effect of soil moisture content on segmenting root system architecture in X-ray computed tomography images[J]. Plant Soil, 2013, 370(1-2): 35-45.

[75] Mairhofer S, Zappala S, Tracy S, et al. Recovering complete plant root system architectures from soil via X-ray μ-Computed Tomography[J]. Plant Methods, 2013, 9: 8.

[76] Dusschoten D V, Metzner R, Kochs J, et al. Quantitative 3D analysis of plant roots growing in soil using magnetic resonance imaging[J]. Plant Physiol, 2016, 170(3): 1176 1188.

[77] Pflugfelder D, Metzner R, Dusschoten D V, et al. Non-invasive imaging of plant roots in different soils using magnetic resonance imaging (MRI)[J]. Plant Methods, 2017, 13: 102.

[78] Kalogiros D I, Adu M O, White P J, et al. Analysis of root growth from a phenotyping data set using a density-based model[J]. J Exp Bot, 2016, 67(4): 1045-1058.

[79] Schlüter S, Blaser S R G A, Weber M, et al. Quantification of root growth patterns from the soil perspective via root distance models[J]. Frontiers in Plant Sci, 2018, 9: 1084.

[80] Bodner G, Nakhforoosh A, Arnold T, et al. Hyperspectral imaging: A novel approach for plant root phenotyping[J]. Plant methods, 2018, 14: 84.

[81] Prince S, Das N T K, Murphy M, et al. Prediction of soybean root response in the field using nondestructive seedling three-dimensional root features. The Plant Phenome Journal, 2018, 1: 180003.

[82] Corona-Lopez D D J, Sommer S, Rolfe S A, et al. Electrical impedance tomography as a tool for phenotyping plant roots[J]. Plant Methods, 2019, 15: 49.

[83] Truong T, Dinh A, Wahid K. An ultra-wideband frequency system for non-destructive root imaging[J]. Sensors, 2018, 18: 2438.

[84] Wang H Y, Shabala L, Zhou M X, et al. Developing a high-throughput phenotyping method for oxidative stress tolerance in barley roots[J]. Plant Methods, 2019, 15: 12.

[85] Reynolds D, Ball J, Bauer A, et al. CropSight: A scalable and open-source information

management system for distributed plant phenotyping and IoT-based crop management [J]. GigaScience,2019,8:1-11.

[86] Crain J L,Wei Y,Barker J,et al. Development and deployment of a portable field phenotyping platform[J]. Crop Science,2016,56(3):965-975.

[87] Baker J,Zhang N Q,Sharon J,et al. Development of a field-based high-throughput mobile phenotyping platform[J]. Comput and Electron in Agric,2016,122:74-85.

[88] Shafiekhani A,Kadam S,Fritschi F B,et al. Vinobot and Vinoculer:Two robotic platforms for high-throughput field phenotyping[J]. Sensors,2017,17(1):214.

[89] Cousins D. Bosch BoniRob robot set to make field work easier for farmers[J]. Farmers Weekly,2016,1052:7.

[90] Mueller-Sim T,Jenkins M,Abel J,et al. The Robotanist:A ground-based agricultural robot for high-throughput crop phenotyping[C]// 2017 IEEE International Conference on Robotics and Automation (ICRA),Singapore,May 29 - June 3,2017:3634-3639.

[91] Young S N,Kayacan E,Peschel J M. Design and field evaluation of a ground robot for high-throughput phenotyping of energy sorghum[J]. Precision Agriculture, 2019, 20 (4):697-722.

[92] Bao Y, Tang L, Breitzman M W, et al. Field-based robotic phenotyping of sorghum plant architecture using stereo vision[J]. Journal of Field Robotics,2019,36:397-415.

[93] Qubit Phenomics. Instrumentation for high throughput plant phenotyping: PlantScreen™ Field Systems. https://qubitphenomics. com/plantscreen-field-systems/.

[94] Friedli M,Kirchgessner N,Grieder C,et al. Terrestrial 3D laser scanning to track the increase in canopy height of both monocot and dicot crop species under field conditions [J]. Plant Methods,2016,12:9.

[95] Naito H,Ogawa S,Valencia M O,et al. Estimating rice yield related traits and quantitative trait loci analysis under different nitrogen treatments using a simple tower-based field phenotyping system with modified single-lens reflex cameras[J]. ISPRS Journal of Photogrammetry and Remote Sensing,2017,125:50-62.

[96] Virlet N, Sabermanesh K, Sadeghi-Tehran P, et al. Field Scanalyzer: An automated robotic field phenotyping platform for detailed crop monitoring[J]. Functional Plant Biology,2017,44,143-153.

[97] Yang G J,Liu J G,Zhao C J,et al. Unmanned aerial vehicle remote sensing for field-based crop phenotyping: Current status and perspectives[J]. Front Plant Sci, 2017, 8:1111.

[98] Sankaran S,Khot L R,Espinoza C Z,et al. Low-altitude,high-resolution aerial imaging systems for row and field crop phenotyping:A review[J]. European Journal of Agronomy,2015,70:112-123.

[99] Chapman S C, Merz T, Chan A, et al. Pheno-copter: A low-altitude, autonomous, remote-sensing robotic helicopter for high-throughput field-based phenotyping [J]. Agronomy,2014,4(2):279-301.

[100] Liebisch F, Kirchgessner N, Schneider D, et al. Remote, aerial phenotyping of maize traits with a mobile multi-sensor approach[J]. Plant Methods, 2015, 11:9.

[101] Yang C H. Aerial imaging with manned aircraft for precision agriculture[J]. Engineering and Technology for Sustainable World, 2016, 23(4):25-27.

[102] Bucksch A, Burridge J, York L M, et al. Image-based high-throughput field phenotyping of crop roots[J]. Plant Physiology, 2014, 166:470-486.

[103] Clark R T, MacCurdy R B, Jung J K, et al. Three-dimensional root phenotyping with a novel imaging and software platform[J]. Plant Physiology, 2011, 156:455-465.

[104] Paulus S, Dupuis J, Riedel S, et al. Automated analysis of barley organs using 3D laser scanning: An approach for high throughput phenotyping[J]. Sensors, 2014, 14: 12670-12686.

[105] Choudhury S D, Bashyam S, Qiu Y M, et al. Holistic and component plant phenotyping using temporal image sequence[J]. Plant Methods, 2018, 14:35.

[106] Yang W N, Guo Z L, Huang C L, et al. Combining high-throughput phenotyping and genome-wide association studies to reveal natural genetic variation in rice[J]. Nature Communications, 2014, 5(1):5087.

[107] 郭庆华,吴芳芳,庞树鑫,等. Crop 3D:基于激光雷达技术的作物高通量三维表型测量平台[J]. 中国科学:生命科学,2016,46(10):1210-1221.

第6章 土壤参数检测与传感技术

土壤是指地球表面风化的散碎外壳，是一种由大小不同的固体颗粒集合而成的具有空隙和孔隙的散粒体，属多孔介质。对于农作物来讲，土壤主要有两大功能：储存养分和水分并将其供给作物；维持作物根系的健康生长。这两个功能可用土壤质地、土壤水分含量、土壤氮素含量、土壤有机质含量、土壤电导率等土壤参数来描述。

土壤的物理性质包括土壤的颜色、质地、结构、水分、热量和空气状况，土壤的机械物理性质和电磁性质等。土壤物理性质的测定为研究土壤特性、进行土壤改良及科学管理提供依据。

土壤水分是土壤的重要组成部分，在土壤物质转化过程中起着重要作用，也是所有作物生长发育的基本前提和条件，是决定作物种植和生产的重要因素。土壤水分对区域土壤温度、热量平衡有较大的影响，是维持区域生态环境稳定的重要因素。土壤水分是土壤肥力最活跃的因子之一，水分缺乏会限制养分在土壤中的溶解和转移以及大多数微生物的活动。此外，土壤水分还影响土壤结构和耕作性质，控制土壤呼吸，改变土壤气体、热量和养分的组成及分布。因此，土壤水分是农业生产部门确定耕作措施、评价和判断土壤肥力的重要依据。

作物的生长离不开土壤中的氮、磷、钾、钙、镁、硫、铜、铁、锌、锰等各种营养元素，其中氮、磷、钾是植物需要量和收获时带走量较多的营养元素，氮肥、磷肥、钾肥被称为大量元素肥料。一般认为氮素对植物生长发育的影响最为重要。当氮素充足时，植物可合成较多的蛋白质，促进细胞的分裂和生长，因此植物叶面积增长快，能有更多的叶面积用来进行光合作用。土壤中的氮素总量反映了土壤提供氮素营养的能力和潜力，是反映土壤肥力的重要指标。但土壤中大部分的氮以腐殖质这种有机的方式存在，不能直接被植物吸收（摄取）。能直接被植物吸收的氮素称作速效氮（例如铵态氮、硝态氮），速效氮含量也是土壤分析的重要指标。土壤速效氮在作物生长期时空变化显著，比较而言速效磷和速效钾时空变化则相对平稳，施肥时可根据氮肥需要量按照平衡施肥原则确定磷肥和钾肥的施用量。因此，总氮和速效氮含量检测是土壤营养诊断的首要任务。

土壤电导率代表了土壤的导电能力，与土壤含水率、土壤盐度、土壤粒度等密切相关。测量电导率可以了解土壤的结构和物理性质，进而为精细农业管理提供依据。对于土壤质量评估和精细农业管理，土壤电导率的空间分布是非常有价值的信息。

6.1 土壤粒度与容重检测与传感技术

土壤颗粒大小分布（particle-size distribution，PSD）也称粒度分布、颗粒组成（particle composition）、机械组成（mechanical composition），指土壤中不同粒径土粒的相对比例，它能

反映土壤保肥蓄水能力和通透性能，不仅是土壤质地分类、命名的基础，而且直接影响土壤紧实度、土壤孔隙度，进而影响土壤透气以及土壤环境背景值和能量转化等性能。土壤物理性质研究主要是通过田间试验研究土壤的质地、容重、紧实度以及土壤表面粗糙度，通过数值仿真研究和构建模型对相关参数进行预测。

土壤质地是指土壤中不同大小的矿物颗粒的组合状况，对农作物的生长非常重要，是拟定土壤利用、管理和改良措施的重要依据。土壤质地与土壤通气、保肥、保水状况及耕作的难易也有密切关系，肥沃的土壤不仅要求耕层的质地良好，还要求有良好的质地剖面。表征土壤质地常用的指标有土壤容重、土壤粗糙度、土壤孔隙度等。

根据土壤中不同粒径颗粒的相对含量，土壤质地一般分为砂土、壤土和黏土三大类。虽然土壤的质地和特点主要决定于成土母质类型，有相对的稳定性，但耕作层的质地仍然可以通过耕作、施肥等活动进行调节。国际制土壤质地分类标准如表 6-1 所示[1]。

表 6-1 国际制土壤质地分类标准

质地名称		不同粒径颗粒含量/%		
		黏粒(<0.002 mm)	粉粒(0.002～0.02 mm)	砂粒(0.02～2 mm)
砂土	砂土及壤质砂土	0～15	0～15	85～100
壤土	砂质壤土	0～15	0～45	55～85
	壤土	0～15	30～45	40～55
	粉砂质壤土	0～15	45～100	0～55
黏壤土	砂质黏壤土	15～25	0～30	55～85
	黏壤土	15～25	20～45	30～55
	粉砂质黏壤土	15～25	45～85	0～40
黏土	砂质黏土	25～45	0～20	55～75
	壤质黏土	25～45	0～45	10～55
	粉砂质黏土	25～45	45～75	0～30
	黏土	45～65	0～35	0～55
	重黏土	65～100	0～35	0～35

砂土缺少黏粒和有机质，保水保肥性能弱，易漏水漏肥，抗旱能力差，土壤养分少，施用速效肥料则肥料易随雨水和灌溉水流失，肥效猛而不能持久。因此，砂土要增施有机肥，适时追肥，勤浇薄施。黏土养分丰富，有机质含量较高，土壤养分不易被雨水和灌溉水淋失，故保肥性能好，但雨水过多或灌溉量较大时，水分在土体中难以下渗排出，会影响农作物根系的生长，阻碍根系对土壤养分的吸收。对于此类土壤，在生产上要注意开沟排水，降低地下水位，以避免或减轻涝害，并选择在适宜的土壤含水条件下精耕细作，改善土壤结构和耕性，促进土壤养分的释放。壤土兼有砂土和黏土的优点，是较理想的土壤，其耕性优良，适种的农作物种类多。

6.1.1 土壤粒度的检测与传感技术

6.1.1.1 吸管法

吸管法测定土壤颗粒大小分布的技术方法简单易行，一直以来被广泛采用[2]。但这种方法耗时较长，颗粒越小沉降越慢，当粒径<1 μm 时，沉降时间可能超过 30 h，而且所测数据相对误差较大，这限制了其使用。

6.1.1.2 激光衍射法

激光衍射法(laser diffraction，LD)的测定原理是夫琅禾费(Fraunhofer)衍射理论和米氏(Mie)散射理论[3]。光在传播过程中遇到粒子时，它会与粒子相互作用，其中一些粒子会偏离原来的方向。这种物理现象称为光散射(衍射)。当平行光在传播过程中遇到障碍粒子时，光波发生偏转，偏转角与粒子大小有关，粒径越大，偏转角越小；粒径越小，偏转角越大。激光粒度仪就是依据这一原理设计的，其结构如图 6-1 所示。He-Ne 激光管发射一定波长(633 nm)的激光，通过滤光片转换成单色光束。当光束照射从分散系统传输过来的粒子样品时，会出现散射现象。散射光的角度与粒子直径成反比。散射光强度随入射角的增大呈对数衰减。经过傅里叶透镜后，在多环光电探测器的焦平面上形成图像。散射光的能量分布与粒子直径分布直接相关，通过接收和测量散射光的能量分布，可以得到土壤粒度分布特征，进而确定土壤质地。

由于激光粒度仪具有操作简单、分辨率高、精度高、检测时间短等优点，逐渐被视为土壤粒度分布检测的标准仪器。它可以将土壤颗粒分散到溶液中，然后利用被测颗粒和分散介质的折射率等光学性质，根据不同角度散射光的强度得到土壤粒度分布数据。测量完成后，根据需要，可采用国际制土壤质地分类标准或卡庆斯基制土壤质地分类标准对土壤样品进行质地分类。

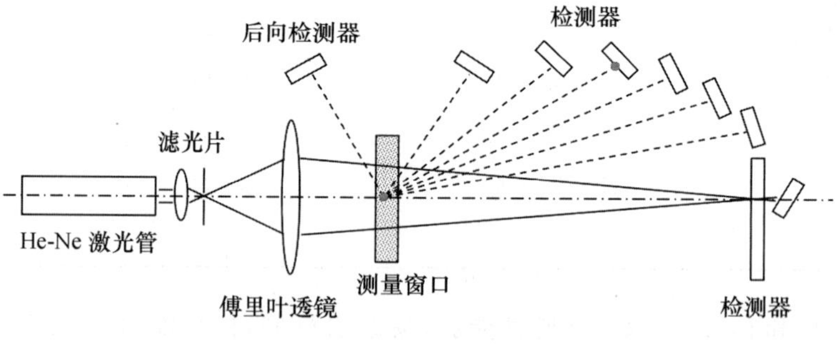

图 6-1 激光粒度仪的测量原理

20 世纪 90 年代，土壤学家开始探索将 LD 法运用于土壤粒度分析，并将 LD 法和吸管法进行比较，LD 法的应用技术逐渐完善[3]。进入 21 世纪后，我国很多科研院所引进了激光粒度分析仪，相关的研究逐渐增多。杨艳芳等为检验 LD 法在黏粒含量高的富铁土上应用的可行性，用 LD 法和传统的吸管法实测了 6 个黏性富铁土剖面(黏粒含量>40%)不同层次土样的土壤粒度分布，比较发现：LD 法能够区分更多粒径级别，尤其是黏粒部分(<2 μm)的 PSD 信息，而且分析过程耗时短，效率高[4]。研究还发现，LD 法与吸管法测定的粒度分布结果存

在一定的差异，LD法“低估”黏粒含量和“高估”粉粒含量，而吸管法“高估”黏粒含量和“低估”粉粒含量，这2种方法在检测粉粒和砂粒时存在显著的线性相关[4]。

进一步分析可知，LD法和吸管法测定结果存在差异的原因主要在于两个方面：原理不同，土粒形状不同。在原理方面，吸管法依据斯托克斯定律（Stokes' Law），该定律指出，球体微粒在静水中沉降时，沉降的速率与球体半径平方成正比，与介质的黏滞系数成反比。吸管法根据沉降速率进行测量，假设土壤颗粒都是球体，但实际上土壤颗粒是具有复杂结构的不规则物体，所以测量得到的是土壤颗粒的当量直径，与实际颗粒尺寸会有一定差异[5,6]。LD法依据的是光学原理，反映的是颗粒的横截面特征，测量时将激光照射到的截面直径当作颗粒的直径，因此对于非球体的颗粒，也会存在一定的差异。在形状方面，土壤颗粒本身是不规则的，吸管法在筛分土壤时，大的颗粒如长形的颗粒以尺寸小的横截面通过筛孔，会造成小粒径颗粒含量的测量值偏大。颗粒的沉降速度也会受到形状的影响，当颗粒的最大横截面与沉降方向呈90°时，沉降最慢。正因如此，很多研究得出结论，吸管法所得砂粒含量比真实值偏低，而粉粒和黏粒的含量则偏高[7]。还有一个原因，吸管法所测的颗粒组成是各级土粒质量占总质量的百分数（质量分数），但是不同的土壤密度不同，且不同粒径的土粒密度也不同，在实际计算中土壤的密度均假设为 2.65 g/cm^3。LD法测定的PSD结果与密度无关，由于激光在颗粒的旋转过程中可以测得颗粒的任一横截面，所得直径为平均直径，最终计算结果为土粒的球形体积，但由于土粒形状的各种变化，所测结果也有可能偏大或偏小，结果不稳定。

针对LD法与吸管法所测数据之间的转换关系，科学家们开展了一系列研究，提出了各种情况下的转换关系式。Konert等根据158个样品测量结果提出两种方法所得黏粒含量的转换关系式为 $y=0.361x-0.232(r=0.957)$，其中 y 是LD法得到的黏粒体积百分数，x 是吸管法得到的黏粒质量百分数[8]。Beuselinck等提出的转换关系为 $y=2.74x-7.77(r=0.98)$[9]。刘涛等提出的转换关系为 $y=1.17x-13.50(r=0.99)$[10]。杨金玲等选取中国6个主要土纲的265个土壤样品开展研究[11]，结果表明，LD法测定的土壤黏粒含量明显小于湿筛-吸管法测定的数据，LD法测定的土壤粉粒含量明显大于湿筛-吸管法测定的数据，而对于土壤砂粒含量的测定，两种方法测量结果互有高低；两种方法测定的黏粒、粉粒和砂粒含量间均分别具有很好的相关性。为此他们提出了一种LD法和吸管法测定数据间的转换公式，给出了基于LD法测定数据的砂土、壤土和黏土质地划分界限，从而能够应用LD法测定的数据直接进行质地划分。根据质地分级三角图，湿筛-吸管法测得的土壤黏粒含量大于40%，或者黏粒含量大于35%，同时满足粉粒含量小于20%，可确定土壤为黏土；湿筛-吸管法测得的土壤黏粒含量小于15%，同时满足粉粒含量小于30%和砂粒含量大于70%，或者黏粒含量小于12%，同时满足粉粒含量大于80%和砂粒含量小于20%，可确定土壤为砂土[12]。杨金玲等根据揭示的LD法与吸管法之间的转换关系提出，对于LD法测定的黏粒含量大于25%，或者黏粒含量大于22%，同时满足粉粒含量小于34%，即可以确定土壤为黏土；如土壤黏粒含量小于10%，同时满足粉粒含量小于43%和砂粒含量大于65%，或者黏粒含量小于8%，同时满足粉粒含量大于91%和砂粒含量小于20%，即可确定土壤为砂土[11]。

6.1.1.3　扫描电镜法

除了LD法，扫描电镜法（scanning electron microscopy，SEM）也是测量土壤粒度（质地）

的有效方法。与光学显微镜相比，扫描电镜具有分辨率高、放大倍率大、景深大、立体感强、制样简单，可以对试样进行多角度观察和分析等优点，已广泛应用于土壤发生学、土壤调研制图、土壤肥力评价、土壤耕作及改良等领域。

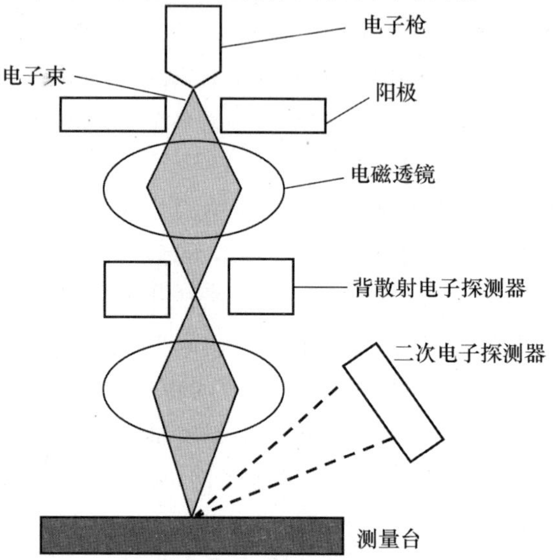

图 6-2 扫描电镜法的原理

扫描电镜由镜筒、电子信号采集与处理系统、显示与记录系统和真空与电源系统四部分组成。如图 6-2 所示，扫描电镜的工作原理是，电子枪发射电子束，在加速电场的作用下，经电磁透镜聚焦后电子束到达样品表面，被加速的电子与样品相互作用进而产生二次电子、背散射电子和 X 射线等激发信号。这些信号被相应的探测器检测后放大处理，输出到显示与记录系统形成图像。土壤属于非均质的多孔介质材料，观察时所选的扫描区域过小可能会导致结果不具备代表性和普遍性，因此扫描区域不能太小，一般扫描区域应选择在土壤颗粒和孔隙分布相对均匀的地方；对于同一土体，应对多个样品选取多个区域进行扫描研究。应用扫描电镜分析土体结构时，并不是放大倍数越大越好，放大倍数过大时，得到的信息将不够全面，甚至得到与实际情况完全相反的信息。放大倍数应视研究目的而定，对土体进行常规微观结构研究时，放大倍数宜在 300～3 000 内选取。扫描电镜的图像是具有 256 级灰度的二维灰度图像，通过调整灰度分布曲线阈值，使颗粒可以最清晰表达，选取合适的阈值是土壤微结构信息提取过程中至关重要的环节。阈值选择需根据研究目的和研究对象，采用平均值法、中值法和最大方差法等进行综合评估。一般而言，对土体孔隙结构的定量研究宜选取相对较小的阈值，对土体颗粒形态特征进行研究时则选用相对较大的阈值。

国内外学者应用扫描电镜在土壤形成演化、退化、肥力及土地利用等领域已经取得了很大的成果。Aranda 等研究了土壤类型和管理方式对其有机质含量的影响，利用 SEM 技术观察到从塌积灰岩基底上采集的土壤样品具有孔隙和结构的多样性，显示出更多的生物活性[13]。Hu 等用 SEM 和偏光显微镜研究土壤结皮的形成与雨滴冲击侵蚀之间的关系，观察到土壤结皮由大量细颗粒形成致密层；土壤结皮较薄，其特征是密度较大，剪切强度较高，孔隙度较小，饱和导水率较低；雨滴冲击是土壤结皮形成最重要的因素[14]。

利用电导率、光谱技术及压实度传感器等分析土壤质地信息的相关研究也很多，但大都存在检测手段单一、目标参数孤立、信息解译局限等问题。因此，基于智能化多传感器融合技术的土壤理化复合参数检测及信息解译也是目前土壤质地检测的重点研究方向。

6.1.2 土壤容重的检测与传感技术

土壤容重(soil bulk density)是指单位体积(包括土壤空隙的体积)自然状态下土壤的干重，是表征土壤机械特性的一个重要指标，是农业生产和研究的重要参数，同时也是计算土壤孔隙率、土壤空气含量、土层养分含量和换算土壤体积含水量的基本数据，它影响着土壤的水气比例，进而影响土壤内的化学和生物学过程。因此，土壤容重的测定在农作物生长、环境、气候变化等多个方面均具有重要意义。

通常熟化程度较高的土壤容重较小，因此土壤容重可作为土壤熟化程度等物理性状的重要指标。土壤质地相同时，容重小则说明土壤压实程度低，因此孔隙度较大，持水保肥能力也相对高，反之，容重大则土壤的持水保肥能力相对低。容重大的土壤质地坚实，通气性较差，排水不畅，土壤中的各种微生物活动受到抑制，养分分解能力差，不利于污染物在土壤中的迁移转化；容重小的土壤质地疏松，腐殖质含量高，透气性、排水性好，土壤微生物活跃，有利于分解土壤中的有机物，也有利于污染物在土壤中的迁移和转化。

测量土壤容重的方法很多，其中最经典的方法即为环刀取土法，计算公式为

$$b=\frac{m}{V(1+\theta)}=\frac{m_1}{V} \tag{6-1}$$

$$\theta=\frac{m-m_1}{m_1}\times 100\% \tag{6-2}$$

式中：b 为土壤容重，g/cm^3；m 为环刀内湿土的总质量，g；V 为环刀容积，cm^3；θ 为土壤质量含水量，%；m_1 为环刀内土壤烘干后的质量，g。

测量土壤容重的其他方法有蜡封法、水银排除法、填砂法、排水法、基于 BP 神经网络的方法、时域反射仪结合土钻法、体积置换法、伽马射线法和可见近红外光谱测定法等。其中时域反射仪结合土钻法和体积置换法测量容重的精度更高，操作更简单。

时域反射仪利用金属探针测定土壤介电常数并换算成土壤体积含水量，土钻法可测定土壤的质量含水量，质量含水量与体积含水量之比即土壤容重。采用时域反射仪测定土壤体积含水量几乎不受土壤类型、土壤密度、土壤温度以及土壤导水率的影响，实际应用时一般不对这些因子进行标定，因此省去了大量的附加工作，并且测定结果可靠。这种方法具有快速、精确、可连续测定等优点，还可以精确地测定某一土层的含水量；这种方法不破坏土壤结构，能够基本保持土壤原样，较适于长期连续监测。

体积置换法是在已知土壤密度的前提下，用一定容积的标准取样环刀取得土样后，向待测量土体补充水分使土壤达到饱和，用一定体积的水置换土壤中的充气孔隙，根据初始土样质量、饱和后土样质量、土壤密度和水密度，计算得到被置换的充气孔隙的体积，进而得到土壤质量含水量和土壤容重。使用体积置换法测量的土壤质量含水量，与传统烘干土样 48 h 后称量土壤质量的方法测得的结果相比较，最大误差在 1%左右，虽然存在一些误差，但其测量操作简单，耗时少。达到饱和的时间依土壤性质而定，一般需要 10 h，黏性大的土壤需要的时间稍长一些。

图 6-3　土壤表面图像示例[15]

传统的土壤容重测量方法过程冗长、烦琐，难以广泛应用于不同质地的土壤容重测量。为了实时在线估计土壤容重，刘振提出了一种土壤容重快速测量方法[15]。首先利用相机获取土壤表面照片，如图 6-3 所示。然后进行图像处理，应用灰度共生矩阵（GLCM）提取土壤表面图像的 12 个纹理特征

值，即能量、熵、均匀性、同质性、方差、和平均、和方差、和熵、差方差、差平均、差熵和惯性矩。对 86 个土壤表面图像样本进行了图像特征分析，并对环刀法测得的土壤容重与土壤表面图像的 12 个纹理特征值进行了相关分析，得到土壤容重与 12 个纹理特征值的相关系数分别为 0.841 8、0.819 5、0.550 1、0.851 0、0.566 1、0.635 3、0.580 7、0.375 5、0.524 4、0.634 8、0.616 5 和 0.859 5。结果表明，能量、同质性、熵、惯性矩与土壤容重有很高的相关性。同质性和惯性矩与土壤容重相关关系的散点图如图 6-4 所示。

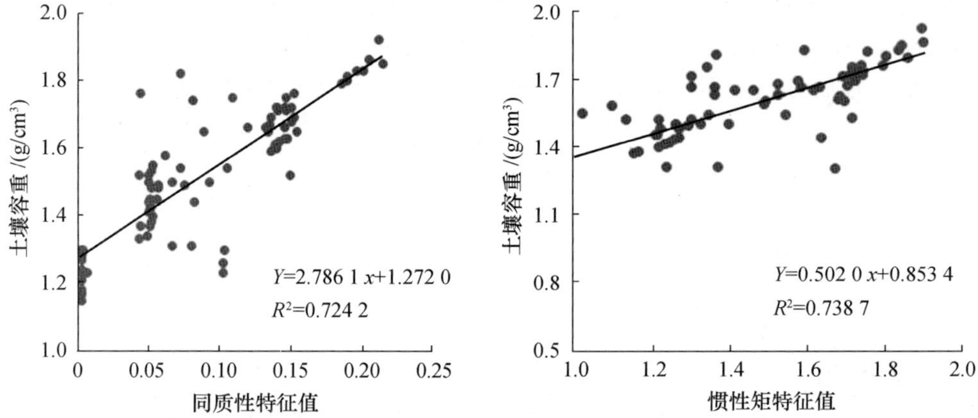

(a)同质性　　(b)惯性矩

图 6-4　土壤容重与土壤表面图像纹理特征值的相关性分析[15]

由于能量、同质性、熵和惯性矩 4 个纹理特征值与土壤容重具有较高的相关性，以这些纹理特征值为输入，采用神经网络算法对土壤容重进行预测。该方法的优点是实验过程简单，易于跟踪分析，测量精度高。预测模型的决定系数 $R^2=0.817\ 2$，模型预测结果如图 6-5 所示。

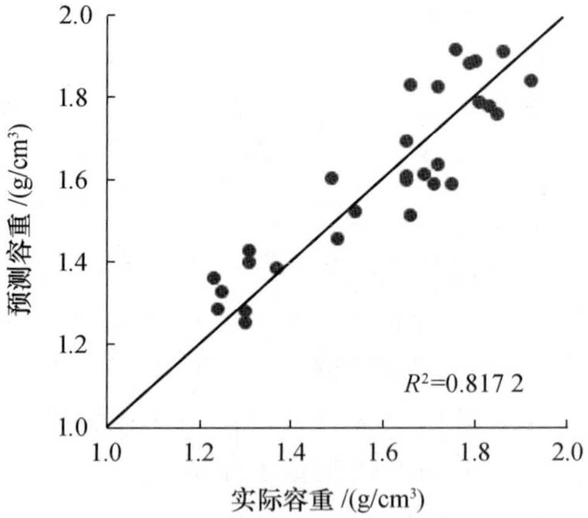

图 6-5　BP 神经网络算法预测土壤容重的结果[15]

6.2　土壤紧实度检测与传感技术

土壤紧实度(soil compactness)是指土壤颗粒松紧的程度，土壤压实是指负荷或施压造成土壤容重增加和孔隙度降低的过程，土壤硬度是指外物切入挤压时与垂直应力相当的土壤阻力，土壤坚实度是指土壤对挤压力的反应。这几个概念意思相近，一般情况下概念可以互换，其中土壤紧实度概念近年来应用更广泛。土壤紧实度是土壤的重要物理特性之一，也是评价土壤耕作条件、衡量土壤耕作质量的重要指标。土壤紧实度过大会阻碍水分入渗，降低化肥利用率，影响植物根系生长，导致作物减产。

传统的土壤紧实度测量方法有通过测量体积密度和孔隙度计算，采用多通道表面波分析方法检测和采用土壤压实仪测量等。多通道表面波分析方法需要用气枪多次轰击土壤，会对土壤造成严重破坏，且费时费力。土壤压实仪的测量结果受土壤含水量和人为因素的影响较大。传统的土壤紧实度测量方法测量结果比较粗糙，重复性差，不适合精细农业。目前普遍采用的测量仪器主要有土壤贯入仪（也叫圆锥指数仪）、探地雷达和随动测量装置等，这些仪器能够快速、准确地测量土壤紧实度。

6.2.1　圆锥指数仪

圆锥指数仪测量得到的参数为圆锥指数（cone index，CI），定义为圆锥探头插入被测物所受的阻力与圆锥底面面积之比，可用来表征土壤紧实度。土壤圆锥指数仪为国际公认的测量土壤紧实度的标准装置[16]，如图 6-6 所示。软土使用的圆锥头底面面积为 323 mm^2，底面直径为 20.27 mm，测杆直径为 15.88 mm[图 6-6(a)]；硬土使用的圆锥头底面面积为 129 mm^2，底面直径为 12.83 mm，测杆直径为 9.53 mm[图 6-6(b)]。

测杆上的刻度相距 25.4 mm，用于识别手动测量时的贯入深度。圆锥头底部有 1.5 mm 的台肩，有利于保护圆锥头，对读数的准确性不会产生严重影响。圆锥头过度钝化或有异常磨损时要及时更换。使用圆锥指数仪测量时，为了消除摩擦力的影响，需要保证测杆以 30 mm/s 的恒定速度贯入土壤。

现在已经有多种手持式土壤紧实度检测仪问世。图 6-7 所示为美国 Spectrum 公司的 SC 900 数显式土壤紧实度仪，使用时需保持测杆垂直于土壤表面，将尖端部分以 30 mm/s 的速度插入土壤中，读取传感器示值，计算出土壤圆锥指数。

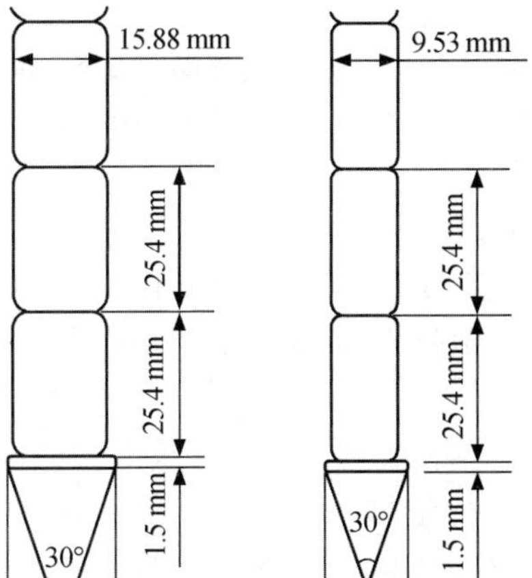

(a) 软土用　　(b) 硬土用

图 6-6　土壤圆锥指数仪的圆锥头和测杆

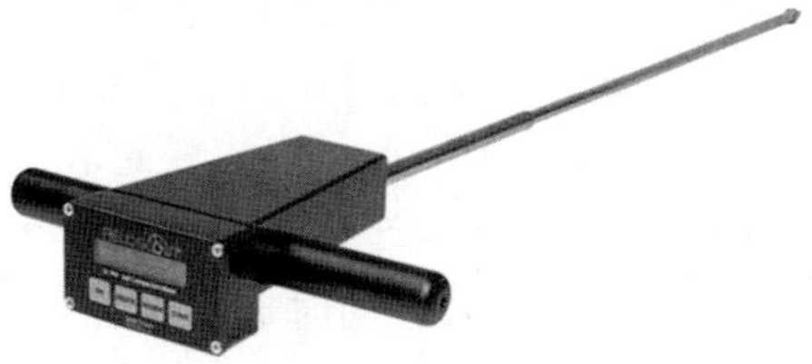

图 6-7　SC 900 数显式土壤紧实度仪

6.2.2　土壤紧实度在线测量系统

为了快速、准确地自动绘制土壤紧实度分布图，需要土壤紧实度在线测量系统。Liu 等设计了一种连续检测土壤机械阻力的多传感器装置[17]。Adamchuk 等研制了一种安装在装有 GPS 的拖拉机上的土壤紧实度在线测量系统，利用立式叶片可以同时测量多个深度的土壤机械阻力，其测量值与标准圆锥指数仪测量值之间的相关系数为 0.95[18]。Sirjacobs 等设计了一种利用八角环传感器作为力敏元件同时测量土壤耕作工具的水平力、垂直力和弯矩的系统，得到圆锥指数与这 3 个参数的相关系数为 0.81[19]。Adamchuk 和 Christenson 开发了土壤物理性质综合制图系统，利用光学传感器、电容传感器进行测量，建立了反映土壤机械阻力随深度变化的二阶多项式模型[20]，但是现场评估得出的结论是，在大多数情况下二阶关系并不显著，因此土壤机械阻力与深度的线性关系假设可能更合适。

量化土壤紧实度的方法是测量土壤强度，因为土壤强度与紧实度和孔隙度密切相关[21]。土壤强度可以通过测量土壤阻力来计算，能够实现土壤紧实度的在线测量。

6.2.2.1 移动式土壤强度剖面传感器[22]

Chung 等设计了一个移动式土壤强度剖面传感器(soil strength profile sensor，SSPS)，它可以在行进中同时测量多个深度的"类 CI"土壤强度(图 6-8)。力感应探头安装于土壤切割刀片之后、刀片边缘前方。刀片使用安全螺栓机构安装在机架上，机架通过三点悬挂装置连接到拖拉机上。

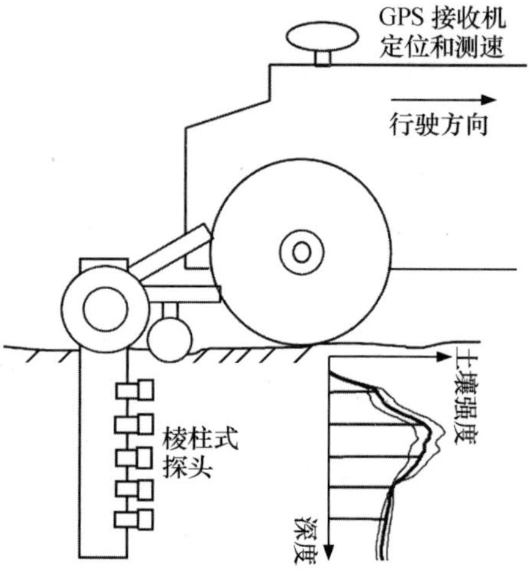

图 6-8 移动式土壤强度剖面传感器工作示意图

根据对密苏里州黏土农场剖面 CI 的分析，选择最大检测深度、预期最大土壤强度和检测分辨率分别为 50 cm、10 MPa 和 0.1 MPa。考虑到传感器运行时的高负载以及安全系数，选择最大垂直检测间隔为 10 cm。

测量土壤强度的变异性需要高分辨率和高频数据采集。假设系统以 2 m/s 正常工作速度行驶，可选择 4 Hz 为最小采样频率，更高频率的数据采集可以获得更可靠的测量结果。应用移动平均值等滤波技术进行后期数据处理。

在对土壤破坏机理进行建模和模拟的基础上，确定传感器探头为具有 60°切割角或顶角的棱柱形结构，可以减少对土壤的干扰，并避免发生土壤阻力突然变大的状况。

6.2.2.2 土壤耕作阻力测量系统[23]

郑杰开发了土壤耕作阻力测量系统。测量系统包括两个测量单元：压力传感器和 3 组应变片桥，如图 6-9 所示。当深松铲在土壤中向前移动时，土壤机械阻力首先作用于铲尖，随之传导至整个深松铲，导致深松铲发生微小变形，通过应变片桥测量深松铲的微小变形，可以测量出土壤耕作阻力。同时通过杠杆作用，土壤的机械阻力通过深松铲传送到位于车架横梁与深松铲之间的压力传感器，压力传感器也可以测量出土壤耕作阻力。图 6-10 为土壤耕作阻力测量系统测量单元受力等效图。

根据等效图可建立土壤机械阻力测量系统模型：

$$P_0 = f(F_s, \varepsilon_i, u, v) \tag{6-3}$$

式中：P_0 为土壤表面的机械阻力，N；F_s 为压力传感器的受力，N；ε_i ($i=1,2,3$) 为第 i 组应变片的受力，N；u 为车架横梁和土壤表面之间的距离，cm；v 为行进速度，km/h。

田间试验验证了该系统的可行性，土壤耕作阻力测定值与圆锥指数仪测定值表现出很好的相关性。该系统能够实现土壤机械阻力的精确测量，偏差不大于±5%。

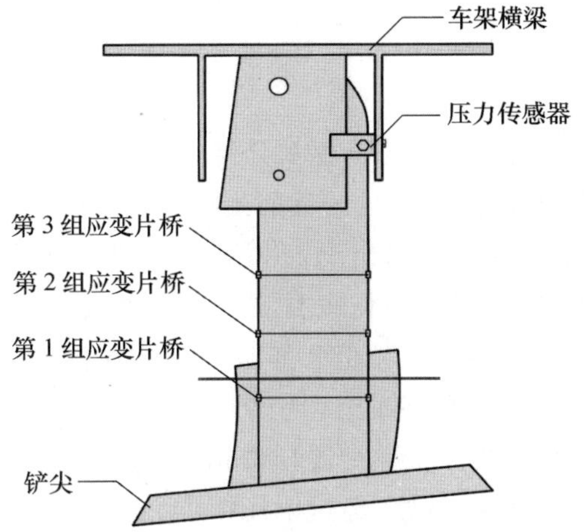

图 6-9　土壤耕作阻力测量系统测量单元构成示意图

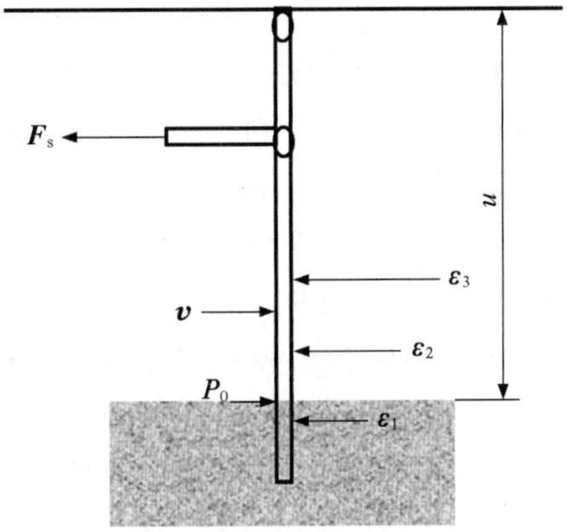

图 6-10　土壤耕作阻力测量系统测量单元受力等效图

6.3　土壤水分含量检测与传感技术

评价土壤水分水平有两个参数：土壤体积含水量和土壤质量含水量。土壤体积含水量

$$\theta_v = \frac{V_w}{V_t} \times 100\% \tag{6-4}$$

式中：θ_v 为土壤体积含水量，V_w 为土壤中所含全部水分的体积，V_t 为土壤总体积（包含固、液、气三相）。

土壤质量含水量则有干基（dry base，db）和湿基（wet base，wb）两种。

$$\theta_m(\text{db}) = \frac{m_w}{m_s} \times 100\% \tag{6-5}$$

式中：$\theta_m(\text{db})$为土壤干基含水量，m_w 为土壤中所含水分的质量，m_s 为相应土体中固体物质的质量，即烘干后的土壤质量。在某些情况下 $\theta_m(\text{db})>100\%$。

$$\theta_m(\text{wb}) = \frac{m_w}{m_t} \times 100\% \tag{6-6}$$

式中：$\theta_m(\text{wb})$为土壤湿基含水量，m_w 为土壤中所含水分的质量，m_t 为相应土体样本烘干前所有物质的总质量，$m_t=m_s+m_w$。农业上多使用 $\theta_m(\text{db})$，简写为 θ_m。

目前，基于不同的测量原理，已经开发出多种土壤含水量传感器，典型的方法有介电常数法、中子法和近红外光谱法，介电常数法又包括频域反射法、驻波比法和时域反射法。

6.3.1 基于土壤介电特性的土壤水分测量

6.3.1.1 频域反射法

基于频域反射法（frequency domain reflectometry,FDR）的土壤水分传感器根据高频信号在不同介电常数的物质中传输时的反射延迟特性，通过测量信号的反射延迟检测土壤水分。高频数字信号发生器产生连续的振荡脉冲信号，将该信号同时输出到高频双工器和相位延迟线。高频双工器将来自信号发生器的高频信号送到波导探头，并将来自波导探头的反射信号送入相敏检波相位比较器。相位延迟线将来自信号发生器的高频信号延迟一定的时间，该时间约等于馈送到波导探头的高频信号再次反射回传通过的通路延迟，使该信号的边沿相位与来自高频双工器的波导探头反射信号边沿相位具有可比性。相敏检波相位比较器比较两个输入信号的相位差，由该相位差形成脉宽调制信号输出到变换电路，经过电压钳位、滤波，再经脉冲积分电路、线性补偿电路形成电压输出。一定频率的高频信号可以在非导体中传输，在导体表面产生反射，包括导体内表面和外表面，所以传输高频信号的导体和非导体结构件通常也称为波导。波导的空间尺寸和被传输的高频信号有关，也和导体材料的传输延迟特性有关。高频信号可以在波导内部谐振、定向发射等。信号传输具有一定的速度，高频信号经过导线和波导传输时会发生延迟。高频信号在传输过程中遇到不同阻抗特性的导体介质交界面时会发生反射，沿传输路径发生的反射比较显著。在不同介电常数的介质交界处，高频信号具有不同的传输反射延迟。如果信号的频率（着重考虑信号边沿的变化率）一定，信号传输路径（导线和波导形成的传输通路组合）长度也一定，波导和被测介质交界处的反射延迟即可反映被测介质的介电常数。FDR 法测量土壤水分的基本原理如图 6-11 所示。

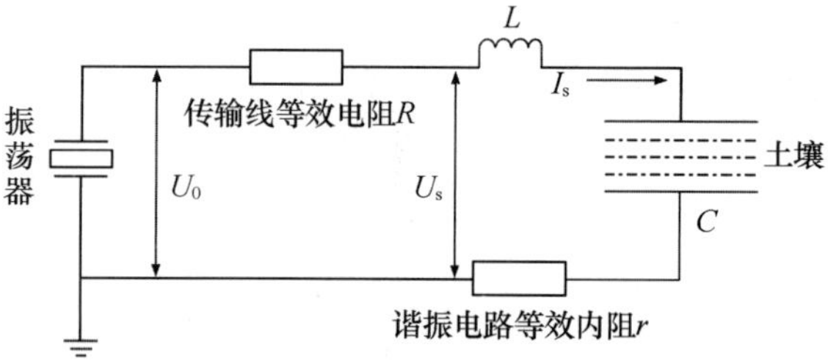

图 6-11 FDR 法测量土壤水分的基本原理[24]

在土壤的三相介质组成中，土壤颗粒的介电常数（$\varepsilon_s=3\sim4$，20 ℃）和空气的介电常数（$\varepsilon_a=1$，20 ℃）很小，而水的介电常数（$\varepsilon_w=80$，20 ℃）远大于土壤和空气的介电常数，处于主导地位。因此，土壤的介电常数主要取决于水的含量，因此可根据土壤介电常数间接获得土壤的含水量。图 6-11 中 LC 振荡电路的频率

$$f=\frac{1}{2\pi\sqrt{LC}} \tag{6-7}$$

电感 L 是固定的，当土壤介电特性发生改变时，LC 振荡电路中电容就发生变化，频率 f 也相应改变，因此通过分析 LC 振荡电路的频率 f 就可反演出土壤水分情况。

6.3.1.2 驻波比法

采用驻波比法（standing wave ratio，SWR）的土壤水分监测仪（图 6-12）主要由信号源、同轴传输线、土壤探头和精密检波电路等组成。信号源产生的信号沿传输线传播到土壤探头，由于探头阻抗与传输线阻抗不匹配，一部分信号沿传输线反射回来，另一部分沿探头继续传播。在传输线上入射波与反射波会叠加形成驻波，使传输线上各点的电压产生变化，而土壤探头阻

抗取决于土壤介电常数，土壤介电常数主要取决于土壤含水量，因此测量传输线上的电压变化即可获得土壤含水量。

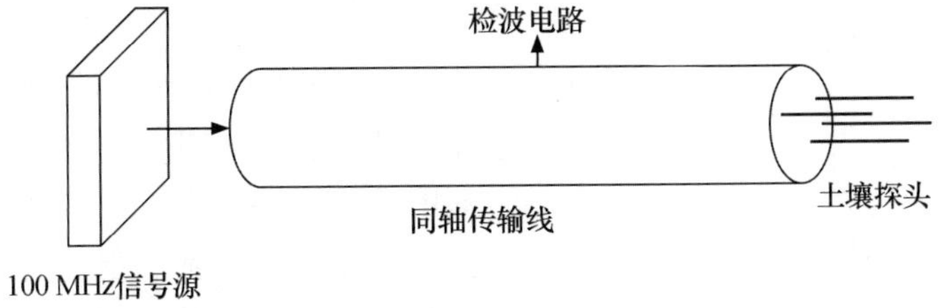

图 6-12　SWR 土壤水分监测仪组成示意图

6.3.1.3　时域反射法

时域反射法(time domain reflectometry，TDR)是介电测量中的高速测量技术，是在对许多液体介电特性研究的基础上发展起来的[25]。TDR 类似雷达的工作原理，有较强的独立性，最初是用来定位通信电缆的缺陷的，Topp 等将其引入土壤水分测量的研究，提出了 TDR 测量方法[26]。

TDR 土壤水分检测仪由信号发生器、同轴传输线、探针、接收器及高频示波器组成，如图 6-13 所示。信号发生器发射高频脉冲，沿同轴传输线传输到插入土壤的探针(长度为 L)。由于同轴传输线与探针阻抗不匹配，部分电磁波在连接处产生第一个反射信号并沿同轴传输线传回接收器。其余的电磁波继续传输到探针末端，由于探针与土壤阻抗不匹配，再次产生一个反射信号传回接收器。接收器测量两次反射信号的时间差得到电磁波沿探针来回传输的时间。高频脉冲的频率在 1 MHz～1 GHz 范围内，探针周围土壤的介电常数 ε_s 与电磁波沿探针来回传播的时间 T 的关系为

$$\varepsilon_s=\left(\frac{c_0 T}{2L}\right)^2 \tag{6-8}$$

式中 c_0 为真空中电磁波的速度。

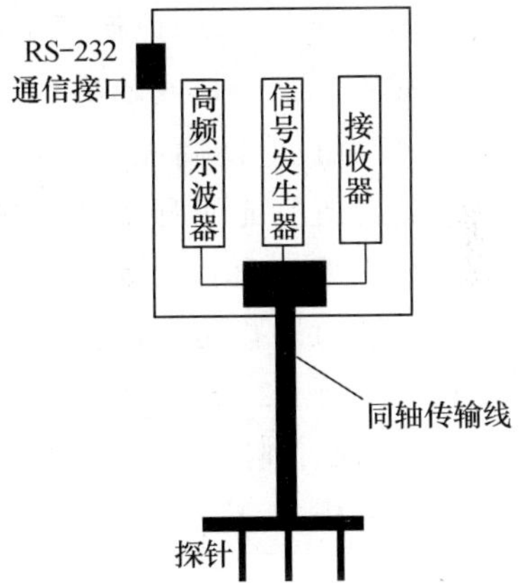

图 6-13　TDR 土壤水分检测仪组成示意图[27]

确定土壤介电常数 ε_s 后，根据土壤含水率 θ_v 与土壤介电常数的标定公式计算出 θ_v。

TDR 法是目前土壤水分测量中普遍接受且应用较广的仪器测量方法，典型的测量仪有美国 Soilmoisture Equipment 公司的 TRASE、美国 Tektronix 公司的 1502B、美国 Campbell Scientific 公司的 TDR100、德国 IMKO 公司的 TRIME 和波兰的 Easy Test 等。

6.3.2　基于中子仪法的土壤水分测量

中子仪法采用放射源将具有高能量的中子(快中子)射入土壤，快中子与土壤中的原子发生一系列碰撞而失去足够的能量变为一种慢中子，这种慢中子能为计数器所接收。中子与原子碰撞时，原子的质量越轻，快中子的能量损失越大。土壤中的氢原子主要来自土壤水，土壤

中水分越多，氢原子越多，返回到计数器的慢中子越多，即慢中子的密度与土壤水分有一定关系，因此可以通过测定被土壤反射的慢中子数来推求土壤含水量。

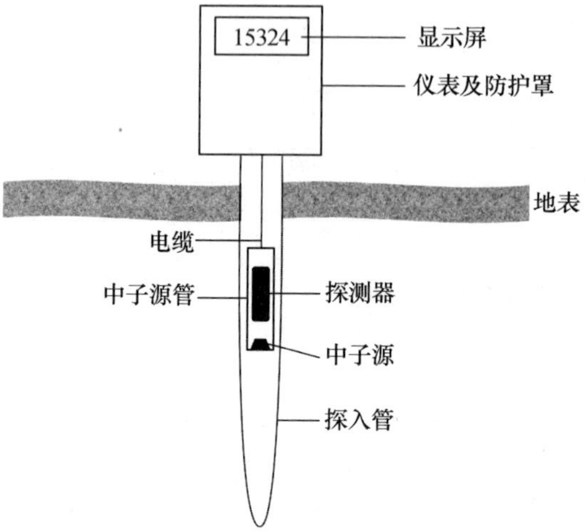

图 6-14 采用嵌入型中子仪的土壤水分测量装置

测定土壤水分的中子仪主要有嵌入型、表面型、透射型和散射型，原地测量土壤剖面不同深度处含水量的中子仪一般是嵌入型中子仪，如图 6-14 所示。

测量装置包括发射快中子的中子源管和记录慢中子数的计数器(图 6-14 中探测器)，两者可以放于同一个装置中，也可以分开放置。放在一起时只需要将一根管子打入土中，分开时则需要两根管子。将探入管插入地表下不同深度，即可测得不同深度的土壤含水量。

中子仪法测量土壤含水量必须严格遵守操作程序，操作过程中需要注意以下问题：

①在使用中子仪前，操作人员需要接受专门的培训，熟悉国家有关放射源的使用和保管规定、辐射防护方法及所用型号的中子仪的使用和保养方法。

②在代表性地块的代表区域中根据观测要求布置测点和量测深度，埋设中子仪测管，监测点一经设置后不得随意变动，以保证土壤含水量观测资料的一致性。

③测管的材质为铝合金或硬塑料管，用塑料管时避免使用聚氯乙烯管和含氢量高的塑料管，管材要有一定强度和防腐蚀性能，以防管壁变形和腐蚀。

④安装测管时既不能使测管受土壤和外力的过分挤压，也要防止管壁与土壤接触不良、形成水分流入下层土壤的通道。接近地表的部位，测管周围土壤要压实，以防止灌溉水和雨水径流流入。测管安装时钻孔的直径应与测管外径一致，使测管与土壤密切接触，中子仪测管的外径应同中子仪底部管径一致，中子仪测管顶端应高出地面 10 cm。

⑤测管下端密封防止地下水进入，测管上端以橡皮塞密封以防地表水进入。

⑥测管安装完毕后，应在灌水或降水后检查测管是否有漏水和积水现象，若有，需重新安装。

⑦若更换仪器的中子源，应对仪器重新进行标定。

⑧野外观测土壤含水量时，计数或中子水分仪的记录时间可随土壤含水量的大小来设定，当土壤含水量大时，计数时间可长一些，一般取两次接近的读数的均值作为该点的读数，若两次测得的读数差别较大，应第三次计数，取三次中两个接近读数的均值作为该点的读数。

中子仪法的优点是测量速度快、准确、土样不受扰动，可以连续对同一测点进行多次观测。缺点是成本较高，有放射性危害，对有机质含量多的土壤测量精度较差，垂直分辨率差，很难获得浅层土壤水分情况，对表层(0.3 m)土壤水分的测量需要另加装置。

6.3.3　基于光谱学原理的土壤水分测量[28]

6.3.3.1　测量原理和测量仪结构

光谱学研究发现，当自然土壤湿润后，土壤光谱反射率会下降，这是因为土壤颗粒上覆盖水膜后，土壤颗粒反射的光会有一部分被水膜反射回土壤，一部分被水膜吸收。土壤含水量的变化对全波段范围的光谱反射率均有影响，土壤水分的吸收波段对土壤含水量变化的响应最为敏感和剧烈。因此，获取土壤水分敏感光谱信息可以实现对土壤含水量的快速、精准估测。基于此，安晓飞开发了便携式土壤水分测量仪。

便携式土壤水分测量仪由光学系统、控制系统 2 部分组成，光学系统包括 7 个波段的近红外光源、光源驱动电路、Y 形入射/反射光纤、探头以及光电探测器，控制系统包括放大电路、滤波电路、A/D 转换电路、液晶显示电路以及存储电路。图 6-15 是为测量仪总体结构示意图和光学系统结构图。

测量仪采用发光二极管发出光信号取代太阳光，检测探头深入土壤表层以下 30 cm 处测量土壤水分。选择近红外波段(780～2 526 nm)中的 7 个波段作为敏感波段。近红外光源提供的单波段光信号经 Y 形光纤传输到土壤样品表面进行光谱信息测量，其中一部分光被土壤吸收，另一部分光在土壤表面形成漫反射，反射的光信号通过光纤传至 InGaAs 光电探测器，InGaAs 光电探测器把光信号转换为电信号，电信号经放大、滤波、A/D 转换后被送入微处理器系统，微处理器系统对数据进行处理，在液晶显示屏上显示检测结果。数据可以通过串口方便地传送至上位机或存入 U 盘。

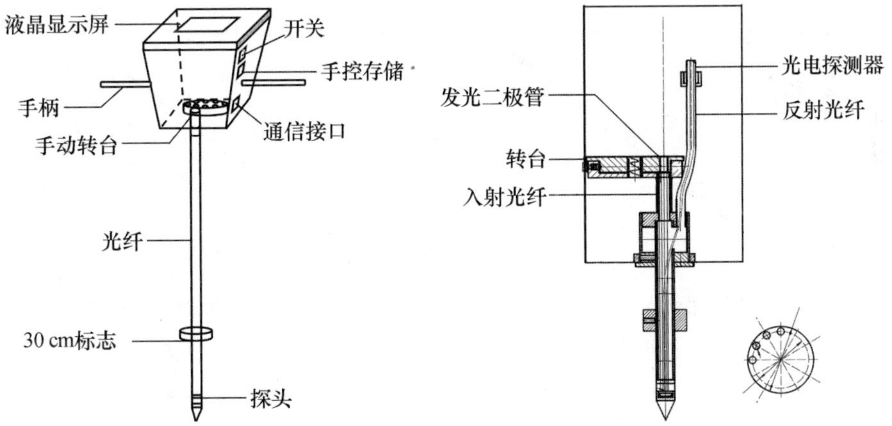

(a)总体结构　　(b) 光学系统结构

图 6-15　便携式土壤水分测量仪

6.3.3.2　土壤水分预测模型

一元线性回归方法是最简单的也是最基本的建模方法，在近红外光谱检测中应用非常广泛。

土壤样品采自中国农业大学上庄实验站，土壤为典型北方土壤。首先使用图 6-15 所示土壤水分测量仪对土样进行测量，获得土壤吸光度数据，然后用实验室烘干法(将土样放入烘干箱中，以 60 ℃烘干 24 h）测量土壤质量含水量。用 1 450 nm 处的土壤吸光度值和土壤水分烘干法测量值建立了一元线性回归模型：

$$y = 35.74x_{1\,450} - 35.37 \tag{6-9}$$

式中：y 为土壤质量含水量，$x_{1\,450}$ 为 1 450 nm 处土壤吸光度的平均值。

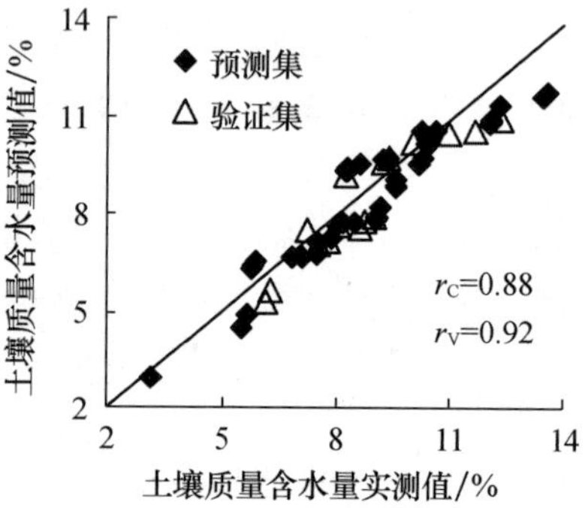

图 6-16　土壤质量含水量实测值和预测值对比

回归模型预测集相关系数为 0.88，验证集相关系数为 0.92，预测集均方根误差和验证集均方根误差分别是 0.94% 和 0.85%，相对分析误差为 3.26。土壤质量含水量实测值和预测值对比如图 6-16 所示。模型通过了 F 检验和 t 检验，说明模型整体显著。

为了对比和探讨非线性方法对土壤水分的预测效果，选择 1 050 nm 和 1 450 nm 处的土壤吸光度作为预测因子，使用 BP 神经网络方法对土壤水分进行建模研究。

由于土壤水分在 1 050 nm 和 1 450 nm 处均具有较强的吸收作用，神经网络隐含层因子数和训练次数可以选择较小的数值，以较低的模型复杂性，提高模型的稳定性。将 48 个土壤样本分为训练集和验证集，34 个用来训练建模，14 个用来测试验证。程序运行的结果显示，所建模型经过 90 步学习训练即可达到目标值，训练集相关系数为 0.99，验证集相关系数为 0.94。如图 6-17 所示。

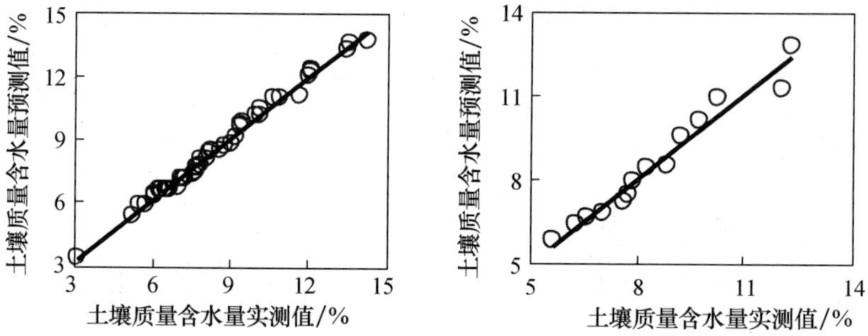

图 6-17　用 BP 神经网络建立的土壤水分预测模型运行结果

6.4　土壤全氮含量检测与传感技术

氮素是植物生长的必需养分，当土壤氮素含量充足时，植物可合成较多的蛋白质，促进新细胞的分裂和增长，使植物叶面积增长加快，促进植物光合作用。土壤氮素测量的传统方法开氏法、比色法不仅测量耗时，还需要具有专门技能的操作人员，而基于光谱分析的测量方法不仅测量速度快，而且可以实现远距离测量和实时分析。利用光谱分析技术的优势来测量土壤养分参数，再结合其他技术判定土壤养分的空间变异性，对于实现智慧农业意义极其重大。

6.4.1 基于光谱分析的土壤全氮含量检测原理和模型研究

近红外光谱检测主要通过检测 C—H、O—H 和 N—H 功能键的能量吸收状况获得相应土壤养分含量等信息，土壤全氮含量的检测主要采用近红外漫反射光谱法。漫反射与样本吸收的关系遵循 Kubelka-Munk 方程：

$$\frac{K}{S}=\frac{(1-R)^2}{2R}=f(R) \tag{6-10}$$

式中：K 为样本的吸收系数(单位面积，单位深度)；S 为散射系数；R 为相对反射率，其值是试样的反射光强度与标准板的反射光强度之比。K、S 和 R 都是波长 λ 的函数。

通过分析发现，土壤含氮官能团的吸收带一般在 780～830 nm、1 020～1 060 nm、1 460～1 570 nm 以及 1 960～2 200 nm。但这些吸收带多是含氮官能团基准振动的 2 阶以上倍频或合频，吸光度系数都偏小，由于土壤的全氮含量变化对光谱的影响也比较微弱，因此很少直接用全波长光谱检测土壤全氮含量，需要将光谱数据和化学计量学方法相结合。中国农业大学精细农业研究中心通过研究确定了敏感波段，建立了预测模型，为便携式土壤全氮检测仪的开发提供了理论依据。

郑立华等采用 BP 神经网络、SVM、小波变换方法对土壤全氮含量进行检测[29-31]，通过大量实验，提出使用 26 波段 BP 神经网络对土壤全氮进行预测。这 26 个波段分别是 2 234、2 150、1 991、1 895、1 833、1 684、1 673、1 559、1 536、1 394、1 389、1 311、1 286、1 215、1 208、1 187、1 124、1 092、1 064、1 028、984、972、931、923、859 和 844 nm。

安晓飞等使用傅里叶光谱分析仪 MATRIX_I 对土壤全氮的预测进行了进一步的研究，经过多次实验和建模，最后选取了 1 550、1 300、1 200、1 100、1 050 和 940 nm 6 个波段作为土壤全氮预测模型的输入，使用 BP 神经网络方法建立了一个新的土壤全氮预测模型，该模型训练集相关系数和验证集相关系数分别为 0.85 和 0.77。

6.4.2 便携式土壤全氮含量检测仪[32]

李民赞等设计开发的便携式土壤全氮含量检测仪，主要包括传感器、服务器数据库和移动终端，传感器包括光学单元和控制电路。

光学单元主要由光源、光纤、不同波段滤光片及光电探测器组成。控制电路由多通道选择电路、I/U 转换电路、放大电路、滤波电路、A/D 转换电路、STM32 单片机、ZigBee 终端节点、GPS 模块、ZigBee 主协调器和 4G 模块等组成。

光学通路结构如图 6-18 所示。高功率卤钨灯光源发出的光信号通过入射光纤照射到耕层深度(5～30 cm)的土壤表面，一部分光信号被土壤吸收，另一部分光信号进入土层后经过投射、散射又从土层射出作为漫反射光进入反射光纤。

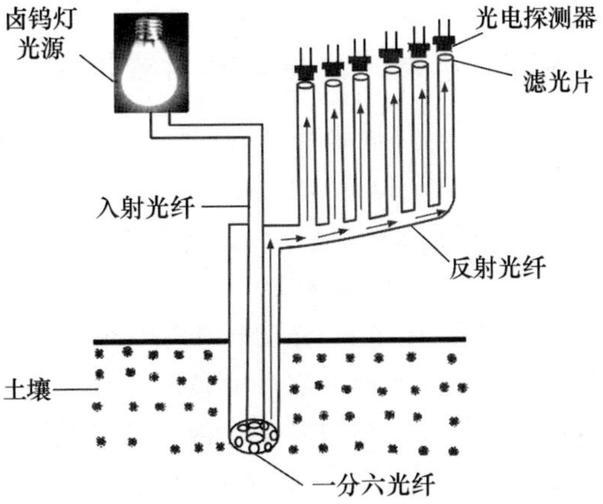

图 6-18 便携式土壤全氮含量检测仪光学通路

反射光通过一分六光纤传输至 6 个不同波段滤光片，不同波长的光再由光电探测器进行光电转换生成电信号。

检测仪的总体结构如图 6-19 所示，在机箱内集成了卤钨灯光源、百叶窗、分叉型一分六光纤、主控芯片、ZigBee 终端节点、USB 模块。百叶窗设计可以保证卤钨灯光源产生的热量充分散发，避免长时间工作时高温影响到其他元器件工作的稳定性。USB 模块可以进行程序的修改。

2018 年在中国农业大学上庄实验站玉米田采用便携式土壤全氮含量检测仪进行了 60 个采样点的土壤全氮含量检测。检测时，首先将检测仪探头插入土壤中到 30 cm 深处，打开开关进行检测，移动端进行土壤全氮含量的显示和存储。同时用保鲜袋保存采样点土壤样本，在实验室内用凯氏定氮仪进行每个土壤样本的全氮含量检测。便携式检测仪与凯氏定氮仪所测得的全氮含量的相关分析如图 6-20 所示，相关系数 $r=0.8280$，作为田间实时检测仪测量精度较高，能够满足施肥指导的需要。

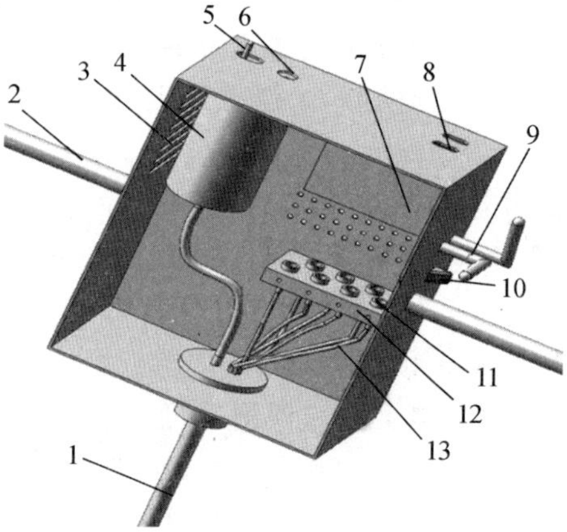

1. 分叉型对地光纤　2. 把手　3. 百叶窗　4. 高功率卤钨灯光源　5. 卤钨灯电源开关　6. 卤钨灯光源供电电池　7. 主控芯片和 ZigBee 开发板　8. USB 模块　9. 开发板天线　10. 内部电源开关　11. 光电探测器　12. 滤光片　13. 一分六光纤

图 6-19　便携式土壤全氮含量检测仪总体结构

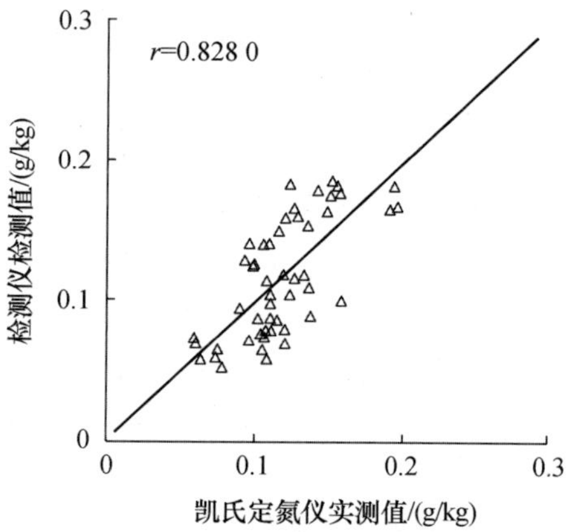

图 6-20　便携式土壤全氮含量检测仪田间试验结果

6.4.3　车载式土壤全氮含量检测仪[33,34]

图 6-21 是周鹏等开发的车载式土壤全氮含量检测仪总体方案。根据前期的试验研究和便携式土壤全氮含量检测仪开发经验[29-32,35]，确定用于检测土壤全氮含量和含水率的 7 个近红外敏感波长为 1 070、1 130、1 245、1 375、1 450、1 550、1 680 nm 。

光学系统是车载式土壤全氮含量检测仪的核心，包括地上部分和地下部分(图 6-22)。地上部分主要有光源、光源转接法兰和近红外导光光纤，光通过近红外导光光纤传输到地下的检测土壤表面，由地下部分的检测总成实现光谱反射率的测量。检测总成主要由入射光出口端、InGaAs 光电探测器及 7 个敏感波长的滤光片、蓝宝石玻璃等组成。

检测光源对检测精度有着直接影响。根据对各种光源特性的分析，采用了比激光光源光照稳定性好的卤钨灯光源(300～2 500 nm)。近红外导光光纤与卤钨灯光源及检测端都设计

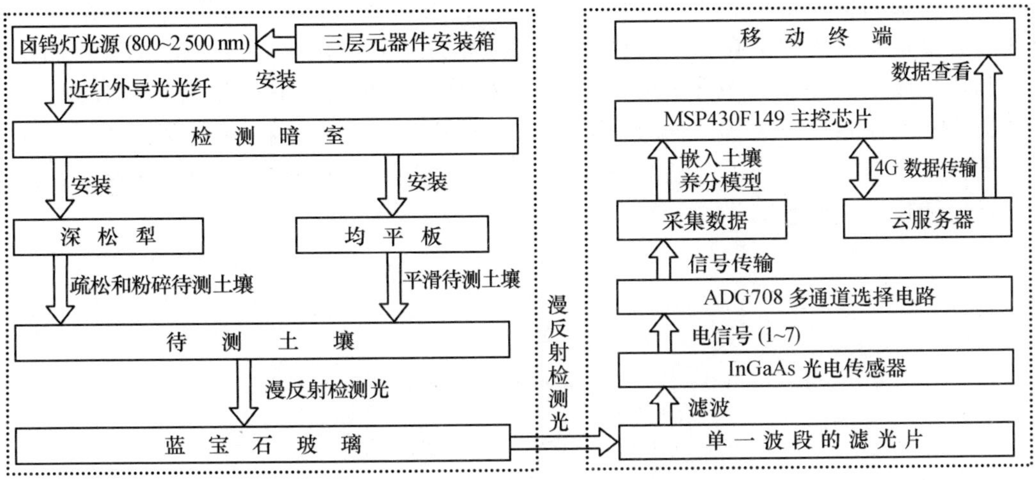

图 6-21　车载式土壤全氮含量检测仪总体方案

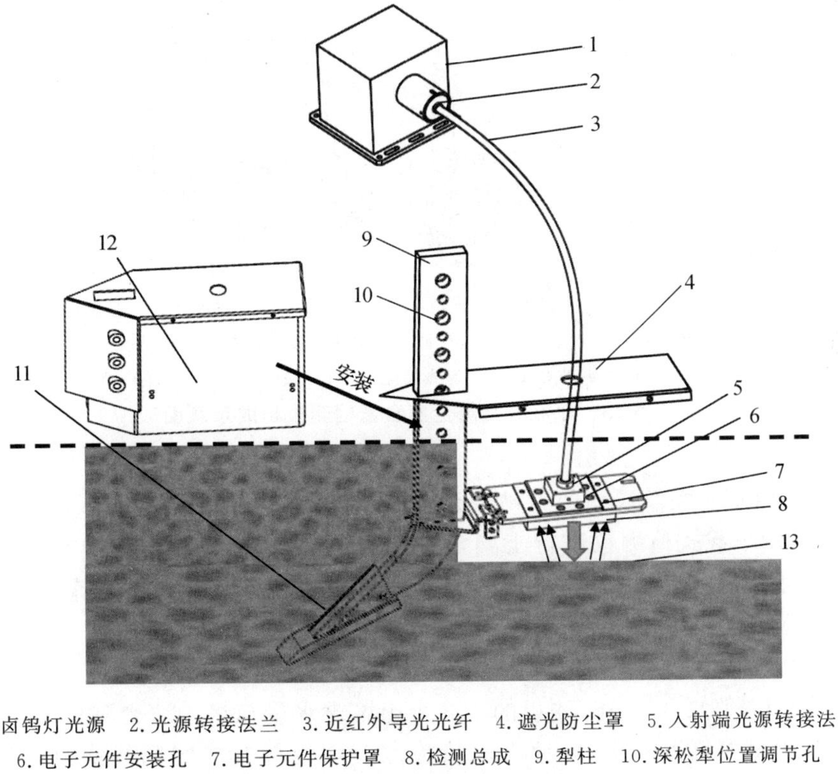

1. 卤钨灯光源　2. 光源转接法兰　3. 近红外导光光纤　4. 遮光防尘罩　5. 入射端光源转接法兰
6. 电子元件安装孔　7. 电子元件保护罩　8. 检测总成　9. 犁柱　10. 深松犁位置调节孔
11. 深松犁　12. 检测暗室　13. 被检测土壤

图 6-22　车载式土壤全氮含量检测仪光学系统组成示意图

了光源转接法兰，保证检测光在传输过程中不受损失。检测总成底平面安装了蓝宝石玻璃板，保护 InGaAs 光电探测器和滤光片等不被土壤污染，保证检测仪的正常工作。

检测仪的辅助机械系统主要由三点悬挂结构(连接拖拉机)、电子元器件安装箱、支撑平台等组成。整个检测总成固定在一台深松犁上,深松犁进行开沟作业,为检测总成提供测量所需的空间和待检测土壤平面。电子控制系统实现对近红外漫反射信号的采集及处理,主要由MSP430F149 主控芯片模块、电路处理模块、GPS 模块等组成。主控芯片模块将电路处理模块传送的检测信息输入土壤养分预测模型,计算得到土壤参数检测值。图 6-23 是车载式土壤全氮含量检测仪组成示意图。

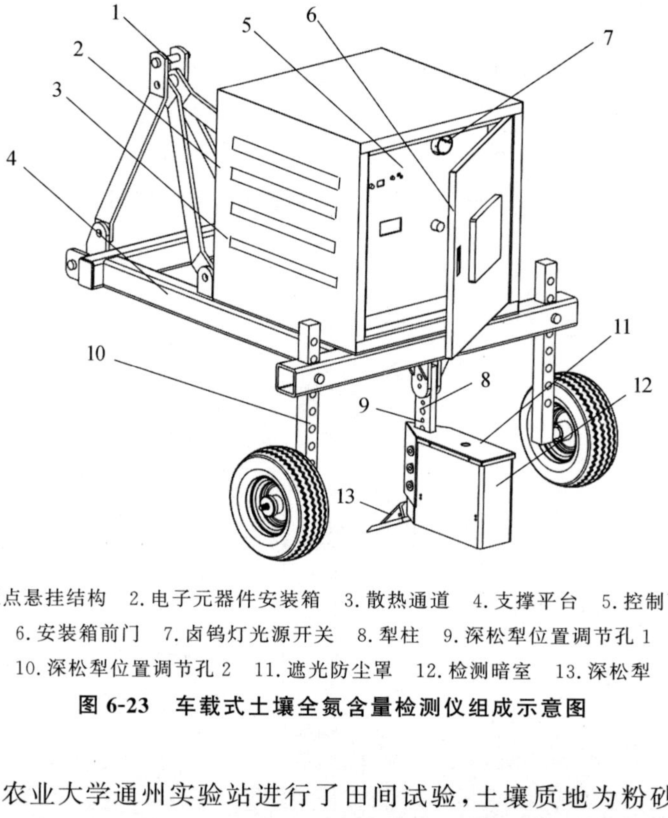

1. 三点悬挂结构 2. 电子元器件安装箱 3. 散热通道 4. 支撑平台 5. 控制面板
6. 安装箱前门 7. 卤钨灯光源开关 8. 犁柱 9. 深松犁位置调节孔 1
10. 深松犁位置调节孔 2 11. 遮光防尘罩 12. 检测暗室 13. 深松犁

图 6-23 车载式土壤全氮含量检测仪组成示意图

2019 年在中国农业大学通州实验站进行了田间试验,土壤质地为粉砂壤,每年冬小麦和夏玉米轮作。使用车载式检测仪进行土壤全氮含量和含水量的检测,行驶速度为 0.88 m/s,数据采集时间间隔为 1 s。总共检测 103 个点。在每个检测点采集土样 2 kg,用双层牛皮纸袋封装样品,防止水分散失,采集后立即送往实验室,分别用凯氏定氮仪和烘干法测定土壤样本的全氮含量和含水量。

检测仪在敏感波段 1 450 nm 测得的 103 个土壤含水量与烘干法得到的实测值的关系如图 6-24 所示。从图中可以看出,土壤含水量检测值均匀分布在回归线两侧,只有个别检测值距离回归线较远,相关系数 $r=0.960\ 2$,表明车载式检测仪的检测精度达到了较高的水平。

检测仪测得的 103 个土壤全氮含量与凯氏定氮仪实测值的关系如图 6-25 所示。可以看到土壤全氮含量检测值均匀分布在回归线两侧,相关系数 $r=0.918\ 2$,表明车载式土壤全氮含量检测仪大田土壤全氮检测精度也达到了较高的水平,能满足农田参数实时原位测量的需要。

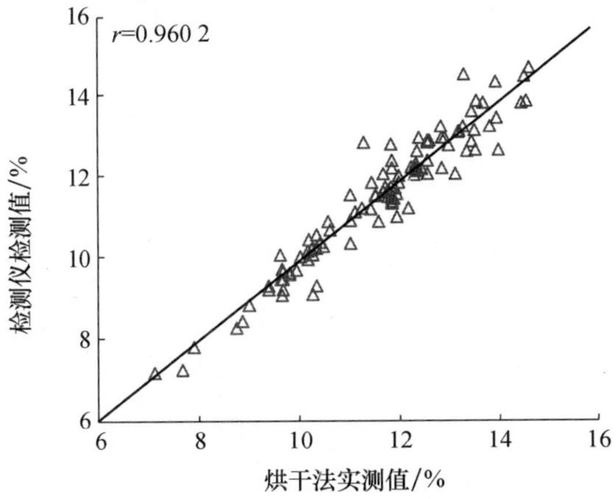

图 6-24　车载式检测仪土壤含水量检测值与烘干法实测值比较

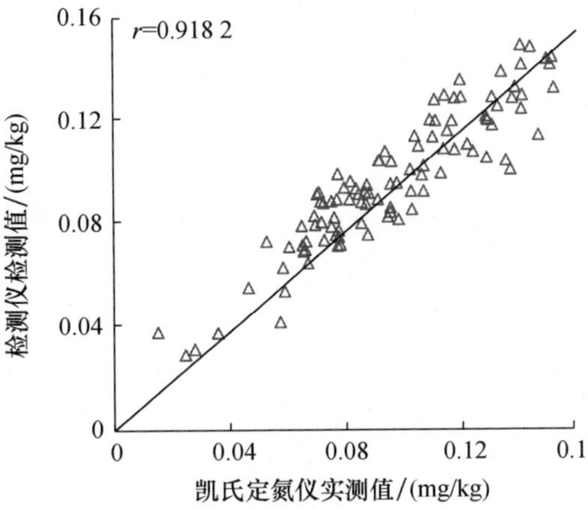

图 6-25　车载式检测仪土壤全氮含量检测值与凯氏定氮仪实测值比较

6.5　基于激光诱导击穿光谱的土壤营养成分检测与传感技术

6.5.1　LIBS 土壤养分检测原理

激光诱导击穿光谱技术(laser-induced breakdown spectroscopy,LIBS)具有灵敏度高、速度快、能同时测量多种元素的特点,是一种很有前途的光谱检测技术,早在 1994 年就有利用 LIBS 技术探测土壤中 As、Cd、Cr、Hg、Pb、Zn 等重金属元素的成果问世[36]。利用 LIBS 技术检测土壤中重金属,一般采用单脉冲激光激发土壤样品产生等离子体,检测灵敏度一般为数十毫克/千克,高的可达数毫克/千克。

LIBS 是一种原子发射光谱,工作原理是将高能激光脉冲聚焦于样品表面,使样品表面瞬间被加热至超高温度,样品原子化并形成等离子态。当等离子态的元素原子的外层电子进入基态时,它们将发射特征光谱。利用光谱仪检测到特征光谱(图 6-26),将其与标准光谱库中的元素光谱图进行比较,可以得到土壤样品中元素的含量。

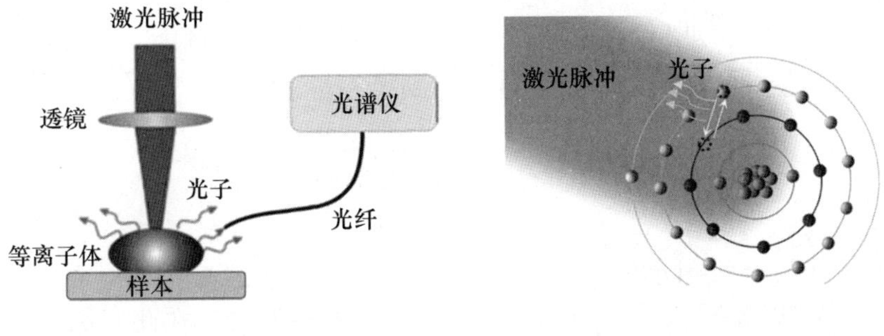

(a) LIBS 测量过程　　(b) 当电子回到基态时发出光子

图 6-26　LIBS 工作原理示意图

一般认为等离子体中各元素的含量与加热前样品中的含量相同。原子从 k 能级跃迁到 i 能级时的辐射谱强度

$$I_{ki}=\frac{h\nu_{ki}}{4\pi}N\frac{g_kA_{ki}}{U_s(T)}e^{-E_k/(KT)} \tag{6-11}$$

式中:h 为普朗克常数,ν_{ki} 为辐射谱的波长,N 为激发粒子的个数(浓度),g_k 为 k 能级的统计权重,A_{ki} 为从 k 能级到 i 能级的跃迁概率,T 为等离子体电子的温度,$U_s(T)$ 为元素在温度 T 条件下的分布函数,E_k 为激发态(k 能级)的势能,K 为玻尔兹曼常数。当检测到待测元素的谱线特征之后,参数 ν_{ki}、g_k、A_{ki}、T、$U_s(T)$、E_k 和 K 即被确定,而参数 N 与样品中待测元素的浓度 c 成正比,式(6-11)可简化为

$$I=ac^b \tag{6-12}$$

式中:a 为比例系数;b 为自吸收系数,与待测元素的浓度(含量)有关。依据式(6-12),可根据元素特征光谱的强度计算样品中元素的含量。

余克强通过实验得到添加了部分重金属的土壤在 270～850 nm 的光谱曲线(图 6-27)。可以看出,大多数金属元素发射的谱线分布在 270～450 nm 范围内。发射光谱的元素,如 Fe、Mg、Si、Ca、Ti、Al、Pb、Cd、Na、Li、N、K、H 和 O,都可以观察到相应的谱峰。谱峰对应的波长对应于特定的元素,光谱信号强度一定程度上和相应元素的含量相关。一般情况下,一种元素会在不同波长位置产生多条不同强度的发射谱线,但在实际应用中,对某一元素的定量预测主要是基于单波段的数据分析,即只需要选择某一波长位置的谱线强度数据就可预测土壤中的元素含量。

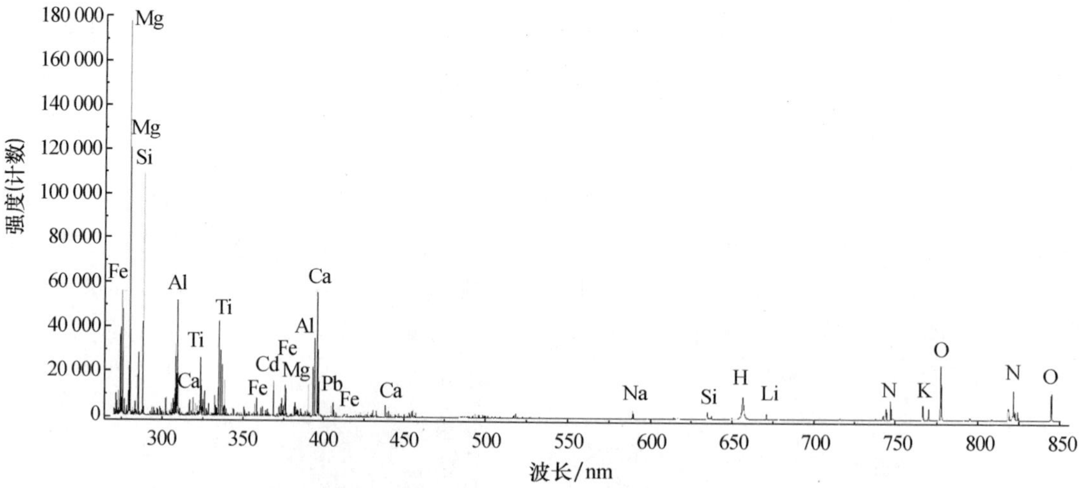

图 6-27 添加了部分重金属的土壤的光谱曲线[37]

谱图中也存在 O 和 N 发射谱线,一方面是由于空气中大量的 O_2 和 N_2 被分解,另一方面是由于土壤中有 O 和 N 元素存在。一些在土样中含量较低的元素,在此测试条件下虽然检测到了特征谱线,但在低浓度下信号微弱且不稳定。此外,土壤中还有部分微量元素低于 LIBS 的检测限,部分元素的特征波长分布在光谱仪有效波段之外,在这种实验条件下无法检测到其稳定的特征谱线。

6.5.2 LIBS土壤养分检测系统构成

一个典型的LIBS系统主要由激光器、光谱信息采集系统(光谱仪、探测器等)、数字脉冲延迟发生器和辅助设备(采样台、计算机等)组成,如图6-28所示。激光器是LIBS系统的能量装置,它提供能量用于激发样品并产生等离子体[38]。光谱仪和探测器用于采集激光诱导等离子体的辐射谱,并进行光电转换用于后续的数字分析。数字延时脉冲发生器用来控制光谱仪和探测器相对于激光脉冲的延时时间,计算机用于各部件的工作参数设置及后续数据处理。

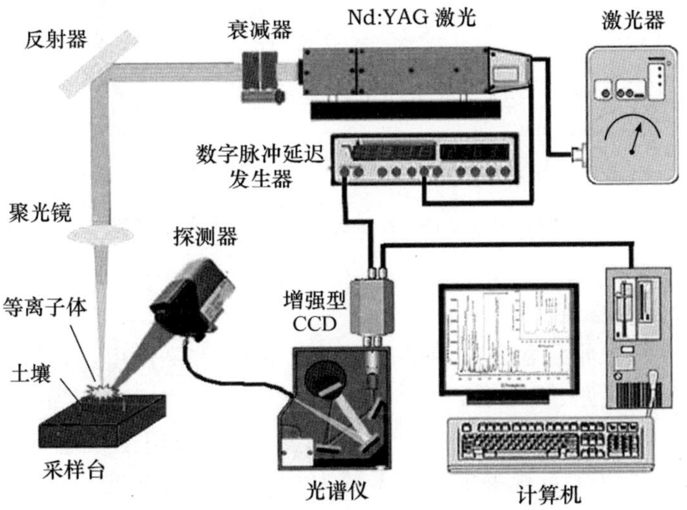

图6-28 LIBS土壤养分检测系统构成

6.5.3 LIBS在土壤检测中的应用

土壤中常见的营养元素有碳(C)、氮(N)、磷(P)、钾(K)、硅(Si)、硫(S)、钙(Ca)、镁(Mg)等,这些元素是促进植物健康生长、维持农作物正常生理活动的基本保证,因此这些元素的含量决定了土壤的肥力水平。

6.5.3.1 土壤碳含量的检测

碳(C)元素是土壤中最基本的组成元素之一,它的含量直接关系到土壤的保水能力,反映土壤的肥力等特征。

Cremers等是世界上最先将LIBS应用于土壤有机碳含量测量的。他们使用波长为1 064 nm的激光检测土壤有机质,检出限为300 mg/kg,精度为4%～5%[39]。Martin等通过进一步研究,探索了激光波长、激发能等关键检测参数以及单变量和多变量方法对检测精度的影响,建立了稳健的土壤有机碳浓度预测校准模型[40,41]。分析结果表明,利用LIBS测量的20个均一化土壤团块样品在247.9 nm处的碳信号[图6-29(a)]与商用碳元素分析仪测得的有机碳含量高度相关,决定系数R^2= 0.962 [图6-29(b)]。Martin等利用LIBS结合多元数据分析方法对来自5个地方的58个土壤样品进行了总碳(TC)、无机碳(IC)和有机碳(OC)的检测,结果表明，LIBS 预测的 TC、IC 和 OC 含量与实测值的相关系数分别为 0.91、0.87 和 0.91[42]。Izaurralde 等采用 LIBS、漫反射傅里叶变换红外光谱(DRIFTS)和非弹性中子散射(INS)方法测定了野外土壤的有机碳含量，三种方法均取得了理想的测量结果[43]。

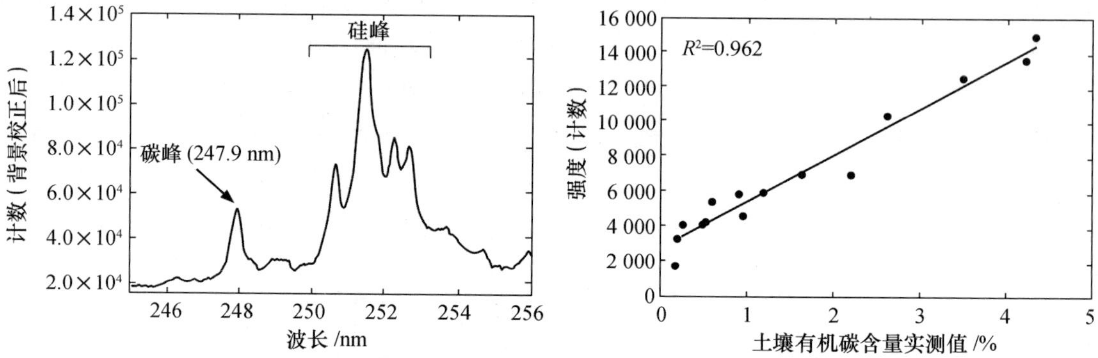

(a)土壤 LIBS 光谱　　(b)LIBS 光谱与土壤有机碳含量的相关性

图 6-29　基于 LIBS 方法的土壤有机碳含量预测[40]

6.5.3.2　土壤钾含量的检测

钾是土壤中重要的营养元素之一，对植物生长发育有重要作用，如促进植物体内各种酶的活性，改善光合作用、糖代谢、蛋白质合成，增强植物抗旱、抗寒、抗虫害的能力。董大明等利用 LIBS 在 766.49 nm 波长对钾含量在 8.74～34.56 g/kg 的农田土壤进行分析，建立了预测土壤钾含量的定量模型[44]。定量模型的相关系数为 0.935，预测标准差为 9.26%。孟德硕等采用波长为 1 064 nm 的 Nd:YAG 脉冲激光器作为激发光源，研究了土壤中钾的激光诱导击穿光谱特征[45]。以 769.9 nm 谱线作为钾的分析谱线，确定最佳检测时延为 1 μs，最佳检测门宽为 5.2 μs；得到了土壤钾元素质量分数的预测曲线，预测值与真实值的相对误差小于 5%。研究结果为快速、现场定量检测土壤中钾元素提供了理论支持。

张俊宁等设计了基于 LIBS 的土壤养分在线检测系统(图 6-30)，开展了土壤养分快速检测的实验研究[46]。结果表明，土壤钾元素检测最优特征谱线波长为 766.49 和 769.90 nm。钾含量与特定波长光谱强度呈正相关，但当土壤中钾元素的质量分数大于 0.3%时，存在显著的自吸收，钾含量与光谱强度呈非线性关系。利用波长 766.49 和 769.90 nm 的光谱强度建立了土壤钾元素含量二元线性模型，模型的决定系数为 0.933 7，相对均方根误差仅为 0.276 1，土壤钾元素的最低检测限为 212 μg/g，能够满足在线检测的要求。

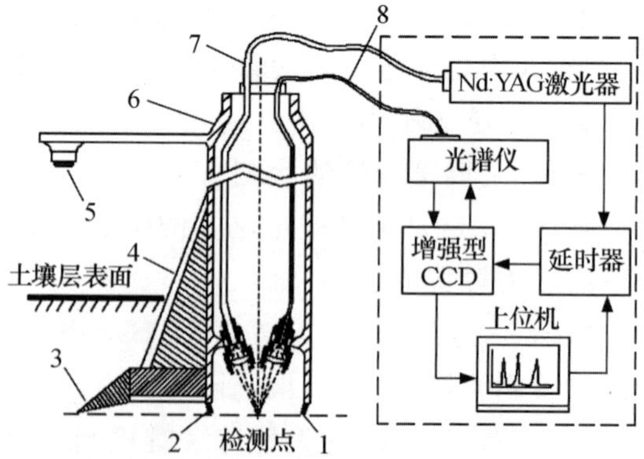

1. 遮光板　2. 刮板　3. 犁尖　4. 破土刃　5. 超声波测距传感器　6. 壳体　7. 发射光纤　8. 采集光纤

图 6-30　基于 LIBS 的土壤养分在线检测系统[46]

6.5.3.3　土壤中其他元素的检测

利用 LIBS 方法检测土壤中其他营养元素如氮(N)、磷(P)、钙(Ca)等的研究，也取得了丰富的成果。鲁翠萍等使用校准曲线方法建立了 LIBS 光谱强度和土壤全氮含量(TN)和全磷含量(TP)的关系模型，结果表明 LIBS 光谱强度和 TN 有着密切的相关性，相关系数是 0.981；LIBS 光谱强度与 TP 的相关系数是 0.868[47]。Dong 等研究了氮元素的 LIBS 光谱特征以及激光能量对 LIBS 光谱特性和时间演化特性的影响[48]，发现氮元素在 567.96、744.23 和 746.83 nm 处有 3 条明显的发射谱线。图 6-31 为不同土壤氮含量下 744.23 和 746.83 nm 处的特征线，两波长处特征线的强度均随氮含量的增加而增大。以 746.83 nm 处特征线为例，氮含量为 11.9 g/kg 时特征线的峰值为 569.95，氮含量为 79.8 g/kg 时特征线的峰值为 2 096.35，氮含量与 LIBS 光谱强度的相关系数达到 0.996。

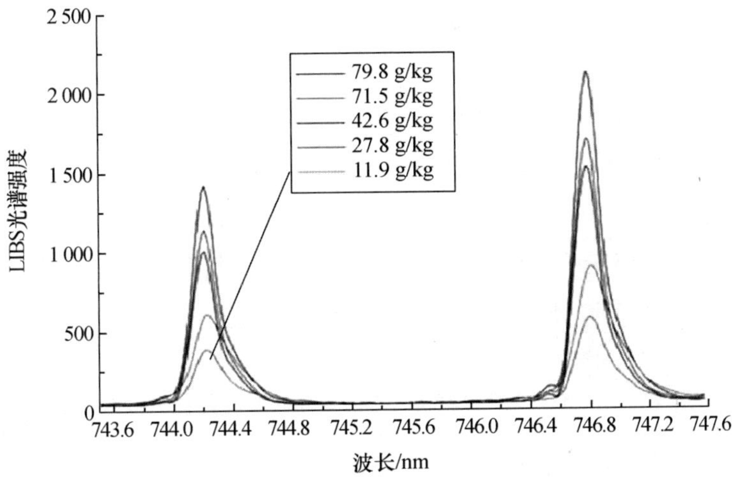

图 6-31　不同氮含量下 744.23 和 746.83 nm 处的 LIBS 特征谱线[48]

王金梅等[49]利用 LIBS 方法对土壤营养元素进行定量检测(图 6-32)。采用输出波长为 1 064 nm、脉宽为 5.82 ns 的 Nd:YAG 脉冲激光器作为光源。在传统 LIBS 系统的基础上增加扩束镜系统和实时监测系统，新的 LIBS 系统在信号稳定性上优于传统 LIBS 系统。利用新的 LIBS 系统定量分析了土壤中 Cu、Mn、Mg、K 的含量(质量分数)，其检出限分别为 0.42×10^{-6}、13.2×10^{-6}、38.5×10^{-6}、62×10^{-6}，优于传统 LIBS 系统。基于定标模型对土壤中 Cu、Mn、Mg 和 K 元素进行了预测，预测值的平均相对误差分别为 9.2%、9.6%、8.5%和 10.9%。

LIBS 方法具有分析时间短、检出限可接受、准确度高等优点，但土壤的物理、化学性质，如土壤质地，土壤碳酸盐、总碳、水分、矿物质含量和硅含量等，对 LIBS 测量的影响还需要更广泛地研究。此外，还需要进一步探索基于 LIBS 方法的便携式土壤原位检测仪测量土壤养分的潜力，以扩大 LIBS 方法在土壤养分检测方面的适用性。

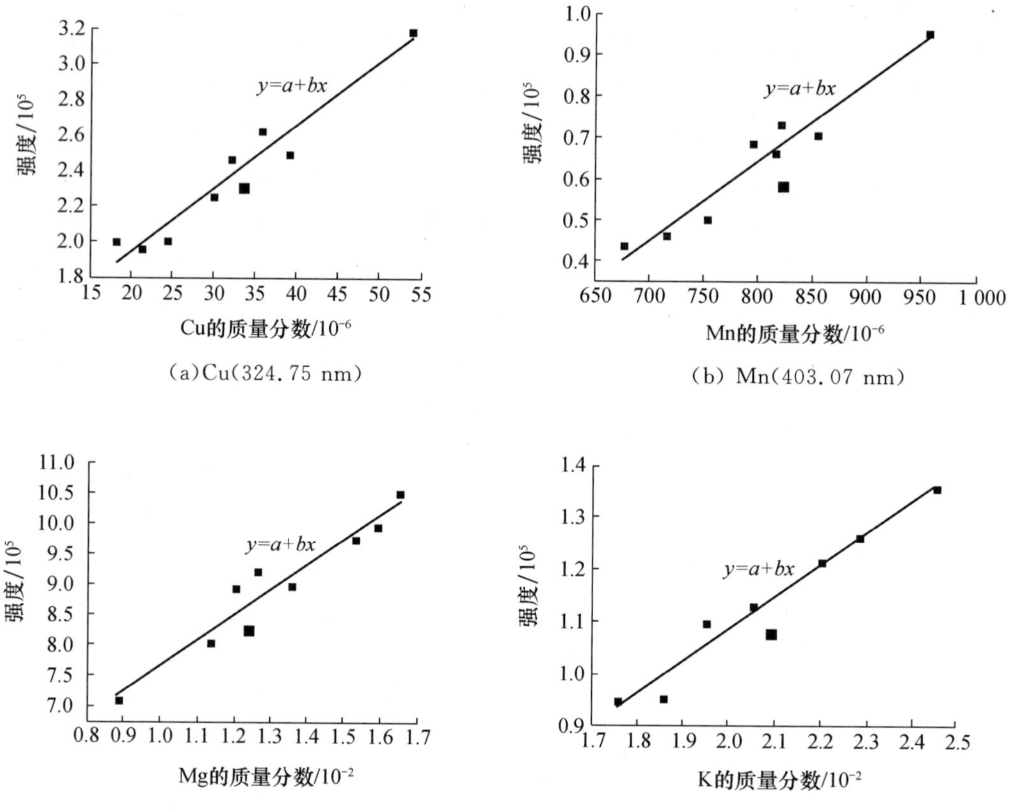

(a)Cu(324.75 nm)　(b) Mn(403.07 nm)

(c)Mg(279.56 nm)　(d)K(766.47 nm)

图 6-32　基于 LIBS 的不同营养元素的定标曲线[49]

6.6　基于离子选择电极的土壤养分检测与传感技术

20 世纪 70 年代就有文献报道在实验室条件下利用离子选择电极直接测定土壤浸提液中硝态氮、速效钾含量的方法。离子选择电极法是将离子选择电极、参比电极和待测溶液组成二电极体系，通过测量电极的响应电势计算溶液中待测离子的浓度，具有不易受溶液颜色、悬浊度、悬浮物等因素影响的优点，且样本前处理方法简单、易仪器化、响应速度快。由于土壤环境复杂，而且缺少稳定性和选择性较好的离子选择性透过膜，该技术的推广应用目前还受到一定的制约，要将离子选择电极应用于土壤养分的田间快速检测，还需要在微小型离子选择电极及电极阵列、土壤样本前处理和土壤浸提溶液检测操作过程自动化等方面有所突破。

6.6.1　离子选择电极基本原理

根据国际纯粹化学与应用化学联合会(IUPAC)推荐定义，离子选择电极是一种响应电势与溶液中特定离子活度的对数呈线性关系的电化学传感器。单个离子选择电极的电势无法直接测量，需与电势保持恒定的参比电极共同放入待测溶液中，组成一个二电极体系(电化学电池)。离子选择膜是离子选择电极的关键部分，由于存在离子活度(浓度)差异，离子选择膜的两侧表面会发生离子交换，形成浓差膜电势。膜电势是指不同的两相接触、带电粒子的转移达到平衡时两相间产生的电势差，其形成原理如图 6-33 所示。

二维码 6-1

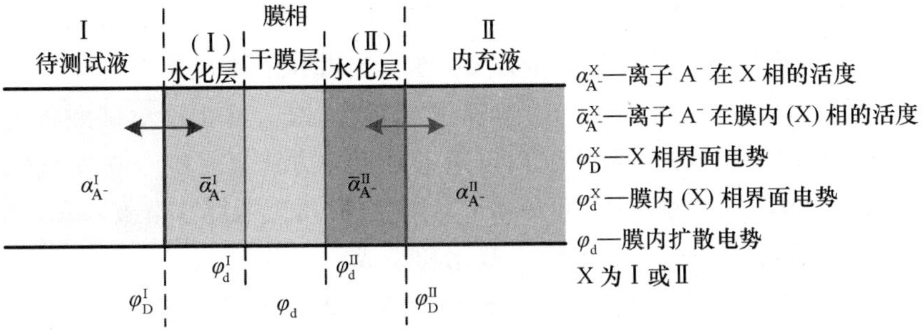

图 6-33　膜电势产生原理

膜电势由两部分组成：

(1)膜内扩散电势：由于离子选择膜的对称性，$\varphi_{d}^{Ⅱ}-\varphi_{d}^{Ⅰ}\approx 0$，一般情况下膜内扩散电势 φ_{d} 很小，可近似视为零；

(2)膜与电解质溶液之间形成的界面电势：界面电势是内外界面电势的代数差，它产生的机理是当膜与溶液接触时，膜相水化层中可活动离子与待测溶液中的特定离子发生有选择的相互交换，引起两相界面电荷的不均匀分布，产生双电层，从而形成界面电势差。

因此，膜电势 E 近似等于两相界面电势之差，即

$$E=\varphi_{D}^{Ⅱ}-\varphi_{D}^{Ⅰ} \tag{6-13}$$

能斯特方程(Nernst equation)可描述浓差膜电势与待测溶液中的特定离子活度间的关系，简化方程为

$$E=E_{0}\pm\frac{2.303RT}{zF}\lg\alpha \tag{6-14}$$

式中：E 为膜电势，mV；E_0 为标准电势，mV；R 为气体常数，$R\approx 8.314$ J/(mol · K)；T 为绝对温度，K；F 为法拉第常数，$F\approx 96\ 487$ C/mol；z 为离子电荷数，如 $z_{NO_3^-}=1$；α 为待测离子活度，mol/kg；阳离子取正号，阴离子取负号。

在 25 ℃时，方程的理论斜率 $\frac{2.303RT}{zF}$ 对于一价离子为 59.16 mV/dec，对于二价离子为 29.58 mV/dec。离子活度与浓度之间可通过离子活度系数转化：

$$\alpha=\gamma c \tag{6-15}$$

式中：γ 为离子活度系数，kg/L；c 为离子浓度，mol/L。

离子活度系数不是常数，受溶液离子强度的影响，可通过向待测溶液中添加总离子强度调节剂[TISAB，主要由离子强度调节剂(ISA)、pH 缓冲剂和掩蔽剂组成]，使待测溶液的离子活度系数保持不变。在待测溶液的离子活度系数不变的情况下，式(6-14)可简化为

$$E=K+S\lg c \tag{6-16}$$

式中：K 为截距电势，mV；S 为电势响应斜率，mV/dec。

6.6.2　基于全固态聚吡咯离子选择电极的土壤硝态氮含量检测[50]

20 世纪 90 年代末，一些研究人员发现了一种基于掺杂硝酸根的聚吡咯[PPy(NO_3^-)]的全固态离子选择性透过膜制备方案，通过电化学介导分子印迹技术，PPy(NO_3^-)聚合敏感膜内部存在与硝酸根空间匹配的多重识别“空腔结构”，可实现对硝酸根离子的选择性识别[51]。基质单体吡咯材料易得，成本较低，可通过电聚合方式紧密键合在固态电极表面，改善了常规敏感膜的“离子跃迁”势垒影响，并可通过活化处理“再生”，提高电极寿命。全固态 PPy(NO_3^-)离子选择电极无需内充液，更易于微小型化和集成。

聚吡咯离子选择电极(工作电极)的基底材料选用普通碳棒，辅助电极选用铂片电极，聚合溶液由一定浓度的吡咯单体（预提纯）和硝酸钠混合溶液组成，电聚合过程中采用恒电流(电压)仪供电。二电极体系如图 6-34 所示。

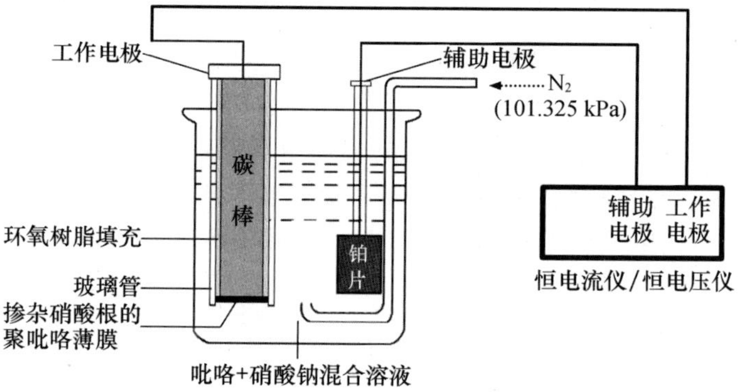

图 6-34　电聚合吡咯二电极体系

通电一段时间后，可以看见一层棕黑色的掺杂硝酸根的聚吡咯薄膜沉积在工作电极表面。电聚合后，需用去离子水缓慢冲洗工作电极表面，然后将电极放置于硝酸盐溶液中活化(活化浓度及时间需优化)。活化之后，离子选择电极才能用于离子浓度测定。

通过控制聚合物的表面形态和溶液中掺杂离子的尺寸，可生成具有“尺寸排阻”特性的选择性聚吡咯薄膜。

与传统离子选择电极和 PVC 涂层敏感膜电极相比，由于聚吡咯薄膜本身呈阳性，所以更易于结合阴离子。在吡咯单体发生聚合反应的过程中，硝酸根掺杂进入聚合物中，聚吡咯薄膜内形成了尺寸合适的硝酸根聚集“空穴”。聚合结束后，由于掺杂硝酸根的聚合物内存在与硝酸根空间匹配的具有多重作用位点的“空穴”，所以当硝酸根离子在聚合物中扩散时，可与识别位点相互作用而被交换至离子选择膜内，而与“空穴”没有识别位点的其他干扰阴离子则无法进入膜内。因此可以预知，聚合物必然对待测溶液中硝酸根离子呈现强相关性，而对干扰离子表现出很好的抗干扰性能。

检测溶液的温度会对 PPy(NO_3^-)离子选择电极产生一定的影响。由图 6-35 可以看出 PPy(NO_3^-)离子选择电极的响应电势与土壤溶液中的硝酸根离子浓度有着极高的相关性。

因此，在 10～30 ℃范围内，电极电势响应斜率和检测下限基本保持不变，响应斜率的变化

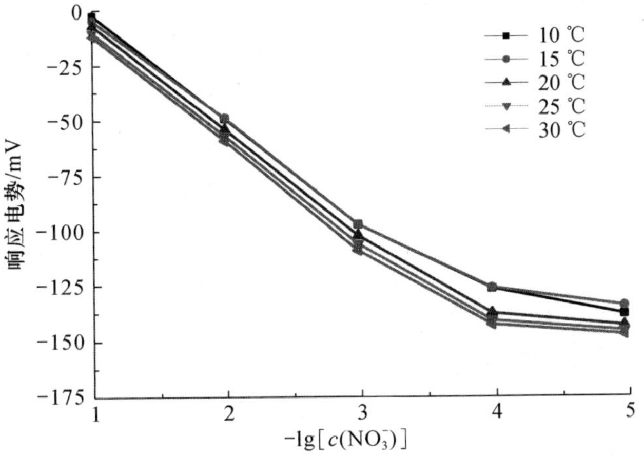

图 6-35　溶液温度对 PPy(NO_3^-)离子选择电极响应电势的影响

范围为(51.5±1.4)mV/dec,检测下限约为 5.0×10^{-5} mol/L。电势响应曲线随温度的升高缓慢向下漂移,漂移速度约为 0.6 mV/℃。

聚吡咯离子选择电极可以较好地满足土壤硝态氮快速检测的应用要求,如通过膜修饰技术提高全固态离子选择电极的选择性和寿命,优化后电极将更具有研究和应用前景。硝酸根离子选择电极的研究工作有望在全固态离子选择电极制备方法及膜材料对电极电化学性能影响机理解析及优化方面取得突破,有望用于土壤硝态氮的快速、可靠测量。

6.6.3　基于离子选择电极的土壤钾离子含量检测[52]

林建涵基于离子选择电极对土壤中钾离子含量检测进行了研究并建立了一元回归模型。

制备钾离子选择膜以缬氨霉素(valinomycin)为电活性物质,硝基苯辛醚(nitrophenyl octylether,NPOE)为增塑剂,四氯代苯硼酸钾[potassium tetrakis (4-chlorophenyl) borate,KTpClPB]为亲脂性添加剂,添加剂为聚氯乙烯(polyvinyl chloride,PVC),溶剂为四氢呋喃(tetrahydrofuran,THF)。氯化锂(LiCl)、氯化镁(MgCl)等实验所用无机盐试剂皆为分析纯等级,采用去离子水配制。称取缬氨霉素(质量分数为 2.3%)、NPOE(质量分数为 64.6%)、PVC(质量分数为 32.5%)和 KTpClPB(质量分数为 0.6%),混合后溶解于适量的 THF 中,置于干燥器内 24 h,待 THF 挥发后,得到透明弹性薄膜。

将钾离子选择膜切成圆片,用 THF 粘到 PVC 电极杆的一端,注入 AgCl 饱和的 0.01 mol/L KCl 溶液为内参溶液,插入 Ag/AgCl 参比电极,制成对钾离子具有选择性响应的离子选择电极。使用前,在 0.01 mol/L KCl 溶液中活化 30 min 以上。

在室温下,以钾离子选择电极为工作电极,以 Ag/AgCl 电极为参比电极,与不同浓度的硝酸钾标准溶液组成二电极体系,利用 PHS-3S 酸度计/毫伏计测量不同钾离子浓度下钾离子选择电极的电势,结果如图 6-36 所示,在钾离子浓度为 $1\times10^{-5}\sim1\times10^{-1}$ mol/L 时,电极电势与离子浓度之间满足能斯特方程;在钾离子浓度为 $1\times10^{-6}\sim1\times10^{-5}$ mol/L 和 $1\times10^{-1}\sim$ 1 mol/L 时,电极电势与离子浓度之间偏离了能斯特方程。因此,该钾离子选择电极检测上限

为 1×10^{-1} mol/L，检测下限为 1×10^{-5} mol/L。

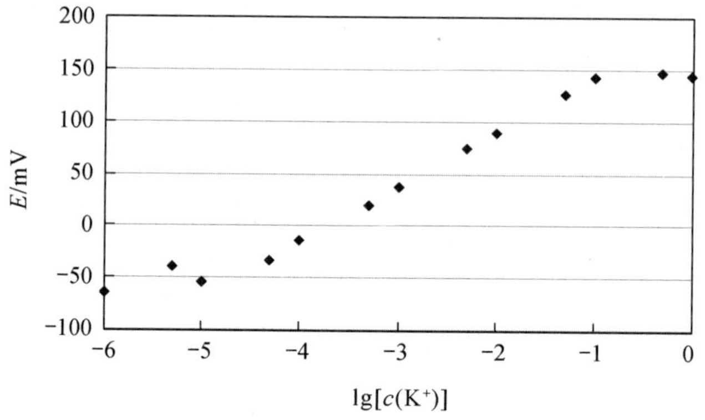

图 6-36 钾离子选择电极电势与钾离子浓度的关系(室温)

在 $1\times10^{-5}\sim1\times10^{-1}$ mol/L 的离子浓度范围内，采用一元线性回归拟合钾离子选择电极的数学模型，并利用极大似然估计法预测数学模型的斜率和截距，得到钾离子选择电极电势的一元线性回归模型如式(6-17)所示，决定系数 $R^2=0.997$。

$$E=190.57+50.493\ \lg[c(K^+)] \tag{6-17}$$

由于土壤浸提溶液中存在一些干扰离子，对钾离子选择电极产生交叉响应，影响钾离子选择电极的电势测量精度，因此，常用选择系数对电极的选择性进行评价。选择系数表示离子选择电极对干扰离子响应的比例系数。选择系数的数值越小表明电极的抗干扰能力越强。采用固定干扰法得到该钾离子选择电极对一些主要干扰离子的选择系数，如表 6-2 所示，结果表明干扰离子影响比较小。

表 6-2 钾离子选择电极的选择系数

干扰离子	选择系数	干扰离子	选择系数
Li^+	1×10^{-4}	Ca^{2+}	5×10^{-5}
Na^+	5×10^{-4}	Mg^{2+}	6×10^{-5}
NH_4^+	1×10^{-2}	Ba^{2+}	8×10^{-5}

根据全国第二次土壤普查数据，土壤速效钾含量在 $25\times10^{-6}\sim420\times10^{-6}$ mg/kg，通常采用 10 mL 浸提剂提取约 2 g 土壤样本中的钾元素，则土壤浸提溶液中钾离子浓度在 $1\times10^{-4}\sim2\times10^{-3}$ mol/L，而该检测系统的钾离子浓度检测范围为 $1\times10^{-5}\sim1\times10^{-1}$ mol/L，可以满足测量要求。

6.6.4 基于离子选择电极的土壤检测自动化技术[52]

6.6.4.1 土壤养分自动浸提

林建涵基于微流控技术、流动注射技术和机械搅拌方法，研制了通过微处理器进行智能控制的土壤养分自动浸提系统，如图 6-37 所示。系统通过机械传输方式将容器中的土样粉粒输送到浸提池中，根据电容法测得的土壤水分含量计算需加入的浸提剂体积，再由微型泵定量抽取浸提剂加入浸提池中；利用机械搅拌装置对土壤胶体溶液进行定时搅拌后，控制安装在浸提池底部的阀，使浸提溶液依靠重力流过过滤器进行定性过滤，得到澄清的土壤浸提溶液。

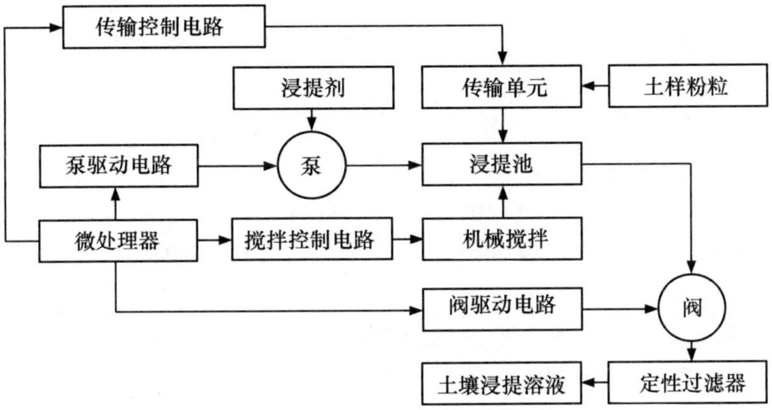

图 6-37　土壤养分自动浸提系统组成

6.6.4.2　浸提溶液中离子浓度检测

土壤浸提溶液快速检测的关键是检测系统的自动化水平，主要问题在于土壤浸提溶液与传感器检测设备的自动化衔接。林建涵设计了一个流通池，实现了自动化衔接。

基于离子选择电极的土壤浸提溶液离子浓度检测系统主要由离子选择电极（ISE）、参比电极（RE）、流通池、流动注射单元（FI）、信号处理单元以及微处理器单元等组成，如图 6-38 所示。

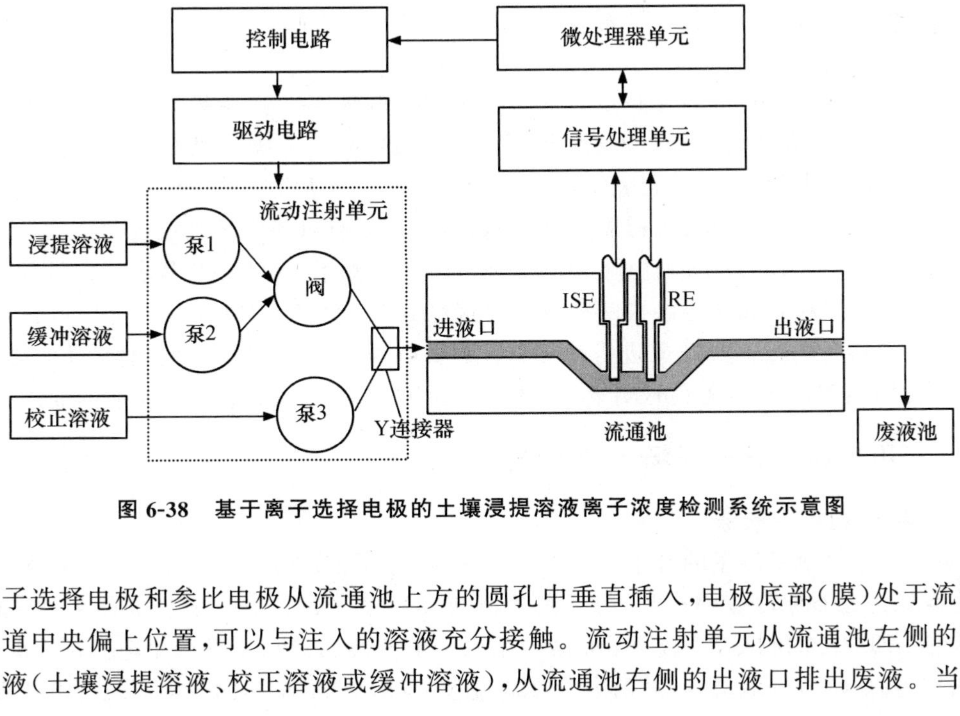

图 6-38　基于离子选择电极的土壤浸提溶液离子浓度检测系统示意图

离子选择电极和参比电极从流通池上方的圆孔中垂直插入，电极底部（膜）处于流通池的检测通道中央偏上位置，可以与注入的溶液充分接触。流动注射单元从流通池左侧的进液口注入溶液（土壤浸提溶液、校正溶液或缓冲溶液），从流通池右侧的出液口排出废液。当注入土壤浸提溶液或校正溶液进行检测时，溶液浸没离子选择电极和参比电极的底部后，停止注射溶液，开始检测；当注入缓冲溶液（去离子水）进行系统清洗时，连续注射缓冲溶液并间隔检测离子选择电极的电势，直至电极电势达到空白电位，停止注射溶液。流动注射单元可以实现溶液的自动连续精确注射，信号处理单元可以实时测量电极电势。

微处理器单元智能控制系统的工作流程。该检测系统可以进行土壤浸提溶液中硝酸根离子和钾离子浓度测定，具体步骤如下：

①利用泵 3 抽取校正溶液至流通池；

②启动电势测定电路，校正检测系统；

③控制阀，利用泵 2 连续泵取缓冲液，清洗流通池；

④启动电势测定系统，检查电极电势是否达到空白电位，如果电极电势未达到空白电位，重复步骤③；

⑤控制阀，利用泵 1 定时连续泵取土壤浸提溶液，将流通池中的残留溶液推至废液池；

⑥启动电势测定系统，检测溶液中的待测离子浓度；

⑦重复步骤③和④；

⑧重复步骤⑤至⑦，进行下一个样本检测。

通过改进流通池，可以利用离子选择电极阵列检测浸提溶液离子浓度，实现多种离子的同时检测。

6.7 土壤电导率检测与传感技术

土壤电导率（electrical conductivity，EC）描述的是土壤传送电流的能力。土壤的导电性能包含了土壤养分与理化特性的丰富信息，不同程度地反映土壤中的盐分、水分、有机质含量、土壤质地结构和孔隙率等，因此，农田土壤电导率的测量已经成为实现农田精细管理的重要手段。

土壤电导率的测量可分为实验室测量和现场测量两大类。实验室测量首先从田间取样，密封后送至实验室，在实验室经烘干、混凝、静置等步骤，制备土壤浸提液，然后利用电导率仪测量土壤浸提液的电导率，从而得到土壤电导率。实验室测量方法作为标准测量方法具有较高的精度，但是测量过程烦琐，土样需要经过前处理，烘干有可能破坏土壤内部结构，改变土样中离子的种类和浓度，同时实时性差，无法实现实时在线测量，无法和智慧农业机械配套使用。现场测量主要有接触式和非接触式两种方式。接触式测量是利用电极式传感器进行测量，非接触式测量是利用电磁感应现象进行测量，不需要取样，基本不用扰动土体，而且在作物生长前和生长期间都可以实现实时测量，很适合智慧农业对农田土壤信息获取的要求。

6.7.1 农田土壤电导率现场测量方法

6.7.1.1 电流-电压四端法

土壤电导率接触式测量的基本方法之一是电流-电压四端法，该方法可以不取样、不扰动土体，可以保持原态原位连续观测，而且测量值与实验室测量方法有较好的相关性。图 6-39 为电流-电压四端法的测量原理，测量系统包括两个电流端（J 和 K）和两个电压端（M 和 N），激励信号为幅值恒定的电流，经过两个电流端流入、流出大地，检测两个电压端的电势差，就可换算出土壤电导率。

由导体的电导率定义可以知道，如果测量对象横截面积与长度确定，则导体的电导率容易求得。大地恰恰是一个横截面积和长度都不能确定的复杂测量对象。经大量的研究发现，对于大地这种长度与横截面积都不确定的复杂测量对象，其电导率可用如下公式计算[53,54]：

$$\sigma=\frac{\left(\frac{1}{d_{JM}}-\frac{1}{d_{JN}}\right)-\left(\frac{1}{d_{KM}}-\frac{1}{d_{KN}}\right)}{2\pi}\cdot\frac{I}{V_{MN}}=k(a,b)\frac{I}{V_{MN}} \tag{6-18}$$

式中：σ 为电导率，S/m；I 为恒流源提供的电流，A；V_{MN} 为在 M 和 N 端测得的电压，V；$k(a,b)$为距离 d_{JM}、d_{JN}、d_{KM} 和 d_{KN} 的函数，m，其中 $a=d_{JM}=d_{KN}$，$b=d_{MN}$。

当 $d_{JM}=d_{MN}=d_{KN}=b=a$ 时，图 6-39 所示土壤电导率测量系统的结构称为温纳排列(Wenner array)，式(6-18)可简化为

$$\sigma=\frac{1}{2\pi a}\frac{I}{V_{MN}} \tag{6-19}$$

根据温纳排列的原理，美国 Geoprobe Systems 公司制造了一种土壤电导率测量探针，如图 6-40 所示。它包括 4 个电极、1 个交流电流源、1 个电流测量单元和 1 个电压测量单元。将探针垂直插入土壤中，4 个电极均与土壤紧密接触。交流电流通过 2 个外电极加载，由电流测量单元测量。同时测量 2 个内电极间的电压，土壤 EC 可用式(6-19)计算。该土壤电导率测量探针与液压剖面工具配套使用，可获得土壤不同纵向深度的电导率信息。

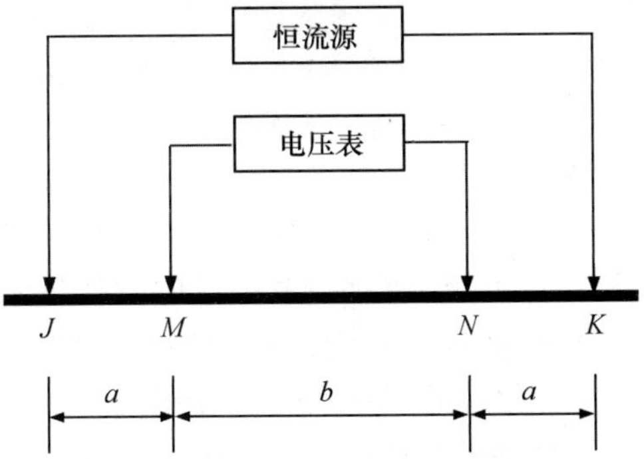

图 6-39　电流-电压四端法测量原理

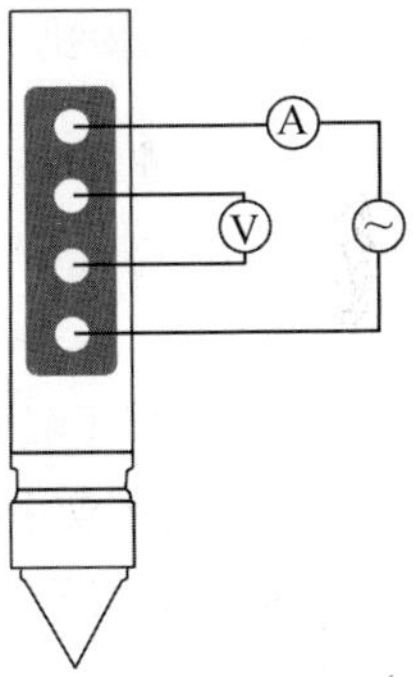

图 6-40　土壤电导率测量探针

6.7.1.2　电磁感应法

电磁感应法测量原理如图 6-41 所示。传感器由相距 1 m 左右的发射线圈和接收线圈构成。当发射线圈中有交流电流流过时，会在土壤中激发出一个随时间变化的主磁场(一次磁场)。由于土壤为导体，主磁场可在大地上感应出环形电流，即涡电流。根据电磁感应原理，大地中的涡电流又感应生成一个副磁场(二次磁场)，而副磁场又反过来使主磁场发生畸变，由此生成的最终磁场被接收线圈接收到。最终磁场在强度、相位和方向上与原始磁场(主磁场)有区别，主磁场和副磁场感应电动势的比率与土壤电导率呈正线性关系，通过适当的换算便可得到土壤电导率。基于该原理的测量系统不需要与大地接触就可以测定大地的电导率，因此系统不需要配备探针，仅需要很少的电缆线，且可以大大缩短测量时间，工作效率明显提高。

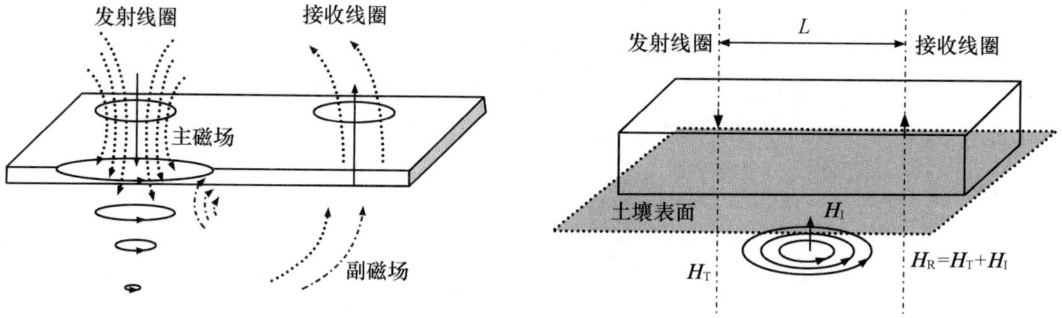

图 6-41 电磁感应法土壤电导率测量原理

现在农业上经常使用的基于电磁感应原理的电导率测量仪器是加拿大 Geonics 公司制造的 EM38 大地电导仪，图 6-42 所示为便携式 EM38 大地电导仪工作图。EM38 大地电导仪重量轻，能量消耗少，适合在土壤水分较高或表层土壤承载力较差的农田使用，方便用于大面积测量。但由于温度、湿度和大气电流等周围条件的变化都会影响 EM38 大地电导仪测量结果的稳定性，所以在使用前用户需要对 EM38 进行全面标定。

图 6-42 EM38 大地电导仪工作图

6.7.2 土壤电导率测量系统及应用

6.7.2.1 Veris 3100 车载式土壤电导率检测系统

现在使用比较广泛的土壤电导率实时测量设备是 Veris 3100 车载式土壤电导率检测系统(Veris Technologies Inc.,美国)，它的测量原理是电流-电压四端法。检测系统如图 6-43 所示，它有 6 个圆盘电极，通过一对圆盘电极将电流导入土壤，通过另外两对圆盘电极测量电压的变化，可同时获得 30 cm 深度处(内侧两个圆盘电极)和 90 cm 深度处(外侧两个圆盘电极)的电导率。系统配有全球定位系统(GPS)接收器，用于记录每个测量点的位置，根据土壤电导率数据和 GPS 数据可创建农田土壤电导率分布图。

田间土壤电导率的差异是由土壤盐分、有机质含量、含水量以及土壤质地、土壤结构等的差异引起的。在大多数地区，土壤电导率较高的区域的黏土和有机质含量高于土壤电导率低的区域。根据土壤电导率的分布了解农田各区域的土壤质地和肥力情况，确定施肥量，可以实现精准施肥。

美国克莱姆森大学(Clemson University)的一个研究小组利用 Veris 3100 检测系统对土壤电导率进行了多年的研究，认为土壤电导率能够为作物生产管理提供非常有用的信息[55]。土壤质地与对作物产量有重大影响的很多因素有关，因此直接影响管理策略的制定。例如灌溉制度需根据土壤类型和土壤持水能力确定。在不同质地的土壤中流动性营养物质的利用、流失和储存是非常不一样的，不同的土壤害虫喜欢不同质地的土壤，因此土壤的营养管理和杀

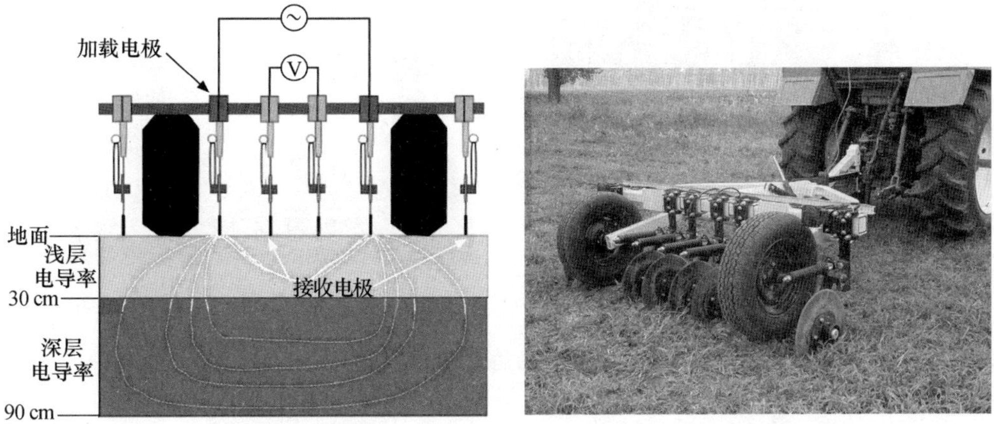

(a)结构示意图　　　　　　　　　　(b)实物图

图 6-43　Veris 3100 车载式土壤电导率检测系统

虫剂的使用也要考虑土壤质地。土壤电导率能够反映土壤质地的空间变异，与土壤粒径和纹理密切相关，与黏粒含量呈正相关，与砂粒含量呈负相关。土壤中线虫的密度与根据电导率估测的土壤质地高度相关，测量土壤电导率可以指导杀虫剂的准确施用，实施变量施药。除了质地外，电导率还与其他土壤性质密切相关，如有机碳、阳离子交换能力(CEC)和表土深度。根据土壤电导率估计表土深度，在每年一次的深耕作业中实施变深度深耕，可以节约耕作成本。土壤电导率数据还可以用于指导氮肥施用。如图 6-44 所示，在低电导率区域，籽棉产量随施氮量的增加而增加；在中、高电导率区域，施氮量大于 90 lb/A (100.88 kg/hm^2)时，产量基本不再增加。

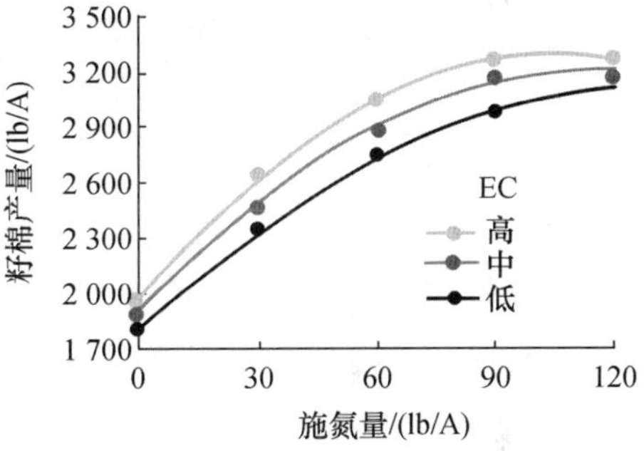

图 6-44　籽棉产量与施氮量、土壤电导率的关系[55]

(注：lb 和 A 为英制单位，1 lb≈0.453 6 kg，1 A≈0.404 7 hm^2，1 lb/A≈1.120 8 kg/hm^2)

6.7.2.2　基于土壤电导率的精细施肥插秧机[56,57]

基于土壤电导率的精细施肥插秧机如图 6-45 所示，它可以实时分析搅拌作业后待插秧水田的土壤肥力。

土壤电导率传感器由安装在前轮内侧的一对不锈钢轮式电极组成，电极之间的距离保持不变，为 1.1 m。通过电极输入频率为 1 kHz 的交流电流。土壤电导率测量易受土壤含水量和土壤温度的影响。由于搅拌作业使土壤含水量接近 100%，固液比接近 1.0，因此测量结果基本不受含水量影响。为了补偿温度，采用了铂电阻温度计(E52，Omron)。温度计安装在水稻插秧机的浮子下面，用于测量土壤表面温度，测量时间间隔为 1 s。按式(6-20)可以将实时土壤电导率值修正至 25 ℃条件下的标准电导率值。

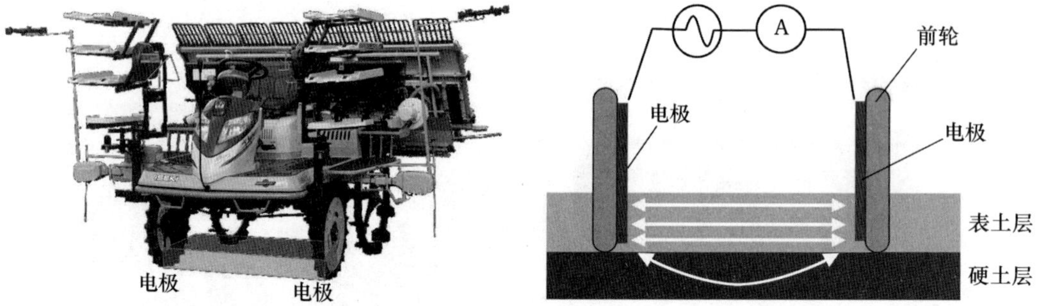

(a)精细施肥插秧机本体　　(b)水田土壤电导率的动态测量示意图

图 6-45　精细施肥插秧机[56,57]

$$\sigma_{25}=\frac{\sigma_t}{1+0.02(t-25)} \tag{6-20}$$

式中:t 为土壤表面温度,℃;σ_{25} 为 25 ℃时的标准电导率值,mS;σ_t 为实时测量的土壤电导率值,mS。

在获得修正后的标准电导率值的基础上,Morimoto 等结合表层土壤深度(topsoil depth,TD)信息,提出了一种用于农田评估的土壤参数——土壤肥力值(soil fertility value,SFV):

$$\mathrm{SFV}=\frac{\sigma_{25}}{\mathrm{TD}} \tag{6-21}$$

式中:σ_{25} 为 25 ℃时的标准电导率,mS;TD 为表层土壤深度,cm。

图 6-46 为精细施肥插秧机采集的水田土壤肥力值平面分布图。分布图显示,与其他地块相比,7 号田和 8 号田的 SFV 较高,这与实验 2 个月前 7 号田和 8 号田施过肥相符,证明基于土壤电导率判断水田土壤肥力是可靠的,可为边插秧边变量施肥提供依据。

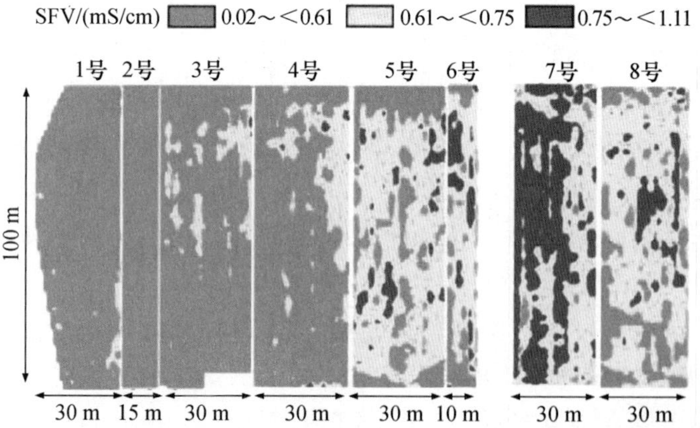

图 6-46　精细施肥插秧机采集的水田土壤肥力值平面分布图

二维码 6-2

6.7.2.3　土壤测量系统 Topsoil Mapper

奥地利 Geoprospectors GmbH 公司开发的 Topsoil Mapper(TSM,图 6-47)是一种基于电磁感应现象的土壤测量系统,可以对土壤电导率进行自动测量并绘制土壤参数图,如土壤类型、含水量、压实度等，并且将这些参数用于变量机器的实时控制。

图 6-47　Topsoil Mapper 外形

（引自 https://www.topsoil-mapper.com/en/）

TSM 可以安装在任何牵引车上，在行驶过程中自动测量并记录。TSM 有两种工作模式：基础模式（BASIC）和专业模式（PRO），如图 6-48 所示。

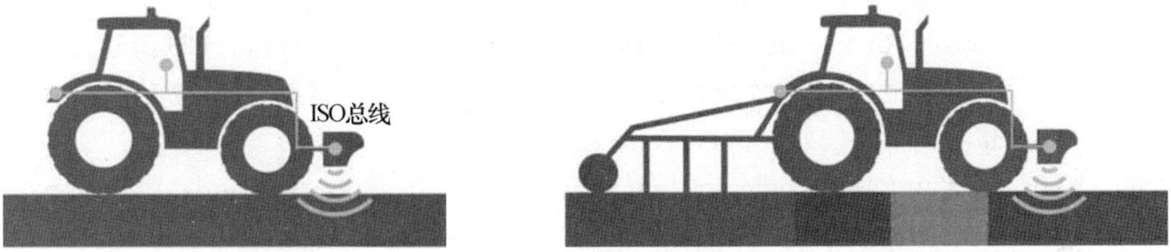

（a）基础模式（成图）　　（b）专业模式（控制）

图 6-48　TSM 的工作模式

（引自 https://www.topsoil-mapper.com/en/）

在基础模式中，TSM 可以在不接触土壤的情况下自动测量土壤电导率，并根据测量数据绘制土壤类型、含水量、压实度分布图。用户可以选择将自动记录的数据与其他数据集成到其农田管理系统中，并根据结果生成应用程序图。通常情况下，农民将这些图与特定位置的农业控制设备相结合，用于计划进一步的农业作业。这些数据在服务器上集中管理，用户可以随时使用。

使用专业模式时，TSM 可以与合适的农业设备结合使用，将测量的数据实时发送到驾驶室中的终端上，实时灵活地控制农业设备，即同时进行数据采集和应用两个过程：测量得到的土壤参数实时应用于理想耕作深度的计算中，计算得到的控制参数传输到相应的机器上并实施控制，同时在耕作过程中继续进行数据采集。根据耕作策略（浅耕、深松或等高线跟踪），还可以在终端软件上修改相应的设置，以便考虑田地的其他信息。此外，TSM 还可以实现播种作业的实时控制，即利用该设备，可以根据不同的场地条件（土壤类型、土壤湿度）实时调整播种量。

TSM 系统还包括表土可视化仪(TSV)、表土数据箱(TSDB)和表土数据分析仪(TSDA)等 3 个功能性软件。

TSV 的作用是自动处理记录的土壤数据,并计算某些土壤参数,如压实度和含水量。然后将这些信息传送给机具,机具自动设置耕作深度或控制播种量。TSV 可以同时执行测量和传送两个步骤。

通过 TSDB,在 Geoprospectors GmbH 的门户网站(https://geoprospectors.com)可以在现场对记录的土壤参数进行可视化操作,显示不同的土壤信息分布图。输出数据还可以作为地理参考数据集,在该公司的内部地理信息系统中进行进一步处理。

TSDA 是一个桌面软件,可以将收集到的数据立即传送到笔记本电脑上并进行自动分析。原始数据和处理后的数据可在几秒钟内显示为地图,因此可以根据现场确定的分区图立即采集土壤样本。

参考文献

[1] 吴克宁,赵瑞. 土壤质地分类及其在我国应用探讨[J]. 土壤学报,2019,56(1):227-241.

[2] Miller W P, Miller D M. A micro-pipette method for soil mechanical analysis[J]. Communications in Soil Science and Plant Analysis,1987,18(1):1-15.

[3] Loizeau J-L, Arbouille D, Santiago S, et al. Evaluation of a wide range laser diffraction grain size analyzer for use in sediments [J]. Sedimentology,1994,41(2):353-361.

[4] 杨艳芳,李德成,杨金玲,等. 激光衍射法和吸管法分析黏性富铁土颗粒粒径分布的比较[J]. 土壤学报,2008,45(3):405-412.

[5] ISO 13320-1:1999(E). Particle size analysis:Laser diffraction methods:Part 1[S]. Geneva:International Organization for Standardization,1999.

[6] Gee G W, Bauder J W. Particle-size analysis[M]//Klute A. Methods of soil analysis:Part 1 Physical and mineralogical methods. 2nd ed. Madison:American Society of Agronomy-Soil Science Society of America,1986:383-411.

[7] Eshel G, Levy G J, Mingelgrin U. Critical evaluation of the use of laser diffraction for particle size distribution analysis [J]. Soil Sci Soc Am J,2004,68:736-743.

[8] Konert M, Vandenberghe J. Comparison of laser grain size analysis with pipette and sieve analysis:A solution for the underestimation of the clay fraction[J]. Sedimentology,1997,44:523-535.

[9] Beuselinck L, Govers G, Poesen J. Grain-size analysis by laser diffractometry:Comparison with the sieve-pipette method[J]. Catena,1998,32:193-208.

[10] 刘涛,高晓飞. 激光粒度仪与沉降-吸管法测定褐土颗粒组成的比较[J]. 水土保持研究,2012,19(1):16-18,22.

[11] 杨金玲,张甘霖,李德成,等. 激光法与湿筛-吸管法测定土壤颗粒组成的转换及质地确定[J]. 土壤学报,2009,46(5):772-780.

[12] 郭彦彪,戴军,冯宏,等. 土壤质地三角图的规范制作及自动查询[J]. 土壤学报,2013,50(6):1221-1225.

[13] Aranda V, Ayora-Cañada M J, Domínguez-Vidal A, et al. Effect of soil type and management (organic vs. conventional) on soil organic matter quality in olive groves in a semi-arid environment in Sierra Mágina Natural Park (S Spain)[J]. Geoderma, 2011, 164: 54-63.

[14] Hu X, Liu L Y, Li S J, et al. Development of soil crusts under simulated rainfall and crust formation on a loess soil as influenced by polyacrylamide[J]. Pedosphere, 2012, 22(3): 415-424.

[15] 刘振. 基于图像的土壤粗糙度及土壤容重预测研究[D]. 北京:中国农业大学, 2020.

[16] ASAE Standards. Soil cone penetrometer: 2013S313. 3, FEB1999ED[S].

[17] Liu W, Upadhyaya S K, Kataoka T, et al. Development of a texture/soil compaction sensor[C]//Proceedings of the 3rd International Conference in Precision Agriculture. Minneapolis, Minnesota, June 23-26, 1996: 617-630.

[18] Adamchuk V I, Morgan M T, Sumali H. Application of a strain gauge array to estimate soil mechanical impedance on-the-go[J]. Transactions of ASAE, 2001, 44(6): 1377-1383.

[19] Sirjacobs D, Hanquet B, Lebeau F, et al. Online soil mechanical resistance mapping and correlation with soil physical properties for precision agriculture[J]. Soil & Tillage Research, 2002, 64(3-4): 231-242.

[20] Adamchuk V I, Christenson P T. An integrated system for mapping soil physical properties on-the-go: The mechanical sensing component[C]//Stafford J V. Precision Agriculture. Sixth European Conference on Precision Agriculture, Uppsala, Sweden, June 9-12, 2005. Wageningen: Wageningen Academic Publishers, 2005: 449-456.

[21] Chung S O, Sudduth K A, Plouffe C, et al. Soil bin and field tests of an on-the-go soil strength profile sensor[J]. Transactions of the ASABE, 2008, 51(1): 5-18.

[22] Chung S O, Sudduth K A, Hummel J W. Design and validation of an on-the-go soil strength profile sensor[J]. Transactions of the ASABE, 2006, 49(1): 5-14.

[23] 郑杰. 土壤耕作阻力在线测量系统[D]. 北京:中国农业大学, 2019.

[24] 黄飞龙, 黄宏智, 李昕娣, 等. 基于频域反射的土壤水分探测传感器设计[J]. 传感技术学报, 2011, 24(9): 1367-1370.

[25] Fellner-Feldegg H. The measurement of dielectrics in the time domain[J]. J Phys Chem, 1969, 73(3): 616-623.

[26] Topp G C, Davis J L, Anna A P. Electromagnetic determination of soil water content: Measurements in coaxial transmission lines[J]. Water Resour Res, 1980, 16: 574-582.

[27] 冯磊. 基于时域传输原理的土壤水分测量技术研究[D]. 北京:中国农业大学, 2011.

[28] 安晓飞. 基于光谱学的便携式土壤全氮快速检测仪开发与研究[D]. 北京:中国农业大学, 2013.

[29] 郑立华. 基于光谱学的土壤参数快速分析方法研究[D]. 北京:中国农业大学, 2008.

[30] 郑立华, 李民赞, 潘娈, 等. 基于近红外光谱技术的土壤参数 BP 神经网络预测[J]. 光谱学与光谱分析, 2008, 28(5): 1160-1164.

[31] 郑立华, 李民赞, 潘娈, 等. 近红外光谱小波分析在土壤参数预测中的应用[J]. 光谱学与

光谱分析,2009,29(6):1549-1552.
[32] 李民赞,姚向前,杨玮,等.基于卤钨灯光源和多路光纤的土壤全氮含量检测仪研究[J].农业机械学报,2019,50(11):169-174.
[33] 周鹏,李民赞,杨玮,等.基于近红外漫反射测量的车载式原位土壤参数检测仪开发[J].光谱学与光谱分析,2020,40(9):2856-2861.
[34] Zhou P,Yang W,Li M Z,et al. Performance analysis of vehicle-mounted soil total nitrogen detector at different vehicle speeds[J]. IFAC-PapersOnline,2018,51(17):51-56. DOI:10.101b/j.ifacol.2018.08.071.
[35] An X F,Li M Z,Zheng L H,et al. A portable soil nitrogen detector based on NIRS[J]. Precision Agriculture,2014,15(1):3-16.
[36] Alexander D R,Poulain D E,Ahmad M U,et al. Environmental monitoring of soil contaminated with heavy metals using laser-induced breakdown spectroscopy[C]//Proceeding of International Geoscience and Remote Sensing Symposium,Aug 8-12,1994,Pasadena,CA,USA:767-769.
[37] 余克强.基于激光诱导击穿光谱技术的土壤理化信息检测方法研究[D].杭州:浙江大学,2016.
[38] Yu K,Zhao Y,He Y,et al. Response surface methodology for optimizing LIBS testing parameters:A case to conduct the elemental contents analysis in soil[J]. Chemometrics and Intelligent Laboratory Systems,2019,195:103891.
[39] Cremers D A,Ebinger M H,Breshears D D,et al. Measuring total soil carbon with laser-induced breakdown spectroscopy (LIBS)[J]. Journal of Environmental Quality,2001,30(6):2202-2206.
[40] Martin M Z,Wullschleger S D,Garten C T,et al. Laser-induced breakdown spectroscopy for the environmental determination of total carbon and nitrogen in soils[J]. Applied Optics,2003,42(12):2072-2077.
[41] Martin M Z,Labbé N,André N,et al. Novel multivariate analysis for soil carbon measurements using laser-induced breakdown spectroscopy[J]. Soil Science Society of America Journal,2010,74(1):87-93.
[42] Martin M Z,Mayes M A,Heal K R,et al. Investigation of laser-induced breakdown spectroscopy and multivariate analysis for differentiating inorganic and organic C in a variety of soils[J]. Spectrochimica Acta Part B:Atomic Spectroscopy,2013,87:100-107.
[43] Izaurralde R C,Rice C W,Wielopolski L,et al. Evaluation of three field-based methods for quantifying soil carbon[J]. Plos One,2013,8(1):e55560.
[44] 董大明,郑文刚,赵春江,等.农田土壤中钾元素含量的激光诱导击穿光谱测量方法[J].光谱学与光谱分析,2013,33(3):78-82.
[45] 孟德硕,赵南京,刘文清,等.土壤钾元素的激光诱导击穿光谱定量检测分析[J].中国激光,2014,41(5):0515003.
[46] 张俊宁,方宪法,张小超,等.基于激光诱导击穿光谱的土壤钾素检测[J].农业机械学报,

2014,45(10):294-299.

[47] 鲁翠萍,汪六三,胡海瀛,等. Analysis of total nitrogen and total phosphorus in soil using laser-induced breakdown spectroscopy[J]. Chinese Optics Letters,2013,11(5):79-82.

[48] Dong D M,Zhao C J,Zheng W G,et al. Spectral characterization of nitrogen in farmland soil by laser-induced breakdown spectroscopy[J]. Spectroscopy Letters,2013,46(6):421-426.

[49] 王金梅,颜海英,郑培超,等. 基于激光诱导击穿光谱定量检测土壤中营养元素的研究[J]. 中国激光,2017,44(11):1111002.

[50] 张森. 基于电化学原理的土壤硝态氮快速检测技术研究[D]. 北京:中国农业大学,2009.

[51] Richard S H,Leonidas G B. Nitrate selective electrode developed by electrochemically mediated imprinting doping of polypyrrole[J]. Analytical Chemistry,1995,10(67):1654-1660.

[52] 林建涵. 基于电化学原理的土壤养分快速检测方法与系统集成研究[D]. 北京:中国农业大学,2007.

[53] Telford W M,Geldart L,Sheriff R. Applied Geophysics[M]. Cambridge:Cambridge University Press,1976:633-640.

[54] 孙宇瑞,汪懋华. 一种土壤电导率测量方法的数学建模与实验研究[J]. 农业工程学报,2001,17(2):20-23.

[55] Wiatrak P,Khalilian A,Mueller J,et al. Applications of soil electrical conductivity in production agriculture[J]. Better Crops,2009,93(2):16-17.

[56] Morimoto E,Hirako S,Yamasaki H,et al. Development of on-the-go soil sensor for rice transplanter[J]. Engineering in Agriculture, Environment and Food,2013,6(3):141-146.

[57] Morimoto E,Hayashi K. Design of smart agriculture Japan model[J]. Advances in Animal Biosciences,2017,8(2):713-717.

第7章 农产品品质检测与传感技术

对农产品品质进行检测，并根据检测结果分级，是农产品商品化处理中的重要环节。随着经济的发展以及人们对食物营养和健康认识的增强，对农产品品质要求也越来越高。消费者在选购农产品时不仅关注颜色、大小、形状等外观品质，而且对质地、风味等内在品质也非常重视，因此对农产品品质进行检测，按品质进行分级，是保证消费者品质消费、提高农产品国际竞争力的有效途径。

传统的农产品品质检测主要由人工完成，检测结果依赖检测者的经验，判断的准确性在一定程度上受到主观因素的影响，存在劳动强度大、检测效率低、检测结果不准确等问题。随着现代科技的不断发展和进步，人们尝试利用计算机视觉、光谱分析、声学振动、X 射线、磁共振等无损检测技术，基于农产品的光学、声学、机械等方面的特性，探索农产品的外观品质和内在品质的无损检测方法，以客观、准确地评价农产品品质。

7.1 农产品外观品质检测

农产品的外观品质不仅是农产品分级的重要依据，还是决定价格的主要因素。农产品的外观品质主要包括颜色、大小、形状、光泽、缺陷、损伤等。目前，农产品外观品质的自动检测主要是通过计算机视觉技术实现的。

计算机视觉（机器视觉）技术起源于 20 世纪 60 年代，20 世纪 70 年代之后随着计算机的普及和成像技术的发展，计算机视觉技术的理论和应用得到了迅速发展。目前，计算机视觉系统在医学、工业自动化、安全监控、军事、航空航天、智能交通、食品质量和安全检查[1,2]、自主车辆和机器人导航等领域得到了广泛的应用。

视觉可以看作是从三维环境的图像中抽取、描述和解释信息的过程，可以划分为 6 个主要环节：感觉、预处理、分割、描述、识别和解释。用于农产品外观品质检测的典型计算机视觉系统（机器视觉系统）如图 7-1 所示，主要由光源、镜头、照相机（摄像机）、图像采集卡、计算机及图像处理和分析软件等组成。检测的目标不同，计算机视觉系统的光源、照相机、成像方式、所获取的图像等都会有差异。

光源（照明系统）是计算机视觉系统的重要组成部分，对系统的整体效率和准确性起着重要的作用。计算机视觉系统与人眼一样，所采集的图像的质量受照明条件影响极大，良好的照明可减少噪声、阴影和反射而增强图像对比度，提高后续图像处理的效果。在水果和蔬菜的外观品质检查中，照明系统主要有两种布置：前置照明和后置照明。前置照明（直射照明或反射

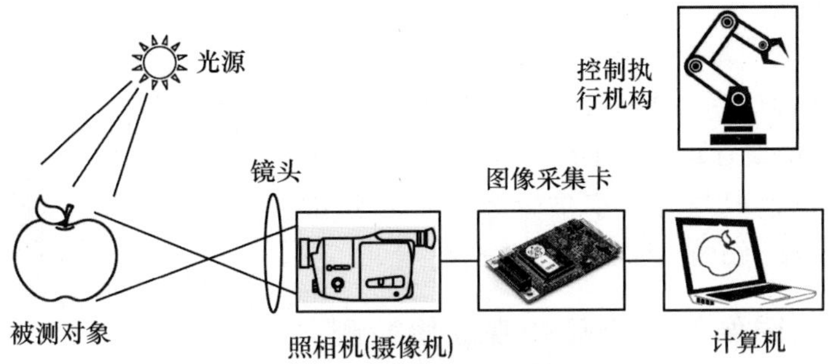

图 7-1　典型的计算机视觉系统配置

照明)主要用于检测表面品质特性,如颜色、质地、表皮缺陷等。后置照明(透射照明)通常用于检测果蔬的边缘或边界特性,如尺寸、形状等。选用照明设备时需要考虑照明灯的位置、类型和光质,白炽灯、荧光灯、激光和红外线灯是常用的光源。

照相机(摄像机)是计算机视觉系统的关键部件,其功能和人眼一样。农产品检测常用的普通图像采集设备和手段有照相机、磁共振成像(MRI)、超声波、计算机断层扫描(CT)及电学层析成像(electrical tomography,ET)。CCD 与 CMOS 图像传感器是常用的数字图像采集设备,由高分辨率 CCD 相机构成的计算机视觉系统是农产品外观品质检测应用最广泛的系统之一。面阵扫描模式和线阵扫描模式是检测作业中最常见的 CCD 相机扫描模式。面阵扫描式相机由微小的光敏元件(感光点)矩阵组成,根据每个元件与入射光量成正比的输出值可得到目标的完整图像。线阵扫描式相机仅由一列感光元件组成,一次只能获得物体的一列图像,因此需要安装传输台来移动相机镜头下的样品,以逐行获得完整图像。不同的成像设备所获取的图像类型不同,根据所获取图像的类型,农产品外观品质检测方法也各有特点。

7.1.1　基于灰度图像的农产品外观品质检测

灰度图像与黑白图像不同,在计算机图像领域中,黑白图像只有黑色与白色两种颜色,而灰度图像在黑色与白色之间还有许多级的颜色深度,即灰度。灰度图像中每个像素的灰度值在 0～255 之间,0 表示黑色,255 表示白色。由于没有色彩信息,基于灰度图像的农产品外观检测多用于判断农产品的形状是否规则或者农产品是否有损伤。

凌云开发了谷物外观品质检测装置[3],基于灰度图像分析在动态模式下对谷物籽粒外形进行识别。该检测装置使用两台 CCD 摄像机分别采集谷物籽粒的正、反面图像,进料机构能够实现自动进样,使谷物单粒、顺序下落,避免采集到的籽粒图片产生大量粘连,并可控制谷物籽粒下落时只分布在一个环形区域内。在图像分析过程中,首先对灰度图像依次进行滤波去噪和二值化,然后提取籽粒区域的形心以及谷物籽粒的长和宽,计算粒长和粒宽的比值,得到粒型参数,并与设定好的阈值相比较,区分粳米与糯米。

果形是苹果品质的重要指标之一,蔡健荣等[4]开发了一套自动苹果果形分级系统,用于果形的判定和外观品质分级。如图 7-2 所示,首先以苹果的形心为圆心,在苹果轮廓上每隔一定角度选取一个特征点，每个苹果选取 36 个特征点，建立针对苹果目标轮廓的形状模型，然后利用灰度模型在目标图像上搜索特征点的最佳位置，并根据搜索结果对模型参数进行调整，改变模型形状，将模型匹配到目标轮廓上，再根据模型与待测苹果轮廓相交部分和不相交部分像素个数的比值对果形进行分级。

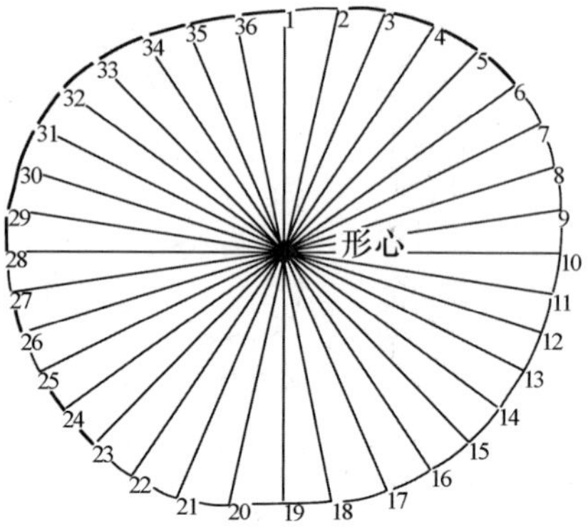

图 7-2 苹果轮廓的 36 个特征点

7.1.2 基于彩色图像的农产品外观品质检测

彩色图像(RGB 图像)由红色(R)、绿色(G)、蓝色(B)3 个分量组成。红色、绿色、蓝色分量图像都是灰度图像，用灰度值表示红、绿、蓝各分量在图像中的比重。彩色图像采集系统通常以 LED 灯或白炽灯为光源。彩色相机采集到的数字图像可以在 RGB 颜色空间处理，也可以根据需要变换到 HIS(hue，intensity，saturation)、HSV(hue，saturation，value)、HSL(hue，saturation，lightness)、XYZ、Lab 等颜色空间处理。彩色图像处理一般分为 3 个阶段：预处理、特征提取、模式识别与理解。预处理的主要目的是剔除图像采集过程中因为条件限制以及随机因素产生的各种干扰，所采用的算法有图像灰度化、噪声过滤、灰度矫正、几何校正、图像增强等。在预处理之后，根据目标的不同，对检测对象的形状、纹理、结构、颜色等特征进行提取，主要方法有区域分割、边缘检测以及纹理分析等。在得到了特征参数之后，采用统计决策法、句法结构法、模糊判决法和人工智能法等模式识别方法对目标进行识别。

韩仲志等[5]基于彩色图像处理提出了胡萝卜须根检测方法。图像采集装置如图 7-3 所示，为了避免自然光源的影响，图像采集是在暗箱中完成的，暗箱内壁粘贴黑色吸光布，检测台铺蓝色布，使用微距相机进行拍摄。在研究过程中发现，直接对胡萝卜进行灰度化、二值化的效果并不好，于是先将采集到的图像进行颜色空间转换，将 RGB 图像转换为 HSV 图像，提取 H 分量进行二值化和边缘检测，采用骨架抽取的算法，根据骨架的端点数来检测须根的数量。

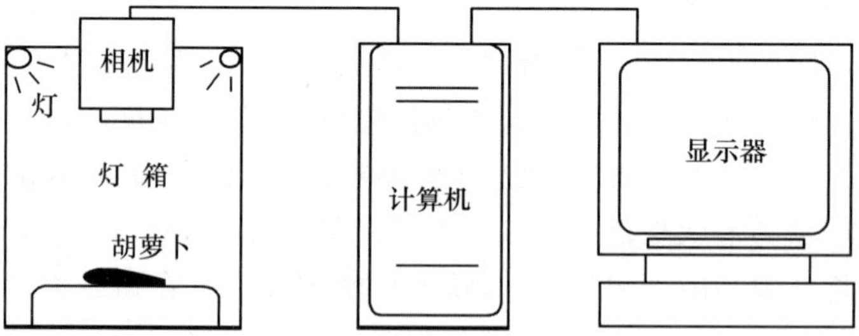

图 7-3 胡萝卜图像采集装置[5]

采用同一套图像采集装置还可以对胡萝卜青头进行检测。图像预处理后，利用边缘检测等算法替换去除胡萝卜图像中的背景，通过分析青头胡萝卜的 RGB/HSV 颜色空间模型中 6 个颜色分量，发现胡萝卜青头现象在 R 分量上表现较为明显，对于去除背景之后的胡萝卜图像进行处理，对 R 分量的灰度图像进行二值化，其中白色部分为非青头部分，计算整个胡萝卜区域的面积、青头部分的面积(整个胡萝卜区域面积减去非青头部分的面积)和青头比(青头部分面积除以整个胡萝卜区域面积)。正常胡萝卜的青头比应该接近 0,比值越大,青头现象越严重。

钱中华[6]开发了基于计算机视觉技术的红富士苹果自动分级系统,能够依据颜色和着色度完成红富士苹果的自动分级。分级系统的拍摄箱内壁涂上黑漆以减少反光,箱内检测平台可绕中心以角速度 1.5 rad/s 自转,箱子的 4 个侧面上安装摄像头,记录苹果的 4 幅图像,分析时取 4 幅图像的平均值。在采集图像的过程中苹果处于旋转的状态,会产生一定的噪声,采用 3×3 的中值滤波法滤除噪声。该分级系统首先提取出苹果的区域:选用 HSL 颜色空间模型对图像进行处理,采用增加对比度、减小亮度的方法得到 L 分量的灰度化图像,利用阈值分割法将苹果从亮度差异较大的黑色背景中分离出来。亮度 L 不易受其他因素的影响,可以减少光照变化引起的差异。然后分级系统以果面红色着色面积比例为依据对苹果进行分级:选用彩色图像的 RGB 颜色空间模型,对红色分量进行中值滤波,采用 Otsu 算法对图像进行分割,得到图像中红色区域面积,以红色着色面积比例 75%、50%、25% 为界限,将苹果划分为优等品、一等品、二等品和等外品。

Su 等[7]基于机器视觉和三维形状分析,获取厚度、体积和表面梯度分布等与马铃薯品质相关的三维信息,并预测马铃薯的品质。结果表明,按照体积对样本进行分级的正确率达到了 90%,结合二维和三维空间形状的弯曲、凹凸等表面数据检测马铃薯外观品质的正确率达到了 88%。此外,作者还提出了一种基于三维形状和彩色图像的马铃薯虚拟模型重建算法,可以从多个视角重现马铃薯的颜色和三维形状数据,支持水平和垂直方向 360°旋转,模拟手工检测(图 7-4)。

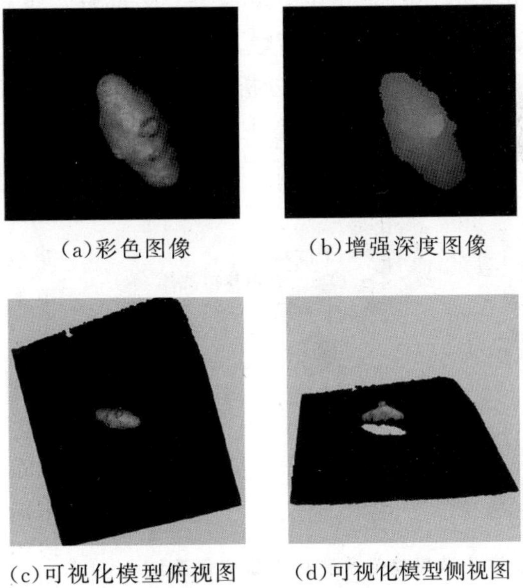

(a)彩色图像　(b)增强深度图像

(c)可视化模型俯视图　(d)可视化模型侧视图

图 7-4　马铃薯可视化模型三维重建[7]

二维码 7-1

7.1.3　基于多光谱图像的农产品外观品质检测

从成像原理(图 7-5)上来说,多光谱成像技术就是把入射的全波段或宽波段的光信号分成若干个窄波段的光束，分别成像在相应的探测器上，从而获得不同光谱波段的图像。多光谱成像系统硬件主要包括光源、光学镜头、滤光片组、CCD或CMOS探测器、图像采集卡和计算机。多光谱成像和普通成像技术的最大不同之处是能获得每张图像每个像素点的高分辨率的光谱，在频谱中捕获2个或多个不同波段的单色图像，而不局限于可见光波段的红、蓝、绿三色图像。

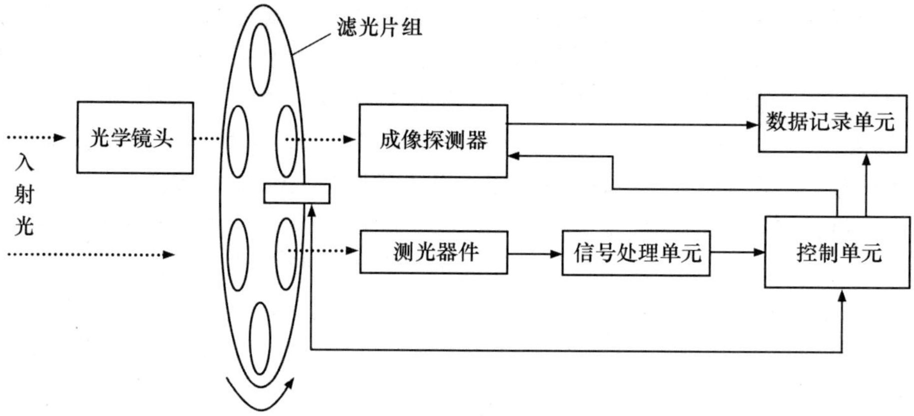

图 7-5 多光谱成像原理

Throop 等[8]研制了一种多光谱苹果外观品质检测实验台，实验台以每秒5个苹果的速度拍摄多光谱图像。每个苹果的图像以普通光圈在4种不同的波长拍摄，利用特殊的镜头和滤光片可以同时采集到540、650、750和950 nm 4个波段苹果的反射图像。采集到的图像经过处理后可以分割出缺陷部分并记录各个缺陷部分。可检测的典型缺陷包括新碰伤、储存后苹果上的碰伤、疤痕、黑斑、软化、腐烂、褐斑和病虫害等。

Tang 等[9]利用多光谱图像分析预测富士苹果的糖度，基于选定波长研制了多光谱成像系统，如图7-6所示。该系统有6个主要组成部分：一个150 W溴钨灯，用于产生平行光，一个光束整形部件，一个样品台，一台可见光/近红外千兆以太网单色相机，带有4个带通滤波器的滤光片轮和一台计算机。入射光束的直径为1.5 mm，入射角为15°。选择样品苹果的“赤道”区域作为成像目标，所有图像采集均在暗室中进行。首先在350～1 200 nm的可见光/近红外光谱范围内选择最佳波长，使用后向区间偏最小二乘法分析光谱数据，生成由多个最敏感波段组成的子集。再通过逐步回归从该子集中确定4个最佳波长（461、469、947和1 049 nm），这4个波长为多光谱成像系统的有效波长。一般情况下多光谱图像根据灰度的高低可分为饱和区域和散射区域两部分。饱和区域内像素的灰度不是对后向散射光强度的完全响应，强度有所降低，因此该研究仅采用散射区域内像素的数据。利用图像直方图和相机响应函数提取多光谱图像的散射区域，通过径向平均计算散射轮廓，采用修正的洛伦兹分布函数拟合散射剖面，建立多元线性回归预测模型。糖度的多元线性回归模型预测精度为 $r=0.886\ 1$，RMSE=

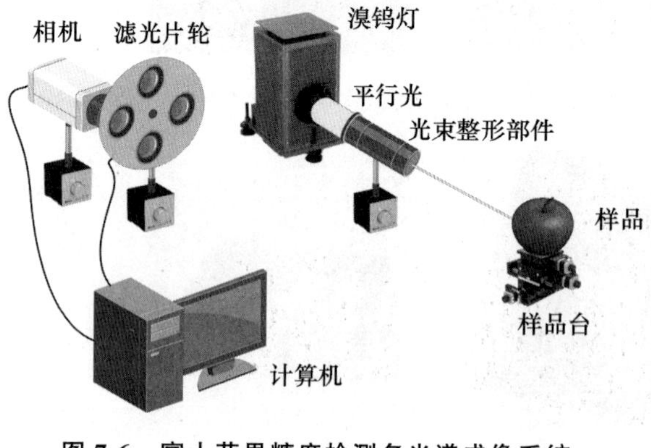

图 7-6 富士苹果糖度检测多光谱成像系统

0.873 8 °Brix。

许学等[10]基于多光谱图像特征融合方法建立的神经网络模型有效地提高了小麦品种鉴定效率和精度，为小麦品种的快速无损检测提供了一个新途径。该方法采用 VideometerLab 多光谱图像采集设备对 5 个小麦品种共 500 个样品在 405～970 nm 波段内的多光谱图像信息进行采集，获取其光谱、颜色和形态特征。利用主成分分析法对 5 个小麦品种进行定性鉴别，同时基于光谱特征和光谱图像特征分别建立了反向传播神经网络（back-propagation neural network，BPNN）、最小二乘支持向量机（least squares support vector machine，LSSVM）和随机森林（random forests，RF）3 种鉴定模型。结果表明，利用 19 个光谱特征值建立的模型中，BPNN 模型效果最佳，其建模集和预测集的识别率分别为 100%和 91.25%。融合 19 个光谱特征和 6 个图像特征所建立的模型中，BPNN 模型效果仍最佳，其建模集和预测集的识别率分别达到 100%和 98.4%。

7.1.4　基于高光谱图像的农产品外观品质检测

高光谱成像系统中的每个像元均可获取同一个光谱区间内几十到几百个连续的窄波段信息，并得到一条平滑而完整的光谱曲线，同时成像系统还可获取被测物体的空间信息，实现对待测物体成分与外观特征的同时检测，具有光谱连续与分辨率高等特点。典型的高光谱成像系统如图 7-7(a)所示，主要包括光源、成像光谱仪、CCD 相机、计算机（含图像采集卡）、载物台及控制装置等，一般采用点扫描、线扫描或面扫描等方式获取高光谱图像数据集。其中，光源为整个系统提供照明，一般由两个卤素灯组成。成像光谱仪中的光学元件把输入的宽带光分散成不同频率的单色光，并将其投射到 CCD 相机上实现光谱成像。系统获取的高光谱图像可用一段连续波段的光学图像组成的立体三维图像来表示。被测物体外部变化会影响反射光谱，故形状、颜色或缺陷在某一特定波长下的图谱发生变化。从高光谱数据提取辐射量信息，如反射率、吸收率和透射率，根据这些量可以进一步分析出样本的物理特性和化学成分。图 7-7(b)是带有外部缺陷的柑橘高光谱图像的单波段灰度图[11]。高的光谱分辨率提供了更丰富的水果内在品质信息，利用这些信息可以更准确地评价果品品质。

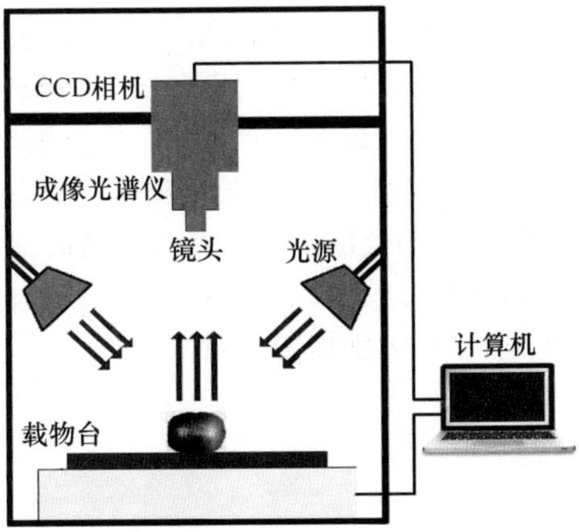

(a) 高光谱成像系统构成

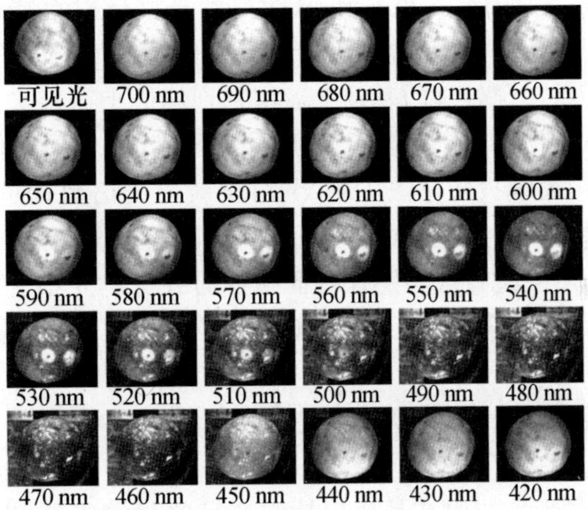

(b) 带有外部缺陷的柑橘高光谱图像（单波段灰度图）

图 7-7　高光谱成像系统及高光谱图像

高光谱图像由于数据量较大，一般不直接用于在线农产品机械损伤检测，而是用于波段选择，选择出对农产品机械损伤检测最有效的波段，再用于在线检测系统。在获取高光谱图像后，通常需要进行反射率校正、光谱分析、有效波段选择和图像处理与分析。

苏文浩等[12]利用高光谱图像在400～1 000 nm光谱区域检测马铃薯外部缺陷，采用特征波段主成分分析法和图像差值算法建立马铃薯外部缺陷在线无损检测方法。以6种缺陷类型（机械损伤、孔洞、疮痂、表面碰伤、绿皮、发芽）以及完好无损的合格马铃薯为研究对象，分别获取它们的高光谱图像，提取并分析高光谱图像中感兴趣区域的反射率光谱，利用主成分分析法对光谱数据降维，选择了5个特征波长，对5个波段的数据进行主成分分析，针对不同的马铃薯缺陷类型分别选出马铃薯缺陷部位与周围区域灰度值差别最明显的主成分图像，通过阈值分割、腐蚀、膨胀和连通度分析等图像处理方法对马铃薯的外部缺陷进行识别。

猕猴桃果皮颜色较深，表面疤痕难以识别，孟庆龙等[13]利用高光谱漫反射图像实现猕猴桃表面疤痕的快速无损识别。在700～1 000 nm波段，猕猴桃正常区域和表面有疤痕区域的光谱反射率具有明显的差异。对光谱图像进行了最小噪声分离变换，结合阈值分割及数学形态学处理方法对果实表面疤痕进行识别。结果表明：采用最小噪声分离变换可有效地消除高光谱图像中的噪声，完好无损样本和表面有疤痕的样本在700～810 nm及810～1 000 nm区间的光谱反射率具有明显的差异，在2个区间分别选取785.98 nm和982.59 nm处的光谱反射率值作为区分猕猴桃正常区域和表面疤痕区域的阈值条件。进一步利用阈值分割方法对60个完好无损的和60个表面有疤痕的猕猴桃进行识别，正确识别率分别达到了98.3%和95.0%，说明高光谱成像技术可用于猕猴桃表面疤痕的快速无损识别。

刘欢等[14]基于近红外高光谱成像技术开展了小麦不完善粒检测方法研究。小麦不完善粒有虫蚀粒、病斑粒（赤霉粒及黑胚粒）、破损粒、生芽粒、霉变粒等，这些不完善粒产生的质量问题不仅会给粮食生产带来巨大经济损失，而且误食病变小麦会危害人的健康。用高光谱成像系统采集小麦籽粒三维图像，采用感兴趣区域自适应阈值分割和掩模结合的方法对籽粒感兴趣区域反射率光谱进行提取。对高光谱图像进行图像增强、滤波等预处理，动态选择阈值对样本进行二值化处理并标定感兴趣区域边界，通过边界坐标生成掩码，去除背景信息，得到每个籽粒256个波段的平均灰度值，从而得到光谱反射率特征曲线。首先对提取的全波段光谱信息进行窗口平滑、一阶导数差分、矢量归一化等数据预处理，将原始光谱数据的隐藏信号放大并消除随机误差；在预处理的基础上运用判别偏最小二乘法（DPLS）和正交化线性判别分析（OLDA）对光谱进行特征提取，降低数据的冗余度，最后采用仿生模式识别（BPR）建立小麦的鉴别模型。又采用连续投影算法（SPA）对全波段光谱数据进行特征波段的选择，使波段数由256降低到10，提高了运算速度，但是识别精度较全波段有所下降。为达到与全波段特征基本相当的鉴别效果，利用光谱特征与图像特征结合的方法建立小麦不完善粒鉴别模型，将形态信息、纹理信息和光谱信息结合，实现了小麦不完善粒的高精度、高效率鉴别，平均识别精度达到94.2%。

7.2 农产品内在品质检测

农产品的内在品质包括农产品的化学成分、糖度、酸度、维生素含量、质地、风味和内部缺陷等，检测技术主要有光谱分析技术、太赫兹技术、声学振动技术、电子鼻和电子舌、核磁共振技术、超声技术和X射线技术等。

7.2.1　基于光谱分析的农产品内在品质检测

紫外光谱法、可见光谱法、可见光/近红外光谱法是农产品内在品质无损检测的有效方法，主要利用农产品对光的吸收、散射、反射和透射等光学特性来分析农产品的化学成分和判别内部缺陷。光谱检测无须直接接触样品，在分析检测之前也不需要对样品进行预处理，已经成为我国农产品快速无损检测的重要方法。

Takizawa 等[15]设计的可见光/近红外透射光谱采集装置采集 310～1 100 nm 之间的光谱信号来检测萝卜黑心病等缺陷(图 7-8)。正常萝卜样本 130 个，带有内部缺陷的样本 62 个。考察单个萝卜样本的光谱，正常萝卜和有内部缺陷萝卜的吸收光谱混在一起，看不到规律。对正常萝卜和有内部缺陷萝卜的吸收光谱进行分别计算，两类萝卜的平均吸收光谱、平均一阶微分光谱和各波段相关系数谱如图 7-9 所示。可以看出，正常萝卜和有内部缺陷萝卜的吸收光谱具有不同的趋势。正常萝卜吸收光谱在第一个波谷(约 690 nm 处)到第一个波峰(约 760 nm 处)之间的斜率比有内部缺陷萝卜的大，但两者在第一个波峰(约 760 nm 处)到第二个波谷(约 800 nm 处)之间的斜率差异不大，因此根据 690～760 nm 吸收光谱的斜率可以识别正常萝卜和有内部缺陷萝卜。利用一阶微分光谱，采用逐步前向选择法筛选特征波段，建立了线性判别分析(linear discriminant analysis，LDA)、偏最小二乘法判别分析(partial least squares discriminant analysis，PLS-DA)和神经网络模型。LDA 和神经网络模型采用留一交叉验证法验证，PLS-DA 模型采用双环留一交叉验证法验证。结果显示：LDA 和 PLS-DA 模型的正确率均为 90.1%；当设置误差目标为 0.05、隐藏神经元数为 13 时，神经网络模型对正常萝卜、有内部缺陷萝卜和整体样本判别的正确率分别为 97.0%、82.9%和 92.4%。

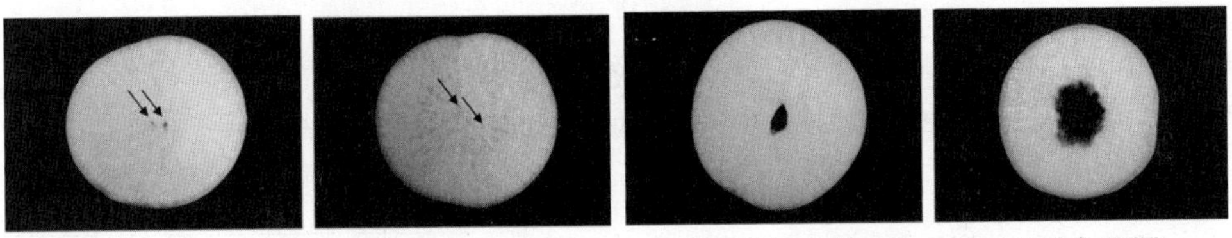

(a)大黑心　(b)小黑心　(c)无色空洞　(d)黑色空洞

图 7-8　有不同内部缺陷的萝卜横截面

田海清等[16,17]研究了一套基于可见光/近红外漫透射光谱技术的西瓜坚实度无损检测系统。为了提取重复性较好的光谱信号，选择 650～950 nm 波段为敏感波段。采用偏最小二乘法(PLS)和主成分分析法(PCA)建立西瓜坚实度预测模型，并分析对比了不同光谱预处理方法[一阶微分、二阶微分和 Savitzky-Golay(SG)卷积平滑滤波]对模型预测性能的影响。结果表明，原始光谱经过二阶微分并使用 SG 卷积平滑滤波后，采用 PLS 法建立的西瓜坚实度预测模型最佳(r＝0.974，$RMSE_P$＝0.589 N)。

Kang 等[18]设计了一套基于可见光/近红外透射光谱的快速在线检测设备，用于预测马铃薯干物质含量和密度[图 7-10(a)]。由于 650 nm 以下的光谱信号容易受外部噪声的影响，而马铃薯对 1 000 nm 以上的光谱信号吸收较弱，因此采集的透射光谱范围为 650～1 000 nm，间隔 2 nm。马铃薯的可见光/近红外透射光谱如图 7-10(b)所示。从图中可以看出，在 720 nm 处有一个大的波峰，第二个波峰出现在 810 nm 处。利用主成分分析法进行光谱数据降维，选取前两个主成分，利用交叉验证方法建立 PLS 模型预测马铃薯的干物质含量和密度。结果表明，马铃薯密度的 PLS 预测模型的相关系数为 0.85。马铃薯干物质含量的校正集和预测集的相关系数分别为 0.85 和 0.82。

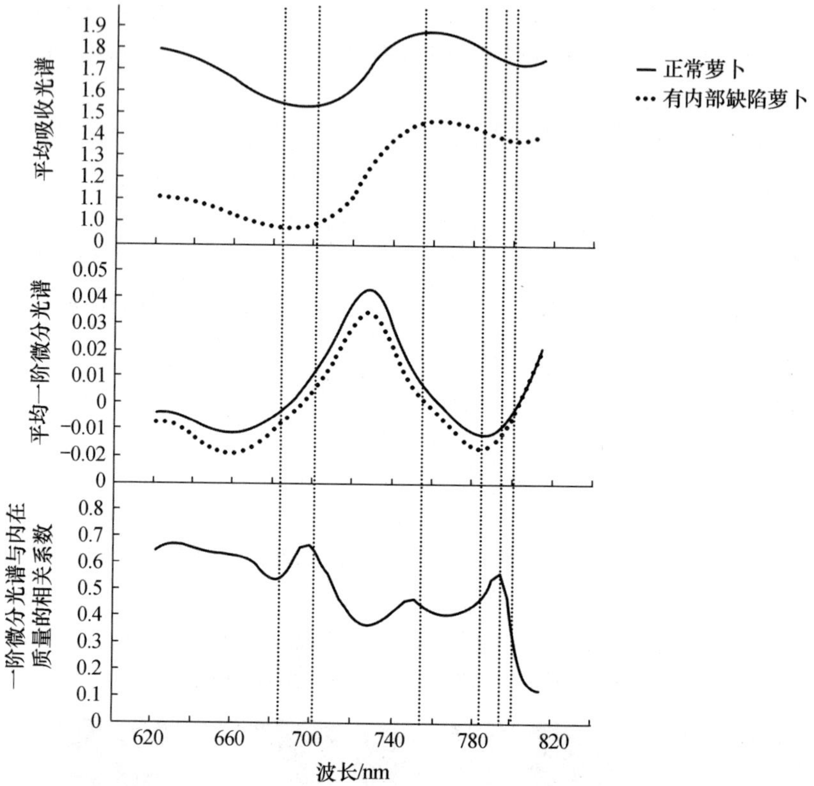

图 7-9 正常萝卜和有内部缺陷萝卜的光谱数据

(a)在线检测设备

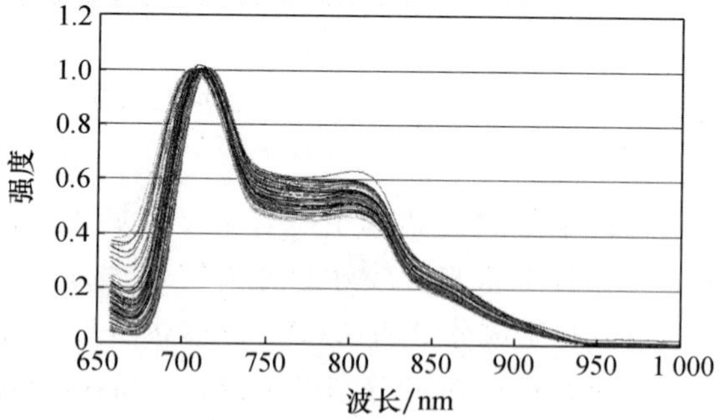

(b)马铃薯可见光/近红外透射光谱

图 7-10 基于透射光谱的马铃薯快速在线检测设备[18]

李鸿强等[19,20]采用近红外光谱分析技术结合多元回归和偏最小二乘回归方法，建立了结球甘蓝维生素 C 含量预测模型。样品的原始反射光谱如图 7-11 所示，由于受叶绿素影响，在 450 nm(蓝色)和 700 nm(红色)附近表现为强吸收，550 nm(绿色)附近表现为强反射。图 7-12 是各波长处反射率与维生素 C 含量的相关系数，可见光区相关系数在－0.2～0.15，属于弱相关；短波近红外区相关系数在 0.4～0.5，属于中等相关；690～750 nm 相关系数急速上升，然后又趋于稳定。近红外区比可见光区包含更多的维生素 C 信息，相关系数相对高于可见光区。550 nm 附近出现相关系数的峰值，但相关系数只有 0.1 水平，其他波长处相关系数没有出现明显的峰值，根据相关系数无法确定建模波长。对原始光谱进行一阶求导处理，利用 7 个主成分建立偏最小二乘（PLS）回归模型，校正集 R^2 为 0.92，交互验证均方根误差（$RMSE_C$）为 0.658 0 mg/100 g；验证集 R^2 为 0.96，预测均方根误差（$RMSE_P$）为 1.620 4 mg/100 g。PLS 回归模型预测维生素 C 含量，检测精度高，可以代替传统检测方法。

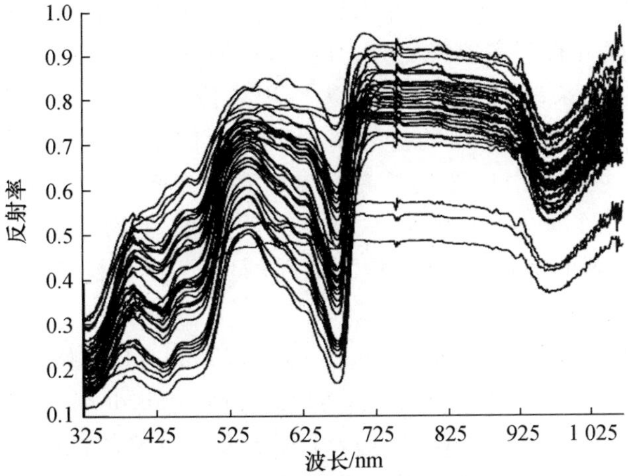

图 7-11　结球甘蓝原始反射光谱

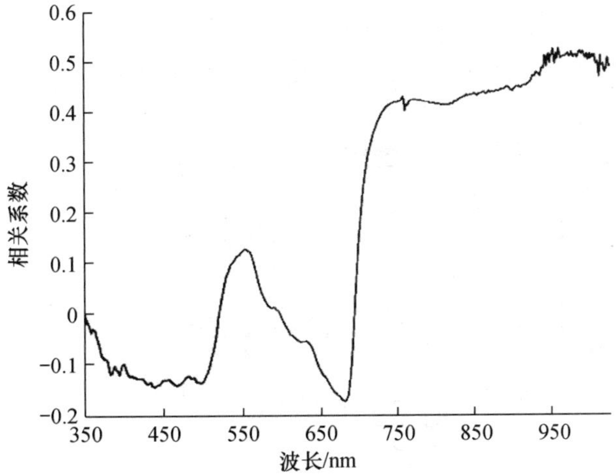

图 7-12　各波长处光谱反射率与维生素 C 含量的相关系数

7.2.2　基于太赫兹波技术的农产品内在品质检测

太赫兹（terahertz，THz）波指的是频率在（0.1～10）×10^{12} Hz（波长为 0.03～3 mm）的电磁波。从频率的角度分析，THz 波位于中红外波与微波之间，通常被称为远红外波段。从能量的角度分析，THz 波能量为 4.1 meV，属于毫电子伏特的能量级，远低于 X 射线千电子伏特的能量级，位于电子与光子能量之间，因此属于电子学与光子学的交叉领域。这个波段被称为电磁波谱中的 THz 空隙(THz gap)。在 20 世纪 80 年代之前，缺少有效的 THz 波辐射源和检测技术，进入 21 世纪，THz 波辐射源与探测器方面取得的突破，尤其是超快激光技术和半导体材料技术的发展，大大促进了 THz 技术的研究。

THz 波由于光子能量低，不会产生电离反应，不会因为电离对物品及人体造成伤害，特别适合生物组织的活体检查，因此在农业与生物传感技术领域呈现出广阔前景。THz 波穿透性好，能够穿透非极性液体和许多介电材料(棉织品、塑料、木材、纸张等)，利用 THz 波对不透明的物体进行成像，可作为超声波和 X 射线成像技术的补充。与近红外、中红外等波段相比，THz 波在光谱检测方面具有诸多独特优势。例如：利用 THz 波对水的敏感性，可以通过生物体中水分子的特征吸收谱来研究物质组成和进行产品检测；利用 THz 波相干性，可以直接测量电场的振幅和相位，进而提取样品的折射率和吸收系数；生物大分子的 THz“指纹”特性可用于辨别毒品等物质。另外，THz 波还具有宽带和高分辨率特性。由于这些独特性质，利用 THz 波能够在食品在线检测与品质控制、农产品品质检测、生物分子检测、农药残留检测等领域获得其他技术所得不到的信息，拓展了检测范围，提高了检测精度。

7.2.2.1 THz 光谱测量原理

THz 时域光谱(THz time-domain spectroscopy，THz-TDS)技术是最常用的 THz 光谱技术。THz-TDS 系统主要有 3 种工作方式：透射式(transmission)、反射式(reflection)和衰减全反射式(attenuated total reflection，ATR)，可依据检测对象的性质和测量目的选择。透射式是出现最早、应用最广的 THz-TDS 测量手段；反射式主要用于液体的光谱采集，可以有效解决水(极性分子)对太赫兹波强烈吸收造成的问题；衰减全反射式可以获得比传统的透射式、反射式精度更高的光学参数。

透射式系统的特点在于把样品放在 THz 发射器和探测器之间，让 THz 脉冲穿透样品，以便更全面地获取样品的 THz-TDS。图 7-13 是典型的透射 THz-TDS 系统示意图。

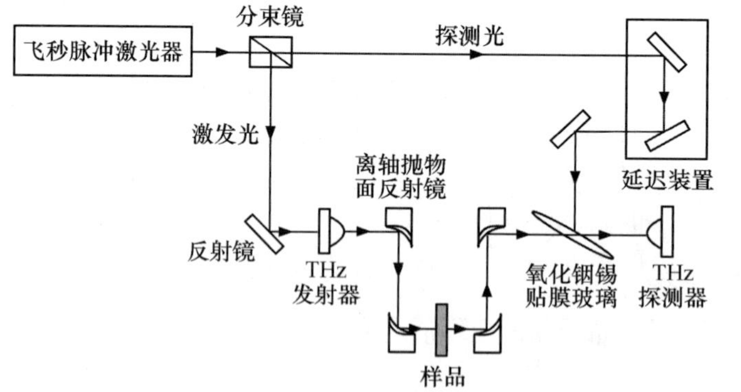

图 7-13 典型透射 THz-TDS 系统示意图[21]

二维码 7-2

如图 7-13 所示，THz-TDS 系统主要包括飞秒脉冲激光器、THz 发射器与探测器、时间延迟装置等部分。飞秒脉冲激光器(femtosecond pulsed laser)发射飞秒激光脉冲，经分束镜(beam splitter，BS)分成互相垂直的两束光：激发光(pump beam)和探测光(probe beam)。激发光经反射镜被聚焦到 THz 发射器产生 THz 脉冲，THz 脉冲经两个离轴抛物面反射镜准直、聚焦到被测样品上，透射样品后载有样品信息的 THz 脉冲被另一对离轴抛物面反射镜准直、聚焦到探测光导天线上。探测光经过一系列反射镜和时间延迟装置，与载有样品信息的 THz 脉冲共线通过探测器，探测器最终将此信号发送给计算机做进一步数据分析。

在 THz-TDS 系统中增加二维扫描平移台，可实现脉冲 THz-TDS 成像。在 THz-TDS 系统中增加图像处理装置和扫描控制装置，可以实现反射扫描或透射扫描成像即时域光谱成像。图 7-14 为成像 THz-TDS 系统示意图[22]。飞秒脉冲激光器产生激发脉冲和延迟脉冲，激发脉冲激励 THz 发射器，THz 波被聚焦到可在 x 和 y 两个方向移动的样品上的衍射极限点，透过样品后聚焦到光门控 THz 偶极子探测器上。20 Hz 扫描延迟线将 THz 波降频转换到音频(kHz)范围，经电流前置放大器放大、A/D 转换之后对每个像素的光谱信息进行处理，获得样品化学成分的二维分布信息。进一步增加图像处理装置和扫描控制装置，也可获得样品的三维 THz 光谱数据信息，并对样品的三维信息集合实现重构。

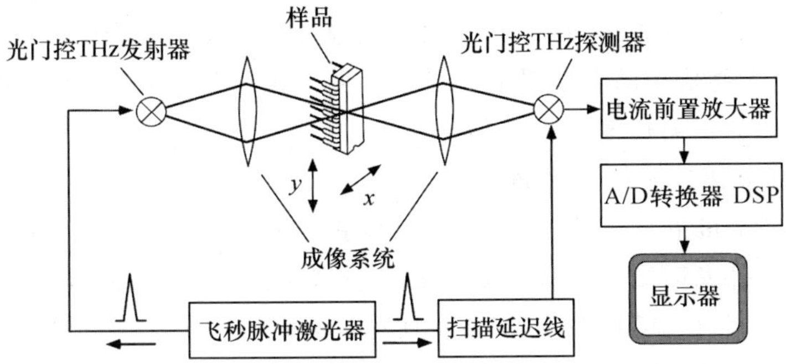

图 7-14　成像 THz-TDS 系统示意图

THz 时域光谱仪通过扫描样品获得时域信号，对时域信号进行傅里叶变换就可得到 THz 频域光谱。与其他光谱数据(近红外光谱、红外光谱等)类似，THz 光谱数据处理与分析也包括光谱数据预处理和建立分类/回归模型 2 个主要步骤。对光谱数据进行预处理的主要目的是去除冗余信息，提高信噪比，常用的预处理方法有归一化变换、平滑和基线校正。在分析了大量样品在频谱内的光学参数(折射率、吸收系数、介电常数等)特征之后，就可利用化学计量学、模式识别等相关理论建立光谱数据与样品成分性质/含量之间的数学关系，实现对样品组分性质/含量的有效判定，包括对样品组分的定性分析、定量检测、杂质含量检测和异物鉴别等。

7.2.2.2　基于 THz 光谱技术的农作物种子质量评价

种子是农业生产中最基本和最重要的生产资料。种子质量包括两个方面，即品种质量和播种质量。品种质量指品种纯度、丰产性、抗逆性、早熟性、产品的优质性及加工工艺质量等。播种质量是指种子的充实饱满度、净度、发芽率、水分、生活力及健康度等。高质量的种子应当兼有优良的品种质量和播种质量。种子质量测定的新方法和新理论研究对于我国现代农业发展具有重要的意义。THz 技术的低辐射特性可以确保种子生物样本检测时不产生电离，其透视性为非破坏性测定带包装或包衣种子质量提供可行性，种子成分如水分、蛋白质、脂肪在 THz 频段有丰富吸收，THz 时域光谱结合成像技术可为单粒种子理化性质检测提供切实可行的方法。

玉米是我国的主要粮食作物，高油玉米是人工培育出的高附加值玉米品种，含油率是判别高油玉米品质的重要指标，也是高油玉米区别于普通玉米的关键因素。利用油分对太赫兹波吸收较少的特点,可实现对玉米籽粒的无损分级。梁川等[23]采用 THz 时域光谱以透射成像方式下对不同含油率玉米品种进行检测。玉米籽粒主要分为种胚、胚乳两部分,油分主要集中在种胚部位。由于样品不同部位的主要成分及含量存在差异,因此在实际检测过程中,将样品分为完整籽粒、种胚原样和标样(将样品粉碎、研磨、压片制成)三种。采集玉米籽粒不同部位在 0.2～3 THz 范围内的时域谱、吸收谱和折射率谱,探究玉米籽粒测定部位、表面平滑度、品种等因素对谱图的影响。得出结论如下:不同品种玉米胚乳的谱线在太赫兹区存在明显差异,且存在特征吸收,可为进一步判别高、低油玉米品种及其主要成分的检测等提供参考。

杜勇等[24]提出了一种将 THz 时域光谱和支持向量机(SVM)结合快速检测棉花种子的方法。利用透射成像方式采集 4 个品种的棉花共计 40 个样本在 0.2～1.2 THz 的光谱数据,由于不同品种的棉花在基因表达和蛋白合成上存在差异,在成长过程中表现为生物分子的不同,这些不同成分在太赫兹光谱上呈现出不同的特性。采用遗传算法优化 SVM 模型参数,对不同品种棉花种子的综合识别率可达 93.75%。

7.2.2.3 基于 THz 光谱技术的食品品质评价

奶粉富含人体所需的五大营养物质,是婴幼儿主要的营养来源之一。由于奶粉成分复杂,目前的色谱法和近红外光谱法都难以满足奶粉糖分快速无损检测的要求。THz 波对不同大分子物质的吸收峰具有"指纹"特性,利用该特性可对不同的大分子物质进行识别。吴建等[25]利用 THz-TDS 技术并结合化学计量学方法对奶粉中葡萄糖、蔗糖两种糖分的定性定量检测方法进行了研究。实验装置为 TAS7500TS 太赫兹光谱系统(Advantest Corporation,日本),实验样品为不含糖的婴幼儿奶粉和纯度大于 99%的葡萄糖、蔗糖晶体及不同浓度梯度的奶粉-葡萄糖、奶粉-蔗糖混合物,均制成压片。实验分别采集了 3 种纯品样品及 15 种不同浓度梯度的奶粉-葡萄糖、奶粉-蔗糖混合物样品的太赫兹时域信号,经快速傅里叶变换(FFT)得到各样品的太赫兹频域信号,再根据光学参数提取公式计算得到各样品的吸收系数谱和折射率谱。样品和参考物(钢制样品板)的 THz 时域光谱图及样品的折射率谱图和吸收系数谱图如图 7-15 所示。

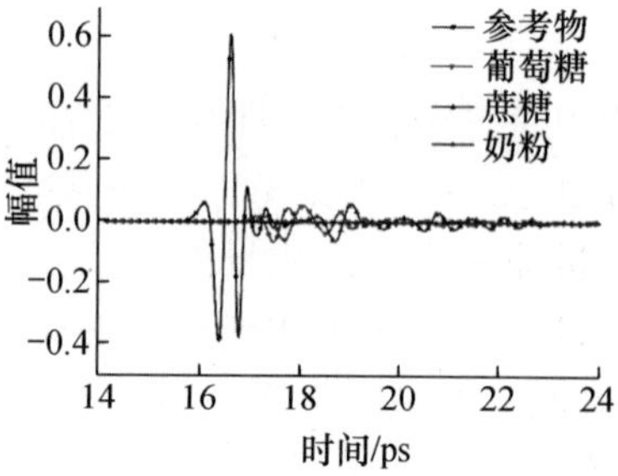

(a)样品和参考物的 THz 时域光谱图

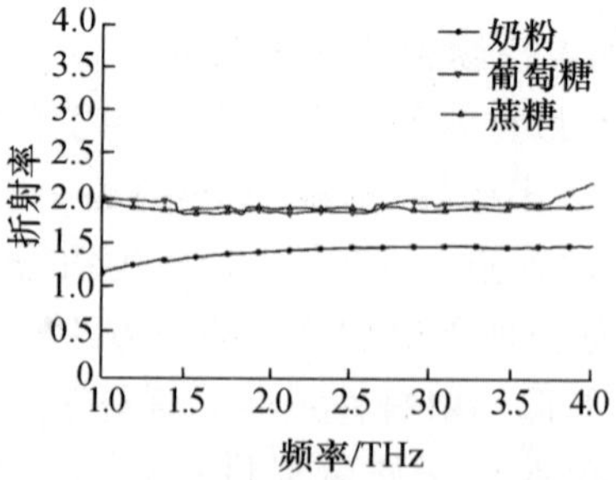

(b)样品的折射率谱图

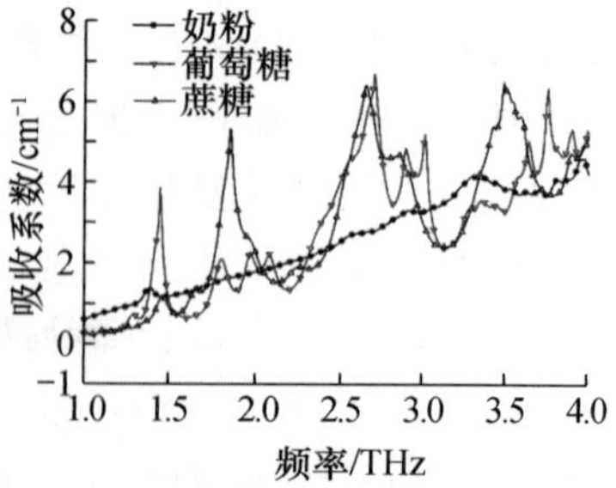

(c)样品的吸收系数谱图

图 7-15 样品和参考物的 THz 谱图

从图 7-15 可看出，与参考物的信号相比，经过葡萄糖、蔗糖及奶粉样品压片的太赫兹时域信号在时间和幅值上均呈现出一定的衰减现象，这是由样品表面的反射及内部的吸收引起的。由折射率谱可知，葡萄糖、蔗糖和奶粉的折射率在 1.0～4.0 THz 范围内变化较小，其中，葡萄糖和蔗糖的折射率谱基本重合，且折射率在 2.0 左右，而奶粉折射率小于前两者，在 1.5 左右，这也是时域谱图中葡萄糖和蔗糖时域信号的延迟时间比奶粉长的原因。分析吸收系数谱图可知，奶粉在 1.0～4.0 THz 范围内没有明显的吸收峰，葡萄糖和蔗糖则分别在 1.45、1.8、1.98、2.7 THz 和 1.5、1.9、2.6 THz 频率处有较强的吸收峰。由于大分子物质的太赫兹吸收峰位置具有唯一性，因此吸收峰值频率可作为葡萄糖和蔗糖在太赫兹波段的“指纹”信息进行定性判别，以此区别葡萄糖和蔗糖。

基于两组混合物样品的吸收系数谱和折射率谱数据，采用偏最小二乘法(PLS)建立了相应的定量分析模型，校正集和预测集样品比例为 2∶1，基于折射率谱建立的葡萄糖、蔗糖定量回归模型效果均优于基于吸收系数谱建立的模型。其中，奶粉-葡萄糖混合物中葡萄糖含量 PLS 模型的校正集相关系数 r_C 及均方根误差 $RMSE_C$ 分别为 0.99 和 0.18%，预测集 r_P 及 $RMSE_P$ 分别为 0.96 和 0.66%；奶粉-蔗糖混合物中蔗糖含量 PLS 模型的校正集 r_C 及 $RMSE_C$ 分别为 0.96 和 0.55%，预测集 r_P 及 $RMSE_P$ 分别为 0.99 和 0.25%：葡萄糖和蔗糖定量模型的预测效果均较为理想。研究结果表明 THz-TDS 技术可有效用于奶粉中葡萄糖和蔗糖定性定量分析，为奶粉掺假及含糖量检测提供快速有效的手段。

7.2.2.4 基于 THz 光谱技术的蛋壳厚度检测

鸡蛋壳有着许多重要作用，但是由于缺乏无损测量技术，蛋壳厚度测量仍然是一个瓶颈，因此无法定量评价蛋壳厚度对鸡蛋质量或胚胎生长和发育的影响。日本京都大学 Khaliduzzaman 等[26]研究了一种基于 THz 反射光谱的蛋壳厚度无损测量方法。如图 7-16 所示，用入射角为 13°的 THz 脉冲照射鸡蛋获得鸡蛋的时域反射信号，并使用 Blackman-Harris 窗函数计算反射率[27]。然后对时域光谱进行快速傅里叶变换(FFT)，光谱的频率范围为 0.2～2.0 THz，分辨率为 2 cm^{-1}。在进行 THz 反射光谱测量后，用千分尺测量所有鸡蛋的实际蛋壳厚度，利用统计分析方法建立蛋壳厚度的预测模型。由于 THz 波从外层空气-蛋壳界面以及内层蛋壳膜边界反射，因此测量的光谱信号取决于蛋壳厚度，可以从频域中的振荡距离估计壳体厚度。基于线性回归法建立了蛋壳厚度无损测量预测模型，其决定系数 R^2 为 0.93，$RMSE_P$ 为 0.009，RPD (ratio of prediction difference，相对分析误差)为 3.45，RER(range error ratio，误差范围比值)为 13.67。该模型可应用于鸡蛋的工业化分级。

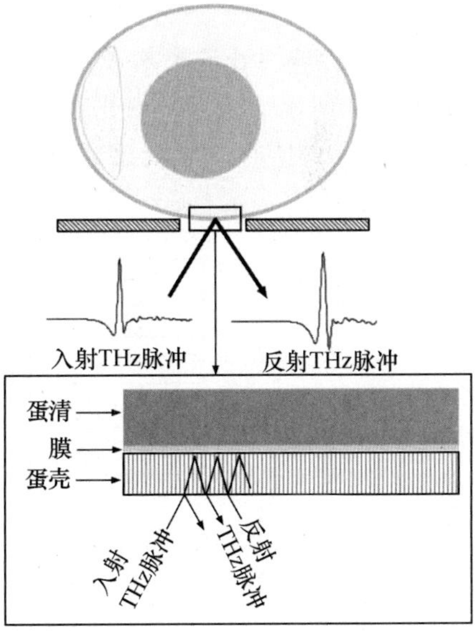

图 7-16 基于 THz 光谱技术的蛋壳厚度测量

7.2.3 基于声学振动的农产品内在品质检测

声学振动法是指通过对物体施加冲击力或者周期性的力使之振动，用传感器测量物体在0～20 kHz频率范围内的振动响应，根据共振频率、声波传播速度等振动响应的特征参量对农产品内在品质进行检测。基于声学振动检测农产品内在品质的实验装置主要由激振单元和测振单元两个部分组成。激振单元用于施加振动，测振单元的传感器主要有加速度传感器、麦克风和激光多普勒测振仪。典型的基于声学振动的农产品内在品质检测系统如图7-17所示。国内外学者利用声学振动技术在农产品内在品质无损检测方面展开了积极的探索，取得了显著的技术进展。

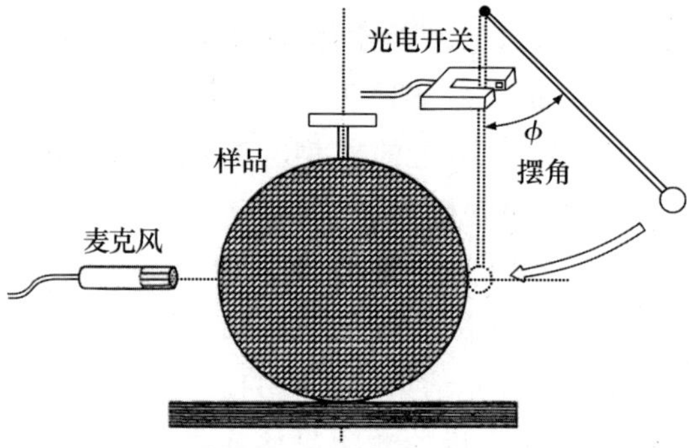

图7-17 基于声学振动的农产品内在品质检测系统

Wang等[28]开展了基于声学振动的梨果实动态特性及硬度检测研究，所采用的试验装置如图7-18所示。采用单摆击打的方式对梨果实施加激振力，使用膜式压电加速度传感器采集果实的振动响应。3个传感器分别放置在果实“赤道”的“东”“南”“西”3端，在赤道的“北”端进行激振。

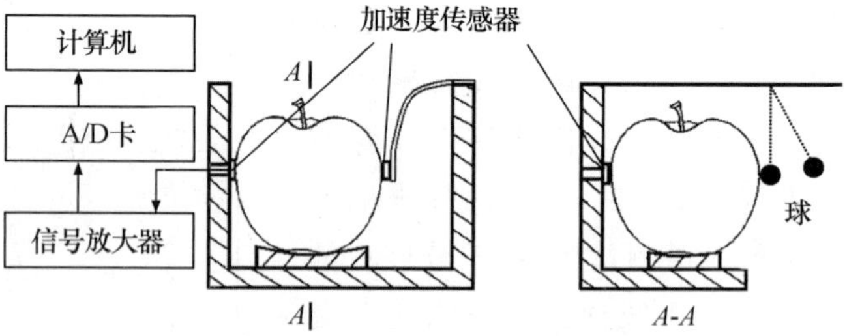

图7-18 梨果实振动监测试验装置示意图

图7-19是某个样本的时域信号和频域信号，频域信号的峰值对应的频率即为果实的共振频率。研究发现，梨的硬度和质量对主频有显著影响，激励点、检测点、激励强度和冲击材料对主频没有显著影响。共振频率随梨硬度的增加而增大，随梨质量的增加而减小。共振频率与梨硬度或梨质量之间存在良好的相关关系。

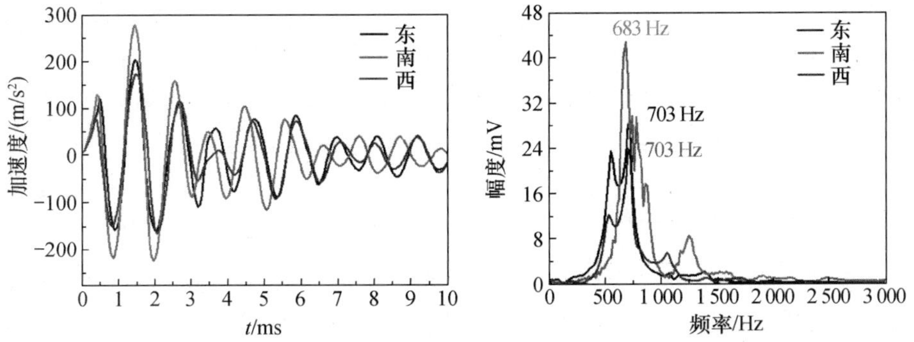

(a)时域信号　　(b)频域信号

图 7-19　梨果实振动响应信号

利用激光多普勒效应可以实现果蔬硬度和成熟度等品质特性的无损检测[29]。具有一定频率成分的波(声波、电波或者光波)对准某一移动物体,则反射波的频率会随物体的速度成比例地发生变化(频移),这就是多普勒现象或者称为多普勒效应。现代测量多采用激光多普勒测振仪(laser Doppler vibrometer,LDV),其原理如图 7-20 所示。将频率为 f_0 的激光照射到移动着的被测物体上,从移动物体表面反射或散射回来的光会发生多普勒效应,产生频移 f_D,f_D 称为多普勒频率。分析反射波的特性可以探测物体的内在品质。

Zhang 等利用激光多普勒测振技术开展了梨果实质地的探测方法研究[30,31]。图 7-21 是基于激光多普勒测振技术的水果振动特性检测平台示意图。该检测平台由振动控制系统、振动信号采集系统和信号分析软件 3 部分组成,计算机通过振动控制器发出控制信号至功率放大器,该信号经放大后激励振动台工作,放置在试验托台上的水果随之一起振动,加速度传感器将测得的实际振动信号反馈给振动控制器形成闭环控制。同时,加速度传感器将测得的试验台的振动信号送到数据采集模块的通道 1,激光多普勒测振仪测得的水果振动信号送到数据采集模块的通道 2,数据采集模块将采集到的两路振动信号送至计算机通过信号分析软件进行处理。

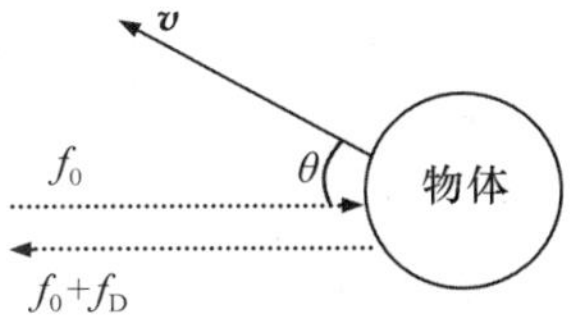

图 7-20　激光多普勒测振原理

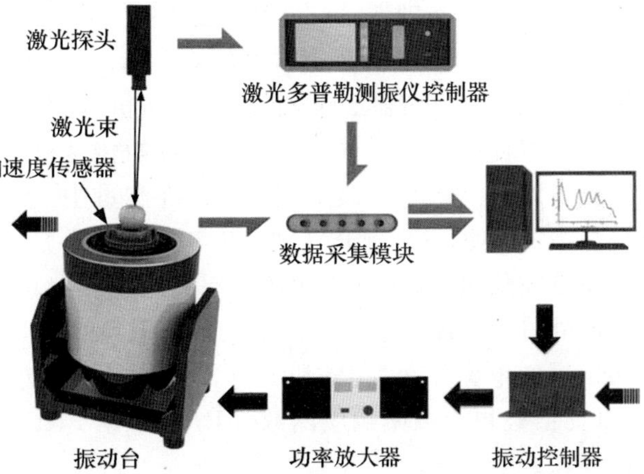

图 7-21　基于激光多普勒测振技术的水果振动特性检测平台示意图

利用该检测平台分析了3个品种(玉冠、黄金、丰水)的梨的质地,并对梨品种进行了鉴别。图7-22所示为质地不同的梨果实的典型幅频特性和相频特性曲线,可以看出,较软样本的共振频率向低频方向偏移,而相移则高于较硬的样本。从幅频响应中提取第二和第三谐振频率(f_2和f_3)以及f_2和f_3处的振幅(A_2和A_3),并计算弹性指数:

$$\mathrm{EI}_i = f_i^2 m^{2/3}, \quad i=2,3 \tag{7-1}$$

其中m为样本质量。

分别对有皮梨和无皮梨进行穿刺试验,检测梨的质地。从力-变形曲线中提取最大力、果肉硬度和刚度作为质地指标。采用逐步多元线性回归、BP神经网络和主成分-BP神经网络等方法建立果实内在品质指标的定量预测模型,并融合多振动特征参数和高径比对模型进行修正,提高模型的预测精度。结果表明,3个品种的梨的质地指标与EI_i相关性良好。因此,采用LDV法对不同品种梨果实的质地进行无损检测是可行的,该方法具有鉴别梨品种的潜力。

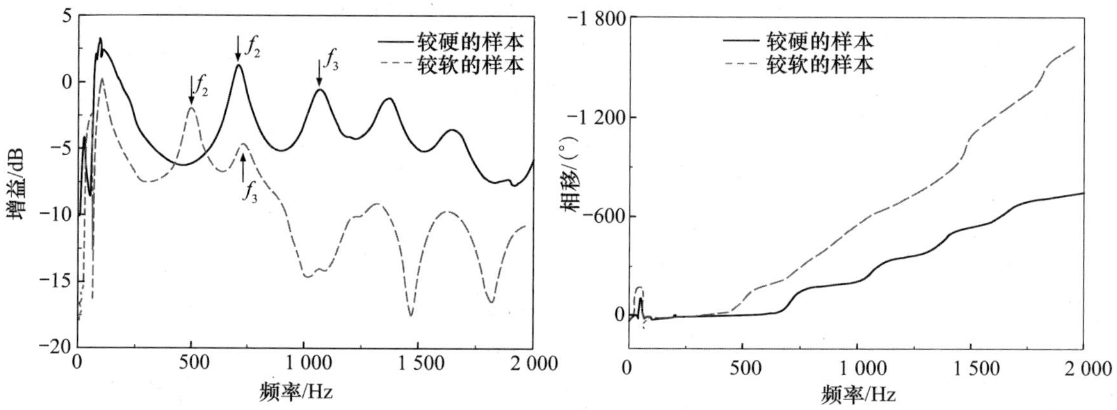

(a)幅频特性曲线 (b)相频特性曲线

图7-22 质地不同的梨果实的典型振动特性曲线

在上述研究的基础上,Ding等开发了基于声振分析和多普勒效应的梨果实硬度在线检测系统[32],如图7-23所示。系统主要由输送单元、麦克风模块、扬声器模块、LDV和分析软件组成。输送单元由两个气缸、一个正反向传送机构、两个步进电机和两个传送链条组成。传送链条的速度可以由电机控制单元控制。正反向传送机构主要由传送带和步进电机组成,可以将托盘送到直线气缸的顶部或将其移出。在测量中,水果托盘在被传送到检测位置时,止动气缸控制托盘停止运动,然后顶升气缸将托盘从传送链条上托起。之后,扬声器产生从50~2 000 Hz的扫频正弦波信号,以每秒3次的频率刺激梨。麦克风记录来自扬声器的声音信号作为输入信号。此外,LDV设备通过数据采集单元记录水果表面的振动响应信号作为输出信号。输入和输出信号的单位分别为Pa和m/s。对2个信号进行快速傅立叶变换(FFT)从时域转换到频域,其比值被视为频率响应函数(FRF),根据FRF计算式(7-1)中的EI_i,就可实时在线估测水果的硬度。

(a)检测单元

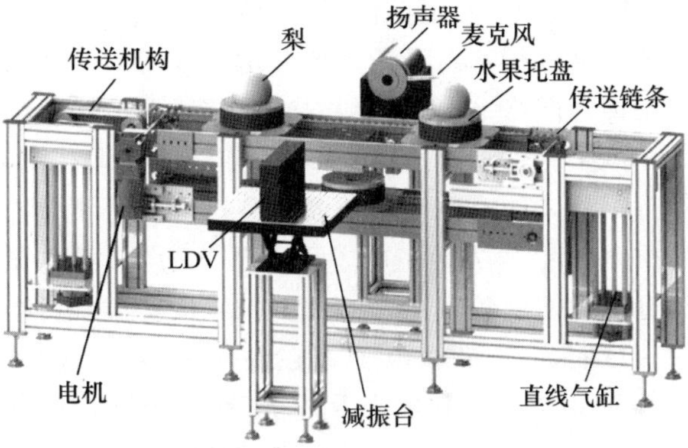

(b)实验系统示意图

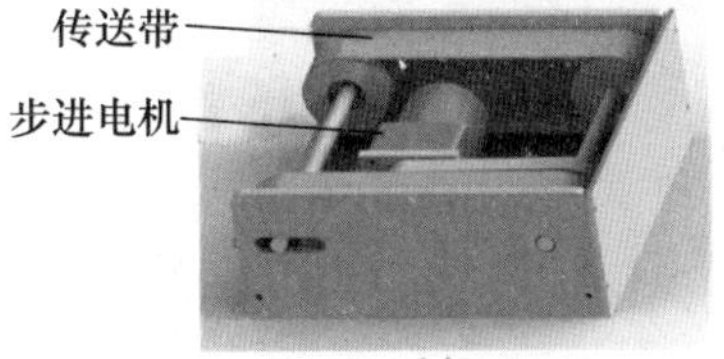

(c)正反向传送机构示意图

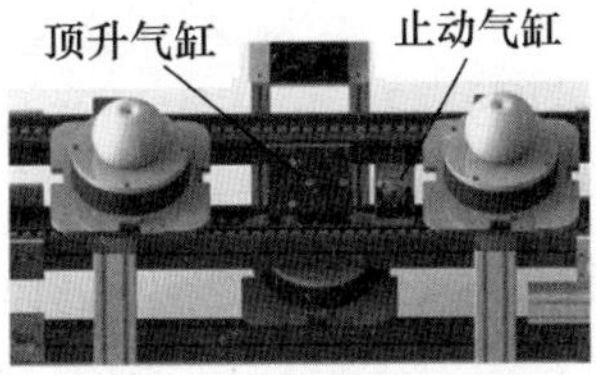

(d)升降装置示意图

图 7-23　基于声振分析和多普勒效应的梨果实硬度在线检测系统

7.2.4　农产品内在品质检测的其他方法

7.2.4.1　基于电子鼻和电子舌的农产品内在品质检测

电子鼻和电子舌分别是模仿人的嗅觉和味觉机理而研发的感官仿生仪器，检测原理如图 7-24 所示。电子鼻主要用于挥发性化合物的检测，电子舌主要用于液体的检测。

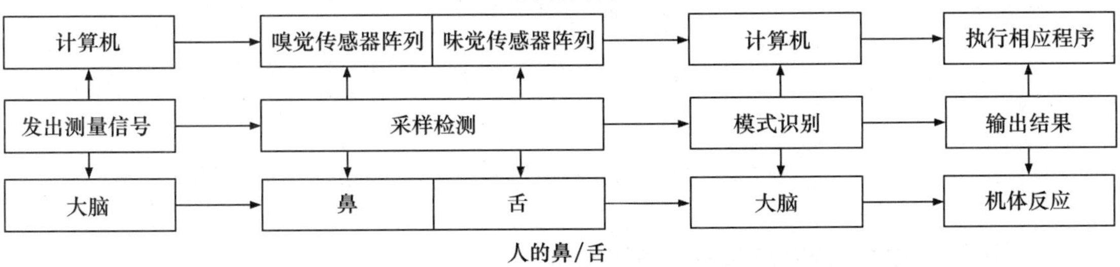

图 7-24　电子鼻/舌检测原理

电子鼻通过一组交叉敏感的气体(嗅觉)传感器阵列，对待测样品的复杂气味进行检测分析，与气相色谱法等传统仪器测定方法和感官评价法相比，具有成本低、响应时间短、检测效率高等优势。电子鼻由采样系统、检测系统和数据处理系统三部分组成。采样系统的作用是将样品顶空的化合物引入检测系统，采样方法包括静态顶空法、吹扫捕集法、固相微萃取法、搅拌棒吸附萃取法和薄膜导入法等[33]，其中静态顶空法采样简单，是最常用的采样技术。检测系统由一组在密闭容器内的气体传感器阵列组成，目前常用的传感器有金属氧化物传感器、导电聚合物传感器、光电离传感器、体声波化学传感器和表面化学声波传感器，有些检测系统还采用了质谱分析和离子迁移谱分析等技术[34]。数据处理系统通过主成分分析、线性判别分析和人工神经网络等模式识别方法对传感器的响应信号进行分析处理。

电子舌则是通过味觉传感器阵列，获取待测液体的响应信号，结合适当的模式识别方法，对待测液体的一种或多种成分进行客观分析，应用于肉品新鲜度检测[35]、酒类鉴别[36]和茶叶品质评价[37]等方面。电子舌主要分为 4 类：电化学类、光学类、质量类、生物类。其中电化学类电子舌使用较多，又分为电位型、伏安型、阻抗谱型、电导型等[38]。

目前，电子鼻和电子舌在农产品内在品质无损检测方面已取得了很多的成果。Haddi 等[39]使用电子鼻和电子舌对 11 种果汁进行鉴别，并采用主成分分析法分别对这两种仪器得到的数据进行分析。结果显示，两种仪器单独使用时无法区分 11 种果汁；将两种仪器所得数据进行融合后再进行主成分分析，如图 7-25 所示，联合检测方法显著提高了识别性能，可以明确区分 11 种果汁。Wei 等[40]研发了基于金属氧化物半导体的便携式电子鼻，可实现冷藏状态下腐坏桃果实的无损检测。该仪器采用无信息变量消除法（UVE）、连续投影算法（SPA）、UVE-SPA 和竞争性自适应重加权法（CARS）从响应信号中提取特征变量，并采用偏最小二乘法（PLS）和最小二乘支持向量机（LS-SVM）建立腐坏果实辨识模型。结果表明，UVE-LS-SVM 模型辨识效果最佳，正确率为 95.83%。

二维码 7-3

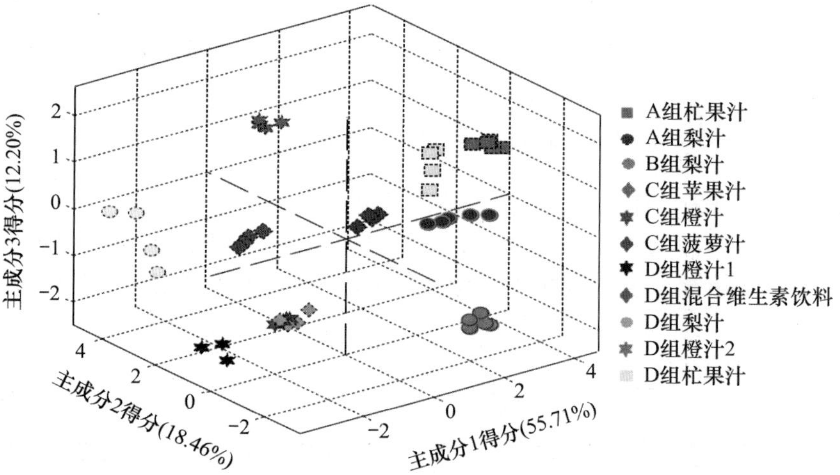

图 7-25 11 种果汁的电子鼻、电子舌联合检测数据主成分分析图[39]

7.2.4.2 基于核磁共振的农产品内在品质检测

核磁共振（nuclear magnetic resonance，NMR）是指处于外加磁场中的磁矩不为零的原子核，在特定频率的射频脉冲激发下吸收能量发生能级跃迁，质子由低能态跃迁到高能态，产生共振吸收的现象。发生核磁共振时射频脉冲频率的大小取决于外加磁场的强度，由于原子核自旋能级是量子化的，因此共振频率也是量子化的。

原子核总是不停地按一定频率绕着自身的轴发生自旋（spin），在外加磁场中自旋轴会发产生偏转，原子核的自旋成为绕外加磁场的进动。被射频脉冲照射后，获得能量的质子将由顺着磁场方向的进动（低能级）变为逆着磁场方向的进动（高能级），并逐渐达到新的平衡。由于质子带正电荷，其自旋会产生磁场，被照射物体磁场矢量总体上可分解为沿外加磁场方向的

M_z 和垂直于外加磁场方向的 M_x。当射频脉冲消失后，跃迁到高能级的质子将释放能量(发射电磁波)回到低能级，被照射物体总体上将逐渐回到平衡态(原始状态)，这一过程被称为弛豫，所需时间称为弛豫时间。与外加磁场方向一致的磁场分量 M_z 将由最小值回复到最大值，这一过程叫做纵向弛豫，其回复时间 T_1 称为纵向弛豫时间或自旋-晶格弛豫时间。与外加磁场方向垂直的磁场分量 M_x 将由最大值减小为 0，这一过程叫做横向弛豫，其回复时间 T_2 称为横向弛豫时间或自旋-自旋弛豫时间[41]。射频脉冲频率和弛豫时间 T_1、T_2 是 NMR 分析的重要参数。

核磁共振技术主要包括两个分支：核磁共振波谱法和核磁共振成像法[42]。核磁共振波谱法根据使用的射频脉冲频率分为低分辨率 NMR 波谱法和高分辨率 NMR 波谱法，前者主要用于分析样品的理化性质，后者主要用于获取分子内部结构和功能团等化学性质信息。核磁共振成像的原理是对原子核在射频脉冲停止发射后释放能量时所产生的核磁共振信号进行接收，经过计算机运算处理后得到图像[43]。Hernández-Sánchez 等[44]采用核磁共振成像技术对梨内部褐变进行检测研究，发现 T_1、T_2 及质子密度与内部褐变有较高相关性(图 7-26)。组织结构不正常的果实的横向弛豫率(横向弛豫时间的倒数)比正常果实的高，磁场强、脉冲间隔长的情况下更明显，分析认为产生这种现象的主要原因是组织膜改变、组织解体以及水分蒸发。利用横向弛豫时间 T_2 加权图像和质子密度 PD 加权图像识别褐变梨的准确率分别为 94% 和 96%。

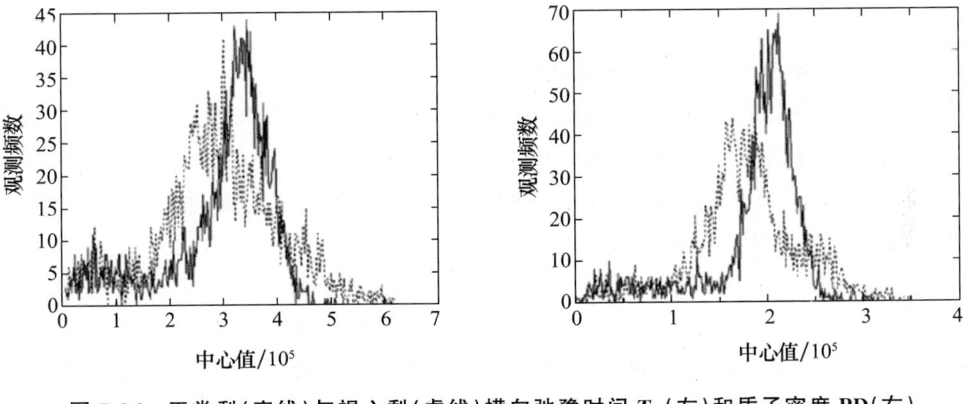

图 7-26　正常梨(实线)与褐心梨(虚线)横向弛豫时间 T_2(左)和质子密度 PD(右)加权图像感兴趣区域信号强度直方图[44]

NMR 技术准确性高，可实现多参数、多层面、多方位无损成像，动态监测生物组织中水的状态、质子密度等，获得目标的生理状态和结构方面的信息，但核磁共振检测设备一般体积较大且价格高，检测速度较慢，如果用于农产品品质在线检测仍有许多技术问题需要解决。

7.2.4.3　基于超声波的农产品内在品质检测

农产品对声波的反射特性、散射特性、透射特性、吸收特性、衰减系数、传播速度及农产品本身的固有频率、声阻抗等参数也可用于评估其品质[45]。与普通声波相比，超声波频率高，穿透能力更强，它在固体介质中的衰减特性常被用来检测农产品内在品质。图 7-27 为用于水果品质检测的超声波装置[46]，该装置主要由超声脉冲发生器/接收器、2 个超声波换能器、模数转换器和用于数据处理的计算机组成。采用指数型有机玻璃波束聚焦元件将来自每个换能器的波束直径减小到与水果上的期望区域一致。2个换能器轴之间的夹角约为120°,使超声波信号能够在水果果皮这样的短距离内传输和接收。超声波探头可以相对运动,以控制与果皮的接触力。试验结果显示利用超声波信号可以准确测量水果硬度并预测其成熟期。

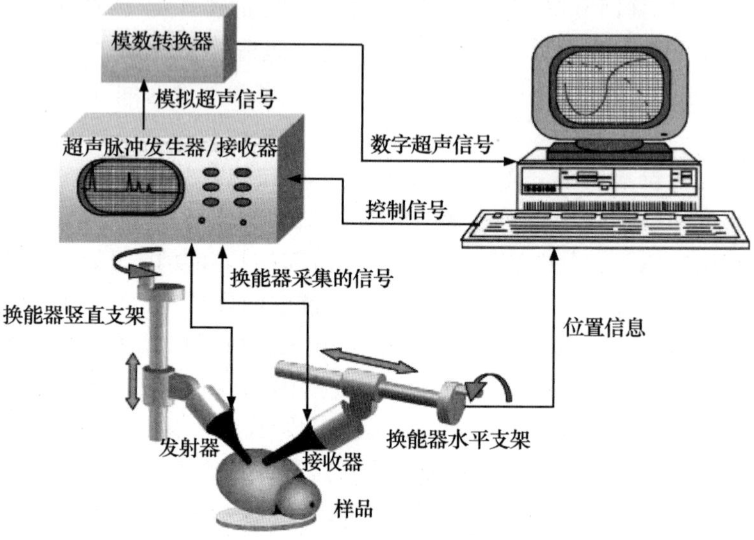

图 7-27 水果品质超声波检测装置原理图[46]

7.2.4.4 基于荧光光谱的农产品内在品质检测

优质的特级初榨橄榄油(extra virgin olive oil, EVOO)的需求日益增长,一些商家会向EVOO中掺入低质的初榨橄榄油(virgin olive oil, VOO),冒充EVOO出售给不知情的消费者。Omwange等[47]开展了基于荧光光谱的橄榄油品质检测方法研究,探索快速、可靠和低成本的检测技术。将VOO以不同比例掺入EVOO,将掺杂后的橄榄油样品置于石英比色皿中,四面透明。使用激发范围为230～680 nm、间隔为5 nm的光源对样品进行扫描,测量发射光的强度(波长为260～700 nm、间隔5 nm),获取激发发射矩阵(excitation emission matrix, EEM)。使用365 nm紫外线诱导产生荧光,获取相应的荧光图像。使用支持向量机(SVM)分析EEM和成像的特定区域,并使用偏最小二乘回归(PLSR)分析评估敏感性,发现在激发230～500 nm、发射260～620 nm波段可以很容易地区分不同的样品。对荧光光谱的深入分析发现,荧光峰与生育酚(tocopherol)、三烯生育酚(tocotrienol)、酚类化合物(phenolic compound)、氧化产物(oxidation product)和维生素E(vitamin E)组成相关。结果表明,前表面荧光光谱和紫外诱导荧光成像可以鉴别EVOO和掺杂橄榄油。

荧光光谱分析还可用于胡萝卜、青椒、番茄的品质检测和肉类、鱼类的新鲜度检测[48-50]。

7.3 农产品机械损伤的检测

机械损伤是农产品表面缺陷的一种,一般指水果和蔬菜等在采摘过程中从植株上掉落地面、在运输过程中受到挤压或磕碰造成的损伤。机械损伤的特征是:损伤处表皮未破损,表面有轻微凹陷,色泽变暗,肉眼难以察觉。随着时间的推移,轻微损伤部位逐渐褐变,最终导致整个果实或者块茎等腐烂并影响其他果实。机械损伤已被认为是农产品的一种主要的表面缺陷，对机械损伤进行无损检测，在水果生产、运输、销售等各个环节都具有很大的实用价值。尽管当前较为先进的分级机器可以对农产品表面缺陷进行分级，但是机械损伤一直是个难点。

常用的农产品机械损伤的无损检测方法有计算机视觉、高光谱成像、多光谱成像、荧光成像、红外热成像等，如表 7-1 所示。

表 7-1　常用的农产品机械损伤无损检测方法

使用技术	农产品种类	参考文献
计算机视觉	苹果	Zou 等(2010)[51]
	梨	Li 等(2013)[52]
	柑橘	Li 等(2013)[53]
	香蕉	Hu 等(2014)[54]
	马铃薯	ElMasry 等(2012)[55] 汪成龙等(2018)[56]
高光谱成像	草莓	Nagata 等(2006)[57] ElMasry 等(2007)[58]
	黄瓜	Ariana 等(2006)[59]
	苹果	Ariana 等(2006)[60] ElMasry 等(2008)[61] Baranowski 等(2012)[62] Zhang 等(2014)[63] Che 等(2018)[64] 韩浩然(2018)[65]
	梨	Zhao 等[66]
	柑橘	Li 等(2011)[67]
	脐橙	李江波(2012)[68]
	桃	Li 等(2018)[69]
	马铃薯	Ye 等(2018)[70]
多光谱成像	苹果	Throop 等(2005)[71] Bennedsen 等(2005)[72] Xing 等(2005)[73] Unay 等(2006)[74] Bennedsen 等(2007)[75] Kim 等(2008)[76] Unay 等(2011)[77]
	柑橘	Blasco 等(2009)[78] Qin 等(2012)[79]
荧光成像	柑橘	Momin 等(2013)[80]
红外热成像	苹果	周其显(2011)[81]

7.3.1 基于计算机视觉的农产品机械损伤检测

计算机视觉系统通常采用RGB彩色数码相机，捕捉到的图像非常接近人类眼睛的颜色。传统数码相机价格便宜，获取信息丰富。大多数外观品质属性，如颜色、纹理、大小、形状以及一些明显的缺陷，可以使用传统的计算机视觉系统自动检测和分级。很多专家学者对数码相机获取的图像进行分析，应用计算机视觉技术对苹果、柑橘、香蕉、马铃薯等农产品的机械损伤进行检测。

Zou等[51]采用3个摄像头构建了苹果机械损伤在线检测系统，可配合单排分级机使用。照明箱内布置了6个18 W照明管，3个摄像头布置在与苹果传送带运动方向垂直的平面内，其中一个在传送带的正上方，另外2个与之成60°夹角，如图7-28所示。照明箱长1 000 mm，宽1 000 mm。苹果与摄像头之间的距离为580 mm，每个摄像头的视野中有3个苹果。苹果在通过摄像头的视野时边移动边旋转。图像的获取采用触发抓拍的方式，触发装置采用光电耦合传感器，发射端和接收端分别设置在传送带两侧，高度和辊子平行，当传送带上的辊子连续地切断发射端和接收端的联通时，产生抓拍信号控制相机抓拍图像。每个摄像头能够一次抓拍到3个苹果，同一个苹果能够在3个连续的位置被抓拍3次，即每个摄像头能得到某个苹果的3幅图像，3个摄像头便能够得到该苹果的9幅图像。

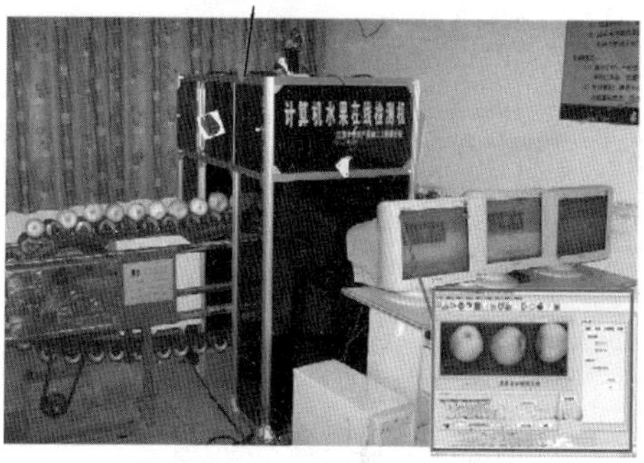

(a)系统实物图

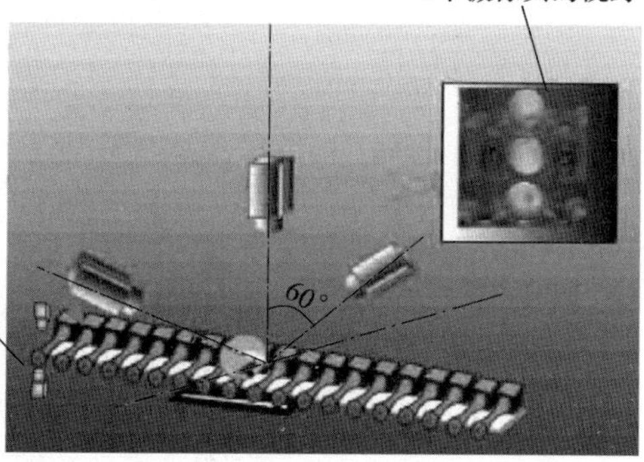

(b)三摄像头布置示意图

图7-28 苹果机械损伤在线检测系统[51]

抓拍到的图像经过去背景、滤噪及单体分割等预处理后，采用阈值法区分背景像素和苹果像素，然后对苹果像素区域进行分析，根据果梗、果萼、缺陷区域与正常苹果区域的灰度差，区分出果梗、果萼、缺陷区域(ROI区域)。苹果机械损伤检测的最大难点是果萼或果梗部分与损伤部分的区分，如图7-29所示。Zou等设计了逻辑识别规则：由于果萼和果梗不可能出现在同一幅图像中，如果一个苹果的9幅图像中任何一个具有1个或2个以上的ROI区域，则判断这个苹果是有缺陷的。由于9幅图像足以显示苹果整个表面，因此这种方法可以检测出苹果表面的任何缺陷。这种方法的缺点是不能区分缺陷类型，如瘀伤、结痂、真菌斑或病斑。与使用单摄像头和双摄像头相比，三摄像头系统提高了好果识别率，但是将好果误识为缺陷果的比例也比较高，这是由于对单个果实获取的图像比单摄像头和双摄像头获取的图像多，进而造成误差率上升，该问题可通过进一步完善图像处理的分析算法解决。

二维码 7-4

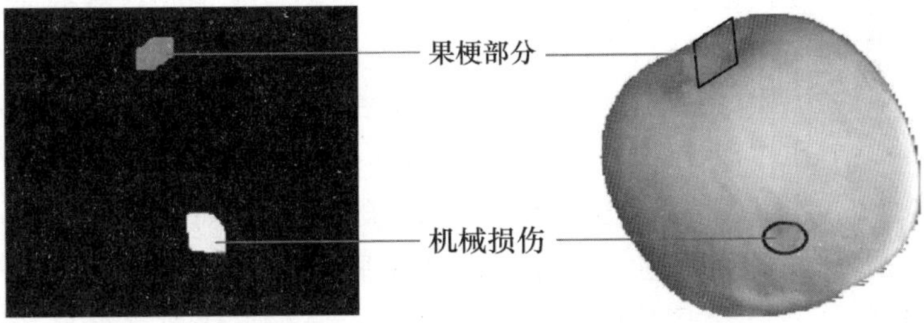

图 7-29　ROI 区域的精确分割[51]

7.3.2　基于光谱成像的农产品机械损伤检测

计算机视觉系统只能对比较明显的外部机械损伤进行检测，对于某些肉眼难以识别的表面缺陷，如动物粪便污染、轻微损伤等，通常可见光以外的波段更加敏感。高光谱成像技术是一种图像及光谱的融合技术，可以同时获取研究对象的空间及光谱信息，在食品和农产品品质无损检测中引起越来越多的关注。

Li 等[69]将高光谱图像和改进的小波变换方法相结合，进行桃果实表面机械损伤检测研究。所使用的高光谱成像系统可分别获取桃果实的短波近红外（SW-NIR）和长波近红外（LW-NIR）高光谱图像，SW-NIR 光谱图像在 325～1 100 nm 波长区域内，间隔为 0.775 nm；LW-NIR 光谱图像在 930～2 548 nm 波长区域内，间隔为 6.32 nm。从镜头到样品的距离为 400 mm。两个卤素光源分别从 45°和水平方向照射。该研究使用了 200 个样本，含 120 个机械损伤样本和 80 个完好样本。

检测模型的波段选择通过主成分分析法（PCA）完成。以一个有损伤样本为例，如图 7-30 所

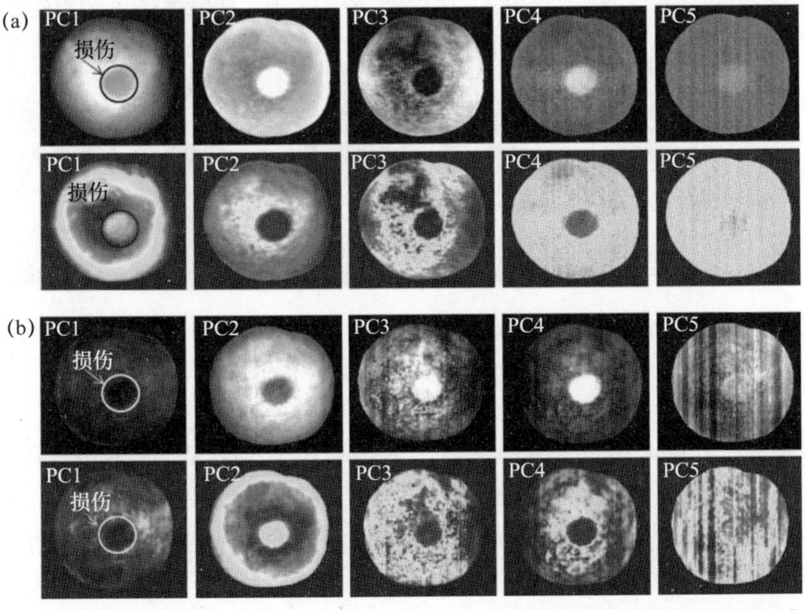

图 7-30　SW-NIR 波长区域(a)和 LW-NIR 波长区域(b)的前 5 个主成分图像[69]

（第 1 行为原始图像，第 2 行为伪彩色图）

示，首先获取该样本 SW-NIR 波长区域和 LW-NIR 波长区域的前 5 个主成分图像(PC1 到 PC5)。从图中可以看出 PC4 的检测效果较好，因此进一步分析 PC4 各个波段的权值，如图 7-31 所示。通过分析，将曲线中的波峰和波谷部分，781、816、840、945、1 000 nm（SW-NIR）和 1 000、1 065、1 260、1 460、1 917、2 500 nm（LW-NIR），作为有效波段组成的多光谱图像再次进行 PCA 分析和处理，SW-NIR 波段的处理结果如图 7-32 所示，PC4 图像可以更加清晰地显示瘀伤部位，因此采用二次获取的 PC4 图像进行瘀伤部位分割。采用多种识别分割方法进行比较知，针对 PC4 图像采用改进的分水岭分割算法对损伤区域进行识别效果最好，对测试集 60 个瘀伤样本和 40 个完好样本的检测正确率分别为 96.5%和 97.5%。

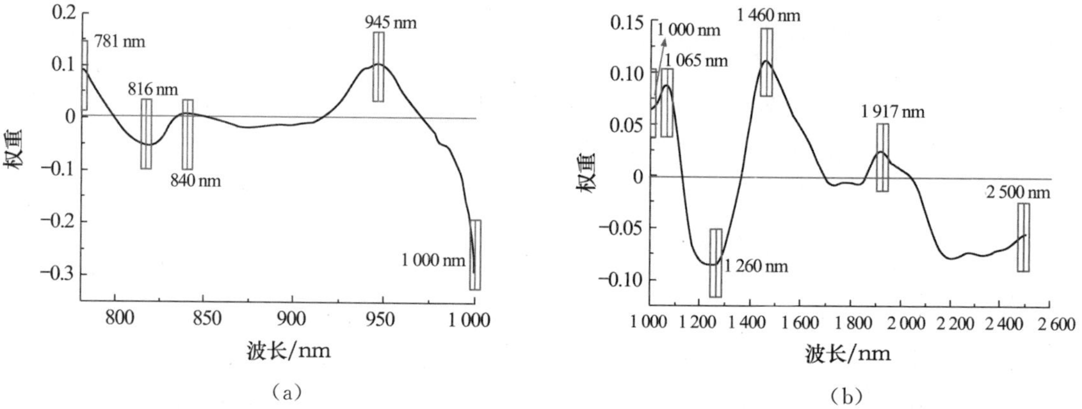

图 7-31 基于 SW-NIR 波长区域(a)和 LW-NIR 波长区域(b)图像全波长 PCA 获得的 PC4 图像权重系数曲线[69]

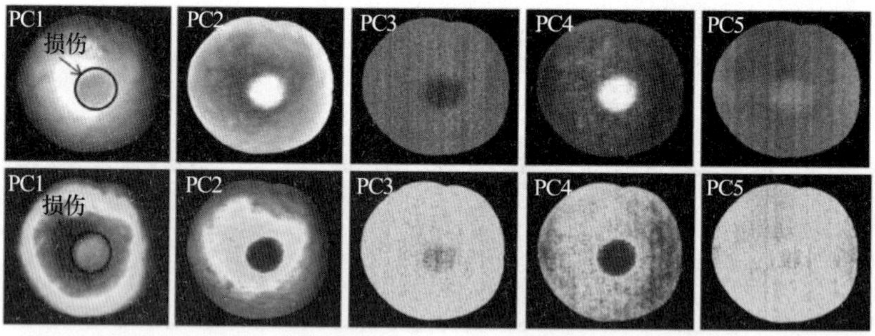

图 7-32 使用 SW-NIR 波长区域中选定的有效波段获得的前 5 个主成分图像[69]

（第 1 行为原始图像，第 2 行为伪彩色图）

多光谱成像系统与高光谱成像系统在光谱波段数上差别较大，一般只有 2 个或者几个波段。从某种意义上来讲，RGB 计算机视觉系统也属于多光谱成像系统，只是其波段固定为 R、G、B 3 个波段。图 7-33 所示为一个有机械损伤的桃子的多光谱图像，由 4 个波段的图像组成。与可见光相比，多光谱可以自由选择波段；与高光谱相比，多光谱计算速度比较快，适用于在线农产品损伤监测；因此多光谱计算机视觉系统应用越来越广泛。

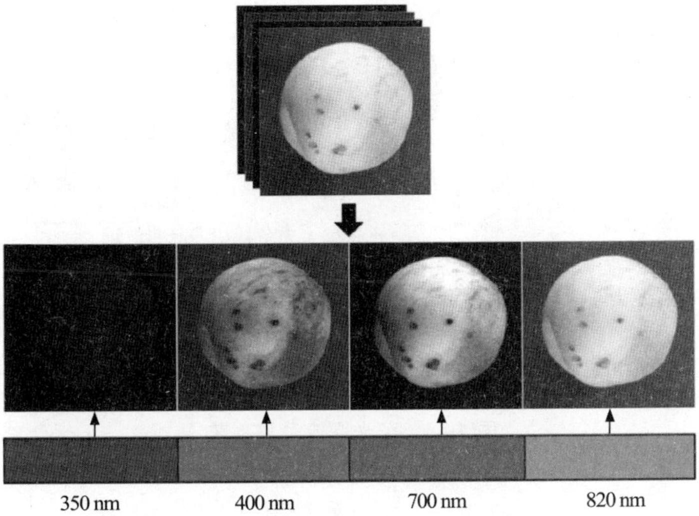

图 7-33　利用多光谱图像检测桃子机械损伤[82]

7.3.3　基于荧光成像的农产品机械损伤检测

许多天然物质在合适波长的激发光诱导下会发射荧光，通过对这些荧光光谱进行分析，可以达到对农产品品质检测的目的。有一些水果虽然外观新鲜且肉眼观测正常，实际上能够检测到荧光区域的损伤特征。这类水果在贮藏过程中会发生进一步损坏，品质会进一步下降。因此在包装过程中剔除这些水果不仅能够提高水果批次整体质量，还可阻止果实腐烂渗出的液体向其他部分扩散。识别荧光产生的原因（损伤产生的原因）也有助于采取必要的措施减少果实损伤。

Momin 等[80]利用荧光成像技术，在水果商品化包装厂对果皮出现荧光但表面未受损的柑橘进行了研究，根据荧光和显微图像对荧光产生的物理原因（物理损伤）进行分类，其中包括轻微的机械损伤如浅色瘢痕，孔洞，花萼处的皱缩，与腐烂果实摩擦造成的损伤，外皮鼓胀。出现这些损伤的果实一般一周内就会腐烂。

研究中所用到的图像采集系统如图 7-34 所示，利用紫外线和白色 LED 照明面板照亮传送带上的柑橘，并在计算机视觉单元中生成荧光和彩色图像。在检测过程中，每一个水果都经过 2 个机器视觉箱，每个箱内装有 3 台摄像机，捕捉 12 幅图像，其中 6 幅为荧光图像，6 幅为彩色图像。图 7-35 中所示为系统同时获取的 3 个柑橘样本的荧光和彩色图像。大多数柑橘类植物果实都积累了大量的类黄酮物质，这些物质在紫外线照射下会发出荧光。当果皮损伤、果皮油脂被释放时，柑橘的果皮会发出荧光，当暴露在紫外线下时变得可见。如图 7-35 所示，在柑橘样本彩色图像标注的区域有机械损伤，但是肉眼很难分辨，在荧光图像里损伤区域清晰可辨。将产生的荧光图像传送到控制单元进行后处理，根据缺陷检测算法，对缺陷柑橘进行识别，由系统从传送带上自动分拣出来。

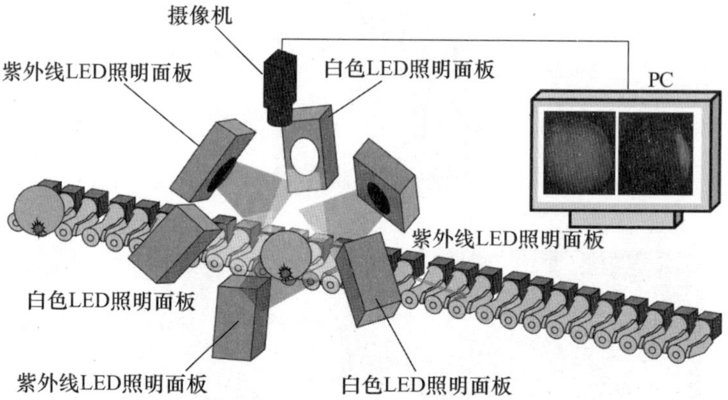

图 7-34 荧光图像采集系统

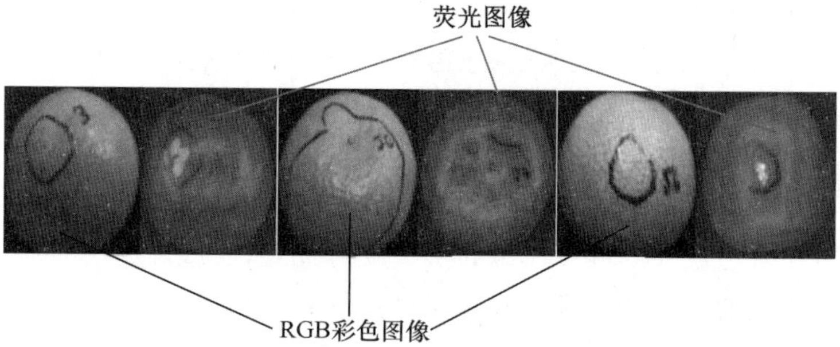

图 7-35 柑橘的彩色和荧光图像示意图

7.4 农产品检测分级生产线

7.4.1 农产品检测分级生产线发展过程

对农产品进行在线实时分级可以提高农产品的附加值和竞争力。分级可以按照农产品大小、质量、颜色、品质等不同特征分成不同的等级,以方便销售和购买。经过几十年的发展,农产品分级已经形成大规模、高效率的生产线,在生产中发挥着重要作用。国内外农产品检测分级生产线大致经历了从机械式、光电式到基于机器视觉/光谱技术的过程。

机械式生产线最早投入使用,目前仍然在农产品加工领域被广泛应用。按大小分级的机械式水果分级机主要是将水果由输送带或输送链传送到分级部件,通过分级部件上大小依次变化的孔穴或直接通过输送带或输送链之间间距的变化,使大小不同的果品先后分离,以达到分级的目的。机械式分级机主要有滚筒式、滚杠式、辊式等形式[83]。这类分级机的优点是结构简单、故障少,缺点是分级精度不高,分选指标少。由于果实的横径和纵径大小不同,机械有时按横径有时按纵径进行分级,果形不整齐时更容易发生偏差。同时由于果实在分级机上不停地摩擦和碰撞容易引起水果损伤,所以一般只适合对机械加工不是很敏感的果实或需要进一步加工的果实的分级。按果实质量(重量)分类的电子秤式分级机的核心部分是微机和称重传感器,执行机构为带继电器的电磁铁。盛有果实的果盘从称重传感器上通过,微机采集来自称重传感器的信号,进行一定的处理后,得到与实际重量相符的信号,按预定的条件进行判断,在一定的分级位置向执行机构发出信号,控制继电器的开启,操作果盘完成卸果动作。这种分级机可按需选择分级标准,分级精度较高。

光电式分级方法有很多种。按检测指标分,有形状分选装置、颜色分选装置等。按检测光源的来源可分为主动式和被动式,前者是向水果发出一种光,从水果对能量的响应得到水果的相关理化特性,后者是采用水果本身的化学发光或红外线放射的能量等来检测水果的品质。按检测光的波段来分,可分为可见光检测和近红外检测。按色泽分级的分级机工作原理是,果实从电子发光点前面通过时,反射光被测定波长的光电管接收,颜色不同,反射光的波长就不同,再由系统根据波长进行分析和确定取舍,达到分级效果。

随着计算机技术和自动化技术的发展,基于机器视觉/光谱技术的农产品自动检测分级正在成为主流。

7.4.2　农产品检测分级生产线工作流程

农产品检测分级生产线(以脐橙为例)的一般结构如图 7-36 所示[84],具体流程主要包括:

(1)清洗:果实倒入含一定浓度杀菌剂的水池中,去除表面污渍并杀菌。

(2)人工拣选:人工用肉眼剔除杂物(如枝条、果蒂、树叶等)及重度受损的果实个体,并检查清洗效果。

(3)刷洗:果实个体通过装有水雾喷淋器和刷毛的滚筒,进一步去除表面污垢。

(4)一次烘干:对果实表面进行干燥,去除清洗过程附着的水滴。

(5)喷蜡:在果实表面均匀喷涂一层可食用果蜡,以延长果实保质期,增加光泽,改善外观品质。

(6)二次烘干:将喷涂的果蜡烘干。

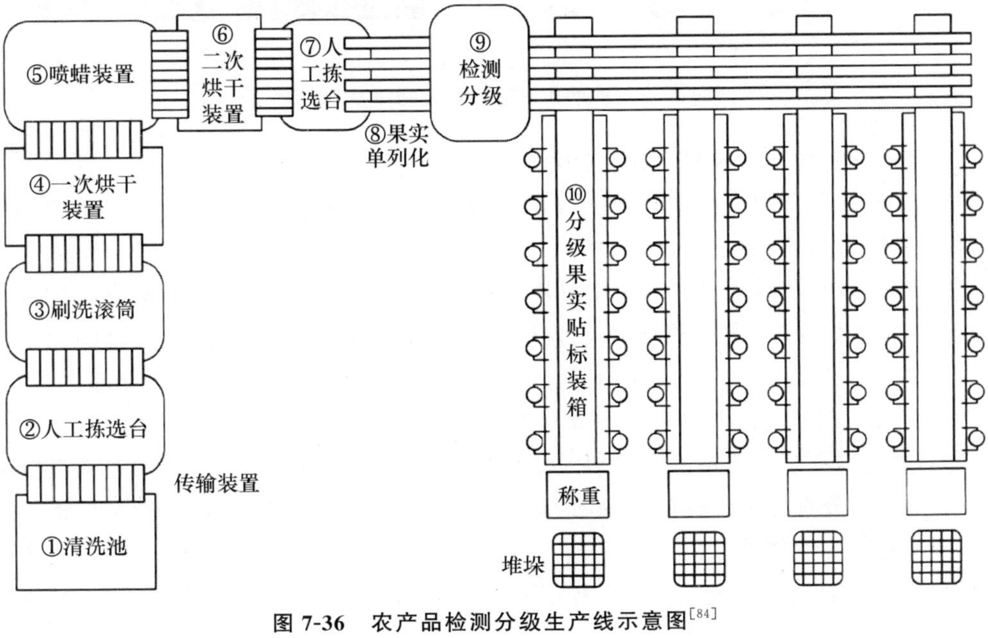

图 7-36　农产品检测分级生产线示意图[84]

(7)人工精选:人工精选优质果实。

(8)果实单列化:将流水线上混乱分布的果实序列化。

(9)无损检测分级:以脐橙为例,根据国家标准《脐橙》(GB/T 21488—2008),按感官指标和理化指标分为特等、一等和二等,达不到二等指标的,视为等外级果;同等果依据果实横径大小分为4L、3L、2L、L、M、S六个级别,大于4L或小于S级均视为等外级果。

(10)贴标装箱:将分好等级的果实按照要求装箱。国内贴标装箱流程实现完全自动化的较少,大多数企业还采用半自动化机械设备或人工进行贴标装箱。

(11)称重堆垛:对装满脐橙的果箱进行称重,确保在规定重量范围内,而后进行堆垛。

7.4.3 国内外典型农产品检测分级生产线介绍

为了提高农产品分级的生产效率,国内外开发了多种形式的农产品自动分级流水线。图7-37为苹果和彩椒自动分级流水线。

荷兰、日本、塞浦路斯、美国、新西兰等都是农产品自动分级的先进国家,他们生产的农产品自动分级流水线能够按照果实的颜色、质量(重量)和形状进行分级,分级装置并排设有多个传送通道,传送效率高。近年国内农产品自动分级流水线也有了长足发展。

二维码 7-5

(a)苹果　　(b)彩椒

图7-37 苹果和彩椒自动分级流水线示例

7.4.3.1 国内典型农产品检测分级生产线

国内农产品检测分级生产线种类十分丰富,检测分级流程基本一致,可以针对每一种农产品自身的特点进行特定的检测分级操作。

江西绿萌科技控股有限公司(REEMOON)的猕猴桃分选线,针对猕猴桃果皮脆弱易受损伤的特点,全程柔性操作,避免猕猴桃在分选过程中产生磕碰伤,可根据猕猴桃的大小和重量进行分选。如图7-38所示,分选过程主要分为进料、前处理、精细化分选、柔性卸果和装箱,从采摘、进料到包装、出库、销售的所有环节均可实现追溯。

针对猕猴桃自身多毛粗糙的表皮以及柔软的果肉,采用了特殊的果毛清理、自动连续柔性倒果、卸果操作的分选方案。在前处理过程,首先使用C型连续翻箱机翻转180°将猕猴桃送入输送皮带,采用柔性皮带上料,避免伤果。然后进行果毛清理,通过电机驱动链条带动毛刷转动,吸附猕猴桃表面的茸毛,再通过离心风机抽走刷落下的茸毛及附着杂物。精细化分选

机器人卸垛

夹臂式卸垛

(a)进料

翻箱上料

果毛清理

(b)前处理

称重

视觉检测

(c)精细化分选

拖链式卸果

毛刷卸果

(d)柔性卸果

(e)自动柔性装箱

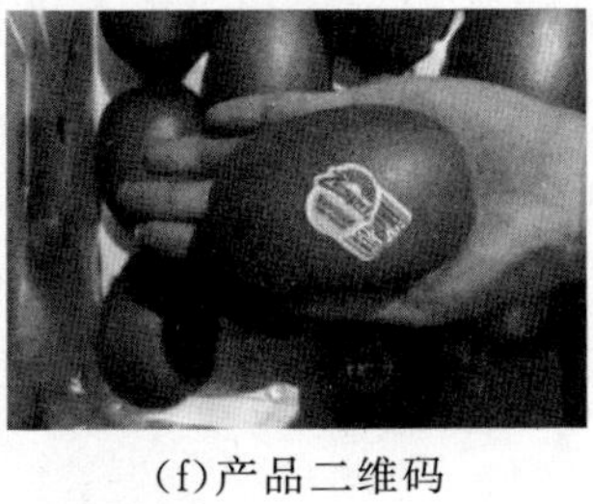

(f)产品二维码

图 7-38　江西绿萌猕猴桃分选线

(引自 https://www.reemoon.com/kiwi.html)

过程将称重与视觉检测结合。称重系统采用双传感器和四点接触，根据客户需求设定分选重量，确保分选结果的一致性。视觉检测通过计算果实外形尺寸以及投影面积等参数来检测猕猴桃的大小，可以根据用户要求设定分选直径范围、横径比等参数。分选全程对猕猴桃进行保护，采用拖链式卸果、毛刷卸果、自动柔性装箱等操作，确保每一个果实的品质。

7.4.3.2 国外典型农产品检测分级生产线

国外的农产品检测分级起步较早，发展也更加成熟。新西兰 Compac 公司主要生产新鲜果实自动分选分级系统，可以根据果品种类，从规格大小、外观品质检测，到内部糖度、酸度甚至褐变的无损检测等，为客户提供定制果蔬分选方案。

Spectrim 是 Compac 公司的模块化、可升级的果实分选平台(图 7-39)。该平台每秒可以检测 12 个果实，对每个果实生成、处理 300 张高清图像，快速精准地检测果实表皮擦伤、碰压伤、虫蚀和畸形等外部品质并实现自动分选。

图 7-39 新西兰 Compac 公司的果实分选平台 Spectrim

(引自 https://www.compacsort.com/)

如图 7-40 所示，平台通过精准称重、颜色分析、表皮密度分析、果实尺寸和形状分析、外部品质检测、内在品质检测等环节对果实进行分类和分级，保证了极高的分级精度和一致性，并采用轻柔式卸果电磁阀和全程柔性落果接触设计，在高速生产时不损伤果实。

Compac 公司的鲜果分选虚拟场景软件，能模拟与真实场景一样的鲜果分选和包装线，操作人员可以在不干扰真实生产的情况下，在虚拟环境中对分选参数的设置和分选效果进行测试和验证，提炼出优化的方案，然后运用到真实的生产线上。

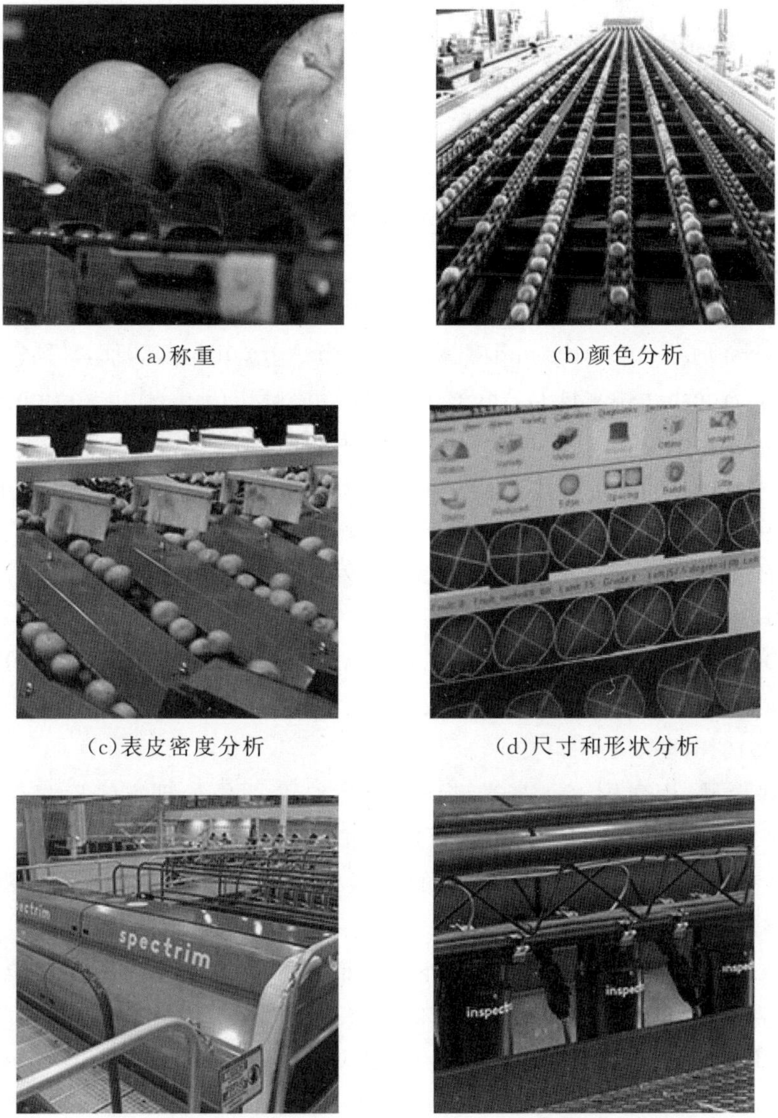

(a)称重　(b)颜色分析

(c)表皮密度分析　(d)尺寸和形状分析

(e)外部品质检测　(f)内部品质检测

图 7-40　Spectrim 平台分类与分级技术

(引自 https://www.compacsort.com/)

参考文献

[1] 应义斌,饶秀勤,赵匀,等.机器视觉技术在农产品品质自动识别中的应用:I[J].农业工程学报,2000,16(1):103-108.

[2] 成芳,应义斌.机器视觉技术在农作物种子质量检验中的应用研究进展[J].农业工程学报,2001,17(6):175-179.

[3] 凌云. 基于机器视觉的谷物外观品质检测技术研究[D]. 北京：中国农业大学，2004.

[4] 蔡健荣，许月明. 基于主动形状模型的苹果果形分级研究[J]. 农业工程学报，2006(6)：123-126.

[5] 韩仲志，邓立苗，徐艳，等. 基于图像处理的胡萝卜青头、须根与开裂的检测方法[J]. 农业工程学报，2013，29(9)：156-161.

[6] 钱中华. 计算机视觉技术在红富士苹果自动分级系统中的应用[J]. 农机化研究，2018，40(3)：181-184.

[7] Su Q H，Kondo N，Li M Z，et al. Potato quality grading based on machine vision and 3D shape analysis[J]. Computers and Electronics in Agriculture，2018，152：261-268.

[8] Throop J A，Aneshansley D J，Anger B. Multispectral inspection station detects defects on apples[J]. Proceedings of the SPIE，2000，4203：37-46.

[9] Tang C X，He H Y，Li E B，et al. Multispectral imaging for predicting sugar content of 'Fuji' apples[J]. Optics and Laser Technology，2018，106：280-285.

[10] 许学，马卉，王钰，等. 基于多光谱成像技术的小麦品种快速无损鉴定[J]. 中国农学通报，2019，35(15)：14-19.

[11] Lorente D，Aleixos N，Gómez-Sanchis J，et al. Recent advances and applications of hyperspectral imaging for fruit and vegetable quality assessment[J]. Food Bioprocess Technol，2012，5(4)：1121-1142.

[12] 苏文浩，刘贵珊，何建国，等. 高光谱图像技术结合图像处理方法检测马铃薯外部缺陷[J]. 浙江大学学报(农业与生命科学版)，2014，40(2)：188-196.

[13] 孟庆龙，张艳，尚静. 基于高光谱成像的猕猴桃表面疤痕无损识别[J]. 浙江农业学报，2019，31(8)：1372-1378.

[14] 刘欢，王雅倩，王晓明，等. 基于近红外高光谱成像技术的小麦不完善粒检测方法研究[J]. 光谱学与光谱分析，2019，39(1)：223-229.

[15] Takizawa K，Nakano K，Ohashi S，et al. Development of nondestructive technique for detecting internal defects in Japanese radishes[J]. Journal of Food Engineering，2014，126：43-47.

[16] 田海清. 西瓜品质可见/近红外光谱无损检测技术研究[D]. 杭州：浙江大学，2006.

[17] 田海清，应义斌，陆辉山，等. 水果坚实度的近红外光谱检测分析试验研究[J]. 光谱学与光谱分析，2006，26(6)：1038-1041.

[18] Kang S，Lee K J，Choi W，et al. A near-infrared sensing technique for measuring the quality of potatoes[C]//2003 ASAE Annual International Meeting，Las Vegas，Nevada，USA，July 27-30，2003. ASAE Paper Number 033137. DOI：10. 13031/2013. 14074.

[19] 李鸿强. 基于高光谱分析的蔬菜品质检测方法研究[D]. 北京：中国农业大学，2018.

[20] 李鸿强，孙红，李民赞. 基于可见/短波近红外光谱检测结球甘蓝维生素 C 含量[J]. 农业工程学报，2018，34(8)：269-275.

[21] 罗娜，王冬，王世芳，等. 太赫兹技术在农产品品质检测中的研究进展[J]. 光谱学与光谱

分析,2019,39(2):349-356

[22] Hu B B, Nuss M C. Imaging with terahertz waves[J]. Optics Letters, 1995, 20(16): 1716-1718.

[23] 梁川,戚淑叶,李曦染,等.太赫兹时域光谱检测高油玉米油分初探[J].食品安全质量检测学报,2014,5(3):730-735.

[24] 杜勇,刘建军.基于太赫兹光谱和支持向量机快速检测棉花种子[J].集美大学学报(自然科学版),2015,20(6):421-428.

[25] 吴建,刘燕德,李斌,等.基于太赫兹光谱的奶粉中葡萄糖及蔗糖定性定量检测方法[J].光谱学与光谱分析,2019,39(8):2568-2573.

[26] Khaliduzzaman A, Konagaya K, Suzuki T, et al. A nondestructive eggshell thickness measurement technique using terahertz waves[J]. Scientific Reports, 2020, 10: 1052.

[27] Vázquez-Cabo J, Chamorro-Posada P, Fraile-Peláez F J, et al. Windowing of THz time-domain spectroscopy signals: A study based on lactose[J]. Optics Communications, 2016, 366: 386-396.

[28] Wang J, Teng B, Yu Y. Pear dynamic characteristics and firmness detection[J]. Eur Food Res Technol, 2004, 218: 289-294.

[29] 崔笛,张文,应义斌.激光多普勒测振技术在农产品品质检测中的应用[J].农业机械学报,2013,44(7):160-164.

[30] Zhang W, Cui D, Ying Y B. Nondestructive measurement of pear texture by acoustic vibration method[J]. Postharvest Biology and Technology, 2014, 96: 99-105.

[31] Zhang W, Cui D, Ying Y B. Nondestructive measurement of texture of three pear varieties and variety discrimination by the laser Doppler vibrometer method[J]. Food Bioprocess Technol, 2015, 8: 1974-1981.

[32] Ding C, Wu H, Feng Z, et al. Online assessment of pear firmness by acoustic vibration analysis[J]. Postharvest Biology and Technology, 2020, 160: 111042.

[33] Peris M, Escuder-Gilabert L. A 21st century technique for food control: Electronic noses [J]. Analytica Chimica Acta, 2009, 638(1): 1-15.

[34] 杨雪欣,樊浩然.互联网加模式下电子鼻在监测领域的应用[J].食品研究与开发,2020,41 (9):221-224.

[35] 杨明远,蔡杨杨,谢晶,等.鱼体新鲜度快速检测技术的研究进展[J].食品工业科技,2020,41(9):334-339,347.

[36] 丁兴林,张宇林,周红标.电子鼻/舌在酒类品质检测中的应用研究进展[J].中国酿造,2015,34(11):20-22.

[37] 吴瑞梅,赵杰文,陈全胜,等.基于电子舌技术的绿茶滋味品质评价[J].农业工程学报,2011,27(11):378-381.

[38] Escuder-Gilabert L, Peris M. Review: Highlights in recent applications of electronic tongues in food analysis[J]. Analytica Chimica Acta, 2010, 665(1): 15-25.

[39] Haddi Z,Mabrouk S,Bougrini M,et al. E-Nose and e-Tongue combination for improved recognition of fruit juice samples[J]. Food Chemistry,2014,150:246-253.

[40] Wei X,Zhang Y,Wu D,et al. Rapid and non-destructive detection of decay in peach fruit at the cold environment using a self-developed handheld electronic-nose system[J]. Food Analytical Methods,2018,11:2990-3004.

[41] 周水琴. 基于核磁共振成像的梨果品质无损检测方法研究[D]. 杭州:浙江大学,2013.

[42] 齐银霞,成坚,王琴. 核磁共振技术在食品检测方面的应用[J]. 食品与机械,2008(6):117-120.

[43] 李欣. 核磁共振技术在食品检测中的应用[J]. 食品安全导刊,2017(10):76-77.

[44] Hernández-Sánchez N,Hills B P,Barreiro P,et al. An NMR study on internal browning in pears[J]. Postharvest Biology and Technology,2007,44(3):260-270.

[45] 应义斌,蔡东平,何卫国,等. 农产品声学特性及其在品质无损检测中的应用[J]. 农业工程学报,1997,13(3):208-212.

[46] Mizrach A,Flitsanov U,Akerman M,et al. Monitoring avocado softening in low-temperature storage using ultrasonic measurements[J]. Computers and Electronics in Agriculture,2000,26(2):199-207.

[47] Omwange K A,Al Riza D F,Saito Y,et al. Potential of front face fluorescence spectroscopy and fluorescence imaging in discriminating adulterated extra-virgin olive oil with virgin olive oil[J]. Food Control,2021,124:107906.

[48] Konagaya K,Omwange K A,Al Riza D F,et al. Association of fruit,pericarp,and epidermis traits with surface autofluorescence in green peppers[J]. Photochem Photobiol Sci,2020,19:1630-1635.

[49] Konagaya K,Al Riza D F,Nie S,et al. Monitoring mature tomato (red stage) quality during storage using ultraviolet-induced visible fluorescence image[J]. Postharvest Biology and Technology,2020,160:111031.

[50] Liu H,Saito Y,Al Riza D F,et al. Rapid evaluation of quality deterioration and freshness of beef during low temperature storage using three-dimensional fluorescence spectroscopy[J]. Food Chemistry,2019,287:369-374.

[51] Zou X B,Zhao J W,Li Y X,et al. In-line detection of apple defects using three color cameras system[J]. Computers and Electronics in Agriculture,2010,70(1):129-134.

[52] Li J B,Huang W Q,Zhao C J,et al. A comparative study for the quantitative determination of soluble solids content,pH and firmness of pears by Vis/NIR spectroscopy[J]. Journal of Food Engineering,2013,116(2):324-332.

[53] Li J B,Rao X Q,Wang F J,et al. Automatic detection of common surface defects on oranges using combined lighting transform and image ratio methods[J]. Postharvest Biology and Technology,2013,82:59-69.

[54] Hu M H,Dong Q L,Liu B L,et al. The potential of double K-means clustering for ba-

nana image segmentation[J]. Journal of Food Process Engineering,2014,37(1):10-18.

[55] ElMasry G,Cubero S,Moltó E,et al. In-line sorting of irregular potatoes by using automated computer-based machine vision system[J]. Journal of Food Engineering,2012,112(1-2):60-68.

[56] 汪成龙,陈均泳,陈国壮,等. 基于深度学习的马铃薯机械损伤检测方法应用研究[J]. 电子测量技术,2018,41(20):118-122.

[57] Nagata M,Tallada J G,Kobayashi T. Bruise detection using NIR hyperspectral imaging for strawberry (*Fragaria* × *ananassa* Duch.)[J]. Environment Control in Biology,2006,44(2):133-142.

[58] ElMasry G,Wang N,ElSayed A,et al. Hyperspectral imaging for nondestructive determination of some quality attributes for strawberry[J]. Journal of Food Engineering,2007,81(1):98-107.

[59] Ariana D P,Lu R F,Guyer D E. Near-infrared hyperspectral reflectance imaging for detection of bruises on pickling cucumbers[J]. Computers and Electronics in Agriculture,2006,53(1):60-70.

[60] Ariana D P,Guyer D E,Shrestha B. Integrating multispectral reflectance and fluorescence imaging for defect detection on apples[J]. Computers and Electronics in Agriculture,2006,50(2):148-161.

[61] ElMasry G,Wang N,Vigneault C,et al. Early detection of apple bruises on different background colors using hyperspectral imaging[J]. LWT—Food Science and Technology,2008,41(2):337-345.

[62] Baranowski P,Mazurek W,Wozniak J,et al. Detection of early bruises in apples using hyperspectral data and thermal imaging[J]. Journal of Food Engineering,2012,110(3):345-355.

[63] Zhang B H,Huang W Q,Li J B,et al. Detection of slight bruises on apples based on hyperspectral imaging and MNF transform[J]. Spectroscopy and Spectral Analysis,2014,34(5):1367-1372.

[64] Che W K,Sun L J,Zhang Q,et al. Pixel based bruise region extraction of apple using Vis-NIR hyperspectral imaging[J]. Computers and Electronics in Agriculture,2018,146:12-21.

[65] 韩浩然. 基于高光谱成像的水果轻微机械损伤无损检测的研究[D]. 昆明:云南师范大学,2018.

[66] Zhao J W,Ouyang Q,Chen Q S,et al. Detection of bruise on pear by hyperspectral imaging sensor with different classification algorithms[J]. Sensor Letters,2010,8(4):570-576.

[67] Li J B,Rao X Q,Ying Y B. Detection of common defects on oranges using hyperspectral reflectance imaging[J]. Computers and Electronics in Agriculture,2011,78(1):38-48.

[68] 李江波. 脐橙表面缺陷的快速检测方法研究[D]. 杭州:浙江大学,2012.
[69] Li J B,Chen L P,Huang W Q. Detection of early bruises on peaches (*Amygdalus persica* L.) using hyperspectral imaging coupled with improved watershed segmentation algorithm[J]. Postharvest Biology and Technology,2018,135:104-113.
[70] Ye D,Sun L J,Tan W Y,et al. Detecting and classifying minor bruised potato based on hyperspectral imaging[J]. Chemometrics and Intelligent Laboratory Systems, 2018, 177:129-139.
[71] Throop J A,Aneshansley D J,Anger W C,et al. Quality evaluation of apples based on surface defects:Development of an automated inspection system[J]. Postharvest Biology and Technology,2005,36(3):281-290.
[72] Bennedsen B S,Peterson D L,Tabb A. Identifying defects in images of rotating apples [J]. Computers and Electronics in Agriculture,2005,48(2):92-102.
[73] Xing J,Bravo C,Jancsok P T,et al. Detecting bruises on 'Golden Delicious' apples using hyperspectral imaging with multiple wavebands[J]. Biosystems Engineering, 2005,90(1):27-36.
[74] Unay D,Gosselin B. Automatic defect segmentation of 'Jonagold' apples on multi-spectral images:A comparative study[J]. Postharvest Biology and Technology,2006,42(3):271-279.
[75] Bennedsen B S,Peterson D L,Tabb A. Identifying apple surface defects using principal components analysis and artificial neural networks[J]. Transactions of the ASABE, 2007,50(6):2257-2265.
[76] Kim M S,Cho B K,Lefcourt A M,et al. Multispectral fluorescence lifetime imaging of feces-contaminated apples by time-resolved laser-induced fluorescence imaging system with tunable excitation wavelengths[J]. Applied Optics,2008,47(10):1608-1616.
[77] Unay D,Gosselin B,Kleynen O,et al. Automatic grading of bi-colored apples by multispectral machine vision[J]. Computers and Electronics in Agriculture,2011,75(1):204-212.
[78] Blasco J,Aleixos N,Gomez-Sanchis J,et al. Recognition and classification of external skin damage in citrus fruits using multispectral data and morphological features[J]. Biosystems Engineering,2009,103(2):137-145.
[79] Qin J W,Burks T F,Zhao X H,et al. Development of a two-band spectral imaging system for real-time citrus canker detection[J]. Journal of Food Engineering, 2012, 108 (1):87-93.
[80] Momin M A,Kondo N,Ogawa Y,et al. Patterns of fluorescence associated with citrus peel defects[J]. Engineering in Agriculture Environment & Food,2013,6(2):54-60.
[81] 周其显. 苹果早期机械损伤的红外热成像检测研究[D]. 南昌:华东交通大学,2011.
[82] Zhang B,Huang W,Li J,et al. Principles,developments and applications of computer vi-

sion for external quality inspection of fruits and vegetables: A review[J]. Food Research International, 2014, 62: 326-343.

[83] 周雪青,张晓文,邹岚,等. 水果自动检测分级设备的研究现状和展望[J]. 农业技术与装备,2013(2):9-11.

[84] 王东亭. 基于大通量分级系统的脐橙质量安全追溯技术与装置[D]. 南昌:华东交通大学,2015.

第8章 设施园艺参数检测与传感技术

8.1 设施园艺概述

设施园艺是能够摆脱自然环境和传统生产条件的束缚，获得高产、优质、安全农产品的现代农业生产方式，是由传统农业向现代农业转变的一种重要生产方式，具有土地利用率高、生产效率高、生产周期短、技术含量高等优点。

设施园艺采用的设施一般分为连栋温室、日光温室、塑料大棚和小拱棚(遮阳棚)4类[1]。大型连栋温室具有自动化、智能化、机械化程度高的特点，温室内部具备保温、照明、通风和喷灌设施，可进行立体种植，属于现代化温室，主要制约因素是建造成本过高。日光温室的优点是采光和保温性能好，取材方便，造价适中，节能效果明显，适合小型机械作业。塑料大棚造价低于日光温室，安装拆卸简便，通风透光效果好，缺点是棚内立柱过多，不宜进行机械化操作，防灾能力弱，一般多用于春茬和秋茬的农作生产，不用于越冬栽培。小拱棚的特点是制作简单，投资少，作业方便，管理省时省力，缺点是无法应用现代化农机具，劳动强度大，抗灾能力差，增产效果不显著。

设施的作用就是为作物提供一个人造的、可调控的、更有利于作物生长的环境，现代化农业主要采用日光温室和连栋温室，利用先进的信息化、自动化技术，对设施内环境参数和作物营养供应实施精准控制，满足作物生长需要的光、热、肥、水、气等重要条件。

8.1.1 日光温室结构与环境特征

日光温室是节能型日光温室的简称，俗称“暖棚”，典型结构如图8-1所示，一般采用三面围墙，坡顶和南面覆盖透光材料，多为塑料薄膜，脊高3 m以上，跨度在6～8 m，是中国特有的温室类型，主要分布在我国北方地区(北纬34°～43°)。其主要能量来源是太阳辐射，在严寒天气不需要加温或者基本不需加温，常用于冬季蔬菜的生产。

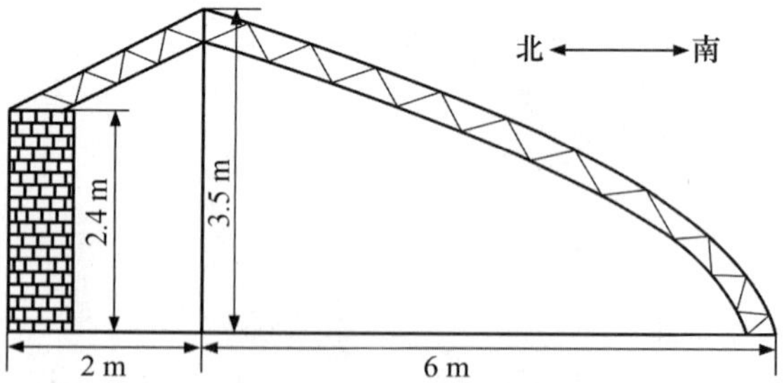

图 8-1 日光温室典型结构

温室是采光建筑，采光性能(透光率)是温室性能的重要指标。温室透光率受温室覆盖材料的透光性能和温室骨架的影响，并随太阳辐射角度的不同而变化。温室透光率的高低是作物生长和选择种植作物品种的直接影响因素。节能型日光温室的透光率一般在60%～80%。

日光温室前屋面是温室的全部采光面，白天采光时段前屋面只覆盖透光材料采光，当室外光照减弱时，及时用活动保温被覆盖透光材料，加强保温，室内外气温差可保持在 21～25 ℃甚至更高。

环境自动控制是对温度、光照、CO_2 浓度等环境参数进行自动调控。环境自动控制的日光温室能确保连阴天或极端恶劣气候条件下植物的正常生长或保苗保秧。生长环境辅助设施包括补光灯、CO_2 增施系统等，可增强植物在低光照环境中的光合作用。

8.1.2　连栋温室结构与环境特征

连栋温室是日光温室的一种升级模式，是用科学的手段、合理的设计、优质的材料将独立的单栋温室连起来，形成大跨度温室。相对于单栋温室，连栋温室土地利用率高，室内作业机械化程度高，单位面积能源消耗少，室内温光环境均匀，更适合现代化设施农业的发展要求，满足未来设施农业融入高科技发展的需求，也是现代化农业的发展趋势。

如图 8-2 所示，连栋温室的顶面、四个侧面一般均可采光。根据覆盖材料，连栋温室可分为塑料连栋温室（PC 板）和玻璃连栋温室。玻璃温室透光度高，使用寿命长，具有较优的热阻和隔离紫外线能力，热胀冷缩系数小。它的缺点也很明显，抗碰撞性能低（钢化玻璃例外），价格高，易被打破，存在安全问题。与玻璃温室相比，塑料温室有重量轻、骨架材料用量少、结构件遮光率小、造价低、使用寿命长等优点，环境调控能力也基本可以达到玻璃温室的相同水平。塑料温室的用户接受度在全世界范围内远远高出玻璃温室，是现代温室发展的主流。

(a)连栋温室外部

二维码 8-1

(b)连栋温室内部

图 8-2　连栋温室

连栋温室作为现代化温室，采用了一系列自动化系统，包括自动加温系统、开窗系统、通风降温系统、拉幕系统、灌溉系统、电气系统等，温室内温度、湿度、光照度、CO_2 浓度、水、气、营养液及其 pH 和 EC 等实现计算机调控，管理者可根据温室作物的特点和要求，对温室内的诸多环境因子进行控制。温室现场控制设备可与远程计算机控制室进行数据和信息交换，温室管理人员可以通过互联网等远程监控手段对温室生产情况进行实时监控。

随着信息技术的发展，生物、环境信息的感知技术不断提升，连栋温室的机械化、自动化水平也在进一步提高。设施内部环境因素（如温度、湿度、光照度、CO_2 浓度等）的调控由过去单因子控制向多因子动态控制发展，对生物、环境信息的感知技术也提出了更高的要求。

8.1.3 植物工厂结构与环境特征

植物工厂是现代设施农业发展的高级阶段，是一种高投入、高技术、精装备的生产体系，它集生物技术、工程技术和系统管理于一体，使农业生产从自然生态束缚中脱离出来，可以按计划周年性进行植物产品生产，它是农业产业化进程中最具活力和潜力的领域之一，代表着未来农业的发展方向[2]。

如图 8-3 所示，植物工厂是工厂化农业生产系统，它利用计算机和多种传感装置对设施内温度、湿度、光照度、光照时间和 CO_2 浓度、营养液配方进行自动调控，使设施内植物生长不受或很少受自然条件制约，可大幅度提高产品产量和品质[3]。

(a)补光

(b)立体无土栽培

图 8-3 植物工厂

“完全不用阳光”是植物工厂的根本特征之一，LED 灯板为植物工厂提供了便利、节能、易于控制的补光方式。LED 灯板以红灯为主，中间按一定距离均匀配置蓝灯，比例大概为 8∶1 到 9∶1。太阳光对植物而言是全波段的，但实验显示，植物光合作用吸收的主要是红光和蓝光，比例超过 60%。因此可将红光和蓝光按照一定配比制成光源，控制红光和蓝光的照射时间，以满足植物生长的需求[4,5]。

8.1.4 无土栽培技术

无土栽培是指不用天然土壤，利用营养液或固体基质作为植物生长的载体，并使用营养液为作物生长提供所需的养分和水分来种植作物的栽培方式。这种栽培方式下作物根系和土壤不接触，减少了土传病害发生的概率，避免了土壤栽培的连作障碍，生产过程中对于外界环境的污染程度也大大降低。无土栽培技术得到了快速的发展，目前在欧洲、日本等温室产业发达的国家，无土栽培已经逐渐取代土壤栽培成为温室生产的主流模式。

无土栽培一般可分为无基质栽培和基质栽培两大类，如图 8-4 所示。

(a)无基质栽培　(b)基质栽培

图 8-4　无土栽培方式

无土栽培的核心是用营养液代替土壤提供植物生长所需的矿物营养元素，因此在无土栽培技术中，为植物提供一种比例协调、浓度适当的营养液是栽培成功的关键。不同的作物，同一作物不同的生育阶段，对各种营养元素的实际需要有很大的差异。因此，能够实时检测营养液中各种元素成分的专用传感器至关重要，这也是实现作物营养按需供给智能调控的前提和基础。

8.2　设施园艺环境参数检测与传感技术

温室生产不同于大田，温室中作物的生长完全依赖人工制造的小气候环境，因此，温室环境参数的监测和控制至关重要。要想为作物提供适宜的生长环境，就需要对各环境因子进行实时、准确的监测和控制。此外控制系统也需要获得各种控制参数，如灌溉水压力、灌溉用水量、肥料的浓度等。

传统的温室监控系统以有线通信方式为主，如 CAN 总线通信等，这种方式布线复杂，维护困难，传感器节点不能随作物变更，部署不灵活。无线传感器网络(wireless sensor network, WSN)具有节点规模大、体积小、成本低、可自组网等特点，在环境监测领域有广阔的应用前景。

8.2.1　温室温度和湿度参数检测与传感技术

8.2.1.1　温室空气温度和湿度参数检测与传感技术

空气的温度、湿度是温室中重要的环境因素。空气温度过低，植物的生长发育会放缓，温度过高又容易造成植物叶片的灼伤，适宜的温度才能为植物的生长提供动力。温室典型特点是昼夜温差大，白天可能温度很高，夜晚有可能很低。为了让植物健康生长，调控好温度尤为重要。由于土壤水分的蒸发和植物的蒸腾作用，温室中湿度的典型特征是湿度偏高。温室湿度过高，不利于植物生长，并且容易诱发病害。因此，湿度的检测与控制是温室调控重要技术之一。

目前比较常用的温度传感器有电阻式温度传感器、热电偶温度传感器和半导体温度传感器。电阻式温度传感器利用的是金属材料的电阻值随温度的升高而增加的原理，常用的金属材料是铂、镍或铜。热电偶温度传感器是将两种不同的材料熔接在一起形成敏感结，利用温度变化产生的热电势测温，常用的金属材料有铂、铂铑合金、铁、铜、镍铬合金等，石墨和碳化硅等非金属也可以作为热电偶材料。半导体温度传感器可分为热敏电阻型和 PN 结型两种。热敏电阻的阻值随温度的变化存在非线性关系，需要进行线性修正。PN 结型温度传感器利用的是电压与温度的线性关系，不需要进行补偿，是现代温度传感器的主要发展方向之一。

空气湿度的指标有 3 个，即绝对湿度、饱和湿度和相对湿度。绝对湿度指单位容积的空气里所含的水蒸气量。饱和湿度指在一定温度和气压下单位容积空气中所能容纳的水蒸气量的最大值，超过这个限度，多余的水蒸气就会凝结，变成水滴。相对湿度(relative humidity，RH)为绝对湿度与同温度、同气压下的饱和湿度的比值(%)。温室环境湿度多用相对湿度表示。

温室湿度传感器主要分为电阻式和电容式两种。当空气中的水蒸气吸附在感湿材料上后，感湿材料的阻值、介电常数会发生变化，这是湿度传感器测量的基本原理。电阻式湿敏元件主要有氯化锂湿敏元件、碳湿敏元件、陶瓷湿敏元件、氧化铝湿敏元件等。电容式湿敏元件主要有高分子聚合物、氯化锂和金属氧化物等。电阻式湿度传感器响应速度快，体积小，线性度好，较稳定，灵敏度高，但产品的互换性差。电容式湿度传感器响应速度快，湿度的滞后量小，产品互换性好，灵敏度高，便于制造，容易实现小型化和集成化，但精度较电阻式湿度传感器低。所以这两者各有优缺点，应根据需要来选择。

在智能温室的检测系统中，有采用集成传感器电路来测量的，也有采用各自专门的传感器来测量的。温湿度测量中比较常用的集成传感器是瑞士 Sensirion 公司生产的 SHT 系列数字式温湿度集成传感器，其结构框图如图 8-5 所示[6]。这种传感器采用 CMOSens 专利技术，将测温元件、湿敏元件、A/D 转换器以及串行接口电路集成在一个芯片中，具有体积小、响应速度快、抗干扰能力强、性价比高等优点。以 SHT11 为例，该传感器利用两个元件产生温度、相对湿度信号，温度的测量范围是－40～＋123.8 ℃，湿度的测量范围是 0～100%RH，默认两者的分辨率分别为 14 位、12 位(0.01 ℃、0.03%RH)，然后经过信号放大，分别送入 A/D 转换器进行模数转换和数值修订，最后经过二线串行接口将数据送出[7]。另一种常见的温湿度集成传感器是广州奥松公司生产的 DHT11 传感器，温度的测量范围是 0～50 ℃，湿度的测量范围是 20%～90%RH。DHT11 包含一个 NTC(负温度系数)测温元件和一个电阻式感湿元件，并与一个高性能 8 位单片机相连，具有校验信号输出功能。一次完整的数据输出为 40 位，分别为 8 位温度整数数据、8 位温度小数数据、8 位湿度整数数据、8 位湿度小数数据和 8 位校验码[8]。除了集成的温湿度传感器，还有一些专门的温度、湿度传感器，例如专门测量温度的 AD590 PN 结温度传感器、专门测量湿度的 H104 陶瓷湿度传感器。

在结露和浸水情况下，SHT 系列温湿度集成传感器本身不会受到任何损坏，但是由于水滴对敏感元件的影响，传感器测量数据不准确，此时读出的数据不具有实际意义[9]。如果传感器工作在 95%RH 以上的高湿环境，要避免发生冷凝现象。可通过驱动传感器内部的加热器打破冷凝条件，数据读取正常后关掉加热器。

土壤(或基质)温度测量大多采用 PT1000 铂热电阻式温度传感器。PT1000 铂热电阻在 0 ℃时的阻值为 1 000 Ω，随着温度上升它的阻值会线性增大。基于 PT1000 铂热电阻的这种特性，可方便地把温度的变化转换成阻值的变化，继而转换为采集仪器常用的电压或电流信

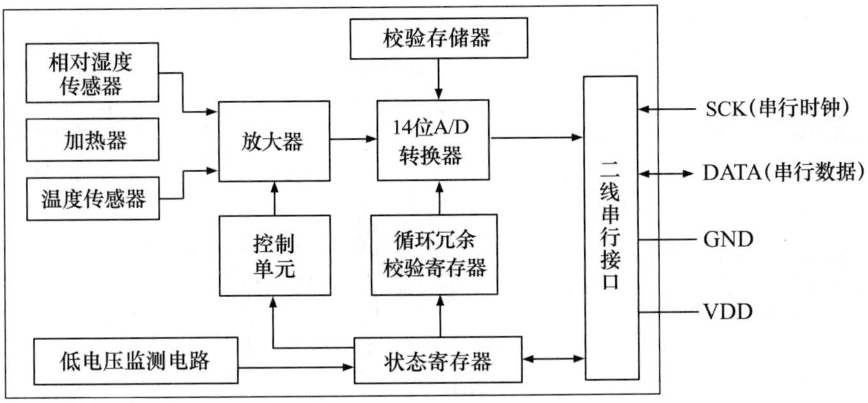

图 8-5　SHT 系列数字式温湿度集成传感器结构框图

号。土壤温度传感器测量范围一般在－40～120 ℃。

土壤(或基质)湿度(水分)传感器,请参阅第 6 章土壤参数检测与传感技术。

8.2.1.2　温室作物叶片表面微环境参数检测与传感技术

除了空气和土壤(基质)温湿度参数之外,作物叶片表面微环境参数同样非常重要。在传统科学研究及种植实践中,往往采用环境温度来替代作物叶表或体表温度。但在温室温度过高或过低、湿度过大或过小时,用作物叶片温度、叶片湿度等参数比用植株之间的空气温、湿度更准确。

叶片表面微环境参数传感器按测量方式可分为接触式和非接触式,基于热敏元件和湿敏元件的接触式传感器可以方便地测量叶片表面的温度和湿度,但是由于传感器需要接触叶片表面和夹持,不仅无法实现自动测量,还会干扰作物的生长。因此从温室监控自动化和信息化出发,非接触测量方式更有意义。

1. 非接触式作物叶面温度测量

有一种非接触式作物叶面温度传感器基于热释电效应(pyroelectric effect)[10]。某些晶体在温度变化时会发生电极化,均匀加热晶体时在晶体的某些方向会产生等量异号的电荷,冷却晶体时电荷的变化与加热时相反,这种现象称为热释电效应。根据热力学定律,物体只要温度高于绝对零度,便会向外部空间发出热辐射,20 ℃黑体的红外辐射中心波长为 9.89 μm,40 ℃黑体的红外辐射中心波长为 9.26 μm,作物叶片红外辐射中心波长一般在 9～10 μm 之间。热释电红外传感器就是将探测到的热辐射转变为电势差输出,测温原理如图 8-6(a)所示。热释电红外传感器由光学滤镜、场效应管、热释电红外光敏元件、偏置电阻、EMI 电容等元器件组成,其内部电路框图如图 8-6(b)所示。常用的热释电红外光敏元件的材料有陶瓷氧化物和压电晶体,如钛酸钡($BaTiO_3$)、钽酸锂($LiTaO_3$)、硫酸三甘肽[$(NH_2CH_2COOH)_3 \cdot H_2SO_4$]及锆钛酸铅($PbZr_xTi_{1-x}O_3$)等。在晶体的上、下表面设置电极,在上表面覆以黑色膜,当有红外线间断地照射时,外表温度上升,晶体内部的原子排列将产生变化,引起自发极化电荷,在上、下电极之间产生电压。由于被测物体释放的红外能量与温度有关,利用热释电效应就可测量温度。热释电红外传感器可以实现非接触式测量,而且响应速度快,灵敏度高,准确度高,测量范围广,使用方便。

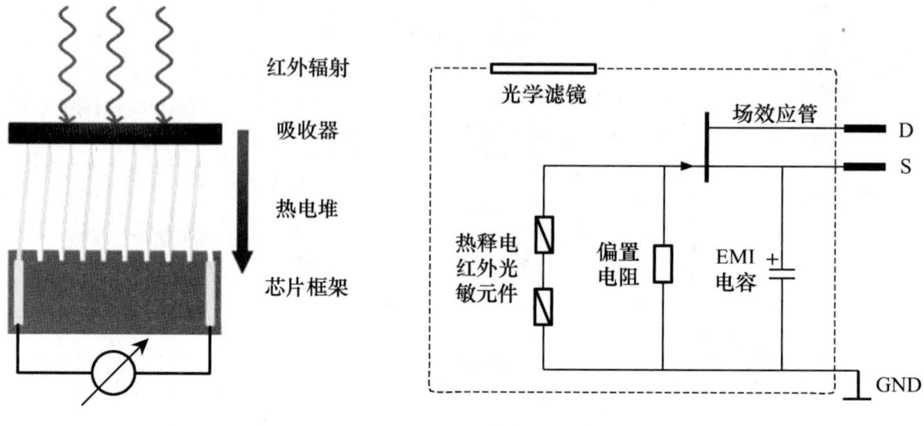

(a)热释电效应测温原理　　(b)传感器内部线路

图 8-6　热释电红外传感器工作原理

另一种非接触式作物叶面温度传感器基于热电偶原理，所采用的敏感元件是热电堆。热电堆由硅芯片上的一些小热电偶组成[图 8-7(a)]，能够吸收能量并产生输出信号。热电堆可以在一定距离外通过检测物体的红外辐射能来测量温度，物体温度越高，产生的红外辐射能越多。进入 MEMS(微机电系统)传感器时代，先进的半导体工艺能够在极小的空间内加工出成百上千个热电偶，红外热电堆传感器的尺寸变得很微小，灵敏度和响应时间等性能大大提高[11]。

图 8-7(b)是美国 PerkinElmer 公司生产的 A2TPMI 334 L5.5 OAA300 非接触式温度传感器，该传感器是一种内部集成了专用信号处理电路以及环境温度补偿电路的多用途红外热电堆传感器，它将目标的热辐射转换成模拟电压，通过一个 8 位分辨率的可编程放大器放大。传感器技术参数见表 8-1。

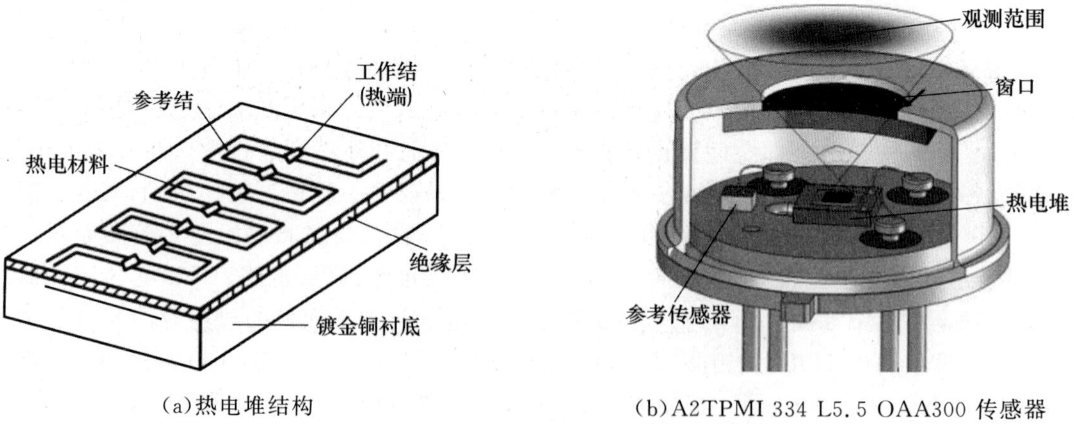

(a)热电堆结构　　(b)A2TPMI 334 L5.5 OAA300 传感器

图 8-7　基于热电偶原理的非接触式作物叶面温度测量

表 8-1 A2TPMI 334 L5.5 OAA300 传感器技术参数

参 数	最小值	典型值	最大值
电源电压 V_{DD}/V	4.5	5.0	5.5
电源电流 I_{DD}/mA		1.5	2.0
输出电压幅度 V_o/V	0.25		$V_{DD}-0.25$
响应时间 T_{resp}/ms		90	150
光敏区域面积 S/mm^2		0.7×0.7	
可感应区域 FOV/(°)		60	70
光轴 OA/(°)		0	±10

2. 非接触式作物叶面湿度测量

叶面湿度的非接触测量有多种方法，杨玮等设计了一种基于变介电常数电容器原理的叶面湿度传感器(leaf wetness sensor, LWS)，通过仿叶片介质上表面介电常数的变化，来精确测量叶面湿度，进而得到叶面的微量水分信息[12]。

变介电常数电容器由 2 个平行电极组成，极间以空气为介质，其电容计算公式为

$$C=\frac{\varepsilon S}{d} \tag{8-1}$$

式中：ε 为两极板间介质的介电常数，S 为极板正对表面积，d 为两极板间距。

变介电常数电容器的原理是保持电容器的 S 和 d 固定不变时，通过改变两极板间电介质，使介电常数发生改变，从而引起电容器电容的变化。

LWS 外形采用仿叶片设计，真实模拟叶面特性，因而能够更准确地反映出叶面环境的情况，其外形及局部放大示意图如图 8-8 所示。传感器的表面分布着多排并联且间距相等的变介电常数电容器，电容器固定于树脂板上，表面喷涂绝缘涂层[13]。A、B 是间距为 d 的两块固定金属板，两极板的正对表面积为 S。

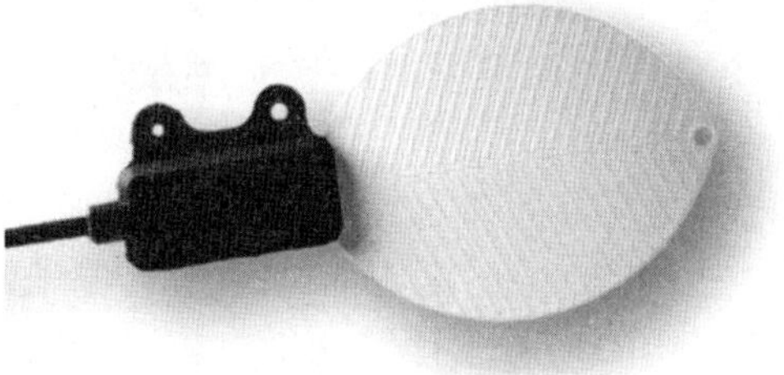

(a)传感器外形

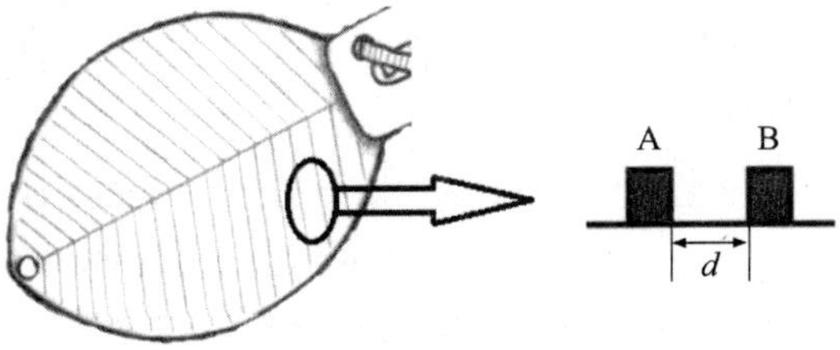

(b)局部放大示意图

图 8-8 叶面湿度传感器

当叶面处于干燥环境时，传感器表面的电容器两极板间的电介质为空气，此时的介电常数为 ε_0，电容器的电容为

$$C_0=\frac{\varepsilon_0 S}{d} \tag{8-2}$$

当叶面处于湿润环境时，传感器表面会有雾滴沉积，电容器两极板间的电介质变成空气和雾滴的混合物，介电常数发生变化，电容也发生变化。假定附近空气湿度为 H，空气与雾滴混合介质的相对介电常数为 ε_1，这时电容器的电容为

$$C_1=\varepsilon_1 C_0=\frac{(\varepsilon_1\varepsilon_0)S}{d}=f(H) \tag{8-3}$$

由式(8-3)可以推导出叶片附近的空气湿度 H：

$$H=g_1(C_1)=g_2(\varepsilon_1) \tag{8-4}$$

从式(8-4)可以看出，根据测量的 C_1 或 ε_1，就可以计算出叶片附近的空气湿度 H。

由于叶面湿度传感器是模拟叶面测量叶面湿度，因此在安装时，传感器模拟叶面部分的栅格面向上，大致与周围叶面与地面的夹角一致。

8.2.2 温室光照参数检测与传感技术

随着温室自动化程度的提高，温室光照检测的要求也越来越高，应用领域也在迅速扩大。光照是植物进行光合作用不可缺少的条件，但是过强的光照会增加水分蒸发，严重的会灼伤叶面。另一方面，许多情况下温室内光照不足，需要补光。而在植物工厂中，更需要对光照进行实时自动检测，判断什么时候光照强需要遮光，什么时候光照弱需要补光。

8.2.2.1 光照参数检测原理

光照强度是指在单位面积上接收的光通量，简称光照度、照度，用来衡量光源的强度或被照射物体的明亮程度，其单位为勒克斯(lx)，1 lx=1 lm/m^2。

在一天不同的时间段内光照强度是不同的：在日出或日落时，光照强度在 300～400 lx。在夜间，如果有明亮的月光，光照强度在 0.03～0.3 lx，没有月光时在 0.003～0.007 lx。在白天，阴天光照强度约为 1 万 lx，晴天光照强度在 10 万 lx 以上。

光照度传感器需把光能转换为电能，再转换为数字信号进行处理或存储。光照度传感器的转换元件通常分为 2 类：

①外光电效应元件。在光电效应中，光电材料的电子吸收的能量足够大时，电子可以摆脱正离子的束缚从材料表面逸出。这种现象叫做外光电效应。此类光电转换元件有光电管、光电倍增管等。

②内光电效应元件。由于工作原理的不同，内光电效应还可细分为光电导效应和光生伏特效应。光电导效应是指光照射下半导体材料会产生大量自由电子，从而增加了载流子的浓度、使材料电阻率发生变化的现象。根据光电导效应制作的光电元件有光敏电阻、光导管等。光生伏特效应是指在光照射下半导体材料内部产生一定方向的电动势的现象。根据光生伏特效应制作的光电元件有光电二极管、光电池等。

光敏电阻由能透光的半导体光电晶体构成。当特定波长的光照射到其表面时，晶体内载流子增加，电导率增加。入射光强时电阻减小，入射光弱时电阻增大。光敏电阻的优点是其内部的光电效应和电极无关，可以使用直流电源。

光电二极管的种类很多，不同种类的光电二极管，其特性也不尽相同。光电二极管的优点是线性度好，响应速度快，对宽范围波长的光具有较高的灵敏度，噪声低。缺点是单独使用时输出电流(或电压)很小，需要加放大电路。

光电池的基本结构是PN结，图8-9是硅光电池结构示意图。当光照射到光电池上时，一部分光被表面反射，另一部分光被PN结吸收。被吸收的光以光子的形式与半导体中的电子碰撞，在PN结中产生电子—空穴对。电子—空穴对在PN结内电场的作用下移动，其中空穴向P区移动，电子向N区移动，从而使P区带正电，N区带负电，这样会在PN结的两端产生光生电势。如果把P区一端和N区一端用导线连接起来，便有电流通过，称为光电流。光电池具有性能稳定、寿命长、光谱响应范围宽、频率特性好和耐高温等优点，在光照度检测系统中得到了广泛的应用。

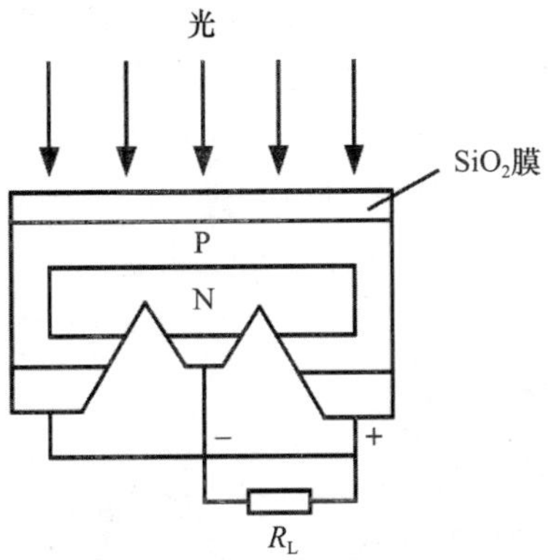

图8-9 硅光电池结构

8.2.2.2 温室光照参数检测技术

常用的光照度计是由一只光电池组成的，通常由于光照度测量时间很短，不会引起光电池温度明显升高，光电池的温漂可以忽略。但是用于温室光照度监测与控制的传感器，需要长时间暴露在日光下，光电池自身温度会明显升高，严重影响光照度计的光电特性，产生温漂，成为测量误差的重要因素之一。

韩晨燕[14]开发了一种数字光照度计，采用两只光电性能相同的光电池，组成差动结构。其中一只光电池作为光电传感器，接收光信号。另一只光电池作为补偿器，处于遮光状态。两只光电池安装于同一块均温槽上，当温度发生变化时，两只光电池的温度同时变化，所产生的温漂也相同。光电池的光电流经过电流/电压(I/V)转换电路，输出的信号进入差分放大器进行差分放大。差分电路对由于光照产生的差模信号有很强的放大作用，而对由于温漂产生的共模信号有很强的抑制作用。这一差分结构提高了电路的抗干扰能力，提高了共模抑制比，保证了系统的测量精度。

数字光照度计的总体结构框架如图8-10所示。光电传感器探头(光电池1)接收光信号，并将其转换成电流信号，微弱的电流信号和温漂补偿传感器(光电池2)的输出分别经过I/V

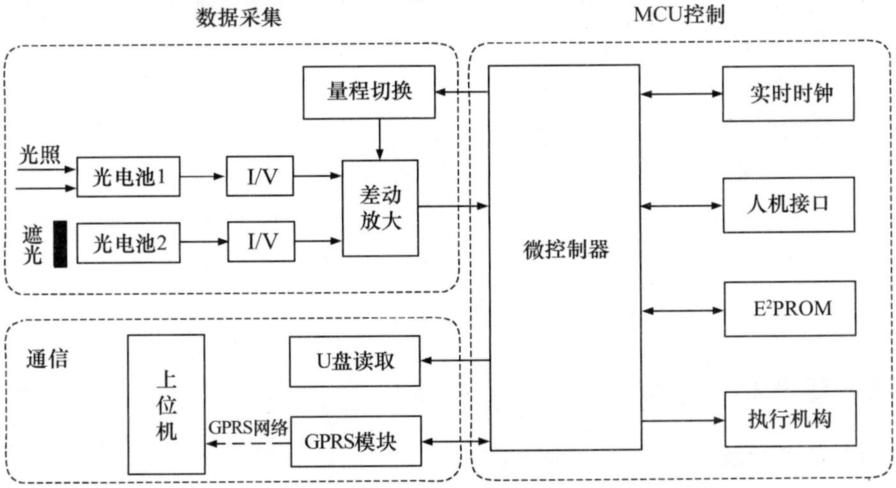

图8-10 数字光照度计总体结构框架[14]

转换变成电压信号，再经差分放大送到单片机(微控制器)进行 A/D 转换，单片机根据采样信号的大小控制模拟多路开关进行量程切换，直至采集到的信号在合适的范围内，再将光照度信息通过人机接口实时显示到外接 LCD 上，并定时存储相关信息。微控制器根据事先设定的光照度上下限对温室进行补光或遮光控制，同时将光照度信息传送到上位机，以便监测分析。该数字光照度计光照度测量范围为 0～200 000 lx，测量精度为±5%。

图 8-11 TES-1339R 照度计

图 8-11 是一款专业级照度计(TES-1339R 照度计，泰仕电子工业股份有限公司)，适用于大田、温室、养殖场等各种现场照度测量。光电转换元件为硅光电二极管及光谱滤波器，工作稳定可靠。光电器件覆盖有余弦漫射片，满足倾斜入射光余弦校正要求。照度计采用 RS-232 接口，可以和计算机直接相连，满足自动数据传输和温室自动控制要求。照度计测量范围 0.01～999 900 lx，分辨率 0.01 lx，精度±3%，温度特性±0.1%/℃，测量速度每秒约 5 次。

温室人工补光以作物光照需求为根本，采用人工光源改善温室内部光环境，提高温室作物净光合速率，促进温室作物产量与品质的提升。红橙光能够促进作物生长，使作物较早开花结果。蓝紫光有利于作物蛋白质及维生素 C 的合成，能够提高作物本身的抗逆性。在温室中经常使用的补光光源有白炽灯、荧光灯、高压钠灯、金卤灯、LED 等，其性能如表 8-2 所示。出于对使用寿命、发光效率、成本等方面的综合考虑，LED 逐渐成为温室补光光源的主流。温室补光灯能够根据温室光照度的测量结果和接收的 PWM 控制信号实现无级调光。

表 8-2 常见温室补光灯性能对比

类型	光谱特性	优点	缺点
白炽灯	红外辐射占 80%～90%，蓝紫光占比很小	价格便宜	耗电量大，寿命短，发光效率低
荧光灯	红橙光占 45%～50%，蓝紫光占 25%	光照均匀，接近植物光合作用曲线	玻璃灯体，易碎
高压钠灯	红橙光占 39%～40%，蓝紫光占 9%	发光效率高，使用寿命长	功耗高，表面温度高，缺少蓝光
金卤灯	金属卤化物组成决定光谱特性	功率大，使用寿命长(8 000～15 000 h)	填充物汞有毒，易造成污染；发热量大
LED	光质可定制，光谱可变	冷光源，节能高效，使用寿命长	缺少不可见光

8.2.3 温室环境 CO_2 浓度检测与传感技术

8.2.3.1 CO_2 浓度检测方法

CO_2 是作物光合作用的重要原料之一，大气中 CO_2 浓度约为 400 μmol/mol(体积分数约为 0.03%)。温室栽培使作物长期处于相对密闭的环境中，且栽植密度远高于大田开放种植。

在植物光合作用旺盛期，温室内空气中的 CO_2 浓度会大大低于大气中的 CO_2 浓度，不能达到植物生长要求，光合作用明显变弱，作物生长发育受限。研究表明，特定条件下适当增施 CO_2 气肥，可有效提高作物单叶净光合速率及作物内部有机物的积累量。为了科学安全增施 CO_2 气肥，温室环境 CO_2 浓度的检测是非常必要的。

CO_2 浓度的传统测量方法有酸碱滴定法、气相色谱法、放射性同位素法，主要用于实验室精密分析，无法实现在线监测，更无法与 CO_2 施肥装置相配合，实现 CO_2 浓度的智能化控制。目前用于 CO_2 浓度现场检测的传感器主要有热传导式、电化学式、电导率式、电容式和红外式[15,16]。

热传导式 CO_2 传感器通过检测气体的热传导率差异来检测气体浓度，适合检测高浓度气体以及高稳定性的惰性气体。传感器对气体浓度非常敏感，气体浓度上限为 100%。但是这类传感器对温湿度要求较严，主要用于定温、定湿环境中的 CO_2 浓度测量，例如水果、蔬菜运输船中的 CO_2 浓度管理，不适于在高温、高湿的温室环境中使用。

电化学式 CO_2 传感器主要包括加热元件、热敏电阻和敏感元件 3 部分。敏感元件暴露在 CO_2 气体环境中时发生电化学反应，在元件的两端形成电动势，电动势的大小可反映 CO_2 的浓度。热敏电阻的作用是探测环境温度，对传感器进行温度补偿，使测量值更加准确。

电导率式 CO_2 传感器是根据氢氧化钠(NaOH)溶液与 CO_2 反应时其电导率会发生变化的原理进行测量的。测量范围取决于 NaOH 的含量，通常为 0.005%～0.2%(体积分数)。溶液的电导率信号经放大、模数转换后可用于调控 CO_2 浓度。

金属的氧化物一般比其碳酸盐的介电常数要大，电容式传感器正是根据这个原理利用电容的变化来检测 CO_2 浓度的。一般采用溶胶—凝胶法，以醋酸钡和钛酸正丁酯为原材料、乙醇和醋酸为溶剂制备 $BaTiO_3$ 纳米晶材料，再以这种纳米晶材料为基体，制备电容式 CO_2 传感器。

由光谱学知识可知，分子振动频率是在红外区，分子振动吸收能量的现象也产生在红外区。不同分子有不同的红外吸收特征频率，即不同的吸收特征波长，利用光谱吸收可以探测 CO_2 浓度。红外式 CO_2 传感器反应快，体积小，灵敏度高，精确度较好。

8.2.3.2　固体电解质式 CO_2 浓度传感器

固体电解质传感器实现了电化学传感器件结构的固态化，可以消除电解液渗漏或干涸等问题对器件性能的影响，提高电化学传感器的稳定性和实用性，便于器件的一体化和集成化，是发展高性能电化学传感器的重要趋势[17,18]。

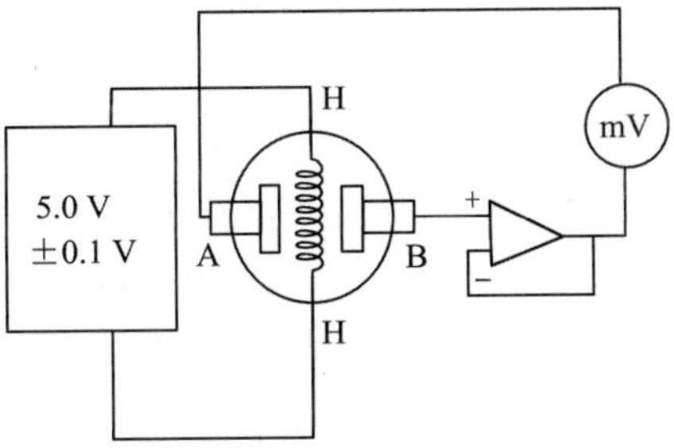

图 8-12　固体电解质式 CO_2 浓度传感器检测原理

固体电解质式 CO_2 浓度传感器的检测原理如图 8-12 所示。在采用特殊材料制备的两个电极(电极 A 和电极 B)之间充有阳离子固体电解质。当传感器暴露在 CO_2 气体环境中时，就会产生电化学反应。通过监测两个电极之间所产生的电势值，就可以测量 CO_2 的浓度。一般，输出电压与 CO_2 浓度的对数呈反比例线性关系。加热器(H-H)的作用是使传感器保持在最敏感的温度上，加热电压的变化将直接影响传感器的稳定性，因此加热电压必须稳定。

早期的固体电解质式 CO_2 传感器是采用 K_2CO_3 固体电解质的电位型 CO_2 传感器，受共存水蒸气影响很大，难以实现实用[19]。后来采用钠离子导体 NASICON（Na^+ conductor，$Na_3Zr_2Si_2PO_{12}$）固体电解质和二元碳酸盐（$BaCO_3$-Na_2CO_3）电极，传感器响应特性有了大的改进[20]。但是这类电位型固态 CO_2 传感器需要在高温（400～600 ℃）下工作，且只适宜检测低浓度 CO_2，应用范围受到限制。

在电位型传感器之后出现的电流型固体电解质式 CO_2 传感器，采用聚丙烯腈（polyacrylonitrile，PAN）、二甲基亚砜（dimethyl sulfoxide，DMSO）和高氯酸四丁基铵（tetrabutylammonium perchlorate，TBAP）制备新型固体聚合物电解质。以恰当配比 PAN-DMSO-TBAP 制成的聚合物电解质具有空间网状多孔结构，室温下离子电导率高达 100 μS/cm，以这种聚合物电解质在金微电极上成膜构成的全固态电化学体系，在常温下对 CO_2 气体有良好的电流响应特性[21]。

目前市场上有多种固体电解质式 CO_2 传感器产品，如 MG-812 低功耗 CO_2 传感器（郑州炜盛电子科技有限公司）、TGS4160 CO_2 传感器（Figaro，日本）等。MG-812 是半导体氧化物化学传感器，CO_2 浓度检测范围为 0～0.01%[22]。TGS4160 是内含热敏电阻的混合式 CO_2 浓度传感器，阴极由锂碳酸盐和镀金材料制成，阳极只是镀金材料。该传感器灵敏度高，寿命长，CO_2 浓度检测范围为 0.03%～0.5%。

8.2.3.3 不分光红外 CO_2 浓度传感器

基于红外吸收原理的空气 CO_2 浓度传感器比较多，如 ExplorIR-M 传感器（GSS，英国）、CRIR M1 传感器（Honeywell，美国）。

CO_2 在红外区有 3 个比较明显的吸收谱线，一个吸收中心位于近红外 1.573 μm 波长处，适用于光纤二氧化碳传感器[23]。一个位于中红外 4.26 μm 波长处，还有一个位于 14～20 μm 波长区域。其中 4.26 μm 波长附近的吸收最为强烈，衰减最剧烈，因此常被用于 CO_2 浓度检测。但 CO_2 浓度检测一般不采用常用的分光红外技术，而是采用不分光红外技术。分光红外检测一般使用滤光片、棱镜或光栅等装置进行分光，选择一个或几个特定波长（或波数）的光进行探测。不分光红外分析使用一个宽波长范围的光源，用两个窄带滤光片分别在两个检测器之前滤光，两个检测器一个作为传感元件，一个作为参比。参比波长（也称作中立波长）选用 CO_2 不吸收但又在吸收波段附近的波段，一般为 3.9～4.0 μm。由于中立波长的补偿，测量精度更高。

不分光红外 CO_2 浓度传感器原理如图 8-13 所示，有 2 个滤光片（吸收波长和参比波长）和 2 个检测器。当红外光通过待测气体时，气体分子对特定波长的红外光有吸收，吸收关系服从朗伯-比尔定律（Lambert-Beer Law）。设入射光是平行光，强度为 I_0，出射光的强度为 I，气体介质的厚度为 L，则各参数之间满足

$$I = I_0 e^{-\varepsilon c L} \tag{8-5}$$

式中：ε 为红外吸收系数，表征某种气体吸收红外线的能力；c 为 CO_2 浓度。对式（8-5）进行变换，得到

$$A = \ln(I_0/I) = \varepsilon c L \tag{8-6}$$

$$c = A/\varepsilon L \tag{8-7}$$

式(8-6)中定义的变量 A 称作吸光度(absorbance)。由式(8-7)可以看出，CO_2 浓度与 CO_2 气体的吸光度成正比。

实际上传感器会存在光路干扰，由于参比波长的光不会被 CO_2 吸收，其光强变化只反映光路干扰。利用参比波长信号的变化补偿吸收波长信号，就可以消除光路干扰。

图 8-14 是 ExplorIR-M 传感器的系统构架，系统主要包括集成的 CO_2 检测单元、光源(LED)、光电探测器(PD)以及监控和数据处理单元。整个传感器集成在约 18 mm×ϕ20 mm 的壳体内，采样频率 2 Hz，功耗 3.5 mW。

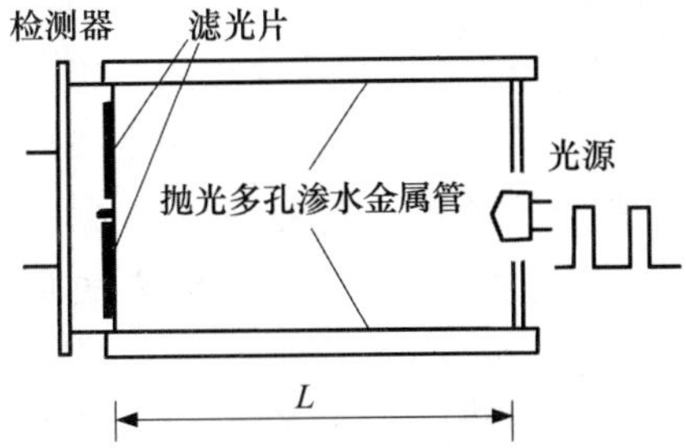

图 8-13　不分光红外 CO_2 浓度传感器原理图

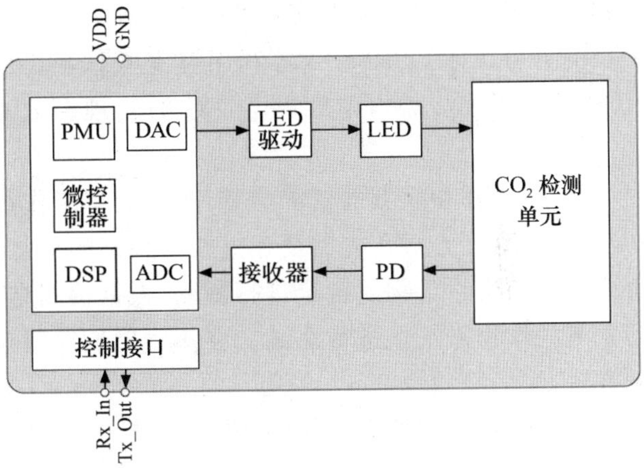

图 8-14　ExplorIR-M 传感器系统构架

8.3　设施园艺水肥一体化灌溉调控技术

8.3.1　封闭式栽培系统的营养液调控策略

精细农业(智慧农业)要求基于生产环境和过程的时空变异实施差异化管理，因此精细施肥和精细灌溉都是精细农业(智慧农业)的核心。水资源紧缺，以及对农业生产中减少农药、化肥用量的关注，催生了水肥一体化技术。水肥一体化技术是灌溉与施肥融为一体的农业新技术，它借助于压力系统将可溶性固体或液体肥料，根据土壤养分含量及作物的需肥规律和需肥特点配兑肥液，再与灌溉水一起，通过可控管道系统和滴灌系统，完成灌溉＋施肥。水肥一体化技术的优势是节水、节肥，肥效快，养分利用率提高。

温室封闭式栽培系统为设施园艺水肥一体化灌溉调控技术推广提供了基础条件。封闭式栽培是用基质或者营养液代替土壤的一种栽培模式，通过对营养液 EC、pH 及营养成分的分析，能够更加精确地调控营养供应，有效避免肥料和灌溉水的流失，提高水肥利用率。如何进行营养液(混合后的水肥)有效供给，既提供作物生长所需养分，又降低经营成本，减少对环境的不良影响，是温室可持续健康发展需要解决的关键技术。目前营养液调控策略研究可大致归纳为三大类，即基于 EC 和 pH 的营养液调控方式、基于养分添加的营养液管理方式和基于作物模型的营养液管理方式[24]。

(1)基于 EC 和 pH 的营养液调控方式:温室水肥一体化控制系统一般采用反馈控制模式,通过比较输出和输入并将其差作为控制参数,基于反馈信号进行调控。有许多参数可以作为反馈信号,其中最常用的是营养液的 EC 和 pH 的测量值。EC 被认为与营养液中的养分浓度呈正相关,水培作物的推荐 EC 值范围为 0.8～3.0 mS/cm,因此,精确稳定地测量 EC(及 pH)对于水肥一体化过程的反馈控制非常重要[25,26]。

(2)基于养分添加的营养液管理方式:基于养分添加的营养液管理方式将作物生长所需的各种养分制成母液并分别放置在不同的母液罐中,按照作物的实际生长需要,在计算机程序的控制下按照不同的抽取比例从母液罐中抽取母液进行混合,混合完毕的营养液可以满足作物生长的养分需求。Alberto 等利用温室西瓜栽培比较试验证明,在保证产量和品质一致的情况下,养分添加法需水量比基于 EC 的管理模式减少 40%～50%,肥料利用率提高 60%～80%[27]。

(3)基于作物模型的营养液管理方式:基于作物模型的营养液管理方式现在还处于研究的初步阶段,这种方式首先需要建立较为精确的作物生长模型和蒸腾模型,然后利用生长模型对每个阶段的作物干物质含量进行预测,根据预测结果决定营养液的配比方案,最后根据蒸腾模型预测的作物需水量进行灌溉。在作物生长模型和蒸腾模型精准的条件下,这种方法是理想的方法。

目前营养液调控尚有一些普遍性问题没有解决,如调控时只考虑配方浓度,没有结合作物根区吸收养分的环境、基质 EC 和 pH、温湿度等指标进行营养液供给的优化计算,也没有结合作物蒸腾和环境因素对营养液吸收状况的影响调控供给量。因此温室封闭式栽培条件下营养液的自适应调控模式仍需要进一步的研究。

8.3.2 水肥一体化智能调控系统结构与特征

1. 系统总体架构

温室小气候环境对于作物的生长起着至关重要的作用。一个封闭式栽培系统需要考虑基质、环境和营养液 3 个方面。因此,日光温室封闭式栽培系统主要由基质栽培子系统、环境监控子系统和水肥一体化营养液灌溉子系统构成,图 8-15 所示为基于水肥一体化智能调控系统的封闭式栽培日光温室架构实例[25]。

日光温室内采用基质代替土壤,为作物根系提供支撑、存蓄水分和供给营养物质,为作物的生长创造一个适宜的根区环境。基质使用基质袋或塑料薄膜完全包裹,保证与外界的隔离,同时也有利于营养液回收,基质渗出的多余的营养液通过过滤装置和回流管道回收,基质、包裹材料、过滤器和回流管道构成基质栽培子系统。下面重点介绍环境监控子系统和水肥一体化营养液灌溉子系统。

2. 环境监控子系统

环境监控子系统为水肥一体化智能调控系统提供必需的数据,也是保证温室作物正常生长的关键。日光温室自身的结构特点决定了其环境监控系统的构建与其他类型温室不同,尤其是封闭式栽培系统中,环境监控系统的构建应该遵循以下原则。

二维码 8-2

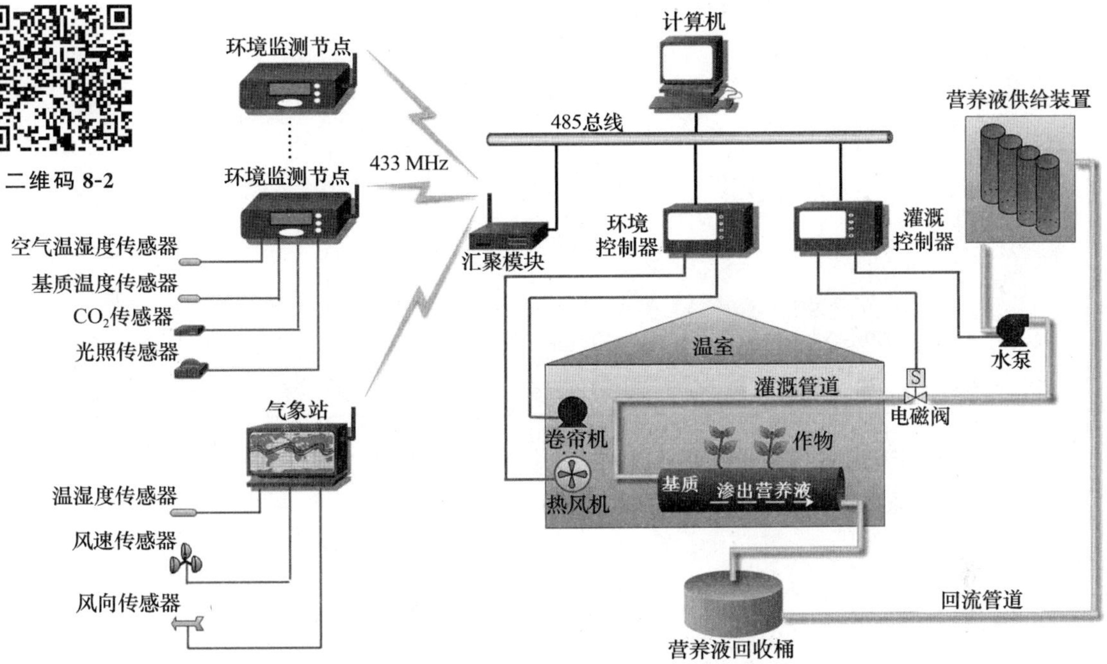

图 8-15　基于水肥一体化智能调控系统的封闭式栽培日光温室架构[25]

①要根据作物需求设计环境监控系统。水肥一体化智能调控系统根据作物长势调节灌水量和施肥量。作物生长受到温度、湿度、光照、CO_2 浓度等多种环境因素的影响，需要进行自动化的主动环境调控。为了更好地实现营养液的精确供给，还需要测量基质的温度以及回收的营养液的 EC 和 pH。

②要根据日光温室的结构特点部署传感器的位置。现代化的连栋温室结构规范，温室内环境的调节主要依靠控制设施来进行，具备完备的加热、通风、降温、遮阳和空气循环系统，温室内温湿度分布相对均匀，除了边界区域之外，传感器可以均匀部署在温室中。日光温室与现代化的连栋温室不同，北墙和地面土壤承担着主要的蓄热功能，墙体和土壤内温度与空气温度存在一定的差异，而且靠近北墙的空气温度和靠近南墙的空气温度也存在一定的差异，靠近地面的空气温度和靠近顶部通风口的空气温度也不相同。所以，日光温室中传感器的位置要根据温室自身的特点部署。

③要根据作物类型设计环境监控网络。温室环境监控 WSN 常用的传输方式有 ZigBee、蓝牙、Wi-Fi、射频 433 MHz 技术等，表 8-3 所示为这几种无线传输方式的性能比较。生产型日光温室种植较多的是番茄、黄瓜等枝叶茂密的作物，会影响信号的传输，因此需要采用穿透性强、传输距离远、功耗小、成本低、组网灵活的无线传输方式。目前应用相对广泛的无线组网技术是 ZigBee，但是 ZigBee 传输的穿透性较弱，Wi-Fi 和蓝牙等无线传输方式在实际的温室生产中也不适用。因此，构建日光温室封闭式栽培系统时，建议采用射频 433 MHz 技术来组网。

表 8-3 常用的无线传输方式性能比较

项 目	ZigBee	蓝牙	Wi-Fi	射频 433 MHz 技术
载波频带	2.4 GHz	2.4 GHz	2.4 GHz	433 MHz
传输距离	30 m～1.6 km	10～100 m	30～45 m	200 m～3 km
数据速率	250 kb/s	1 Mb/s	11～54 Mb/s	9 600 b/s
功耗	低	中等	高	低
价格	低	低	高	低
调制方式	DSSS,CSMA/CA	FHSS	DSS/CCK,OFDM	FSK/GFSK
数据安全	128 位	64/128 位	128 位	128 位

图 8-16 所示为水肥一体化智能调控系统的监控网络结构图,主要由监测模块、传输模块、调控模块和后台服务 4 部分组成。

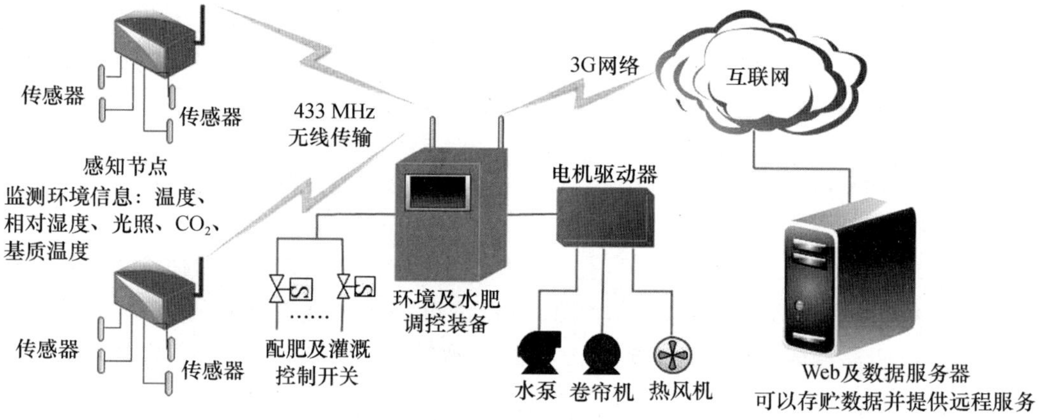

图 8-16 监控网络结构图[25]

监测模块:监测功能主要由传感器及感知节点来实现,传感器测量温室内环境参数——温度、相对湿度、光照强度、CO_2 浓度,此外还需要测量基质的温度以及回收营养液量及 EC、pH。所有的传感器和感知节点相连,感知节点对传感器的数据进行汇聚和初步处理后,通过集成到内部的 433 MHz 无线设备发送到环境及水肥调控装备。

传输模块:传输模块包括 WSN 和移动通信(3G/4G/5G)两种无线网络,WSN 网络连接所有的传感器和主机,能够保证数据的实时传输。433 MHz 无线网络可以实现无线感知节点的自由添加和去除,而且其穿透性较强,传输距离较远,感知节点和主机的通信无须通过中继,可以直接传输数据。通过移动通信网络,可将本地数据传输到后台服务器,供用户随时查询所有温室当前及历史数据,还可以通过移动通信网络实现远程控制。

调控模块:调控功能通过环境及水肥调控装备实现,该装备集成了计算机和环境及水肥主控制器(主控器),主控器通过 433 MHz 无线网络接收感知节点传输的各种数据,根据环境信息自动控制卷帘机、热风机等设施运行,还可以根据设置控制营养液的配比、灌溉线路的开合并能够实现自适应灌溉控制。计算机可以显示各种参数信息,并为用户提供良好的交互界面,方便用户对主控器进行设置。

后台服务：后台服务主要包括两项功能：数据服务和 Web 服务。环境及水肥调控装备通过移动通信网络将本地数据上传到后台服务器的 MySql 数据库，利用上传的数据可以对温室的历史信息进行查询和分析，包括环境参数、灌溉用水量、产量等，并且可以进行远程管理，远程控制环境及水肥调控装备的启停和设置等。

3. 水肥一体化营养液灌溉子系统

图 8-17 所示为水肥一体化营养液灌溉子系统结构图，包括灌溉控制器、母液供给部分、混肥部分、灌溉及回收管路等。其核心是集成在环境及水肥调控装备中的灌溉控制器，包括营养液配比和灌溉控制两个功能模块。营养液配比模块检测营养液的 EC 和 pH，并根据程序设定的参数控制配肥时每一种母液的抽取比例。灌溉控制模块可以控制每一条灌溉线路电磁阀的开合、灌溉泵及回收泵的启停。

灌溉控制器的功能是按照设定的程序进行肥料的配比计算和灌溉控制。母液供给部分由母液桶和电磁阀构成，不同肥料投放到对应的母液桶之中，母液桶之外还有一个酸桶中盛放硝酸，各母液桶的肥料及酸液的抽取通过灌溉控制器控制电磁阀的开合来实现。抽取到的母液通过文丘里管混合后流入混肥桶中。混肥桶内置 EC 和 pH 传感器，可以实时检测营养液的制备情况，然后根据程序设定的不同参数进行不同类型营养液的配制。配制完毕的营养液在灌溉泵的控制下流向温室，每个温室的灌溉量、灌溉时间及频率通过灌溉控制器操作电磁阀的开合进行控制，多余的营养液回流到回收桶中，并通过回收泵抽取到混肥桶中，实现营养液的循环利用。

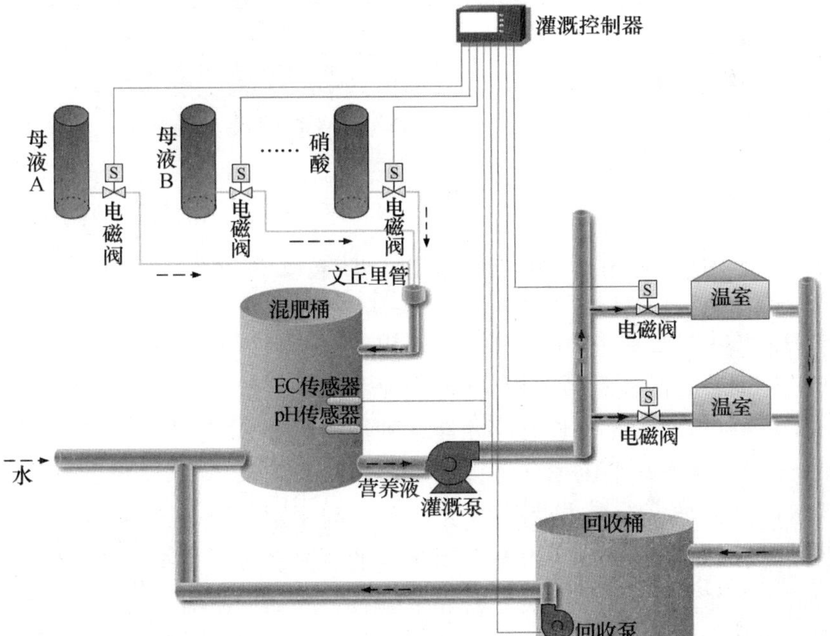

图 8-17　水肥一体化营养液灌溉子系统结构图[25]

8.3.3　水肥一体化智能调控系统算法

8.3.3.1　水肥一体化营养液制备模型[28]

营养液的制备是水肥一体化灌溉的关键之一。营养液中各种养分的含量是通过其中不同离子的浓度反映出来的，可以采用特定的离子传感器来检测，如离子选择电极（ion selective electrode，ISE）和离子选择性场效应管（ion selective field effect transistor，ISFET）传感器。但是在实际中应用这些传感器仍然面临着一系列的问题，特别是其稳定性以及高昂的成本，所以营养液浓度的检测常以检测其 EC 得到溶液中溶解离子的总含量的办法来代替[25,26]。

注射装置是营养液制备的核心部件，简易文丘里管是广泛采用的注射装置之一，其工作原理如图 8-18(a)所示。文丘里管是利用文丘里原理（在高速流动的气体或液体附近会产生低压，从而产生吸附作用）吸肥，不需要消耗电力，而且肥料在文丘里管里经过混合后流入混肥桶，不是直接流入水中，这样制备的营养液浓度相对均匀[29]。

营养液制备的目的是为不同种类、不同生长阶段的作物提供生长适宜的养分，制备的过程是一个肥料母液和水充分混合并达到预设值的动态过程，如图 8-18(b)所示。

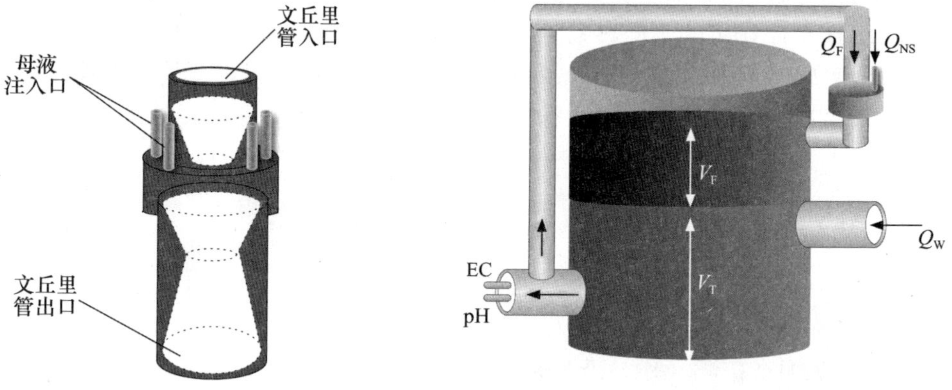

(a)文丘里管原理图　　(b)混肥桶工作过程示意图

图 8-18　营养液制备模型

水以流量 Q_W 注入混肥桶中，设有效混合体积为 V_T，则需要时间 $T_r = V_T/Q_W$ 才能注满。混肥桶中各种液体混合有两种不同的模式，即平流和理想搅拌。平流是指各种液体利用重力、渗透等自然方式进行混合，需要较长时间才能达到均匀状态；理想搅拌指液体通过搅拌等剧烈扰动，在瞬间达到均匀状态。平流模式可以用一个零阶系统来模拟，系统的延迟时间等于 T_r；理想搅拌模式可以用一个一阶系统来模拟，系统的时间常数等于 T_r。而实际系统可以看成是这两种模式的结合，因此可以用一个带有时间延迟的一阶系统来模拟，此外还应该加上液体在管道中流动所造成的时间延迟，因此实际营养液制备过程的一阶滞后传递函数模型为

$$\frac{EC(S)}{Q_{NS}(S)} = G_P(S)e^{-\tau S} = \frac{K_1}{T_P S + 1}e^{-\tau S} \tag{8-8}$$

式中：EC(S)为期望的营养液电导率，即制备过程的输出值；$Q_{NS}(S)$为肥料母液的流量，即制备过程的输入值；$G_P(S)$为传递函数中不含纯滞后特性的部分；K_1 为制备过程的增益，$K_1 =$

$1/Q_W$；T_P 为制备过程的时间常数，$T_P=\gamma T_r$，平流模式 $\gamma=0$，理想搅拌模式 $\gamma=1$；τ 为滞后时间，包括液体在管道中的流动时间和混合时间，$\tau=(1-\gamma)T_r$。

营养液的制备过程要求响应快、精确度高和鲁棒性强，同时还需控制成本。以图 8-15 所示系统为例，营养液的制备过程采用开关电磁阀进行控制，利用脉宽调制(PWM)控制各肥料母液供给电磁阀的开合时间，并采用闭环控制模式进行控制。根据式(8-8)建立的模型，为了达到较高的控制精度，混肥桶的容积需具有足够的缓冲空间，不会因为肥料母液的注入而引起 EC 的剧烈变化，但是如果混肥桶过大，也会带来其他的问题，比如会导致 EC 的调整速度变慢、灵活性较差等。根据经验，每次注入的肥料母液的量不大于混肥桶中溶液量的 5%为宜。假设混肥桶中溶液的 EC 值为 EC_M，肥料母液的 EC 值为 EC_S，向混肥桶中注入的母液流量为 Q_{NS}，吸肥电磁阀单次开启时间为 T_C(如 $T_C=5$ s，意味着电磁阀单次工作时间为 5 s，单次开启时间不可过短，这样设定是为了避免频繁动作带来的器件磨损)，则有

$$EC_S \times Q_{NS} \times T_C \leqslant 0.05 \times EC_M \times V_T \tag{8-9}$$

根据式(8-9)的约束条件，营养液制备系统需要满足 $Q_{NS}\approx 0.01Q_W$，$V_T\geqslant Q_W\times 100$ s。例如，如果 $Q_W=1$ L/s 或者 $Q_{NS}=0.01$ L/s，那么混肥桶的容积需要不低于 100 L。如果实际中 Q_W 更大，则需要更大的混肥桶。文丘里管的使用相当于引入了预处理装置，在混肥桶中增加了一个虚拟的容积 V_F，这样同时意味着增加了系统的滞后时间，由此，系统上升为一个二阶滞后系统，传递函数

$$\frac{EC(S)}{Q_{NS}(S)}=G_P(S)e^{-\tau S}=\frac{K_2}{(T_F S+1)(T_P S+1)}e^{-\tau' S} \tag{8-10}$$

式中：$K_2=1/(Q_F+Q_W)$，$T_F=V_F/Q_F$，Q_F 为流入文丘里管的液体流量，τ' 为新的滞后时间，$Q_{NS}\ll Q_F<Q_W$。

8.3.3.2 营养液自适应灌溉控制方法

水肥一体化灌溉的目的是在作物的生长过程中不间断地提供适宜的养分，封闭式基质栽培条件下营养液的优化控制是实现温室作物高产的关键之一，此外，合适的灌溉模式还能够降低生产成本并减少对外界环境的污染。要制定一套合适的灌溉控制策略，必须了解作物生长过程对于水和营养物质的实际需求。作物通过根系吸收水分，通过叶片的蒸腾作用散失水分，尤其是在温室栽培过程中，蒸腾作用散失的水分占到了水分流失总量的 90%。因此，可以根据作物的蒸腾状态来制定灌溉方法及策略，大多数的灌溉控制理论也是基于作物的蒸腾模型来实现的，但是已经建立的蒸腾模型基本都是静态模型，而且根据蒸腾模型建立的开环控制系统缺乏反馈环节，无法进行误差修正，而温室内的环境和作物生长是动态过程，具有季节性的变化，需要随时对控制系统进行调整和修正。因此，需要构建一种封闭式栽培条件下的作物动态蒸腾模型，并在此基础上实现自适应灌溉控制。

1. 作物蒸腾模型的构建

作物的蒸腾模型大多建立在 Penman-Monteith(PM)公式的基础之上[30]。当前所用 PM 公式由 FAO 于 1990 年 5 月发布，它综合考虑了光照、最高和最低气温、饱和水汽压、风速等环境因素。

$$ET_0=\frac{0.408\Delta(R_n-G)+\gamma\frac{900}{T_a+273}u_2(e_s-e_a)}{\Delta+\gamma(1+0.34u_2)} \tag{8-11}$$

式中：ET_0 为作物参考蒸腾量，mm/d；Δ 为空气中实际水汽压与空气温度关系曲线的斜率，kPa/℃；R_n 为作物表面净辐射量，MJ/(m^2 · d)；G 为土壤热通量，MJ/(m^2 · d)；γ 为湿度计常数，kPa/℃；T_a 为地面上方 2 m 高处空气平均温度，℃；u_2 为地面上方 2 m 高处风速，m/s；e_s 为空气中饱和水汽压，kPa；e_a 为空气中实际水汽压，kPa。

PM 公式是一种半经验半理论的公式，需要测定很多参数才能精确计算作物的蒸腾量，很多人根据 PM 公式进行了一些简化，但是仍然很难应用于实际的生产控制之中，因此需要采用一些相对简单的方法研究作物的蒸腾模型。在日光温室封闭式栽培系统中，灌溉系统是一个封闭的循环系统，渗出的多余的营养液可以进行回收，因此可以利用超量灌溉的思路，通过测量排出量构建作物蒸腾模型。

假设作物的需水量为 $(1-f)V_0$，则提供的灌溉量为 V_0，fV_0 为超出的灌溉量，在封闭式栽培系统中，进行超量灌溉是必要的，这样可以保证根区的清洁，防止盐分富集，保持良好的生长环境，而且营养液从供给到回收是一个循环使用过程，多余的营养液不会被浪费。$f\in(0,1)$，其值的确定取决于灌溉用水的水质、根区的温度、基质的类型及其他因素，一般来说 f 的取值在 0.1～0.2 之间。若实际蒸腾速率为 ET_r，则在某一时间段 T 内蒸腾的总量

$$CET_r=\int_t^{t+T}ET_r\,dt=(1-f)V_0 \tag{8-12}$$

设蒸腾模型对应的蒸腾速率

$$ET_m=a\,SR+b\,VPD_a+c \tag{8-13}$$

式中：ET_m 为蒸腾速率，kg/(m^2 · s)；SR 为太阳辐射强度，W/ m^2；VPD_a 为空气饱和水汽压差，kPa；a、b、c 均为系数，a 表示光照能量获取比例，与叶面积指数 LAI 有关，b 表示叶面蒸腾阻力，c 代表其他因素的影响，如作物种类、生长阶段、LAI 等。根据式(8-13)可以计算某一时间段 T 内蒸腾的总量 CET_m，如果建立的蒸腾模型能够准确模拟实际的蒸腾过程，则 CET_m 应该和 CET_r 相等：

$$CET_m=CET_r=(1-f)V_0 \tag{8-14}$$

2. 营养液灌溉控制模型的构建

在封闭式栽培系统中，栽培基质完全与外界隔离，水分的流失基本通过作物的蒸腾作用来实现，所以可以根据排水量 V_d 计算蒸腾量，如图 8-19 所示。

图 8-19 蒸腾量计算模型原理

由图 8-19 可知，作物实际蒸腾量

$$CET_r=V_0-V_d \tag{8-15}$$

某一时间段 T 内的蒸腾总量

$$CET_m=\int_t^{t+T}(a\,SR+b\,VPD_a+c)\,dt \tag{8-16}$$

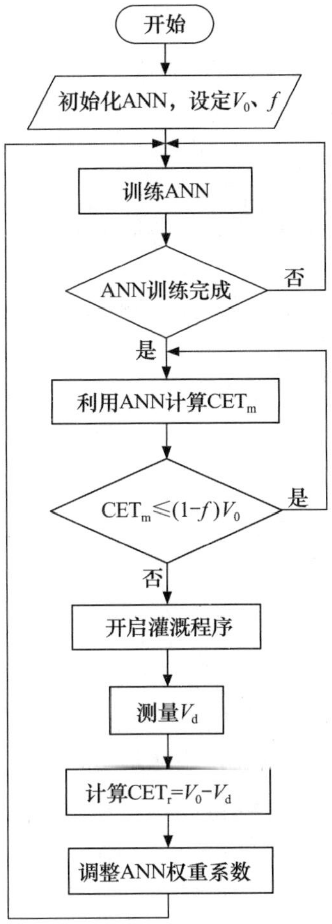

图 8-20 基于 ANN 的营养液自适应灌溉控制算法程序流程图

式(8-16)即为营养液灌溉控制系统的模型。计算系统蒸腾总量CET_m，当达到设定值$(1-f)V_0$时，开启灌溉程序进行第k次灌溉(灌溉量为V_0)，并测量排出的营养液总量，然后计算灌溉量V_0和排出量V_d的差值，该差值即为实际蒸腾量。根据CET_m和CET_r之间的误差，调整a、b、c的值，重新开始计算CET_m，当达到设定值$(1-f)V_0$时，开启第$k+1$次灌溉，并再次调整a、b、c的值，直至作物蒸腾模型接近实际蒸腾过程。根据这种营养液灌溉控制方法可以实现灌溉量及灌溉频率的动态调整。

3. 基于神经网络的营养液自适应灌溉控制方法

根据式(8-13)计算蒸腾量，需要测量空气饱和水汽压差VPD_a。VPD_a是在一定温度下饱和水汽压与空气中实际水汽压之间的差值，它表示的是实际空气距离水汽饱和状态的程度，直接影响植物气孔的闭合，对其蒸腾作用有着重要影响。VPD_a可以根据空气的相对湿度和温度估算出来，因为封闭式栽培系统已经采集空气的温度T_a和相对湿度RH，所以，可以将式(8-13)转换为

$$ET_m = a SR + bT_a + c RH + d \tag{8-17}$$

温室本身是一个多变量、高耦合的非线性复杂系统，式(8-13)和式(8-17)都是对于复杂系统的近似的线性化描述，可以使用神经网络进行非线性复杂系统的建模。

图 8-20 是基于人工神经网络(ANN)的营养液自适应灌溉控制算法程序流程。

基于人工神经网络的营养液自适应灌溉控制算法，可以根据温室小气候环境的温度、相对湿度和光辐射强度对作物蒸腾量进行计算，当计算量达到设定阈值时开启灌溉程序，并根据计算量和排出的多余营养液量的比较结果对神经网络进行修正，实现灌溉量的自适应调控。

8.3.4 水肥一体化智能调控系统应用

8.3.4.1 环境及水肥调控装备

环境及水肥调控装备是整个封闭式栽培系统控制环节中最为关键和核心的部分，它不但负责汇聚各个感知节点传输的环境参数并上传到后台服务器，还承担着环境调控、营养液配比及灌溉控制等功能，同时还具备良好的人机交互功能。图 8-21 所示为基于图 8-15 架构开发的环境及水肥调控装备实物图，由中国农业大学(CAU)和希腊雅典农业大学(AUA)联合研制[31,32]。

图 8-21 环境及水肥调控装备实物图(CAUA-12)

环境及水肥调控装备由计算机、主控模块、无线传输

模块、EC&pH 测量模块和驱动控制模块构成，其中无线传输模块包括 433 MHz 无线传输、移动网络无线传输、短信报警 3 个部分，驱动控制模块分为营养液配比驱动、环境控制驱动和灌溉控制驱动 3 个模块。其结构如图 8-22 所示。

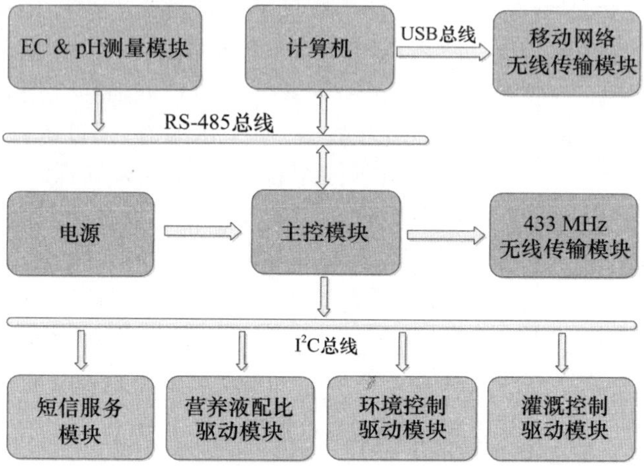

图 8-22 环境及水肥调控装备电路结构

环境及水肥调控装备通过 433 MHz 无线模块接收感知节点传输的环境参数，并通过主控模块对之进行分析和计算，同时利用移动通信网络将这些参数上传到后台服务器进行备份，当环境参数超过限定值或者调控装备出现故障时，可以使用短信方式发送报警信息到温室管理者的手机。主控模块和其他模块之间的数据交互主要通过 I^2C 和 RS-485 两种总线。EC&pH 测量模块负责检测营养液的 EC 和 pH，并通过 RS-485 总线将数据发送到主控模块，主控模块参照程序设定的值操作营养液配比驱动模块，利用电磁阀的开合控制每一路母液的抽取比例。环境控制驱动模块和灌溉控制驱动模块都是通过 I^2C 总线和主控模块进行信息传输，主控模块通过对应继电器控制环境调节设备的电动机、灌溉泵及回收泵、灌溉线路的电磁阀，达到水肥调控的目的。

8.3.4.2 环境及水肥管理系统软件

环境及水肥调控装备装载了环境及水肥管理系统软件，该软件包括硬件设置、参数设置和温室管理程序设置 3 个主要功能模块。硬件设置模块可以对系统的常用硬件设备进行配置，参数设置模块可以对系统的控制方式及产生的控制参数进行设置，温室管理程序设置模块可以对温室的日常管理程序进行设定。图 8-23 为环境及水肥管理系统软件结构图，图 8-24 为环境及水肥管理系统软件主界面。

1. 硬件设置模块

硬件设置模块的功能主要是传输设置、常规参数设置、输入和输出量设置。传输设置中可以对上位机和下位机的通信模式以及各个传感器节点的信号传输进行设置。图 8-25 所示为传输设置功能界面，图 8-25(a)为通信设置界面，在此界面中可以对 RS-485 的传输模式进行设定，确保上位机和下位机之间的通信顺畅；图 8-25(b)为系统软件对各个传感器节点的信号控制，可以开启和关闭制定的传感器节点数据通信链路，并对其进行参数设置。常规参数设置可以对封闭式栽培系统中产用的控制参数进行设定，包括 EC 和 pH 的设定(和虚拟变量设置

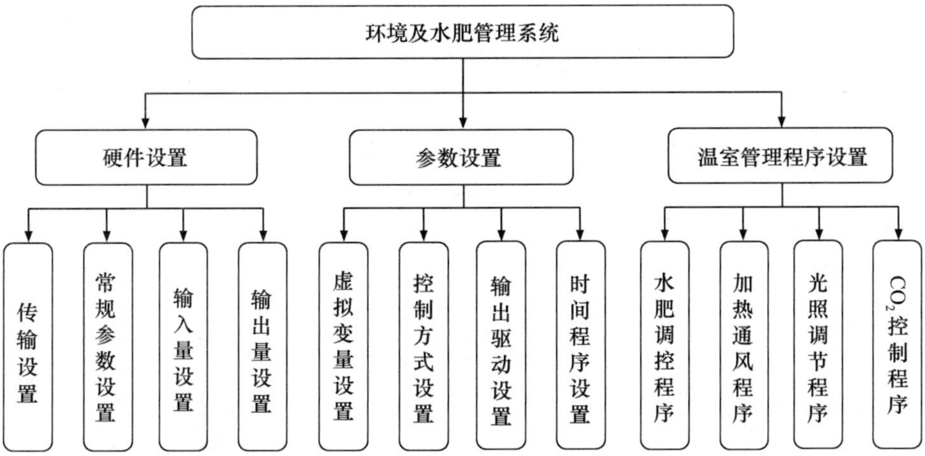

图 8-23　环境及水肥管理系统软件结构图

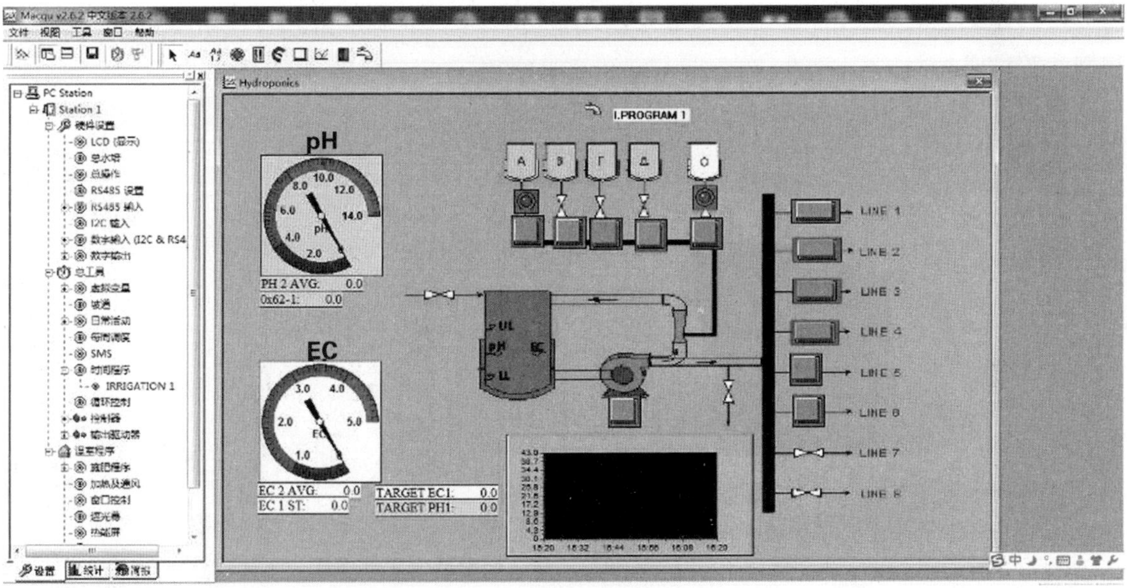

图 8-24　环境及水肥管理系统软件主界面

配合使用)，混肥桶的水位设定，以及各个肥料母液桶电磁阀开关变量控制设定等。输入输出量设置的功能主要是对系统的各个输入量(如混肥桶的水位传感器、数字式水表等)和各个输出量(母液桶的电磁阀、灌溉线路电磁阀等)进行控制 ID 的设定，方便在后续温室管理控制程序中进行变量的引用和控制。

2. 参数设置模块

参数设置模块是环境及水肥管理系统软件的核心部分，它包括虚拟变量设置、控制方式设置、输出驱动设置和时间程序设置 4 个主要功能。虚拟变量设置可以对系统控制过程中的中间变量进行设定，如对 EC 和 pH 进行设定、改变、计算，对环境控制设定点的计算，对蒸腾量的计算等。控制方式设置可以对 EC 和 pH 的调控方式进行设定，如利用 PID 算法进行调控，

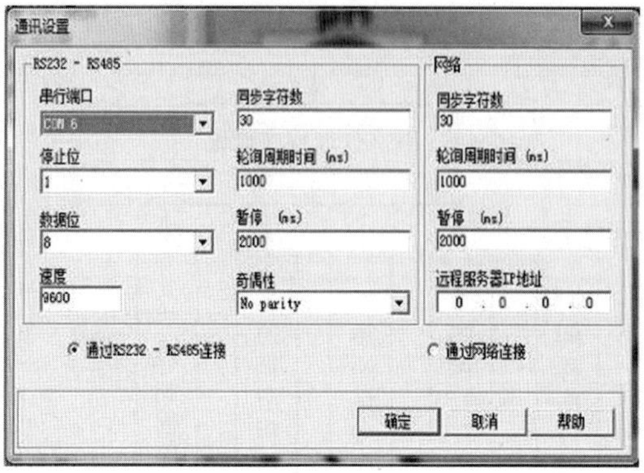

(a)通信设置

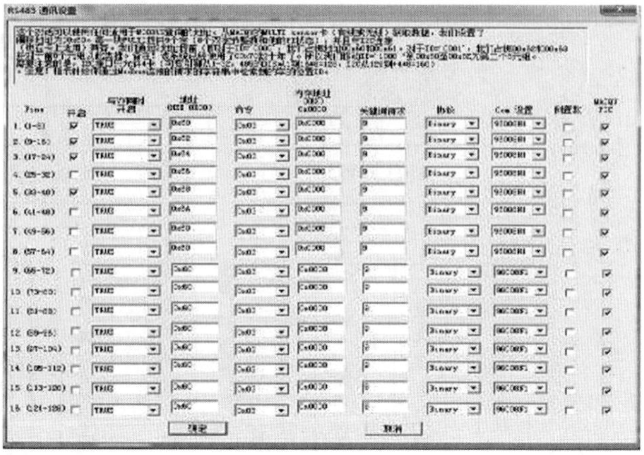

(b)节点信号控制

图 8-25　传输设置功能界面

需要控制营养液的 EC 和 pH 保持在要求的设定值。图 8-26 所示为 PID 控制模式设定和 PID 控制参数设定界面。

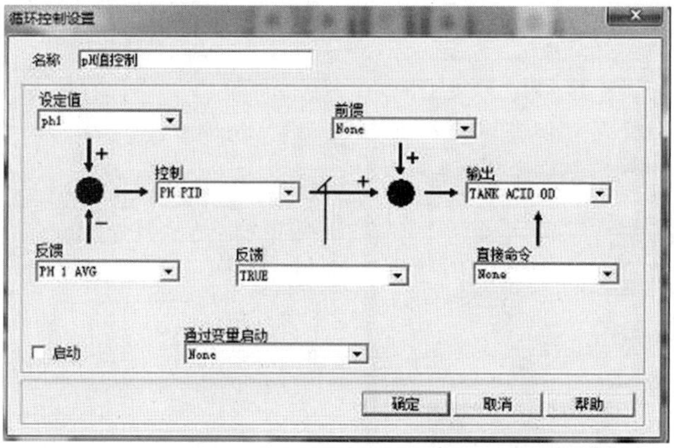

(a)PID 控制模式设定界面

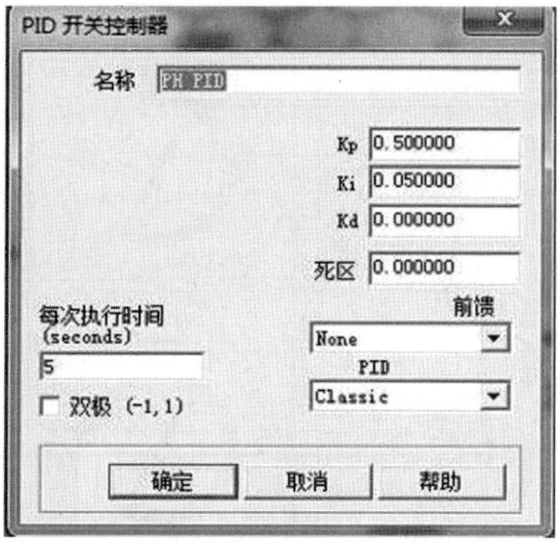

(b)PID 控制参数设定界面

图 8-26　PID 控制模式和控制参数设定界面

PID 控制方法是按照闭环系统误差的比例、积分和微分进行控制调节，使被控量能够快速准确地接近控制目标的一种控制方法。图 8-26（b）中 K_p 为比例放大系数，K_i 为积分系数，K_d 为微分系数。当系统选用 PID 控制模式时，3 个系数可以在图 8-26(b)所示的界面中进行设置。

输出驱动设置主要是对各个电磁阀的控制模式进行设定，比如在控制母液桶的电磁阀工作时对其开关的控制模式进行设定，有开关控制模式、PWM 控制模式和 PDW(pulse description word，脉冲描述字)控制模式等。时间程序设置主要用来对灌溉程序进行设定，包括灌溉模式选择(按照时间表模式还是蒸腾模型模式进行灌溉)、周灌溉计划及日灌溉计划设定、灌溉线路设定等。图 8-27 所示为时间程序设置界面。

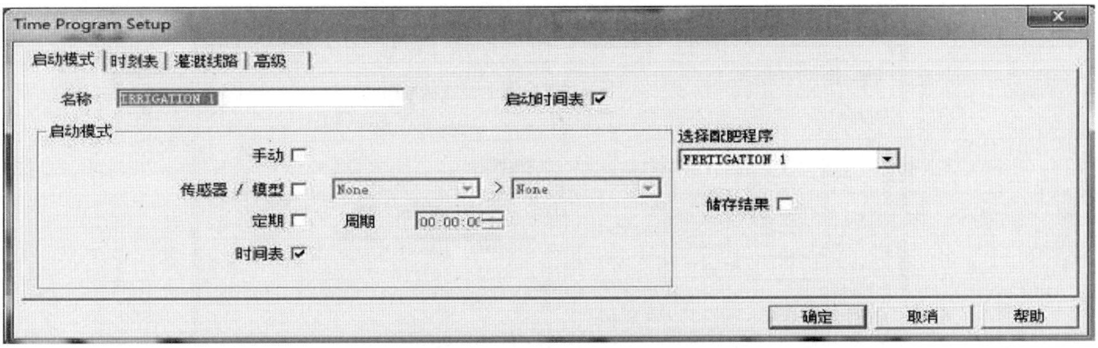

(a)灌溉模式设定界面

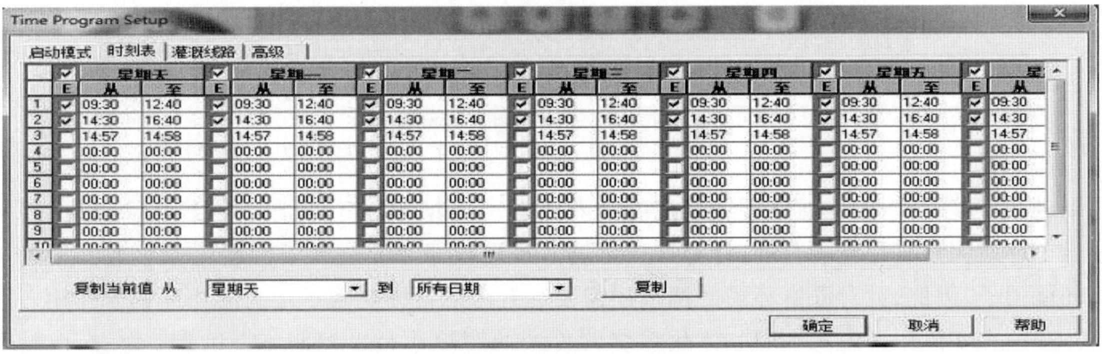

(b)灌溉时刻表设定界面

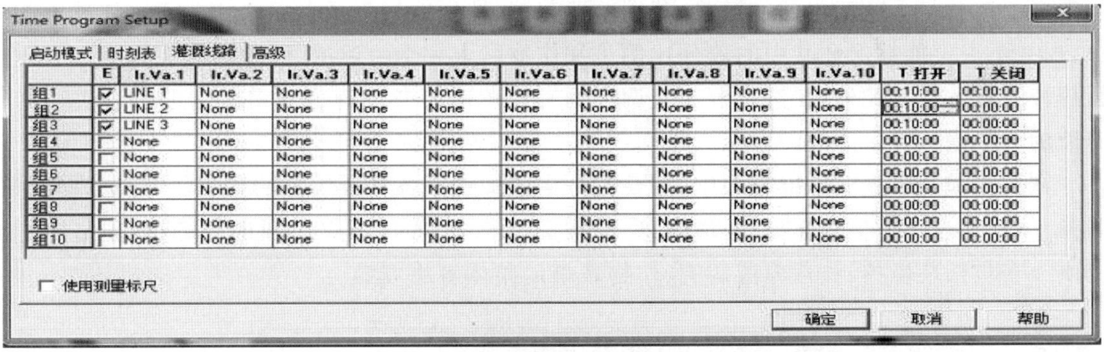

(c)灌溉线路设定界面

图 8-27　时间程序设置界面

3. 温室管理程序设置模块

温室管理程序设置模块可以对温室管理中的营养液配比、加热和通风、光照调节、CO_2 控制等程序进行设定。图 8-28 所示为营养液配比程序设置界面，可以对每一种母液(肥料桶)的抽取比例进行设定，并且可以根据设定的 EC、pH 期望值按照 PID 等控制算法进行精确的调控。

温室的实际生产中，能量消耗是一个主要支出项目，所以需要根据温室生产的实际情况来制定环境调控策略。需要对温室环境调节和作物生长能量消耗之间的规律进行研究，根据环境调节－作物生长－能量变化之间的关系，以相对较佳的生长环境和相对较小的能量消耗为

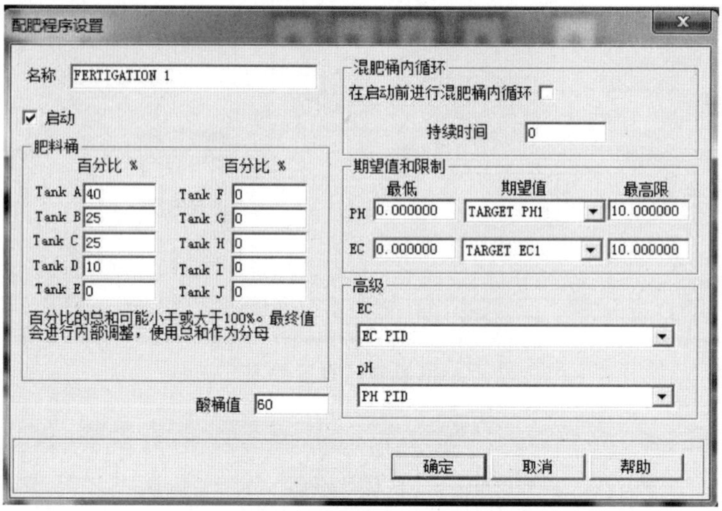

图 8-28　营养液配比程序设置界面

原则进行环境调控，降低温室环境调控的投入成本。此外，温室环境调节的过程中温度、相对湿度等环境因素是相互耦合的，针对某一环境因子进行调节的过程不可避免地影响到另外一些环境因子，因此，针对温室环境的调节还需要综合考虑各影响因子之间的相互耦合作用。

当前在实际生产中对水肥一体化系统营养液的调控还是以控制 EC 和 pH 为主，但是作物对于营养液的吸收和利用与其生长状态、生长环境有关，封闭式栽培条件下排出的多余营养液中离子成分是不断变化的，对循环利用的营养液，即便能够保证其 EC 和 pH 达到规定的要求，也并不一定能够保证其中的养分比例是和作物需求完全一致的，因此需要探索更加合理的营养液调控方法。此外，在进行营养液调控的时候还需要考虑营养液多元素的耦合关系和营养液的成分组成等多方面因素。

在大规模的日光温室群管理中，需要充分借鉴知识服务和云服务的思想，构建管理知识云服务平台，结合作物生长模型、环境信息、作物实际长势，提供专家级知识服务，为温室的生产提供一套包括环境控制、营养液调配、作物栽培的整体解决方案。

8.4　设施园艺 CO_2 供给智能调控技术

日光温室 CO_2 气肥供给需求研究表明，1 000 μmol/mol 的 CO_2 浓度适宜作物生长[33]，而自然状态下的温室 CO_2 浓度约 400 μmol/mol，高密度栽培的日光温室内 CO_2 浓度更低，远远达不到作物正常生长的需要。为了有效提高温室的生产效率，需要建立温室环境条件下 CO_2 浓度与作物光合速率之间的关系，获取作物不同生长阶段的最适 CO_2 浓度需要量，以指导温室 CO_2 施肥决策。研究表明，适当增施 CO_2 可将 C3 植物的生物积累量提高 50%[34]，将 C4 植物的生物积累量提高 12%[35]，提高果蔬作物的光合作用效率、果实质量及产量[36,37]。Jones 等[38]通过研究番茄生长发育与环境因子（CO_2 浓度、温度、太阳辐射等）的关系设计了著名的 TOMGRO 温室番茄生长发育模型，该模型能够给出当前温室环境控制的最优策略，并预测其产量。另外，随着 CO_2 浓度升高，作物光合作用效率会逐渐达到饱和且生物量也不会持续增长，因此温室增施 CO_2 必须安全有效，用量准确，在节约资源的前提下获取最大的经济效益。

8.4.1 温室环境信息自动监控系统

1. 系统总体构成

关于 CO_2 气肥精确增施与优化调控已有大量研究，为推广设施内 CO_2 供给智能调控技术提供了保证[39,40]。李婷[41]开发了温室环境信息自动监控系统，如图 8-29 所示。系统主要由分布在不同区域的监控节点、网关节点和 CO_2 浓度调控管理系统组成，可实时监测温室内各区域的环境信息，并可发送到远程服务器，完成数据分析、智能决策等下一步工作。

监控节点是 WSN 的感知节点和执行机构，分别连接空气温湿度传感器、光照传感器和 CO_2 浓度传感器，协同完成对环境信息的实时感知，采样周期为 30 min。监控节点由无线传输模块、传感模块及电源等组成，其中无线传输模块具有多跳、自组网、低功耗等特点，可实现与网关节点及其他监控节点的实时通信，另外通过主控芯片的 I/O 口连接电磁阀，控制 CO_2 气肥的定时、定量增施。

网关节点由微控制模块、远程通信模块及电源等组成，主要用来完成与底层节点的实时数据传输以及与远程服务器端通信，在整个系统中充当路由节点的角色。

CO_2 浓度调控管理系统包括数据收发模块、显示模块和控制模块等。数据收发模块通过 TCP/IP 通信协议建立服务器端与底层节点间的网络通信通道，实现数据和控制命令的实时传送。软件采用 Socket 实现服务器端的数据接收，采用 SQL Sever 数据库对数据进行存储。显示模块采用列表或图形的形式表示温室内实时环境情况，用户界面更加友好。控制模块可根据时间及当前 CO_2 传感器的测量值自动控制 CO_2 增施开关[42]。

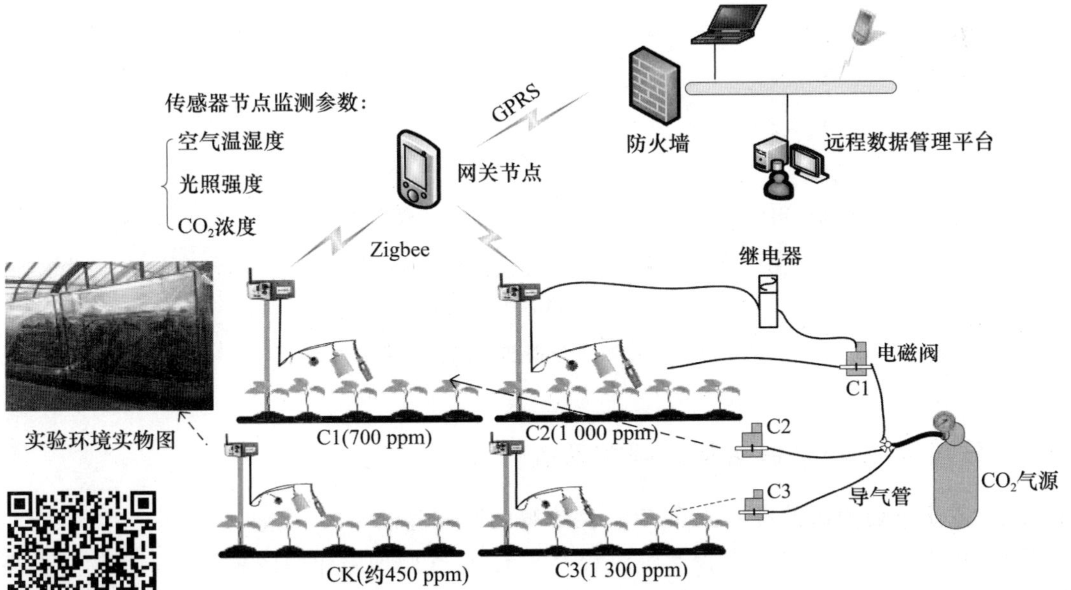

二维码 8-3

图 8-29 温室环境信息自动监控系统[41]

(CK 为对照组，C1～C3 为 3 个实验组，1 ppm 表示体积分数为 10^{-6})

2. 作物光合速率分析建模

作物光合速率分析建模是实施温室 CO_2 浓度智能调控的基础。图 8-29 所示的自动监控系统采用 LI-6400XT 便携式光合速率仪（LI-COR，美国）采集净光合速率数据。LI-6400XT 系统可实现作物光合作用、呼吸作用、蒸腾作用、荧光参数等多项测量，其测量参数包括作物生理指标和作物生长环境参数两类。作物生理指标包括净光合速率（Pn）、蒸腾速率（Trmmol）、细胞间隙 CO_2 浓度（Ci）、气孔导度（Gs），环境参数包括大气 CO_2 浓度（Ca）、相对湿度（RH）、空气温度（Air Temp）、光量子通量密度（PPFD）、叶温（TL）。

系统测量特点为开路式、差分法。气体通过进气口进入仪器主机，经过内部的流速测定计后一分为二，75%进入样品气体分析仪，25%进入参考气体红外分析仪，完成测量后各自排出仪器。根据实验数据可以分析建立 CO_2 浓度-净光合速率关系曲线。在一定的环境条件下，通过改变 CO_2 浓度进行光合速率预测，进而得到最优 CO_2 浓度值；再通过与实测 CO_2 浓度曲线相比较，可实现 CO_2 浓度的精细管理。以某次试验为例，空气温度为 32.53 ℃，相对湿度为 46.87%，有效光合辐射 PAR 为 900 μmol/(m^2 · s)时，将 CO_2 浓度设置为 100、150、200、400、600、800、1 000、1 300、1 500、1 800 μmol/mol，由光合速率仪测得一组 CO_2 浓度-净光合速率关系曲线。依上述条件，将 CO_2 浓度设置为 100～1 800 μmol/mol，预测出 CO_2 浓度-净光合速率关系曲线，如图 8-30 所示。预测曲线与实测值基本吻合，且得到的 CO_2 饱和浓度约为 1 200 μmol/mol，该饱和点处于高 CO_2 浓度处理组（1 000～1 300 μmol/mol），说明光合速率预测模型对番茄植株的 CO_2 需求管理具有实际指导意义[43,44]。

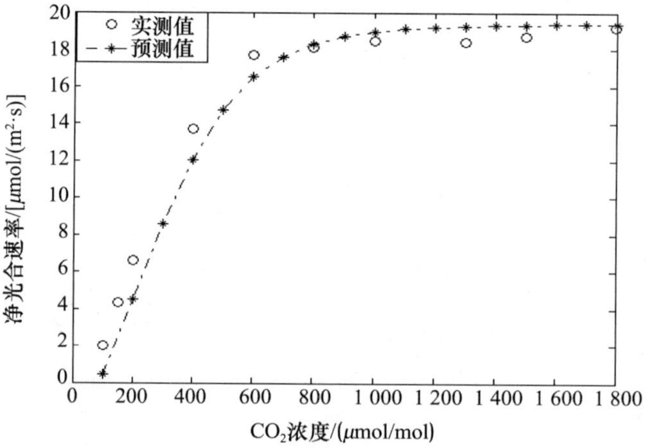

图 8-30　CO_2 浓度与番茄净光合速率的关系

8.4.2　设施园艺 CO_2 供给智能调控系统

8.4.2.1　基于光合速率的设施园艺 CO_2 供给智能调控算法

图 8-31 是 CO_2 供给智能调控系统流程[41]。CO_2 气肥增施作用效果与当前作物生长环境密切相关，系统采用温室环境信息自动监控系统长期监测环境参数，每隔 30 min 将采集的数据经移动通信网络发送到远程数据管理平台，同时手动获取生长指标等参数。为了研究不同浓度 CO_2 气肥增施效果，将环境信息预处理后作为输入变量，以净光合速率作为输出变量，利

用 SVM 建立作物光合速率预测模型，在准确预测 CO_2 浓度-净光合速率曲线的基础上，建立 CO_2 浓度优化调控模型。将 CO_2 优化调控模型嵌入管理平台，可根据模型智能决策，为温室 CO_2 气肥增施提供理论指导。

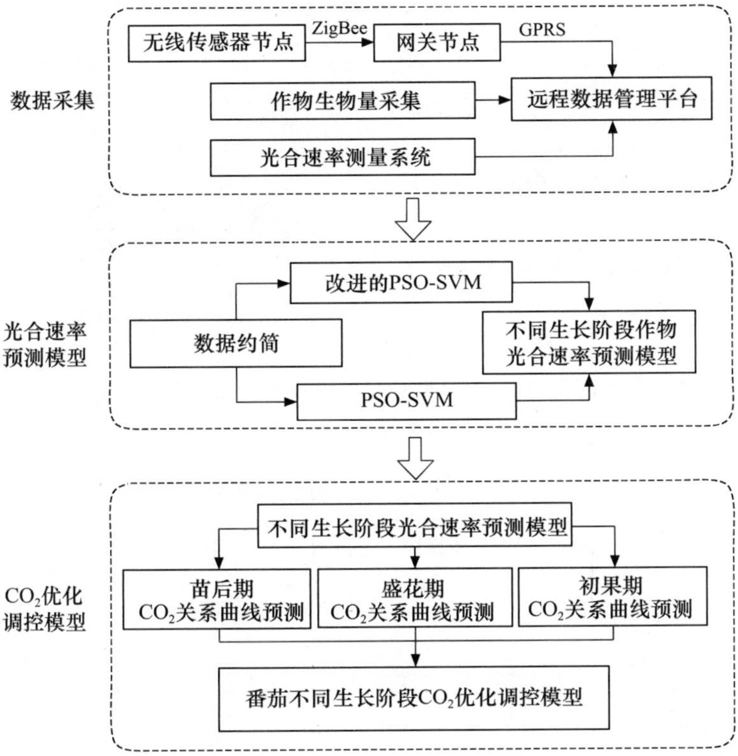

图 8-31　CO_2 供给智能调控系统流程[41]

为根据当前温室环境信息及作物生物量迅速计算作物所需的最佳 CO_2 浓度，以光合速率预测模型为基础，利用偏最小二乘法（PLS）拟合 CO_2 气肥增施数学表达式，从而构建番茄作物不同生长阶段（苗后期、盛花期、初果期）的 CO_2 浓度优化调控模型。

8.4.2.2　系统整体架构

CO_2 供给智能调控系统由监控节点、智能网关和远程数据管理平台三部分组成。系统的整体框架如图 8-32 所示，其中监控节点是系统的采集终端与执行机构，通过连接各种传感器采集温室内的环境信息，并能够控制电磁阀的开关。智能网关是监控节点与远程管理软件之间的桥梁，通过 ZigBee 网络汇聚监控节点采集的环境信息，还可向监控节点发送控制指令。通过移动通信网络将环境信息发送给远程服务器，并能够接收远程管理软件发送的指令。智能网关还能完成温室内的数据存储与显示、传感器与 CO_2 气阀控制。远程数据管理平台是系统的管理中心，完成数据库存储、环境信息查询、曲线图绘制、CO_2 自动调控等，特别是内嵌了光合速率预测模型，通过模型预测最适宜的 CO_2 浓度，实现温室 CO_2 气肥的智能调控。

8.4.2.3　功能模块设计

CO_2 供给智能调控系统远程数据管理平台的功能模块如图 8-33 所示，主要包含数据收发模块、数据浏览模块、自动控制模块和智能控制模块。

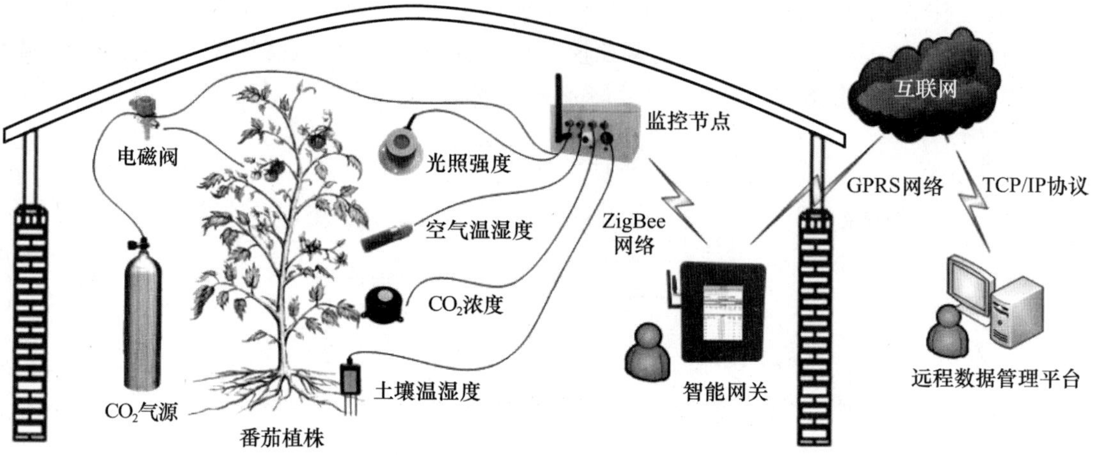

图 8-32 基于 WSN 的温室 CO_2 供给智能调控系统整体框架[41]

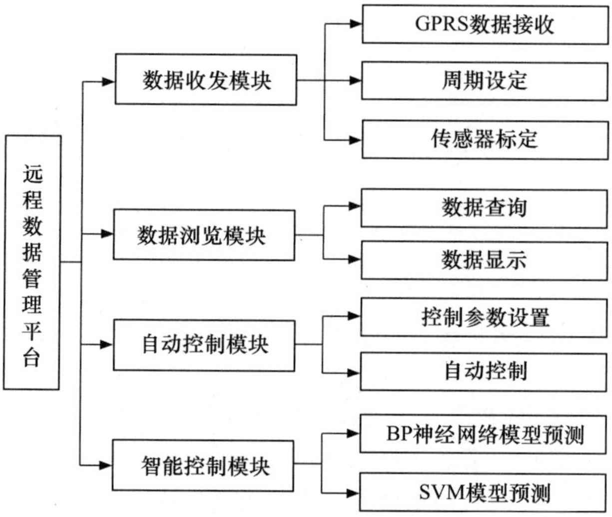

图 8-33 远程数据管理平台功能模块

1. 数据收发模块

数据收发模块使用 Socket 网络编程技术实现，通过 TCP/IP 协议通信。CO_2 浓度调控管理平台运行在具有固定 IP 与端口号的服务器上，作为 TCP 的服务器端提供数据的发送接收服务。用户必须输入服务器的固定 IP 与可用端口号才能开启远程调控管理平台的数据服务。服务开启后，软件一直处于监听状态，通过建立一个新的子线程来检测移动通信模块的连接请求。成功建立连接后，软件周期性查询 Socket 是否有数据传入，若有就进行有效性分析，对有效数据进行存储、显示等操作。同时，软件可在与移动通信模块建立 Socket 连接之后向底层硬件下发设置命令。

2. 数据浏览模块

数据浏览模块包含数据的列表查询及图形显示，可用于环境信息监测节点或者 CO_2 浓度监测节点的实时数据查询。在数据浏览界面，对应于不同的生长季、生长阶段的温室番茄，该模块可利用列表选择功能进行监测变量及显示时间的选择，从而进行信息查询、删除以及以数据表形式导出当前值等操作。为了使效果更直观简明，可使用 Chart 控件进行曲线显示，根据监测区域和监测项目不同，在选定时间内可进行同一区域的不同监测项目查询，或者不同监测区域的同一项目查询、显示。

3. 自动控制模块

自动控制模块可进行温室内 CO_2 浓度的自动调控，实现 CO_2 气肥增施。运行界面如图 8-34 所示，设定控制参数后，点击“开始”按钮启动自动控制，当 CO_2 浓度低于浓度下限时气阀开关打开，高于浓度上限时气阀开关关闭，使温室内 CO_2 浓度维持在目标浓度范围内。

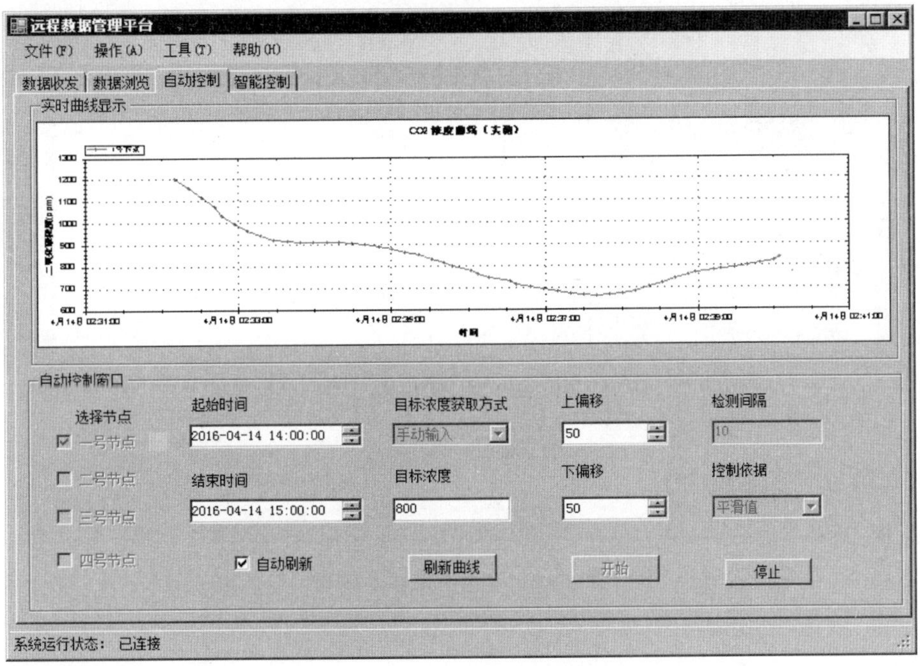

图 8-34　自动控制模块界面

用户界面上的参数设置如下：

选择节点：温室不同区域均布置多个 CO_2 浓度监测节点，根据实际需求选择要操作的单个或多个节点，选中的节点状态通过界面上的红绿指示灯显示，其中绿色代表节点所连接 CO_2 气阀开关打开，红色代表关闭。

控制时间：选择 CO_2 增施起始、结束时间。

目标浓度获取方式：目标浓度获取方式分为手动输入和模型计算两种。手动输入即给定目标值进行 CO_2 增施，模型计算则根据智能控制模块计算获取作物生长所需最优 CO_2 浓度。

偏移量：为了避免由于传感器数值波动造成的气阀频繁开关现象，指定改变气阀状态的目标浓度的上下延迟量。

检测间隔：指定 CO_2 传感器的采集周期，同时指定发送气阀开关命令的周期。

控制依据：指定实测值或者平滑值作为 CO_2 浓度控制的标准，通常选择实测值。

4. 智能控制模块

在智能控制模块(图 8-35)将系统已训练好的光合速率预测模型生成.dll 文件及 CO_2 浓度优化调控模型表达式嵌入调控管理平台，进行 CO_2 浓度的智能决策。在选择特定的栽培作物及生长期的情况下，选择适当的模型进行光合速率预测，模块界面会显示 CO_2 浓度-光合速率关系曲线图。针对不同的生长阶段或不同的训练模型，其输入变量略有差异。根据关系曲线图，利用直角双曲线方法计算作物的最优 CO_2 浓度控制量，给出 CO_2 增施建议，然后利用自动控制模块进行控制和调节。

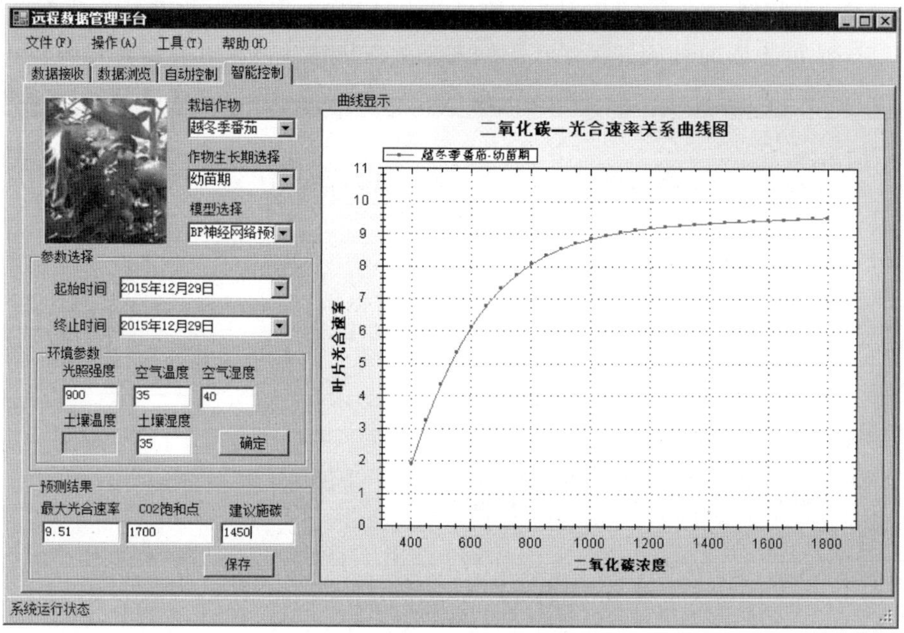

图 8-35 智能控制模块界面

参考文献

[1] 叶长榄. 关于设施农业温室大棚发展的思考[J]. 福建农机，2020(4)：6-10，17.

[2] 周增产，董微，李秀刚，等. 植物工厂产业发展现状与展望[J]. 农业工程技术，2022，42(1)：18-23.

[3] 杨其长. 植物工厂现状与发展战略[J]. 农业工程技术，2016，36(10)：9-12.

[4] 王云生，蔡永萍. 植物生理学[M]. 3 版. 北京：中国农业大学出版社，2018.

[5] 郭睿倩. 光源原理与设计[M]. 3 版. 上海：复旦大学出版社，2017.

[6] 李国柱. 利用温湿度传感器 SHTxx 实现湿度测量[J]. 西安文理学院学报(自然科学版)，2008，11(1)：101-103.

[7] 吴玉康，邓世建，袁刚强，等. SHT11 数字式温湿度传感器的应用[J]. 工矿自动化，2010，36(4)：99-101.

[8] 李长有，王文华. 基于 DHT11 温湿度测控系统设计[J]. 机床与液压，2013，41(13)：107-

108,97.

[9] 门雅彬,成方林,齐占辉,等.边远岛气压温湿集成测量系统设计[J].计算机测量与控制,2012,20(5):1183-1186.

[10] 刘霞,王晓琨,焦玉骁,等.热释电探测器的电路设计与改进研究[J].潍坊学院学报,2013,13(4):1-4.

[11] 刘昇.浅谈 MEMS 热电堆红外传感器[J].水利电力,2019(19):184.

[12] 杨玮,郝子源,李民赞,等.果树叶片雾滴沉积量检测系统设计与试验[J].农业机械学报,2017,48(S1):8-14.

[13] 张瑞瑞,陈立平,兰玉彬,等.航空施药中雾滴沉积传感器系统设计与实验[J].农业机械学报,2014,45(8):123-127.

[14] 韩晨燕.温室大棚数字光照度计系统的研究[D].南京:南京林业大学,2013.

[15] 周秀欢,陈炜,傅家乐.二氧化碳气体传感器研究进展及计量现状[J].计量与测试技术,2018,45(9):29-30.

[16] 夏毅.快速测定液相中 CO_2 浓度的方法[J].化工管理,2020(35):23-25.

[17] 周会珠,王岭,王福先,等.一种基于双固体电解质的 CO_2 传感器[J].稀有金属材料与工程,2007,36(S2):209-212.

[18] 程仕发.智能温室大棚监控系统的研究与设计[D].太原:太原理工大学,2020.

[19] Gauthier M,Chamberland A. Solid-state detectors for the potentiometric determination of gaseous oxides Ⅰ:Measurement in air[J]. Journal of The Electrochemical Society,1977,124(10):1579-1583.

[20] Kida T,Miyachi Y,Shimanoe K,et al. NASICON thick film-based CO_2 sensor prepared by a sol-gel method[J]. Sensors and Actuators B:Chemical,2001,80(1):28-32.

[21] 周仲柏,周亚民.电流型二氧化碳气体传感器件全固态电化学体系的研究[J].武汉大学学报(自然科学版),1999,45(2):135-139.

[22] 王昊宇,李国利,周创,等.基于 ESP8266 的温室大棚远程监控系统设计[J].科技创新与应用,2021(6):53-56.

[23] 蒋跃文.电调制非分光红外吸收型二氧化碳传感器的设计研究[J].科技信息(学术研究),2007(25):119-122.

[24] 倪纪恒,毛罕平,马万征.温室营养液管理策略的研究进展[J].蔬菜,2011(6):45-47.

[25] 袁洪波.日光温室封闭式栽培系统关键技术研究[D].北京:中国农业大学,2015.

[26] 毛罕平,胡云辉,左志宇,等.设施栽培中母液加入量与营养液 EC/pH 值的回归模型[J].农机化研究,2012(2):149-152.

[27] Alberto P,Fernando M,Incrocci L,et al. A comparison between two methods to control nutrient delivery to greenhouse melons grown in recirculation nutrient solution culture [J]. Scientia Horticulturae,2002,95:89-95.

[28] 袁洪波,李莉,王俊衡,等.温室水肥一体化营养液调控装备设计与试验[J].农业工程学报,2016,32(8):27-32.

[29] Huang X F,Li G Y,Wang M. CFD simulation to the flow field of Venturi injector[C]//Li D L,Zhao C J. Computer and Computing Technologies in Agriculture Ⅱ:Proceedings

of the Second IFIP International Conference(CCTA2008) Part Ⅱ. Boston: Springer, 2009:805-815.

[30] AllenR G,Pereira L S,Raes D,et al. Crop evapotranspiration:Guidelines for computing crop water requirements[M]. Rome:Food and Agriculture Organization of the United Nations,1998.

[31] 袁洪波,王海华,庞树杰,等. 日光温室封闭式栽培系统的设计与试验[J]. 农业工程学报,2013,29(21):159-165.

[32] 袁洪波,程曼,庞树杰,等. 日光温室水肥一体灌溉循环系统构建及性能试验[J]. 农业工程学报,2014,30(12):72-78.

[33] 项美晶,张荣标,李萍萍,等. 基于 BP 神经网络的温室生菜 CO_2施肥研究[J]. 农机化研究,2008 (12):17-20.

[34] Prior S A,Runion C B,Rogers H H,et al. Elevated atmospheric CO_2 effects on biomass production and soil carbon in conventional and conservation cropping systems[J]. Global Change Biology,2005,11(4):657-665.

[35] Poorter H,Navas M L. Plant growth and competition at elevated CO_2:On winners,losers and functional groups[J]. New Phytologist,2003,157(2):175-198.

[36] Thongbai P,Kozai T,Ohyama K. CO_2 and air circulation effects on photosynthesis and transpiration of tomato seedlings[J]. Scientia Horticulturae,2010,126(3):338-344.

[37] De la Mata L,Cabello P,De la Haba P,et al. Growth under elevated atmospheric CO_2 concentration accelerates leaf senescence in sunflower (*Helianthus annuus* L.) plants [J]. Journal of plant physiology,2012,169(14):1392-1400.

[38] Jones J W,Dayan E,Allen L H,et al. A dynamic tomato growth and yield model (TOMGRO)[J]. Transaction of ASAE,1991,34(2):663-672.

[39] 周庆珍. 基于光温耦合的温室二氧化碳调控系统设计[D]. 咸阳:西北农林科技大学,2014.

[40] 魏珉. 日光温室蔬菜 CO_2 施肥效应与机理及 CO_2 环境调控技术[D]. 南京:南京农业大学,2000.

[41] 李婷. 基于无线传感器网络的温室 CO_2 浓度优化调控研究[D]. 北京:中国农业大学,2016.

[42] 张漫,李婷,季宇寒,等. 基于 BP 神经网络算法的温室番茄 CO_2 增施策略优化[J]. 农业机械学报,2015,48(8):239-245.

[43] Li T,Ji Y H,Zhang M,et al. Comparison of photosynthesis prediction methods with BPNN and PLSR in different growth stages of tomato[J]. Transactions of the Chinese Society of Agricultural Engineering,2015,31(S2):222-229.

[44] 李婷,季宇寒,张漫,等. CO_2 与土壤水分交互作用的番茄光合速率预测模型[J]. 农业机械学报,2015,46(S1):208-214.

第9章 农业与食品有害微生物分离与检测技术

9.1 概 述

食品安全是关系国计民生的大事。食物中毒通常是由病原微生物、化学物质、有毒动植物及毒蘑菇等引起的,其中有害的病原微生物主要包括细菌、病毒、寄生虫和朊病毒等。近年来,食源性致病微生物污染引起的食品中毒事件时有发生,已成为全球关注的公共卫生问题。根据世界卫生组织(WHO)的数据,全球每年约有 6 亿人患食源性疾病,其中 42 万人死亡;腹泻是最常见的食源性疾病,每年约 5.5 亿人患病、23 万人死亡,主要病原微生物为细菌,其中常见并可致严重后果的有沙门菌、弯曲杆菌和肠出血性大肠杆菌,不常见但会致流产、脑膜炎等严重或致命后果的有李斯特菌,会致严重脱水和死亡的有霍乱弧菌。根据美国疾病预防控制中心(CDC)估计,每年有 1/6 的美国人患食源性疾病,12.8 万人住院,3 000 人死亡。我国近年食物中毒人数如图 9-1 所示,其中微生物性食物中毒人数比例较高,主要食源性致病菌为沙门菌、副溶血性弧菌、金黄色葡萄球菌和蜡样芽孢杆菌等。食源性致病微生物筛查是预防食物中毒的一个关键点,也是食品安全隐患"早发现、早控制、早处理"的前提,因此研究食源性致病微生物快速检测技术具有重要科学意义和实际应用前景。

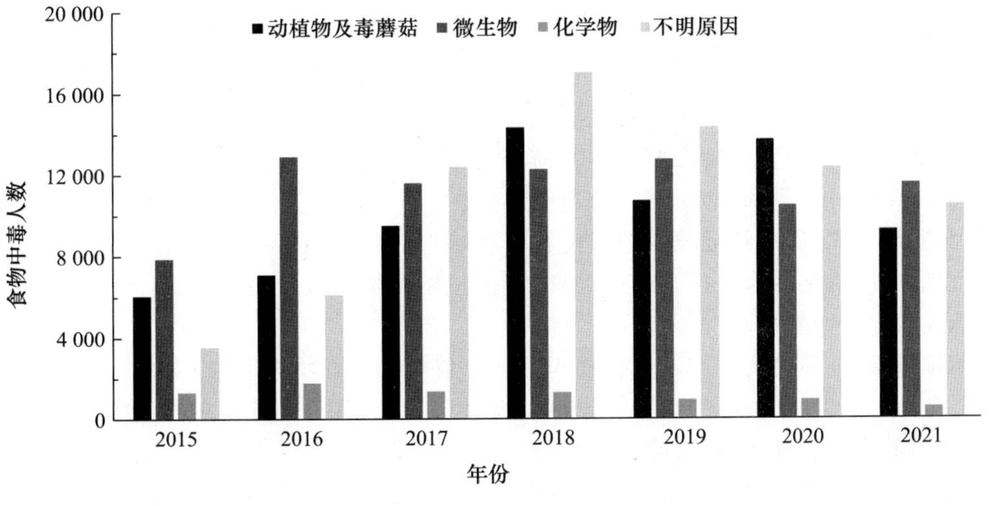

图 9-1 2015—2021 年我国食物中毒人数统计

(根据国家卫生健康委员会编各年份《中国卫生健康统计年鉴》整理)

食源性致病菌检测通常包括3个环节：样本采集、细菌分离和细菌检测。样本采集通常采用《食品安全国家标准 食品微生物学检验》(GB 4789系列)的方法，如图9-2所示，将25 g(固体)或25 mL(液体)样本置于225 mL的无菌磷酸盐缓冲液(PBS)中均质后取上清液。细菌分离主要有过滤、离心和免疫磁分离等方法，过滤和离心分别基于目标细菌的大小和质量进行，没有特异性；免疫磁分离基于抗原抗体免疫反应，具有特异性。细菌检测主要有平板计数(plate counting)、酶联免疫吸附测定(enzyme-linked immunosorbent assay，ELISA)、聚合酶链式反应(polymerase chain reaction，PCR)等方法，其中平板计数法是"金标准"方法，灵敏度高，但耗时长，通常需要2～3天；ELISA是国家标准的推荐方法，检测通量较高，检测速度也较快，一般需要2～4 h，但灵敏度偏低，通常为10^3～10^4 CFU/mL，且假阳性率偏高；PCR也是国家标准的推荐方法，灵敏度较高，通常为10^2～10^3 CFU/mL，检测速度也较快，一般需要3～6 h，但需要复杂的核酸提取过程。

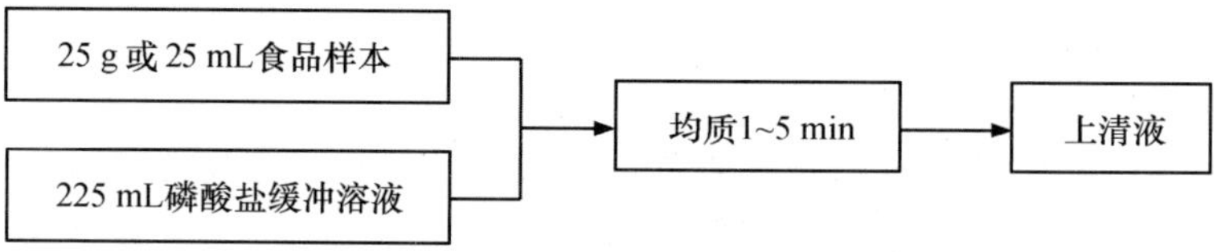

图9-2 食品样本采集

在现行的食品安全国家标准中，很多常见的食源性致病菌(如大肠杆菌O157:H7、沙门菌、单核细胞增生李斯特菌等)都要求不得检出。可见，食源性致病菌的检测限要求非常低。然而，现有的细菌检测方法基本上都无法达到这么高的灵敏度，因此通常在细菌检测之前进行4～8 h甚至更长时间的前增菌来提高细菌浓度，从而降低对细菌检测灵敏度的要求，但这也显著增加了细菌检测的总时间。因此，要实现食源性致病菌的快速准确筛查需要同时从细菌分离和细菌检测两个环节入手。

9.2 微生物分离技术

食品样本背景比较复杂，很容易对病原微生物检测造成干扰，影响检测结果。因此，在微生物检测之前，通常需要进行必要的样本前处理，即目标微生物的分离和富集。目前，微生物分离方法主要有过滤、离心和免疫磁分离等。如图9-3所示，过滤通常是利用具有特定孔径的膜对样本进行处理，实现特定粒径的微生物分离，但无法区分粒径相近的微生物，没有特异性；离心一般是利用特定转速对样本进行处理，实现特定质量的微生物分离，但无法区分质量相近的微生物，也没有特异性。

免疫磁分离是利用抗体或其他生物识别元件修饰的磁性材料对样本中的目标微生物进行捕获，实现特定微生物的分离，具有特异性，目前已广泛应用于复杂生物样本前处理。磁分离技术最早用于铁矿石分离，通过旋转磁性转盘拖动皮带运送矿石粉，在矿石粉下落过程中，磁性粉末在磁性转盘的磁力的吸引下将产生右移，落入磁性回收筒中，而非磁性粉末则直接落入非磁性回收筒，实现磁性和非磁性物质的连续分离。磁分离技术目前也常用于污水处理，先往含有泥沙、微生物等物质的污水中加入磁粉，再加入凝结剂形成絮凝，使污水中的各种物质与磁粉凝结成磁性絮状物，最后施加磁场将磁性絮状物分离出去，实现污水的净化处理。

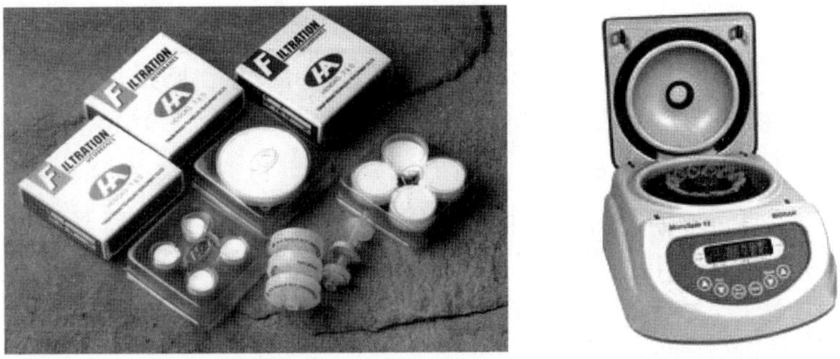

(a)过滤膜　　(b)离心设备

图 9-3　微生物分离采用的过滤膜和离心设备

二维码 9-1

9.2.1　常规免疫磁分离

免疫磁分离(immune magnetic separation,IMS)是目前食源性致病菌特异分离和高效富集最有效的方法之一,如图 9-4 所示,它通常是先利用抗体修饰的免疫磁珠(immunomagnetic bead,IMB)与待测样本中的目标细菌进行免疫反应,形成磁珠-细菌复合体(简称"磁细菌"),再施加磁场对背景中的目标细菌进行分离,最后撤去磁场,将磁细菌复溶于少量缓冲液中,从而实现细菌的纯化与富集。

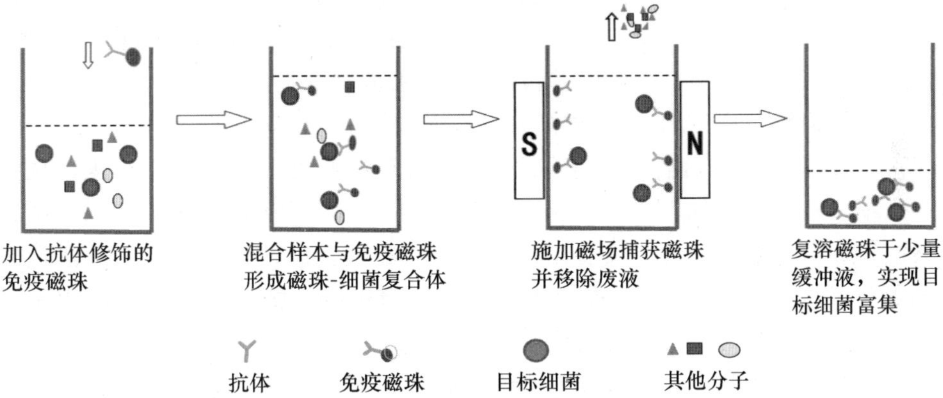

图 9-4　免疫磁分离方法示意图[1]

随着纳米材料技术的迅速发展,免疫磁分离更倾向于采用纳米磁珠代替传统的微米磁珠。如表 9-1 所示,与微米磁珠相比,纳米磁珠具有更好的水溶性,能够更均匀地分布在溶液中,因此更容易捕获溶液中的目标微生物;纳米磁珠具有更大的比表面积,等量的纳米磁珠拥有更大的总表面积,可以修饰上更多的抗体,从而增加捕获溶液中目标微生物的可能性;纳米磁珠空间位阻小,这可使更多的纳米磁珠与一个目标微生物进行结合,从而增加捕获溶液中目标微生物的可靠性。因此,纳米磁珠比微米磁珠的分离效率更高。但是,由于免疫磁珠在磁场中受到的磁力 $\boldsymbol{F}_{m}$ 与磁珠的体积、磁化强度和磁场强度的梯度成正比[2],即

$$F_m = \mu_0 V\boldsymbol{M} \times \nabla \boldsymbol{H} \tag{9-1}$$

式中：μ_0 为真空磁导率，V 为磁珠的体积，$\boldsymbol{M}$ 为磁珠的磁化强度，$\nabla \boldsymbol{H}$ 为磁场强度的梯度。可见，在同样的磁场条件下，微米磁珠（如 1 μm）受到的磁力比纳米磁珠（如 100 nm）大（1 000 倍），因此微米磁珠即使在一个较弱的磁场（如常见的磁力架）中也可以较快被分离出来，而纳米磁珠则需要一个较强的磁场（如高梯度强磁场）才能被分离出来。此外，由于磁场随着空间距离的增加而迅速衰减，磁场的有效作用距离非常有限，通常在 1 cm 之内，因此常规的免疫纳米磁分离方法一般只适用于小体积（<1 mL）样本中目标细菌的分离。

表 9-1 不同粒径磁珠的性能比较

项　目	纳米磁珠（<100 nm）	亚微米磁珠（100～500 nm）	微米磁珠（>1 μm）
液相分布	水溶性，均一性好	会沉淀，均一性较差	易沉淀，均一性差
比表面积	大	中	小
空间位阻	小	中	大
磁场要求	高	中	低

Lin 等利用免疫纳米磁分离技术进行了食源性致病菌分离与富集的研究[2]：利用两种不同粒径（30 nm 和 180 nm）的羧基磁珠，如图 9-5 所示，通过 EDC/NHS[EDC，1-(3-二甲氨基丙基)-3-乙基碳二亚胺；NHS，N-羟基丁二酰亚胺]活化羧基后使其与链霉亲和素上的氨基结合，使纳米磁珠修饰上链霉亲和素；再与过量的抗目标细菌的生物素化抗体旋转孵育反应 30 min，通过链霉亲和素-生物素之间的结合使纳米磁珠修饰上捕获抗体，并通过磁分离除去多余游离的抗体，得到免疫纳米磁珠；然后取优化量（30 nm 磁珠 40 μg，180 nm 磁珠 100 μg）免疫磁珠与 1 mL 细菌样本旋转孵育 45 min，通过抗原抗体之间的结合使纳米磁珠捕获目标细菌，形成磁细菌；最后利用磁分离除去样本的背景溶液，并利用小体积（100 μL）的 PBS 溶液复溶，得到纯化和富集的磁细菌。实验结果如图 9-6 所示。这种免疫磁分离方法通常可以在 1 h 内分离超过 85%的目标细菌，富集倍数约为 10，通过改变抗体可以拓展应用于各种不同的微生物分离。

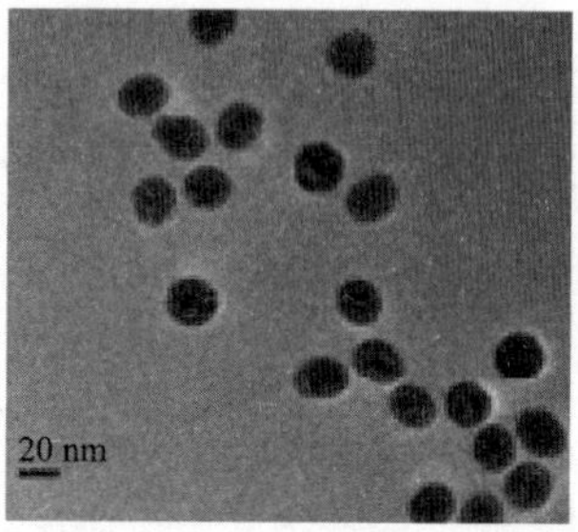

（a）30 nm 磁珠

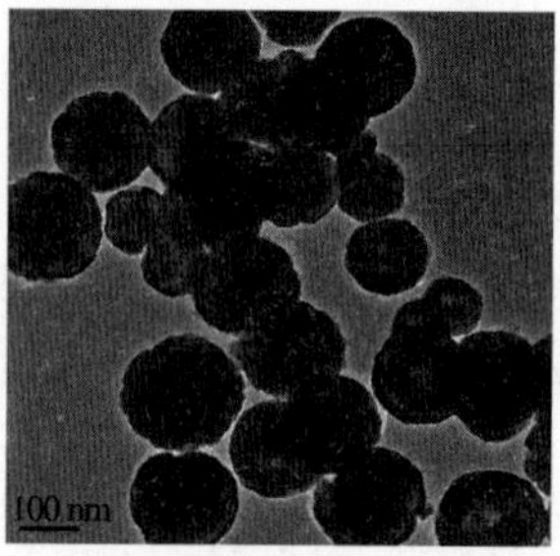

（b）180 nm 磁珠

图 9-5 两种粒径的免疫纳米磁珠电镜图

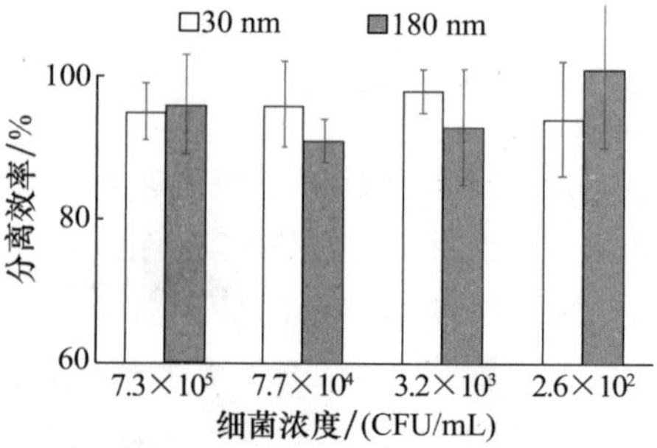

图 9-6 利用不同粒径的免疫纳米磁珠对不同浓度的大肠杆菌 O157:H7 进行分离的实验结果

9.2.2　高梯度免疫磁分离

由于日常筛查的食品中存在的食源性致病菌通常非常少，现有的细菌检测方法基本上都无法直接检出。通常先将采集到的细菌样本进行培养，增菌 4～8 h 或更长时间，使细菌浓度增加至 10^2 CFU/mL 或更高，使小体积样本也具有足够多的细菌。这种方式不仅增加了检测步骤和成本，还极大地延长了检测时间。为了在较短时间内从待测细菌样本中获得更多的细菌，还有一种方法是从大体积样本中分离并富集，如将用于分离的细菌样本体积从原来的 1 mL 增加至 10～100 mL 甚至更多[按照 GB 4789，将 25 g(固体)或 25 mL(液体)样本置于 225 mL 无菌磷酸盐缓冲液中均质后取上清液，每个待测食品样本经过前处理可以得到约 250 mL 细菌样本]。然而，由于磁场作用范围有限，很难直接利用常规纳米磁分离技术进行大体积样本中目标细菌的分离，这已成为微生物分离的共性难题。虽然从理论上大体积样本可以分成多个小体积样本再实施细菌分离和富集，但这需要很大的工作量和较长的时间，实际应用难度很大。因此，研究大体积微生物分离技术具有重要意义和应用价值。

高梯度磁分离(high gradient magnetic separation，HGMS)是一种传统的大体积磁分离方法[3]。如图 9-7 所示，以充满了小铁球或细铁丝的管子作为捕获和分离通道，①施加磁场使铁球或铁丝表面产生局部高梯度磁场，固定免疫磁珠；②利用固定在通道内的免疫磁珠捕获流过通道的目标细菌，形成磁细菌，实现目标细菌与样本背景的分离；③撤去磁场，并利用少量缓冲液将磁细菌冲出通道，实现目标细菌的富集。

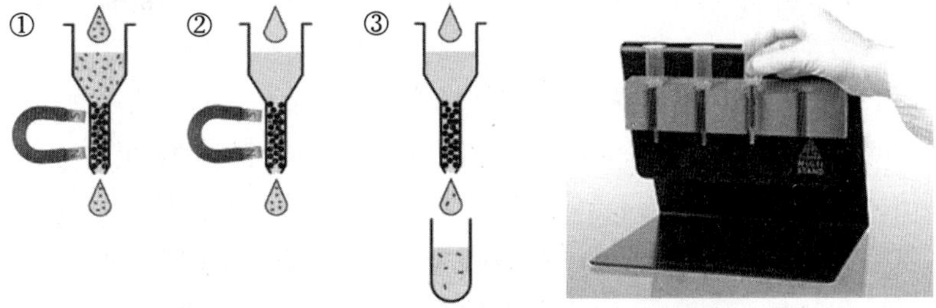

图 9-7　高梯度磁分离方法原理和设备

(引自 https://www.miltenyibiotec.com/CN-en/products/macs-cell-separation/separators.html)

与免疫纳米磁分离相比，高梯度磁分离具有样本处理量较大和分离时间较短等优势，但由于食品样本背景较复杂，易引起通道堵塞和非特异性吸附等问题，且铁球和铁丝在撤去磁场后仍存在剩磁而很难释放所有磁细菌，因此该技术应用于食品样本中的致病菌分离仍有一定难度。

9.2.3　免疫磁泳分离

磁泳分离(magnetophoretic separation，MPS)是一种新型的大体积磁分离方法[4]。如图 9-8 所示，先利用免疫磁珠对待测样本中的目标物(如细菌、病毒等微生物)进行特异性捕获，形成磁性目标物；然后以磷酸盐缓冲液作为鞘液注入磁泳分离通道，样本会被挤压在通道底部，但在梯度磁场作用下，结合了目标物的免疫磁珠(磁性目标物)和未结合目标物的免疫磁珠(游离磁珠)等磁性物质会向上偏移，而样本背景等非磁性物质会保持在底部，从而实现磁细菌的连续流动分离。

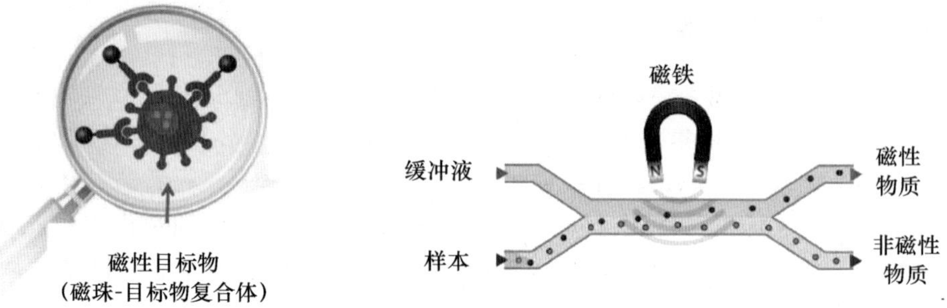

图 9-8 免疫磁泳分离示意图

(引自瑞士 rqmicro 公司的 CellStream 全自动微生物样品制备仪说明书)

相对于免疫磁分离,免疫磁泳分离具有更突出的优点,主要体现在:免疫磁分离通常是静态分离,目前基本上是由人操作完成,对操作人员要求较高,且样本处理量有限,一般不超过 1 mL;免疫磁泳分离可以实现流动分离,样本处理量大,且操作基本可实现自动化。目前,免疫磁泳分离研究主要集中在生物医学领域,通过与微全分析系统(micro total analysis systems,μTAS)、微机电系统(MEMS)和芯片实验室(lab on a chip,LOC)结合,在微流控通道中进行单核细胞、癌细胞和血红细胞等不同细胞的流动分离。但微流控系统的流速一般很小(mm/s 级),只适于处理微升级或更小体积的样本,处理大体积样本需要很长时间,且食品样本中普遍存在大颗粒,易堵塞通道,因此现有的微流控磁泳分离系统很难应用于大体积食品样本中的目标细菌分离。

Huang 等采用免疫磁泳分离方法对大肠杆菌进行分离[5]。如图 9-9 所示,先将待测细菌样本(包含相同浓度的目标细菌——大肠杆菌 O157:H7 和非目标细菌——李斯特菌)与生物素化抗体按比例混合(4 μg 抗体对应 10^7 CFU/mL)后,在 15 r/min 转速下孵育 1 h,形成细菌-抗体-生物素复合体,再以 13 000 r/min 离心 10 min 除去游离的抗体;然后加入链霉亲和素化纳米磁珠(粒径 30 nm,浓度 4 mg/mL,20 μL 对应 10^3 CFU/mL)孵育 30 min,形成细菌-

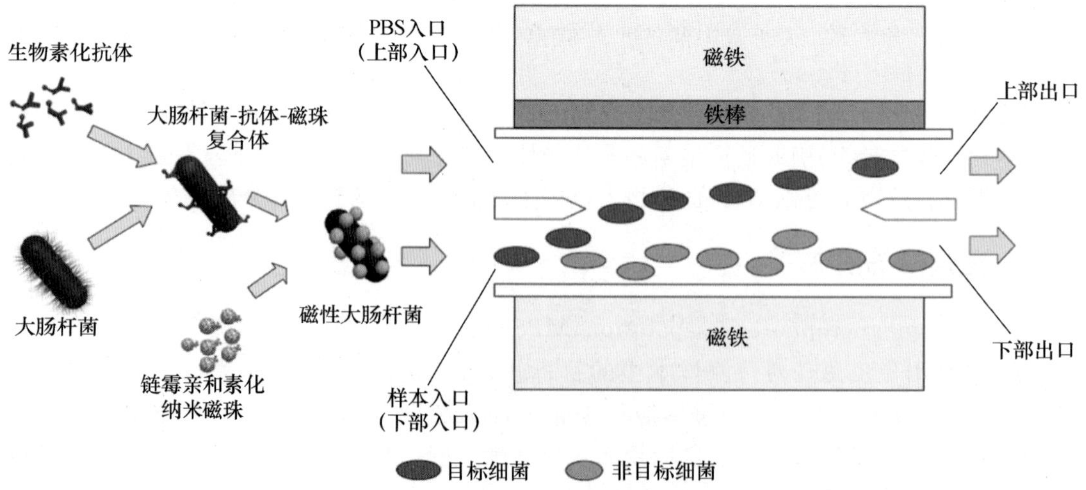

图 9-9 采用免疫磁泳分离方法分离大肠杆菌

抗体-磁珠复合体(磁细菌);再注入磁泳分离通道,在 PBS 鞘流的挤压下,李斯特菌在流动过程中一直处于通道的底部,而磁性大肠杆菌受到不均匀磁场的作用在流动过程中向上偏移(铁棒的存在使通道的顶部磁场强度比底部大);最后在通道的上部出口处可回收得到磁性大肠杆菌,而在下部出口处可回收得到非磁性李斯特菌。实验结果如图 9-10 所示,未施加磁场时,由于通道内的流体处于层流状态,只有非常少量的大肠杆菌和李斯特菌扩散到上部出口;而施加磁场时,在上部出口回收得到约 20%的大肠杆菌和李斯特菌,在下部出口回收得到约 20%的大肠杆菌和约 80%的李斯特菌,通道经过超声处理后再冲洗回收得到约 60%的大肠杆菌和少量李斯特菌,说明有少部分大肠杆菌未结合上磁珠而没有向上偏移,大部分结合磁珠的大肠杆菌向上偏移但被吸附在上部通道壁上。

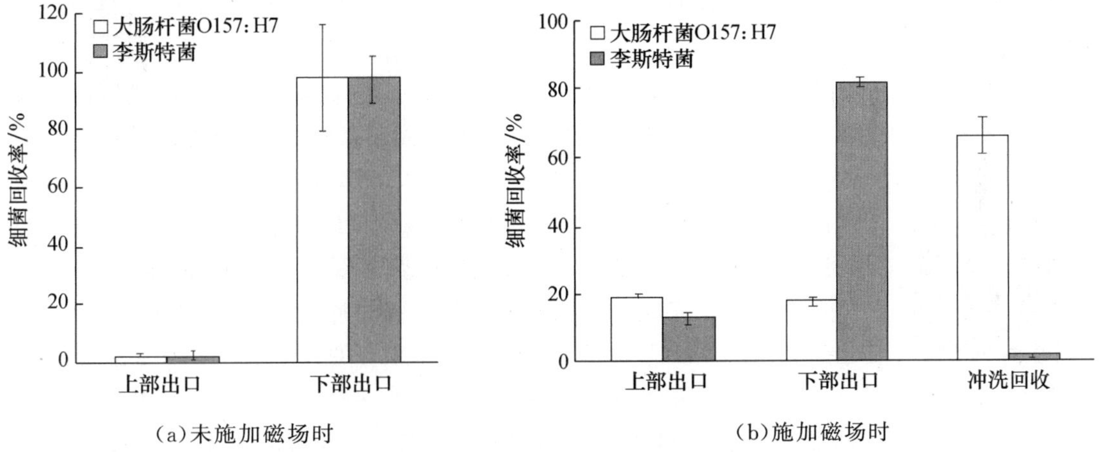

图 9-10 采用免疫磁泳分离方法分离大肠杆菌的实验结果

Pamme 等[6]的研究如图 9-11 所示。两种不同粒径的磁性颗粒与非磁性颗粒的混合样本受到缓冲液的挤压从进口通道的最下方流入,在磁场的作用下,较大粒径的磁性颗粒受到较强的磁力作用而产生较大的偏移,从通道上方的出口流出;较小粒径的磁性颗粒受到较弱的磁力作用而产生较小的偏移,从通道中间的出口流出;非磁性颗粒不受磁力作用,且由于通道内流体呈层流状态,非磁性颗粒基本上不产生偏移,从通道下方的出口流出。这样即可实现不同粒

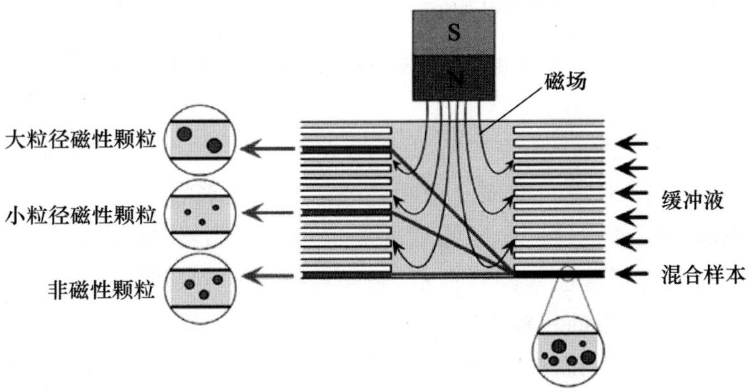

图 9-11 微流控磁泳分离示意图

径的磁性颗粒与非磁性背景的分离。

免疫磁泳分离技术可以实现大体积食品样本中目标细菌的流动分离，但需要大量的免疫磁珠预先对目标细菌进行特异捕获，这大大增加细菌分离的成本，也是免疫磁泳分离实际应用面临的最大难题。

9.2.4 免疫磁流动分离

磁流动分离(magnetic flow separation，MFS)是一种大体积磁分离方法，有多种不同的表现形式，一般做法是先利用磁场将免疫磁珠固定在分离通道内的特定位置上，对流过通道的样本中的目标物(如细菌、病毒等微生物)进行特异性捕获，形成磁性目标物，再清洗除去样本背景，最后撤去磁场，利用少量缓冲液将磁性目标物冲出通道，收集到纯化和富集的目标物，实现目标物的连续流动分离。

Lee 等研究了三维螺旋通道内的免疫磁流动分离方法[7]。如图 9-12 所示，在 3D 打印的圆柱形螺旋通道内设置一个高梯度磁场，先将免疫磁珠注入通道内，磁珠会被磁场捕获在通道内，再注入大体积(10 mL)的细菌样本，样本中的目标细菌会不断与通道内的免疫磁珠碰撞结合，形成磁细菌，经缓冲液清洗后，移去磁场可释放磁细菌，最后通过 ATP(三磷酸腺苷)荧光仪快速测定细菌数量。该方法可在 3 min 内完成大体积样本中沙门菌的捕获、清洗和检测，检测下限可达到 10 CFU/mL。该方法提供了一个很好的大体积样本细菌分离思路，但是也存在一些关键问题亟待进一步解决，如免疫磁珠的利用效率偏低，3D 打印的通道表面较粗糙，3D 材料的生物兼容性较差，而且成本较高等。

二维码 9-2

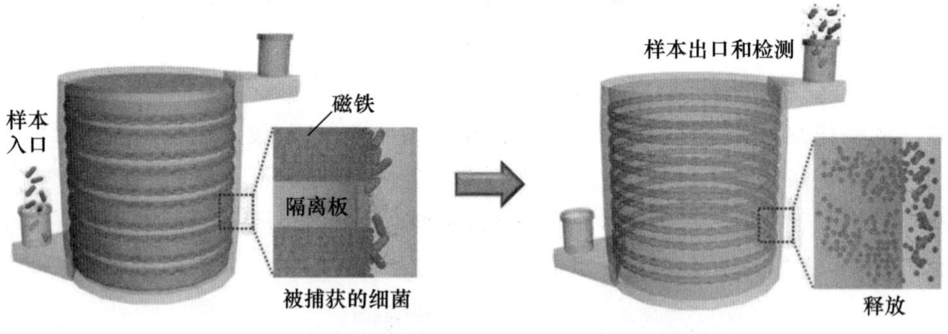

图 9-12 三维螺旋通道免疫磁流动分离方法示意图[7]

Xue 等研究了同轴通道内的免疫磁流动分离方法[8,9]。如图 9-13 所示，两根不同直径的玻璃管同轴放置，两根玻璃管之间形成一个圆环通道。内玻璃管填充软磁小球，在玻璃管外利用两两相互排斥的圆环磁铁构建一个高梯度磁场将小球磁化，使每个小铁球周围都产生一个局部高梯度磁场。将免疫磁珠注入圆环通道，磁珠将被高梯度磁场固定在小球对应的通道位置上，用于捕获连续流过通道的目标细菌，形成磁细菌。最后撤去磁场，利用少量缓冲液将磁细菌冲出通道，即可得到纯化和富集的目标细菌。该研究以大肠杆菌 O157:H7 为目标细菌，实验结果如图 9-14 所示，可在 1 h 内连续流动分离出 10 mL 样本中超过 80%的目标细菌。然而，该方法中免疫磁珠被磁化的小球捕获在通道内时容易聚集在一起，只有位于外侧的免疫磁珠可与流过的目标细菌结合，影响捕获效率。另外，由于免疫磁珠在通道中所占空间比例较小，且通道中流体呈层流状态，因此需要较长的通道和较低的流速才能保证足够的碰撞概率和免疫结合，得到较高的目标细菌分离效率。

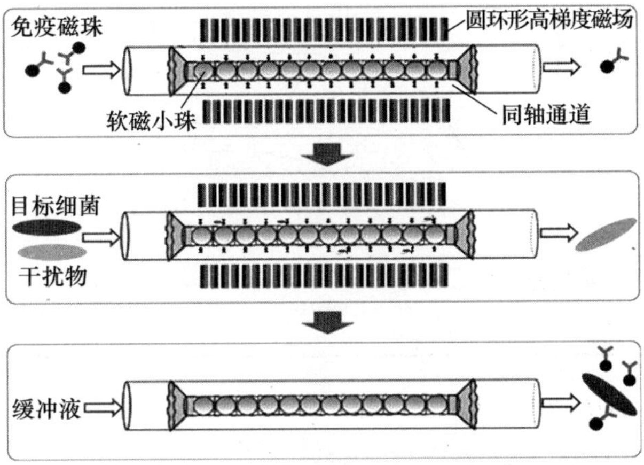

图 9-13　同轴通道免疫磁流动分离方法示意图[9]

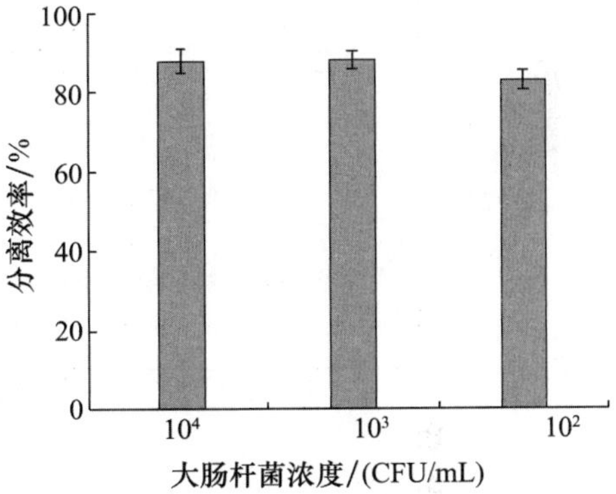

图 9-14　同轴通道免疫磁流动分离大肠杆菌的实验结果[9]

免疫磁流动分离方法还可用于食源性致病菌的核酸提取[10]。如图 9-15 所示，以大肠杆菌 O157:H7 为目标细菌，先利用圆环磁场磁化内玻璃管中的小铁球，在圆环通道内产生局部高梯度磁场，用于捕获硅基磁珠(magnetic silica bead，MSB)。然后将细菌裂解液样本注入通道，细菌核酸会被硅基磁珠捕获在通道内。再利用洗涤液(酒精)除去残留的样本背景，实现核酸与样本背景的分离。最后用少量的洗脱液(超纯水)将核酸从磁珠上重新洗脱下来，利用 PCR 技术进行核酸测定。实验结果如图 9-16 所示，该方法可在 2 h 内检出低至 10^2 CFU/mL 的目标细菌。

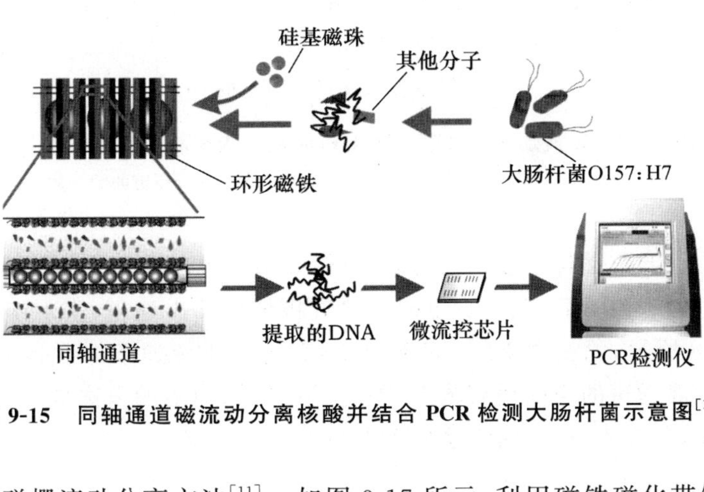

图 9-15　同轴通道磁流动分离核酸并结合 PCR 检测大肠杆菌示意图[10]

Cai 等提出了磁栅流动分离方法[11]。如图 9-17 所示，利用磁铁磁化带锯齿薄铁片，在锯齿尖处产生局部高梯度磁场，将免疫磁珠注入通道并置于磁场上方后，磁珠会在磁场作用下以

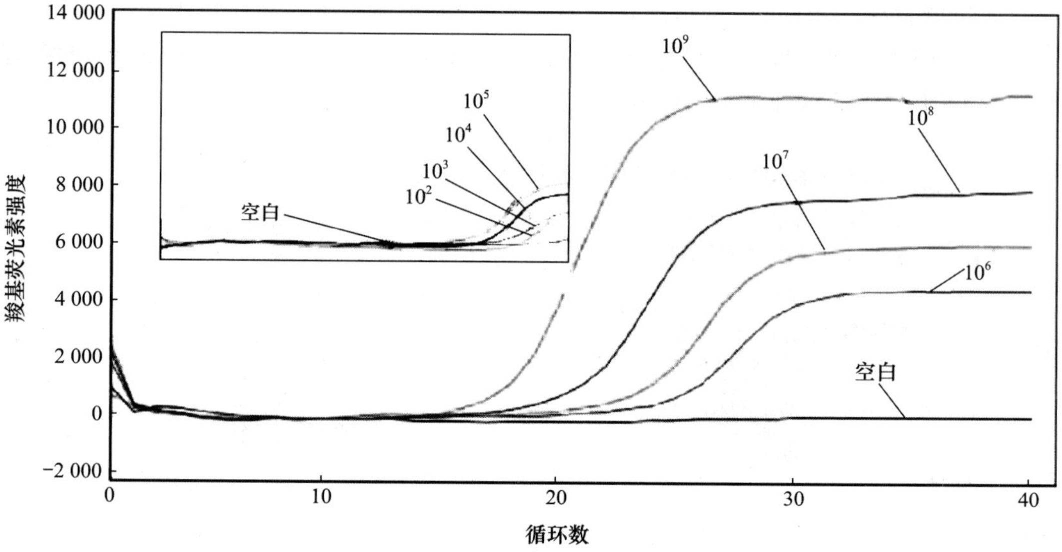

(a)不同浓度(10^2～10^9 CFU/mL)大肠杆菌 PCR 曲线

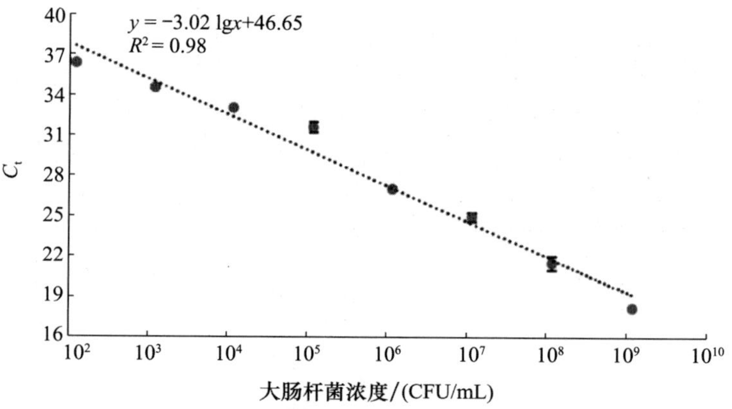

(b)不同浓度大肠杆菌对应的 C_t

图 9-16　磁流动分离核酸并结合 PCR 检测大肠杆菌实验结果[10]

(C_t 为每个反应管内的荧光信号达到设定的域值时所经历的循环数)

链状矗立于通道中。当细菌样本注入通道时,目标细菌会被磁珠链上的抗体捕获,实现细菌与样本背景的分离。撤去磁场后,利用少量的缓冲液将细菌冲出通道,实现细菌的分离和富集。实验结果如图 9-18 所示,免疫磁珠在不超过 200 μL/min 的流速条件下形成链状分布,有效增加了免疫磁珠在分离通道的空间捕获范围,提高了对目标细菌的分离效率。该研究以鼠伤寒沙门菌为研究对象,可在 45 min 内流动分离出 80%的沙门菌。

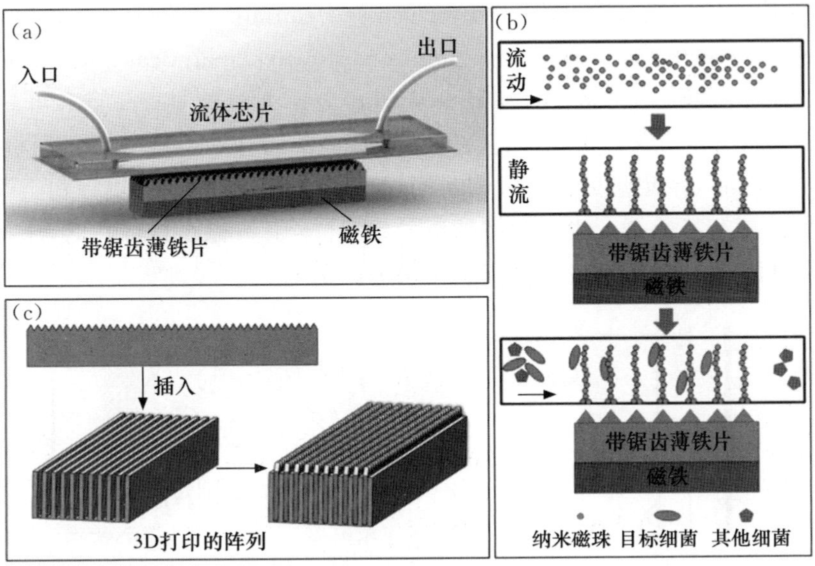

图 9-17　免疫磁栅流动分离技术

(a)免疫磁珠在微流控通道内成链(v=100 μL/min)

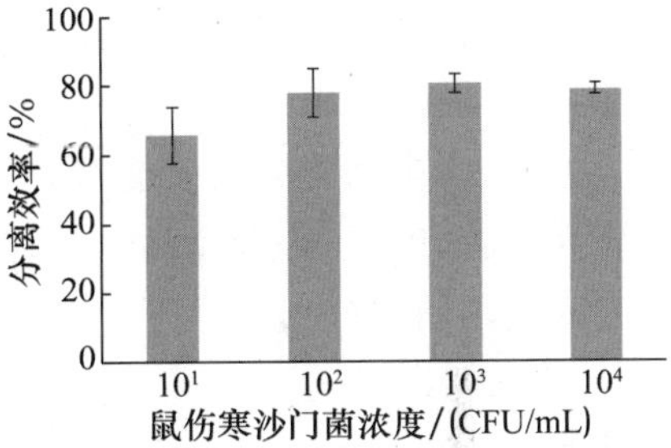

(b)不同浓度鼠伤寒沙门菌的分离效率

图 9-18　免疫磁栅流动分离鼠伤寒沙门菌实验结果

9.3　微生物检测技术

生物传感器是目前微生物检测技术的一个研究热点。生物传感器研究最早可追溯到 20 世纪 60 年代。美国电分析化学家 Leland C. Clark Jr 于 1962 年在纽约科学院学术会议上首次提出了酶电极(enzyme electrode),如图 9-19 所示,用透析膜将葡萄糖氧化酶包埋在氧电极表面,对溶液中的氧气浓度进行监测,根据氧气浓度的变化与葡萄糖的浓度具有相关性来测定葡萄糖含量。1975 年,美国 YSI (Yellow Springs Instrument)公司推出第一个基于酶电极的葡萄糖测定仪,将 Clark 提出的酶电极商品化,实现了生物传感器的实际应用。1985 年,国际著名出版社爱思唯尔(Elsevier)创办生物传感器期刊 *Biosensors*,1990 年更名为 *Biosensors & Bioelectronics*,2023 年其影响因子达到了 12.6,是目前生物传感器领域最有影响力的期刊。

国际纯粹化学与应用化学联合会(International Union of Pure and Applied Chemistry,

IUPAC)对生物传感器的定义为:A biosensor is a self-contained integrated device which is capable of providing specific quantitative or semi-quantitative analytical information using a biological recognition element (biochemical receptor) which is in direct spatial contact with a transducer element。如图 9-20 所示,生物传感器的主要元件是生物敏感识别材料和换能器,其作用是特异性定量或半定量分析目标物。当样本中存在目标物时,目标物会与生物敏感识别材料发生结合,引起换能器产生可检测的信号;当样本中不存在目标物时,干扰物即使与生物敏感识别材料很接近,换能器也不会产生可检测的信号。

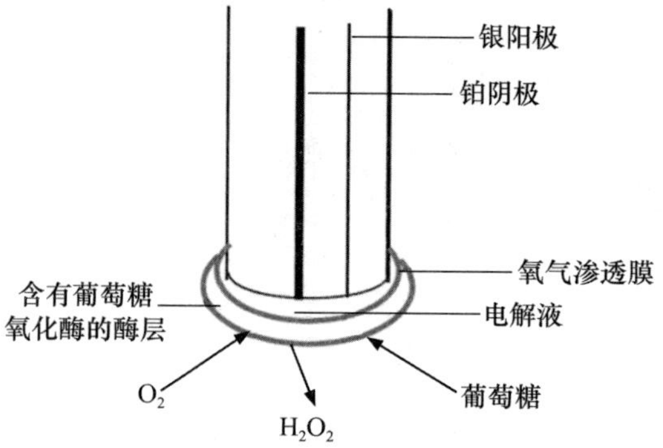

图 9-19 葡萄糖酶电极

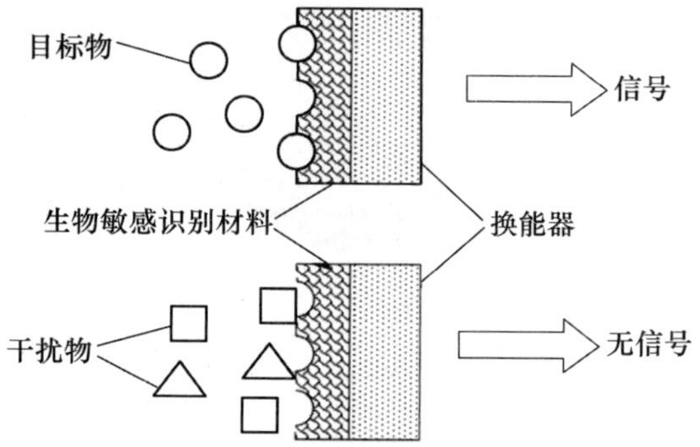

图 9-20 生物传感器基本结构示意图

近年来,生物传感器研究得到快速发展,各种各样的生物传感器不断开发出来并在生命科学研究、临床医学诊断、食品安全检测、生物过程控制、环境污染监测等领域得到应用,展现出广阔的应用前景(表 9-2)。

表 9-2 生物传感技术的主要应用领域[12]

应用领域	应用举例
生命科学	活细胞中生物分子相互作用,单分子生物学,单细胞生物学
食品工业	食品成分、鲜度、添加剂分析,农药残留分析,微生物和毒素检测
生物工程	发酵液成分分析,代谢物和产品分析,生物量分析
环境监测	水体有机污染(BOD)、大气环境污染(SO_2、NO_x)、室内空气污染检测
临床诊断	血糖等生化指标测定,免疫学分析,病原及耐药性检测
居家护理	家用生化分析仪,残疾人协助设备
口岸检疫	生物毒素、细菌、转基因标识物等检测分析
国防反恐	生物毒素、病毒、细菌快速甄别与鉴定
航天科学	航天员健康指标分析,航天器内环境指标分析,航天生物学研究

根据换能器种类,生物传感器可分为电化学生物传感器、光学生物传感器、压电生物传感器、磁学生物传感器、声学生物传感器、热学生物传感器等,关于电化学生物传感器和光学生物传感器的研究最多。根据生物敏感识别材料,生物传感器也可分为酶传感器、免疫传感器、组织传感器、细胞传感器、核酸传感器、分子印迹传感器等,关于酶传感器和免疫传感器的研究最

多。由于生物传感器种类繁多，在这里将主要介绍电化学生物传感器和光学生物传感器。

9.3.1　电化学生物传感器

电化学生物传感器是目前研究最多的一类生物传感器，一般通过分析电极界面的电化学变化来实现目标物检测，具有检测速度较快、灵敏度较高、成本较低、操作较简单等优点。根据检测信号，电化学生物传感器还可分为阻抗型、电势型、电流型和电容型。阻抗型生物传感器通常只需在某一个特征频率下进行阻抗检测与分析，不需要昂贵的电化学分析仪器，因此它具有仪器小型化和现场检测等潜力。下面重点介绍阻抗型生物传感器及其信号放大策略。

叉指阵列微电极（interdigitated array microelectrode，IDAM）是阻抗型生物传感器最常用的换能器之一，它具有信噪比较高和尺寸较小等特点，指电极和指间距通常在微米级，电极材料通常采用金、铂或碳。微电极制作通常采用微加工工艺，如图 9-21 所示：先在清洗干净的玻璃或硅基底上旋涂一层正性感光胶；然后将微电极掩膜置于感光胶上，用紫外光照射，实现微电极的图形转移；再利用显影液除去曝光后可溶的感光胶；最后溅射上一层钛钨（TiW）或铬（Cr）作为连接层，溅射一层金作为电极层，移除多余的感光胶后即可得到微电极。

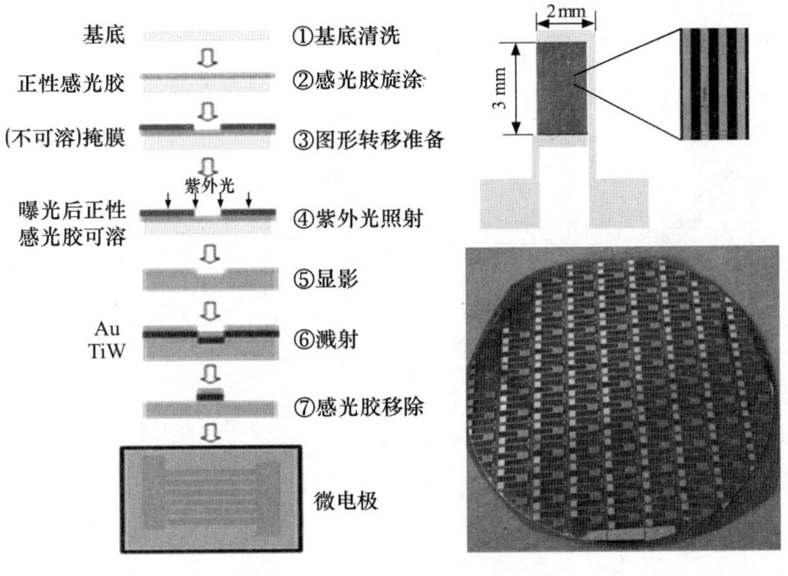

图 9-21　微加工工艺及微电极

二维码 9-3

9.3.1.1　阻抗型生物传感器

阻抗型生物传感器通常是监测微电极表面的电化学阻抗变化来实现目标物的检测，图 9-22 为一种常见的阻抗型生物传感器的原理[9,13]。图 9-22(a)为电极的生物修饰过程：先通过静电等方式将蛋白 A 吸附到微电极（金）表面；然后利用抗体的免疫球蛋白 IgG 的 Fc 段可与蛋白 A 特异性结合的性质将抗体定向固定在蛋白 A 上，使抗体上与抗原结合的 Fab 段朝外，更加容易与目标抗原相结合；再利用牛血清白蛋白（bovine serum albumin，BSA）对残留的结合位点进行封闭，避免非特异性反应；最后利用抗体将目标物或免疫磁分离得到的目标物-磁珠复合体捕获在电极表面，并在有氧化还原探针的条件下通过检测电极表面的阻抗变化来测定目标物数量。图 9-22(b)所示为电极表面的电化学阻抗谱（electrochemical impedance spectra,EIS),可以看出,当目标物的浓度增加时,在特征频率(10～100 kHz)范围的阻抗幅值也相应增大。

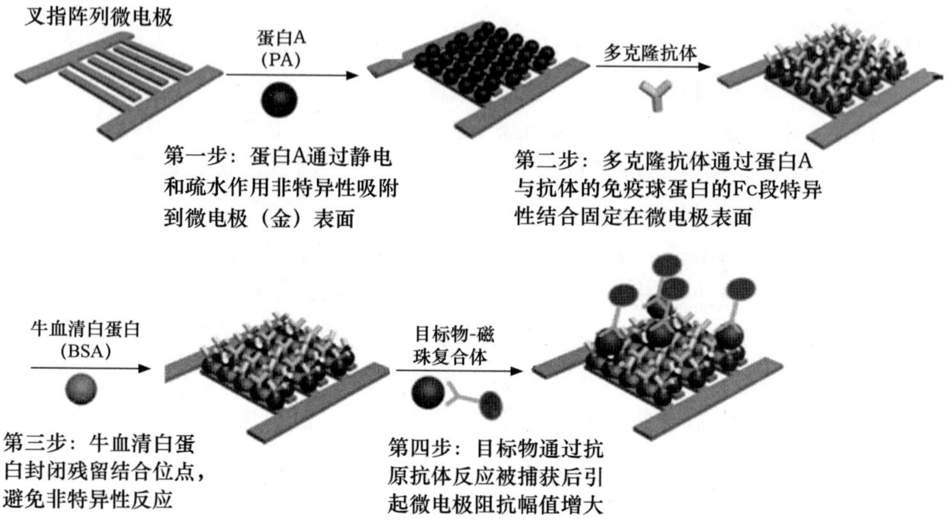

(a)电极生物修饰过程[9]

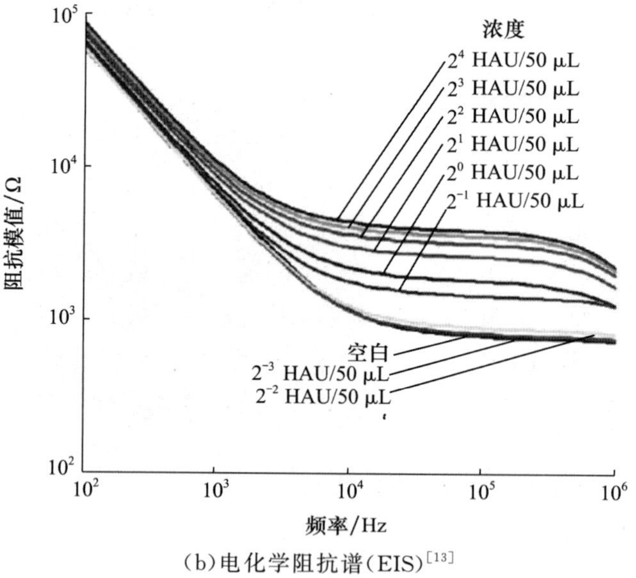

(b)电化学阻抗谱(EIS)[13]

图 9-22 阻抗型生物传感器原理示意图

当微电极表面没有固定任何生物材料时,如图 9-23 所示,在电极的两端施加一个交流电,电子在存在氧化还原探针[常用 5～10 mmol/L 的 $K_3Fe(CN)_6$ 和 $K_4Fe(CN)_6$]的条件下可在电极间转移,阻力较小,即电极的阻抗较小;当电极表面上逐层固定上蛋白 A、抗体和 BSA 后,电子在电极间转移受到这些生物材料的阻碍,阻力增大,电极的阻抗增大;当电极表面上捕获到目标微生物时,电子转移阻力进一步增大,电极的阻抗进一步增大,这部分增加的阻抗正是由目标微生物引起的，因此可以通过检测阻抗变化来测定目标微生物[14]。

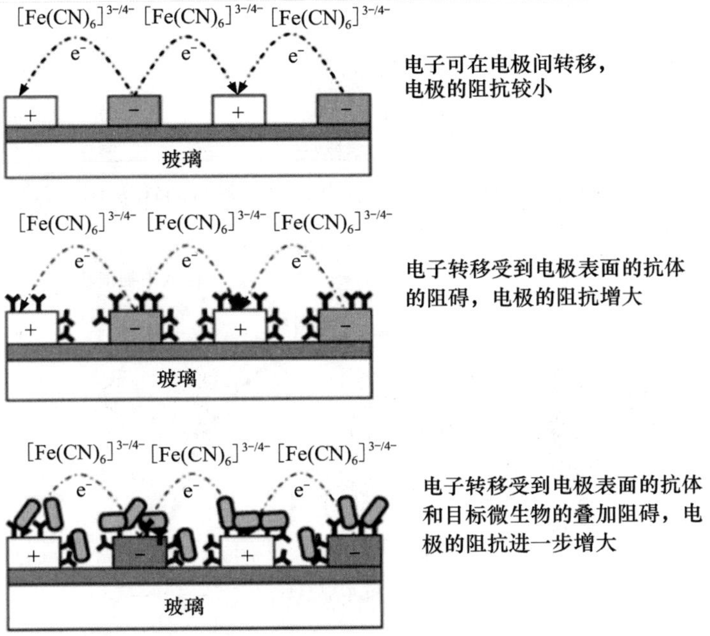

图 9-23　微电极阻抗变化分析[14]

利用图 9-24(a)所示的经典的 Randle 模型，可以更好地理解电极逐层表面修饰蛋白 A、抗体、BSA 和目标物引起的电化学变化。模型主要包括 4 个元件：R_s，溶液电阻(electrolyte resistor)；C_{dl}，双电层电容(double layer capacitor)；R_{et}，电子转移电阻(electron transfer resistor)；Z_w，扩散阻抗(Warburg impedance)。通过等效电路拟合，可以得到不同阶段各个元件对应的数值，如图 9-24(b)所示，溶液电阻 R_s 基本没有明显变化，这是因为阻抗测量在有氧化还原探针的条件下进行，每次测量都采用相同的氧化还原探针；双电层电容 C_{dl} 和扩散阻抗 Z_w 呈增大趋势，但变化不明显，这是因为每增加一层生物材料，离子扩散需要多克服这一层材料的阻力；只有电子转移电阻 R_{et} 明显逐步增大，这是因为每增加一层生物材料，电子转移也需要克服这一层材料的阻力。此外，还可以通过奈奎斯特(Nyquist)图进行分析，如图 9-24(c)所示，可以看出它主要包含两个部分：一个半圆弧(高频区)和一条斜线(低频区)，曲线的最高频率处代表溶液电阻，基本上重叠在一起，半圆弧的直径代表电子转移电阻，呈逐步增大趋势。

阻抗型生物传感器通常可以在 2 h 内实现低至 10^3 CFU/mL 的食源性致病微生物的定量检测，它虽然具有检测时间短的优势，但也存在着一些明显局限性：①电极需要经过复杂的生物修饰过程，因此重复性和稳定性有限；②电极修饰生物材料后往往很难进行重复利用，检测成本较高；③电极上修饰的抗体等生物识别材料与待测样本中目标物的反应属于固相-液相反应，效率较低，导致检测灵敏度较低或检测时间较长。

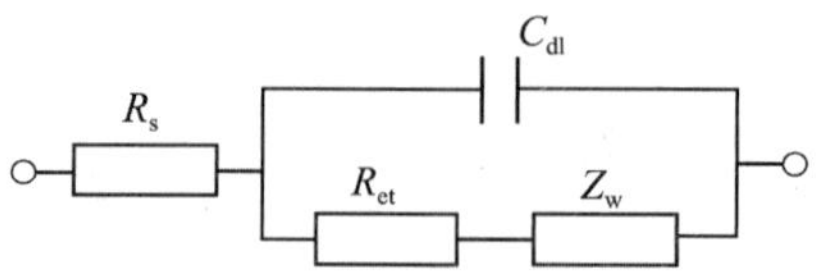

(a)Randle 模型

电极所处状态	R_s/Ω	R_{et}/Ω	C_{dl}/nF	$Z_w/(\Omega/s^{1/2})$
裸电极	36.2	28.1	671.2	272.3
蛋白 A 固定后	36.5	208.4	712.6	261.1
抗体固定后	36.4	391.4	735.7	279.3
BSA 封闭后	36.5	579.9	743.1	288.5
目标物捕获后	37.1	671.8	783.2	313.2

(b)等效电路各元件在不同阶段对应的阻抗值

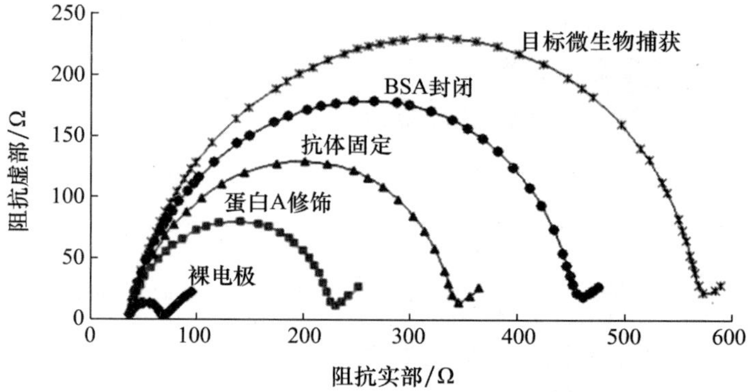

(c)奈奎斯特图：电极表面修饰不同材料和目标物时的电化学响应曲线[13]

图 9-24 电极表面修饰引起的电化学变化

9.3.1.2 酶阻抗生物传感器

针对上述阻抗型生物传感器存在固相-液相免疫反应速度较慢、电极无法重复利用等问题，Chen 等提出一种改进策略[15]。如图 9-25(a)所示，先利用免疫纳米磁珠将目标细菌从样本中分离并富集，形成磁细菌；再利用脲酶修饰的免疫纳米金颗粒对磁细菌进行标记，形成酶细菌；然后，利用酶细菌上的脲酶催化高阻抗的尿素产生低阻抗的碳酸铵，从图 9-25(b)和(c)可以看出不同浓度的尿素与超纯水具有非常接近的阻抗，而不同浓度的碳酸铵则有明显的阻抗差异；最后，利用微电极测量催化产物(包含催化产物碳酸铵和剩余催化底物尿素)的阻抗，测定碳酸铵的浓度，从而推断脲酶的数量，进而得到目标细菌的数量。研究以单增李斯特菌为目标细菌。由于采用脲酶对阻抗信号进行了有效放大，这种改进的酶阻抗生物传感器可以在 2 h 内检出低至 3×10^2 CFU/mL 的李斯特菌。另外，由于微电极没有做任何表面修饰，用超纯水清洗后即可重复使用，可有效降低检测成本。

叉指阵列微电极(IDAM)通常在玻璃或硅基底上通过光刻和刻蚀技术进行加工，电极成本相对较高且容易破碎，因此阻抗型生物传感器的换能器也有采用丝网印刷电极(screen printed electrode，SPE)[图 9-26(a)]和印刷电路板电极(printed circuit board electrode，PCBE)[图 9-26(b)]的，虽然它们在阻抗检测稳定性方面比叉指阵列微电极稍微差一些[图 9-26(c)]，但是灵敏度更高，成本和制作难度显著降低。此外，阻抗型生物传感器还可以结合微流控技术，如图 9-26(d)所示，利用等离子体键合技术将电极与聚二甲基硅氧烷(polydimethylsiloxane，PDMS)通道制作成微流控阻抗芯片，不仅可以实现阻抗信号的流动监测[图 9-26(e)]，也可实现电极的彻底清洗，降低背景干扰，更重要的是可基本实现半自动化定量检测。

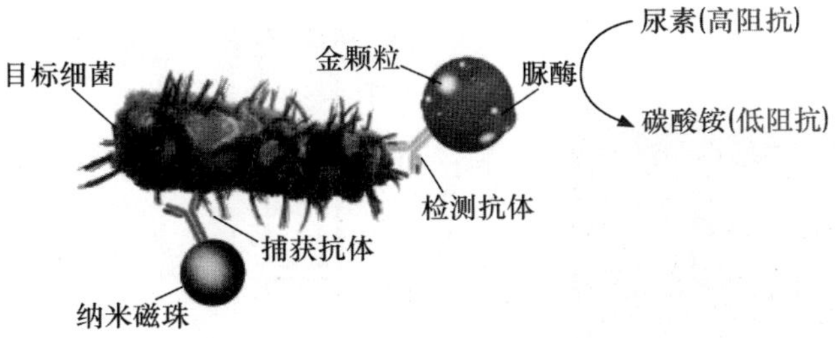

(a)酶阻抗生物传感器原理示意图

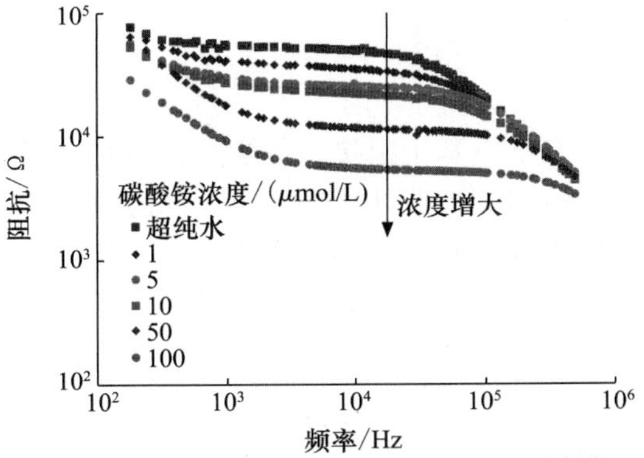

(b)碳酸铵阻抗变化情况

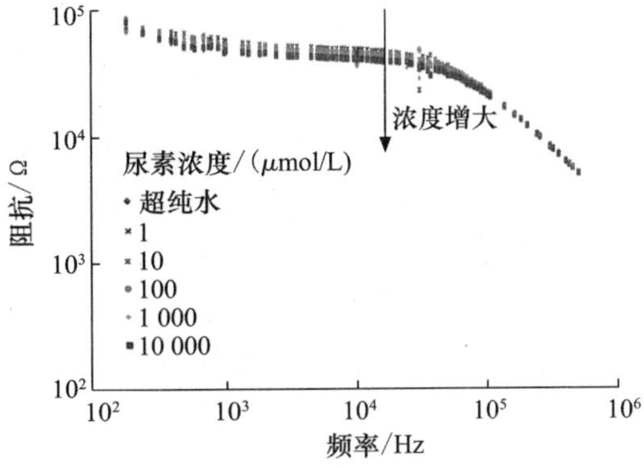

(c)尿素溶液阻抗变化情况

图 9-25　酶阻抗生物传感器[15]

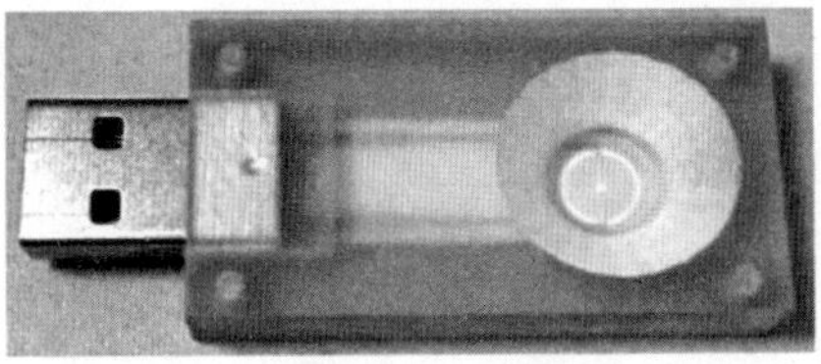

(a)丝网印刷电极[16]

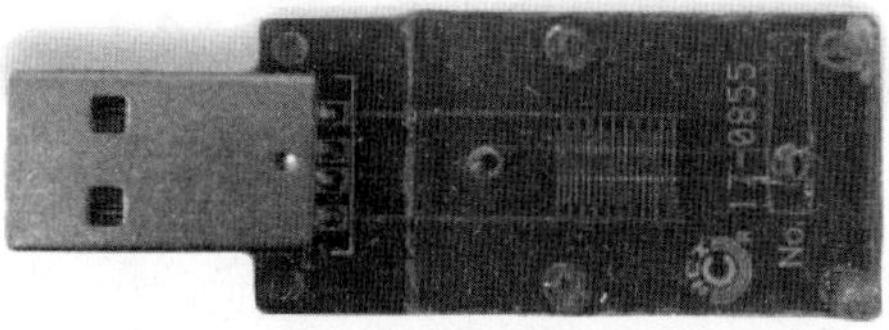

(b)印刷电路板电极[17]

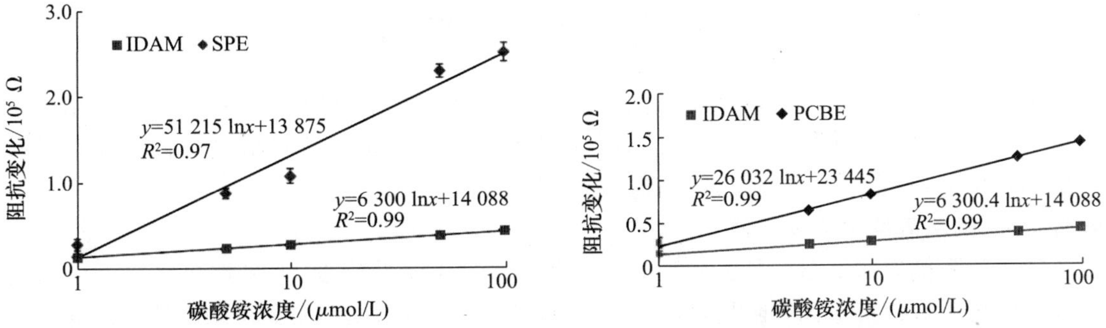

(c)丝网印刷电极、印刷电路板电极与叉指阵列微电极的性能比较[18]

图 9-26　改进的酶阻抗生物传感器

(d)微流控阻抗芯片[19]

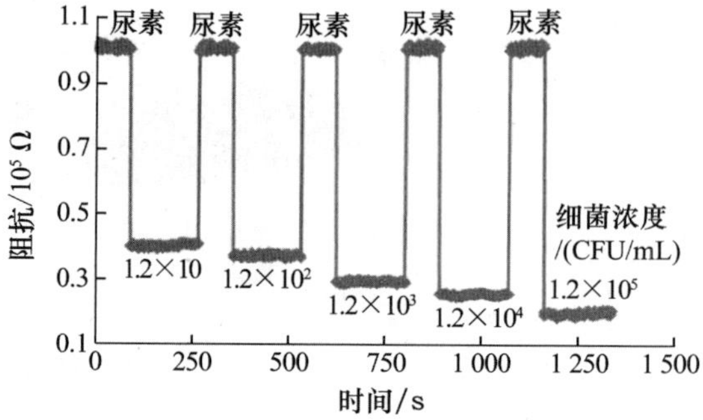

(e)阻抗流动监测[20]

续图 9-26

阻抗有两个关键参数:幅值和相角。绝大多数研究都是基于阻抗幅值进行微生物检测,对阻抗相角研究相对较少。如图 9-27 所示,当碳酸铵浓度增加时,电极的阻抗相角会向高频方向平移[21]。因此,通过测量阻抗相角的平移,也可以实现目标微生物的定量分析。以单增李斯特菌为目标细菌,结合微流控免疫磁分离技术,这种阻抗相角分析方法可以在 1 h 内实现 10^2~10^5 CFU/mL 范围内李斯特菌的定量检测,检测限可达到 160 CFU/mL。

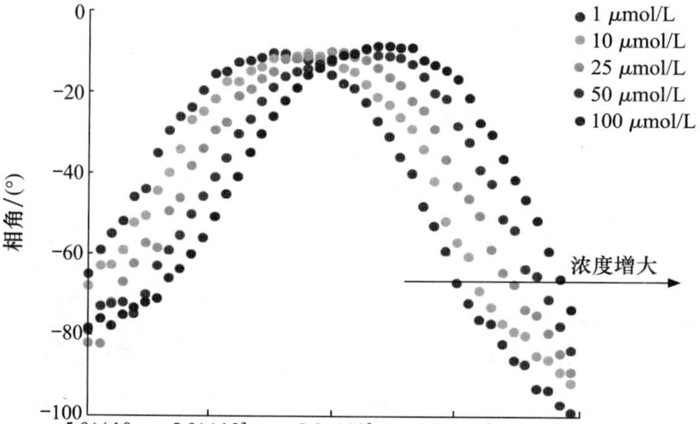

图 9-27 阻抗相角变化规律[21]

引入脲酶使阻抗型生物传感器的检测信号得到明显放大,灵敏度也有明显提升;结合微流控技术基本解决了操作复杂的问题,提高了免疫反应效率。但免疫反应过程仍存在较多的盐离子(如 PBS),仍会对阻抗检测造成较严重的干扰。

9.3.1.3 酶电势型生物传感器

针对酶阻抗生物传感器易受到盐离子等背景条件干扰等问题,一种解决办法是采用具有选择性的离子检测技术代替阻抗检测[22,23]。如图 9-28 所示,先利用免疫纳米磁珠对样本中目标细菌进行特异分离和有效富集,形成磁细菌,并通过磁分离除去样本背景;再利用以磷酸钙晶体为骨架的蛋白-无机物杂交免疫纳米花对磁细菌进行标记,形成磁珠-细菌-纳米花双抗夹心复合体，并通过磁分离除去多余的纳米花；然后利用强酸（1 mol/L 的 HCl）对该双抗夹心复合体进行复溶，释放出钙离子；最后利用钙离子选择电极对释放的钙离子进行测定，从而实现目标细菌的定量分析。以鼠伤寒沙门菌为目标细菌，该方法可在 2 h 内检出低至 28 CFU/mL 的目标细菌。

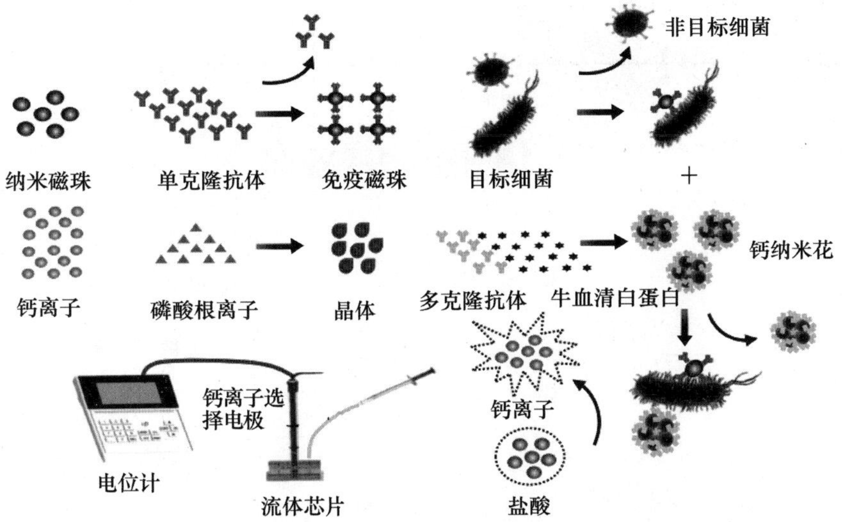

图 9-28 酶电势型生物传感器原理示意图[23]

这种电势型生物传感器利用高负载量的纳米花实现信号的放大，利用离子选择电极实现特定离子的检测，有效抑制了其他离子的干扰，最终实现高灵敏的细菌检测。这种传感器的局限性是：①纳米花的形成很难精确控制，会在一定程度上影响重复性；②离子选择电极所需样本体积通常较大，会降低检测灵敏度；③离子选择电极使用之前需要活化和校正，在一定程度上增加了操作复杂性。

9.3.1.4 电流型生物传感器

目前，商业化最成功的生物传感器是血糖仪，它是一种电流型生物传感器，先利用葡萄糖氧化酶（glucose oxidase，GOx）催化葡萄糖（glucose）产生葡萄糖酸（gluconic acid）和过氧化氢（H_2O_2），再通过电流法测定过氧化氢，实现葡萄糖的定量分析。

$$\text{葡萄糖} + O_2 + H_2O \xrightarrow{\text{葡萄糖氧化酶}} \text{葡萄糖酸} + H_2O_2$$

由于血糖仪具有成本低、便携、操作简单等优点，因此也有不少研究利用血糖仪进行食源性致病菌检测。如图 9-29 所示，Huang 等将血糖仪与同轴通道磁分离相结合[24,25]，先利用磁铁磁化同轴通道内置的小铁球，使其产生局部高梯度磁场，将捕获抗体修饰的纳米磁珠固定在环形通道内；再利用磁珠上的抗体对流过通道的目标细菌进行特异性捕获，使目标细菌与样本背景分离；然后利用转化酶纳米团簇对目标细菌进行标记，冲洗除去未结合的纳米团簇后，利用转化酶对注入的蔗糖进行催化，得到葡萄糖；最后利用血糖仪对葡萄糖进行测定，从而实现目标细菌的定量分析。以大肠杆菌 O157：H7 为目标细菌，该方法可在 2 h 内检出低至 79 CFU/mL 的目标细菌。

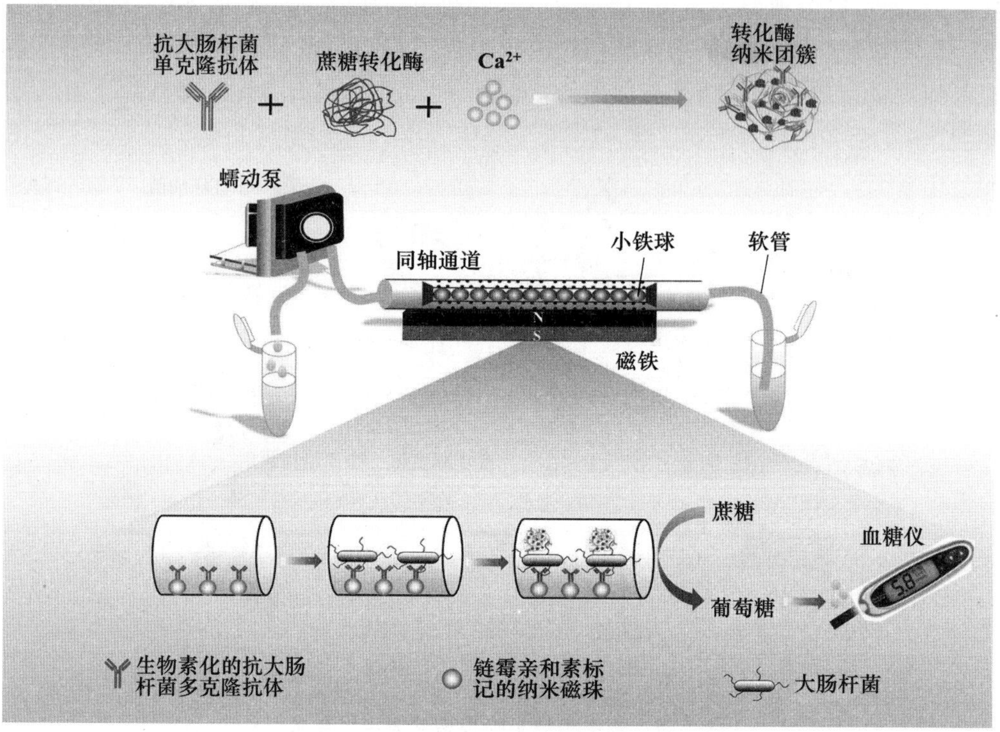

图 9-29 电流型生物传感器原理示意图[24]

9.3.2 光学生物传感器

光学生物传感器是目前研究较多的一类生物传感器，它利用光的吸收、折射、反射等现象进行检测，具有非接触、灵敏度高、操作简单、仪器小型化、易集成等优点。根据检测信号不同，光学生物传感器可分为比色、荧光、表面等离子体共振等类型。

9.3.2.1 比色生物传感器

酶联免疫吸附测定(ELISA)是一种经典的微生物检测技术，可用于检测抗原，也可用于检测抗体(蛋白)。其原理如图 9-30[26]所示：将抗原/抗体物理性地吸附于固相表面，并且保持其免疫活性；酶标抗体/抗原(抗体/抗原与酶通过共价键形成的酶的结合物)与相应的抗原/抗体结合；加入酶对应的底物发生颜色反应，颜色的深浅与样本中相应抗原/抗体的量成正比。

ELISA 方法由于具有高通量和自动化操作等优势，在医学诊断、食品安全等领域得到了广泛的应用[27]，但也存在着明显的局限性：①灵敏度有限，一般只能实现 $10^3 \sim 10^5$ CFU/mL 的食源性致病菌的定量检测；②包埋在固相板上的抗体等生物识别材料与待测样本中目标物的反应属于固相-液相反应，效率较低，这会导致检测灵敏度较低或检测时间较长；③每一步免疫反应后都需要清洗，步骤繁多且易因清洗不干净导致假阳性结果等。

针对 ELISA 方法固相-液相免疫反应速度较慢、清洗步骤复杂等问题，Chen 等结合免疫磁分离技术开发了液相-液相免疫反应的比色生物传感器，并利用颜色变化物质研究了信号策略[28]。常见的颜色变化物质有酶底物、贵金属纳米颗粒及酸碱指示剂(如溴甲酚紫)等。如图

二维码 9-4

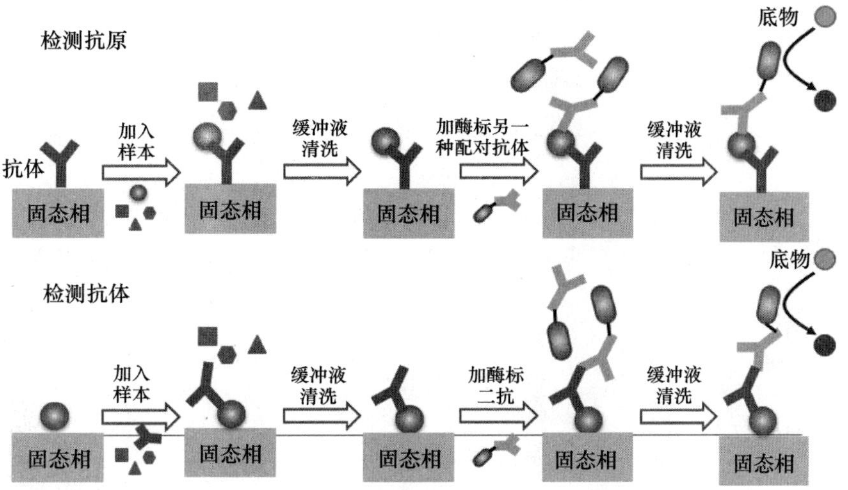

图 9-30　双抗夹心 ELISA 的原理[26]

9-31 所示，基本工作原理是先利用免疫纳米磁珠将目标细菌从样本中分离并富集，形成磁细菌；再利用脲酶修饰的免疫纳米金颗粒对磁细菌进行标记，形成酶细菌；然后利用酶细菌上的脲酶催化尿素产生碳酸铵，使溶液 pH 升高；最后根据酸碱指示剂（溴甲酚紫）的颜色变化实现对目标细菌的定量分析。从图 9-31(b)可以看出不同浓度的尿素溶液与超纯水具有非常接近的光强，而不同浓度的碳酸铵溶液与溴甲酚紫反应则颜色明显不同［图 9-31(d)］。最后，利用光谱仪测量反应产物的吸光度，根据在特征波长(588 nm)对应的吸光度测定碳酸铵溶液的浓度，从而推断脲酶的数量，进一步得到目标细菌的数量[图 9-31(c)和(e)]。以单增李斯特菌为目标细菌，从图 9-31(f)可以明显看出不同浓度的单增李斯特菌结合了不同数量的脲酶，从而催化产生不同浓度的碳酸铵，使其与溴甲酚紫反应产生的颜色不同。由于采用脲酶对信号进行了有效放大，这种比色生物传感器可以在 2 h 内检出低至 10^2 CFU/mL 的单增李斯特菌。

由于比色生物传感器的信号表现为颜色变化，容易分辨，而且是非接触检测，因此微流控芯片和智能手机也可以用于开发比色生物传感器[29]，不仅能提高反应效率，还可使操作简单化、仪器小型化。如图 9-32 所示，首先，将免疫磁珠（修饰有捕获抗体的磁珠）、免疫酶微球（修饰有过氧化氢酶和抗体的聚苯乙烯微球）和待测样品同时注入芯片，通过抗体与目标细菌的免疫结合，形成磁珠-细菌-微球复合物，并通过外加磁场将其捕获在分离腔中，去除样品中杂质和多余的免疫酶微球后，通入过氧化氢进行催化反应。然后，注入胶体金与交联剂混合物，在检测腔中反应孵育后观察溶液颜色变化。交联剂只有在过氧化氢存在的情况下才能触发胶体金产生聚集反应。当待测样品中含有目标细菌时，复合物上的过氧化氢酶会催化消耗过氧化氢，胶体金会呈现红色（此时胶体金呈分散状态）；当待测样品中没有目标细菌时，胶体金会在过氧化氢及交联剂的作用下发生聚集，呈现蓝色。最后，利用手机拍照，并用自主开发的手机 App 进行数据分析。这种方法可以在 1 h 内实现 10^1～10^4 CFU/mL 范围内大肠杆菌 O157：H7 的定量检测，检测限可达到 50 CFU/mL。

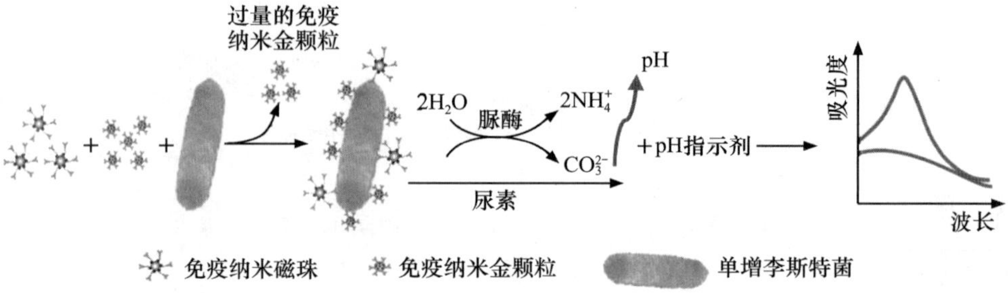

(a)比色生物传感器原理示意图

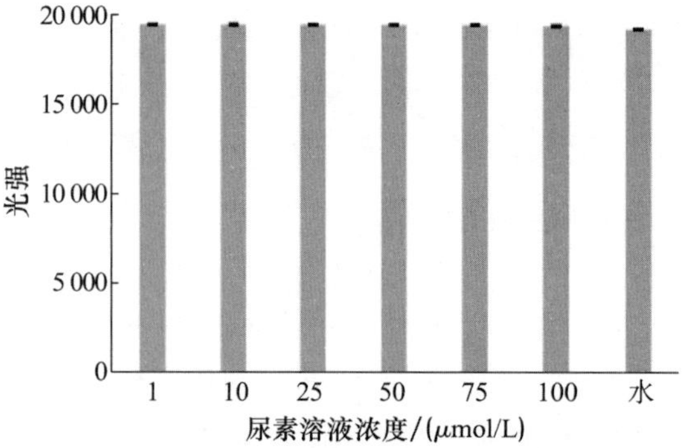

(b)光强与尿素溶液浓度的关系

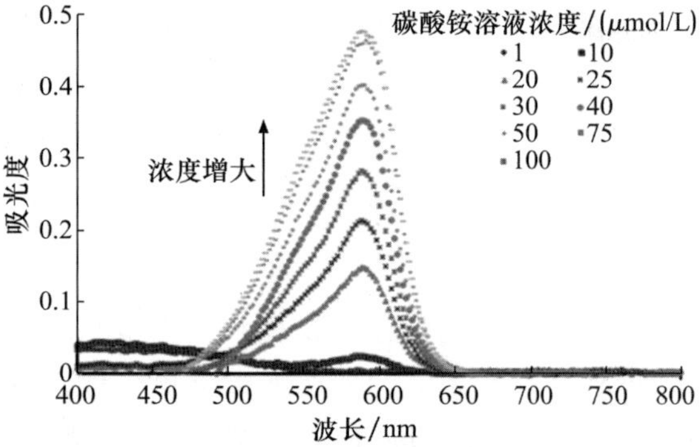

(c)溴甲酚紫与不同浓度碳酸铵溶液反应后在波长 400～800 nm 的吸收光谱

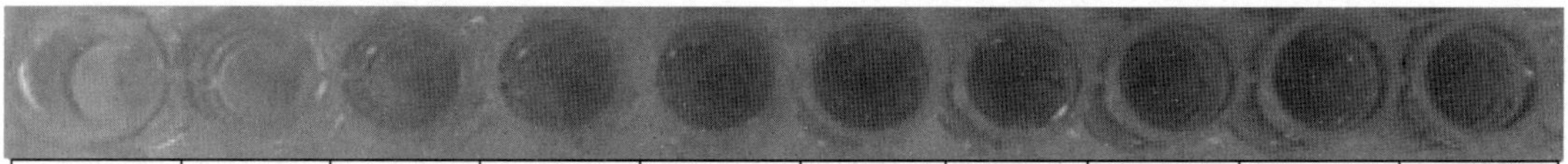

对照	1	10	20	25	30	40	50	75	100

(d)溴甲酚紫与不同浓度(μmol/L)碳酸铵溶液反应后溶液颜色变化

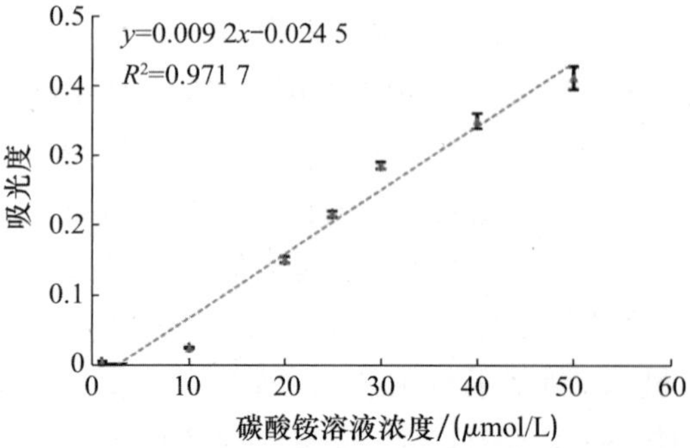

(e)溴甲酚紫与碳酸铵溶液反应后特征波长 588 nm 处吸光度与碳酸铵溶液浓度的关系

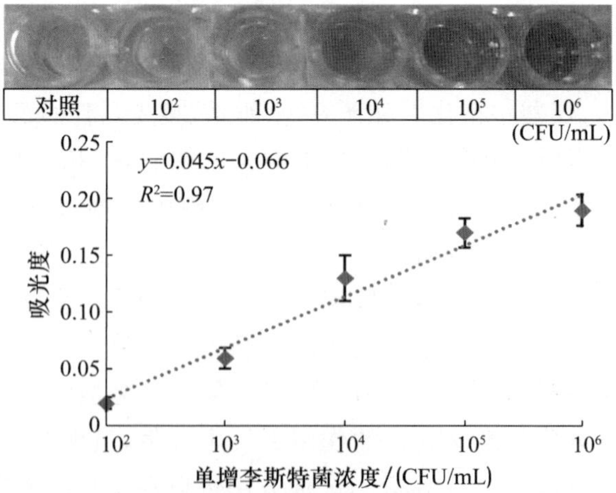

(f)不同浓度单增李斯特菌对应的溴甲酚紫的颜色变化及特征波长处吸光度

图 9-31 基于免疫磁分离、酶催化和酸碱指示的比色生物传感器[21,28]

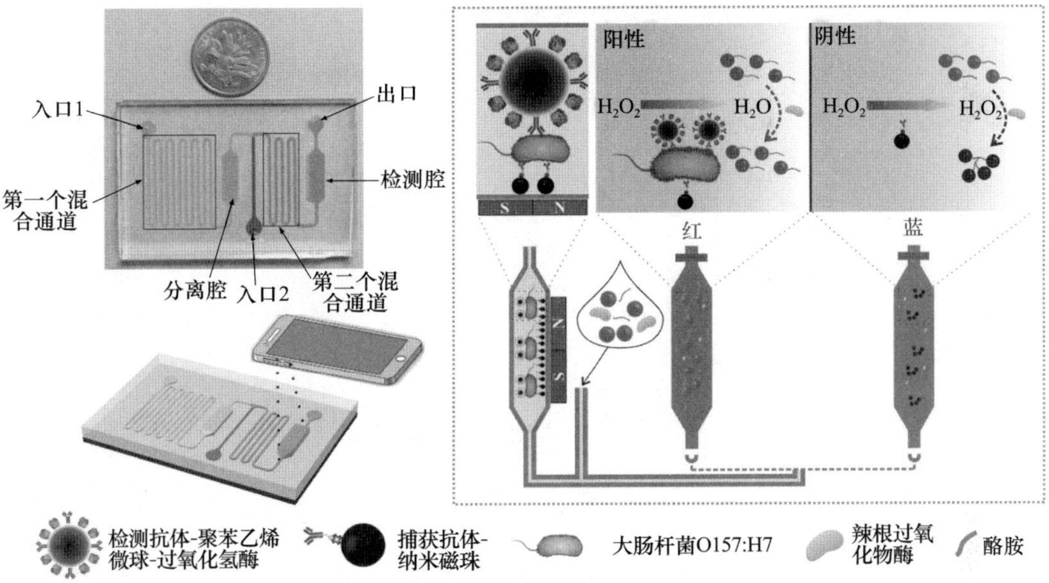

图 9-32　基于微流控芯片和手机的比色生物传感器工作原理示意图[29]

9.3.2.2　无酶比色生物传感器

随着各种酶的引入，比色生物传感器的检测信号得到明显的放大，灵敏度也有明显的提升，结合微流控技术，也基本解决了操作复杂的问题，提高了免疫反应效率。但由于酶催化一般需要一定的时间和合适的温度，酶活性受温度、pH 等因素影响比较大，且酶通常要被修饰在纳米材料（如胶体金、聚苯乙烯微球）上，可能影响酶活性。这些问题会导致检测时间长或灵敏度不高等。为了解决酶活性易受环境影响导致的问题，研究人员将一些色素[30,31]用于比色生物传感器，这样的传感器叫做无酶比色生物传感器。

姜黄素（curcumin，CUR）是一种橙黄色的天然色素，不溶于水，溶于乙醇、丙二醇，易溶于冰醋酸和碱溶液，具有降血脂、抗肿瘤、抗炎、利胆、抗氧化等作用，常用于临床医学。由于姜黄素耐酸耐碱，且高温下颜色没有变化，因此可用作光学生物传感器的信号标记物。如图 9-33(a)所示，不同浓度的姜黄素的吸光度存在很好的线性关系，证明了姜黄素作为标记物的可行性。如图 9-33(b)所示，先用牛血清白蛋白（BSA）包裹姜黄素，再利用点击化学反应（四嗪-反式环辛烯，Tz-TCO）使姜黄素复合物变大，实现信号放大。利用免疫纳米磁珠（NPs）对样本中目标细菌进行特异分离和有效富集，形成磁细菌，并利用磁分离除去样本背景；再利用修饰有抗体（pAb）的姜黄素复合物对磁细菌进行标记，形成磁珠-细菌-姜黄素双抗夹心复合体（CUR-Tz-TCO 细菌），并利用磁分离除去多余的姜黄素复合物；然后，利用强碱（NaOH）对该双抗夹心复合体进行复溶，释放出姜黄素；最后，对释放的姜黄素进行颜色测定，从而实现目标细菌的定量分析。以鼠伤寒沙门菌为目标细菌，采用这种方法可在 2 h 内可检出低至 50 CFU/mL 的目标细菌。

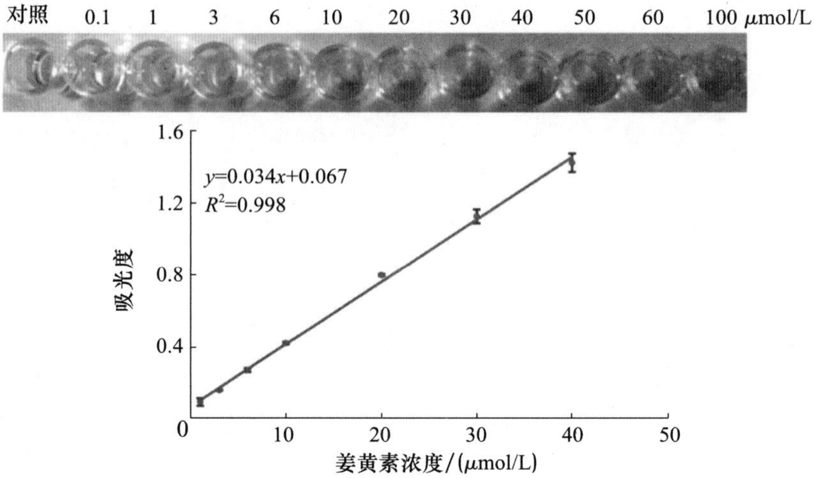

(a)姜黄素浓度与吸光度的线性关系

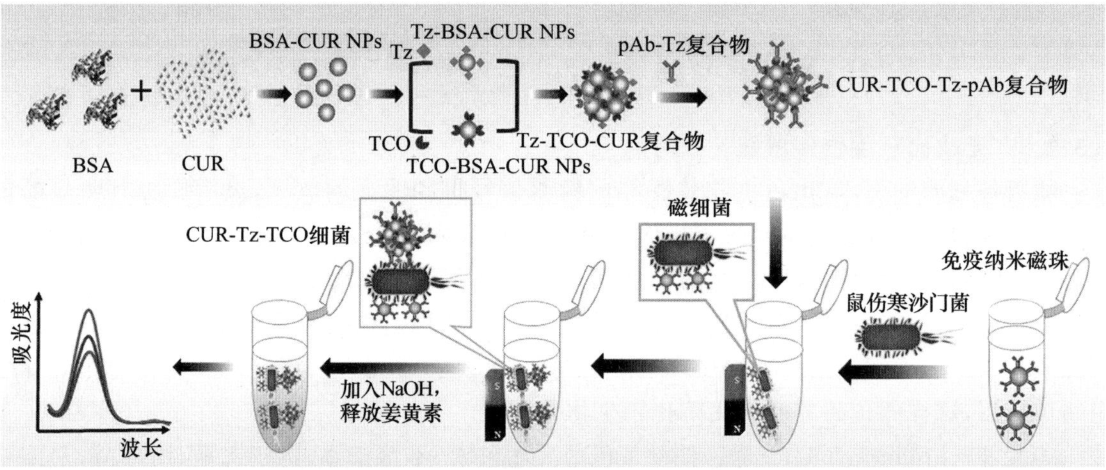

(b)基于姜黄素的无酶比色生物传感器原理

图 9-33 基于姜黄素的无酶比色生物传感器[25]

这种比色生物传感器利用点击化学反应实现了信号放大,利用环境适应性好的姜黄素实现了无酶标记,有效解决了酶的耐受性及活性损失问题,最终实现高灵敏的细菌检测。它的局限性是:①利用点击化学反应合成姜黄素复合物很难精确控制,会在一定程度上影响重复性;②操作步骤较多,自动化程度低,会在一定程度上影响重复性和稳定性。

目前,微流控技术已经广泛与光学生物传感器结合,提高了自动化水平,可以快速检测大体积样本中的食源性致病菌,具有较高的检测灵敏度,但是需要借助蠕动泵等流体控制器件,存在易遭受交叉污染和难以实现现场检测等问题。因此,Zhang 等[32]利用毛细管将整个反应过程集成到一起,不使用蠕动泵,以普鲁士蓝(亚铁氰化铁)作为颜色信号标记物。如图 9-34 所示,首先在毛细管内依次注入免疫纳米磁珠(MNP)、铁纳米花(Fe-nanocluster, FNC)、PBST(含吐温的磷酸盐缓冲液)洗液和 HCl,利用空气柱间隔使它们形成独立的液柱;然后,通过外部环形磁铁将免疫磁珠转移到细菌样本中，利用免疫磁珠对目标细菌（鼠伤寒沙门菌）进行捕获，形成磁细菌；再通过外部环形磁铁将磁细菌转移到纳米花液柱内，使磁细菌与铁纳米花免疫结合，形成纳米磁珠-鼠伤寒沙门菌-铁纳米花复合体。经过 PBST 两次清洗后，用盐酸溶解该复合物，纳米花上的 Fe^{3+} 会被释放出来，再利用亚铁氰化钾与其反应生成普鲁士蓝(PB)；最后，利用手机相机进行图像采集，并利用基于 HSL 色彩模型的手机图像分析 App 进行数据处理，实现鼠伤寒沙门菌的定量分析。这种方法可在 2 h 内检出低至 14 CFU/mL 的鼠伤寒沙门菌。

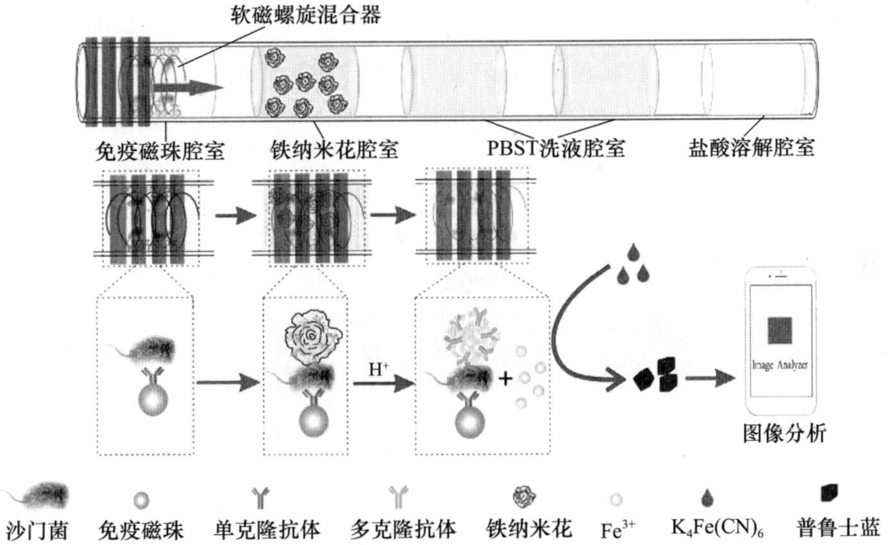

(a)基于毛细管的无酶比色传感器原理图

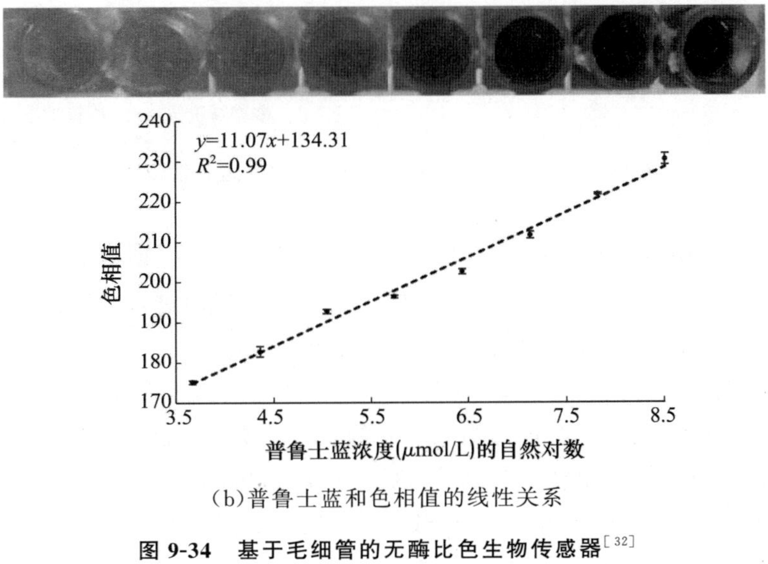

(b)普鲁士蓝和色相值的线性关系

图 9-34　基于毛细管的无酶比色生物传感器[32]

9.3.2.3 荧光生物传感器

荧光生物传感器的基本工作原理是，通过免疫结合等方式将荧光物质引入检测体系，利用荧光强弱与样品中目标物的浓度成正比的关系实现目标物的定性或者定量分析。量子点是近年来比较常见的一种荧光材料，它是3个维度尺寸均在纳米数量级的材料，呈球状或类球状，由半导体材料（CdS、CdSe、CdTe、ZnSe、InAs等）制成，粒径一般在2～20 nm，受激后可以发射荧光，主要应用在太阳能电池、发光器件、光学生物标记等领域。

Xue等[33]结合同轴毛细管磁流动分离和荧光量子点标记，研制了一种荧光生物传感器，如图9-35所示，先利用环形高梯度磁场将免疫纳米磁珠捕获在同轴毛细管内，对流过的待测样本中的目标细菌进行流动分离和富集；然后注入免疫量子点对目标细菌进行特异性标记，形成双抗夹心复合体；最后撤去高梯度磁场，利用少量缓冲液将该复合体冲出毛细管，并在激发光照射下进行荧光测定，实现目标细菌的定量检测。这种方法可在2 h内检出低至14 CFU/mL的大肠杆菌O157:H7。

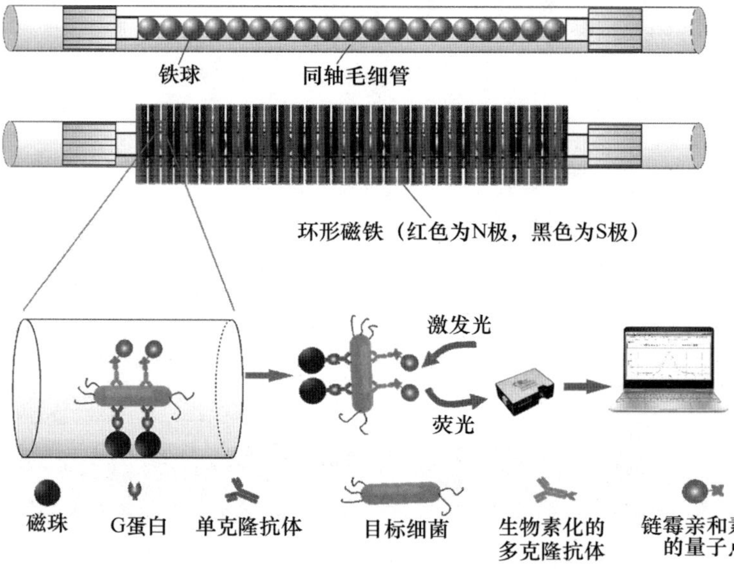

图9-35 基于同轴毛细管的荧光生物传感器原理[33]

Wang等[34]结合微流控芯片、荧光标记和视频分析，开发了一种微流控荧光生物传感器，如图9-36所示，先利用免疫纳米磁珠对待测样本中的目标细菌进行免疫磁分离，除去样本背景干扰；然后，利用免疫荧光微球对目标细菌进行特异性标记，形成双抗夹心复合体；最后匀速注入微流控芯片，使该复合体在绿色LED灯的激发下产生荧光信号，并利用智能手机和自制的光学放大器采集视频，通过比对视频帧间差异判定是否有荧光信号。当一个复合体流过微流控通道时，经过视频分析会出现一个脉冲，因此可以通过计算脉冲的数量，判定目标细菌的数量。这种方法可在2 h内检出低至58 CFU/mL的鼠伤寒沙门菌。

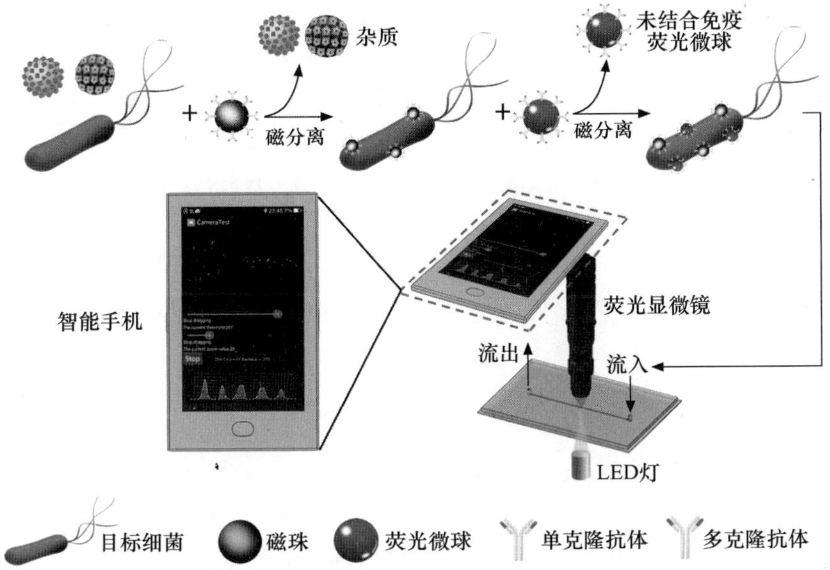

图 9-36　基于微流控芯片和视频分析的荧光生物传感器[34]

9.4　未来微生物检测技术

随着纳米技术、生物技术和工程技术的不断进步和交叉融合，未来微生物检测技术必将迎来快速发展。根据 2023 年世界生物传感器大会的预测，微生物检测技术今后的发展方向主要集中在以下方面：

(1)微流控芯片：目前微加工技术已可实现微米级甚至纳米级的精度，可定量、定向、定时操作生物检测过程涉及的所有试剂和样本，实现检测过程的自动化。

(2)智能手机：智能手机已在全球得到了广泛普及，它集成了图像采集与分析、定位、无线传输等功能，已成为最理想的检测仪器。

(3)核酸适配体：抗体等生物识别材料需要较高的制备成本、较长的检测周期(一般需要数月甚至数年的时间)以及严格的保存条件(一般需要保存在－20 ℃)，可通过人工合成的核酸适配体则制备成本较低，特异性较好，已成为替代抗体的理想材料之一。

(4)纸基芯片：检测成本一直是很多新兴的微生物检测技术无法得到实际应用的主要原因之一，一般检测芯片的制作成本太高，采用纸基芯片是降低检测成本的重要途径。

(5)互联网＋：互联网＋将传感器与互联网直接连接，必将加快信息流通，减少信息传输的迟滞，加快食品安全和动物疫情的响应速度，促进微生物风险防控的关口前移。

参考文献

[1] 王禹贺. 基于免疫磁泳的病原微生物分离与富集技术研究[D]. 北京：中国农业大学，2017.
[2] Lin J H, Li M, Li Y B, et al. A high gradient and strength bioseparator with nano-sized immunomagnetic particles for specific separation and efficient concentration of *E. coli*

O157:H7[J]. Journal of Magnetism and Magnetic Materials,2015,378:206-213.

[3] Andre D,Simon L,Laibinis P E,et al. High-gradient magnetic separation of magnetic nanoclusters[J]. Industrial & Engineering Chemistry Research,2005,44:6824-6836.

[4] Wang Y H,Li Y B,Wang R H,et al. Three-dimensional-printed magnetophoretic system for the continuous-flow separation of avian influenza H5N1 viruses[J]. Journal of Separation Science,2017,40(7):1540-1547.

[5] Huang H B,Ruan C M,Lin J H,et al. Magnetic nanoparticle based magnetophoresis for efficient separation of *E. coli* O157:H7[J]. Transactions of the ASABE,2011,54(3):1015-1024.

[6] Pamme N,Manz A. On-chip free-flow magnetophoresis:Continuous flow separation of magnetic particles and agglomerates[J]. Analytical Chemistry,2004,76(24):7250-7256.

[7] Lee W,Kwon D,Chung B,et al. Ultrarapid detection of pathogenic bacteria using a 3D immunomagnetic flow assay[J]. Analytical Chemistry,2014,86 (13):6683-6688.

[8] Xue L,Zheng L Y,Zhang H L,et al. An ultrasensitive fluorescent biosensor using high gradient magnetic separation and quantum dots for fast detection of foodborne pathogenic bacteria[J]. Sensors and Actuator B:Chemical,2018,265:318-325.

[9] 薛丽. 基于磁流动分离和量子点标记的荧光生物传感器研究[D]. 北京:中国农业大学,2018.

[10] Zhang H L,Huang F C,Cai G Z,et al. Rapid and sensitive detection of *E. coli* O157:H7 using coaxial channel based DNA extraction and microfluidic PCR[J]. Journal of Dairy Science,2018,101(11):9736-9746.

[11] Cai G Z,Wang S Y,Zheng L Y,et al. A fluidic device for immunomagnetic separation of foodborne bacteria using self-assembled magnetic nanoparticle chains[J]. Micromachines,2018,9(12):624.

[12] 张先恩. 生物传感发展 50 年及展望[J]. 中国科学院院刊,2017,32(12):1271-1280.

[13] 颜小飞. 基于阻抗型免疫传感器的禽流感病毒快速检测技术研究[D]. 北京:中国农业大学,2013.

[14] Yang L J,Li Y B,Erf G F. Interdigitated array microelectrode-based electrochemical impedance immunosensor for detection of *Escherichia coli* O157:H7[J]. Anal Chem,2004,76:1107-1113.

[15] Chen Q,Lin J H,Gan C Q,et al. A sensitive impedance biosensor based on immunomagnetic separation and urease catalysis for rapid detection of *Listeria monocytogenes* using an immobilization-free interdigitated array microelectrode[J]. Biosensors and Bioelectronics,2015,74:504-511.

[16] Wang D,Chen Q,Huo H L,et al. Efficient separation and quantitative detection of *Listeria monocytogenes* based on screen-printed interdigitated electrode,urease and magnetic nanoparticles[J]. Food control,2017,73:555-561.

[17] Wang L,Huang F C,Cai G Z,et al. An electrochemical aptasensor using coaxial capillary with magnetic nanoparticle,urease catalysis and PCB electrode for rapid and sensitive

detection of *Escherichia coli* O157:H7[J]. Nanotheranostics,2017,1(4):403-414.

[18] 王丹. 基于丝网印刷电极和脲酶的阻抗生物传感器研究[D]. 北京:中国农业大学,2017.

[19] Chen Q, Wang D, Cai G Z, et al. Fast and sensitive detection of foodborne pathogen using electrochemical impedance analysis, urease catalysis and microfluidics[J]. Biosensors and Bioelectronics,2016,86:770-776.

[20] Yao L, Wang L, Huang F C, et al. A microfluidic impedance biosensor based on immunomagnetic separation and urease catalysis for continuous-flow detection of *E. coli* O157:H7[J]. Sensors and Actuator B:Chemical,2018,259:1013-1021.

[21] 陈奇. 基于免疫磁分离及酶促反应的致病菌检测用生物传感器研究[D]. 北京:中国农业大学,2018.

[22] Wang L, Huo X T, Guo R Y, et al. Exploring protein-inorganic hybrid nanoflowers and immune magnetic nanobeads to detect *Salmonella* Typhimurium[J]. Nanomaterials, 2018,8(12):1006.

[23] 王蕾. 基于免疫磁流动分离的食源性致病菌快速检测生物传感技术研究[D]. 北京:中国农业大学,2021.

[24] Huang F C, Zhang H L, Wang L, et al. A sensitive biosensor using double-layer capillary based immunomagnetic separation and invertase-nanocluster based signal amplification for rapid detection of foodborne pathogen[J]. Biosensors and Bioelectronics,2018,100: 583-590.

[25] 黄凤春. 基于纳米材料信号放大的生物传感器及在食源性致病菌检测中的应用研究[D]. 北京:中国农业大学,2020.

[26] 白珊珊. 基于芯片实验室和光谱分析的酶检测生物传感器研究[D]. 北京:中国农业大学, 2017.

[27] Shan S, Liu D F, Guo Q, et al. Sensitive detection of *Escherichia coli* O157:H7 based on cascade signal amplification in ELISA[J]. Journal of Dairy Science,2016,99 (9):7025-7032.

[28] Chen Q, Huang F C, Cai G Z, et al. An optical biosensor using immunomagnetic separation, urease catalysis and pH indication for rapid and sensitive detection of *Listeria monocytogenes*[J]. Sensors and Actuator B:Chemical,2018,258:447-453.

[29] Zheng L Y, Cai G Z, Wang S Y, et al. A microfluidic colorimetric biosensor for rapid detection of *Escherichia coli* O157:H7 using gold nanoparticle aggregation and smart phone imaging[J]. Biosensors and Bioelectronics,2019,124-125:143-149.

[30] Huang F C, Guo R Y, Xue L, et al. An acid-responsive microfluidic *salmonella* biosensor using curcumin as signal reporter and ZnO-capped mesoporous silica nanoparticles for signal amplification[J]. Sensors and Actuators B:Chemical,2020,312:127958.

[31] Huang F C, Xue L, Zhang H L, et al. An enzyme-free biosensor for sensitive detection of *Salmonella* using curcumin as signal reporter and click chemistry for signal amplification[J]. Theranostics,2018,8(22):6263-6273.

[32] Zhang H L, Xue L, Huang F C, et al. A capillary biosensor for rapid detection of *Salmo-*

nella using Fe-nanocluster amplification and smart phone imaging[J]. Biosensors and Bioelectronics,2019,127:142-149.

[33] Xue L,Zheng L Y,Zhang H L,et al. An ultrasensitive fluorescent biosensor using high gradient magnetic separation and quantum dots for fast detection of foodborne pathogenic bacteria[J]. Sensors and Actuators B:Chemical,2018,265:318-325.

[34] Wang S Y,Zheng L Y,Cai G Z,et al. A microfluidic biosensor for online and sensitive detection of *Salmonella* typhimurium using fluorescence labeling and smartphone video processing[J]. Biosensors and Bioelectronics,2019,140:111333.

第10章 畜禽健康养殖生理生态参数检测技术

10.1 畜禽健康养殖及生理生态参数检测概述

随着人们对动物蛋白需求的增加，畜牧业迅猛发展，越来越多规模化、集约化的现代养殖场取代了过去小规模、粗放型的养殖散户，为市场提供了充足可靠的肉类来源。但这种大规模、高密度、机械式的饲养方式，极大地限制了畜禽的生活空间，使养殖的畜禽健康状态受到影响，而且容易造成传染性疾病的传播，因此人们开始关注健康养殖的必要性和可行性。

畜禽健康养殖以安全、优质、高效、无公害为主要原则，利用当代先进的畜牧兽医科学技术，建立数量、质量、效益和生态和谐发展的现代养殖业。健康养殖提倡对特定的养殖系统进行有效控制，保持系统内外物质和能量流动良性循环，保证养殖对象正常生长、产品符合人类需要。健康养殖涉及生态学(包括环境生态学、动物微生态学)、动物营养学、环境科学、系统科学等，其本质是对动物和人类的健康负责，最终为人类提供安全、健康的营养食品。健康养殖的核心理念和价值是畜禽健康、环境健康、产品健康、人类健康和产业链健康。

现代信息技术的发展为实施健康养殖创造了条件，物联网、无线通信、传感器、大数据等技术的迅速发展，使畜禽健康、环境健康、产品健康、人类健康和产业链健康有了技术保证。例如，采用先进监测设备可以实时监测空气的质量，如空气中 CO_2、氨气浓度及空气温度、湿度，利用移动通信网络和物联网可将监测结果上传到云端，用户通过手机、电脑都可以实现对养殖环境 24 h 不间断监测。根据事先设置的阈值设备会自动报警，提醒管理员。在报警的同时联动养殖场的设备，如排风扇、投料机、水泵、暖灯等，以保证养殖场始终运行在最优环境中。

利用现代信息技术还能够准确掌握畜禽生育进程和生长动态，对畜禽生长动态以及各生育阶段的长势进行动态监测和趋势分析，对饲喂、栋舍管理、防疫、出栏进行快捷高效的远程指导，提高健康养殖、智慧养殖和栋舍管理的能力，及时发现养殖中存在的问题，制定畜禽养殖管理技术对策，促进食品健康和畜禽增产。

养殖环境和畜禽生理生态参数检测是实施健康养殖和智慧养殖的前提与基础，采用先进的传感技术、音视频监控技术、计算机技术等多维信息感知技术，可以实现畜禽养殖环境信息、畜禽个体生理信息、动物行为等的实时监测，有利于提高健康养殖的信息化与智能化。养殖环境信息检测技术可参阅第 8 章。畜禽的生理生态信息包括动物个体健康、行为等各种信息，如体重、体尺、体温、采食量、咳嗽等表征健康状况的信息，休息、活动、体态、声音、饮食、发情、分娩等表征行为状况的信息。畜禽种类多，活体特性复杂，需要根据具体情况选择精确、智能化、无损的信息检测技术。

10.2 畜禽养殖中生理生态参数检测关键技术

10.2.1 机器视觉技术

随着信息科技的不断进步，机器视觉技术、光学成像技术等在畜禽健康养殖过程中得到了广泛应用，传统的人工测量和行为识别手段逐步被基于机器视觉的测量和识别方法取代。与传统方式相比，利用机器视觉技术可进行无接触测量，减少畜禽应激，提高测量效率。国内外学者利用基于机器视觉的方法对畜禽养殖进行监测研究，取得了很多研究与应用成果，主要包括目标跟踪、身份识别、活体重估计、体尺测量、行为分析、体况评分等。

在活体重估计方面，基于 3D 图像的测量准确度优于 2D 图像。目前在牛群和猪群内递归式测量个体重的技术已经逐步成熟，部分成果已经投入使用。禽类体重估计尚未见相关产品，主要原因是禽类疏松的羽毛会使测量结果产生较大误差，而且高密度养殖条件下目标难以分割。

体况评分是动物营养管理的重要指标，能反映机体能量储备情况，是评估繁育期奶牛和种猪生产性能、泌乳能力、健康水平和繁殖率的重要指标。基于计算机视觉技术的奶牛体况评分系统已经逐步成熟和应用，基于 3D 图像的评分准确性优于 2D 图像或热成像技术。种猪因体膘肥厚，体表几何参数差异不明显，需要辅以人工触摸、手压和视觉评估才能获得准确的结果。近年来也有学者通过图像分析建立体型参数与体况间的关系，在 2D 图像中使用椭圆拟合算法拟合猪臀部曲线，用椭圆偏心率等参数作为特征进行回归计算，在 3D 图像中获取猪臀部高宽比、臀骨面积和曲率半径并作为特征建立回归模型，平均准确率有所提高。

遗传、细菌、害虫、营养、环境、应激、管理等多种因素容易影响畜禽健康状况，临床表现为饮食、活动、呼吸、精神等基本行为状态以及体温、心率等基本生理状态异常。利用计算机视觉技术实现异常行为的自动化在线检测的基本思路是量化畜禽的基本行为状态，并将量化参数与正常值比较来鉴别异常个体。奶牛呼吸频率是健康水平的重要指标，赵凯旋[1]和宋怀波等[2]研究使用光流法获得奶牛呼吸频率。郭依正等利用机器视觉从俯视角度对群养猪进行个体识别，为无应激猪的个体识别提供了新思路[3]。肢蹄病是集约化养殖场常见的疾病，其症状以步态、姿势或站立异常，支撑身体困难为主。Flower 等首次使用计算机视觉技术获得奶牛行走的时-空步态特征，证明利用计算机视觉进行步态检测是可行性的[4]。Pluk 等采用可见光视觉采集奶牛行走图像并计算奶牛弓背曲率，可检测奶牛跛行[5]。宋怀波等改进了传统图像处理方法及机器学习技术，采用头颈部轮廓拟合及采集奶牛行走时腿部摆动姿态等方法，检测奶牛跛行，提高了奶牛跛行检测精度[6]。

总之，基于机器视觉技术的动物行为监测是效果较好的方法，这种技术以无接触方式记录动物行为信息，对动物活动没有任何影响，但是实现难度也较大，需要针对动物行为建立精确的数学模型，还需要解决动物个体识别与跟踪的问题。以猪行为监测为例，目前最新研究能够准确识别并跟踪 3 头猪 8 min。而我国养殖场的单栏养殖数量一般多于 3 头，仔猪单栏养殖密度则更高，在这种应用场景下，如何在大通量的视频信息中识别并跟踪某一行为异常的个体是今后研究需要重点解决的问题。

10.2.2　热红外技术

红外热成像仪是利用红外探测器和光学成像物镜接收被测目标的红外辐射能量，再将其反映到红外探测器的光敏元件上并转换为电信号，经过放大、整形、模数转换后得到数字信号，然后采用伪彩色对图像进行渲染，使图像中不同温度区域具有不同的颜色，以颜色深浅表示温度高低。红外热成像仪已被广泛应用于航空航天、电气、土木工程、医学等领域。随着畜牧业的发展，红外热成像仪也被应用到畜禽养殖中，用于检测动物发热、疼痛、水肿、炎症、跛行及发情与排卵等。

动物发生热应激和承受生理压力时，其体温变化会引起血流变化，因此可以通过热红外图像检测血流变化发生的关键部位来识别和评估热应激和生理压力。Weschenfelder 通过屠宰前猪眼部区域的热红外图像来评估猪的生理状态，预测肉质的变化[7]。Ricci 使用 IRSoft Version 3.6 Testo 软件分析热红外图像，识别猪体表最热和最冷的区域，评估母猪和仔猪在有制冷系统和无制冷系统时的热应激[8]。Salles 等使用 Fluke Ti20TM 热成像仪获取奶牛前额、左眼、右眼、左前腿、右前腿、左腹等身体不同部位的 840 张热红外图像，采用 InsideIR 4.0 软件进行分析，结果表明奶牛前额表面温度与直肠温度相关性最高；根据室温环境下奶牛的体表温度，可以研究热舒适条件下奶牛的体表温度模式，评估不同部位的体表温度与环境变量的关系[9]。Edgar 等使用软件包 Thermacam Reporter Professional 2000 根据热图像获得鸡头和鸡冠区域的温度变化，分析应激性高热现象[10]。Burns 等通过热成像仪检测龟耳、耳根、颈、肩、胸和臀部等位置的表面温度，比较了龟急性热应激和室温条件下的心率，认为热红外技术可以作为非接触方式用于评估热应激[11]。Zhuang 等提出了一种增强特征融合检测模型 IFSSD，可以在每幅图像中识别多只肉鸡，鉴定肉鸡健康状况，发出健康状况变化的早期警告，但是当鸡挨着太紧时则无法正确检测[12]。

红外热成像是一种检测和评估炎症的有效方法，当组织发生炎症时，局部血管舒张引起发热，热红外图像可以明确呈现出炎症变化。采用热红外技术可以检测蹄病、乳腺炎、关节炎等。

热红外技术可以监测猪的体温变化，为准确预测发情时间提供依据。孟祥雪研究了发情母猪外阴和臀部表面温度与气温的关系，利用红外热成像仪检测母猪外阴表面最高温度进行母猪发情鉴定[13]。Cook 等使用 ThermoCAM Research Pro 2.7（FLIR 视觉系统）分析包含 7 头猪的热图像，研究接种疫苗前后猪的蜷缩行为与环境和接种时间的关系[14]。

10.2.3　多传感器融合技术

随着精细畜牧业的发展，机器视觉、电子信息、物联网、大数据等技术不断应用于畜牧业，尤其用于动物生理指标监测、行为监控、环境舒适性评估、生产设施设计等方面。基于多传感器融合技术的监控系统可以实时监控舍内畜禽体温、体尺等生理指标和采食、饮水、发声等行为，及早发现动物的生理异常和行为异常，有利于疾病防治和饲养环境改善。

在体温检测方面，为了降低热成像仪的成本，有学者研发了基于热红外机芯的热红外检测系统。Jiao 等开发了一种基于智能手机和热红外机芯的温度测量系统，通过热红外机芯采集热红外数据，具有体积小、成本低的特点[15]。张泽峰采用经过二次开发的非制冷红外焦平面探测器和 AGC 技术稳压，结合滤波去噪设计的热红外测温系统，误差范围为±0.4 ℃，可针对母猪体温变化大于 1 ℃的情况进行温度监测[16]。李赞基于柔性温度传感器设计了生猪体温测量系统，柔性材料既可以测温，又可以顺应生猪的体形弯曲[17]。

在体尺检测方面，基于立体视觉的生猪体尺检测是研究热点。刘同海、李卓等设计开发了基于双目立体视觉的生猪体尺采集系统和移动测量系统，可实现在饲养过程中无接触地自动采集动物身体长度、宽度、高度及臀宽、臀高等体尺数据。该移动式测量系统可用于大型养猪场，为个体猪的精确饲喂和自动管理提供数据支持[18,19]。

在行为检测方面，主要以视频监控技术为试验手段，结合图像处理技术和深度学习技术提取有效信息。行为监测最早采用俯视角度，采集小圈生猪群体的可见光视频，检测生猪群体的行为。随着图像处理技术、深度学习技术、云技术的发展和应用，小圈群体行为检测更加准确，系统平台由本地监测扩展至远程访问和数据共享。Lao 等采用低成本 3D 相机以俯视角度检测并识别分娩箱中母猪的卧、坐、立、跪和饮水等行为[20]。Zhao 等通过提取内接矩形来定位牛的身体区域，开发了奶牛身体检测与识别系统，通过分析腿部的摆动，提取移动中腿的位置的特征，检测和预测跛行[21,22]。邹远炳等构建了可插拔的分布式实时计算模型，开发了基于多摄像头多目标的生猪集群养殖视频实时监测分析系统，可实现规模化生猪养殖视频流数据采集、任务调度、实时计算、可插拔式扩展和结果展示等功能[23]。Lu 等以俯视视角下的热红外图像为研究对象，提出了一种基于椭圆拟合法的黏性仔猪图像分割算法，提取黏性仔猪图像中连通区域的轮廓并对每个轮廓段实施椭圆拟合，实现对仔猪图像的分割[24]。Liu 等采用不同照明灯和计算机系统构建蛋鸡行为检测系统，可自动识别蛋鸡的采食行为，测试蛋鸡对照明的偏好[25]。蛋鸡叫声检测与识别是声音信号处理与分析技术在精细畜牧业的典型应用。Huang 等通过提取蛋鸡叫声信号的梅尔频倒谱系数来识别鸡的声音信号，用于蛋鸡禽流感的早期检测[26]。

目前畜禽舍内动物生理行为监测技术大多处于实验室研究阶段，尚存在定位精度不高、检测实时性不佳、养殖场环境影响设备运行等问题，通过多传感器融合技术可提高检测精度，有利于监测系统在养殖场推广实施。

10.3 生猪群体活动行为检测技术[27]

生猪活动量与生猪的健康状态有着密不可分的关系。在养殖环境下，温湿度、气体浓度、饲喂方式等外部因素都会对生猪的行为造成一定影响，导致生猪活动量的变化。生猪之间的打斗、撕咬、热应激等异常行为，也在一定程度上反映生猪生活环境的优劣及生猪健康状况。在养殖场可采用被动式红外传感器对生猪的群体活动量信息进行采集，利用采集数据建立生猪日活动量模型，分析生猪群体日活动量规律，可指导生猪的健康养殖。

10.3.1 活动量数据采集系统构成

图 10-1 为一个生猪群体活动量监测系统，主要由计算机、被动式红外探测器(passive infrared detector，PID)、A/D 转换器、USB/SPI 适配器、无线网卡、支架等组成。

该系统的主要组成部分为 PID，其主要特性如下：

①为双元低噪声热释电探测器；

②电源电压为 9～16 V，电流为 20 mA，直流电；

③垂直方向±(10°～20°)可调；

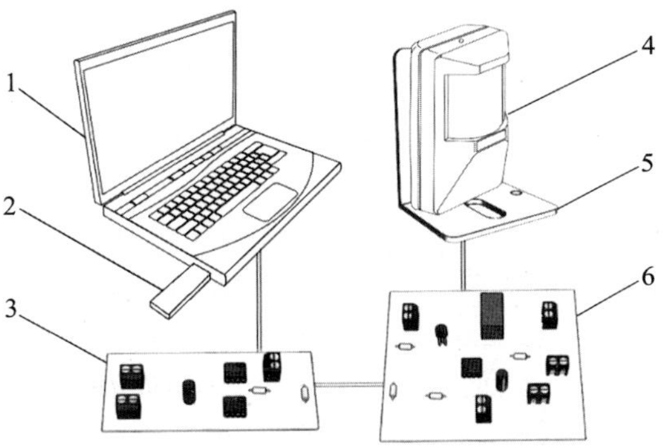

1.计算机 2.无线网卡 3.USB/SPI适配器 4.PID 5.支架 6.ADS1256 A/D转换器

图10-1 生猪群体活动量监测系统示意图

④标称镜头覆盖从100%到50%可调；

⑤脉冲计数器可通过编程选择为1、2或3个脉冲；

⑥采用20～1 000 MHz 20 W无线电发射机(在1.2 m的距离)；

⑦报警周期为2～3 s；

⑧工作温度为－10～50 ℃

⑨标准透镜为SRN-2000透镜100号。

10.3.2 活动量信号处理方法

通过被动式红外探测器采集的活动量数据是未经调制的电压信号,利用A/D转换器将电压信号转变为数字信号,再通过LabVIEW对复杂并且有干扰信息的数字信号进行进一步处理并存储。LabVIEW是一种使用可视化编程语言的系统设计平台,在LabVIEW环境中开发了用于实时采集、显示和存储生猪活动数据的软件接口。信号处理的流程图如图10-2所示。

10.3.3 生猪群体日活动量规律分析

猪舍中生猪群体的活动量会因昼夜温差变化、饲喂方式等因素而有所不同。生猪通常在白天活动和进食时呈现最高的活动量。生猪的产热也会传递给猪舍建筑。当室外温度较低时,夜间的通风散热减少,导致室内相对湿度增大,探测器采集到的生猪活动量也较低。活动量总体上呈现正弦模型的分布特点。

1.正弦模型基本理论

通过对活动量的统计曲线进行分析可知,活动量信号可以表示为一个正弦波或多个正弦波的叠加。利用高通滤波和加窗等算法对采集到的活动量信号进行预处理,并对预处理后的信号进行分析,结果显示生猪活动量的信号大多是短时的突变信号。PID采集频率虽然可调,但是不超过20 Hz,有时会出现空白点,这种情况可以通过短时傅里叶变换完善信号估计模型。在生猪群体活动量数据中,经过统计处理发现日活动量趋近于双正弦模型,根据活动量信号的特性,可确定正弦波的幅值、频率和相位参数。

对活动量信号进行正交变换,通常采用傅里叶变换或者离散余弦变换算法。生猪活动量

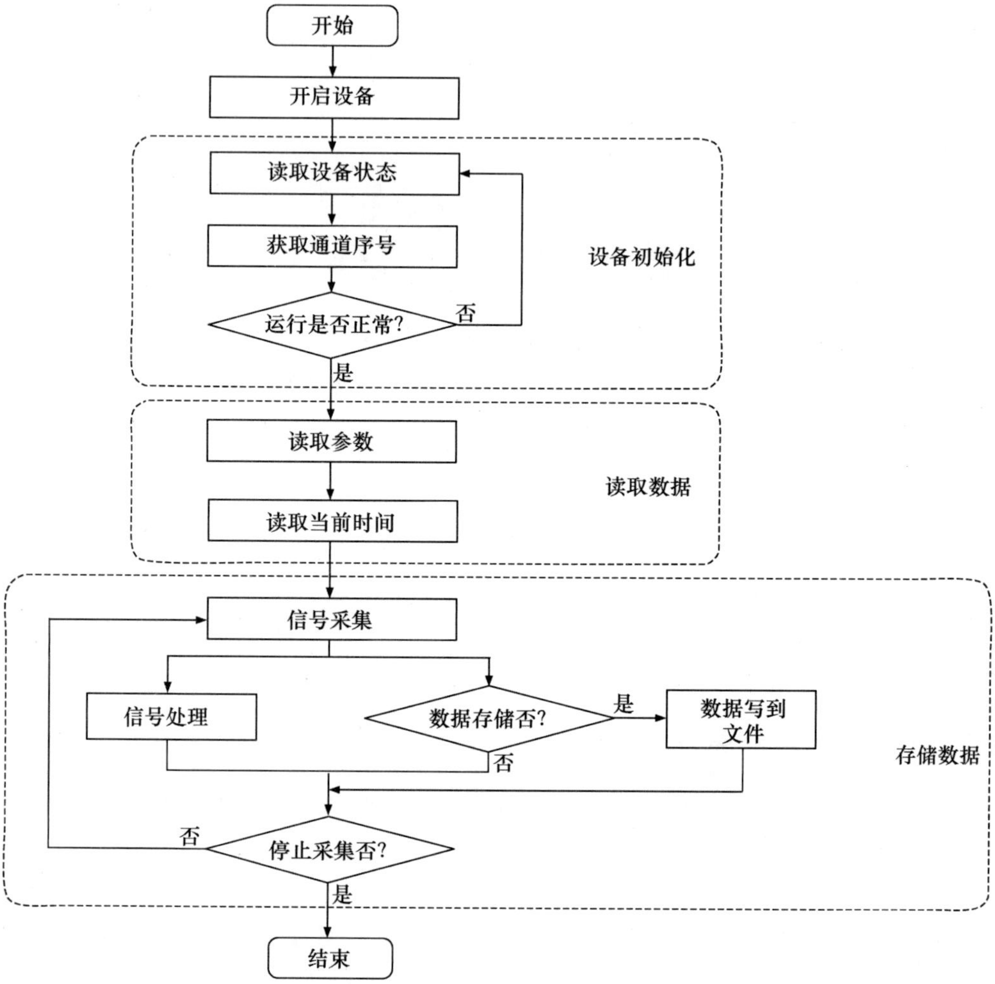

图 10-2 生猪活动量信号处理流程图

信号时域部分是单频率正弦信号，进行傅里叶变换后变为频域的脉冲信号；当午间活动量出现变化而趋近于双正弦函数时，时域波叠加的信号在频域表现为多个脉冲信号。产生活动量信号的系统为线性系统，可以对信号进行叠加，叠加完成之后从中提取一定数量的脉冲信号，可以初步估计频率、幅度和相位参数，然后进行多次优化，直至参数估计完成后的模型结果与真实值无限接近，从而确定最佳参数。在之前的研究中[28]，参数估计的次数对于重建活动量模型的质量和码率会产生影响，但是基本确定了参数后，只需要将活动量的峰值代入完成参数初次估计的模型中[29]，便可得到适合的参数。提取正弦波参数的方法如图 10-3 所示。正弦模型编码分析的输入为活动量信号，输出为正弦波参数。首先，采用窗函数对活动量信号进行预处理，得到短时段的活动量信号。其次，对每一时段活动量信号进行离散傅里叶变换(DFT)。最后，计算峰值前后时段的平均幅值，提取峰值对应的相位和幅值信息。重复以上步骤，完成所有活动量数据的处理，确定双正弦模型的相位、频率和幅值参数。

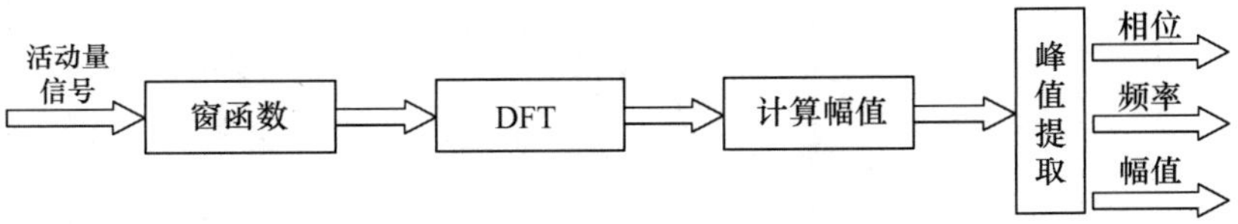

图 10-3　正弦模型编码分析图

2. 正弦模型建立[30]

动物的活动量会因动物的行为如进食、移动、休息等而变化。通过 PID 采集信号进行评估之后可知，生猪的日活动量可以采用单正弦模型描述：

$$A = 1 - a\sin\left[\frac{2\pi}{24}(h + 6 - h_{\min})\right] \tag{10-1}$$

对于在猪舍内的生猪群体来说，由于存在昼夜温差，并且昼夜通风方式与湿度不同，用双正弦模型分别描述不同时间段的活动量更为贴切：

$$A = 1 - a\sin\left[\frac{2\pi}{24}(h + 6 - h_{\min})\right] - b\sin\left[\frac{2\pi}{c}(h - d)\right] \tag{10-2}$$

式中：A 为生猪活动量，a 为幅值（6:00 至 22:00），b 为幅值（22:00 至次日 6:00），h 为一天内活动时长，$h_{\min}$ 为较低活动量时长，c 为夜间活动时长，d 为相位。

10.3.4　基于聚类算法的夜间异常行为检测

在生猪夜间异常行为检测系统中，首先对 PID 原始信号进行归一化并去除奇异值，再在行为聚类中利用改进的 K 均值聚类算法对 PID 信号进行聚类分析。

1. 聚类数的选取

猪的行为信号如图 10-4 中所示。可以看出行走、进食和饮水的信号非常相似，其原因如下：试验中使用的探测器安装在猪舍的顶部，检测区域为整个猪舍，无法区分信号是由哪头猪引起的。猪喝水或进食时必须穿过检测区域的中间部分，进食和饮水的活动实际上也包含了行走这一活动，所以三者的信号极其相似。由于需要检测的是异常信号，这种情况就统一归类为正常信号，不作区分。当有打斗或撕咬的情况时，PID 输出幅度大且持续时间长的信号。研究人员的进入也会引起信号的快速变化，但在大多数情况下不会持续很长时间，特别是在晚上。

聚类数和初始向量选择会影响聚类的结果。为了寻找聚类算法的最佳聚类数，进行了不同初始值的聚类试验。为了衡量聚类算法的检测效果，通过以下公式计算检出率和误检率：

$$检出率 = \frac{TP}{TP + FN} \tag{10-3}$$

$$误检率 = \frac{FP}{FP + TN} \tag{10-4}$$

式中：TP 为检测结果被正确接收的次数，即检测到的异常样本的数量；FN 为检测结果被错误

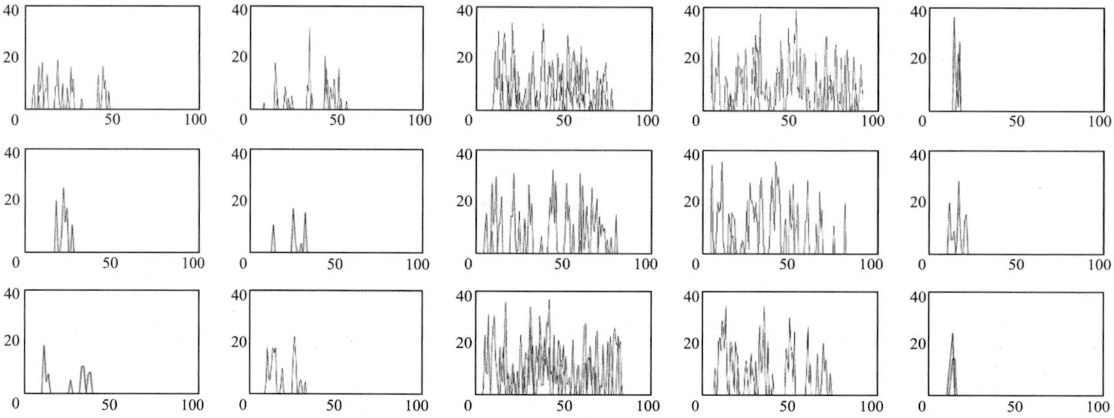

（a）行走　（b）进食和饮水　（c）打斗　（d）撕咬　（e）研究人员进入

图 10-4　不同行为下的 PID 原始信号

（纵坐标为 PID 信号，单位为 mV；横坐标为时间，单位为 min）

拒绝的次数，即异常样本中未检测到异常行为的样本数量；FP 为正常样本中检测到异常行为的样本数量；TN 为正常样本中未检测到异常行为的样本数量。

PID 镜头设置为低于水平面 5°，距离地面 2.5 m。从 2017 年 5 月 19 日到 7 月 20 日连续收集信号。试验开始时猪舍里饲养的是 60 头体重 17～20 kg 的小猪。整个监测期间，同时利用可见光摄像机和红外摄像机记录生猪活动，用来比较猪的行为和 PID 信号之间的关系。夜间异常活动用红外摄像机记录，并通过人工观察进行标记。将夜间每一个小时的数据作为一个样本，共采集 300 个样本数据，人工观察标记 31 个异常样本。120 个样本作为训练集，其中包括 15 个异常样本；其他 180 个样本作为验证集，其中有 16 个异常样本。

PID 探测出的行为信号分为 5 类，利用 K 均值聚类算法处理时聚类数选取 2～5，分别计算测试结果的检出率和误检率，如表 10-1 所示。

表 10-1　120 个样本在不同聚类数下的检测结果

聚类数	检出率/%	误检率/%
2	86.74	25.10
3	88.45	11.21
4	68.14	11.52
5	70.65	10.94

聚类数为 2 和 3 时检出率差别不大，但是聚类数为 3 时误检率明显更低。虽然聚类数为 4 和 5 的误检率与聚类数为 3 的误检率相近，但前者的检测精度远远不如后者。总体上来说，最佳聚类数是 3，样本数据集可划分为 3 个集群，表示不同的活动状态。为了评估算法的有效性，利用验证集的 180 个样本进行验证。

2. 异常行为检测流程

在许多典型的聚类算法中，K 均值聚类算法由于适应性好且简单而成为解决不同应用问题的常用算法。在给定聚类数 k 的情况下，将数据集 C 划分为 k 个类，$C=\{C_1,C_2,\cdots,C_k\}$ 。不管聚类数是多少，算法都需要最小化平方误差 E：

$$E=\sum_{i=1}^{k}\sum_{x\in C_i}\|\boldsymbol{x}-\boldsymbol{\mu}_i\|^2 \tag{10-5}$$

式中：$\boldsymbol{\mu}_i=\frac{1}{|C_i|}\sum_{x\in C_i}\boldsymbol{x}$ 为类 C_i 的平均向量，$\|\boldsymbol{x}-\boldsymbol{\mu}_i\|^2$ 为从每个样本到平均向量的距离的平方。

利用 K 均值聚类算法对生猪夜间活动量数据进行分析的流程如图 10-5 所示。首先从数据集中随机选取 3 个样本点作为初始平均向量，计算所有样本点与 3 个平均向量之间的距离，将最短距离对应的平均向量的标记作为该点的聚类标记，然后将该点添加到相应的聚类中，重新计算每个类的新的平均向量，如果与之前的平均向量不同，则重复上述步骤，直至前后两次得到的每个类的平均向量一致，完成聚类分析。

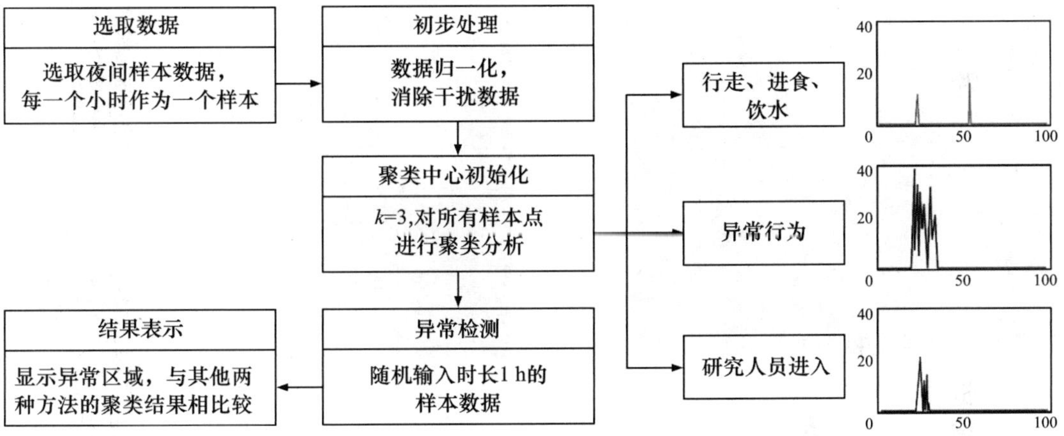

图 10-5　利用 K 均值聚类算法进行异常检测的流程图

10.4　生猪体温自动检测技术

耳根体表温度与直肠温度存在相关性，是生猪体表温度的典型代表，是评估生猪健康水平、畜舍环境的重要指标，也是评估猪的应激、生育力、代谢的重要依据。采用在线红外热成像仪，结合头部热红外图像的温度分布特点，可以实现无损、无应激、自动、在线、准确、快速的生猪耳根温度监测。马丽等提出了一种基于最优步长的生猪头部快速检测方法，即采用 5 条动态扫描线结合高温阈值，分别确定动态扫描线在水平和垂直方向的最优移动步长，获取头部检测框的位置和自适应尺度，进而快速获取生猪耳根体表温度[31,32]。

10.4.1　热红外数据采集及预处理方法

10.4.1.1　热红外数据采集方法

马丽等开发了一种热红外视频采集平台，如图 10-6 所示，采集通道位于活动区和采食区之间，生猪可以自然地、无应激地单向走过通道[31]。

热成像仪(FLIR A615，分辨率 640×480 像素)安装在通道基座上方 2.40 m 处，用于校正测量温度的黑体炉(ISOTECH R982，发射率优于 0.995，稳定性 ±0.1 ℃)放置于通道的左侧，黑体腔高度与猪耳根高度相同。使用热成像仪厂家提供的 FLIR Tools 软件采集热红外视频，每个视频只包含 1 头猪的数据，猪进入通道时开始录制，猪离开时结束录制。

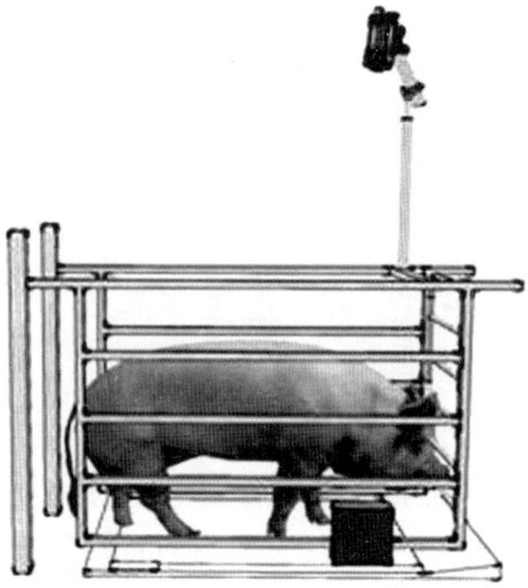

图 10-6　热红外视频采集平台示意图

10.4.1.2　数据预处理方法

1. 提取检测通道

图 10-7(a)采用铁红调色板显示热红外图像帧。去除通道左、右两侧的背景图像，仅保留生猪通道图像，如图 10-7(b)所示。

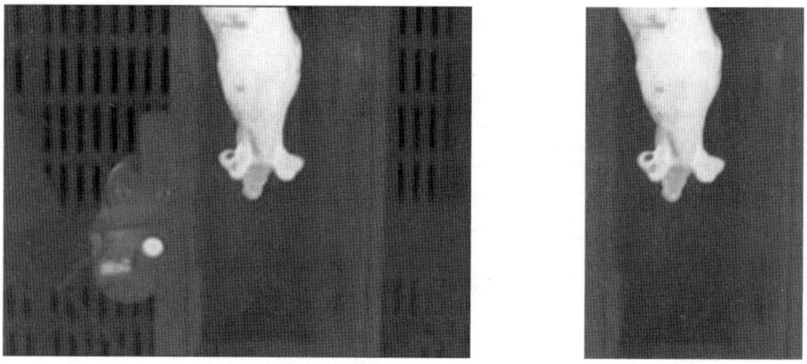

(a)原始图像　(b)生猪通道图像

图 10-7　生猪热红外图像

二维码 10-1

2. 自适应框体初始化

检测生猪头部的框体尺寸是自适应的，即可以根据生猪头部运动状态的变化而变化。自适应框体示意图如图 10-8 所示，自适应框体尺寸计算所使用的参数如表 10-2 所示。

表 10-2　自适应框体尺寸相关参数

参数	含　义	参数	含　义
T_{left}	左框动态扫描线最高温度	T_d	温度阈值
T_{right}	右框动态扫描线最高温度	D_{opt}	最优步长
T_R	下框动态扫描线(红线)最高温度	D	红线与绿线之间的距离
T_Y	垂直区间动态扫描线(黄线)最高温度	D_0	红线与黄线之间的最小距离
T_B	垂直区间动态扫描线的下限线(绿线)最高温度		

温度阈值是检测是否有猪的标志。生猪体表温度一般高于 33 ℃，因此设定 T_d=33 ℃。

如果温度高于 33 ℃,说明通道内有猪通过且测量温度有效,记录此时温度;如果温度低于 33 ℃,说明检测的温度无效,则不记录此时温度。

如图 10-8 所示,框体由上下左右 4 条边线组成,分别是左边线、右边线、下边线和上边线。下边线为下框动态扫描线(图中红线)。红线下面有黄线和绿线,分别表示垂直区间动态扫描线和垂直区间动态扫描线的下限线。垂直区间动态扫描线(黄线)只能在红线和绿线之间扫描。红线与绿线之间的距离为常数 D。黄线与红线之间的最小距离为常数 D_0,研究中设定 $D_0=2$ 像素。

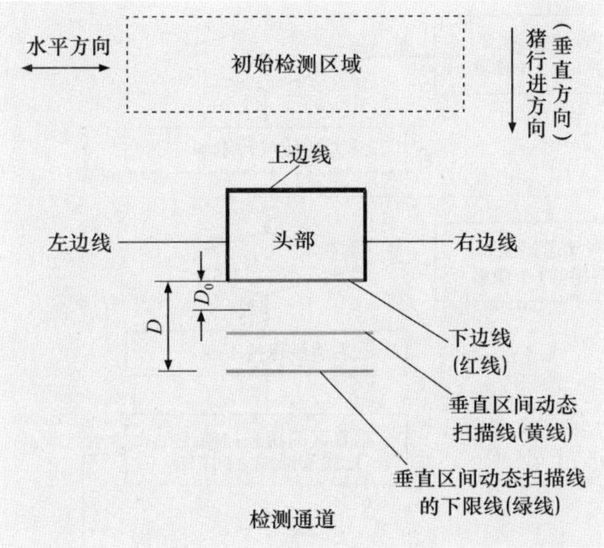

图 10-8　自适应框体示意图

当通道内没有生猪进入时,左框动态扫描线(图 10-9 中的白线)和右框动态扫描线(图 10-9 中的蓝线)在初始检测区域沿水平方向扫描,垂直区间动态扫描线在初始检测区域沿垂直方向扫描,检测系统为等待生猪进入状态。5 条扫描线在热红外图像中的位置关系如图 10-9(a)所示。图 10-9(b)为初始检测区域的放大图。

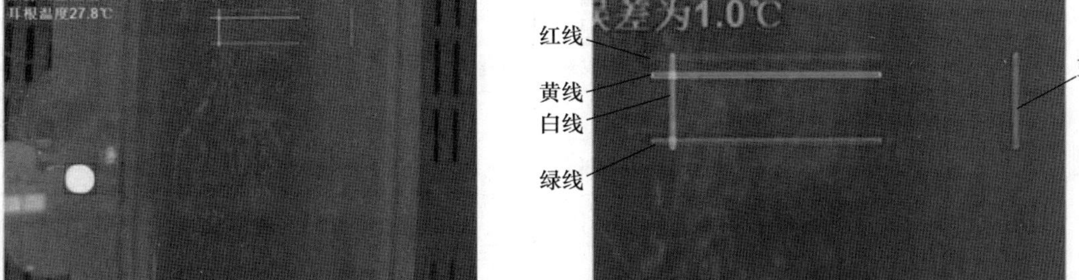

(a)初始检测区域俯视图　　(b)初始检测区域放大图

图 10-9　检测区域初始化

10.4.2 基于最优步长的头部快速检测方法

基于最优步长的生猪头部快速检测流程如图 10-10 所示[32]。

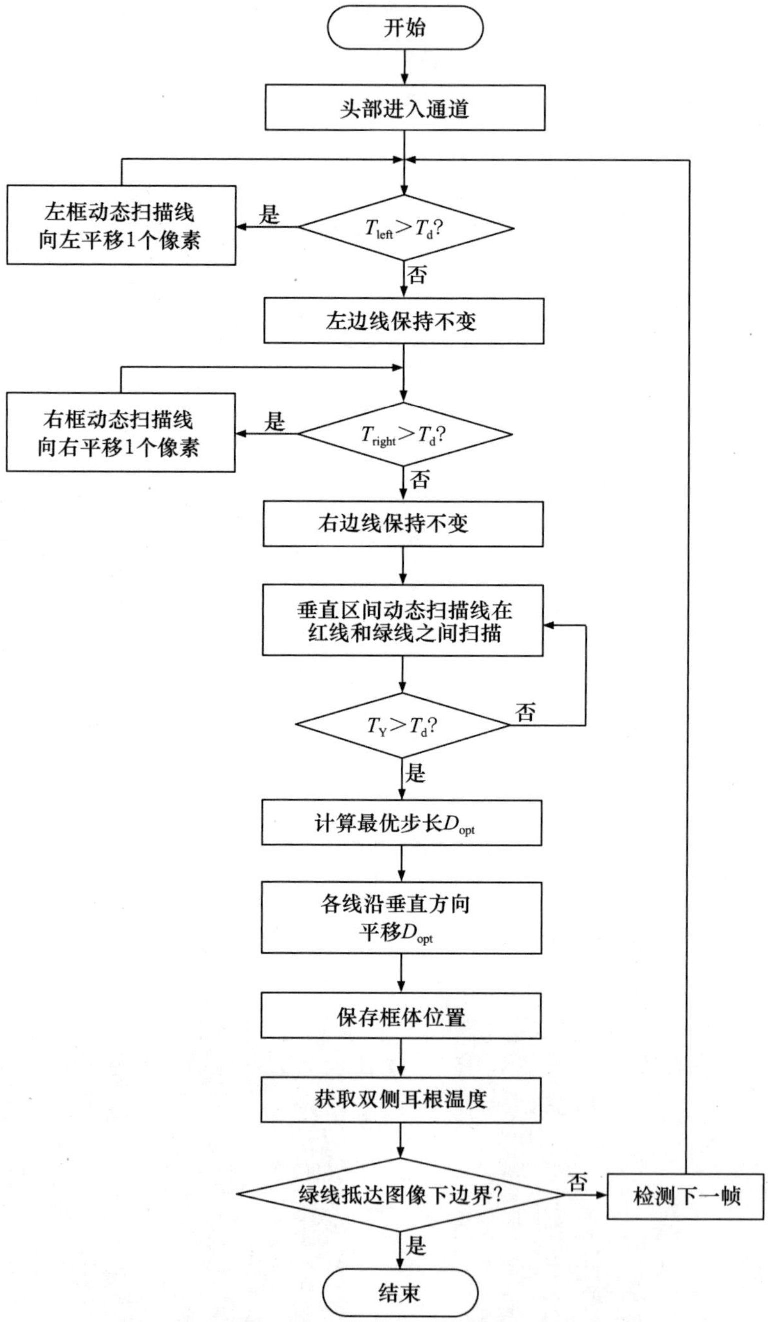

图 10-10 最优步长的头部快速检测流程图

头部快速检测具体步骤为：

①动态扫描线初始化。当通道内没有生猪进入时，左框动态扫描线和右框动态扫描线在

初始检测区域沿水平方向扫描，垂直区间动态扫描线（黄线）在下框动态扫描线（红线）和垂直区间动态扫描线的下限线（绿线）之间沿垂直方向扫描。

②确定检测框左边线位置。当生猪进入检测区域、左框动态扫描线上的最高温 T_{left} 大于 T_d 时，检测框左边线向左平移 1 像素。否则左边线位置不变。

③确定检测框右边线位置。当生猪进入检测区域、右框动态扫描线的最高温 T_{right} 大于 T_d 时，检测框右边线向右平移 1 像素。否则右边线位置不变。

④计算垂直方向的最优步长 D_{opt}，确定检测框下边线位置。黄线在红线和蓝线之间上下扫描。当头部沿行进方向移动、黄线上的最高温 T_Y 大于 T_d 时，计算黄线与红线的垂直距离，作为最优步长 D_{opt}。红线按照最优步长 D_{opt} 跳跃到黄线位置，同时绿线沿垂直方向平移 D_{opt}，保持与红线的距离始终为常数 D。同时左框动态扫描线、右框动态扫描线，头部检测框的左边线、右边线和上边线，均沿垂直方向平移最优步长 D_{opt}。如果黄线上的最高温 T_Y 小于 T_d，继续扫描，各线在移动方向上的位置不变。

⑤本帧检测完成后，重复执行步骤①至④，直到视频中某帧图像的垂直区间动态扫描线的下限线（绿线）抵达图像的下边界，检测结束。

10.4.3 生猪耳根温度提取方法

检测到生猪头部后，把头部检测框平均分成左、右两部分。由于生猪耳根区域的血管分布最为密集，可以通过分别定位左、右两个区域的最高温度像素点的位置，来实现左、右耳根的定位[33]。对于每帧图像，检测框左、右两区域的最高温度即为生猪耳根温度，分别用 T_{ELi} 和 T_{ERj} 表示。对于每头生猪，其左侧和右侧的耳根温度 T_{EBL} 和 T_{EBR} 分别为

$$T_{EBL} = \max_{1 \leqslant i \leqslant n_i} (T_{ELi}) \tag{10-6}$$

$$T_{EBR} = \max_{1 \leqslant j \leqslant n_j} (T_{ERj}) \tag{10-7}$$

式中：i 为生猪左侧耳根帧的帧号，j 为生猪右侧耳根帧的帧号，n_i 为生猪左侧耳根帧的总数，n_j 为生猪右侧耳根帧的总数。

保存耳根温度数据至数据库，耳根检测效果如图 10-11 所示。

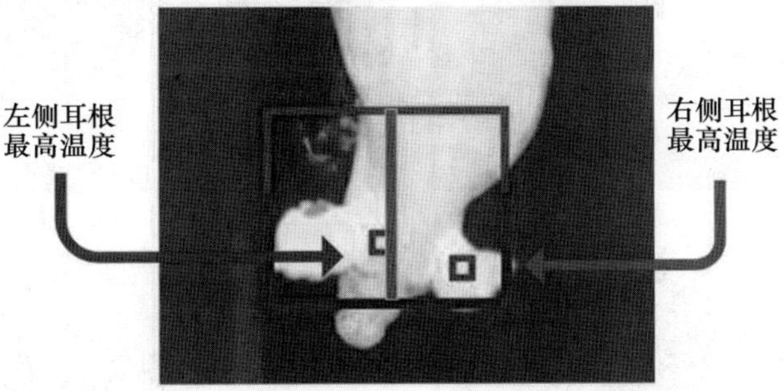

图 10-11 耳根检测效果

10.4.4 数据分析与识别

试验数据采集于 2017 年 7 月 6 日在北京某规模养殖场进行。试验录制了在检测通道内

自然行走的 100 头大白猪(体重 30～50 kg)的热红外视频,随机选择其中 40 头的视频组成数据集。

10.4.4.1 基于最优步长的头部快速检测性能分析

为了验证跟踪算法的有效性,采用平均精确度和平均帧速来评估头部跟踪算法的性能。

对随机选择的 40 头生猪的共 40 段视频数据进行分帧,获得通道内有猪通过的图像 3 544 帧。对这 3 544 帧中的生猪头部进行标定,建立生猪头部数据集。

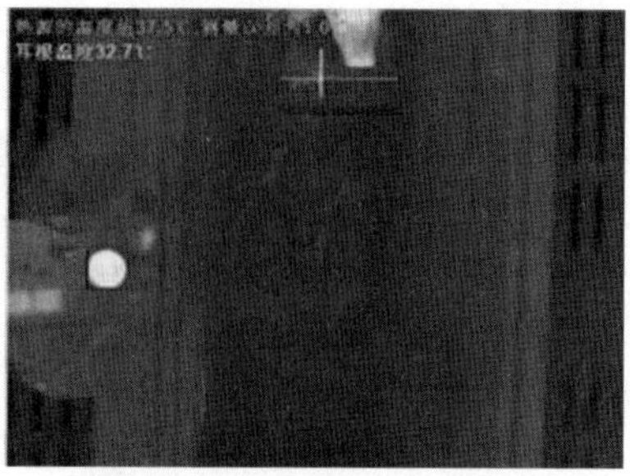

图 10-12 扫描线随生猪头部移动

图 10-12 和图 10-13 为一段视频的头部检测效果。

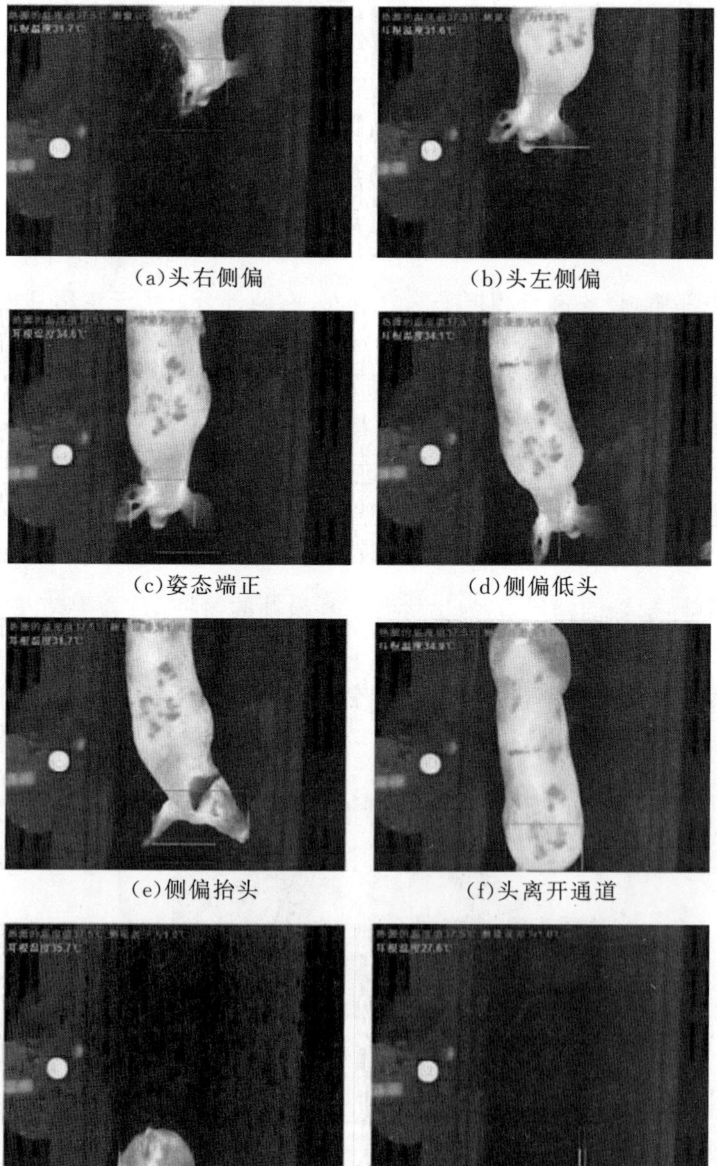

(a)头右侧偏　(b)头左侧偏

(c)姿态端正　(d)侧偏低头

(e)侧偏抬头　(f)头离开通道

(g)臀部即将离开通道　(h)猪离开通道

图 10-13 头部检测效果

图 10-12 显示，当生猪进入通道后，左框动态扫描线和右框动态扫描线沿水平方向扫描。下框动态扫描线(红线)随着垂直区间动态扫描线(黄线)位置的变化而变化。

从图 10-13 中可看出，当头部侧偏不严重[图 10-13(a)和(b)]和姿态端正[图 10-13(c)]时，检测框体可以覆盖整个头部，测温数据可信，记录这些数据到数据库中。当头部姿态侧偏严重[图 10-13(d)]或当绿线抵达图像下边界[图 10-13(e)]时，生猪头部姿态变化较大，部分偏离检测框体，头部信息部分丢失，检测数据不可靠，因此不记录此时的测温数据。当生猪头部离开通道后，如图 10-13(f)至(h)所示，不记录测温数据。

采用平均精确度和平均帧速来评估跟踪算法的性能。平均精确度为所有视频检测结果的平均值。平均帧速是所有视频运行帧速的平均值，每段视频的帧速为视频运行总时间除以视频的帧数。最优步长法与检测性能较优的骨架扫描策略、压缩感知法、核相关滤波法检测结果的对比如表 10-3 所示。

表 10-3　不同方法的检测性能对比

方法	平均帧速/(f/s)	平均精确度/%
最优步长法	56.35	68.28
骨架扫描策略	32.32	71.59
压缩感知法	36.57	57.25
核相关滤波法	114.73	54.46

由表 10-3 可以看出，最优步长法虽然比骨架扫描策略检测精度低 3.31 个百分点，但是其平均帧速提高了 74.4%，更适合应用于在线检测系统。最优步长法在平均帧速和平均精确度方面都优于压缩感知法。最优步长法的检测速度虽然只有核相关滤波法的 49.1%，但其平均帧速能满足在线检测系统的要求，且其精确度比核相关滤波法高 13.82 个百分点，算法更简单，更适合用于系统集成。

综上，最优步长法在具有较高检测精度的前提下提高了头部检测的速度。

10.4.4.2　耳根体表温度提取准确性分析

为了比较耳根温度测量的准确性，采用热成像仪厂家提供的温度读取软件 FLIR Tools 检测左、右耳根温度作为真值，比较了不同检测方法的误差，如表 10-4 所示，其中 δ_L 和 δ_R 分别为生猪左、右两侧耳根温度的真值与测量值的平均误差，δ_{ET} 为总的平均检测误差，即

$$\delta_{ET}=\frac{\delta_L+\delta_R}{2} \tag{10-8}$$

表 10-4　不同方法耳根温度检测误差对比　℃

方法	δ_L	δ_R	δ_{ET}
最优步长法	0.22	0.25	0.235
骨架扫描策略	0.17	0.14	0.155
压缩感知法	0.54	0.65	0.595
核相关滤波法	0.67	0.71	0.690

由表 10-4 可看出，最优步长法的平均检测误差虽然比骨架扫描策略高 0.080 ℃，但比压缩感知法和核相关滤波法分别低 0.360 ℃和 0.455 ℃，可以满足日常体温检测的要求。

总之，基于最优步长的头部快速检测方法能够无应激地快速检测出自然行进中的生猪头部区域并提取耳根温度，采用2条垂直动态扫描线和3条水平动态扫描线在检测区域扫描，结合温度阈值，判断生猪头部位置，平均检测速度为56.35 f/s，耳根温度平均检测误差为0.235 ℃，综合性能优于压缩感知法、核相关滤波法等方法，比骨架扫描策略的平均帧速提高了74.4%，在保证检测精度符合要求的前提下，实现了生猪头部快速定位，可用于生猪耳根温度的在线监测。

10.5 生猪体尺自动检测技术

在猪的生长过程中，猪的体尺参数能够反映猪的生长发育状况，可作为衡量猪生长发育情况的一个主要指标。例如母猪的体长、体高、胸围等体尺参数可以用来评价其繁殖性能，且通过体尺测量能够筛选出体型较好的后备母猪，提高生产率。对于育肥猪而言，通过体尺测量对弱小的猪只进行单独饲喂和照顾，有利于实现同进同出，提高出栏率。此外，周期性监测猪只的体征及生长状况可以及早发现猪只的异常状况，以便尽早采取应对措施，减少疾病或疫情的发生。运用机器视觉技术对家畜进行非接触式体尺测量，国内外已有较多的研究，并取得较大的进展[34]。张馨月开发了一种生猪体尺自动检测系统，可以较全面地反映生猪的生长状况，为生猪的规模化健康养殖提供技术支持[35]。

10.5.1 猪只体尺视频采集

图像采集系统主要包括图像采集设备、支架、笔记本电脑、硬盘、电源等。使用Kinect深度相机采集三维点云数据，提取生猪的各项体尺参数。

在选择图像采集设备时需考虑设备的视角，判断能否将猪只或猪舍拍全。如图10-14所示，α为采集设备的视角，H为采集设备至目标的距离（物距），L为视场的长度，则

$$\alpha = 2\arctan\left(\frac{L}{2H}\right) \tag{10-9}$$

利用传统彩色相机进行猪体尺测量和行为识别时，容易受环境和光线影响，造成目标轮廓提取错误，增大结果误差。Kinect深度相机可以输出深度视频数据，采用深度图像可有效避免因背景和目标颜色接近而造成的识别错误。

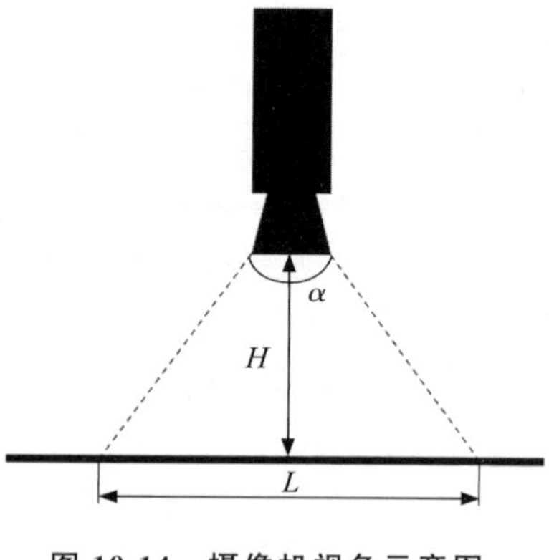

图 10-14 摄像机视角示意图

实验数据采集自北京某规模养猪场，研究对象的品种为长白猪和大白猪。为使算法的通用性更强，采集了不同生长天数的猪的视频图像数据，猪的生长天数分别为30、150、180 d。如图10-15所示，在猪的采食饮水区和休息区之间搭建测量通道，通道入口处安装无线射频识别(RFID)装置，通过猪耳部的RFID耳标识别猪只身份，并将其与采集到的视频数据进行对应。通道只允许单向通过。通道的上方和侧方各安装一台Kinect深度相机，分别采集猪的俯视图和侧视图。上方相机将测量通道置于视频采集框的中央，侧方相机将猪体置于视频采集框的

中央。上方相机安装点距离地面约 170 cm。侧方相机距离通道约 110 cm。通道总长约 120 cm，根据式(10-9)求得侧方相机的视角约 57°，上方相机的视角约 39°。在猪体高度处放置一标准长度钢尺，用于像素长度转换。共采集 103 头猪的 103 组视频数据，视频的分辨率为 512×424 像素，帧速为 30 f/s。

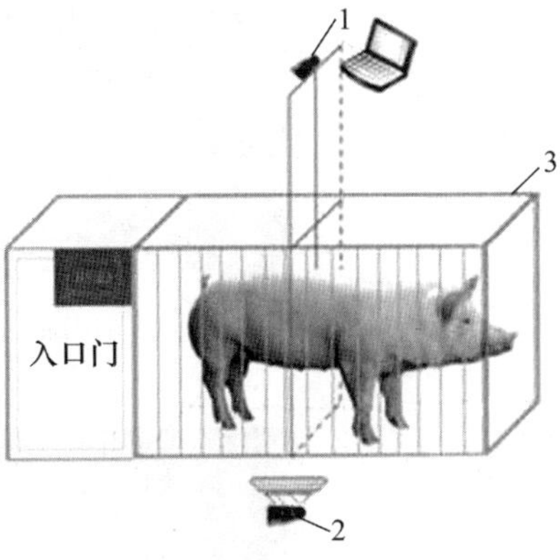

1、2. Kinect 深度相机　3. 测量通道

图 10-15　猪体尺视频采集平台

10.5.2　猪只目标提取方法

(1)图像感兴趣区域提取：在采集视频数据过程中，猪体只在栏杆内部区域出现，为提高处理速度，将每帧图像中栏杆内部区域设定为感兴趣区域，每帧图像中提取栏杆内通道上包含猪体部分的图像作为感兴趣区域图像，如图 10-16 所示，只对感兴趣区域图像进行处理。

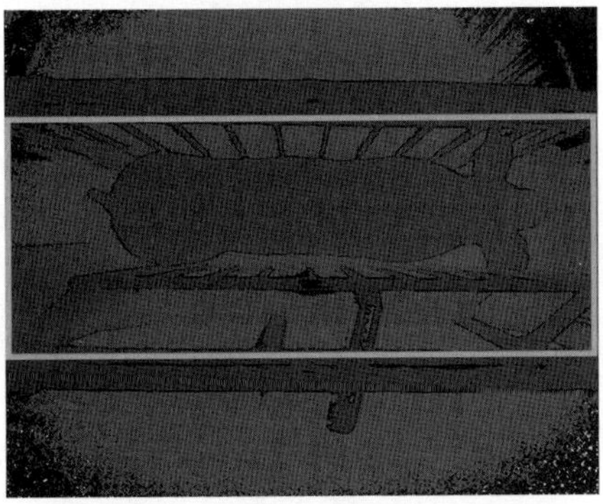

图 10-16　猪体尺测量感兴趣区域

(2)猪只目标提取：利用背景差影法对猪只目标进行提取。目标前景和背景之间存在灰度差异，采用背景差影法运算后可得到目标的位置和形状，获取目标的完整信息。如果当前图像中像素点的值与背景的对应值差异比阈值 T 大，则判定该像素点属于前景，否则该像素点属于背景。提取结果如图 10-17 所示。

(3)猪只目标阈值分割：对采用背景差影法获得的图像分别用迭代法和最大类间方差法(Otsu 算法)求取阈值。用迭代法求取的阈值过大，导致猪体目标也被划分为背景，不能正确地提取出猪体背部图像，而采用 Otsu 算法能够很好地保留猪体目标。图 10-18 为采用 Otsu 算法求取阈值进行分割后的二值图像，可以看出，这种方法可以清晰地将猪体从背景中提取出来，但是还存在因栏杆造成的噪声点，需要进行去噪。

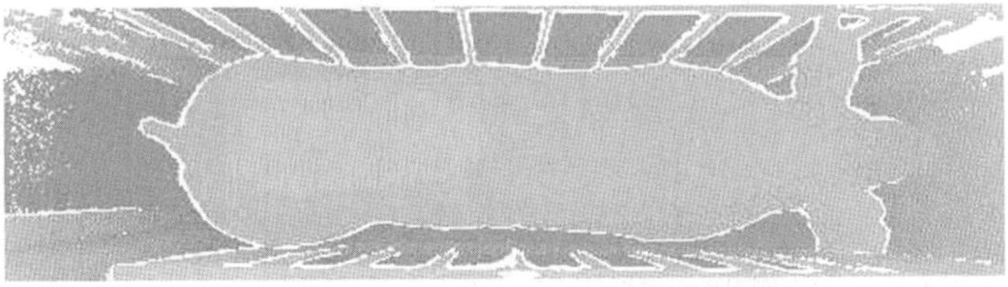

图 10-17　采用背景差影法提取的图像

(4)形态学去噪：为了去除通道栏杆造成的噪声点，需要先对阈值分割后的二值图像进行形态学去噪。采用先腐蚀、后膨胀的开运算能够去除孤立的点和毛刺，图像总的位置和形状不会发生改变。为防止提取的前景图像残留孔洞，对图像进行孔洞填充。此时栏杆部分的噪声点依旧存在，进一步去除小面积区域可得到较为理想的结果，如图 10-19 所示。

图 10-18 采用 Otsu 算法进行阈值分割后的图像

图 10-19 去除噪声点后的图像

10.5.3 猪体理想姿态帧检测算法

猪体理想姿态帧检测的步骤为:依次提取视频中图像帧,提取目标前景的二值图像,利用最小外接矩形法将猪体调整到水平方向。利用投影法识别猪的头部位置,利用标记法和骨骼化结合霍夫变换检测耳部是否完整及头部是否歪斜,筛选出理想姿态帧[36]。流程如图 10-20 所示。

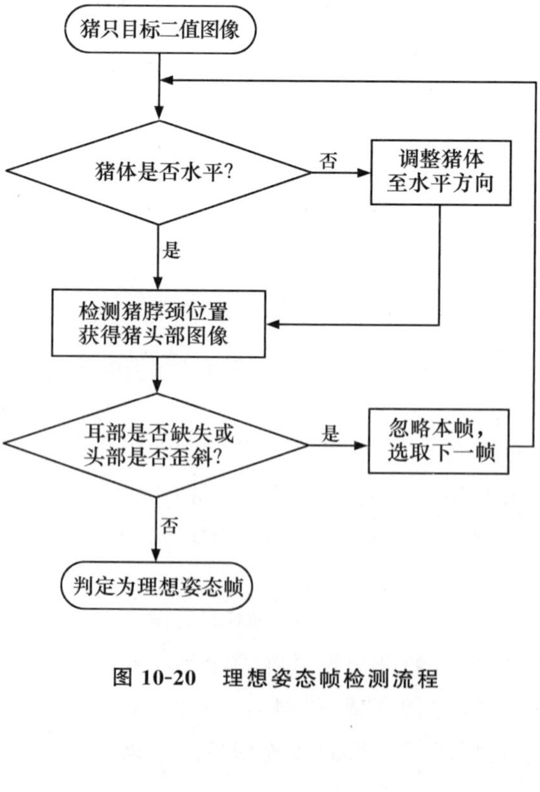

图 10-20 理想姿态帧检测流程

1. 利用最小外接矩形法调整猪体方向

为了方便猪通过，通道的宽度大于猪的体宽，俯视图像中的猪体常呈倾斜状态。为降低后期对耳根、尾根等部位检测的难度，采用最小外接矩形法检测猪体的水平状态，并将倾斜猪体调整为水平方向。

对含有猪体的二值图像提取边界并计算边界像素点的凸多边形，设凸多边形有 n 条边，各边端点坐标为 (x_t, y_t) $(t=1,2,\cdots,n)$。

求解最小外接矩形的步骤如下：

①任意选取猪体轮廓凸多边形的一条边，设该边的端点为 $T_0(x_1, y_1)$、$T_1(x_2, y_2)$。计算线段 T_0T_1 与 X 轴之间的角度，定义其为边角 θ，有

$$\theta = \arctan\left(\frac{y_2 - y_1}{x_2 - x_1}\right) \tag{10-10}$$

以左端点 T_0 为中心顺时针旋转该多边形，旋转角度为 θ，使边 T_0T_1 平行于 X 轴。

②假设凸多边形上各边端点 (x_t, y_t) 顺时针旋转角 θ 后的坐标为 (x'_t, y'_t)，有

$$\begin{bmatrix} x'_t \\ y'_t \end{bmatrix} = \begin{bmatrix} \cos\theta & -\sin\theta \\ \sin\theta & \cos\theta \end{bmatrix} \left(\begin{bmatrix} x_t \\ y_t \end{bmatrix} - \begin{bmatrix} x_1 \\ y_1 \end{bmatrix} \right) + \begin{bmatrix} x_1 \\ y_1 \end{bmatrix} \quad (t=1,2,\cdots,n) \tag{10-11}$$

③根据所求旋转后的各边端点坐标，得到凸多边形顶点的最小坐标（$X_{\min}$ 和 $Y_{\min}$）和最大坐标（$X_{\max}$ 和 $Y_{\max}$），即

$$\begin{cases} X_{\min} = \min(x'_t) \\ Y_{\min} = \min(y'_t) \\ X_{\max} = \max(x'_t) \\ Y_{\max} = \max(y'_t) \end{cases} \quad (t=1,2,\cdots,n) \tag{10-12}$$

最大坐标和最小坐标组成的 4 个点 $(X_{\min}, Y_{\min})$、$(X_{\min}, Y_{\max})$、$(X_{\max}, Y_{\max})$ 和 $(X_{\max}, Y_{\min})$ 确定一个矩形，计算此矩形的面积。

④选择凸多边形的下一条边，重复上述步骤，直到凸多边形的所有边都执行完毕，得到 n 个矩形的面积。

⑤比较 n 个矩形的面积，将面积最小的矩形逆时针旋转，旋转角与凸多边形旋转的边角相同。逆时针旋转后的矩形即为所求最小外接矩形。

获取最小外接矩形后，容易计算俯视图像中的猪体水平角度。如图 10-21(a)所示，如果水平角度大于 1°，则对此图像进行相应旋转，将其调整为水平图像，如图 10-21(b)所示。

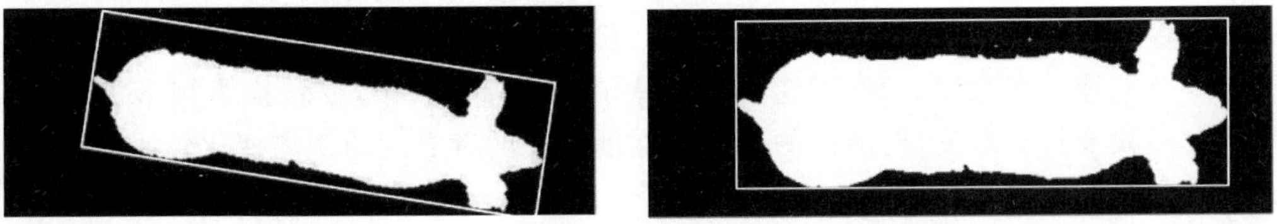

(a)猪体倾斜　　(b)旋转为水平方向

图 10-21　采用最小外接矩形法调整猪体方向

2. 猪只头部和尾部识别

由于猪低头或歪头等行为会造成图像中耳部缺失或头部歪斜，不利于体尺测量，需要剔除这类图像，为此需要首先检测猪的头部位置。采用投影法和差分法识别猪脖颈、头部和尾部的具体步骤如下。

将调整后水平图像的像素沿水平方向进行垂直投影：

$$S(j)=\sum_{i=1}^{h} I(i,j) \qquad (j=1,2,\cdots,M) \tag{10-13}$$

式中：$S(j)$为垂直投影后的像素灰度，h 为图像垂直方向的宽度，M 为图像水平方向的宽度，$I(i,j)$ 为图像中坐标 (i,j) 处的像素灰度。

投影计算后得到图 10-22 中虚线表示的投影曲线，可见从躯干中心到耳部的范围内投影曲线上最小值处为脖颈。一般情况下，在投影曲线上耳部是最大值处，但由于存在猪歪头情况，以此最大值直接判断可靠性较差。对投影曲线进行差分计算：

$$S_{\mathrm{d}}(j)=S(j+3)-S(j) \qquad (j=1,2,\cdots,M-3) \tag{10-14}$$

可得到图 10-22 中的实线所示的差分曲线，从躯干中心到头部范围内，差分曲线最大值在脖颈和耳根结合部位。从躯干中心到脖颈和耳根结合部位的范围内，搜索投影曲线的最小值点，得到脖颈位置，脖颈以右的图像即为头部图像。为获得完整的头部图像，将上述方法获得的脖颈位置向左移动 30 像素，作为最终的脖颈位置。此外，从躯干中心到尾部范围内，图 10-22 中实线表示的差分曲线在尾根位置取得最大值。

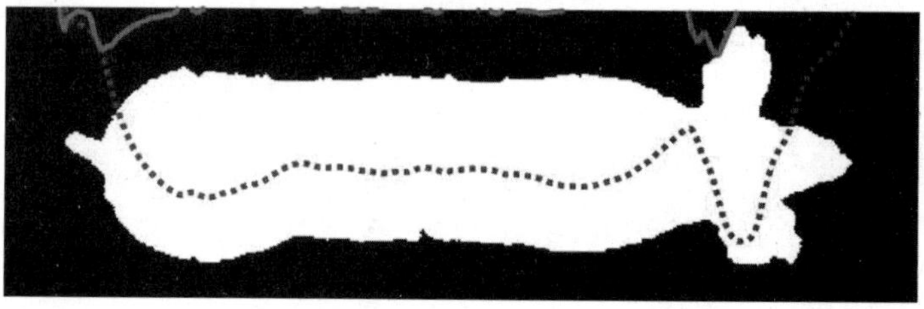

图 10-22　投影曲线(虚线)和差分曲线(实线)

二维码 10-2

3. 猪只耳部缺失检测

体长测量需要图像中两个耳部完整。获取猪的头部图像后，提取猪头部图像的轮廓，如图 10-23(a)所示。在头部轮廓图像中，利用标记法将猪头部轮廓图像转换为函数图像：以猪颈部连线中点 O 为起点，分别计算该点到图像边缘各个像素的距离，以像素的顺序为横坐标，以点 O 到边缘各个像素的距离为纵坐标，将二维边界转换为一维函数，如图 10-23(b)中的曲线所示。根据图像尺寸，选取适当阈值(示例中为 60 像素)，将一维距离函数转换为矩形波。标准猪头像有 3 个波峰。在猪低头时，图像中对应鼻子的波峰会减小，在转换为矩形波时，中间的高电平部分会较窄甚至消失，而两侧的高电平宽度以及两者之间的距离变化较小。因此，根据下面条件可判断图像中耳部是否有缺失：

①头部轮廓的矩形波含有 2 个或 3 个高电平；

②两侧高电平间距离为 80～120 像素；

③两侧高电平宽度为 30～65 像素。

满足上述 3 个条件则判断为耳部完整，否则为耳部缺失，不宜用于体长测量。

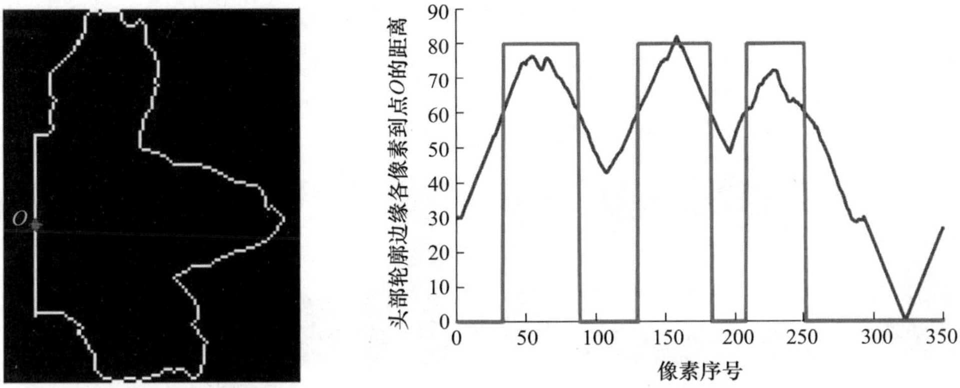

(a)猪头部轮廓图像　　(b) 猪头部轮廓矩形波

图 10-23　耳部缺失检测

4. 头部歪斜检测

剔除猪耳部缺失的图像后，还需要保证猪头部和躯干呈直线，为此，需要检测猪头部歪斜情况。首先对猪体图像进行骨骼化处理，然后进行剪枝，最后利用霍夫变换判别头部是否歪斜。骨骼化算法用于表示平面区域结构形状，是一种细化结构的方法，是对目标的一种拓扑描述。图像 F 的骨架可以表达为

$$SK(F)=\bigcup_{r=0}^{R}SK_r(F) \tag{10-15}$$

式中：

$$SK_r(F)=(F\Theta rG)-(F\Theta rG)\circ G \tag{10-16}$$

$$R=\max\{r \mid (F\Theta rG)\neq\varnothing\} \tag{10-17}$$

F 为二值图像，G 为结构元素，$(F\Theta rG)$ 表示对 F 进行 r 次腐蚀：

$$(F\Theta rG)=(\cdots(F\Theta G)\Theta G)\Theta\cdots)\Theta G) \tag{10-18}$$

第 r 次是 F 被腐蚀为空集前的最后一次迭代。

对图 10-24(a)的理想姿态图像和图 10-24(b)的头部歪斜图像进行骨骼化处理后，分别得到图 10-24(c)和图 10-24(d)的骨骼化图像。骨骼化后的图像中存在毛刺，需要进行剪枝处理才能得到猪体主线。

①搜索骨架的所有分枝的端点，删除所有的外端点。

②设定循环次数 q，重复步骤① q 次。

循环次数需要根据图像中毛刺的长短设定，示例中为 35，即大部分毛刺小于 35 像素。上述剪枝算法会对主线也进行相应缩短，但不影响后期霍夫变换直线检测。

剪枝后的骨架表征了猪体的基本姿态，以肩部与脖颈的连接处为分界点，将猪骨架分为左边的躯干部分和右边的脖颈部分。如果猪头部歪斜，左、右两部分的骨架有较大角度，否则二者近似在一条直线上。寻找肩部与脖颈连接处分界点的方法如下：首先在剪枝后骨架中找到肩部点（躯干中心到脖颈之间，投影曲线上最大值处为肩部），然后连接肩部点与头部中心成一

线段，最后取线段中心偏左 10 像素作为分界点。

对左、右两部分骨架像素分别进行霍夫变换直线检测。右侧骨架在剪枝后还存在由于耳部等形成的毛刺，为避免其干扰，在右侧骨架中寻找最左侧的节点，取该节点左侧的骨架像素进行霍夫变换直线检测。理想姿态及头部歪斜图像的直线提取效果如图 10-24(e)和图 10-24(f)所示。二直线夹角大于 10°表明猪头部歪斜，不宜用于体尺测量。

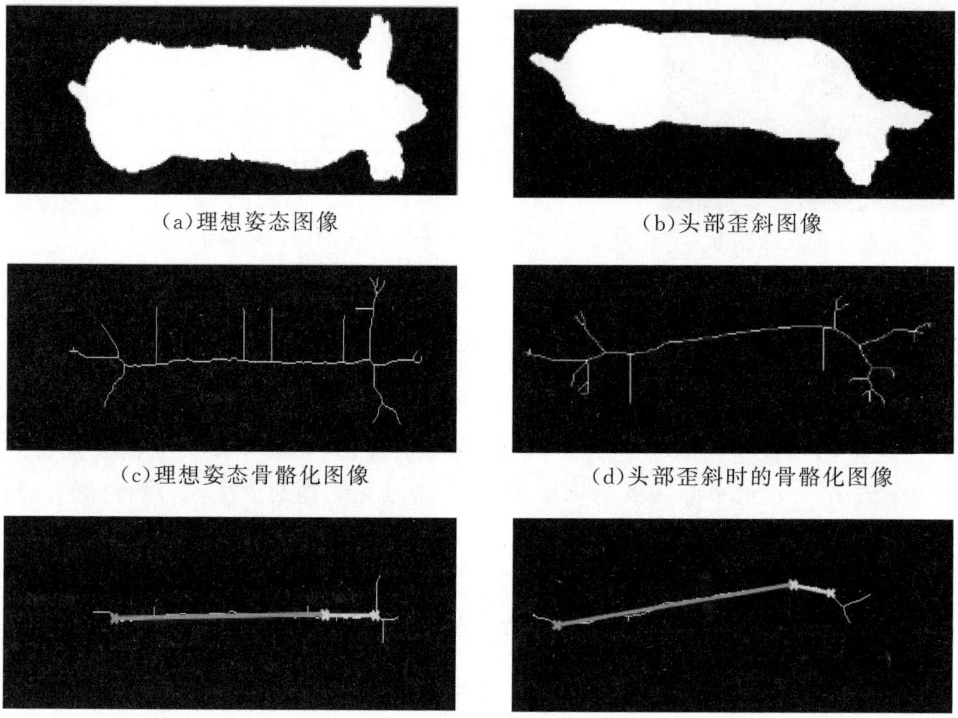

(a)理想姿态图像　(b)头部歪斜图像

(c)理想姿态骨骼化图像　(d)头部歪斜时的骨骼化图像

(e)理想姿态剪枝及霍夫变换　(f)头部歪斜时的剪枝及霍夫变换

图 10-24　猪头部是否歪斜检测

10.5.4　体尺测点检测方法

猪的体长为尾根到耳根的距离，体宽为肩胛骨顶点处猪体的宽度，体高为肩胛骨顶点到地面的垂直高度。对猪头部和尾部的粗略识别不能判断耳根、尾根以及肩胛骨顶点的准确位置，需要对这些测点进行进一步识别。

1. 耳根和尾根位置识别方法

(1)耳根位置识别：以猪头部图像的中心为原点，以水平方向和垂直方向为两个坐标轴建立坐标系，在第二象限和第三象限分别检测出距原点最近的边缘点，即为两个耳根位置点，如图 10-25(a)所示。

(2)尾根位置识别：以猪体中心为左右分界点，图 10-22 中左侧差分曲线的最大值处为尾根大致位置。设该处的横坐标为x_3，作直线 $x=x_3$，该直线与猪体轮廓交于两点 A 和 B，如图 10-25(b)所示。A、B 两点不是精确的尾根位置。经过 AB 中心点 C 作一水平线，在水平线上的点 C 右侧找到一点 D，使

$$l_{CD}=\frac{1}{2}l_{AB} \tag{10-19}$$

式中 l_{CD} 、l_{AB} 分别为线段 CD、AB 的长度。

以 D 点为原点，在第二象限和第三象限分别检测出距离原点 D 最近的边缘点，即为两个尾根位置点。

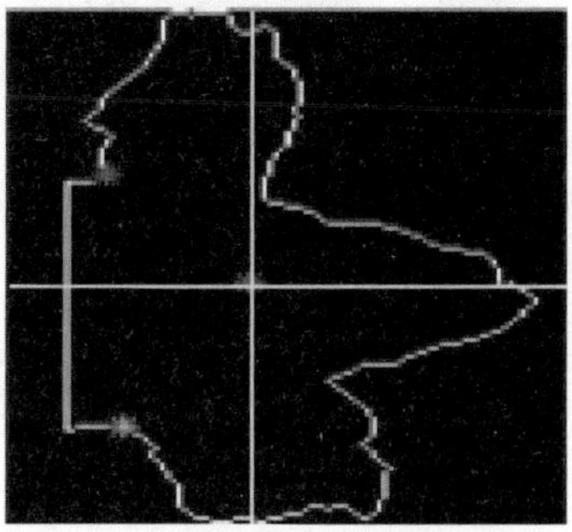

(a)耳根位置示意图

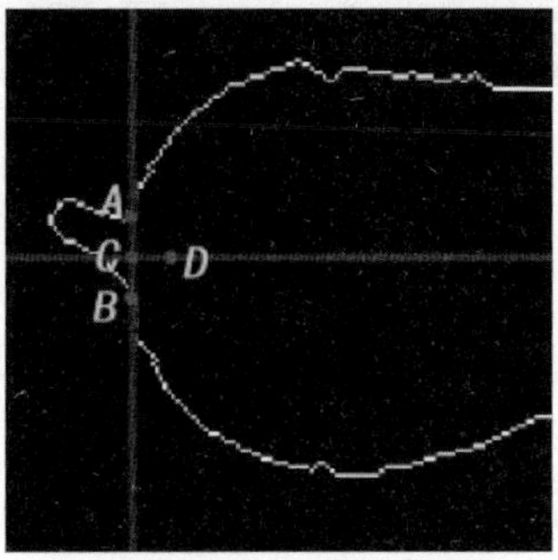

(b)尾根位置示意图

图 10-25 耳根、尾根位置检测

2. 肩胛骨位置识别方法

利用俯视图像检测到猪体理想姿态帧，选择与该俯视图像对应的侧视图像进行体高测量。选取通道区域为图像感兴趣区域。为去除侧视图像中通道栏杆的影响，经过大量试验选用迭代选择阈值法对侧视图像进行目标提取，结果如图 10-26 所示。

由图 10-26 可以看出，侧视图像的二值图像中栏杆与猪体仍连接在一起，需要将栏杆和猪体目标分离开。用形态学去噪方法，对二值图像采用开运算去除边缘不规则部分，并填充孔洞，去除小面积区域噪声，得到如图 10-27 所示图像。考虑到猪体不一定与拍摄平面平行，因此测量的地面基准线由猪前、后两只脚的连线确定。肩胛骨顶点位置确定方法如下：利用投影法搜索从猪头部开始到躯干中心范围内投影曲线的最大值，该处对应的轮廓点即为肩胛骨顶点。

图 10-26 猪体侧视图像的二值化图像

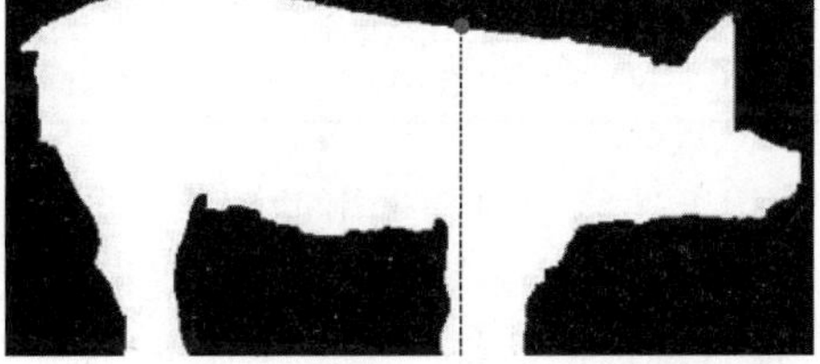

图 10-27 猪体肩胛骨顶点位置检测

10.5.5 体尺参数计算结果分析

两耳根位置点连线的中点为耳根中心，两尾根位置点连线的中点为尾根中心，尾根中心到耳根中心的距离即为猪的体长。在俯视图像上，设肩胛骨顶点处的横坐标为 x_4，作直线 $x=x_4$，该直线与猪体轮廓交于两点，该两点间的距离即为体宽。侧视图像上肩胛骨顶点到地面基准线的距离即为体高。如图 10-28 所示。

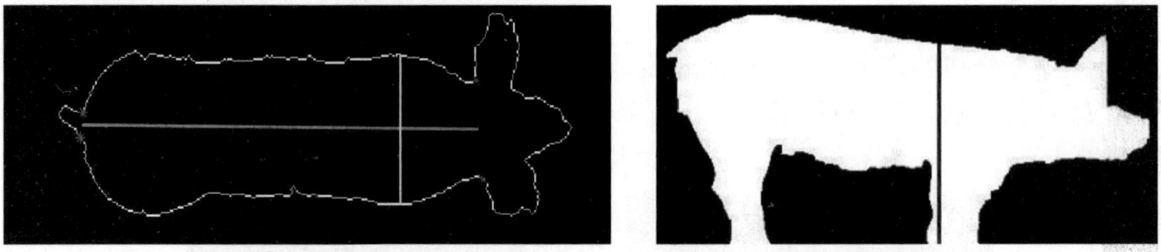

(a)体长、体宽测量　　(b)体高测量

图 10-28　猪体尺测量

利用上述算法,对 103 组视频的 52 016 帧俯视图像是否适宜体尺测量进行自动检测。为检验算法筛选效果,同时对上述图像进行人工筛选,耳根尾根位置清晰、头颈部没有明显歪斜则认为适宜体尺测量(理想姿态帧),否则认为不适宜。将人工筛选结果作为真实值,如果某帧图像人工筛选为适宜而算法筛选为不适宜,则为漏报,反之,人工筛选为不适宜而算法筛选为适宜,则为误报。如表 10-5 所示,为方便统计,依据猪的品种及生长天数,将 103 头猪的视频数据分为 5 类:长白猪 60 d、长白猪 150 d、大白猪 150 d、长白猪 180 d 和大白猪 180 d。算法筛选理想姿态帧共 2 592 帧,占总帧数的 4.98%,比例较小,其余 49 424 帧由于猪体不完整、头部歪斜和耳部缺失等原因被算法筛选为非理想姿态帧。适宜检测的理想姿态帧所占比例很小,也说明了设计理想姿态检测算法的必要性。

表 10-5　理想姿态帧检测结果

猪品种及生长天数	总帧数	算法筛选理想姿态帧数	人工筛选理想姿态帧数	漏报帧数	误报帧数
长白猪 60 d	12 827	420	505	85	0
长白猪 150 d	9 570	540	641	101	0
大白猪 150 d	9 640	541	640	99	0
长白猪 180 d	9 054	470	542	72	0
大白猪 180 d	10 925	621	696	75	0
合计	52 016	2 592	3 024	432	0

利用上述算法对筛选出的理想姿态帧进行了体尺测量,取每组平均值为算法测量值。为验证体尺测量算法的精确度,在采集视频数据后,采用测杖和皮尺等工具手工测量对应猪只的体长、体宽和体高数据。为减小误差,体长、体宽、体高数据手工测量 3 次,取平均值作为测量值。将手工测量值作为真实值,计算 103 组视频数据体尺测量精确度,如图 10-29 所示。在 103 组数据中,只有 5 组体长测量精确度低于 95%,其余都高于 95%。体长测量的最低和最高精确度分别为 93.3%和 99.9%,平均精确度为 97.3%。体高测量的最低和最高精确度分别为 92.3%和 99.9%,平均精确度为 96.3%。体宽测量的最低和最高精确度分别为 91.7%和 99.9%,平均精确度为 95.5%。体长测量的精确度高于体宽和体高测量精确度,主要原因是相对于肩胛骨处的体宽测量点和体高测量点,体长测量中的耳根和尾根位置更容易确定。

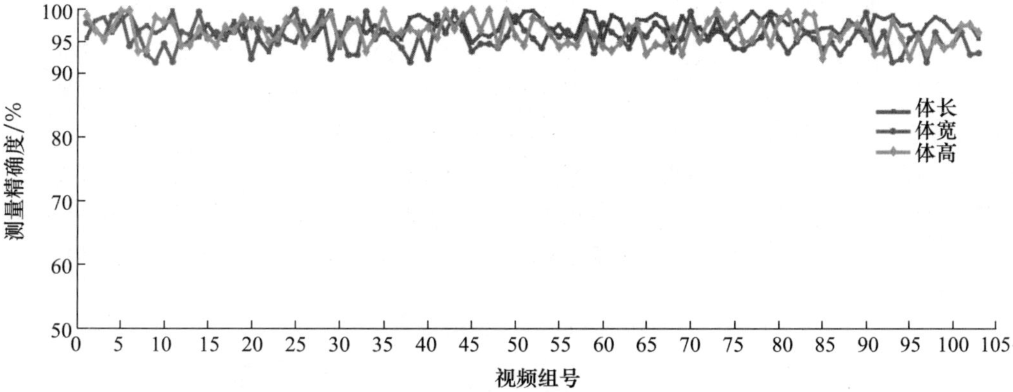

图 10-29　体尺测量精确度

10.6　奶牛体重自动检测技术

在奶牛的健康监测指标中，体重是一项重要的生长发育指标，是确定营养供给、用药剂量、初配年龄，判断生产性能、繁殖性能，预测分娩时间以及实现疾病预警等的依据。奶牛自动化称重是奶牛智慧养殖的重要基础。

10.6.1　奶牛动态称重系统

冯宁宁设计了一种奶牛动态称重系统[37]。系统硬件包括称重平台、称重仪表、围栏、斜坡、计算机、RFID 设备以及摄像机等，如图 10-30 所示。称重平台、称重仪表采集信号之后传输到计算机及其上位机。RFID 设备采集奶牛 ID 编号并传输到云端。摄像机用于记录奶牛在称重平台上行走时的活跃度状态，视频内容存储在摄像机内置存储卡内。

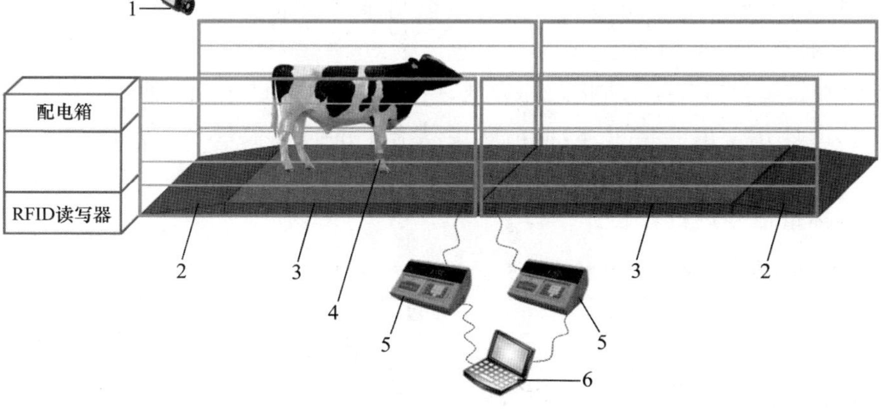

1. 摄像机　2. 斜坡　3. 称重平台　4. 脚环　5. 称重仪表　6. 计算机

图 10-30　奶牛动态称重系统硬件布置

二维码 10-3

RFID 的电子标签置于奶牛脚环中，读写器安装在称重平台的一端。挤奶完毕后，奶牛先通过 RFID 读写器记录编号，然后依次通过称重平台采集称重信号，第一个称重平台采集动态信号，第二个称重平台尽头设置障碍，使奶牛在第二个平台上保持短暂的静止，获得静态体重值。

称重传感器安装在每个平台的 4 个支撑点，提供原始称重信号。根据奶牛的体重范围并结合数据精度要求及设备成本，选用柯力传感器公司 SQB 称重传感器，如图 10-31 所示，额定量程 500 kg(选用 4 个称重传感器，最大称重范围为 2 000 kg)，准确度等级 C4，即为 4 000 分度，分度值为 500 kg/4 000=0.125 kg，符合实际生产要求。原始称重信号包括奶牛前蹄踏上称重平台、全身在称重平台上、前蹄走下称重平台 3 个过程，采用一定的算法截取奶牛全身在称重平台上时的信号，作为有效信号。

图 10-31　柯力称重传感器

10.6.2　奶牛动态称重信号分类方法

奶牛的运动状态直接影响有效信号的波形变化。在奶牛行走过程中，活跃度较高时波形变化剧烈，振幅较大，持续时间较短；奶牛行走较慢时波形较为平稳，振幅较小，持续时间较长。运动状态的不同导致波形存在差异，运用同一种方法分析不同运动状态下的波形会增加测量误差，因此采用先分类后分析的方法，根据波形特点选用不同的算法。

10.6.2.1　奶牛活跃度分析

采用 5 个特征值表征有效信号的特点：极差 R、标准差 σ、峰值因子 PAR、波形因子 FF 和速度 v。极差为有效信号的最大值与最小值之差，反映有效信号的离散程度；标准差表征有效信号围绕平均值波动的程度，反映信号的稳定性；峰值因子为有效信号的峰值与有效值的比值，反映信号峰值的冲击性；波形因子为有效信号的有效值与平均值的比值，反映信号的低频特性；速度为奶牛走过称重平台的平均速度。

通过有效信号特征值分析，将奶牛运动状态分为低、中和高 3 种活跃度。3 种状态下 5 个特征值的平均值如表 10-6 所示。由表格可知，低活跃度状态下的特征值最小，高活跃度状态下最大，中活跃度时介于两者之间，3 种状态下的特征值有一定的差异性。将 5 个特征值结合起来，利用 SVM 算法对称重信号进行分类。

表 10-6　3 种活跃度状态下 5 个特征值的平均值

特征	活跃度		
	低	中	高
极差 R/kg	24.326 0	59.798 4	107.991 1
标准差 σ/kg	10.581 5	19.588 3	37.810 3
峰值因子 PAR	0.065 0	0.109 0	0.190 1
波形因子 FF	1.000 2	1.000 6	1.002 2
速度 v/(m/s)	0.752 5	1.250 0	1.668 5

10.6.2.2　SVM 分类模型构建

首先，构造数据集 $D=\{(\boldsymbol{x}_1,y_1),(\boldsymbol{x}_2,y_2),\cdots,(\boldsymbol{x}_m,y_m)\}$，$\boldsymbol{x}_i=(R_i,\sigma_i,\mathrm{PAR}_i,\mathrm{FF}_i,v_i)$ 为特征向量，$y_i\in\{0,1,2\}$ 为运动状态标签。经统计发现，数据存在类别不均衡问题，采用 SMOTE(合成少数过采样技术)算法对少数样本进行扩充。然后，随机将数据集分成训练集和测试集。利用 SVM 算法找到可以正确分离特征数据且抗噪性能强的稳健超平面 $f(\boldsymbol{x})=\boldsymbol{\omega}^{\mathrm{T}}\phi(\boldsymbol{x})+b$，对于训练集 $D=\{(\boldsymbol{x}_1,y_1),(\boldsymbol{x}_2,y_2),\cdots,(\boldsymbol{x}_m,y_m)\}$，$y_i\in\{0,1,2\}$，SVM 算法的优化目标为[38]：

$$\min_{\boldsymbol{\omega},b,\xi_i}\frac{1}{2}\|\boldsymbol{\omega}\|^2+C\sum_{i=1}^{m}\xi_i \tag{10-20}$$

$$\text{s.t.}\quad y_i\left[\boldsymbol{\omega}^{\mathrm{T}}\phi(\boldsymbol{x}_i)+b\right]\geqslant 1-\xi_i,\quad i=1,2,\cdots,m$$

式中：$C>0$，为惩罚因子；$\xi_i\geqslant 0$，为松弛变量。

对优化目标函数(10-20)进行求解，得到分类函数：

$$L(\boldsymbol{x})=\mathrm{sign}\left[\sum_{i=1}^{m}\alpha_i y_i\kappa(\boldsymbol{x}_i,\boldsymbol{x})+b\right] \tag{10-21}$$

式中：α_i 为拉格朗日因子，$\kappa(\boldsymbol{x}_i,\boldsymbol{x})$ 为将特征向量映射到高维空间的核函数，根据统计发现 5 个特征符合高斯分布，因此选用 RBF(径向基函数)为核函数，有

$$\kappa(\boldsymbol{x}_i,\boldsymbol{x}_j)=\exp\left(-\frac{\|\boldsymbol{x}_i-\boldsymbol{x}_j\|^2}{2\sigma^2}\right) \tag{10-22}$$

式中 $\sigma>0$，为高斯核函数的带宽。

令

$$g=\frac{1}{2\sigma^2} \tag{10-23}$$

惩罚因子 C 和核函数参数 g 是奶牛动态称重信号分类的关键参数，其值决定了 SVM 模型的好坏，采用网格搜索和交叉验证的方法寻找最优的 C 和 g 。

10.6.2.3　实验验证

1. 分类指标评价

模型准确率的计算公式为

$$\mathrm{ACC}=\frac{\mathrm{TP}+\mathrm{TN}}{\mathrm{TP}+\mathrm{TN}+\mathrm{FP}+\mathrm{FN}} \tag{10-24}$$

式中：TP 为正面样本中正确分类的数量，FN 为正面样本被错判为负面样本的数量，FP 为负面样本被错判为正面样本的数量，TN 为负面样本中正确分类的数量。TP、FN、FP、TN 构成分类混淆矩阵。

为了更好地评价模型，引入了精确率、召回率、特异度和 F1_Score 这 4 种评价指标，计算公式如表 10-7 所示。

表 10-7　评价指标及其计算公式

评价指标	计算公式
精确率(PPV)/%	$PPV=\frac{TP}{TP+FP}$
召回率(REC)/%	$REC=\frac{TP}{TP+FN}$
特异度(TNR)/%	$TNR=\frac{TN}{TN+FP}$
F1_Score	$F1\_Score=\frac{2PPV\cdot REC}{PPV+REC}$

2. SVM 分类结果与讨论

通过 SVM 算法对称重数据进行分类是奶牛动态体重精准获取的前提。原始数据为 910 组，采用 SMOTE 算法对不均衡数据进行处理，总体样本数据增加到 1 527 组。将数据以 8∶2 的比例随机分配为训练集和测试集，其中训练集又分为 5 份，用于交叉验证。结合网格搜索法，得到最优参数 $C=3.031\ 4$，$g=9.189\ 6$，参数选择结果的等高线图和 3D 视图如图 10-32 所示。

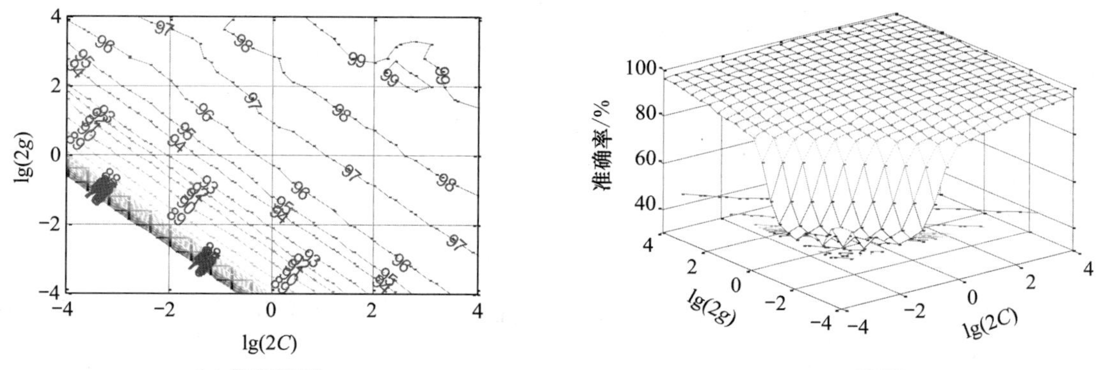

(a)等高线图　　(b)3D 视图

图 10-32　参数选择结果

利用得到的参数 C 和 g，结合训练集对 SVM 模型进行训练，得到 SVM 分类模型。利用主成分分析法(PCA)对特征进行降维处理，得到分类图如图 10-33 所示，即根据奶牛行走时的活跃度，信号可明显分为 3 类。

为了验证模型训练结果，用测试集进行验证。根据 SVM 模型分类结果，有 2 个实际为高活跃度的状态被误判为中活跃度，有 2 个中活跃度状态被误判为低活跃度，其他的实际分类和预测分类有着很好的吻合，绝大部分的预测数据与实际数据有很好的一致性。根据验证结果得到分类混淆矩阵如表 10-8 所示。

根据 3 种状态的混淆矩阵分布，分别计算出整体评价指标准确率和不同活跃度时的评价指标精确率、召回率、特异度、F1_Score，如表 10-9 所示。

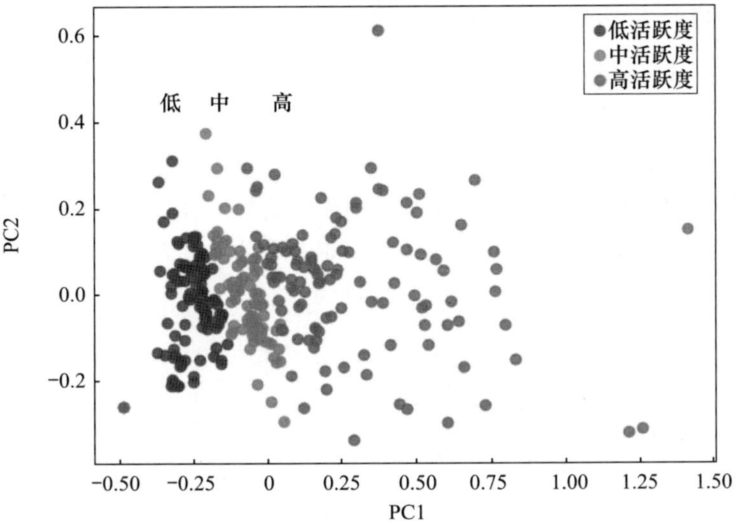

图 10-33　奶牛行走活跃度分类图

表 10-8　3 种状态的分类混淆矩阵

预测分类	实际分类			
	低活跃度	中活跃度	高活跃度	合计
低活跃度	101	2	0	103
中活跃度	0	88	2	90
高活跃度	0	0	113	113
合计	101	90	115	306

表 10-9　评价指标计算结果

评价指标	活跃度		
	低	中	高
准确率(ACC)/%		98.69	
精确率(PPV)/%	98.06	97.78	100
召回率(REC)/%	100	97.78	98.26
特异度(TNR)/%	99.02	99.07	100
F1_Score	0.990 2	0.977 8	0.991 2

整体分类的准确率为 98.69%，分类效果较好。在 3 种运动状态的评价指标中，高活跃度时的精确率、特异度以及 F1_Score 都最高，分别达到了 100%、100%和 0.991 2；中活跃度时的精确度、召回率和 F1_Score 最低，分别为 97.78%、97.78%和 0.977 8；低活跃度时的召回率最高，达到了 100%，但是特异度最低，为 99.02%。整体来看，所设计的分类模型效果较好，可以准确地区分 3 类运动状态，对实际生产中判断奶牛的活跃度状态具有很好的指导作用。

10.6.3 奶牛体重计算方法

奶牛动态称重信号依据奶牛活跃度被分为 3 类，3 类数据具有不同的特点，需采用不同的算法进行处理[39]。

1. 低活跃度下的体重计算

低活跃度状态下的原始称重信号和提取出的有效信号如图 10-34 所示。经过分析发现，低活跃度状态下有效信号波动范围较小，波形持续时间最长，整体表现平稳，不会出现偏离正常状态的较高的冲击波形。

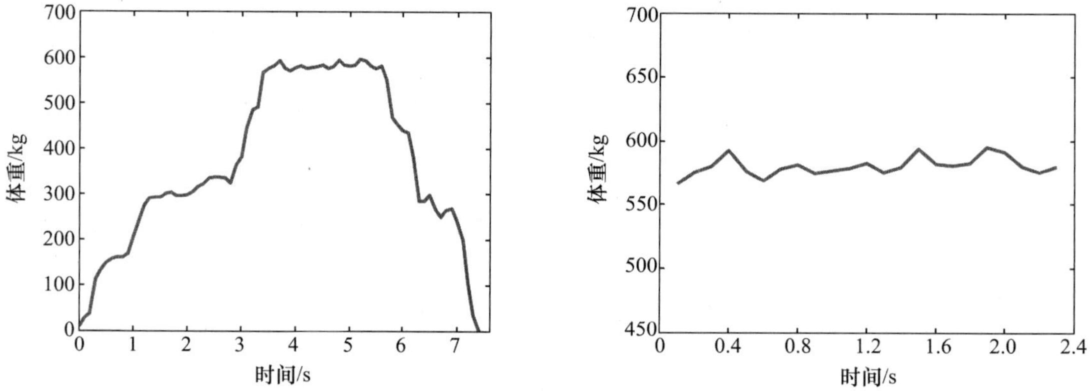

(a)原始称重信号 (b)有效信号

图 10-34 低活跃度状态下的原始称重信号和有效信号

根据低活跃度状态下的信号特点，采用平均算法对动态称重有效信号 $f(t)$进行处理。该算法计算过程为：去掉有效数据序列 $f(i)$ 中的最大值和最小值，得到序列 $f(i)'$。计算序列 $f(i)'$ 的平均值即可得到动态称重条件下的体重值 m_c：

$$m_c = \frac{\sum_{i=1}^{n} f(i)'}{n} \tag{10-25}$$

式中 n 为信号序列 $f(i)'$ 中数据的个数。

2. 中活跃度下的体重计算

中活跃度状态下的动态称重信号较低活跃度信号波动大，波形出现较为明显的突起，波形持续时间也稍微变短。此种状态下的原始称重信号和有效信号如图 10-35 所示。针对此类信号非平稳、非线性的特点，可采用经验小波变换 (empirical wavelet transform，EWT)算法对有效数据进行处理。EWT 算法具有自适应性，它可以根据奶牛动态称重有效信号本身的特点提取具有紧支撑性的调幅调频信号(AM-FM)分量，将单一的有效信号分解为多个含有不同频率特征的模态分量，其中一个分量为残余量，它能体现有效信号的趋势或者均值，利用它便可以求取动态体重。

EWT 算法分解得到的奶牛动态称重有效信号 $f(t)$的各个分量如图 10-36 所示，$f_1(t)$、$f_2(t)$ 反映有效信号的高频部分，揭示有效信号的局部特性；$f_0(t)$ 反映有效信号的低频部分，体现信号的趋势或者均值。通过 $f_0(t)$ 可以计算得到动态称重条件下的体重值 m_c：

$$m_c = \frac{\sum_{i=1}^{n} f_0(i)}{n} \tag{10-26}$$

式中 n 为信号序列 $f_0(i)$ 中数据的个数。

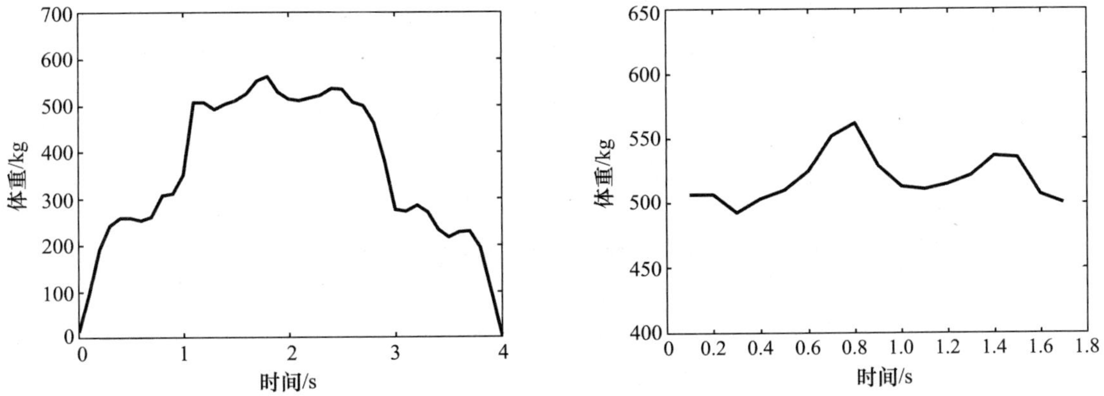

(a)原始称重信号　　(b)有效信号

图 10-35　中活跃度状态下的原始称重信号和有效信号

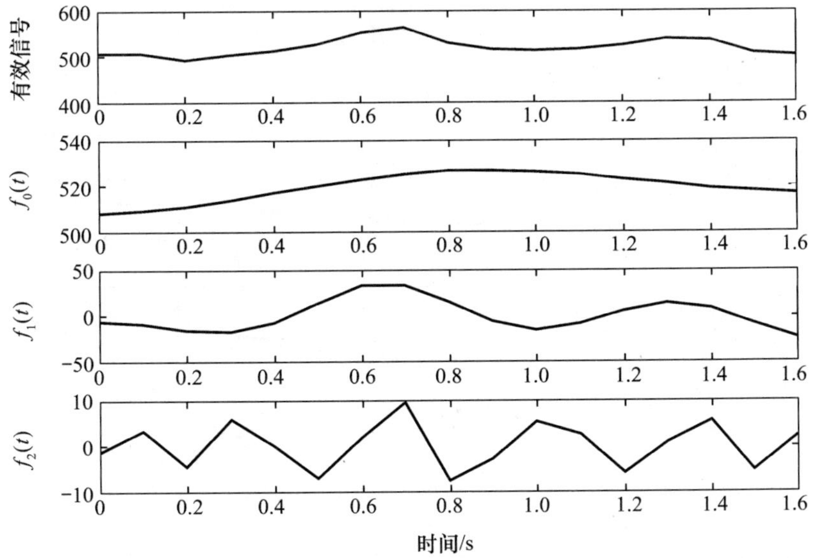

图 10-36　中活跃度状态下称重信号 EWT 分解

3. 高活跃度下的体重计算

高活跃度状态下的原始称重信号和提取出的有效信号如图 10-37 所示。经过分析发现，高活跃度状态下有效信号波动范围最大，波形持续时间短，整体波澜起伏，会出现偏离正常状态的较高的冲击波形。这种情况下，奶牛在称重平台上行走的时间较短，速度较快。

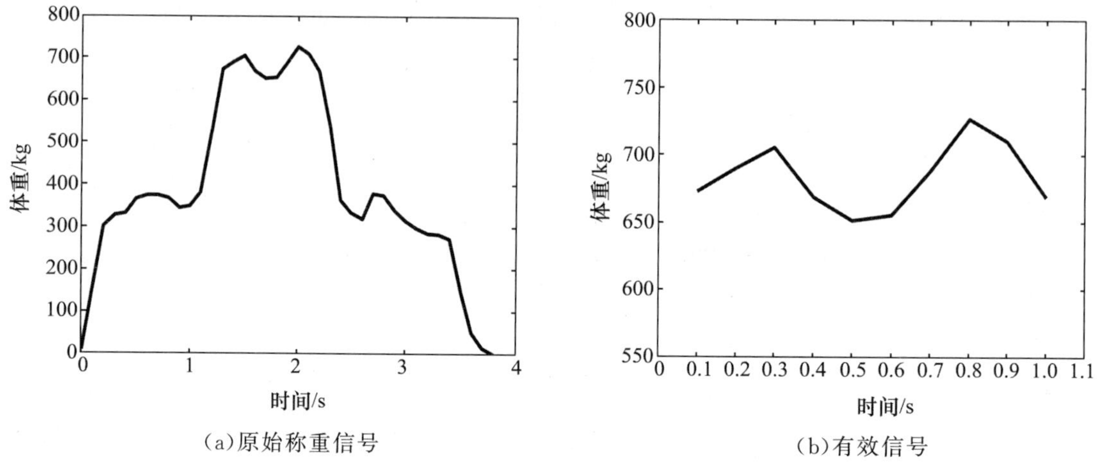

图 10-37 高活跃度状态下的原始称重信号和有效信号

与低活跃度和中活跃度状态下的信号相比，高活跃度状态下的信号长度较短，起伏较大，无法很好地诠释体重信息，因此将有效信号序列看作周期信号进行周期延拓。假设小波滤波器长度为 M，有效信号序列 $f(t)$ 长度为 N，延拓后的信号为 $f_{\mathrm{d}}(t)$，则有

$$f_{\mathrm{d}}(t)=\begin{cases} f(t), & 0\leqslant t\leqslant N-1 \\ f(t-N), & N-1\leqslant t\leqslant N+M-2 \end{cases} \tag{10-27}$$

对延拓后的信号 $f_{\mathrm{d}}(t)$ 进行 EWT 分解，分解图如图 10-38 所示。

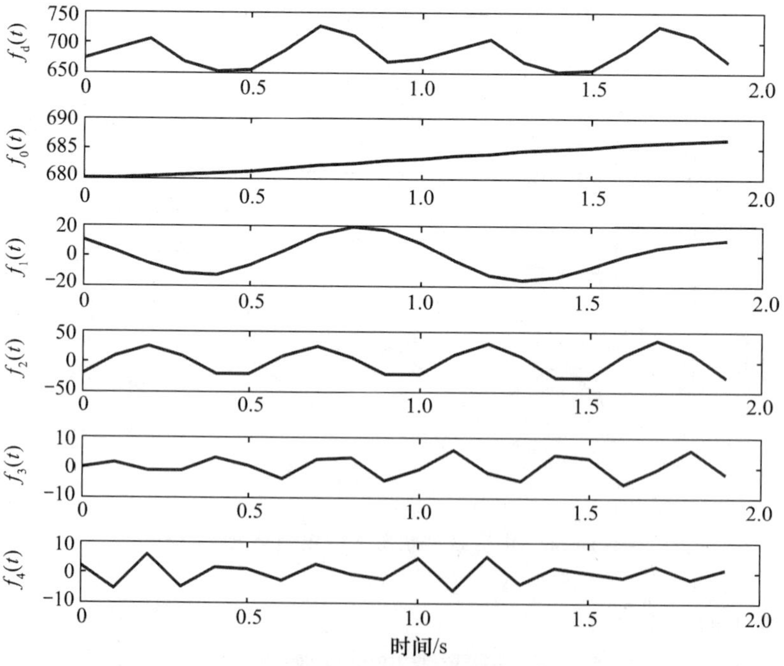

图 10-38 高活跃度状态下称重信号 EWT 分解

EWT 算法分解得到的信号分量 $f_0(t)$ 反映了高活跃度状态下奶牛动态称重有效信号的趋势或者均值，通过 $f_0(t)$ 可以计算得到动态称重条件下的体重值 m_c：

$$m_c = \frac{\sum_{i=1}^{n} f_0(i)}{n} \tag{10-28}$$

式中 n 为信号序列 $f_0(i)$ 中数据的个数。

10.6.4　实验验证

1. 个体数据评价

根据动态称重所得体重值 m_c 和真实值 m_s 的相对误差评判称重算法的准确性。

$$\text{相对误差} = \frac{m_c - m_s}{m_s} \times 100\% \tag{10-29}$$

以编号为 130314 的奶牛的称重数据为例。由于第二个称重平台尽头设置了障碍，在此平台上奶牛有一段时间处于静止状态，称重仪表在这段时间采集的信号如图 10-39 中放大图所示，这些数据的平均值即为奶牛体重的真实值，$m_s = 602.2$ kg。

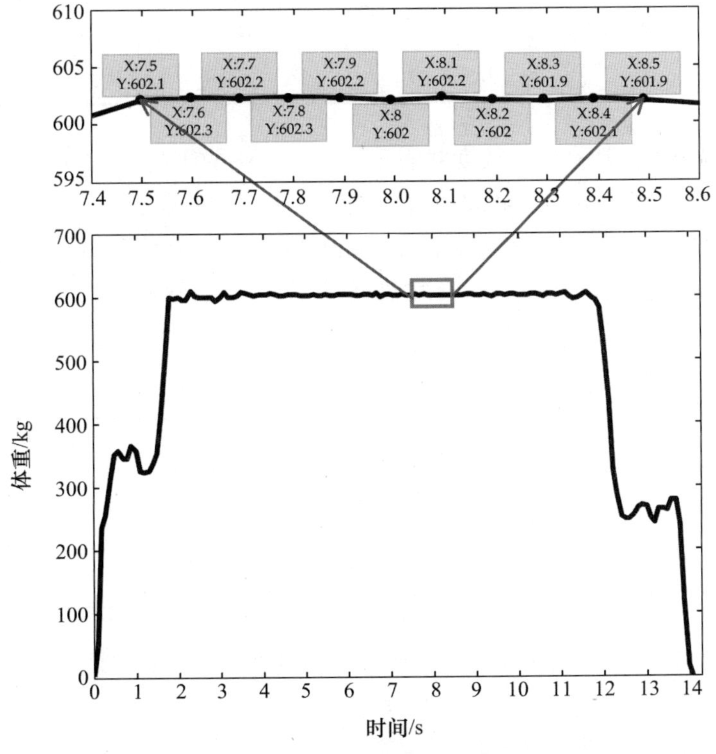

图 10-39　奶牛体重真实值获取

用 SVM 模型对这头奶牛的动态称重曲线进行分析，提取有效信号，判断为中活跃度状态。采用EWT算法分解有效信号,得到信号分量 $f_0(t)$,根据式(10-26)可得 $m_c=599.1$ kg。根据式(10-29),计算得到编号为130314的奶牛动态称重相对误差约为−0.514 8%。

2. 总体数据评价

从3种活跃度状态数据中分别随机抽取3个样本,统计奶牛编号以及相对应的算法计算结果,并对比了EWT和经验模态分解(empirical mode decomposition,EMD)算法计算的体重,结果如表10-10所示,可知3种活跃度状态下EWT算法均优于EMD算法。

表10-10 不同活跃度下EWT算法和EMD算法相对误差对比

奶牛编号	活跃度	静态体重/kg	EWT算法		EWD算法	
			体重/kg	相对误差/%	体重/kg	相对误差/%
160062	低	527.3	527.2	−0.019	—	—
140231	低	550.4	549.4	−0.181	—	—
160105	低	505.4	504.0	−0.277	—	—
110136	中	521.6	521.4	−0.038	517.9	−0.709
160064	中	459.1	455.9	−0.697	453.2	−1.285
160051	中	534.9	530.0	−0.916	529.8	−0.953
170035	高	490.6	481.5	−1.855	478.1	−2.548
160105	高	505.4	509.8	0.871	511.2	1.147
160117	高	546.7	544.7	−0.366	538.0	−1.591

表10-11对比了在低、中和高活跃度状态下EWT算法的平均相对误差和最大相对误差,高活跃度状态下的平均相对误差和最大相对误差均最大,低活跃度状态下这两个指标均最小。平均相对误差均不超过1%。3种活跃度状态下的平均相对误差计算结果与实际相符,高活跃度状态下奶牛行动迅速,波形振荡剧烈,有效数据量较少,所以这种状态下的动态称重平均相对误差偏大。

表10-11 3种活跃度状态下平均相对误差和最大相对误差对比

运动状态	平均相对误差/%	最大相对误差/%
低活跃度	0.183 8	0.574 2
中活跃度	0.672 4	1.692 4
高活跃度	0.946 2	1.969 6

高活跃度状态下最大相对误差接近2%。结合动态称重数据以及视频可知,误差较大的原因如下:奶牛在行走过程中会出现弹腿、打喷嚏等情况,这些行为会造成数据的波动;奶牛在第一个称重平台上排泄粪便或尿液之后走到第二个称重平台,也会导致两个称重结果相差较大;奶牛在行走过程中受到外界刺激时行走速度会变快,导致有效数据较少,从而产生较大的误差。

10.7　家禽行为监测技术

10.7.1　音视频远程监测系统

家禽养殖场大多建立在偏远地区，养殖管理者以及从业人员需要实时监测养殖环境、了解生产状况，同时，家禽的行为状态、声音信息能够在一定程度上反映其生长状态以及健康状态，因此，构建家禽养殖场音视频远程监测系统意义重大。

郑海坤开发的家禽养殖场音视频远程监测系统如图 10-40 所示[40]。系统采用萤石 CS-C8C 互联网摄像机采集信息，可通过有线或无线的方式联网，实现信息的传递。整套系统基于萤石云服务，软件系统可直接从云服务器端获取资源进行实时交互，实现对养殖场内环境的实时监控以及音视频数据的实时分析。音视频远程监测系统主要功能有远程视频监控、云台控制、图像捕获、录取视频等，能够有效满足家禽养殖场日常监管的需要。

图 10-40　家禽养殖场音视频监测系统

10.7.2　笼养家禽异常行为检测方法[41]

鸡笼内肉鸡健康状态的检测和预警对肉鸡养殖非常重要。由于笼养鸡饲养密度大，鸡舍内光线不足，利用机器视觉很难对所有鸡只进行准确的识别。庄晓霖基于机器视觉研究了家禽异常行为的检测方法，采用深度摄像头克服光线不足的困难。该方法主要分成三大部分，分别是图像校正、待检区域定位和病鸡识别，最终利用深度信息在待检区域内寻找卧倒肉鸡，实现对笼养家禽站立或卧倒姿态(行为)的识别，判断其是否属于行为异常，实现家禽的异常行为检测。笼养家禽异常行为检测流程如图 10-41 所示，不同光环境下笼养鸡异常行为识别效果如图 10-42 所示。

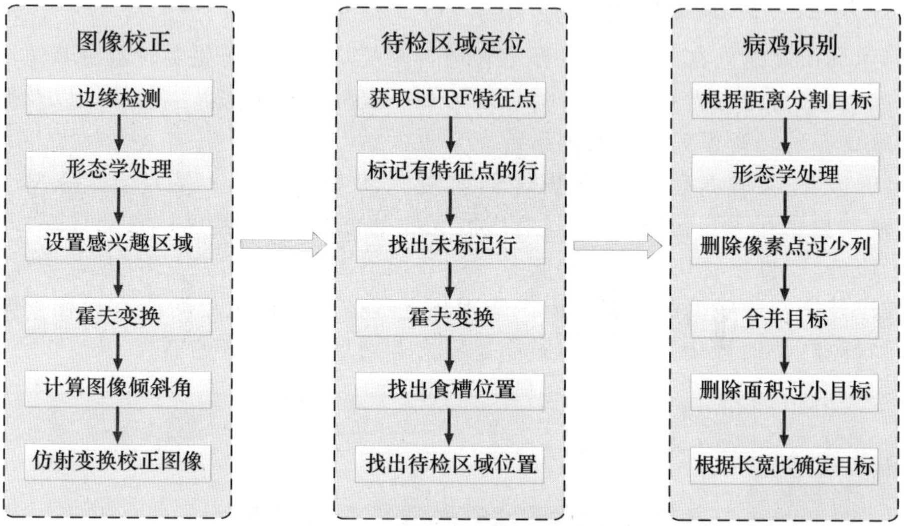

图 10-41　笼养家禽异常行为检测流程

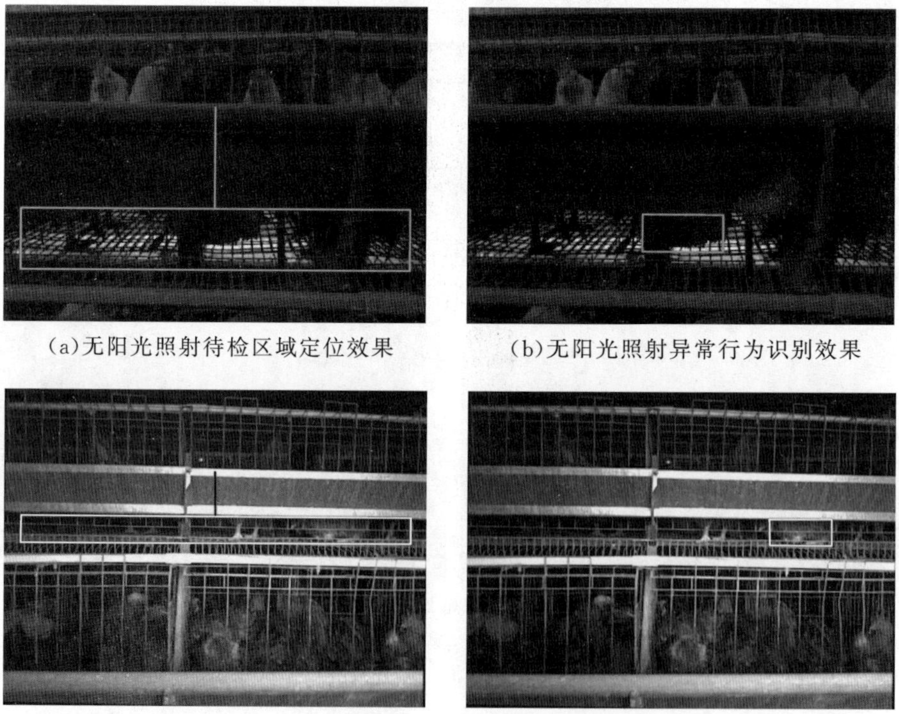

(a)无阳光照射待检区域定位效果　(b)无阳光照射异常行为识别效果

(c)有阳光照射待检区域定位效果　(d)有阳光照射异常行为识别效果

图 10-42　不同光环境下笼养鸡异常行为识别效果

10.7.3　散养家禽异常行为检测方法[41]

1. 机器学习方法

观察发现，一般健康的肉鸡在站立时鸡头和鸡尾之间的部位会呈下凹状（凹状结构），如图 10-43 所示，而生病的肉鸡由于精神萎靡头部会下垂而背部会上拱，鸡头和鸡尾之间的凹状结构不明显甚至没有凹状结构。因此可以利用该特征作为衡量病鸡的一个指标。判断算法步骤如下。

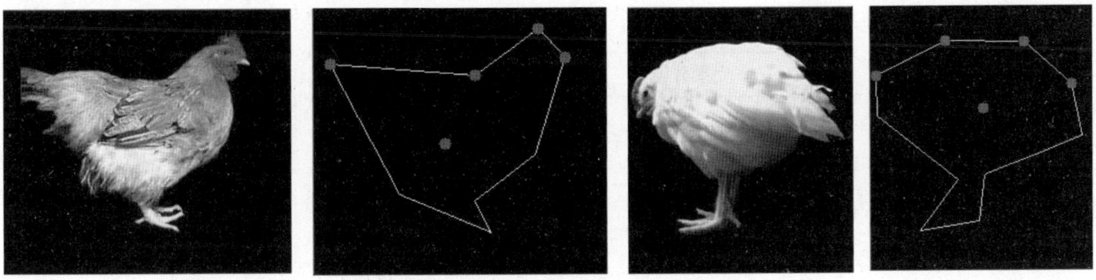

图 10-43　健康鸡与病鸡背部凹凸性对比

①采用道格拉斯-普克算法对鸡只轮廓进行多边形拟合，获取多边形的顶点。

②获取鸡的重心点并以重心点为基准对多边形的每个顶点进行判断，如果多边形顶点在重心点下方，则删除该顶点。保存重心点和满足要求的多边形顶点，如图 10-44 中的红色点所示。

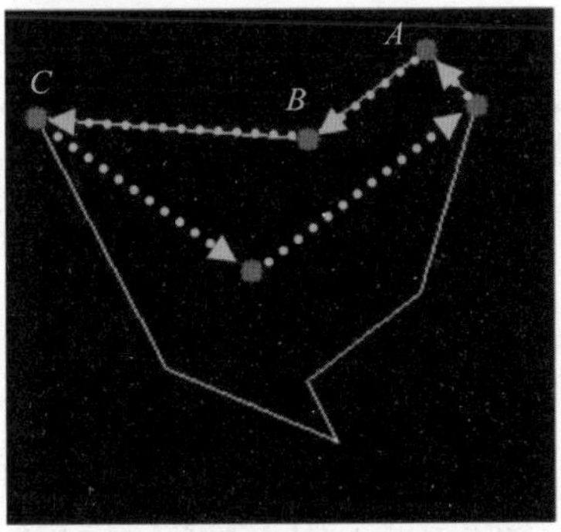

图 10-44　背部凹凸度

二维码 10-4

③利用步骤②中的红色点构造新的多边形，如图 10-44 中的黄色虚线所示。如果红色点的个数小于等于 3，则认为数据量过少无法准确判断，此时背部凹凸度 k_0 设为 0。如果红色点的个数大于 3，则以逆时针的方向对新构造的多边形进行搜索。此时如果黄色箭头的旋转方向是逆时针，则认为两个黄色箭头所构成的内角小于 180°；如果黄色箭头的旋转方向是顺时针，则认为所构成的内角大于 180°，其中内角 ABC 大于 180°。如果多边形的内角全部小于 180°，则认为该多边形是凸多边形，此时肉鸡背部呈凸状结构，该鸡得病的概率较大，将背部凹凸度 k_0 设为 −1。如果多边形中存在内角大于 180°的情况，则认为该多边形是凹多边形，此时肉鸡背部呈凹状结构，按照式(10-30)计算背部凹凸度 k_0：

$$k_0=\sum_{i=1}^{n}\frac{\beta_i(s_1,s_2)l_i(s_1)l_i(s_2)}{[l_i(s_1)+l_i(s_2)]r} \tag{10-30}$$

式中：k_0为背部凹凸度，n为大于180°的内角的个数，s_1为组成角β_i的一条边，s_2为组成角β_i的另一条边，l_i为边长，r为该轮廓多边形的外接圆半径。

从式(10-30)可以看出，k_0是所有大于180°的内角的贡献度之和。但由于拍摄的角度和距离不同，图像中肉鸡的大小存在差异，因此需要在结果中除以肉鸡轮廓多边形的外接圆半径，以实现参数归一化。经过大量实验样本分析可知，k_0越大，鸡背部凹得越明显。当k_0足够大时，鸡是站立挺直的，属于健康状态的可能性大。基于机器学习的散养鸡行为异常检测流程如图10-45所示。

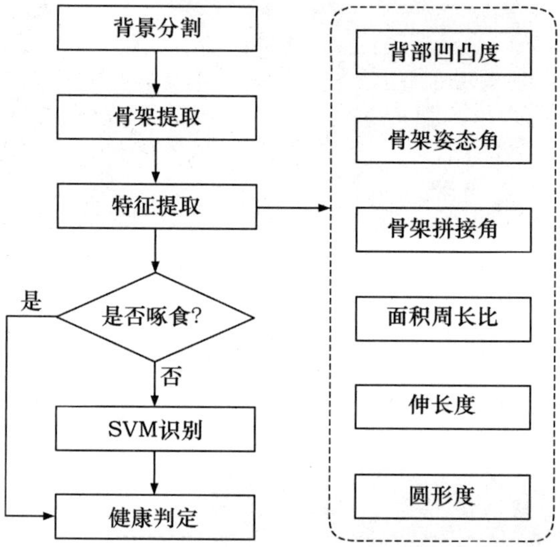

图10-45 散养鸡异常行为检测流程

2. 深度学习方法

庄晓霖提出了IFSSD模型结构，该结构以SSD(single shot-multibox detector，单发多盒探测器)模型为基础，以Inception V3作为基网络，加入特征融合技术，改进后的模型结构如图10-46所示，改进后的Inception V3基网络如图中蓝色框(深)和黄色框(浅)所示，其中蓝色框为原始版本的卷积层，黄色框为新添加的卷积层，采用IFSSD算法识别散养家禽异常行为的效果如图10-47所示。

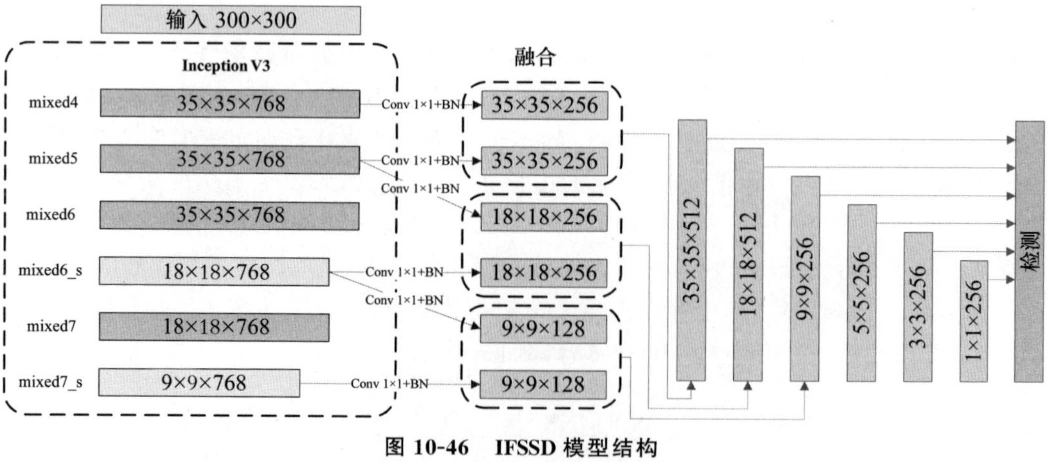

图10-46 IFSSD模型结构

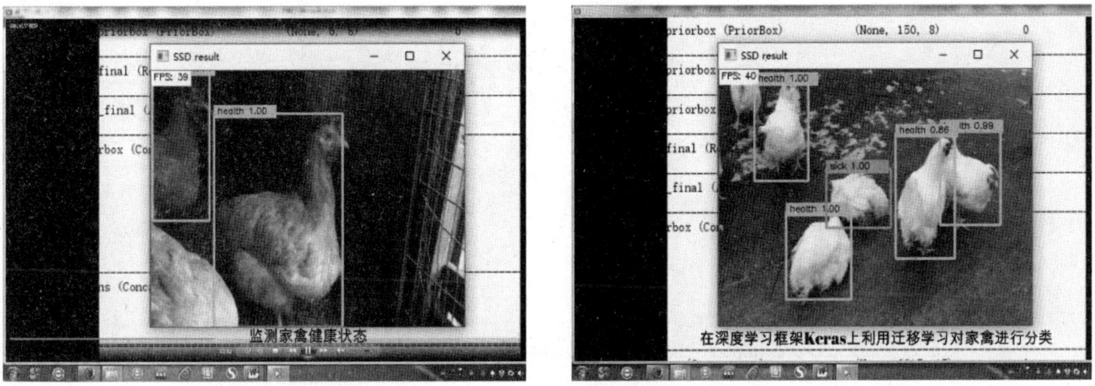

图 10-47　IFSSD 算法的识别效果

10.7.4　家禽养殖场巡检机器人

10.7.4.1　家禽养殖场巡检机器人的研究现状

传统的人力劳动已经无法满足家禽养殖业迅速发展的需要，家禽养殖场巡检机器人在未来有着广大的应用空间。目前针对家禽养殖场巡检机器人，国内外已开展了较多研究。

PoultryBot 是荷兰瓦赫宁根大学开发的第一款禽舍自主巡检机器人[42]，如图 10-48(a)所示，可以代替养殖人员在现代化鸡舍中进行一些日常管理工作。对 PoultryBot 进行鸡蛋收集测试，成功收集了约 46%的鸡蛋，约 37%的鸡蛋收集失败，16%的鸡蛋被完全忽略。

Chang 等[43]针对散养鸡场人工收集鸡蛋时间过长、劳动成本过高的问题，开发了能拾取鸡蛋的智能机器人，如图 10-48(b)所示。

ChickenBoy 是西班牙 Faromatics 公司制造的屋顶悬挂机器人[44]，如图 10-48(c)所示。ChickenBoy 可以检测鸡舍中鸡的健康状况，有助于养殖人员更好地管理鸡群；可以监测空气质量状况，及时提醒养殖人员通风。ChickenBoy 在巡检时沿着固定轨道在鸡群上方半米处移动，不直接接触鸡群，可避免鸡应激反应的产生。

法国 Cholet 公司开发的自主巡检机器人 OPS(Octopus Poultry Safe Robots)，如图 10-48(d)所示，可以在无人工干预的情况下对鸡舍进行消毒[45]。在不使用任何抗生素的前提下，机器人通过控制涡轮扇叶旋转，增强消毒剂的效果，同时有助于鸡舍通风，降低鸡的死亡率。机器人采用基于 GPS 的导航方法，可以避开障碍物到达鸡蛋附近。除此之外，机器人还可以识别养鸡场中两种不同颜色的鸡蛋，在不损坏鸡蛋的情况下拾取鸡蛋并进行分类。

中国农业大学李腾飞开发了一种带有敲击功能的移动机器人[46]，如 10-48(e)所示。该机器人可以轻轻敲击鸡笼，活鸡会站起来并保持站立几秒钟，以此来检测死鸡，模拟实验中死鸡识别准确率为 87.5%。该机器人还可以监测环境温湿度。

华南农业大学卢锦枫研制了一种畜禽养殖场巡检机器人[图 10-48(f)]，并实现了基于 QR 码(快速反应型二维码)的导航方法，提出了基于惯性的直线运动偏差校正方法，通过模糊控制的方法实现对巡检机器人的导航控制[47]。

(a)PoultryBot

(b)鸡蛋拾取机器人

(c)ChickenBoy

(d)OPS

(e)可用于死鸡识别的移动机器人

(f)畜禽养殖场巡检机器人

图 10-48 家禽养殖场巡检机器人举例

10.7.4.2　家禽养殖场巡检机器人实例

中国农业大学智慧农业研究团队开发了鸡舍巡检机器人，如图 10-49 所示，该机器人主要由导航系统和死鸡检测系统两部分组成。导航系统由感知模块、控制模块和执行机构组成，其中感知模块包括超声波传感器和多线激光雷达，负责感知周边环境中的障碍物信息；控制模块主要包括 STM32 控制器，负责对控制指令进行解析和下发，同时读取编码器的输出信息；执行机构包括电机和驱动器，通过 PID 控制算法完成对机器人驱动轮的控制。死鸡检测系统由感知模块、死鸡识别模块、控制模块和执行机构组成，其中感知模块的双目可见光相机和热红外相机负责采集环境中鸡的可见光和热红外图像信息；识别模块的主体搭载有识别算法的 PC 机，负责识别鸡舍中的死鸡；控制模块同样采用 STM32 控制器，负责控制指令的解析和下发；执行机构包括相机升降台和相机云台，根据来自 STM32 的控制指令移动相机。

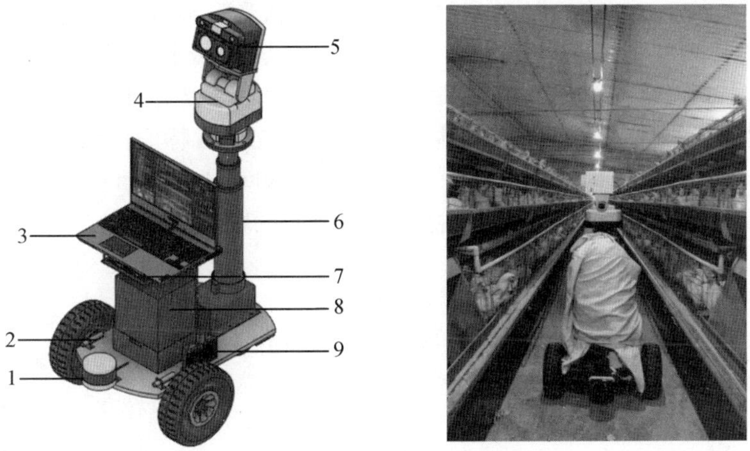

1. VLP-16 多线激光雷达　2. 超声波传感器　3. PC 机　4. 相机云台　5. 双目可见光相机和热红外相机
6. 升降台　7. STM32 控制器　8. 锂电池　9. 电机及电机驱动器

图 10-49　鸡舍巡检机器人

1. 导航系统设计

鸡舍巡检机器人主要应用在笼养型鸡舍中，一般使用基于激光雷达的室内导航方法。即时定位与地图构建(simultaneous localization and mapping，SLAM)是机器人导航的关键技术之一，可以实现笼养鸡舍环境地图构建，用于后续的自动导航和避障。为了应对笼养鸡舍地面凹凸不平、长廊过长导致单独使用里程计累积误差过大等问题，融合里程计、惯性测量单元(inertial measurement unit，IMU)和室内超宽带(ultra wide band，UWB)传感器等的信息，对巡检机器人进行综合定位，提高建图和导航精度。

在已知环境地图的情况下，巡检机器人结合自身的位姿数据进行路径规划，并根据路径规划发出速度控制指令，实现导航。机器人内部集成了 ROS(robot operating system，机器人操作系统)，通过订阅激光雷达、地图服务、AMCL(adaptive Monte-Carlo localization，自适应蒙特卡洛定位)等话题数据，下发机器人的速度控制指令，实现机器人导航。

2. 死鸡检测系统设计

在判断鸡的死活状态时，需要计算鸡个体目标区域的温度(或鸡全身的平均温度)。使用热红外图像可以测量鸡的温度，但由于热红外图像分辨率低、颜色单一，特征信息丢失过多，因此很难单独使用热红外图像找到目标在图像中的位置，所以鸡的定位需要借助可见光图像。巡检机器人使用基于 Faster R-CNN(更快速的区域卷积神经网络)的鸡个体目标检测算法找到鸡在可见光图像中的位置，采用图像融合方法反投影到热红外图像，获取鸡的温度信息，判断鸡是否死亡。

(1)基于 Faster R-CNN 的鸡个体目标检测：Faster R-CNN 是 R-CNN(region-based convolutional neutral networks，区域卷积神经网络)系列的典型代表网络[48]，在网络结构上汲取了 R-CNN 和 Fast R-CNN 的优势，将特征提取、包围盒(bounding box)检测以及分类都整合到一个网络中。

如图 10-50 所示，Faster R-CNN 可分为 3 个主要部分：主干特征网络 Backbone、区域生成网络 RPN 和分类回归网络 Classification。主干特征网络通过堆叠卷积(conv)层、池化(pooling)层提取图像的特征，经过多次的卷积、池化，图像的感受野会增大，图像的深度会增加；区域生成网络将卷积得到的特征图(Feature Map)进行分类，生成较好的建议框(Proposal)，计算包围盒的损失，将输出结果送入分类回归网络；分类回归网络使用全连接层(Full connection)根据输入的特征图进行分类，得到物体的类别标签，完成目标的检测。

(2)基于摄影测量的图像融合配准方法：利用目标检测算法得到目标物体在可见光图像中的位置后，为了获取物体的温度信息，需要将目标物体的位置投影到热红外图像中。巡检机器人采用基于摄影测量的多模态图像配准方法进行图像融合配准，如图 10-51 所示，主要步骤如下：

①拍摄可见光左图像、可见光右图像以及热红外图像各 30 张，采用张正友相机标定方法获取相机的内外参数，得到相机之间的位置变换关系。

二维码 10-5

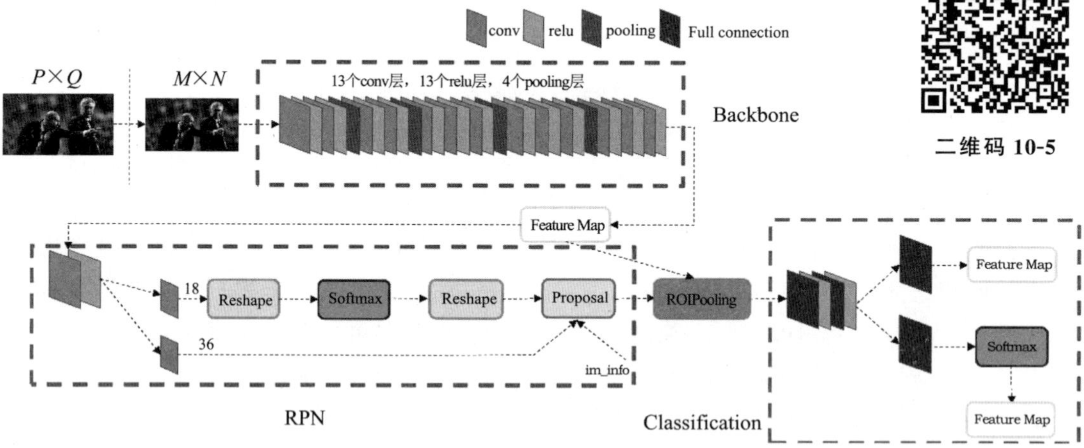

图 10-50 Faster R-CNN 网络结构

②输入双目可见光图像，利用 ORB 等方法提取特征点，采用基于特征点匹配的方法配准双目相机。

③利用标定好的双目可见光相机的立体参数，将特征点反投影到世界坐标系。

④根据标定好的可见光左相机和热红外相机的参数，将特征点投影到热红外图像，找到热红外图像的特征点。

⑤根据可见光左图像的特征点和热红外图像的特征点进行挑选和采样，根据匹配情况去

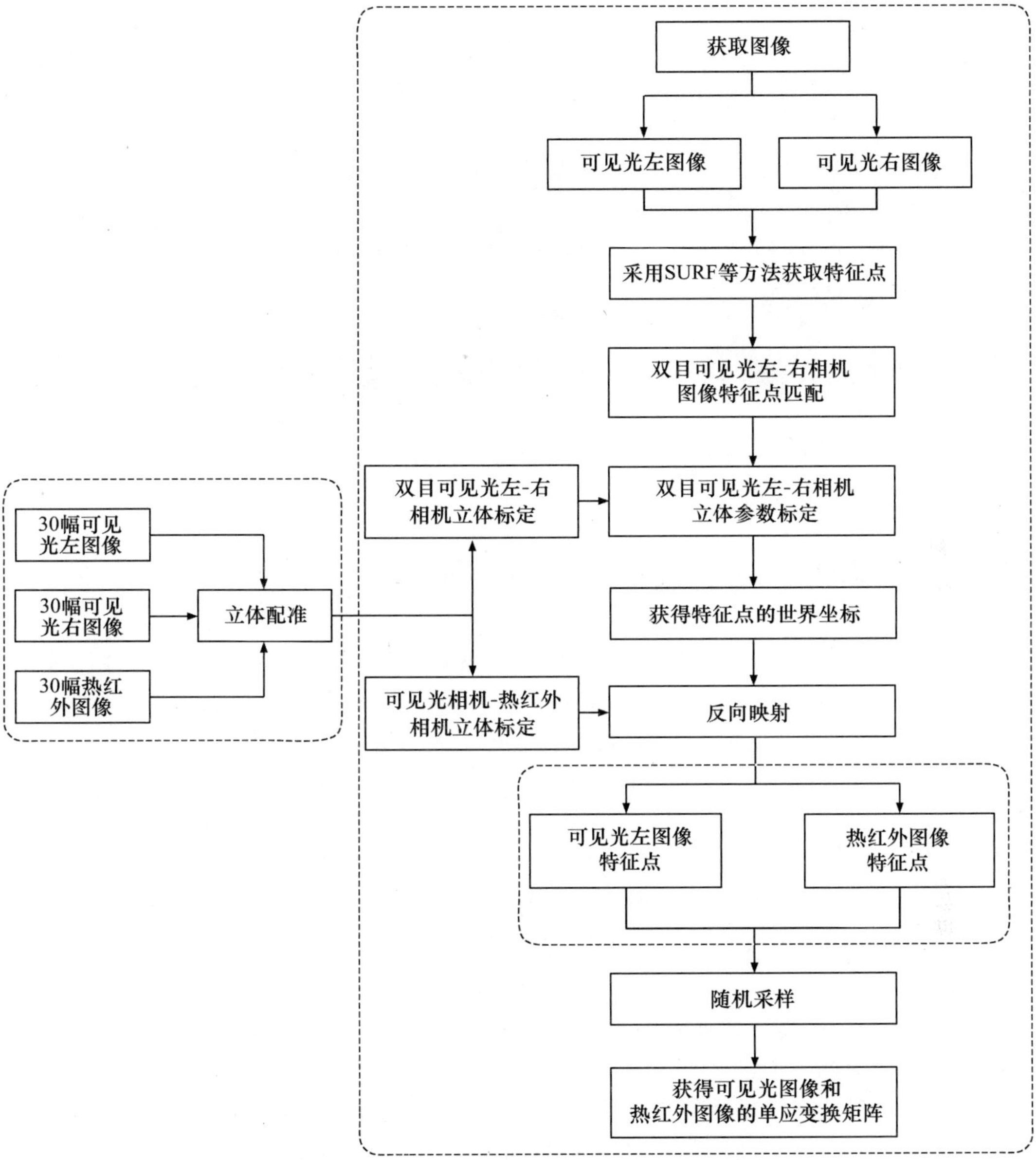

图 10-51　基于摄影测量的图像融合配准流程

掉一些不符合的特征点，保留匹配较好的特征点，获得单应变换矩阵，完成配准。

(3)基于双目相机和热红外相机的死鸡识别方法：如图 10-52 所示，巡检机器人综合目标检测算法和图像融合配准方法进行死鸡识别，主要分成以下 4 步：

①双目相机拍摄可见光左、右图像，根据标定的相机参数进行双目畸变矫正。

②采用目标检测算法检测畸变矫正后的图像，获得鸡在双目可见光图像中的位置。

③根据基于摄影测量的图像融合配准方法，将鸡的位置进行反投影，根据配准后得到的单应变换矩阵，计算鸡在热红外图像中的位置。

④利用热红外图像计算鸡的平均温度，判断鸡是否死亡。

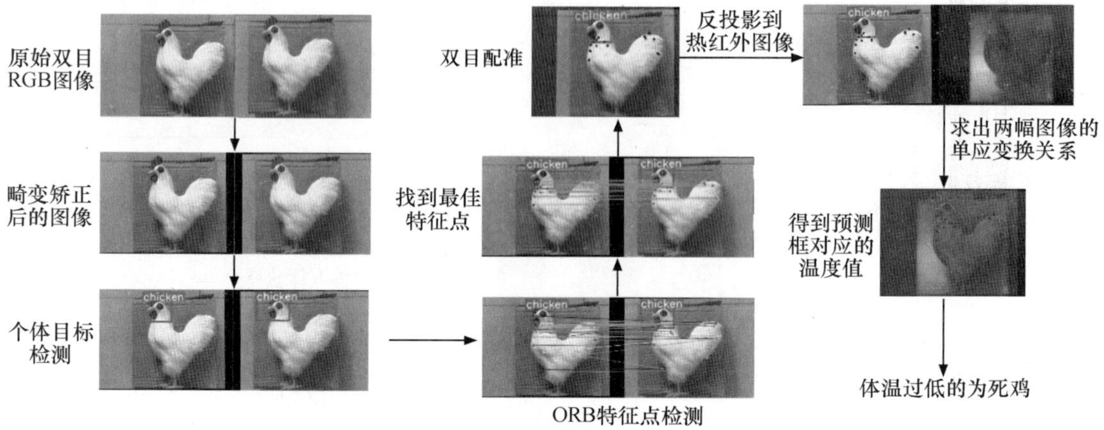

图 10-52 死鸡识别过程

10.8 未来畜禽养殖智能传感器技术发展

随着人类社会的进步和科学技术的不断发展，畜牧养殖朝着集约化、专业化、信息化的方向发展将成为必然的趋势。智慧养殖是畜牧业的发展方向，智慧养殖信息化包含着信息数字化、决策智能化、管理自动化等多方面，可有效地降低人力物力成本，提高生产水平和效率，增加经济收益。

畜禽的行为变化是其健康状况的重要表现，对动物的行为进行监控是实现养殖预警的重要手段。动物运动量减少可能预示着养殖环境较差、动物身体状况不佳等。动物定位与跟踪手段比较多，常用的有 GPS、RFID、无线电、蓝牙、WLAN、超声波、视频等，这些方法各有各的优势，但也有各种不足，实际应用中需要综合考虑成本、复杂度、精度、可靠性等，结合动物种类、养殖规模、个体大小、饲养类型、养殖密度等情况选择使用。

群体的检测与跟踪是智慧养殖传感技术发展的趋势。目前养殖信息获取的应用层面多局限于单体动物，今后的方向必然是由单体到群体。群体分析的主要优势在于，养殖动物多为群居动物，从群体的行为模式中更能准确地判断出该群体整体的健康状况，同时也能结合动物行为学对群体内的弱小个体进行预警。群体跟踪首先要解决的问题是如何进行个体的识别，普遍的做法是结合动物本身已有的 RFID 耳标信息进行个体识别。此外，也可通过动物（例如奶牛）自身的花纹纹路进行个体识别。

多元信息融合技术是智慧养殖信息获取的另一个发展趋势。机器视觉技术无疑是畜禽生理健康信息检测领域应用最广泛的技术，但从视觉信息单一信息源对动物的养殖状况进行评估具有一定的局限性，同时也有技术上的挑战。将视觉信息与其他信息相结合，如 RFID 耳标信息、动物的声音信息、舍内环境参数信息（温湿度、风速、气体含量等），各种信息采集后共同作为动物养殖状况评估的依据，能大大提高评估的准确性和客观性，也减少了对某一信息源的过分依赖以及因此导致的不稳定性。

未来，各种智能传感技术、信息化环境监测技术、养殖环境控制技术等将更广泛地应用于养殖，集成生物个体识别、环境信息智能感知、数据采集与转换、数据有线或无线传输、数据智能分析与处理，以及对生产行为的智能干预和智慧饲养于一体的养殖模式是养殖行业未来发展的大方向。在物联网、人工智能等数字化技术的推动下，畜禽养殖行业正在由传统养殖向智慧养殖快速升级。

参考文献

[1] 赵凯旋. 基于机器视觉的奶牛个体信息感知及行为分析[D]. 杨凌：西北农林科技大学，2017.

[2] 宋怀波，吴頔华，阴旭强，等. 基于 Lucas-Kanade 稀疏光流算法的奶牛呼吸行为检测. 农业工程学报[J]. 2019，35(17)：215-224.

[3] 郭依正，朱伟兴，马长华，等. 基于 Isomap 和支持向量机算法的俯视群养猪个体识别. 农业工程学报[J]. 2016，32(3)：182-187.

[4] Flower F C，Sanderson D J，Weary D M. Hoof pathologies influence kinematic measures of dairy cow gait[J]. Journal of Dairy Science，2005，88(9)：0-3173.

[5] Pluk A，Bahr C，Poursaberi A，et al. Automatic measurement of touch and release angles of the fetlock joint for lameness detection in dairy cattle using vision techniques[J]. J Dairy Sci，2012，95(4)：1738-1748.

[6] 宋怀波，姜波，吴倩，等. 基于头颈部轮廓拟合直线斜率特征的奶牛跛行检测方法[J]. 农业工程学报，2018，34(15)：190-199.

[7] Weschenfelder A V，Saucier L，Maldague X，et al. Use of infrared ocular thermography to assess physiological conditions of pigs prior to slaughter and predict pork quality variation[J]. Meat Science，2013，95(3)：616-620.

[8] Ricci G D，Silva-Miranda K O D，Titto C G. Infrared thermography as a non-invasive method for the evaluation of heat stress in pigs kept in pens free of cages in the maternity[J]. Computers and Electronics in Agriculture，2019，157：403-409.

[9] Salles M S V，Da Silva S C，Salles F A，et al. Mapping the body surface temperature of cattle by infrared thermography[J]. Journal of Thermal Biology，2016，62：63-69.

[10] Edgar J L，Nicol C J，Pugh C A，et al. Surface temperature changes in response to handling in domestic chickens[J]. Physiology & Behavior，2013，119：195-200.

[11] Burns T J，McCafferty D J，Kennedy M W. Core and body surface temperatures of nesting leatherback turtles (*Dermochelys coriacea*)[J]. Journal of Thermal Biology，2015，51：15-22.

[12] Zhuang X L，Zhang T M. Detection of sick broilers by digital image processing and deep learning[J]. Biosystems Engineering，2019，179：106-116.

[13] 孟祥雪. 红外热像仪在母猪皮温现场检测中的应用[D]. 哈尔滨：东北农业大学，2016.

[14] Cook N J，Chabot B，Lui T，et al. Infrared thermography detects febrile and behavioural responses to vaccination of weaned piglets[J]. Animal，2015，9(2)：339-346.

[15] Jiao L Z，Zhao X D，Dong D M. Design for temperature measurement system based on smart phone and infrared thermal camera core[C]//Proceedings of 2015 International

Conference on Intelligent Systems Research & Mechatronics Engineering. Paris: Atlantis Press, 2015: 1336-1339.

[16] 张泽峰. 母猪体温红外监测系统设计与实现[D]. 太原: 山西农业大学, 2019.

[17] 李赞. 一种柔性贴片式在线测量方式在生猪体温测量中的应用研究[D]. 长春: 吉林农业大学, 2018.

[18] 刘同海, 滕光辉, 付为森, 等. 基于机器视觉的猪体体尺测点提取算法与应用[J]. 农业工程学报, 2013, 29(2): 161-168.

[19] 李卓, 杜晓冬, 毛涛涛, 等. 基于深度图像的猪体尺检测系统[J]. 农业机械学报, 2016, 47(3): 311-318.

[20] Lao F D, Brown-Brandl T, Stinn J P, et al. Automatic recognition of lactating sow behaviors through depth image processing[J]. Computers and Electronics in Agriculture, 2016, 125: 56-62.

[21] Zhao K X, Jin X, Ji J T, et al. Individual identification of Holstein dairy cows based on detecting and matching feature points in body images[J]. Biosystems Engineering, 2019, 181: 128-139.

[22] Zhao K, Bewley J M, He D, et al. Automatic lameness detection in dairy cattle based on leg swing analysis with an image processing technique[J]. Computers and Electronics in Agriculture, 2018, 148: 226-236.

[23] 邹远炳, 孙龙清, 李玥, 等. 基于分布式流式计算的生猪养殖视频监测分析系统[J]. 农业机械学报, 2017, 48(S1): 365-373.

[24] Lu M Z, Xiong Y J, Li K Q, et al. An automatic splitting method for the adhesive piglets' gray scale image based on the ellipse shape feature[J]. Computers and Electronics in Agriculture, 2016, 120: 53-62.

[25] Liu K, Xin H W, Chai L L. Choice between fluorescent and poultry-specific LED lights by pullets and laying hens[J]. Transactions of the ASABE, 2017, 60(6): 2185-2195.

[26] Huang J D, Wang W Q, Zhang T M. Method for detecting avian influenza disease of chickens based on sound analysis[J]. Biosystems Engineering, 2019, 180: 16-24.

[27] 蔡一欣. 生猪群体活动量测量及夜间异常行为检测方法研究[D]. 北京: 中国农业大学, 2019.

[28] 郑新春, 柴佩琪. 基于正弦模型的语音频域参数编码[J]. 计算机应用与软件, 2002(7): 53-56.

[29] 荀杰, 马自堂. 基于 MapReduce 的并行 SFLA-FCM 聚类算法[J]. 计算机工程与应用, 2016, 52(1): 66-70.

[30] 蔡一欣, 马丽, 刘刚. 基于 LabVIEW 的生猪群体活动量监测系统[J]. 农业机械学报, 2017, 48(S1): 359-364.

[31] 马丽, 张旭东, 冯彦坤, 等. 基于最优步长的生猪头部快速检测方法[J]. 农业机械学报, 2021, 52(S1): 291-296.

[32] 马丽. 基于热红外视频的生猪耳根体表温度自动检测技术研究[D]. 北京: 中国农业大学, 2020.

［33］冯彦坤，康熙，王彦超，等. 基于热红外视频的生猪耳根温度检测方法［J］. 农业机械学报，2021，52(S1)：284-290.

［34］初梦苑，司永胜，李前，等. 家畜体尺自动测量技术研究进展［J］. 农业工程学报，2022，38(13)：228-240.

［35］张馨月. 基于深度相机的生猪体尺自动测量技术研究［D］. 北京：中国农业大学，2021.

［36］司永胜，安露露，刘刚，等. 基于 Kinect 相机的猪体理想姿态检测与体尺测量［J］. 农业机械学报，2019，50(1)：58-65.

［37］冯宁宁. 基于经验小波分析的奶牛动态称重技术研究［D］. 北京：中国农业大学，2020.

［38］贺志将，李前，王彦超，等. 基于 VMD-LSTM 的奶牛动态称量算法［J］. 农业机械学报，2022，53(S2)：234-240.

［39］冯宁宁，刘刚，张彦娥，等. 基于 EMD 的奶牛动态称量算法［J］. 农业机械学报，2019，50(S1)：305-312.

［40］郑海坤. 基于云数据库的规模化蛋鸡场饲养信息管理系统研究［D］. 广州：华南农业大学，2020.

［41］庄晓霖. 基于机器视觉的家禽异常行为检测方法研究［D］. 广州：华南农业大学，2019.

［42］Vroegindeweij B A，Blaauw S K，IJsselmuiden J M M，et al. Evaluation of the performance of PoultryBot，an autonomous mobile robotic platform for poultry houses［J］. Biosystems Engineering，2018，174：295-315.

［43］Chang C L，Xie B X，Wang C H. Visual guidance and egg collection scheme for a smart poultry robot for free-range farms［J］. Sensors，2020，20(22)：6624.

［44］Hartung J，Lehr H，Roses D，et al. ChickenBoy：A farmer assistance system for better animal welfare，health and farm productivity［C］//European Conference on Precision Livestock Farming，Cork，Munster，Ireland，Aug 26-29，2019：272.

［45］Ren G Q，Lin T，Ying Y B，et al. Agricultural robotics research applicable to poultry production：A review［J］. Computers and Electronics in Agriculture，2020，169：105216.

［46］李腾飞. 笼养蛋鸡健康行为监测机器人系统研究［D］. 北京：中国农业大学，2016.

［47］卢锦枫. 畜禽养殖场巡检机器人系统构建与导航定位技术研究［D］. 广州：华南农业大学，2021.

［48］Ren S Q，He K M，Girshick R B，et al. Faster R-CNN：Towards real-time object detection with region proposal networks［J］. IEEE Trans Pattern Anal Mach Intell，2017，39(6)：1137-1149.

第11章 5G通信与农业物联网技术

11.1 5G通信与网络技术基础

11.1.1 通信系统概述

通信是指人与人或人与自然之间通过某种行为或媒介进行的信息传输和交换，通信系统是用电信号或光信号传输和交换信息的系统。在通信系统中传输的本质内容是信息（information），发送端需将信息表示成具体的消息（message），再将消息加载至信号（signal）上，才能在实际的通信系统中传输。信号在接收端经过处理变成文字、语言或图像等形式的消息，人们再从中得到有用的信息。

通信系统所传输的消息是多种多样的，根据其特征可以归结为两类，一类称为连续消息，另一类称为离散消息。连续消息，指消息的状态是随时间连续变化的，又称作模拟消息，如话音等。离散消息，指消息的状态是离散的，又称作数字消息，如数据等。相应地，传输模拟信号的通信系统称为模拟通信系统，传输数字信号的通信系统称为数字通信系统。

与模拟通信相比，数字通信更能适应人类对通信的更高要求，它具有如下特点：①数字信号便于处理、存储；②数字信号用二进制数码表示，有干扰时容易检测，抗干扰能力大大增强；③数字信号易转换为光脉冲信号，易于传输与交换；④数字信号容易加密而且有良好的保密性；⑤数字信号可靠性高，传输与交换产生的差错便于控制；⑥数字信号灵活性与通用性良好，各类消息可变成统一的二进制数码，便于计算机处理，可以形成综合业务数字网络（integrated services digital network，ISDN）。

传输与交换信息所需的一切技术设备的总体即通信系统。通信系统的种类很多，其基本模型（即最简单的点对点通信）可以用图 11-1 来表示。

图 11-1 所示通信系统基本模型是单向通信系统，如广播、无线寻呼系统等。通常点对点通信系统都应该是双向的，即通信的双方都拥有收/发信设备和终端设备，传输媒介也是能双向传输的，比如电话通信系统。

图 11-1 所示通信系统主要由以下部分构成。

信息源：各类信息发出的地方，根据信息源输出信号性质的不同可以分为连续性信息源与离散性信息源。连续性信息源，如电话机、摄像机等，输出幅度连续的信号；离散性信息源，如电传机、计算机等，输出离散的符号序列或文字。信息源的另一个作用是把需要传输的信息，如语言、报文、数据和图像等，转变为原始电信号或光信号。

发送器：即发送设备，也称为变换器，它的主要作用是将信息源发生的信息（原始电信号或

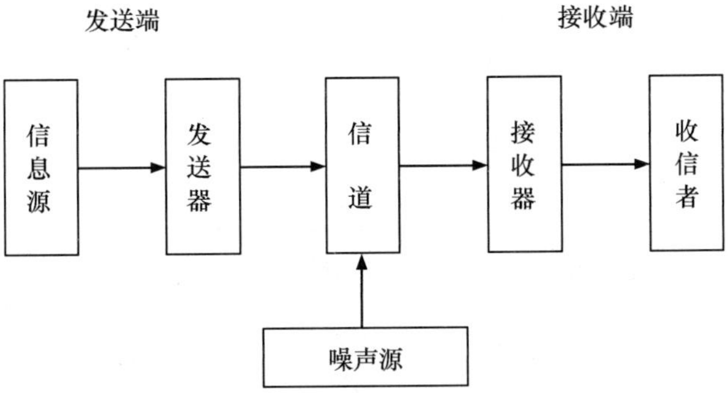

图11-1 通信系统的基本模型

光信号)变换成适合在信道中传输的信号。最主要的一种变换器是调制设备,即编码器。

信道:交换与传输原始电信号或光信号的路径称为信道,它是信号的传输媒介。信道按传输介质种类的不同可以分为有线信道和无线信道。在有线信道中信号被约束在电线、电缆、光缆等某种传输线上传输;在无线信道中信号在空间如大气层、对流层、电离层等中传输。

接收器:即接收设备,也称为反变换器,它的工作过程是发送设备的逆过程,也就是还原的过程。它的基本功能是完成和发送设备相反的变换,如解调、译码等。它的任务是从传输介质输出的带有噪声和干扰的信号中恢复出原始信号,也就是解码。最主要的一种反变换器就是解码器。

收信者:即信宿,是信息传输的终点。它将复原的原始信号转换为相应的消息,如耳机、扬声器,将恢复出的原始电信号变换为语音。它可以与信息源相对应构成人—人通信或机—机通信,也可以与信息源不一致,构成人—机通信或机—人通信。

噪声源:它是通信系统内各种噪声和干扰影响的等效结果。通信系统内的噪声来自系统的各个部分,从发送和接收信息的周围环境到信道,各种设备的电子器件所受到的外部电磁场干扰,都会对信号形成噪声影响。为便于分析,系统内所存在的噪声与干扰均折合到信道上。在通信系统中,信号在媒介中一般要经过长距离的传输,极易受到噪声的干扰,故在系统内相关的环节要有抑制噪声与干扰的设备,使有用信息的失真降到最低限度,提高通信的质量。

通信技术通常按照传输介质(信道)分为有线通信和无线通信两大类,如图11-2所示。有线通信通过电缆、网线、光纤等线缆传播数据,速度可以达到很高。以光纤为例,实验室中单条光纤最大传输速率已达到26 Tb/s,是传统网线的2.6万倍。无线通信利用电磁波进行通信,电波和光波都属于电磁波,目前主要使用电波进行通信,光波通信[如可见光通信(light fidelity,LiFi)]也在迅速发展。随着1G、2G、3G到4G、5G的发展,使用的电波频率越来越高。频率越高,能使用的频率资源越丰富,能实现的传输速率就越高[1]。

11.1.2 移动通信网络

移动通信网络指的是实现移动用户与固定点用户之间或移动用户之间通信的通信介质。移动通信网络是通信网络的一个重要分支,具有移动性、自由性,以及不受时间、地点限制等特性。在现代通信领域中,移动通信是与卫星通信、光通信并列的三大重要通信手段之一。

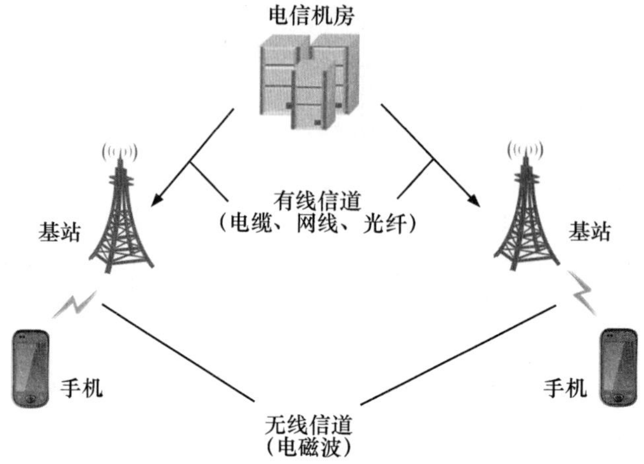

图 11-2　通信技术分类

二维码 11-1

我国移动通信技术，经历了 1G 到 5G 的历程。1G 系统是以模拟技术为基础的蜂窝无线电话系统，只能传输语音业务，并受到网络容量的限制。从 2G 开始移动通信进入数字通信时代。2G 网络以无线通信数字化为特征，能够进行窄带数据通信。常见的 2G 无线通信协议有 GSM 频分多址和 CDMA 1X 码分多址两种，传输速度很慢。3G 网络在 2G 的基础上发展了高带宽的数据通信，一般数据通信带宽都在 500 kb/s 以上，并提高了语音通话安全性。3G 系统以码分多址(CDMA)为技术基础。码分多址是将相互正交的不同的码分配给不同用户调制信号，实现多用户同时使用同一频率接入系统。由于利用相互正交(或尽可能正交)的码去调制信号，原用户信号频谱带宽被扩展，因此 CDMA 通信系统是典型的扩频通信技术的应用。在 2G 和 3G 之间有过 2.5G 通信网络，也称 GPRS(general packet radio services，通用分组无线业务)技术，曾在农业传感器网络得到广泛应用。GPRS 最大的创新点是利用了分组交换(packet switched)技术，这种技术把要传递的信息变成一个一个的数据包，实现并行传递。GPRS 的上行速率可以达到 26.8 kb/s，下行速率可以达到 53.6 kb/s，这种数据传输速率可以支持用户发送和接收图片等信息，同时它开始支持以 IP 方式连接互联网。

国际电信联盟(International Telecommunication Union，ITU)认可的 3G 标准有 WCDMA、CDMA2000 和 TD-SCDMA。和 2G 相比，3G 虽然有很多优点，但还是存在着很多不尽人意的地方，如：缺乏全球统一的标准，所采用的语音交换架构仍承袭了 2G 系统的电路交换而不是纯 IP 方式，流媒体(视频)的应用不尽如人意，高速数据传输不成熟，存在容易被攻击等安全缺陷。

4G 网络集 3G 技术与 WLAN 于一体并能够传输高质量视频图像，图像传输质量与高清晰度电视不相上下。4G 系统能够以 100 Mb/s 的速率下载，上传的速率也能达到 20 Mb/s，并能够满足几乎所有用户对于无线通信服务的要求。4G 系统的核心技术——正交频分复用技术(orthogonal frequency division multiplexing，OFDM)属于多载波调制(multicarrier modulation，MCM)，它将指配的信道分成许多正交子信道，在每个子信道上进行窄带调制和传输，同时要求信号带宽小于信道的相关带宽。

5G 作为第五代移动通信网络，峰值传输速率比 4G 网络快数百倍，在大量用户同时浏览同一个网页时，能够根据用户需求对网络流量进行合理分配，减少卡顿，减少缓冲过程，大大改善用户体验。5G 信号辐射距离更远，用户能够随时随地享受高速上网。5G 同时也解决了打开移动数据时电量消耗太快的问题，通过云计算和 SDN（软件定义网络）技术，对在数据使用过程中产生的信息进行审核并屏蔽无用信息，降低电量的消耗[2]。

随着 4G/5G 网络的出现，移动通信以其易接入、广链接等特性逐渐成为通信产业的主流通信方式。

11.1.3　5G 网络核心技术及面临的挑战

5G 应被视为一个平台，实现与各种服务的无线连接。以农业传感器为例。农业传感器要求设备功耗非常低，而设备的数据传输速率和数据量适中，可以由长期演进（long term evolution，LTE）技术支持。5G 在 LTE 的基础上，可以实现更高的数据传输速率。

5G 网络具有如下特点：

①峰值传输速率达到 Gb/s 级，满足高清视频、虚拟现实等大数据量传输要求。

②空中接口时延水平在 1 ms 左右，满足自动驾驶、远程医疗等实时应用的要求。

③超大网络容量，提供千亿套设备的连接能力，满足物联网通信要求。

④频谱效率比 LTE（4G）提升 10 倍以上。

⑤连续广域覆盖和高移动性下，用户体验速率达到 100 Mb/s。

⑥流量密度和连接数密度大幅度提高。

⑦系统协同化、智能化水平提升，表现为多用户、多点、多天线的协同组网，以及网络间灵活地自动调整。

11.1.3.1　5G 网络核心技术

核心技术 1：超密集异构网络

5G 网络正朝着网络多元化、宽带化、综合化、智能化的方向发展。随着各种智能终端的普及，移动数据流量将呈现爆炸式增长。在 5G 网络中，减小小区半径，增加低功率节点数量，是保证 5G 网络支持千倍流量增长的核心技术之一。因此，超密集异构网络成为 5G 网络提高数据流量的关键技术。

密集部署的网络拉近了终端与节点间的距离，使网络的功率和频谱效率大幅度提高，同时也扩大了网络覆盖范围，扩展了系统容量，并且增强了业务在不同接入技术和各覆盖层次间的灵活性。未来无线网络将部署超过现有站点 10 倍以上的各种无线节点，同时也可能出现活跃用户数和站点数的比例达到 1∶1 的现象。虽然超密集异构网络架构在 5G 中有很大的发展前景，但是节点间距离的减小和密集的网络部署将使网络拓扑更加复杂，容易出现与现有移动通信系统不兼容的问题。

准确有效地感知相邻节点是实现大规模节点协作的前提条件。在超密集网络中，密集的部署使得小区边界数量剧增，加之形状不规则，导致切换频繁、复杂。另外，网络动态部署技术也是研究的重点。用户部署的大量节点的开启和关闭具有突发性和随机性，使得网络拓扑和干扰具有大范围动态变化特性，而各小站服务用户数较少也容易导致业务的空间和时间分布出现剧烈的动态变化。

核心技术 2：自组织网络

在 5G 网络中存在各种无线接入技术，且网络节点覆盖能力各不相同，它们之间的关系错综复杂。因此，自组织网络(self-organizing network，SON)的智能化成为 5G 网络必不可少的一项关键技术。

自组织网络技术解决的关键问题主要有 2 个：①网络部署阶段的自规划和自配置；②网络维护阶段的自优化和自愈合。自规划的目的是动态进行网络规划并执行，同时满足系统的容量扩展、业务监测或优化结果等方面的需求。自配置即新增网络节点的配置可实现即插即用，具有低成本、易安装等优点。自优化的目的是减少业务工作量，达到提升网络质量及性能的效果，其方法是通过 UE(user equipment，用户设备)和 eNB(eNode B，演进节点 B)测量，在本地 eNB 或网络管理方面进行参数自优化。自愈合指系统能自动检测问题、定位问题和排除故障，大大减少维护成本并避免对网络质量和用户体验产生影响。

核心技术 3：内容分发网络

在 5G 网络中，面向大规模用户的音频、视频、图像等业务急剧增长，网络流量的爆炸式增长会极大地影响用户访问互联网的服务质量(quality of service，QoS)。如何有效地分发大流量的业务内容，减小用户获取信息的时延，成为网络运营商和内容提供商面临的一大难题。内容分发网络(content distribution network，CDN)对 5G 网络的容量与用户访问具有重要的支撑作用。

内容分发网络是在传统网络中添加新的层次，即智能虚拟网络。CDN 系统综合考虑各节点连接状态、负载情况以及用户距离等信息，通过将相关内容分发至靠近用户的 CDN 代理服务器上，实现用户就近获取所需的信息，使网络拥塞状况得以缓解，缩短响应时间，提高响应速度。CDN 在用户侧与源服务器之间构建多个 CDN 代理服务器，可以减小时延，提高服务质量。当用户对所需内容发送请求时，如果源服务器之前接收到相同内容的请求，则该请求被 DNS(distributed network system，分布式网络系统)重定向到离用户最近的 CDN 代理服务器上，由该代理服务器发送相应内容给用户。因此，源服务器只需要将内容发给各个代理服务器，用户即可就近从带宽充足的代理服务器上获取内容。

核心技术 4：D2D 通信

D2D (device to device)通信是一种基于蜂窝系统的近距离数据直接传输技术，如图 11-3 所示。D2D 会话的数据可以直接在终端之间进行传输，不需要通过基站转发，而相关的控制信令，如会话的建立、维持、无线资源分配以及计费、鉴权、识别、移动性管理等仍由蜂窝网络负责。蜂窝网络引入 D2D 通信，可以减轻基站负担，减小端到端的传输时延，提升频谱效率，降低终端发射功率。当无线通信基础设施损坏，或者在无线网络覆盖盲区，终端可借助 D2D 实现端到端通信甚至接入蜂窝网络。在 5G 网络中，既可以在授权频段部署 D2D 通信，也可在非授权频段部署。

核心技术 5：M2M 通信

M2M (machine to machine)作为物联网最常见的应用形式，在智能电网、安全监测等领域实现了商业化应用。M2M 的定义有广义和狭义 2 种。广义的 M2M 主要是指机器与机器、人与机器间以及移动网络与机器之间的通信，它涵盖了所有实现人、机器、系统之间的通信技术。从狭义上说，M2M 仅仅指机器与机器之间的通信。智能化、交互式是 M2M 有别于其他应用的典型特征，这一特征下的机器也被赋予了更多的“智慧”。

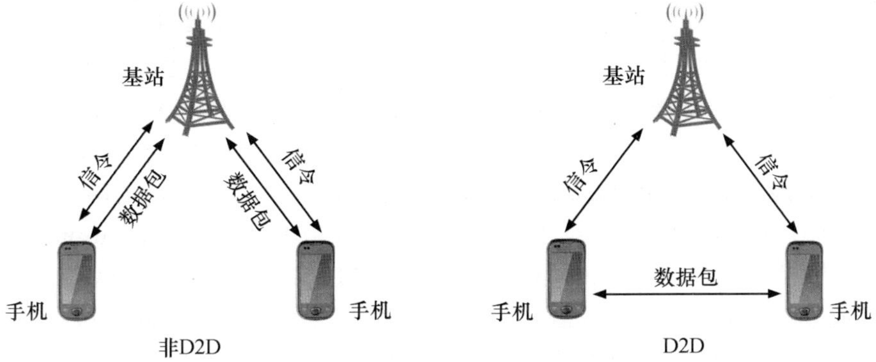

图 11-3　D2D 技术

核心技术 6:先进的新型无线技术

5G 网络发展的同时,LTE 本身也在不断进化,5G 网络也在利用 4G LTE 的先进技术,如多进多出(multiple-input multiple-output,MIMO)、载波聚合、频谱共享等。

(1)大规模天线技术(Massive MIMO):MIMO 使用多根天线(设备端或基站端),发射或接收更多的信号空间流,能显著提高信道容量,而通过智能波束成形,将射频的能量集中在一个方向上,可以扩大信号的覆盖范围。

传统的时分双工(time division duplexing,TDD)网络的天线基本采用 2 天线、4 天线或 8 天线,而大规模天线技术通道数可达到 64/128/256 个。传统的 MIMO 称为 2D-MIMO,以 8 天线为例,实际信号覆盖时只能在水平方向移动,垂直方向是不动的,信号类似一个平面发射出去,而大规模天线技术在信号水平维度基础上引入垂直维度,信号的辐射呈电磁波束状。

天线增加意味着占用更多的空间,要在空间有限的设备中容纳更多天线显然不现实,只能在基站端叠加实现。从目前的理论来看,5G NR(new radio,新空口、新无线) 可以在基站端最多使用 256 根天线,而通过天线的二维排布可以实现 3D 波束成形,从而提高信道容量和覆盖度。

(2)毫米波:5G 的关键技术是高频段传输技术,随着无线终端客户规模的不断扩大,频谱资源成为越来越珍贵的资源。5G 技术首次将 24 GHz 以上频段(通常称为毫米波)应用于移动宽带通信。大量可用的高频段频谱可提供极致数据传输速率和容量,这将重塑移动体验。但毫米波也具有一定局限性,例如吸收率较大,会遭受严重的大气衰减,甚至会被空气中的水蒸气吸收,雨水、潮湿的空气等都会影响信号强度,导致该频段的信号传输距离极为有限。

(3)频谱共享:5G 技术应用于大规模物联网,必须提高多路传输的效率,以应对大规模物联网的挑战。为了使相邻频带不相互干扰,频带内和频带外信号辐射必须尽可能小。OFDM 技术具有较高的频谱效率和较低的数据复杂性,能够很好地满足 5G 要求。OFDM 技术可实现多种增强功能,例如通过加窗或滤波增强频率本地化,在不同用户与服务间提高多路传输效率,以及创建单载波 OFDM 波形,实现高效上行链路传输。

用共享频谱和非授权频谱,可将 5G 扩展到多个维度,实现更大容量,使用更多频谱,支持新的部署场景。但要实现 5G 的大范围服务,仅有基于 OFDM 优化的波形和多址接入技术是远远不够的。设计 5G NR 的同时,还需要设计一种灵活的 5G 网络架构,以进一步提高 5G 服务多路传输的效率，充分满足5G的不同服务和应用场景。

(4)先进的信道编码设计：目前LTE网络的编码还不足以应对未来的数据传输需求，因此迫切需要一种更高效的信道编码设计，以提高数据传输速率，并利用更大的编码信息块契合移动宽带流量配置，同时还要继续提高现有信道编码技术(如LTE Turbo)的性能。LDPC码(low density parity check code，低密度奇偶校验码)的传输效率远超LTE Turbo，且易用于平行化的解码设计，能以低复杂度和低时延，扩展达到更高的传输速率。美国Qualcomm公司促成了行业统一采用LDPC码。对于需要一个高效HARQ (hybrid automatic repeat request，混合自动重送请求)体系的无线衰落信道来说，LDPC码已被证明是理想的解决方案。

(5)波束赋形：在基站上布设天线阵列，通过对射频信号相位的控制，使相互作用后的电磁波的波瓣变得非常狭窄，并指向它所服务的手机，而且能根据手机的移动而转变方向。这种空间复用技术，由全向的信号覆盖变为精准指向性服务，波束之间不会干扰，在相同的空间中可以提供更多的通信链路，极大地提高了基站的服务容量。

11.1.3.2 5G网络面临的技术挑战

5G通信不仅仅是人的通信，在物联网、工业自动化、无人驾驶等业务中也被广泛使用，通信从人与人之间的通信，转向人与物之间的通信直至机器与机器之间的通信。5G发展过程中也面临着众多的挑战。

(1)频率挑战：通信技术发展迅速，随之而来的就是无线电频率资源的问题，频谱资源消耗量越来越大，高频段资源对基站的覆盖提出了挑战，如何使室外覆盖的需求得到满足，怎样在不影响网络性能的前提下尽可能减小基站密度，是目前5G通信技术面临的挑战之一。

(2)能耗挑战：移动通信的能量消耗是巨大的，所以要求5G移动通信技术将能量消耗降到最小，大体上要降到传统能量消耗的1/10左右。同时，在提供千倍流量的时候，网络总体能耗以及运营成本尽可能保持不变，这要求5G网络在网络构架、空口传输、交换路由、内容分发、网络管理、网络规划以及网络优化等方面作出必要的改进。

(3)物联网和业务灵活性挑战：5G通信技术将会与物联网相融合，变得更加智能，更加方便用户使用。同样物联网要面临更多的挑战，例如系统容量、服务质量、传输瓶颈以及安全隐患等，通信的业务范围以及业务灵活性都需要进一步提高。5G通信既需要满足普通用户静止、低速的要求，又需要满足自动导航机器以及高铁、航空器等高速或者超高速的要求，因此制定统一的通信协议是需要的，所以业务灵活性方面还面临着很多的挑战。

(4)终端方面的挑战：5G通信技术是多技术的集成网络，为了顺应时代的要求，将来的终端要支持5～10个甚至更多个无线通信设备，需要开发低成本多模终端，待机时间需要达到现在的5倍左右，所以5G通信技术在终端方面也面临很大的挑战，需要满足更高的技术标准。

(5)低延迟性和高可靠性方面的挑战：移动通信技术在实际应用中的低延迟性和高可靠性是非常重要的，这是未来5G时代需要解决的技术性问题。

11.1.3.3 5G主要应用

5G的应用场景主要是增强型移动宽带(eMBB)、大规模机器通信(mMTC)及低时延高可靠通信(uRLLC)。

①eMBB在现有移动宽带业务场景的基础上进一步提升用户体验等性能，追求人与人之间极致的通信体验，对应的是3D/超高清视频等大流量移动宽带业务。

②eMTC主要体现物与物之间的通信需求，面向智慧城市、环境监测、智慧农业、森林防火

等以传感和数据采集为目标的应用场景。

③uRLLC 用于对时延和可靠性具有极高要求的场合，面向如车联网、农业机械多机协同作业、工业控制等行业的特殊应用需求。

5G 具有高速率、低时延和大连接等特点，应用前景空前广阔。它将渗透到未来社会的各个领域，以用户为中心构建全方位的信息生态系统。5G 将使信息突破时空限制，提供极佳的交互体验，为用户带来身临其境的感觉。5G 将拉近万物的距离，通过无缝融合的方式，便捷地实现人与万物的智能互联。

11.2 无线传感器网络及其关键技术

11.2.1 无线传感器网络概述

无线传感器网络(wireless sensor network，WSN)是随着微电子技术、无线通信技术、计算技术、自动化技术的快速发展和日益成熟而产生的重要新技术。WSN 由部署在监测区域内的大量廉价微型传感器节点组成，通过无线通信方式组成多跳自组织网络系统。典型的无线传感器网络如图 11-4 所示，主要包括传感器节点、汇聚节点(网关节点)、通信网络和远程监控系统。

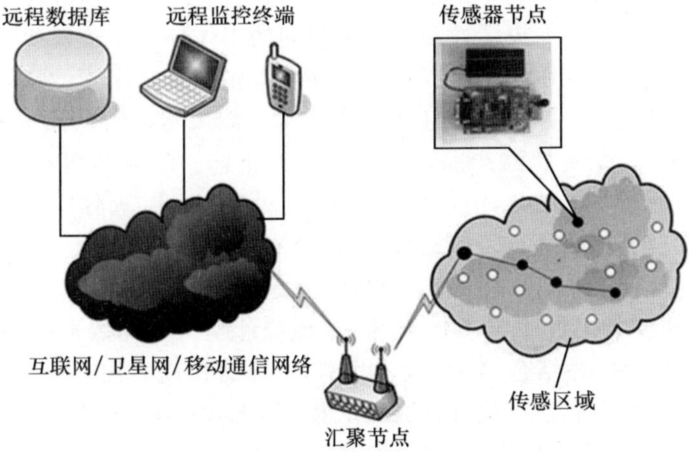

图 11-4 典型无线传感器网络

传感器节点是 WSN 的基本功能单元，其主要功能是连接多种传感器定期采集信息，因其体积较小、携带方便，可大量放置于特定工作区域，进行多点测量[3]。同时传感器节点还具备路由的数据传输功能，可转发、管理来自其他节点的数据信息。大量的传感器节点分布在监测区域内，通过自组织方式构成无线网络。传感器节点从环境中获得信息(数据)，然后沿着其他传感器节点逐跳地进行传输，在传输过程中，监测数据可能经过多个节点处理，多跳后路由到汇聚节点。WSN 可以协作感知、采集、处理和传输网络覆盖地理区域内被感知对象的信息，并最终把这些有价值的信息发送给用户。

传感器节点受自身硬件资源和部署环境等条件的限制，与已有的网络基础设施融合有一定的难度，于是产生了担任中间转换角色的汇聚节点。汇聚节点位于底层传感器节点和远程监控终端之间，连接 WSN 核心网络和用户，可将来自传感器节点的数据转发到远程服务器上，是 WSN 与现有网络通信的关键所在。汇聚节点本身也可作为一个具有增强功能的传感器节点。汇聚节点能够将传感器节点产生的错误数据剔除，并可将相关的数据加以融合，对发生的事件进行判断，最后通过互联网、卫星等通信方式传输到远程监控系统。用户可通过监控软件对 WSN 进行配置和管理，发布监测任务和收集数据等。

WSN 可连接各种类型的传感器，可探测温度、湿度、噪声、光强度、压力、土壤成分以及移动物体的大小、速度和方向等多种物理量，其应用涉及农业、工业、环境、家居等众多领域。

WSN 技术的出现为农田环境信息的实时采集、传输、处理、分析提供了集成化解决方案，为农业信息自动监测开拓了全新的研究思路。WSN 技术具有以下优点：①智能化程度高。WSN 中的所有传感器节点，从信息获取、传输到处理分析，采用全自动化的工作模式，整个过程无需人工干预，能够极大地提高工作效率，节约人力物力。②信息时效性强。传感器节点被部署在监测区域内，根据设定间隔连续采集传感器数据，采样间隔甚至可达到秒级，这使农田环境信息的动态获取、数据快速更新成为可能。③覆盖广域空间。WSN 能够容纳成千上万个传感器节点，分布式获取监测区域中的环境信息，并且节点具有多跳自组织能力，这样的技术特点能够很好地满足缺乏基础结构的农田广域空间环境监测的应用需求。④支持多路传感器数据同步采集。WSN 中的每个传感器节点可以提供多路传感器 A/D 转换通道，支持多个环境参数信息的同步采集，这有利于信息融合与数据互补、综合分析农田中不同环境要素之间的相互影响，实现科学决策。⑤灵活性强。由于田间的工作环境比较复杂，采用有线网络进行数据传输，工作过程中必然受系统本身以及外界环境中多种复杂因素的影响，而 WSN 采用无线通信技术，节点部署灵活，易于维护，且降低了监测系统成本。⑥产品成本低。随着信息与通信技术的飞速发展，无线传感器产品的成本在不断下降。⑦系统可扩展性好。WSN 可以与无线广域网、互联网技术相结合，组成集信息采集、处理、发布、远程监控、查询的多层次立体化应用服务体系，实现包括地理空间信息数据、土地资源数据和作物生长数据等各类农业信息资源的整合与共享，符合农业信息化的发展趋势。

基于农业传感器技术、GNSS 与 GIS 技术、地理统计学与空间数据插值分析、实时数据库等已有的知识与技术积累，并结合 WSN 技术优势，可显著提高农田环境监测水平。开展基于 WSN 的农田环境监测技术研究，对促进我国农业水土资源利用率、维护农田生态系统、提高农产品质量安全具有重要的应用价值，有利于推动智慧农业与现代农业生产管理的跨越式发展。

11.2.2 无线传感器网络体系构成

如图 11-4 所示，传感器节点是 WSN 的基本功能单元，根据用户需求和网络特点，WSN 常用的拓扑结构有 3 种(图 11-5)，即星形拓扑、网状拓扑和树状拓扑[4]。

星形(star)拓扑网络中每个传感器节点直接连接到汇聚节点(网关节点)，节点将信息发送到它所连接的网关，该网关将信息中继到预期的目的地。网关可以同时接收许多节点的信息，这使扩展网络变得更加容易。因为节点之间不直接交换数据，所以需要的点对点连接较少。因此，星形拓扑易于安装、配置和管理，因为新节点只需连接到一个中心点。总体而言，星形拓扑是一种经济高效的方案，可在众多无线传感器之间实现数据传输。不利的一面是，星形拓扑网络完全依赖于传感器节点和汇聚节点之间的无线链路，没有中间“跳跃”或信号中继，监测范围会受到限制。此外，网络的扩展取决于网关支持其他节点的能力。

在网状（mesh）拓扑网络中，节点之间有许多冗余互连，节点充当路由器，可以将信息传递给其他节点。如果某个节点发生故障，有许多其他路径实现两个节点之间的通信，因此这种拓扑结构具有较好的可靠性。但是网状拓扑网络需要更复杂（并且通常过于复杂）的协议来形成网络并在运行时中继数据，能量消耗和硬件成本也很高。

树状（tree）拓扑网络包括一个汇聚节点以及一系列路由器和传感器节点。汇聚节点作为中继通信设备保持路由器与传感器节点的连接，它的子节点级联方式相同，这样可以重复多个层级。这种拓扑结构的缺点是只存在一条通信通道。

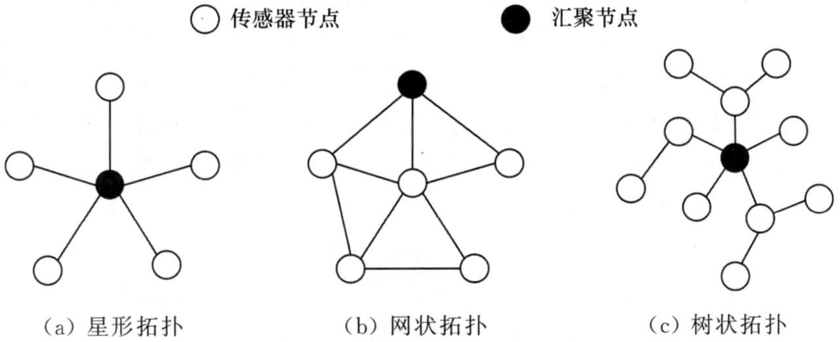

图 11-5　WSN 常用拓扑结构

无线传感器节点是在传感器的基础上增加数据采集和传输功能构建的，虽然由于测量参数和性能要求的不同而种类繁多，但实现的功能基本一样。它们的基本原理和结构也大同小异，主要包含处理芯片、存储单元、射频模块、电源模块、外部接口和若干传感器。无线传感器节点的典型结构如图 11-6 所示[5]。WSN 节点的微处理器一般采用价格低廉、实用的 8 位或者 16 位单片机，如 8051、MSP430 和 ATMELL128 等。射频模块大多采用集成的 IC 芯片。节点很少使用分立元件，这样不仅可以极大地降低整个系统的功耗，还可以使设计的节点更紧凑，抗干扰能力更强。节点一般采用电池供电，随着新技术的发展，目前越来越多的新能源应用于 WSN，如太阳能、风能等。

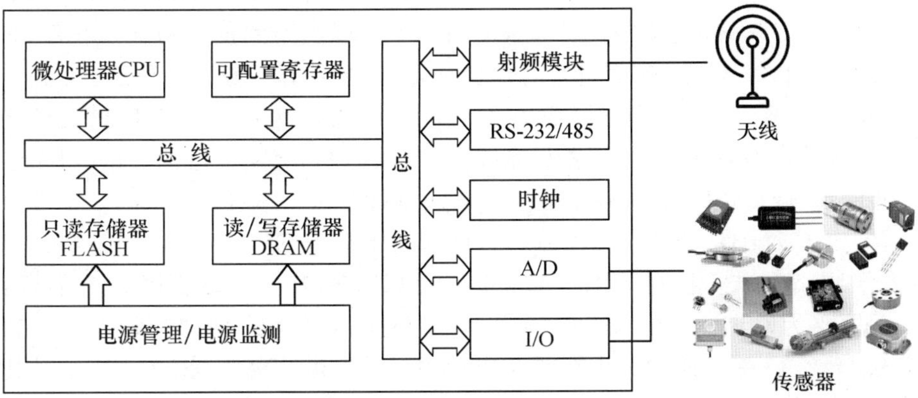

图 11-6　无线传感器节点的典型结构[5]

11.2.3 典型无线传感器网络

WSN为农业各领域的信息采集与处理提供了新的思路和有力手段，能够弥补传统数据监控的缺点，可以更方便地获取信息并作出更有效的决策。智慧农业领域常用的无线传感器网络除了前面介绍的4G/5G移动通信网络外，还有Wi-Fi、蓝牙、ZigBee、RFID、LPWAN(低功耗无线广域网)、LR-WPAN(低速率无线个人区域网)等[6]。

(1)Wi-Fi：Wi-Fi(wireless fidelity)是符合IEEE 802.11标准的无线局域网，是一种广泛而通用的局域网技术，可通过两个主要频率2.4 GHz和5 GHz发送信息。许多市售产品已安装有Wi-Fi设备，如打印机、笔记本电脑等。Wi-Fi的主要优势在于它的广泛可用性，使用非常方便。不利的是：Wi-Fi信号穿透墙壁的能力有限；由于协议的扩展数据需要占用带宽，与其他无线传感器协议相比，连接的设备会消耗大量电力；大多数WSN传感器通常不需要Wi-Fi那么大的带宽，因此，对于简单的传感器设备，Wi-Fi往往不是最优的；高带宽设备竞争相同的射频(RF)通道通过Wi-Fi传输视频、音频和其他复杂数据时，这些设备可能会产生大量干扰，妨碍WSN传感器发送简单的消息。

(2)蓝牙：蓝牙(bluetooth)是一种无线数据和语音通信开放的通信技术标准，采用IEEE 802.15标准。它基于低成本的近距离无线连接，为固定和移动设备建立通信环境，使一些便携移动设备和计算机设备能够不通过电缆就连接到互联网，在电信、计算机、网络与消费性电子产品等领域被广泛应用。

蓝牙的波段为2 400～2 483.5 MHz(包括防护频带)，这是全球范围内无需取得执照(但并非无管制的)的工业、科学和医疗(ISM)频段。蓝牙使用跳频技术，将传输的数据分割成数据包分别传输。一个主设备至多可和同一微微网(piconet)中的7个从设备通信，所有设备共享主设备的时钟。由于蓝牙技术具有跳频的功能，可以有效避免ISM频段遇到干扰源。蓝牙技术的兼容性较好，可实现各种操作系统的良好兼容。现阶段蓝牙的主要工作距离在10 m左右，提高射频功率后可以达到100 m。另外，在蓝牙连接过程中还可以有效地降低与其他电子产品之间的干扰，保证正常运行。蓝牙技术不仅有较高的传播质量与效率，同时还具有较高的传播安全性。

蓝牙技术的问题主要是功耗高和连接过程烦琐。蓝牙传输数据的频率不高，在传输数据的过程中耗能较少，但是，为了及时响应连接请求，在等待过程中的轮询访问耗能较高。蓝牙的连接过程中涉及多次的信息传递与验证，使用者也许感受不到复杂的连接程序，但是，反复的数据加解密过程和每次连接都需进行身份验证，对设备计算资源是一种浪费。

(3)ZigBee：ZigBee一词源自蜜蜂群在发现花粉位置时为通知同伴跳的之字形(ZigZag形)舞蹈，蜜蜂通过这种简捷的方式实现“无线”的沟通，达到交换信息的目的。因此人们将一种低功耗、低成本、低复杂度、低速率的近程无线网络通信技术命名为ZigBee技术。2004年，ZigBee联盟制定了ZigBee规范(ZigBee1.0)，目的在于在IEEE 802.15.4协议的基础上建立大规模的无线网络标准。根据IEEE 802.15.4协议，ZigBee主要使用3个频段：868.0～868.6 MHz，主要为欧洲采用，单信道；902～928 MHz，北美采用，10个信道，支持扩展到30个信道；2.4～2.4835 GHz，世界范围内通用，16个信道。由于ZigBee技术的优点，它在WSN领域得到了广泛应用，技术标准也在不断发展和提升，2019年推出了ZigBee3.0。

ZigBee标准的特点主要体现在低速率、低成本、低复杂度、低功耗和易于实现，适用于传输距离短、数据传输速率低的电子元器件/设备之间的通信。ZigBee 技术也应用于小范围的基于无线通信的控制及自动化等领域，可省去计算机设备、数字设备间的有线电缆，能够实现多种不同数字设备间的无线组网。

如图 11-7 所示，ZigBee 技术体系结构简单，自下至上分别为物理层、介质访问控制层（media access control，MAC）、网络/安全层、应用/支持层和应用层。其中应用层由用户定义，应用/支持层与网络/安全层由 ZigBee 联盟定义，MAC 层和物理层由 IEEE 802.15.4 协议定义。

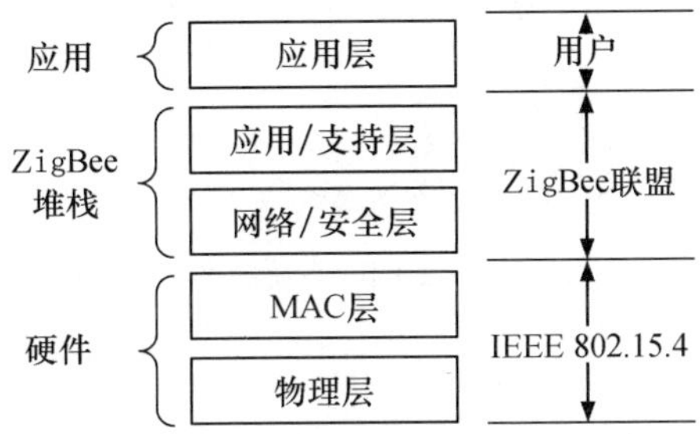

图 11-7 ZigBee 技术体系结构

物理层：作为 ZigBee 协议结构的最低层，提供最基础的服务，为 MAC 层提供数据接口等，同时也起到与现实（物理）世界交互的作用。

MAC 层：负责不同设备之间无线数据链路的建立、维护、结束，确认数据传送和接收。

网络/安全层：保证数据的传输和传输的完整性，同时可对数据进行加密。

应用/支持层：根据设计目的和需求保证多个器件之间的通信。

ZigBee 网络在满足条件的情况下会自动组网。ZigBee 组网有两个鲜明的特点：①一个 ZigBee 网络的理论最大节点数是 2^{16} 即 65536 个，远远超过蓝牙的 8 个和 Wi-Fi 的 32 个。②网络中的任意节点之间都可进行数据通信；在有模块加入和撤出时，网络具有自动修复功能。

（4）RFID：RFID（radio frequency identification）即无线射频识别技术，它利用射频信号通过空间耦合（交变磁场或电磁场）实现无接触信息传递并通过所传递的信息达到自动识别的目的。RFID 是从 20 世纪 90 年代逐步投入应用的一项自动识别技术，通过射频信号自动识别目标对象并获取相关数据，识别时无须人工干预，可工作于各种恶劣环境，在农业上主要应用于动物跟踪与识别、数字养殖、精细作物生产、农产品流通等。

RFID 系统的工作原理及组成如图 11-8 所示。RFID 系统由阅读器（读卡器）、电子标签（TAG）和信息处理系统 3 个部分组成。电子标签是识别的主体，根据是否搭载电池分为有源式和无源式两种类型。有源电子标签又称为主动标签，由内部电池供电，电池的部分能量转换为电子标签与阅读器通信所需的射频能量。不同的标签使用不同数量和形状的电池。无源标签也称为被动标签，当无源标签靠近阅读器时，无源标签的天线将接收到的电磁波能量转化成电能，激活电子标签中的芯片，并将芯片中的数据发送出来。

RFID 的工作过程如下：阅读器发射特定频率的无线电波，电子标签进入阅读器磁场后，凭借感应电流获得能量，将存储在芯片内部的数据送出（无源标签或被动标签），或者由标签主动发送某一频率的信号（有源标签或主动标签）。阅读器读取信息并解码后，送至信息处理系统进行数据处理。RFID 阅读器和电子标签之间的通信及能量感应方式可以分成感应耦合（inductive coupling）及后向散射耦合（backscatter coupling）两种，一般低频 RFID 采用第一种方式，较高频 RFID 大多采用第二种方式。

（5）LPWAN：WSN 有时需要远距离（非远程）无线通信，蜂窝移动网络（2G 到 5G）虽然覆盖面大，传输距离长，但基于蜂窝移动通信技术的设备有功耗大、成本高等劣势。为满足越来越多远距离传感器网络设备的连接需求，低功耗无线广域网（low-power wide-area network，

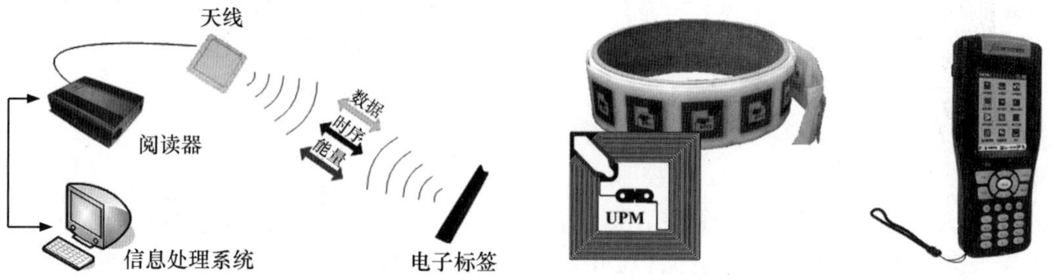

(a)RFID 系统工作原理　　(b)电子标签　　(c)阅读器

图 11-8　RFID 系统工作原理及组成

LPWAN)应运而生。LPWAN 专为低带宽、低功耗、远距离、大量连接的传感器网络而设计。

LPWAN 依工作频谱是否授权可分为为非授权频谱 LPWAN 和授权频谱 LPWAN。LoRaWAN 是非授权频谱 LPWAN 的代表，NB-IoT 是授权频谱 LPWAN 的代表。LoRaWAN 的运营方式更加灵活，可以是以运营商主导的大范围公开网络，也可以是私人部署的专用局域网络。NB-IoT 对具体行业的需求适应性相对 LoRaWAN 较弱，更适合分散型应用。低功耗无线广域网按协议调制方式可以分为扩频技术、超窄带技术、窄带技术。

LoRa(long range radio，远距离无线电)是美国 Semtech 公司开发的一种低功耗远程无线通信技术，它最大的特点就是在同样的功耗条件下比其他无线方式传播的距离更远，实现了低功耗和远距离的统一。在同样的功耗下，它比传统的无线射频通信距离扩大 3～5 倍。

LoRaWAN(LoRa wide area network)是基于 LoRa 技术的一种通信协议，定义并控制设备在大型网络中的行为，通过优化各种无线参数，使网络容量和可靠性达到最佳。LoRaWAN 常采用星形拓扑结构，在这个网络架构中，LoRa 网关是透明传输的中继，连接终端设备和后端中央服务器。终端设备采用单跳与一个或多个网关通信。所有的节点与网关之间均是双向通信。LoRaWAN 的基本网络架构如图 11-9 所示。终端节点(传感器节点)采集底层数据，通过射频技术/LoRaWAN 技术把数据发送到网关(gateway)基站，再通过蜂窝通信/以太网通信技术发送到网络服务器，网络服务器再把数据发给客户端服务器和应用程序端(APP)。由于 LoRa 的长距离特性，它们之间得以使用单跳传输。

LoRaWAN 主要在全球免费频段(即非授权频段)运行，包括＜1 GHz 频段 (433 MHz、470 MHz、868 MHz、915 MHz)和 2.4 GHz 频段等。LoRaWAN 技术不需要建设基站，一个网关便可控制较多设备，并且布网方式较为灵活，可大幅度降低建设成本。

NB-IoT(narrow band internet of things，窄带物联网)是为物联网服务而设计开发的低功耗无线广域网。NB-IoT 构建于蜂窝网络，可以与 2G、3G、4G 共存，是 5G 的一个组成部分。NB-IoT 只占用大约 180 kHz 的带宽，支持待机时间长、对网络连接要求较高设备的高效连接，同时还能提供非常全面的室内蜂窝数据连接覆盖。图 11-10 是 NB-IoT 的基本网络架构。与 LoRaWAN 的基本网络架构不同，NB-IoT 不需要“网关”，设备或传感器可以直接通过运营商网络进行通信和数据传输。

二维码 11-2

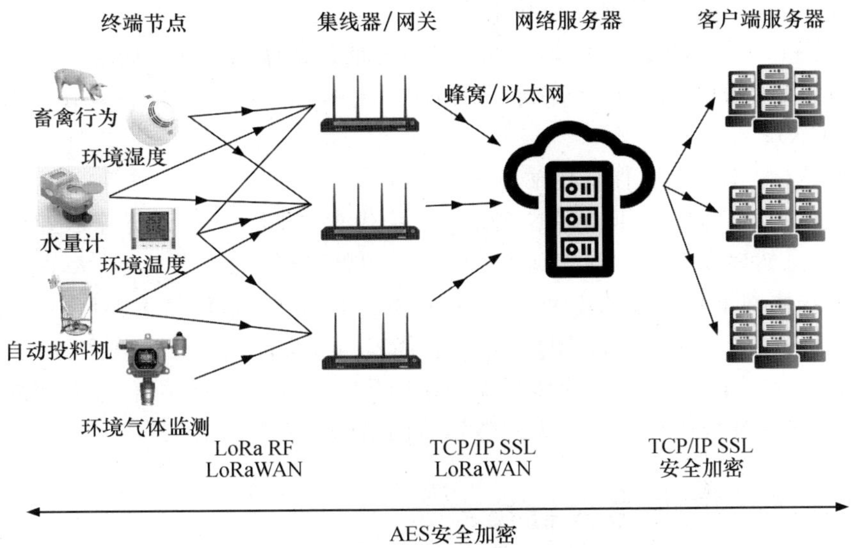

图 11-9　LoRaWAN 的基本网络架构

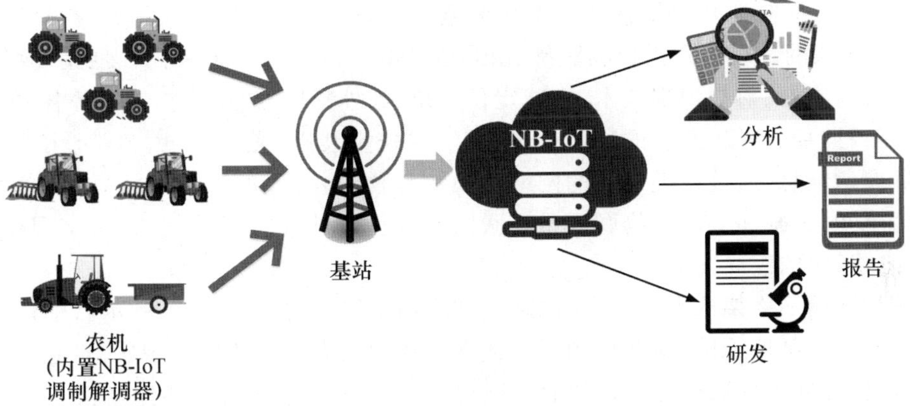

图 11-10　NB-IoT 的基本网络架构

NB-IoT 技术使用特定频段的天线或多频段天线，接收来自安装有 NB-IoT 模块的传感器信号。这些模块和外围设备(传感器)可以很容易地连接起来，与主机(微处理器或微电脑)进行通信。通信基站接收来自外围设备的信号，并将其传输到 NB-IoT 核心网络。

(6)LR-WPAN：无线个人区域网(wireless personal area network，WPAN)是为了实现活动半径小(如几米)、业务类型丰富、面向特定群体的连接而提出的新型无线网络技术。WPAN 采用无线介质代替传统有线电缆，实现个人信息终端的互联，组建个人信息网络。根据不同的应用场合，WPAN 又分为高速率(HR-WPAN)和低速率(LR-WPAN)两种。LR-WPAN 主要为近距离网络互联而设计，采用 IEEE 802.15.4 标准，其结构简单、速率低、距离近、功耗低、成本低，广泛用于工业监控、家庭和办公自动化及农作物监测等领域。

IEEE 802.15.4 标准规定了 LR-WPAN 的物理层和 MAC 层。IEEE 802.15.4 标准定义的 LR-WPAN 具有如下特点：

①支持星形和点对点两种网络拓扑结构；

②有 16 位和 64 位两种地址格式，其中 64 位地址是全球唯一的扩展地址；

③支持冲突避免的载波感应多路访问(carrier sense multiple access with collision avoidance，CSMA/CA)；

④支持确认(ACK)机制，保证传输可靠性。

就无线广域网而言，以 LoRaWAN、NB-IoT 为代表的 LPWAN 是未来农业传感器网络组网的主要途径，虽然架设 LPWAN 基站的成本高，但低功耗、低运营成本、大节点容量的特点无疑是为农业物联网量身定做的组网技术，有巨大的应用空间；作为 LPWAN 的传输速率补充，4G、5G 移动通信技术将使农业图像、音频为代表的大文件传输变为现实，进一步扩充农业信息维度。就研究侧重点而言，无线传感器网络的研究主要集中于通信、节能和网络控制三方面，将其应用于农业环境监测领域是无线传感器网络的研究热点之一。

11.3 农业物联网及其关键技术

11.3.1 物联网概述

2005 年，在突尼斯举办的信息社会世界峰会(WSIS)上，国际电信联盟(ITU)发布《互联网报告 2005：物联网》[7]，正式提出物联网(internet of things，IoT)的概念。所谓物联网，是指通过各种信息传感器、射频识别技术、全球定位系统、红外感应器、激光扫描器等各种装置与技术，对任何需要监控、连接、互动的物体或过程，实时采集其声、光、热、电、力学、化学、生物、位置等各种需要的信息，通过各类可能的网络实现物与物、物与人的泛在连接，实现对物品和过程的智能化感知、识别和管理。物联网是互联网基础上延伸和扩展的网络，可实现任何时间、任何地点人、机、物的互联互通。

典型的物联网网络架构由感知层、网络层和应用层组成，如图 11-11 所示。感知层包括感知控制子层和通信延伸子层，感知控制子层实现对物理世界的智能感知识别、信息采集处理和自动控制，通信延伸子层通过通信模块直接或组成延伸网络后将物理实体连接到网络层和应用层。网络层主要实现信息的传递、路由和控制，包括接入网和核心网。网络层可依托公共电信网和互联网，也可依托行业专用通信网络。应用层包括应用基础设施/中间件和各种物联网应用。应用基础设施/中间件为物联网应用提供信息处理、计算等通用基础服务及资源调用接口，以此为基础实现物联网在众多领域的各种应用。

网络向物理世界的延伸构成物联网存在的前提条件，因此，任何一种物联网拓展应用必然依托于感知层面的技术。物联网的共性关键技术主要集中在感知、控制、网络通信、微电子、计算机、软件、嵌入式系统、微机电等领域，其中传感器和 RFID 技术是物联网感知物理世界、获取信息的首要环节。

感知层是物联网的基础，第 2～10 章介绍的各类传感器基本上都可以应用在物联网的感知层。除了单个的传感器，本章介绍的无线传感器网络也是物联网智能信息获取环节的主要技术支撑。以 5G 为代表的现代移动通信技术，使得物联网的泛在化和实时性成为可能。除此之外，以下技术也是物联网的主要支撑技术。

(1)条码技术：条码技术是集条码理论、光电技术、计算机技术、通信技术、条码印制技术于

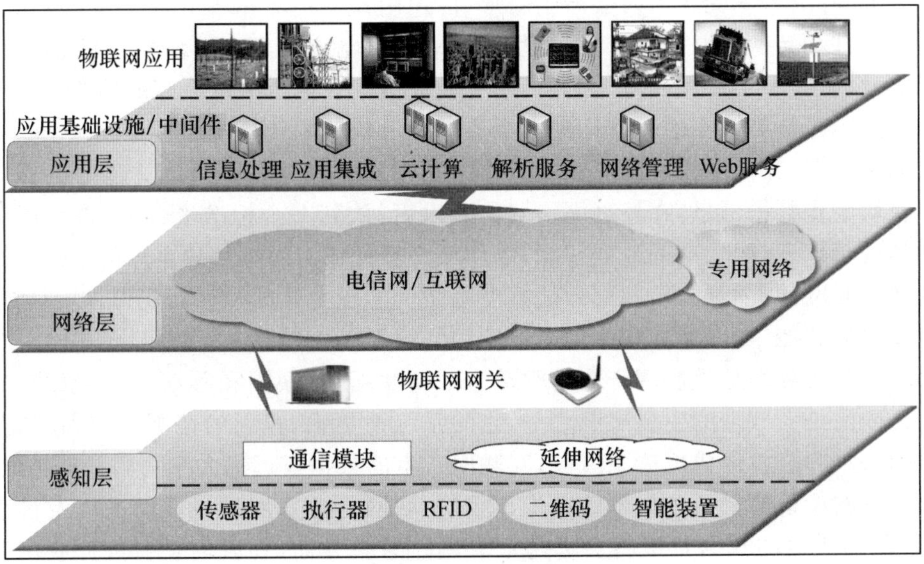

图 11-11　物联网的网络架构

一体的一种自动识别技术，在农产品质量追溯中有着广泛应用。

条码又分为一维码和二维码。一维码即条形码，由宽度不同、反射率不同的黑条和空白，按照一定的编码规则编制而成，用以表达一组数字或字母符号信息。条形码下通常还会有英文字母或阿拉伯数字。二维码通常为方形，不单由横向和纵向的条码组成，而且码区内还会有多边形的图案，图案黑白相间，粗细不同，呈点阵形式。如图 11-12 所示，一维码只在水平方向包含信息，存储容量小，只能是字母和数字，可以识别商品的基本信息，例如商品名称、价格等，但不能提供商品更详细的信息，要调用更多的信息则需要电脑数据库的进一步配合。二维码在水平和垂直 2 个方向都包含信息，存储容量大，可以由汉字、字母、数字等信息组成，因此不但具备识别功能，而且可包含更详细的商品内容。

图 11-12　条码示意图

(2)MEMS：MEMS 即微机电系统(micro-electro mechanical systems)，它是由微传感器、微执行器、信号处理和控制电路、通信接口和电源等部件组成的一体化的微型器件系统，其目标是把信息的获取、处理和执行集成在一起，组成具有多功能的微型系统，从而大幅度提高系统的自动化、智能化和可靠性水平。以应用广泛的 MEMS 压力传感器为例。MEMS 压力传感器是一种薄膜元件，承受压力时会产生变形，以压阻或者电容的变化将形变转化为电信号，再经过转换元件和转换电路，输出与压力呈线性关系的电流或者电压信号。MEMS压力传感器应用于农业、医疗和工业等领域，例如可用于在线监测农业机械或汽车的胎压。

(3)云计算：云计算旨在通过网络把多个成本相对较低的计算实体整合成一个具有强大计算能力的完美系统，并借助先进的商业模式让终端用户得到这些强大计算能力的服务。物联网感知层获取大量数据信息，在经过网络层传输以后，放到一个标准平台上，再利用高性能的云计算对其进行处理，赋予这些数据智能，才能最终转化成对终端用户有用的信息。云计算促进物联网和互联网的智能融合，利用云计算中心廉价的超大处理和存储能力，以及物联网无处不在的信息采集功能，可以为物联网创造更广阔的应用场景。

(4)大数据：大数据是物联网产业的驱动力。物联网、互联网和移动网是大数据的三个主要来源。物联网是大数据的主要来源之一，它的系统性更强，辐射的范围更广，它的存在使基于大数据的采集和分析变成可能。目前，互联网产生的数据量远远大于物联网产生的数据量，但是随着物联网设备的普及和技术的进步，随着物联网行业发展的日益深入以及传感器数量的增多，物联网产生的数据量级将会远超互联网。另一方面，物联网是大数据应用的典型模式。例如对采棉机工作状况进行远程监控的系统，通过安装在采棉机上的GNSS设备和各种传感器，对机械当前所处位置、工作时间、工作状况、燃油余量、耗材更换时间等数据进行收集，使用卫星通信或移动网络通信等方式，最终通过互联网发送到公司的服务器上。大数据和物联网的结合不仅能够帮助客户节省维护费和燃油费，而且可为厂家及其代理商的售后服务提供精准数据。

物联网的发展也面临着技术挑战。

(1)技术标准的统一与协调：传统互联网的标准并不适合物联网。物联网感知层的数据多源异构，不同的设备有不同的接口和不同的技术标准，网络层、应用层也由于使用的网络类型不同、行业的应用方向不同而存在不同的网络协议和体系结构。建立统一的物联网体系架构和统一的技术标准是物联网正在面对的难题。

(2)管理平台：物联网自身就是一个复杂的网络体系，加之应用领域遍及各行各业，不可避免地存在很大的交叉性。如果物联网没有一个专门的综合平台对信息进行分类管理，就会出现大量信息冗余、重复工作、重复建设造成资源浪费的状况。每个行业的应用各自独立，成本高、效率低，体现不出物联网的优势，势必会影响物联网的推广。物联网需要一个能整合各行业资源的统一管理平台，使其能形成一个完整的产业链模式。

(3)安全性问题：互联网已经发展成熟、应用广泛，但尚存在安全漏洞。物联网体系结构更复杂，没有统一的标准，各方面的安全问题更加突出。物联网的关键实现技术是传感器网络，传感器暴露在自然环境下，有一些处于恶劣环境中，如何长期维持网络的完整性对传感技术提出了新的要求，传感器网络必须有自愈功能。RFID是物联网的另一个关键实现技术，但它可能造成标签物的所有者个人隐私的暴露，个人信息的安全性存在问题。如何在使用物联网的过程做到信息化和安全化的平衡至关重要 。

11.3.2 农业物联网技术

农业物联网在土水资源可持续利用、生态环境监测、农业生产过程精细管理、农产品与食品安全可追溯系统，以及大型农业机械作业服务调度、远程工况监测与故障诊断等领域具有广阔的应用前景。在农业规划阶段，农业物联网可实现农业资源信息的实时获取和数据共享，有助于大区域农业的合理统筹和规划，可节约大量人力、物力，提高农业资源利用率。在农业生态环境监测领域，农业物联网将实时获得农业生态的各种环境参数汇入社会共享的公用物联网，建设资源节约、环境友好型社会，提高经济社会可持续发展能力。在农业生产过程中，农业物联网可实时获取农作物、畜禽水产的生长信息和与生产过程直接相关的环境参数，并将其作为作业管理智慧决策的依据，实现农业生产过程管理精细化，并将监测结果直接与农产品安全溯源系统相关联。农业物联网发展还将形成更加完善的农产品质量安全追溯体系。以 RFID 为代表的追踪识别技术能为可追溯系统的建设提供保障，通过标识编码、标识佩戴、身份识别、信息录入与传输、数据分析和查询，实现生产、屠宰加工、储运、交易、消费等各个环节的可追溯性。

农业物联网是一个复杂的系统，涉及电子、通信、计算机、农学等学科和领域，农业物联网的关键技术如图 11-13 所示。物理层（感知层）包括各类农业传感器和执行器，以获取丰富的农业信息和对农业生产过程进行调控。传输层（网络层）的各类无线传感器网络可提高农业物联网信息感知的效率和精度，各类广域网络实现感知层和应用层的农业信息上传和控制指令下传。应用层利用云计算、大数据、人工智能等现代信息技术分析获得的信息并形成管理决策，用于设施农业、果园园艺、大田生产、畜牧水产、农产品安全等农业重点领域。农业物联网重点解决农业个体识别、情景感知、异构设备组网、多源异构数据处理、知识发现、决策支持等问题。在农业物联网中，不同种类的农业设备、传感器突破数据共享屏障，通过 M2M 通信技术共享运行参数，遵循基于大数据与人工智能的控制策略实现农业全过程的最优自动化控制。

随着信息技术的不断升级，农业现代化进程迈入了全新的信息时代，农业的升级对农业物

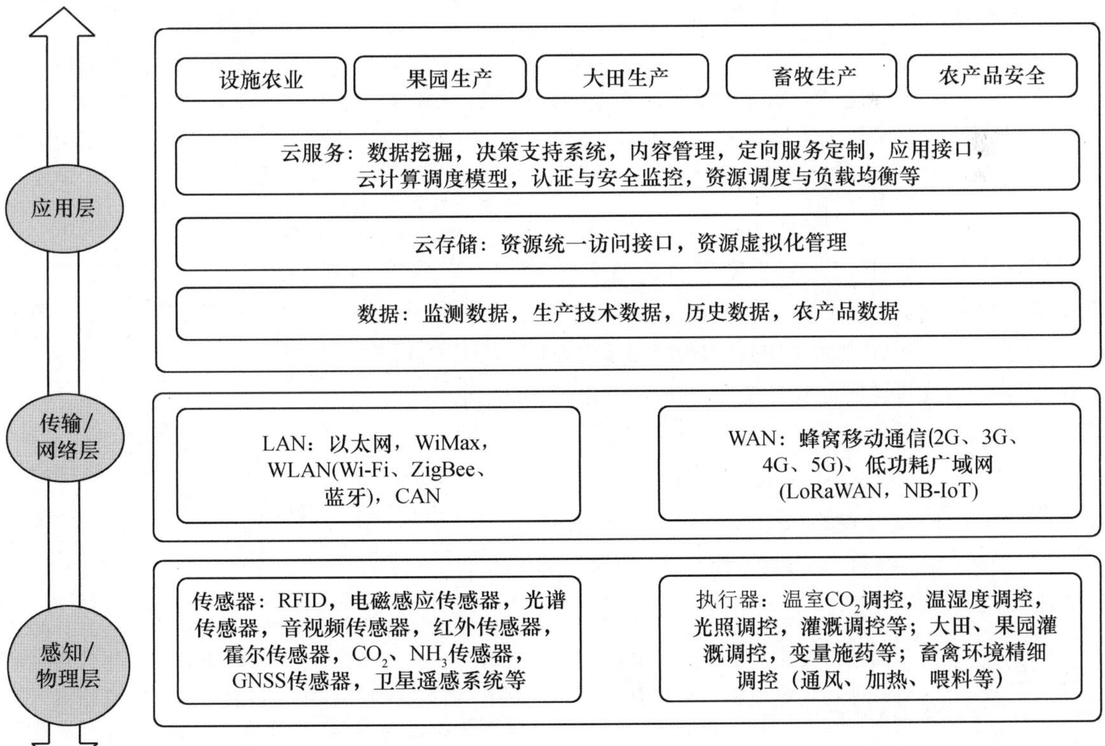

图 11-13　农业物联网关键技术

联网提出了新的需求。大数据技术和云计算技术为数据管理和分析提供了解决方案，国内外知名科技行业已经开始致力于云计算基础设施建设，为农民个人提供访问平台的途径，同时获取时间和空间层面的农业数据，这些数据包括植物监测信息、环境信息和养分信息，可以用来为农民建立生产模型。例如，利用历史环境信息和植物生长信息，建立大田或者温室作物疾病预警系统，指导农民提前采取预防措施。未来，物联网将作为智慧农业的关键组成部分，深入结合大数据、云计算、边缘计算、人工智能等技术，提高控制策略的准确性，最终提高农产品产量和自然资源利用率，实现农业可持续发展。

信息感知技术是物联网应用的基础。农业物联网经由 RFID、电磁感应传感器、光谱传感器、音视频传感器、红外传感器、霍尔传感器、气体传感器、GNSS 传感器、卫星遥感系统等各类传感器，实现具体对象如人员、农机设备、农田水域等地理设施、农产品等的环境感知、对象定位和信息追溯等。此外，基于统一标识体系所建立的无线传感器网络能够在统一规划的前提下，兼容现有的基础建设体系，避免信息资源的重复建设，及时发现问题、排除故障，能够实现对农业监测环境的精准信息搜寻。

目前农业传感器按照应用场景主要分为土壤信息、水体信息、环境信息、生长信息传感器等。土壤信息主要是土壤温湿度、张力、墒情、pH、重金属含量等，水体信息主要包括水体 pH、EC、离子浓度等，环境信息主要是空气温湿度、光照参数、CO_2 浓度、风速风向、降雨量、SO_2 浓度等，生长信息主要是植物生理生态状况、植物病虫害状况、动物生理状况、动物疾病等信息。农业物联网中常用传感器按感知机理与工艺的分类及各类型传感器的特点等如表 11-1 所示。

表 11-1 农业传感器的类型及特点[8]

类 型	特 点	举 例
电化学感知机理与工艺	电化学感知分别以待测物质、修饰电极为敏感源和转化元件，把电流、电势或者电导等作为特征检测信号	电化学传感器通常由 2 个或 2 个以上的电极组成，可分为参比电极、工作电极和辅助电极。根据电极界面间电子或离子的交换情况，电极可分为电子交换型电极和离子交换型电极（也称膜电极）。农业传感器的电极一般有金属基电极、化合物电极、单质电极、膜电极
光学感知机理与工艺	基于光学感知机理的传感器不需要与被检测物质发生化学反应的电极，不存在电极表面钝化、中毒以及电极膜污染的问题，重复性与稳定性良好，能够实现长期在线监测	农业物联网所应用的光学感知机理主要包括荧光猝灭效应、分光光度法，此外也有应用光纤倏逝场效应检测氨气的研究，在农业物联网领域具有应用潜力
电学感知机理与工艺	电学感知机理在农业物联网中主要用于温度、湿度的测量。介电法是土壤水分定量检测的最佳机理	测量土壤含水率的方法主要包括时域反射法（TDR）和频域法（FD），基于 TDR 法的土壤水分测量是国外的主流方法，也是国内亟须进行深入研究的热点
遥感感知机理与工艺	遥感学的理论基础是物质成分在不同波段电磁波下的光谱吸收和反射特征。农业遥感技术具有覆盖面积大、重访周期短、获取成本相对低等优势	遥感感知主要应用于大面积露天农业生产的调查、评价、监测和管理，能够解决农业作物种植种类分散、地域复杂的难题。农业遥感的收益约占遥感应用总收益的 70%，可分为四大研究方向：农业资源调查、农作物估产、农业灾害预报、精准农业

农业信息感知研究不仅涉及化学、物理学、光谱学、生物学、微电子学、遥感等多门学科的机理探索，还在不断突破加工方式，以追求更高的工艺精度、更长的使用寿命、更低的感知成本。基于电化学、光学、电学感知机理的农业传感器，应侧重于感知机理与硬件工艺的改善，同时注意组合不同机理的优势，研发多参数、多途径的农用传感器。基于高光谱遥感、无人机遥感的精准遥感是特殊的农业感知途径，是实现精准农业的重要技术，应侧重于数据处理、挖掘与特征提取算法的改进，组合农业遥感数据与地面农业传感器网络数据，进行信息融合，提高农业遥感精度。传感器采集的作物和环境信息通过WSN、互联网、无线通信网络传输到数据平台，在信息的采集、传输、与平台的接口、人机交互接口等方面还缺乏统一的技术标准，硬软件通用性差，无法大规模地生产，无法降低终端产品成本，这大大影响了物联网技术在智能农业中的推广应用。

农业智能信息处理技术的目标是将传感器等识别设备采集的数据收集起来，通过信息挖掘等手段发现数据内在联系，发现新的信息，为用户下一步操作提供数据支持。当前的信息处理技术有云计算技术、智能信息处理技术。云计算技术在农业方面得到了初步的发展，涌现了大量的农业服务网站和服务平台，可以实现农业海量信息的存储和搜索、农产品追溯管理、农业数据分析和智能决策以及农业信息综合服务等。智能信息处理技术是采用人工智能技术对所获取数据进行处理，当前应用较为广泛的方法有动态贝叶斯网络、卡尔曼滤波、D-S证据理论、粗糙集理论等，通过智能算法对数据的处理、挖掘，能够发现数据内部联系，能够预测某件事情发生的概率，为农业决策提供理论基础。

农业物联网数据具有实时、动态、海量、颗粒性和碎片化的特点，物联网中间件如何设计才能对采集到的海量信息进行大规模甄别和筛选，在数据存储、数据挖掘、数据处理、决策分析技术上必须有异于互联网数据处理的质的突破。同时，云计算面临着安全性和标准化的挑战。由于应用系统部署在公共云上，其中包含大量的用户敏感信息，如何设计不同场景、不同等级的隐私保护技术是云安全技术研究的热点问题。目前云计算并没有统一标准，不同云之间缺乏互操作性，当用户从一个云计算环境迁移到另一个时会面临巨大的困难。

农业数据主要是对各种农业对象、关系、行为的客观反映，农业大数据技术是多源异构的海量农业数据的抽象数学描述，是挖掘农业生产、加工、销售、资源环境、过程等全产业链价值信息的有效工具，通过统计学的方法量化农业对象、关系、行为，为精细农业的研究与实施提供知识支持。

农业大数据的主要处理技术是Hadoop架构和MapReduce编程模型，主要包括Hadoop的分布式文件系统(Hadoop distributed file system，HDFS)和MapReduce的并行计算框架。HDFS的主要作用是整合不同地址的海量数据资源，为并行计算分配不同的数据资源并向用户共享可公开访问的数据。MapReduce框架包括Mapper主机、Reducer主机、Worker主机，Mapper主机将用户请求转化为对应的计算任务，根据Worker主机数量建立任务池，并下发给各Worker主机，Worker主机依照任务从HDFS资源池获取资源、进行运算，将运算结果提交给Reducer主机进行进一步的整合、统计，获取从海量数据中挖掘出的价值信息，并将价值信息反馈给用户或进行存储。

人工智能(artificial intelligence，AI)指基于计算机技术模拟或实现的智能，也称人造智能或机器智能。AI的3个核心技术是表示、运算、求解。农业人工智能是人工智能技术在农业生产、业务上的具体实现，农业人工智能的主要研究方向可概括为知识表现、模式识别、智能规划、信息搜索4个方面。农业知识表现的研究内容是农业知识的数字化及决策支持;农业模式识别的研究内容是农业对象的识别方法;农业智能规划的研究内容是农业机械的智能化作业;农业信息搜索的研究内容是农业主题信息的搜索。

我国农业人工智能的重点研究方向是农业模式识别和农业智能规划,农业模式识别的研究热点趋向于与深度学习算法的结合,农业智能规划的研究热点侧重于建模与控制方法的研究,农业知识表现的最新研究热点是知识图谱,农业信息搜索的研究侧重点在于网络爬取技术及农业信息搜索引擎技术。在国际上,农业发达国家已经出现商业化的耕作、播种、采摘等面向单一农业业务的智能机器人,也具备比较完善的智能土壤探测、病虫害识别、气候灾害预警的智能系统,用于畜禽养殖业的畜禽智能穿戴产品也已实现量产。农业人工智能技术在农业的产前、产中、产后、运维方面均有应用,产前阶段的研究包括土壤分析及土地景观规划、灌溉用水供求分析及河川日常径流量预报、种植品种鉴别;产中阶段的研究包括水质预测预警、水产养殖投喂管理、作物种植及牧业管理专家系统、插秧系统、田间杂草管理;产后阶段的研究包括农产品收获,农产品检验、品种分类、染料提取及蒸馏冷点温度预测;运维业务包括农业设施装备运行管控、农业设施装备故障诊断等。

随着大数据技术的成熟、海量基础数据技术的不断积累,深度学习算法将带来AI应用的第三次爆发。深度学习算法是一种以人工神经网络数学原理为基础、以多层参数学习体系为结构、以海量数据训练参数的机器学习算法,其特点是可自动抽取数据中蕴含的特征,并可对高维复杂变量间的关系进行数学表达,理论上可以通过深度学习算法对现实世界的一切过程进行数学表达。深度学习算法已在数据预测回归、图像识别、语音识别等模式识别方面应用成熟,在自然语言处理、图像内容的语义表达(看图说话)、图像问答等非数值型数据的特征提取、建模方面不断取得进展,为异构数据的融合提供更加强大的解决方案。

11.4 物联网技术在大田和设施农业中的应用

农业物联网技术是实现智慧农业不可缺少的重要技术之一,它通过将信息采集、远程传输等传感设备有机结合起来构成监控网络,对农业生产的土壤、环境、水肥、空气温湿度、光照强度等信息进行采集、分析,实现自动化、智能化、远程控制。物联网技术在农业生产中的应用,让农业生产更显“智慧”。

11.4.1 物联网技术在大田智慧管理中的应用

土壤墒情是农田最重要的参数之一,因此基于物联网技术的土壤墒情研究最深入,应用也最广泛。墒情和农业气象监测网络获取的实时数据开始服务于农业环境监测及大田节水灌溉等方面,指导农户“何时灌水”及“灌多少水”。

Oklahoma Mesonet[9]是由美国俄克拉何马大学(University of Oklahoma,OU)和俄克拉何马州立大学(Oklahoma State University,OSU)设计、建立的中尺度自动气象网站,1994年投入使用,目前在俄克拉何马州全部77个县设置了120个自动化观测站(传感器节点),利用广域网构成监测物联网,观测的领域包括天气(weather)、气候(climate)、农业(agriculture)、公共安全(public safety)和火情(fire management)等。每个站点能够同时监测海平面压力、太阳辐射、地下水、大气温度、大气湿度、降雨量、风速、土壤温湿度等信息，每 5 min 更新一次数据并发送到处理中心，由俄克拉何马气候调查局进行信息分析处理，提供给俄克拉何马州立气象网。图 11-14 是 Oklahoma Mesonet 公布的 2023 年 10 月 17 日全州墒情(旱情)指数，用于指导农田灌溉管理[10]。

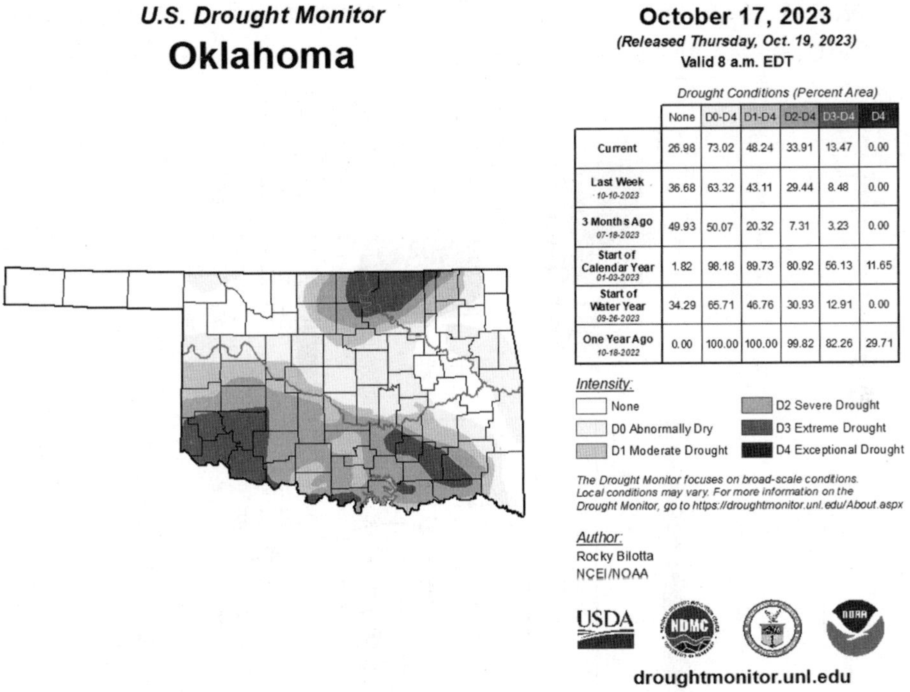

图 11-14　Oklahoma Mesonet 公布的俄克拉何马全州墒情(旱情)指数(2023 年 10 月 17 日)[10]

通过 Oklahoma Mesonet 提供的 Irrigation Planner 平台[11]，农业生产者根据自己的种植区域、作物种类、播种日期即可在线、及时从网上了解到自己农场作物所对应的水平衡参数，包括日降雨量、累积降雨量、日蒸散量(ET)和累积蒸散量等；草坪管理者选择离自己的草坪最近的 Mesonet 监测站点、草地土壤类型、种植草的类型，即可获得该网站基于水平衡理论计算给出的建议灌溉时间和灌水量。

美国北卡罗来纳州立大学的草坪草灌溉管理系统 TurfFiles[12]，澳大利亚的智能农业灌溉管理系统(irriGATEWAY)[13]，也是根据农业气象数据建立的墒情监测和信息发布系统。以上系统的自动灌溉决策均基于参考蒸散量 ET_0。ET_0 的计算方法很多，如 FAO56 Penman-Monteith、Priestley-Taylor、FAO24 Penman、Hargreaves-Samani、Irmark-Allen 等公式[14]，其中 FAO56 Penman-Monteith 公式适用于大多数气候条件，所以使用最为普遍。Irrigation Planner 平台和 TurfFiles 系统的 ET_0 计算均采用 FAO56 Penman-Monteith 公式。

我国科技工作者为了适应大田墒情检测物联网的需求，在传感器网络方面开展了深入的研究。石庆兰团队针对传感器“测不准、测不稳”等问题，在技术上进行了创新并专为农业物联网、大数据研发了集端(传感器端)、能(太阳能板)、云(平台)于一体的多深度土壤水分监测与智能管理系统[15]，采用太阳能板与传感器的一体化设计，将功耗降至 mW 甚至 μW 级。系统构成如图 11-15 所示。作为核心的土壤水分传感器实现了模拟感知、A/D 转换、无线发送及太阳能供电等模块的一体化设计，是一款可以对土壤多个深度的水分、温度、空气的温湿度、大气压等参数同时测量的物联网传感器。传感器中首次采用了灵敏度高的“高频双调谐回路检测法”，可以很灵敏地捕获土壤水分的微小变化。此外采用“多深度时分多路复用检测”技术、“去冗余电路消除非线性失真”技术，消除了多个分立检测电路相互干扰、一致性差等问题，提高了传感器的精准度、稳定性及可靠性。

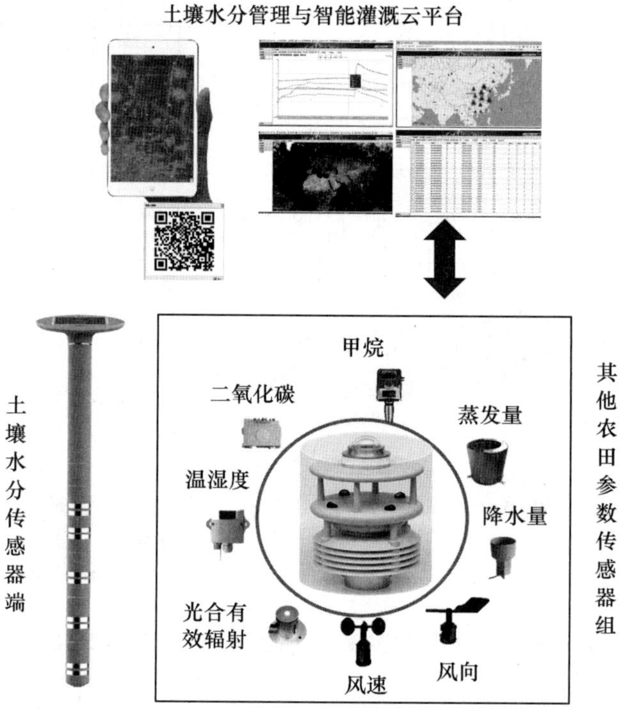

图 11-15 端能云一体化多深度土壤水分监测与智能管理系统构成

端能云一体化多深度土壤水分监测与智能管理系统不仅实现了远程监测、传输与控制，而且兼容微信功能，用户可通过微信扫码登录服务器查看监测数据。系统硬件平台内置了多路土壤水分/温度检测电路、MCU、移动通信网络、蓝牙及 GNSS 模块，将土壤水分/温度信息、定位经度/纬度/高度、测量参考时间以及状态监测信息组包，通过移动通信网络发送给云服务器，同时硬件平台接收并响应云服务器发送的召测指令。系统具有远距离、低功耗、低运行维修成本等特点，实现了大区域物联网的低成本覆盖。系统还提供了基于扩频的超远距离 NB-IoT 技术方案，以支持海量用户。传感器安装后无需另外组网，直接与云平台、物联网、大数据连接，实现海量用户和传感器互联互通，用户可以借助任何移动终端随时随地查询传感器的测量数据、工作状态、历史数据折线图、散点图等，同时还能查询全国范围内由传感器监测到的土壤墒情地图。

北京市农林科学院信息技术研究中心 2006 年开始建立全国土壤墒情自动监测系统，现在接入设备厂商 90 多家，注册用户 2 600 多，累计采集数据达到 TB 级，覆盖全国 30 多个省份。

该系统的构成如图 11-16 所示，关键技术包括信息采集、设备集成、信息传输和信息处理。自动墒情监测站集成了包括土壤水分传感器和土壤温度传感器等在内的土壤信息传感器，以及空气温度、空气湿度、降雨量、气压、太阳辐射、风速风向等气象信息的传感器，对监测点的土壤信息和气象信息进行采集。通过移动通信等数据传输技术，将获取的信息从自动墒情监测站传输到监测平台。在墒情监测平台通过对质量控制后的数据进行分析，构建墒情评估模型和墒情预报模型，提供墒情监测、预报及其他应用服务。

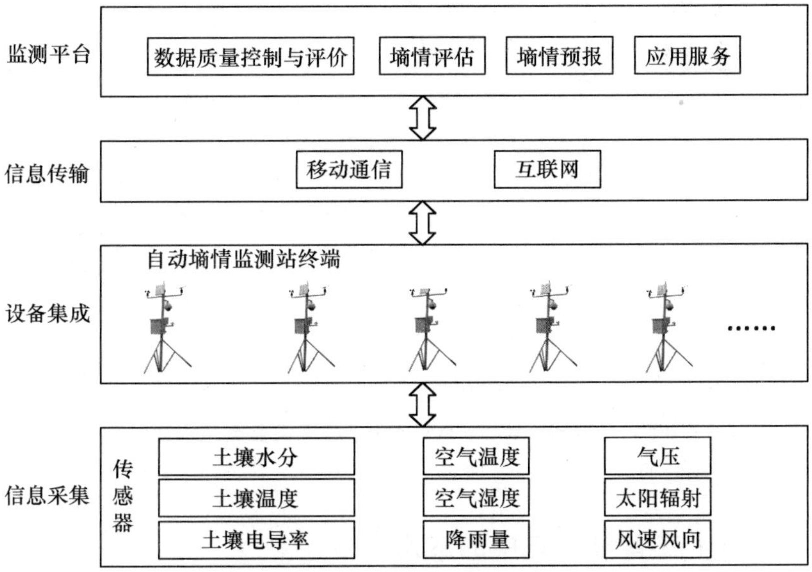

图 11-16　全国土壤墒情自动监测系统构成

全国土壤墒情自动监测系统为各级政府、专业用户等提供了解土壤墒情状况和趋势的平台，并可以提供水平衡信息发布、灌溉指导等有针对性的服务。同时，通过积累大量的基础数据，可以为水资源合理调配、科学灌溉、节水农业等提供宝贵的基础资料，具有重要的指导意义。监测系统中采用了该中心研发的 Green Water WS1800 土壤墒情监测站[16]，如图 11-17 所示，主要特点和参数如下：

①太阳能供电；

②4 路土壤水分传感器、4 路土壤温度传感器；

③1 路空气温湿度传感器、1 路紫外线强度传感器、1 路辐射强度传感器、1 路风速/风向传感器、1 路降雨量传感器；

④ET 值、有效降雨量实时值和每日累积值自动计算上传；

⑤图像采集远程上传，最大分辨率 1 280×800 像素；

⑥定时/间隔存储数据；

⑦定时/间隔通过短信或 4G/5G 发送数据；

⑧USB 数据导出；

⑨RS-485 接口，符合 MODBUS RTU 协议，支持串口无线传输。

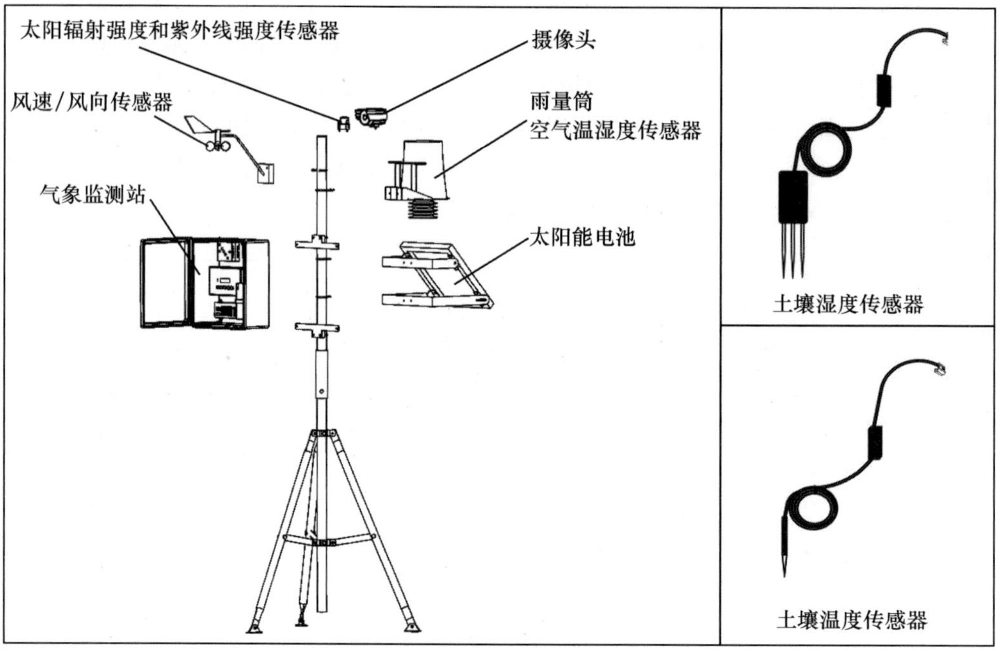

图 11-17 Green Water WS1800 土壤墒情监测站组成[18]

11.4.2 物联网技术在智慧温室中的应用

设施农业是通过采用现代化农业工程和机械技术改变自然环境，为动植物生产提供相对可控制甚至最适宜的温度、湿度、光照、水肥等环境条件，在一定程度上摆脱对自然环境的依赖而进行有效生产的农业，是现代农业的重要发展方向。设施农业包括设施栽培和设施饲养，使用各种类型玻璃温室，塑料大棚、连栋大棚，中、小型塑料棚及地膜，以及所有进行农业生产的保护设施。设施农业的相对封闭性和可控性以及高投入、高产出特点，使其更适合物联网技术的应用。图 11-18 是一种智慧温室物联网方案。温室栽培采用智慧无土栽培技术(smart hydroponics)，温室内部署了环境参数和 CO_2 浓度的无线传感器网络，温室的排风与温度调节也由物联网系统控制，温室还设置了边缘计算机(edge computer)用于在本地进行数据处理和决策，边缘计算机与温室内的设备采用局域网通信，与云服务端(cloud)采用移动通信网络通信。

传感器节点是设施农业物联网的基础。北京旗硕科技公司针对温室的特点，开发了一种传感器节点"农用通 3S 智能采集仪"，设备的外形和实时工作界面如图 11-19 所示。设备主要由软件管理平台、远程数据传输接收终端、远程数据传输发射终端、具有 RS-232 通信功能的高清晰度摄像头、传感器、太阳能供电系统组成，主要用于室外气象、墒情、室内环境监测系统。农用通 3S 智能采集仪可实现不同环境数据采集功能，包括空气温湿度、大气压力、光照、土壤水分、土壤温度、CO_2 浓度等信息，实现物联网传输(传输方式为 LTE)和集中式管理(物联网平台)，可以满足多地区、大跨度的环境数据采集以及对比分析等较复杂情况的要求。

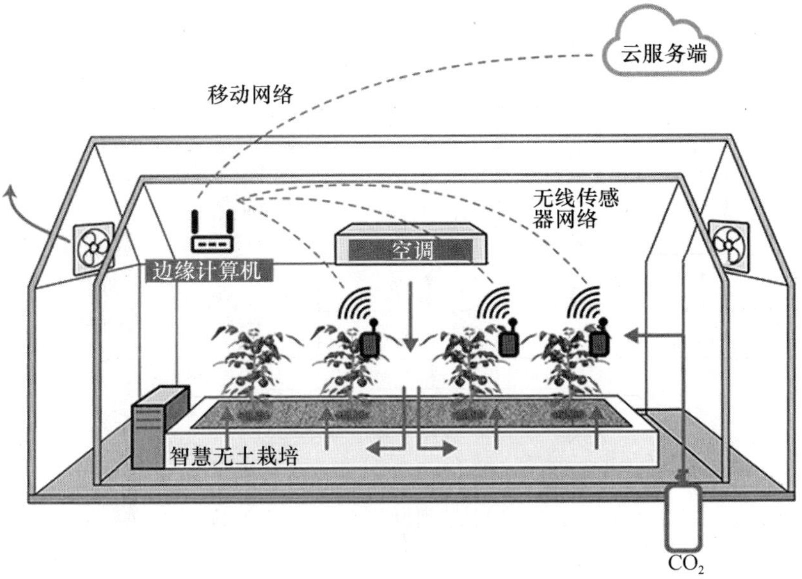

图 11-18　一种智慧温室物联网方案

二维码 11-3

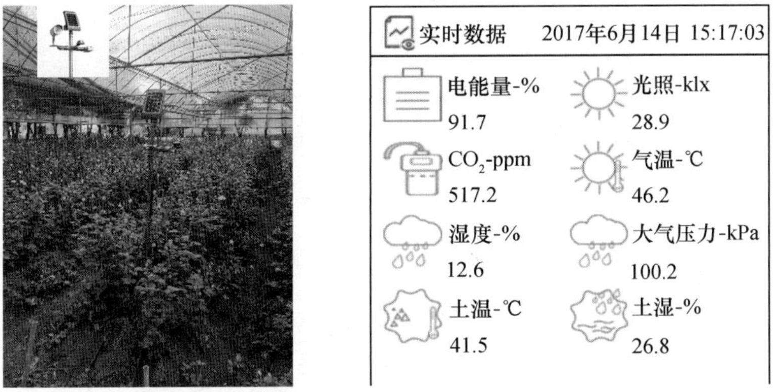

(a)工作场景　　(b)实时工作界面

图 11-19　农用通 3S 智能采集仪

图 11-20 是一种基于物联网技术的设施农业温室远程监控系统整体结构框图[17]。远程监控系统由感知层、传输层和应用层组成，感知层通过不同种类的传感器检测温室内外的空气温湿度、土壤温湿度和 CO_2 浓度等环境参数以及图像等数据，利用灌溉设备、电动卷帘机和补光灯等执行机构对上述环境参数进行调节。传输层采用 4G DTU(data transfer unit，数据传输单元)通信模块传输和同步温室环境数据，实现用户对感知层数据的获取和控制命令的下发。应用层提供温室现场数据实时监测和远程监控系统的核心服务，并可通过 Web 端的可视化界面实时显示温室环境监控状态和对温室设备进行远程在线控制。应用层也可实现多种形式历史数据的查询和导出供用户研究分析等。

根据用户的实际需求，系统设计了两种控制方式：手动控制和自动控制。手动控制时本地

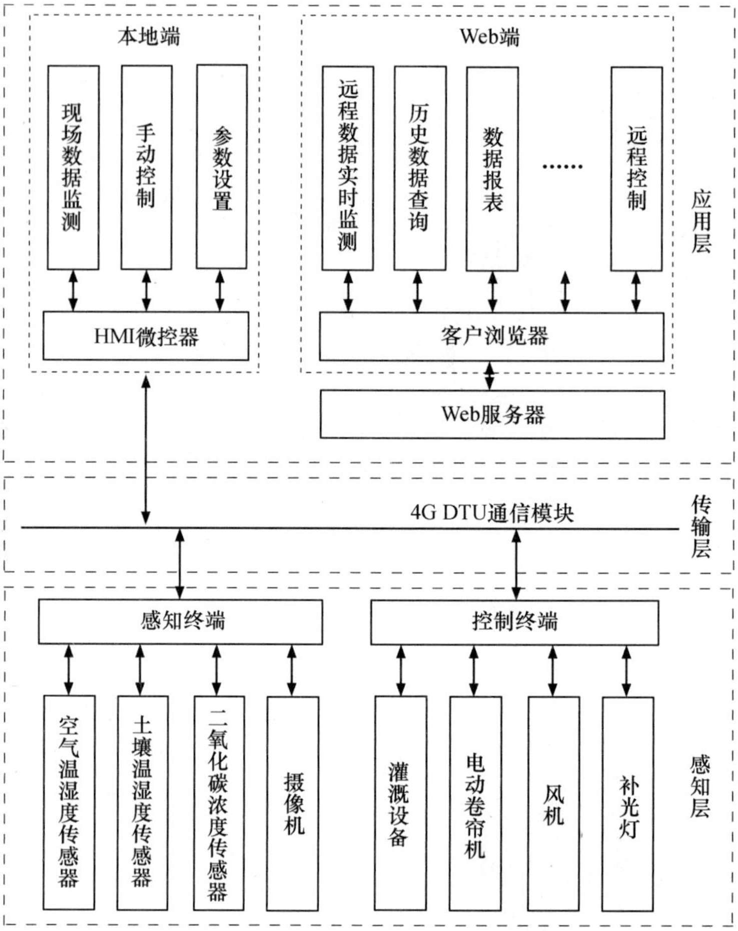

图 11-20 一种基于物联网技术的设施农业温室远程监控系统整体结构框图

端用户在现场对设备进行管理，通过可视化 HMI 进行实时监测、设备操作、参数设置等。自动控制时 Web 端用户通过系统的设备调控页面完成，通过浏览器进行远程数据监测、历史数据查询、远程设备控制、参数设置等。实际应用中系统的数据采集准确、响应迅速，DTU 数据上传同步延迟在 1 s 以内。控制指令下达准确迅速，满足要求，延迟在 8 s 以内。

11.4.3 物联网技术在智慧果园中的应用

近年来，水果产业在农业中的比重日渐增长，但传统的果树管理无法满足产业发展需要，将物联网技术充分利用起来，实现果树管理的信息化，是降低管理成本、促进水果产业更好发展的途径。

1. 柑橘智能灌溉控制系统物联网

忠县位于重庆市中部、三峡库区腹心地带，是重庆市重点柑橘生产基地。为进一步提高忠县柑橘产业的现代化水平，利用现代信息技术解决柑橘产业链条中的主要技术问题，国家农业信息化工程技术研究中心在忠县开展柑橘精细管理的技术集成应用与示范研究，开发和推广柑橘智能灌溉控制系统物联网。

忠县柑橘智能灌溉控制系统围绕“信息监测—决策控制—系统集成”三个关键环节，综合运用传感器技术、物联网技术、计算机技术、自动控制技术及现代通信技术，实现了柑橘种植过程的精准监测、高效灌溉和科学管理。根据柑橘种植特征，对示范区山顶、山腰、山脚等不同海拔高度柑橘生理生态信息及本地气象进行实时监测，同时配套灌溉施肥系统，为柑橘生长提供最优的水肥保障。

图 11-21 为忠县柑橘智能灌溉控制系统整体结构。系统采用分层分布式结构，主要由 1 个气象信息采集点、3 个作物生理信息采集点、1 个井房控制点及现场控制中心、远程服务器等组成。另外，系统设计中充分考虑用户需求，对系统的供电和通信进行了完善的冗余设计，保障监测数据的连续性和安全性。气象信息采集点与作物生理信息采集点采集各类传感器数据，通过 485 总线将数据上传到控制中心；控制中心接收到数据后，对数据进行处理分析，形成决策指令，通过无线数传电台发送到井房控制点；井房控制点接收到控制指令后，首先启动柴油机供水系统，待检测到供水压力正常后，开启指定阀门供水。同时，系统可实时将现场数据与远程服务器同步，所有数据均在远程服务器中备份，用户只需录入服务器指定网址，通过密码登录，即可实时获取所有数据，并掌握整个系统的运行情况。

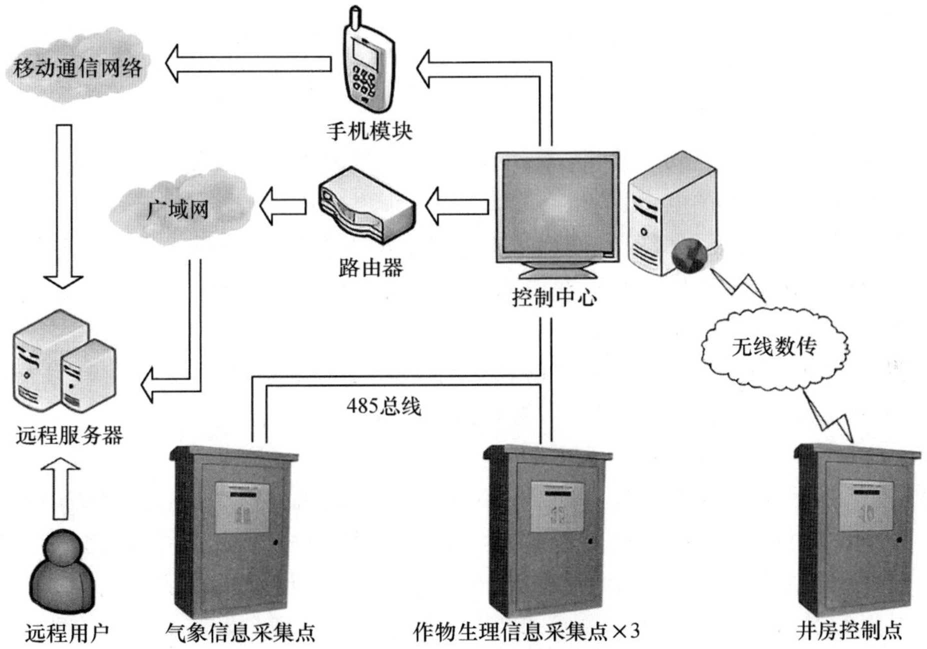

图 11-21 忠县柑橘智能灌溉控制系统整体结构

气象信息采集点由采集模块、太阳能充放电设备、各种气象传感器及安装支架组成，利用 485 总线与控制中心连接。气象传感器监测空气温度、空气湿度、风速、风向、辐射、降雨量 6 个信息。作物生理信息采集点由采集模块、太阳能充放电设备、各种作物生理信息传感器及安装支架组成，利用 485 总线与控制中心连接。作物生理信息传感器监测叶面温度、叶面湿度、植物茎流及土壤水分 4 个信息。图 11-22 为作物生理信息采集点实物图。气象信息采集点及作物生理信息采集点均设计冗余供电方式，通常情况下采用市电供电，当市电掉电时，自动切换到太阳能供电，保证传感器数据信息采集正常。

图 11-22 作物生理信息采集点实物图

井房控制点由 ASE(advanced SIMD extension,先进单指令多数据扩展)灌溉控制器、无线数传电台、柴油机信息采集控制柜、远传压力表、液位传感器、柴油机供水设备、自动反冲洗过滤器及电磁阀组成。井房控制点与控制中心采用无线数传电台进行数据交互,以适应间隔距离较远的情况。

现场控制中心由采集控制一体机、无线数传电台、手机模块、液晶电视、UPS 及配套网络设备组成。现场控制中心供电、通信采用冗余方案,市电供电时,由采集控制一体机获取采集点传感器数据,并实时与远程服务器进行数据同步;市电掉电时,自动切换成 UPS 供电模式,由远程服务器通过移动通信网络直接获取采集点传感器数据,市电恢复正常后远程服务器将掉电期间的数据返回到现场控制中心。

柑橘智能灌溉控制系统实现了果园信息采集自动化、信息管理远程化、生产经营决策智能化等功能,大幅度提高了柑橘栽培与经营管理信息化水平。

2. 基于物联网的果园智慧种植管理系统

咖啡、冬枣等是特色园艺优势产品,利用农业物联网可实现农业资源信息的实时获取和数据共享,将实时获得的各种环境参数汇入社会共享的公用物联网,提高特色园艺信息化。中国农业大学智慧农业研究团队适应特色园艺果树种植管理升级的需要,开发了基于物联网的果园智慧种植管理系统(图 11-23),对保证特色果品产量和品质具有重要意义。

基于物联网的果园智慧种植管理系统包括果树生长与营养监测子系统、果园环境信息监测子系统和果园智慧管理平台 3 部分。果树生长与营养监测子系统检测的参数包括果树高度、果实产量、叶片含氮量等,这些参数由长势监测节点自动采集。环境条件的好坏与果树生长发育有着密切的关系,果园环境信息监测子系统检测的项目包括土壤温湿度、空气温湿度、光照、风速、风向及降雨量等,这些参数由环境监测节点完成。果园智慧管理平台主要用于环境信息及果树长势信息的采集、存储、分析,并提供管理决策信息。

果园智慧管理平台构成如图 11-24 所示,包括园区数据管理模块、园区信息管理模块、数据查询模块、数据分析模块及最新消息模块。其中园区数据管理模块及数据分析模块主要实现监测值显示及时间变化分析、空间变化分析和智慧管理等。

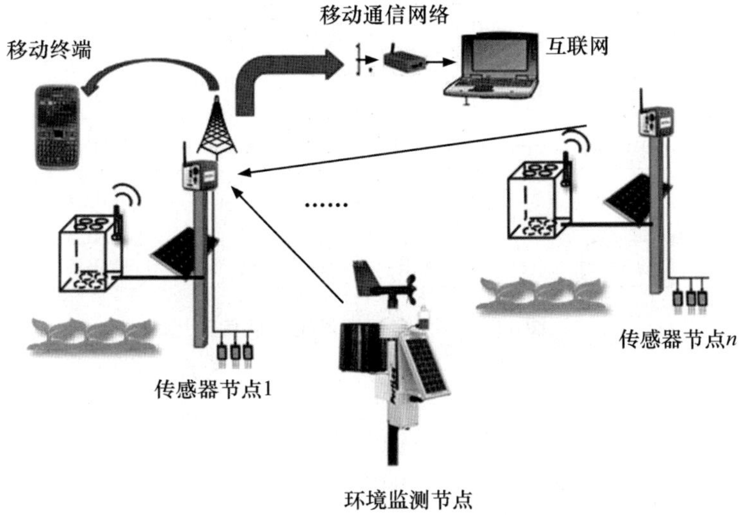

图 11-23　基于物联网的果园智慧种植管理系统构成

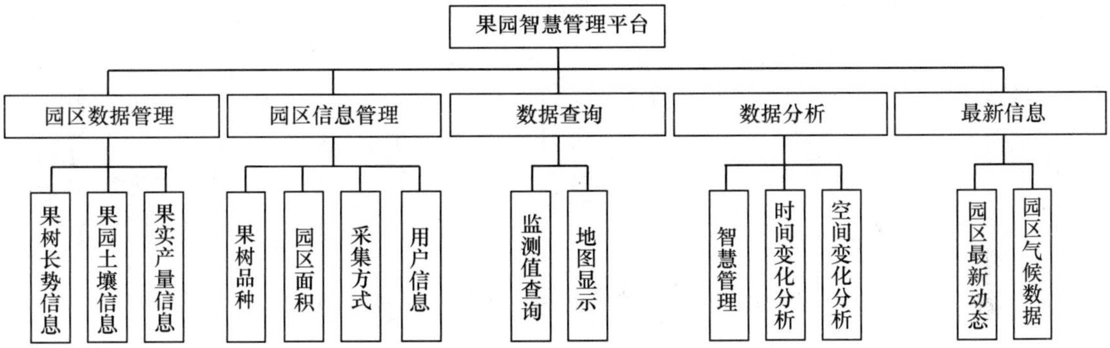

图 11-24　果园智慧管理平台构成框图

11.5　物联网技术在健康养殖中的应用

11.5.1　物联网技术在生猪健康养殖中的应用

随着养殖行业对生猪健康的重视，管理者对猪生活状态信息的需求日益增高。如图 11-25 所示，猪舍内空气温湿度、有害气体等是生猪健康的主要外界影响因素，生猪生理信息和生猪行为状态是生猪健康状况的重要表现形式，利用物联网技术自动、实时监测生猪饲养环境因子及生猪的行为和健康状况具有重要意义。

图 11-26 是基于 WSN 的生猪健康养殖监测系统[18]，主要包括信息监测终端节点、网关节点、互联网、猪场服务器（含视频监控节点）、用户和远程管理平台。

信息监测终端节点微控制器采用 MSP430F149 单片机，网关节点微控制器采用 ARM7 内

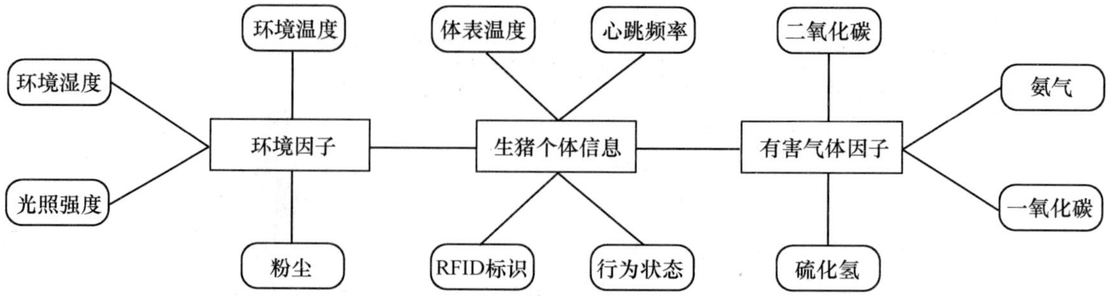

图 11-25 生猪健康养殖监测因子

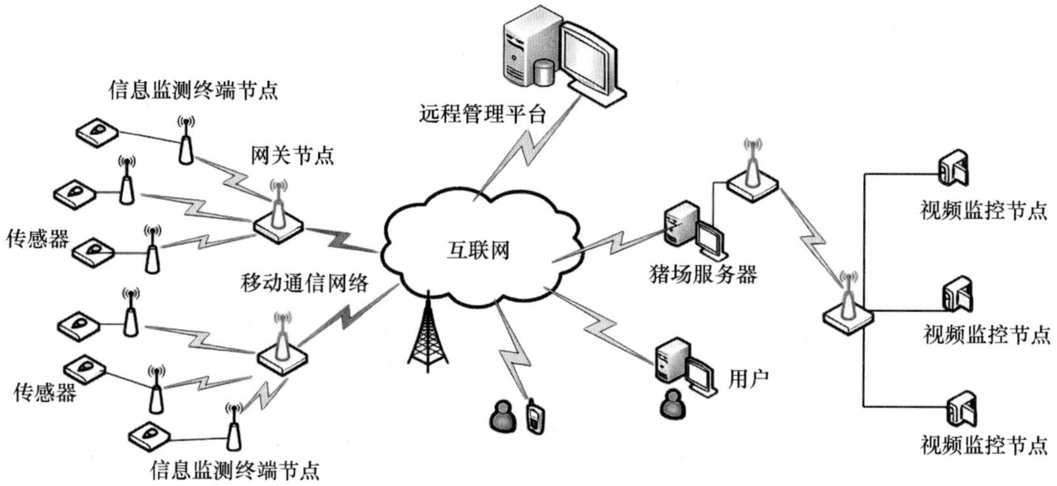

图 11-26 基于 WSN 的生猪健康养殖监测系统

核的 LPC2478 单片机，信息监测终端节点和网关节点的无线射频模块均采用基于 433 MHz 的 nRF905 射频模块。终端节点连接的传感器以及设备有空气温湿度传感器、氨气传感器、硫化氢传感器、二氧化碳传感器、红外测温传感器以及 RFID 读卡器等。网关节点通过 GPRS 方式与远程服务器通信，通过 433 MHz 射频方式与各信息监测终端节点通信。终端节点周期性或者被动触发后采集信息发送到网关节点，网关节点对信息进行处理，将有效信息和判断通过 GPRS 模块发送到远程服务器。

视频监控节点通过有线和无线相结合的方式将图像传输到猪场服务器，该服务器对视频图像进行存储，并通过智能视频处理与分析软件对视频进行实时处理，将处理后的轨迹等相关信息传输到远程实验室的服务器客户端。实验室的服务器结合猪舍环境信息、生猪生理信息和轨迹信息等，给出相应的预警和提示。由于猪舍养殖人员的训练和猪舍的特定布局，猪舍内育肥猪的进食、饮水、排便、睡觉基本在固定位置，通过生猪运动轨迹信息可以对生猪进食、饮水、排便、睡觉的次数和时间以及打架行为进行推测。

①获取猪舍内各区域的位置信息。由于摄像头的位置固定，猪舍内各活动区域在图像中的位置是不变的，由此可以计算出各个区域的像素范围。

②采用运动目标跟踪算法获得猪瞬时运动轨迹点，即猪的位置信息。

③计算猪进入各区域的次数和猪停留在各区域的时间。

④判定猪群打架行为。当两头或多头猪同时刻的运动轨迹点的像素距离小于正常值时，可以判断两头猪进行了肢体接触，可以抽象定义为打架。

11.5.2　物联网技术在水产养殖中的应用

水产养殖可以提供大量的优质蛋白，是保证食品安全的重要举措。然而，我国水产养殖土地和水资源的利用率及劳动生产率还处于较低水平，养殖风险大，水环境污染严重，养殖管理简单粗放，转型升级的需求十分迫切。利用物联网技术实施水产养殖实时精准测控是解决上述问题的根本途径。

我国水产养殖实时精准测控目前主要面临三大科学难题：一是我国水产养殖水体富营养化程度高，水生生物富集，对传感器精度的扰动大，现有的传感技术难以实现长时间在线准确测量；二是鱼类宿主、环境和病害之间耦合关系复杂，鱼类生长精准调控计算难度极大；三是我国水产养殖环境多样，生产形式各异，信号干扰大，从信息感知到处理控制全环节的系统集成复杂度非常高，设施水产养殖实时精准控制极其困难。中国农业大学国家数字渔业创新中心针对上述难题，对养殖水体水质精准测量技术、养殖信息智能处理与精准调控技术、养殖精准测控系统与装备等关键技术开展深入研究，开发并推广了图 11-27 所示水产养殖环境监控系统[19]。系统主要组成部分有传感器和采集节点、无线溶解氧控制系统（增氧机）、现场监控中心和远程监控中心，采用物联网技术实现对水质和环境信息的实时在线监测、异常报警与水质预警，采用无线传感器网络、移动通信网络和互联网等信息传输通道，将异常报警信息及水质预警信息及时通知养殖管理人员。根据水质监测结果，实时调整控制措施，保持水质稳定，为水产品创造健康的生存环境。

二维码 11-4

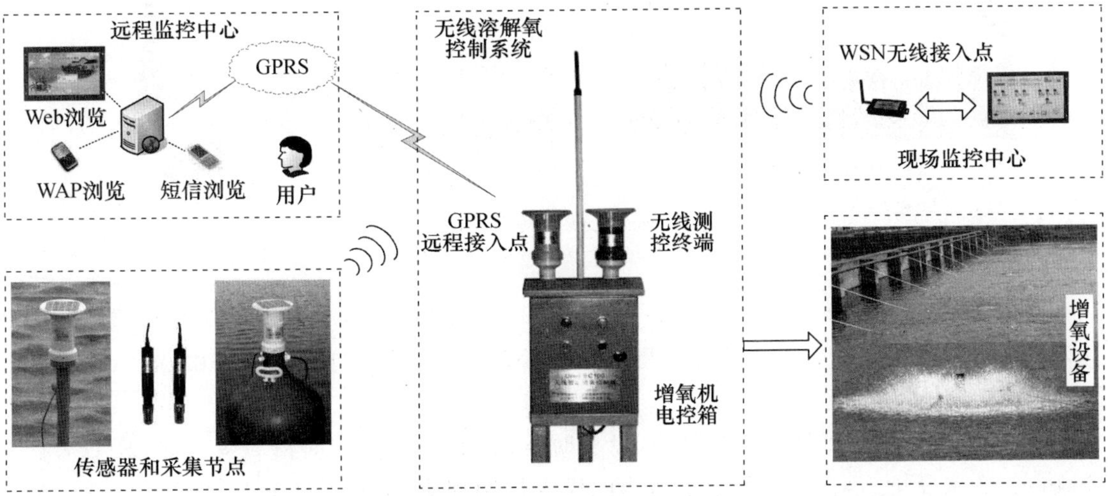

图 11-27　水产养殖环境监控系统

监控系统的核心是水质检测。智能水质传感器由信号检测调理模块、微控制器、总线接口模块、电源及管理模块构成。微控制器采用 TI 公司的 MSP430F149，它是 16 位 RISC 结构 FLASH 型单片机，配备 12 位 A/D、硬件乘法器、PWM、USART 等模块，使系统的硬件电路更加集成化、小型化；它有多种低功耗工作模式，在 1.8～3.6 V、1 MHz 的时钟条件下，耗电电流在 0.1～400 μA，非常适用于低功耗场合。信号检测调理模块和总线接口模块均采用低电压低功耗技术，配合高效的能源管理，使智能传感器可以在电池供电条件下长期可靠工作。

无线溶解氧控制系统是实现增氧控制的关键部分，它可以驱动叶轮式、水车式增氧机或微孔曝气空压机等多种增氧设备。无线测控终端可以根据需要配置成无线数据采集节点及无线控制节点。无线控制节点是连接无线数据采集节点与现场监控中心的枢纽，它将无线数据采集节点采集到的溶解氧智能传感器及设备信息通过无线网络发送到现场监控中心，还可接收现场监控中心发送的指令要求，现场控制电控箱，电控箱输出可以控制 10 kW 以下的各类增氧机，实现溶解氧的自动控制。图 11-28 为无线溶解氧控制系统实物图。

(a)水质监测点 1　(b)水质监测点 2　(c)水质控制点 1　(d)水质控制点 2

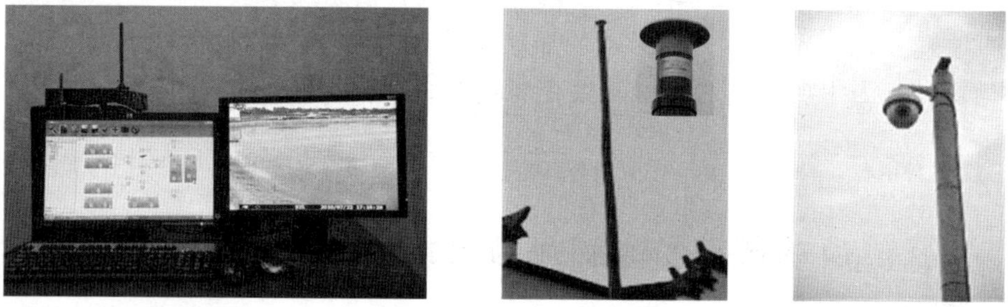

(e)现场监控中心　(f)中继节点　(g)视频监控设备

图 11-28　无线溶解氧控制系统

该系统的无线传感器网络(图 11-29)可实现 2.4 GHz 短距离通信和基于移动通信网络的广域通信，覆盖范围 3 km；采用智能信息采集与控制技术，具有自动网络路由选择、自诊断和智能能量管理功能。

水质智能调控原理如图 11-30 所示，以实时溶氧量(RV)和实时溶氧变化量(RD)为控制器的输入，输出变量为增氧时间，选取恰当的模糊控制规则，即可获得较好的动态特性和静态品质，且不难实现，可以满足系统的要求。

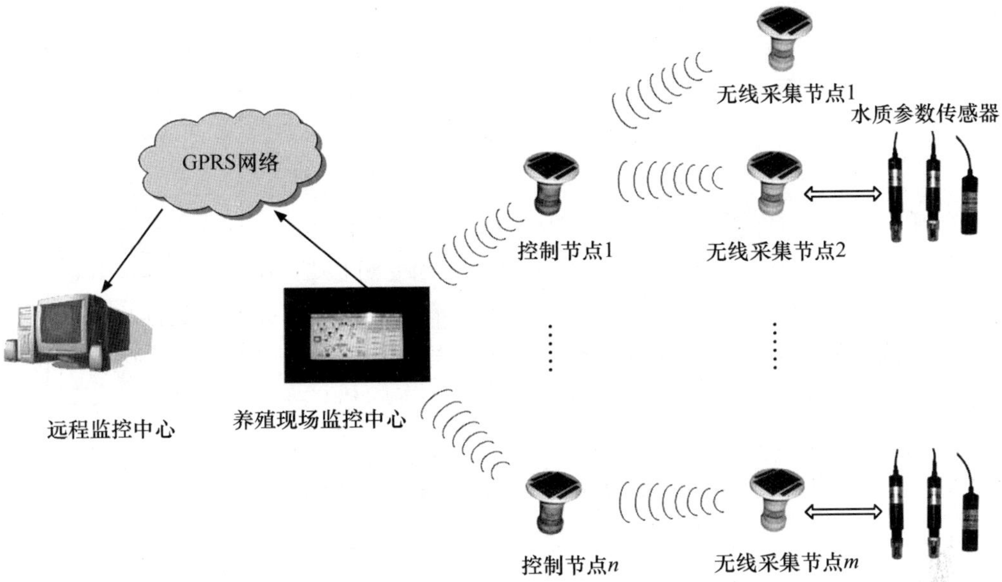

图11-29　无线传感器网络示意图

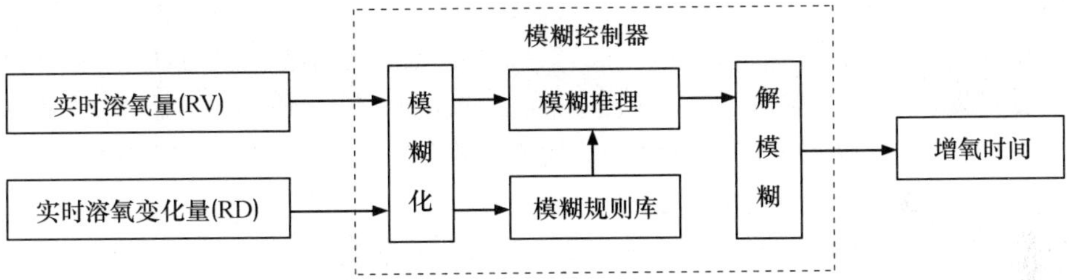

图11-30　水质智能调控原理框图

11.6　物联网技术在农产品物流与安全追溯中的应用

农产品/食品追溯系统是多种现代高新科技的有机融合体，是将物流、信息流高度统一的综合性信息交互系统，是物联网在农业中的典型应用。农产品/食品追溯系统涉及的关键技术如图11-31所示，主要包括：①标识技术，主要包括条码、RFID、DNA标识等；②信息技术，主要包括数据库、软件开发技术、数据交互与传输技术、云计算技术等；③信息采集技术，主要包括GNSS、传感器、无线传感器网络（WSN）技术；④装置开发技术，包括固定或移动嵌入式装置开发等。此外还涉及信息加密技术等。

11.6.1　基于物联网的水果冷链微环境监控系统

水果冷链物流是保证水果采后流通品质的重要手段与方法。水果在采摘之后要经过收后运输、低温储藏、长途运输、市场展售等环节，这期间要保证水果处于适宜的低温环境以抑制水果的生命活动，减少水果营养物质流失。水果冷链物流过程中影响品质变化的主要因素除温

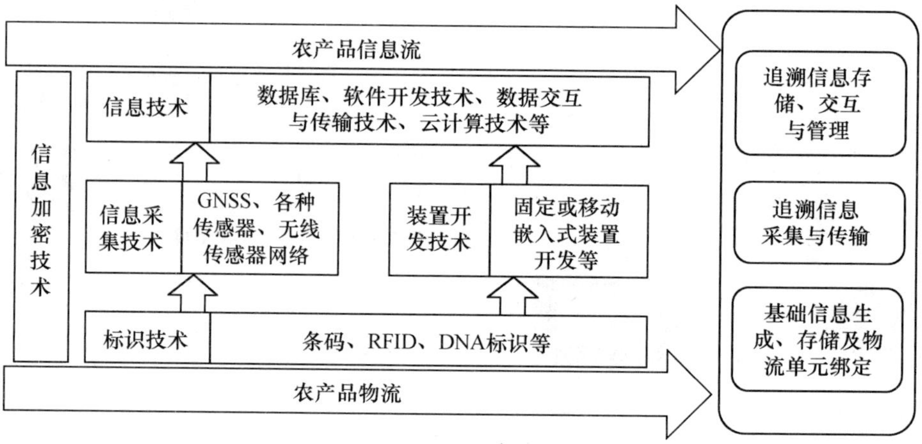

图 11-31 农产品/食品追溯系统关键技术

度、相对湿度外，还有水果周围微环境中的气体成分。

图 11-32 是一种基于物联网的水果冷链微环境监控系统总体架构[20]。系统由 2 个主要单元组成：数据实时采集传输单元和远程监控管理单元，其中远程监控管理单元主要包括水果冷链微环境静态信息管理子系统、微环境实时动态监测子系统、微环境预警决策支持子系统以及微环境远程控制管理子系统等。数据实时采集传输单元主要由感知层与网络层中的传输层组成，对水果冷链微环境中的温度、相对湿度、CO_2、O_2、C_2H_4 等环境参数进行实时采集，通过移动通信无线数据传输模块和互联网将数据传输至云端服务器。传感采集节点的组成和原理如图 11-33 所示。传感采集节点主要包括传感采集模块、显示模块、存储模块、射频传输模块以及电源模块，其功能是对水果冷链物流微环境中的温度、湿度、CO_2、O_2、C_2H_4 等信息进行实时检测，将采集的数据与主控节点进行通信传输。

基于物联网的水果冷链微环境监控系统，可实现水果冷链物流过程微环境和水果品质动态变化的实时在线监测，实现实时微环境调控，降低水果在物流过程中的损失风险，提高水果冷链过程透明度和可追溯性，为实现水果冷链物流精细化管理控制提供可靠依据。

11.6.2 基于物联网的脐橙物流和安全追溯系统

脐橙质量安全追溯包括信息绑定、录入和利用 3 个方面，主要由编码与标识方案、信息管理系统、配套硬件装置等组成。信息绑定即采用适当的标识将追溯信息与实际的脐橙物流单元及其组合建立对应关系；信息录入即果园、加工配送中心、超市分别将脐橙在供应链不同阶段的零散追溯信息输入中央数据库；信息利用是追溯信息的双向查询，一是根据追溯码溯源加工环节及生产源头，二是根据批次号或流通码跟踪加工环节与销售终端。

脐橙追溯信息管理系统如图 11-34 所示[21]。按照供应链环节各实体的角色和功能，系统包括果园子系统、加工配送中心子系统、超市子系统，每个子系统既相互独立又相互联系。此外，还包括系统管理模块和追溯信息查询模块。

果园子系统中，生产作业记录与批次管理模块实现从种植到采收、出货等环节水果生产批次作业的动态追溯信息管理；订单与出货管理模块实现与下游加工配送中心子系统中收购与

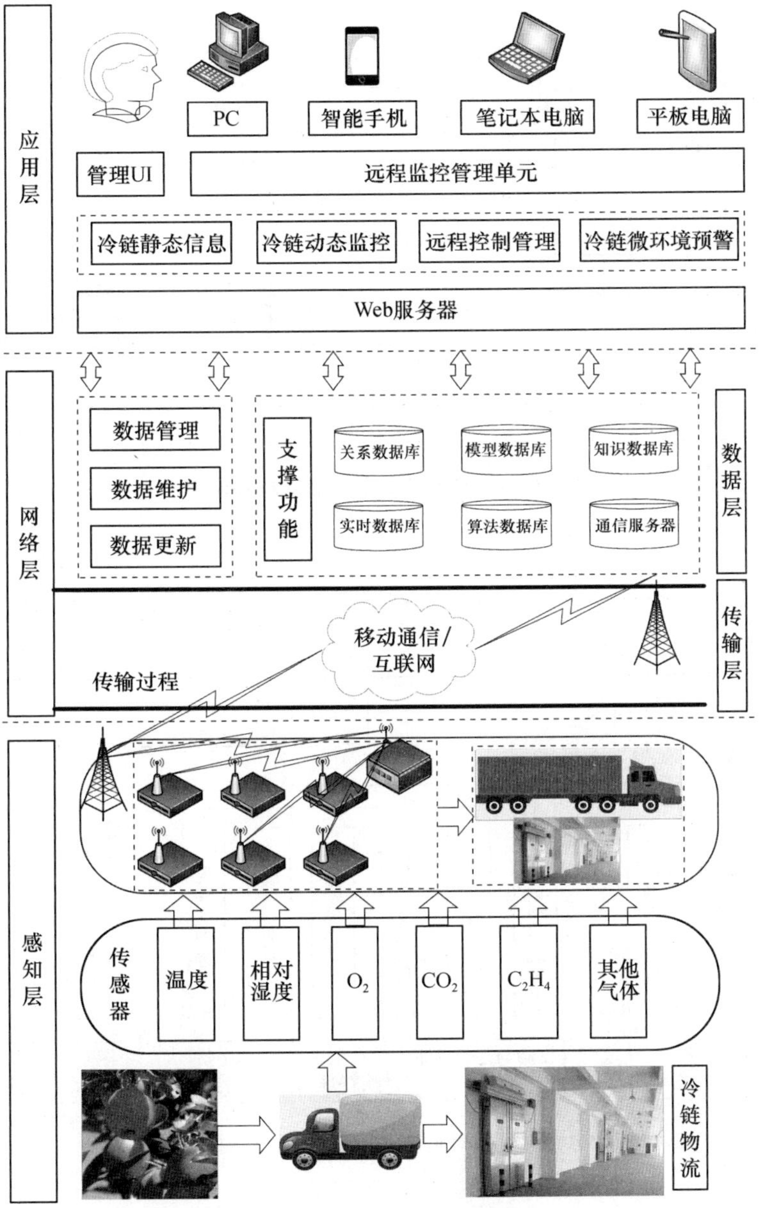

图 11-32 基于物联网的水果冷链微环境监控系统总体架构

运输管理模块的承接；流通标识管理模块生成流通码并打印相应标签。加工配送中心子系统中，加工作业记录与批次管理、贮藏信息管理等模块实现水果加工分级处理和采后贮藏保鲜处理批次的动态追溯信息管理；收购与运输管理、订单出货与配送管理等模块分别与供应链上游果园子系统中的订单与出货管理模块、下游超市子系统中的采购批次管理模块承接，实现整个供应链可追溯信息的串联；追溯标识管理模块生成内、外部追溯码并打印相应标签。超市子系统中，库存与上架管理模块实现销售批次的动态追溯信息管理。系统管理模块面向系统管理员，可对所有用户账号进行统一管理。信息查询模块面向消费者，依照追溯码查询脐橙追溯

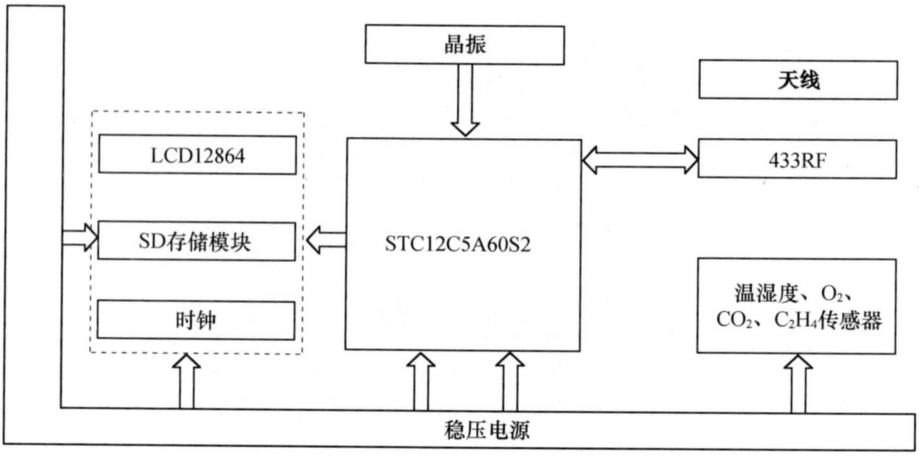

图 11-33　传感采集节点的组成和原理

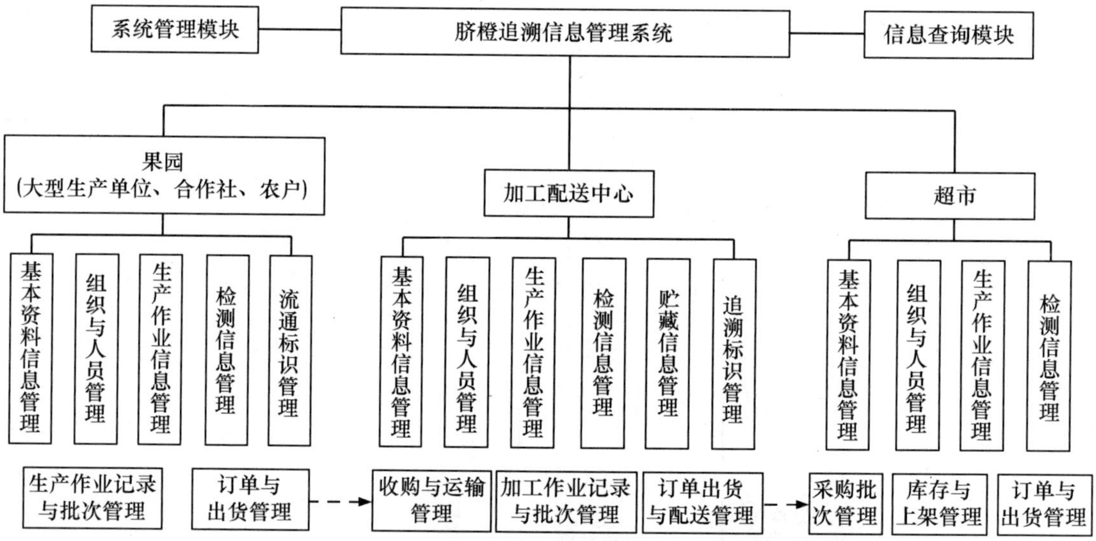

图 11-34　脐橙追溯信息管理系统结构[21]

信息。

脐橙供应链生产环节末端的果筐及其组合货盘与采收地块的绑定由果筐及货盘流通标识生成装置完成,如图 11-35 所示。果农通过电脑终端在追溯信息管理系统中建立果园账户,录入果园基本资料、组织与人员、产地环境检测信息等基本资料,在日常生产作业中逐步录入动态生产作业信息;在采收现场通过果筐及货盘流通标识生成装置采集脐橙果筐及货盘的重量、数量信息,并根据果筐及货盘编码现场实时生成条码和 RFID 标签,在果筐及货盘上粘贴标签,而后进入收购、装车流程。

果盘及货盘流通标识生成装置的硬件系统采用嵌入式系统设计,其结构如图 11-36 所示。以 ARM 芯片为核心处理器,采用三星公司的 S3C6410 控制器,进行数据处理和系统控制,并

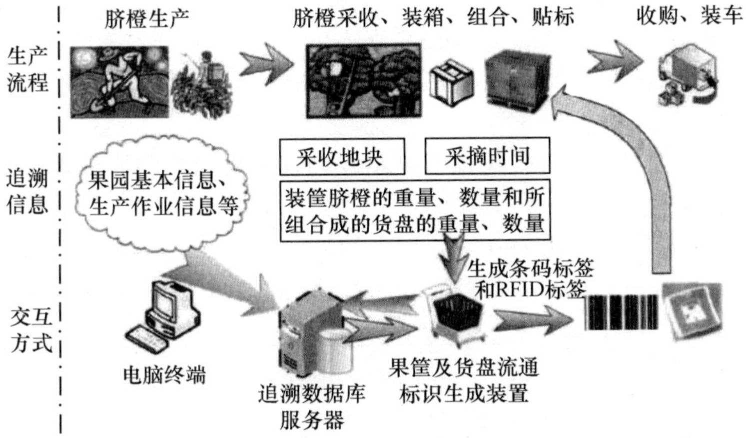

图 11-35 果盘及货盘流通标识生成流程[21]

通过一系列功能模块实现功能。条码打印模块负责按需打印条码标签;RFID读写模块进行RFID标签信息的读写操作,鉴于水果采摘现场及后续的收购、运输、加工、贮藏环境复杂,选用抗水抗金属干扰能力较强、读写距离较远的超高频RFID读写模块、天线及标签,使用频段为915 MHz;电子秤采集重量数据;无线传输模块实现与水果溯源信息数据库服务器的通信,通过RS-232串行接口与控制器相连,实现信息交互。

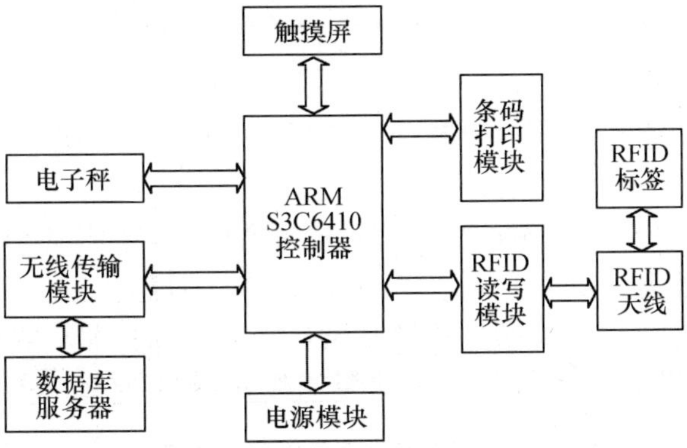

图 11-36 果筐及货盘流通标识生成装置硬件结构[21]

参考文献

[1] 郭梯云,邬国扬,李建东. 移动通信[M]. 西安:西安电子科技大学出版社,2006.
[2] 埃里克·达尔曼,斯蒂芬·帕克威尔,约翰·斯科德. 5G之道:4G、LTE-A Pro到5G技术全面详解[M]. 缪庆育,范斌,堵久辉,译. 北京:机械工业出版社,2018.
[3] 许毅. 无线传感器网络技术原理及应用[M]. 北京:清华大学出版社,2015.
[4] 彭力. 无线传感器网络原理与应用[M]. 西安:西安电子科技大学出版社,2014.
[5] 姜建钊. 多功能嵌入式无线传感网络网关节点设计研究[D]. 北京:中国农业大学,2010.

[6] Farooq M S,Riaz S,Abid A,et al. A survey on the role of IoT in agriculture for the implementation of smart farming[J]. IEEE Access,2019,7:156237-156271.

[7] International Telecommunication Union. Internet reports 2005: The internet of things [R]. Geneva:ITU,2005.

[8] 李瑾,郭美荣,高亮亮. 农业物联网技术应用及创新发展策略[J]. 农业工程学报,2015,31(S2):200-209.

[9] Illston B G,Basara J B,Fiebrich C A,et al. Mesoscale monitoring of soil moisture across a statewide network[J]. Journal of Atmospheric and Oceanic Technology,2008,25(2):167-182.

[10] https://www.mesonet.org/index.php/agriculture/map/agriculture_essentials/drought/oklahoma_drought_monitor_map.

[11] http://www.mesonet.org/index.php/agriculture/irrigation_planner.

[12] http://turf-ims.ncsu.edu/Default.aspx?ReturnUrl=%2fWaterApplications.aspx.

[13] Yin J,Liu X Y,Miao Y L,et al. Measurement and prediction of tomato canopy apparent photosynthetic rate[J]. Int J Agric & Biol Eng,2019,12(5):156-161.

[14] 闫浩芳,史海滨,薛铸,等. 内蒙古河套灌区 ET_0 不同计算方法的对比研究[J]. 农业工程学报,2008,24(4):103-106.

[15] 石庆兰. 土壤水分测量传感器的发展与未来[J]. 高科技与产业化,2018(5):64-67.

[16] 赵春江,郑文刚. 信息技术在农业节水中的应用[M]. 北京:科学出版社,2012.

[17] 朱丹,陈学东,张学俭,等. 基于物联网的设施农业温室远程监控系统研究[J]. 中国农机化学报,2020,41(5):176-181.

[18] 张传帅. 基于 WSN 和智能视频分析的生猪健康养殖监测系统研究[D]. 北京:中国农业大学,2014.

[19] 李道亮,杨信廷,陈英义,等. 水产集约化养殖精准测控关键技术研究与应用:项目立项编号 2007AA10Z238[R]. 鉴定单位:中国农学会. 鉴定日期:2018-11-28.

[20] 王红磊. 基于物联网的水果冷链微环境监控系统研究[D]. 北京:中国农业大学,2019.

[21] 王东亭. 基于大通量分级系统的脐橙质量安全追溯技术与装置[D]. 杭州:浙江大学,2015.